高亮度LED照明及驱动电路设计

来清民 编著

北京航空航天大学出版社

内容简介

阐述高亮度LED照明光源的基础知识和高亮度LED驱动技术原理，系统介绍LED照明保护电路和调光电路的设计，并结合近几年高亮度LED照明驱动技术的发展实例给出最新的家用LED照明驱动电路、汽车LED照明驱动电路、LED应急照明驱动电路和LED路灯照明驱动电路的详细设计方法。将LED工作原理、高亮度LED驱动器理论、高亮度LED驱动电路与实际产品紧密结合，具有很强的实用性。

本书可供家电、照明、汽车、消防、信息、国防、航天及电信等领域从事LED驱动电源开发、设计和应用的工程技术人员参考，也可供电子技术类、电气工程类专业本科生及研究生参考。

图书在版编目(CIP)数据

高亮度LED照明及驱动电路设计 / 来清民编著. --
北京 ：北京航空航天大学出版社，2012.4
ISBN 978-7-5124-0720-6

Ⅰ. ①高… Ⅱ. ①来… Ⅲ. ①发光二极管—照明设计
②发光二极管—电路设计 Ⅳ. ①TN383.02

中国版本图书馆CIP数据核字(2012)第024638号

高亮度LED照明及驱动电路设计
来清民 编著
责任编辑 王 实
*
北京航空航天大学出版社出版发行
北京市海淀区学院路37号(邮编100191) http://www.buaapress.com.cn
发行部电话：(010)82317024 传真：(010)82328026
读者信箱：emsbook@gmail.com 邮购电话：(010)82316936
涿州市新华印刷有限公司印装 各地书店经销
*
开本：710×1 000 1/16 印张：24.5 字数：548千字
2012年4月第1版 2012年4月第1次印刷 印数：4 000册
ISBN 978-7-5124-0720-6 定价：49.00元

若本书有倒页、脱页、缺页等印装质量问题，请与本社发行部联系调换。联系电话：(010)82317024

前 言

LED光源在照明领域的应用，是半导体发光材料技术高速发展及"绿色照明"概念逐步深入人心的产物。LED(Light Emitting Diode)又称发光二极管，是一种可将电能转换为光能的半导体发光器件，它利用固体半导体芯片作为发光材料，当发光二极管两端加上正向电压，半导体中的载流子发生复合，放出过剩的能量而引起光子发射产生可见光。LED是一种半导体固体光源，其发光效应称为电致发光，因此LED光源是真正的绿色光源，且应用更广泛。

LED光源作为一种新型的照明技术，不仅具有节能、环保、寿命长和体积小的特点，而且与白炽灯、卤素灯相比还有便于控制和调光的优势，其应用前景举世瞩目，尤其是高亮度LED更被誉为21世纪最有价值的光源，必将引起照明领域一场革命，开创半导体照明光源的新时代。LED将取代传统白炽灯、卤素灯和日光灯，成为第四代新光源。

照明应用是全球第二大能源消耗部门，约占所有能源消耗的19%。而降低能源消耗是我国乃至全世界各个国家的一项基本国策。在国务院颁布的《国家中长期科学和技术发展规划纲要》中特别提出，我国要坚持节能优先，降低能耗，攻克主要耗能领域的节能关键技术，将高效节能、长寿命的半导体照明产品作为优先发展主题。因此，研制和开发高亮度LED照明完全符合国家的产业政策。

LED驱动技术是LED照明的核心技术，近年来，高亮度LED驱动技术发展特别迅速，新的驱动芯片层出不穷，国内外在LED照明驱动领域的竞争日益激烈，LED照明也随着驱动技术的发展大面积推向景观照明、家庭照明、汽车照明、街道照明和应急照明等方面，正在逐步取代白炽灯、紧凑型荧光灯和卤钨灯等。

本书吸取了近年来LED驱动技术的科研精髓和LED最新技术应用进展，有目的地选择高亮度LED在常用的照明方面(家庭照明、汽车照明、街道照明和应急照明)的精彩实例，有针对性地介绍LED驱动电路开发和设计要点，具有很强的实用性和可借鉴性，使读者能很快进入LED照明设计领域。

全书共分7章，第1章详细介绍高亮度LED的基础知识，包括LED的光、色和电特性，以及LED的发展、分类和应用；第2章阐述高亮度LED驱动技术理论，论述了LED驱动器的拓扑结构、设计要求和设计方法步骤；第3章介绍LED驱动器过压、过流、过温、开路等保护电路和三种调光电路设计；第4章给出几十种精选的家用LED照明驱动器设计；第5章主要介绍汽车前灯、尾灯和转向灯等LED照明驱动器的设计实例；第6章阐述LED路灯驱动器的设计要求和实例；第7章给出LED应急照明灯驱动电路在家用应急、消防标志灯和全自动应急方面的应用设计实例。

本书的出版得到了2010年河南省科技攻关项目（项目编号：102102210060）的资助。在本书的编写过程中，还得到了很多人的支持和帮助。首先感谢我的爱人，是她一直在默默地支持我将这本书顺利完成；还有我的父母，是他们从小培养我的学习能力和对拥有知识的孜孜追求；还要感谢北京航空航天大学出版社的大力支持和鼓励。

本书的第6章由张玉英执笔编写，其余章节由来清民执笔编写，参加编写工作的还有我的部分学生。本书在编写过程中参考了国内外一些同仁在LED生产及工程应用等方面的文献及资料，在此对他们的辛勤劳动表示衷心感谢。

由于编者的水平有限，全书完成得也比较仓促，书中出现的错误和不妥之处，恳请读者批评指正，提出宝贵意见。有兴趣的朋友可发送邮件到：lqm_911@163.com，与作者交流；也可发送邮件到：emsbook@gmail.com，与本书策划编辑进行交流。

编 者

2011年9月

目　录

第 1 章

高亮度 LED 照明光源概述

LED 光源在照明领域的应用,是半导体发光材料技术高速发展及"绿色照明"概念逐步深入人心的产物。LED(Light Emitting Diode)又称发光二极管,是一种可将电能转换为光能的半导体发光器件。它利用固体半导体芯片作为发光材料,当发光二极管两端加上正向电压,半导体中的载流子发生复合,放出过剩的能量而引起光子发射产生可见光,因此 LED 是一种半导体固体光源,其发光效应称为电致发光。LED 作为一种新型的照明技术,其应用前景举世瞩目,尤其是高亮度 LED 更被誉为 21 世纪最有价值的光源,必将引起照明领域一场革命,开创半导体照明光源的新时代。LED 将取代传统白炽灯、卤素灯和日光灯而成为第四代新光源。

1.1 高亮度 LED 照明光源的优势

照明应用是全球第二大能源消耗部门,约占所有能源消耗的 19%。而降低能源消耗是我国乃至全世界各个国家的一项基本国策。在国务院颁布的《国家中长期科学和技术发展规划纲要》里特别提出,我国要坚持节能优先,降低能耗,攻克主要耗能领域的节能关键技术,将高效节能、长寿命的半导体照明产品作为优先发展主题。

1. 寿命长

LED 的发光原理是利用半导体中的正负离子复合而发出光子,不同于灯泡需要在3 000 ℃以上的高温下操作,也不必像日光灯需使用高电压激发电子束,LED 和一般的电子组件相同,只需要 2～3.6 V 的电压,在常温下就可以正常动作,因此其寿命也比传统光源更长,理论寿命可达 100 000 h 以上(目前国外的产业化产品可达 30 000～50 000 h)。普通白炽灯的寿命约为 1 000 h,荧光灯、金属卤化物灯的寿命不超过 10 000 h,即使是寿命最长的高压钠灯也不过 2 万多小时,因此传统的光源在这方面无法与半导体光源相比。在一些维护和换灯困难的场合,使用 LED 作为光源,可大大降低人工费用。

下面就将 LED 光源和节能灯寿命做个比较:节能灯的寿命一般在 1 800 h,按照每天 6 h 照明计算可工作 300 天。如果按每个节能灯平均 15 元来计算,10 年内至少要换 10 次灯泡,10 000 个节能灯泡在 10 年内要更换 10 万个节能灯泡,总花费约 150 万元。LED 灯泡的寿命按照最保守的时间来计算,10 年内不用更换灯泡,每个灯泡以 5 W 的功率就可取代 15 W 的节能灯泡,每个灯泡价格在 70 元,那么 10 000 个灯泡的价格是 70 万元,在灯泡方面可节省80万元的费用。

2. 功耗低

随着人类文明的进步，人们对照明的要求不再是一味地追求明亮。目前，世界上许多国家都重视照明中的环保问题。照明的能量主要来源于由电能转换的光能，而电能又来自于石化燃料的燃烧。地球上的煤、天然气、石油等石化燃料的储量是有限的，随着人类的不断开采，其储量日益减少，世界能源状况不容乐观。采用节能高效的光源，能达到节省电力的目的。LED的能耗较小，是一种节能光源。LED单管功率为0.03～0.06 W，采用直流驱动，单管驱动电压为1.5～3.5 V，电流为15～18 mA，反应速度快，可在高频操作。同样照明效果的情况下，耗电量是白炽灯泡的八分之一，荧光灯管的二分之一。目前，白光LED的光效已经达到60 lm/W，超过了普通白炽灯的水平，而且现在LED的技术发展很快，白炽灯的发光效率是8～15 lm/W左右，普通T-8卤素荧光灯光效可达40 lm/W，T-5高效荧光灯可以达到80 lm/W，而到2012年，随着关键技术的突破，白光LED的光效有可能达到200～300 lm/W，大大超过现在所有照明光源的光效，在照明方面有着诱人的应用前景。如果我国室外照明都采用LED半导体光源，那么一年节电就相当于三峡水库一年所发的电。

下面是按一个公园1万只照明灯，分别采用节能灯和LED灯的耗电情况比较：

节能灯：15 W×6 h×365天=32.85 kW·h

32.85 kW·h×0.8元/(kW·h)×1万只=26.28万元

LED灯：5 W×6 h×365天=10.95 kW·h

10.95 kW·h×0.8元/(kW·h)×1万只=8.76万元

公园1万只灯每年可节省电费：17.52万元

3. 真正的绿色照明

现在广泛使用的荧光灯、汞灯等光源中含有危害人体健康的汞，光源的生产过程和废弃的灯管都会造成对环境的污染。白炽灯废弃后不易回收，也会造成浪费或环境污染。LED为全固体发光体，耐震、耐冲击不易破碎，废弃物可回收，没有污染。因此，LED是一种符合绿色照明要求的清洁光源。它的高效舒适、安全经济、有益环境的特点，使它将在绿色照明工程中扮演越来越重要的角色。

4. 启动时间短

白炽灯是热辐射光源，给人的感觉是一点就亮，实际上白炽灯启动后也有约零点几秒的上升时间。气体放电光源从启动至光辐射稳定输出，甚至需要几十秒至几十分的时间，这是由气体放电光源本身的特性决定的，因为多数气体放电灯的工作物质在常温下是液体或固体，启动后需要一个加热气化的过程，才能达到稳定的工作状态。而LED的响应时间只有几十纳秒，因此在一些需要快速响应或高速运动的场合，很适合用LED作为光源。

5. 结构牢固

LED是用环氧封装的半导体发光的固体光源，其结构中不包含玻璃、灯丝等易损坏的部件，是一种实心的全固体结构，因此能够经受得住震动、冲击而不致引起损坏。LED的这一特性使它可以应用于条件较为苛刻和恶劣的场合。

6. 发光体接近点光源

LED的发光体芯片尺寸很小，在进行光源设计时基本上可以把它看做点光源，这样能给光源设计带来许多方便。白炽灯的发光体是灯丝，有一定的长度，荧光灯管的尺寸更大，这些照明光源都不能看成点光源，在光源设计时首先要建立一个光源辐射模型，处理起来有一定的难度。而点光源的光源辐射模型是最简单的，这有利于LED的光源设计。

常用光源参数比较如表1-1所列。

表1-1 常用光源技术参数比较

使用光源	LED	荧光灯	普通灯泡	高压钠灯
光源光效/($lm \cdot W^{-1}$)	150	80	20	100
电源效率	95%	85%	100%	90%
有效光照效率	90%	60%	60%	60%
灯具(取光)效率	90%	60%	60%	60%
寿命/h	50 000	2 000	2 000	10 000

1.2 LED的发展史

1. 半导体发光现象的研究阶段

1907年，Henry Joseph Round在观测金刚砂(SiC)电致发光的现象时，初次观察到了无机半导体的发光现象，但因为无机半导体发出的黄光太过暗淡，他很快就放弃了这方面的研究。

20世纪20年代，德国科学家O. W. Lossow在研究SiC检波器时，再次观察到这种现象，但当时受到材料制备和器件工艺水平的限制，没有被迅速利用。

2. LED应用初级阶段

1962年，GE公司Nick Holonyak带领的一个团队成功演示出第一个红光GaAsP发光二极管，仅6年后，Monsanto(孟山都)研发的指示灯以及Hewlett-Packard(IBM)研发的电子显示屏就将商业化LED推向了市场。

1965年仅有0.1 lm/W的指示灯。到1968年，人们通过N掺杂工艺，使GaAsP LED的发光效率达到1 lm/W，并出现了橙色光和黄色光。真正具有了商业价值。

20世纪80年代，使用AlGaAs(砷化铝镓)的第一代超亮LED诞生。产品首先是红色、然后是黄色，最后是绿色，应用领域多。

3. 高亮度LED发展阶段

20世纪90年代，日本东芝公司和美国的HP公司，先后研发成功双异质结与多量子阱结构的橙色和黄色AlGaInP(磷化铝铟镓)的组合又被用来生产超亮红色、橘色、黄色及绿色LED。20世纪90年代中期，日本的日亚(Nichia)公司和美国的Cree公司，分别在蓝宝石和SIC衬底上成功研发了超亮蓝光GaN(氮化镓)LED，高亮度绿光、紫光及蓝光InGaN(氮化铟镓)LED随后也研发成功。

4. 高亮度LED应用阶段

2003年，日亚报道的光效达到60 lm/W，2006年3月，其光效达到100 lm/W。2006年7月，Cree公司报道了130 lm/W白光LED。2006年11月，日亚报道的光效达到150 lm/W，其效率已经超过节能灯，实现了真正意义上的照明，2007年3月，美国Cree公司光效达到157 lm/W，目前LED的效率向大于200 lm/W前进。

由于半导体照明具有良好的应用前景，近年来，美国、日本、欧盟和韩国相继推出国家半导体照明计划，日本投资50亿日元制订了由多家公司和大学参加的21世纪照明技术研究发展计划；美国能源部设立了由13个国家重点实验室和大学参加的半导体照明国家研究项目，计划耗资5亿美元开发LED照明；欧盟则委托6家大公司和两所大学，启动了彩虹计划；韩国在2000—2008年投入12亿美元，将LED的发光效率提高到80 lm/W同时，世界三大照明公司GE、Philips、Osram集团都已启动大规模商用开发计划，纷纷与半导体公司合作或进行并购，成立半导体照明企业，并提出使LED灯发光效率再提高8倍，价格降低100倍。美国HP公司的R. Haitz等预计，到2020年前后，半导体照明光源的发光效率将超过所有现有电光源，且能符合21世纪新光源的全部目标，实现这一目标可以减少用于照明的全球用电量的50%，即全球节电达1 000亿美元/年，相应的照明灯具节省1 000亿美元(其中相应的光源节省200亿美元)，还可免去超过125 GW的发电容量，节省开支500亿美元，合计节省开支2 500亿美元，并可减少二氧化碳和二氧化硫等污染废气3.5万亿吨。

我国自主研制的第一只LED比世界上第一只LED仅仅晚几个月，但从总体上看，目前我国半导体LED产业的技术水平与发达国家还有很大差距。大功率LED封装领域的产业化技术竞争力不强，而大功率LED用外延片和芯片还处于研发阶段。但国家正大力推进半导体照明(主要是WLED照明)的研发和应用，国家发改委“十一五”期间安排100亿元资金用于发展我国LED照明产业；国家半导体照明工程计划2003年启动，根据计划，到2012年后LED照明将逐步取代白炽灯和荧光灯；2009年科技部开展十城万盏半导体应用工程试点，在天津市、南昌市、石家庄市、大连市、上海市、杭州市、厦门市、重庆市、西安市等21个城市开展半导体照明应用工程试点工作。这一系列的政策必将使我国WLED照明技术在全球一枝独秀。

LED照明的发展如表1-2所列。

表 1-2 LED 的发展

发展阶段	年 份	发展进程	发光效率/(lm·W^{-1})	应用领域
指示应用	1962	GaAsP 红光 LED(样品)	<0.1	指示灯
	1965	GaAsP 红光 LED	0.1	
	1968	GaAsP 红、橙、黄光 LED	0.2	
	1970—1980	GaAsP 高效红、黄光、GaP 绿、红光	1	指示灯、计算器、数字手表
信号与显示	1980—1985	AlGaAs 橙黄、绿、红光 LED	5	室外信号显示、条形码系统、光电传导系统
	1986—1992	InGaAlP 红、绿、橙红、橙黄、橙、黄色 LED	10	室外显示屏、交通信号灯、汽车
全彩应用与普通照明	1993—1994	InGaN 绿、蓝光 LED,GaN 蓝光 LED	15	医疗设备、全彩大屏幕显示屏、小尺寸 LCD 背光源、手机背光照明、景观装饰照明、闪光灯、应急灯、警示灯、标志灯
	1997	白光 LED(蓝光芯片+YAG 荧光粉)	10	
	2000	InGaAlPGaAs、InGaNSiC 彩色 LED	>30	
	2005	InGaAlPGaAs、InGaNSiC 彩色 LED	>50	
	2007—2009	功率级白光 LED	>100	

1.3 LED 的光、色、电特性

1.3.1 LED 的光特性

1. 物体光辐射原理

光是一种能量的形态,它可以从一个物体传播到另一个物体,其中无需任何物质作媒介。通常将这种能量的传递方式称为辐射,其含义是能量从能源出发沿直线(在同一介质内)向四面八方传播。可见光的光波只占有很小的空间,其波长范围处在 380~770 nm,包含了人眼可辨别的紫、靛、蓝、绿、黄、橙、红七种颜色。

物体的发光方式有热光和冷光,所谓热光又叫热辐射,它的发光原理是指物质在高温下发出的光。比如白炽灯,当钨丝在真空或是惰性气体中加热至很高的温度,就会发出白光。冷光的发光原理是某种能源在较低温度时所发出的光。发冷光时,某个原子的一个电子受外力作用从基态激发到较高的能态。由于这种状态是不稳定的,该电子通常以光的形式将能量释放出来,回到基态。由于这种发光过程不伴随物体的加热,因此将这种形式的光称为冷光。实际中,产生冷光的有生物发光——萤火虫,化学发光——荧光粉,阴极射线发光——荧光灯、金卤灯,场致发光——无极灯,电致发光——LED。

电致发光原理：电场的作用激发电子由低能态跃迁到高能态，当这些电子从高能态回到低能态的时候，根据能量守恒原理，多余的能量将以光的形式释放出来。

2. LED的发光原理

LED是由Ⅲ～Ⅳ族化合物（Ⅲ～Ⅴ族化合物，是元素周期表中Ⅲ族的B、Al、Ga、In与Ⅴ族的N、P、As、Sb形成的化合物，主要包括镓化砷GaAs、磷化铟InP和氮化镓等），如砷化镓GaAs、磷化镓GaP、磷砷化镓GaAsP等半导体制成的，这些半导体材料会预先透过注入或掺杂等工艺以产生P、N架构。因此它具有一般PN结的$I-V$特性，即正向导通，反向截止、击穿特性。此外，在一定条件下，它还具有发光特性。两种不同的载流子（在半导体内运动的电荷载体，一般指其中的自由电子或空穴）空穴和电子在不同的电极电压作用下从电极流向P、N架构。当空穴和电子相遇而产生复合，电子会跌落到较低的能阶（原子或原子核内，电子或核子所能存在的量子态），同时以光子的模式释放出能量，如图1-1所示。

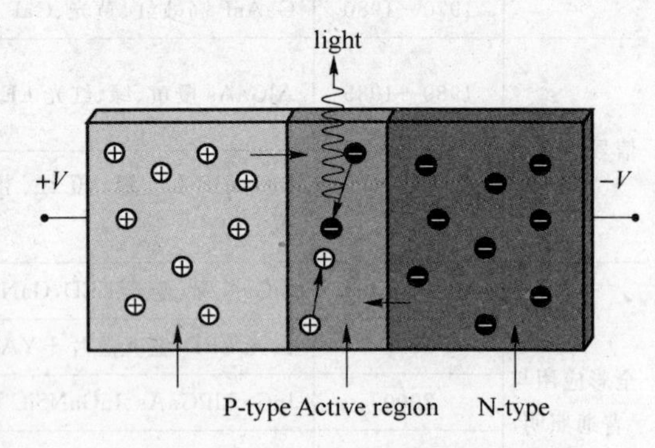

图1-1　LED发光原理图

假设发光是在P区中发生的，那么注入的电子与价带空穴直接复合而发光，或者先被发光中心捕获后，再与空穴复合发光。除了这种发光复合外，还有些电子被非发光中心（这个中心介于导带、介带中间附近）捕获，而后再与空穴复合，每次释放的能量不大，不能形成可见光。发光的复合量相对于非发光复合量的比例越大，光量子效率越高。由于复合是在少子扩散区内发光的，所以光仅在靠近PN结面数μm以内产生。

理论和实践证明，光的峰值波长λ(mm)与发光区域的半导体材料禁带宽度E_g（禁带宽度越窄就越是导体，反之是绝缘体）有关，即

$$\lambda \approx 1\,240/E_g$$

式中：E_g的单位为eV（电子伏特）。E_g越大，所发出的光子波长就越短，颜色就会蓝移；反之，E_g越小，所发出的光子波长就越长，颜色就会红移。若能产生可见光（波长在380 nm紫光～780 nm红光），半导体材料的E_g应在3.26～1.63 eV。比红光波长长的光为红外光。现在已有红外、红、黄、绿及蓝光发光二极管，但其中蓝光二极管成本、价格都很高，使用不普遍。

LED所发出的光的波长（决定颜色），是由组成P、N架构的半导体物料的禁带能量决定。由于硅和锗是间接带隙材料，这些材料在常温下电子与空穴的复合是非辐射跃迁，此类跃迁没有释出光子，所以硅和锗二极管不能发光；但在极低温的特定温度下则会发光，必须在特殊角度下才可发现，而该发光的亮度不明显。发光二极管所用的材料都是直接带隙型的，这些禁带能量对应着近红外线、可见光或近紫外线波段的光能量。

发展初期，采用砷化镓（GaAs）的发光二极管只能发出红外线或红光。随着材料科

学的进步，各种颜色的发光二极管，现今皆可制造。电流从LED阳极流向阴极时，调节电流，便可调节光的强度。如图1-1所示。不同颜色的LED，与所使用的芯片材料有关。材料不一样，电子和空穴复合的能量不一样，发出的光也不一样。

红、黄光芯片的主要材料是AlGaInP、GaAlAs，蓝、绿光芯片的主要材料是GaN、InGaN。

综上所述，所谓LED，就是发光二极管（Light Emitting Diode），基本结构为一块电致发光的半导体芯片，封装在环氧树脂中，通过针脚支架作为正负电极并起到支撑作用，如图1-2所示。

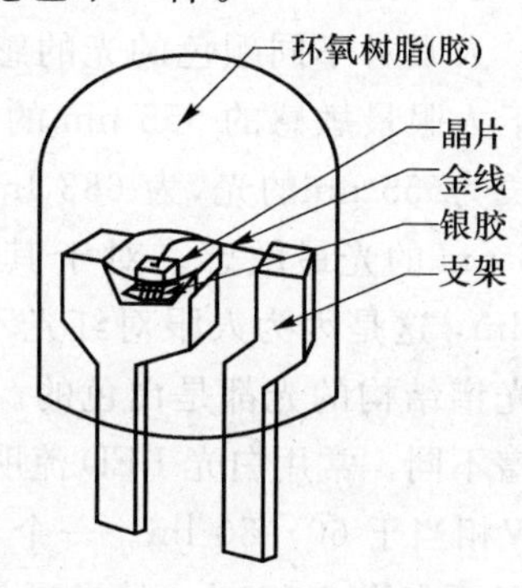

图1-2 发光二极管结构

当给PN结一个正向电压时，PN结的内部电场被抵消，注入的电子（负电荷粒子）与空穴（正电荷离子）复合时，便将多余的能量以光的形式释放出来，从而把电能直接转换为光能。

如果给PN结加反向电压，PN结的内部电场被增强，电子（负电荷粒子）与空穴（正电荷离子）难以注入，故不发光。

通过电子（负电荷粒子）与空穴（正电荷离子）的复合电发光原理制作的二极管，就是常说得发光二极管，即LED。调节电流，便可以调节光的强度，通过调整材料的能带结构和带隙，可以改变发光颜色。

3. LED发光强度（*I*, Intensity）

发光强度简称光度，指光源的明亮程度，是指从光源一个立体角（单位为sr）所放射出来的光通量，也就是光源或照明灯具所发出的光通量在空间选定方向上分布密度，也即表示光源在一定方向和范围内发出的可见光辐射强弱的物理量，单位是坎德拉(cd)。

$$1\ \text{mcd(毫坎德拉)}=1\,000\ \mu\text{cd(微坎德拉)}$$

$$1\ \text{cd(坎德拉)}=1\,000\ \text{mcd(毫坎德拉)}$$

发光强度是针对点光源而言的，或者发光体的大小与照射距离相比较小的场合。这个量是表明发光体在空间发射的会聚能力的。可以说，发光强度就是描述了光源到底有多“亮”，因为它是光功率与会聚能力的一个共同的描述。发光强度越大，光源看起来就越亮，同时在相同条件下被该光源照射后的物体也就越亮。

由于最早LED发光比较暗，所以常用毫坎德拉单位，比如某LED发光强度是15 000，指的就是15 000 mcd（毫坎德拉），即15 cd（坎德拉）。比如1984年标准5 mm的LED发光强度只有0.005 cd。现在室内用单只LED的光强一般为500 μcd～50 mcd，而户外用单只LED的光强一般应为100～1 000 mcd，甚至1 000 mcd以上。

4. LED的光通量（*Φ*, Flux）

光通量为一光源所放射出光能量的速率或光的流动速率，为说明光源发光的能力的基本量，即光源每秒所发出的可见光量之总和，单位为流明(lm, lumen)。

这个量是对光源而言，是描述光源发光总量的大小的，与光功率等价。光源的光通量越大，则发出的光线越多对于各向同性的光(即光源的光线向四面八方以相同的密度发射)，则$\Phi=4\pi I$(π为发光角度)。也就是说，若光源的I为1 cd，则总光通量为$4\pi=12.56$ lm。

人眼对不同颜色的光的感觉是不同的，此感觉决定了光通量与光功率的换算关系。对于人眼最敏感的555 nm的黄绿光，1 W=683 lm，也就是说，1 W的功率全部转换成波长为555 nm的光，为683 lm。这个是最大的光转换效率，也是定标值，因为人眼对555 nm的光最敏感。对于其他颜色的光，比如650 nm的红色，1 W的光仅相当于73 lm，这是因为人眼对红光不敏感的原因。对于白色光，要看情况了，因为很多不同的光谱结构的光都是白色的。例如LED的白光、电视上的白光以及日光就差别很大，光谱不同。常用白光LED流明举例：0.06 W相当于3～5 lm，0.2 W相当于13～15 lm，1 W相当于60～80 lm。一个100 W的灯泡可产生1750 lm，而一支40 W冷白日光灯管则可产生3 150 lm的光通量。

5. LED的光强

光强是衡量LED性能优劣的另一个重要参数，通常用字母I_v来表示。光强的定义是，光在给定方向上，单位立体角内发了1 lm的光为1烛光，其单位用坎德拉(cd)表示。其关系可用公式(1-1)表征：

$$I_v=\mathrm{d}\Phi/\mathrm{d}\Omega \tag{1-1}$$

式中：Φ的单位为lm；I_v的单位为cd；$\mathrm{d}\Omega$是单位立体角，单位为(°)。一个超亮LED芯片的法向光强一般在30～120 mcd，封装成器件后，其法向光强通常要大于1 cd。

6. LED的光效

光源发出的光通量除以光源的功率。它是衡量光源节能的重要指标，是以其所发出光的流明除以其耗电量所得之值，单位为每瓦流明(lm/W)，即

光源效率(lm/W)=流明(lm)/耗电量(W)

也就是每一瓦电力所发出光的量，其数值越高表示光源的效率越高，也越节能。所以效率通常是要考虑的一个重要因素。通常白炽灯与荧光灯的光效分别为15 lm/W与60 lm/W，灯泡的功率越大，光通量越大。对于一个性能较高的LED器件，光效为20 lm/W，实验室水平也有达到100 lm/W的。为使LED器件更快地用于照明，必须进一步提高LED器件的发光效率，估计10年后，LED的光效可大于200 lm/W。届时，人类将会迎来一个固态光源全面替代传统光源的新时代。

7. 照度(*E*, Iluminance)

照度即受照平面上接受光通量的密度，可用每一单位面积的光通量来测量。1 lm的光通量均匀分布在1 m^2(平方米)的表面，即产生1勒克斯(lx)的照度。1 lm的光通量落在1 ft^2(平方英尺)的表面，其照度值为1尺烛光(Footcandle，FC)。桌面、工作面的照度不应少于150 lx。起居室的照明采用光线柔和的半直接型照明灯具较理想，其平均照度应达到100 lx左右。阅读和书写用的灯具功率可大些，照度应达到200 lx。

在照明应用中，往往要知道当用LED作照明光源时，希望知道这种光源照射在接

收面上某一点处的面元上的光通量 Φ。很显然,不同面元的面积,其照射效果不一样,于是人们用一个光照度来规范这一情况下光源的性能。

照度也称光照度,它定义为:照射在光接收面上一点处的面元上的光通量 $d\Phi$ 与该点处面元的面积 dS 之比,用 lx 来表示,可写作:

$$E = d\Phi / dS \tag{1-2}$$

由式(1-2)可以知道,只要了解 LED 光源的光通量 Φ,和需被照射的面积 S,则在这个面积为 S 的表面上的照度 E 即可用式(1-2)求得。因此,从式(1-2)可知,照度又可称为单位面积的光通量。

从照度的定义和式(1-2),可以得到 Φ 与 E 的相互换算关系,式(1-2)是知道照度 E 和单位面积,即可计算出光通量 Φ 为

$$\Phi = E \cdot dS \tag{1-3}$$

这些关系式在 LED 实际应用中十分重要,是经常用到的基本设计公式。

例如:用 LED 光源作路灯,已知路灯高 10 m,灯距为 16 m,如图1-3所示。要使两盏灯间的路面范围内照度为 20 lx,每盏灯的 LED 光源要用多大的光通量?

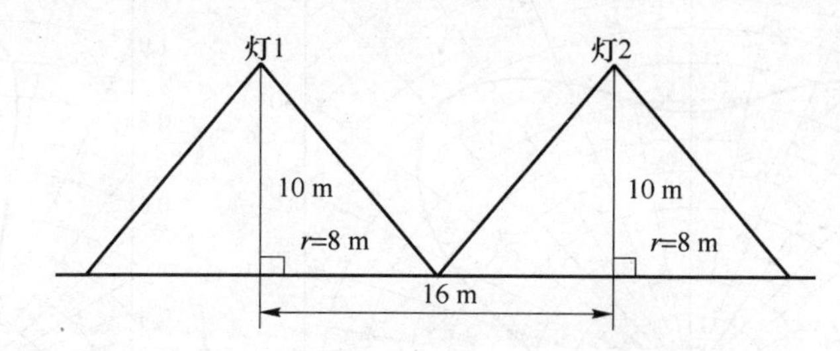

图1-3　路灯照度计算示度图

解: 这里 $r = 16\ \text{m}/2 = 8\ \text{m}$,因此 $S = 3.14 \times 8^2 = 200\ \text{m}^2$,于是有:

$$\Phi = E \cdot dS = 20\ \text{lx} \times 200\ \text{m}^2 = 4\ 000\ \text{lm}$$

如果用 Φ 为 20 lm 的 LED 作为灯的光源,则需要 20 个才能满足要求。

8. 亮度和发光角度

亮度是指物体明暗的程度,定义是单位面积的发光强度,单位为 cd/m^2(该单位曾称为尼特,符号为 nt)。

LED 的发光角度是 LED 应用产品的重要参数,二极管发光角度也就是其光线散射角度,主要靠二极管生产时加散射剂来控制,有三大类:

① 高指向性。一般为尖头环氧封装,或是带金属反射腔封装,且不加散射剂。发光角度 5°～20°或更小,具有很高的指向性,可作局部照明光源用,或与光检出器联用以组成自动检测系统。

② 标准型。通常作指示灯用,其发光角度为 20°～45°。

③ 散射型。这是视角较大的指示灯,发光角度为 45°～90°或更大,散射剂的量较大。

LED 发光强度的空间分布又叫配光曲线,如图1-4和图1-5所示。可见 LED 发

光强度的空间分布不均匀。LED辐射的空间特性取决于封装半导体芯片结构及封装形式。封装好的LED内可能带有内部反射杯、透镜以及一些散射和滤色材料。

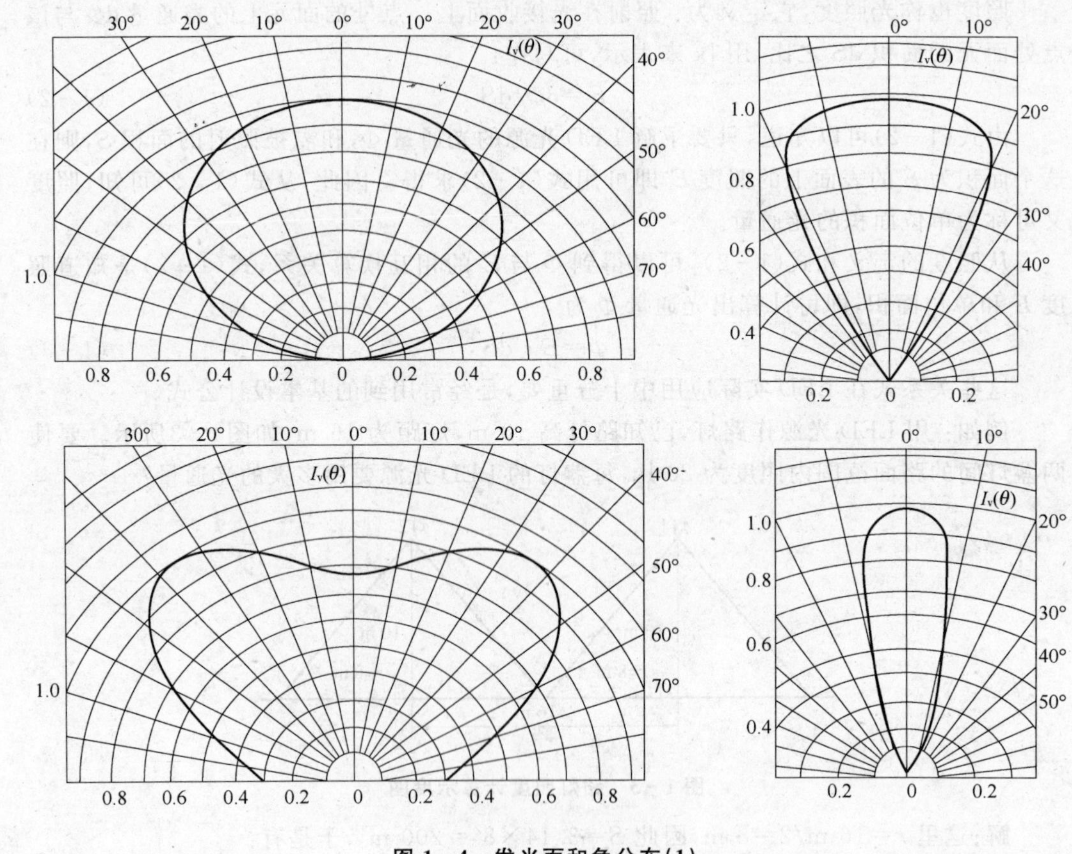

图1-4 发光面和角分布(1)

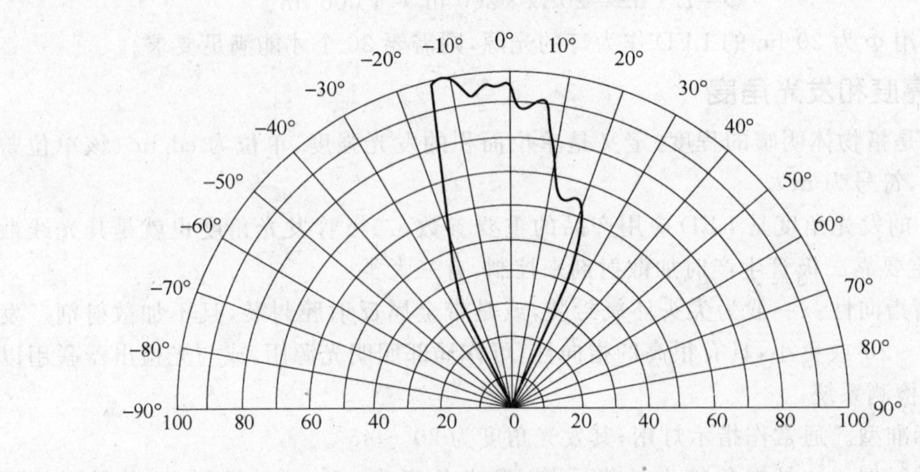

图1-5 发光面和角分布(2)

9. LED的光衰

LED的光衰是指LED经过一段时间的点亮后，其光强会比原来的光强低，而低了的部分就是LED的光衰。一般LED封装厂家做测试是在实验室条件下(25℃常温下)，以20 mA的直流电连续点亮LED 1 000 h来对比其点亮前后的光强。

LED的光衰主要由两大因素造成。首先，是LED产品本身品质问题，采用的LED芯片品质不好，亮度衰减较快，或者生产工艺存在缺陷，LED芯片散热不能良好地从PIN脚导出，导致LED芯片温度过高而使芯片衰减加剧。其次，是使用条件问题，LED为恒流驱动，有部分LED采用电压驱动，导致LED衰减增大，或者驱动电流大于额定驱动条件。

1.3.2 LED光源的色温

LED产品中，一项重要的规格指标就是色温，这关系到LED灯光照明产品所显示的颜色特性。

通常人眼所见到的光线，是由光的三原色(红、绿、蓝)组成的7种色光的光谱所组成。色温就是专门用来量度光线的颜色成分的。当光源发射光的颜色与黑体在某一温度下辐射光色相同时，黑体的温度称为该光源的色温，单位：开尔文(K)。

颜色实际上是一种心理物理上的作用。所有颜色印象的产生，是由于时断时续的光谱在眼睛上的反应，所以色温只是用来表示颜色的视觉印象。

如何准确地进行色温定位？这就需要使用到“色温计”。一般情况下，上午10点至下午2点，晴朗无云的天空，在没有太阳直射光的情况下，标准日光在5 200～5 500 K；新闻摄影灯的色温在3 200 K；一般普通灯泡光的色温大约在2 800 K。由于普通灯泡光的色温偏低，所以拍摄的照片扩印后会感到色彩偏黄色；而一般日光灯的色温在7 200～8 500 K，所以在日光灯下拍摄的相片会偏青色。这都是因为拍摄环境的色温与拍摄机器设定的色温不对应造成的，一般在扩印机上可以进行调整。但如果拍摄现场有日光灯也有钨丝灯的情况，我们称为混合光源，这种情况下拍摄的片子很难调整。不同光源环境的相关色温如表1-3所列。

表1-3 不同光源环境的相关色温

光 源	色温/K	光 源	色温/K
北方晴空	8 000～8 500	阴天	6 500～7 500
夏日正午阳光	5 500	金属卤化物灯	4 000～4 600
下午日光	4 000	冷色荧光灯	4 000～5 000
高压汞灯	3 450～3 750	暖色荧光灯	2 500～3 000
卤素灯	3 000	钨丝灯	2 700
高压钠灯	1 950～2 250	蜡烛光	2 000

光源色温不同，光色也不同，色温在3 300 K以下有温暖的感觉，达到稳重的气氛；色温在3 300～5 300 K为中间色温，有爽快的感觉；色温在5 300 K以上有冷的感觉。

不同的色温会引起人们在情绪上不同的反应，一般把光源的色温分成三类：

① 暖色光：暖色光的色温在3 300 K以下，暖色光与白炽灯光色相近，红光成分较多，给人以温暖、健康、舒适的感觉，适用于家庭、住宅、宿舍、医院、宾馆等场所，或温度比较低的地方。

② 暖白光：又叫中间色，它的色温在3 300～5 300 K。暖白光光线柔和，使人有愉快、舒适、安详的感觉，适用于商店、医院、办公室、饭店、餐厅、候车室等场所。

③ 冷色光：又叫日光色，它的色温在5 300 K以上，光源接近自然光，有明亮的感觉，使人精力集中，适用于办公室、会议室、教室、绘图室、设计室、图书馆的阅览室、展览橱窗等场所。

一般的白光LED色温在5 000～9 000 K。

1.3.3 LED的显色性

显色性是指光源对物体颜色呈现的程度，也就是颜色的逼真程度。显色性高的光源对颜色的表现较好，所看到的颜色就较接近自然颜色；显色性低的光源对颜色的表现较差，所看到的颜色偏差也较大。

为何会有显色性高低之分呢？其关键在于该光线的分光特性，可见光的波长在380～780 mm的范围，也就是在光谱中见到的红、橙、黄、绿、青、蓝、紫光的范围，如果光源所放射的光之中所含的各色光的比例与自然光相近，则我们眼睛所看到的颜色也就较为逼真。

我们一般以显色指数为表征显色性。国际照明委员会CIE把太阳的显色指数定为100，即标准颜色在标准光源的辐射下，显色指数定为100。当色标被试验光源照射时，颜色在视觉上的失真程度，就是这种光源的显色指数。各类光源的显色指数各不相同，如：高压纳灯显色指数为$Ra=23$，荧光灯管显色指数为$Ra=60～90$。显色分两种：忠实显色和效果显色。忠实显色是指能正确表现物质本来的颜色，需使用显色指数(Ra)高的光源，其数值接近100。效果显色是指要鲜明地强调特定色彩，表现美的生活可以利用加色的方法来加强显色效果。采用低色温光源照射，能使红色更加鲜艳；采用中等色温光源照射，使蓝色具有清凉感。显色指数越大，则失真越小；反之，失真越大，显色指数就越小。不同的场所对光源的显色指数要求是不一样的。国际照明协会一般把显色指数分成五类，如表1-4所列。

表1-4 国际通行的五类显色指数

类 别	显色指数 Ra	适用范围
1	＞90	美术馆、博物馆及印刷等行业及场所
2	80～90	家庭、饭馆、高级纺织工艺及相近行业
3	60～80	办公室、学校、室外街道照明
4	40～60	重工业工厂、室外街道照明
5	20～40	室外道路照明及一些要求不高的地方

1.3.4 光谱特性

LED光辐射光谱分布有其独特的一面。它既不是单色光(如激光),也不是宽光谱辐射(如白炽灯),而是介于两者之间,即有几十纳米的带宽、峰值波长位于可见光或近红外区域,如图1-6所示。

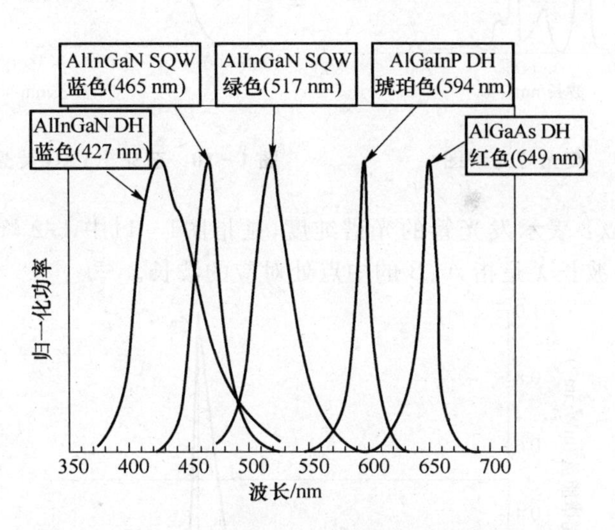

图1-6 不同的Ⅲ~Ⅴ族材料LED的发光光谱

LED的波长分布有的不对称,有的则有很好的对称性,具体取决于LED所使用的材料种类及其结构等因素。改变发光层的电致发光层结构及合金组分的比例,都会引起谱线的峰值波长和半宽度的变化。LED光谱特性表征其单色性的优劣和其主要颜色是否纯正。下面是一些不同光谱图,日光光谱图如图1-7所示,卤素灯光谱图如图1-8所示,荧光灯光谱图如图1-9所示,蓝光+YAG荧光粉光源光谱图如图1-10所示。

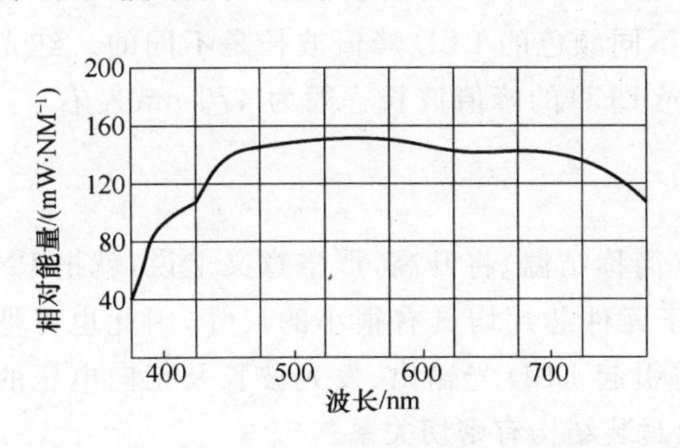

图1-7 日光光谱图

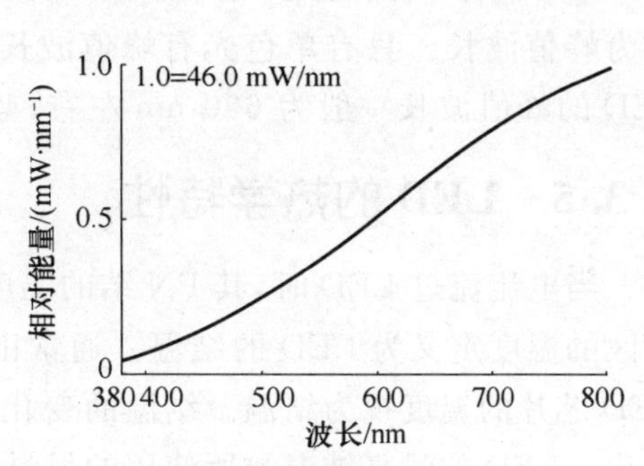

图1-8 卤素灯光谱图

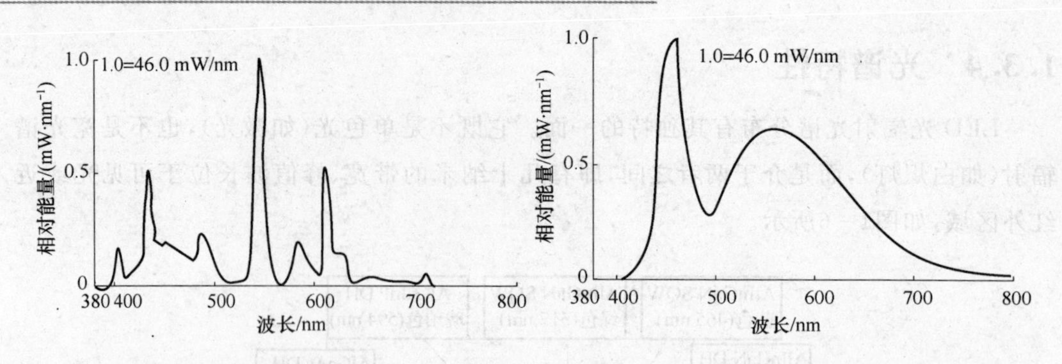

图 1-9 荧光灯光谱图

图 1-10 蓝光+YAG荧光粉光源光谱图

光谱半宽度 Δλ：表示发光管的光谱纯度，是指图1-11中 1/2 峰值光强所对应两波长之间隔。中心波长 λ 是指 A、B 的中点处对应的波长。

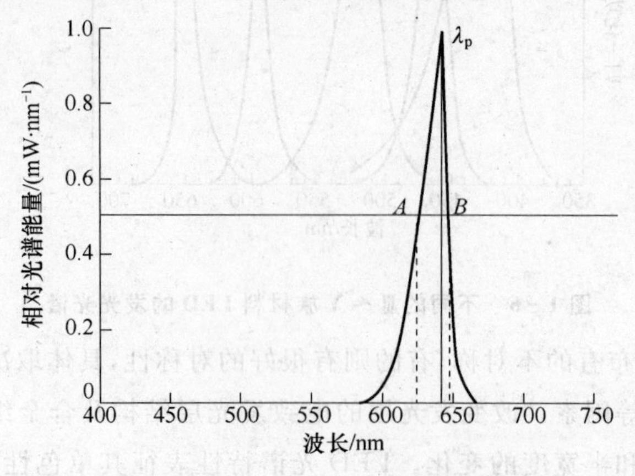

图 1-11 不同波长光的能量分布图

光谱分布和峰值波长：有的发光二极管所发的光并非单一波长，其波长大体按图 1-11 所示。该发光二极管所发的光中某一波长 λ_p 的光谱能量（光强）最大，该波长为峰值波长。只有单色光有峰值波长，不同颜色的 LED 峰值波长是不同的。红光 LED 的峰值波长一般为 690 nm 左右，蓝光 LED 的峰值波长一般为 470 nm 左右。

1.3.5 LED的热学特性

当电流流过 LED 时，其 PN 结的温度（简称结温）将升高，严格意义上说，就把 PN 结区的温度定义为 LED 的结温。通常由于元件芯片均具有很小的尺寸，因此也可把 LED 芯片的温度视为结温。结温的变化将引起 LED 光输出、发光波长及正向电压的变化。LED 的最高结温与所使用的材料及封装结构有密切关系。

LED 芯片发热有很多害处，当 LED 的结温升高时，材料的禁带宽度将减小，导致 LED 的发光波长变长，颜色红移。一般情况下，LED 的发光波长随温度变化为 0.2～0.3 nm/℃，光谱宽度随之增加，影响颜色鲜艳度。同时，在室温下，结温每升高 1 ℃，

LED 的发光强度会相应地减小 1%左右。

结温上升的原因，一般是元件不良的电极结构；或者 PN 结的注入效率不完美；或者出光效率的限制；或者 LED 元件的热散失能力。

降低 LED 结温，可以采取减小 LED 本身的热阻、控制额定输入功率、减小 LED 与二次散热机构安装界面之间的热阻、采用良好的二次散热机构及降低环境温度等措施。

1.3.6　LED 的电学特性

LED 是利用化合物材料制成 PN 结的光电器件，具备 PN 结结型器件的一般特性。首先，LED 工作电压一般在 2～3.6 V；其次，LED 的工作电流会随着供应电压的变化及环境温度的变化而产生较大的波动。所以，LED 一般要求工作在恒流驱动状态。再者，LED 具有单向导通的特性。

1. 伏-安特性

LED 的伏-安（$I-V$）特性如图1-12所示。

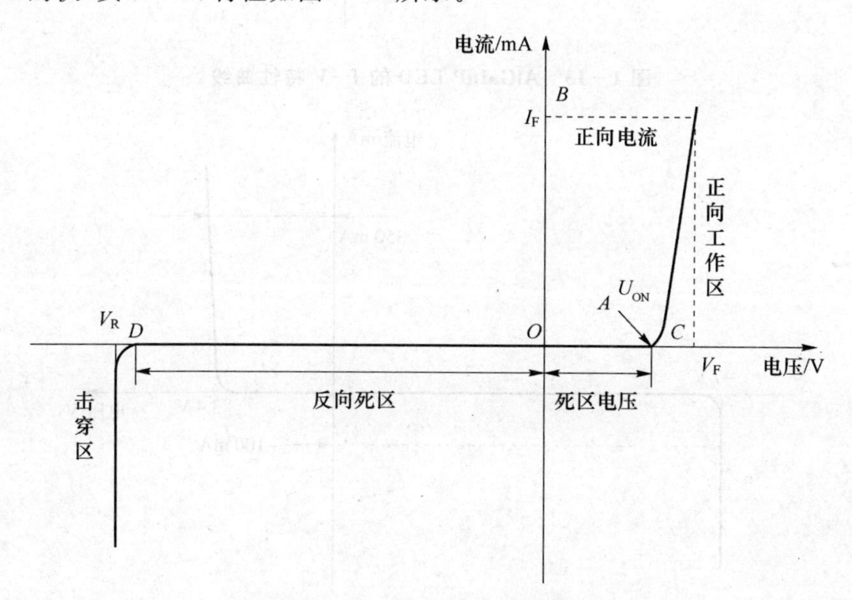

图 1-12　LED 的 $I-V$ 特性曲线

① LED 的伏-安（$I-V$）特性是流过芯片 PN 结电流随施加到 PN 结两端上电压变化的特性，它是衡量 PN 结性能的主要参数，是 PN 结制作优劣的重要标志。

② LED 具有单向导电性和非线性特性。

如图1-12所示，LED 较为重要的电学参数是：开启电压 U_{ON}，图中 A 点处，正向电流 I_F，图中 B 点，正向电压 V_F，图中 C 点，反向电压 V_R，图中 D 点。

开启电压指的是电压在开启点以前几乎没有电流，电压一超过开启点，很快就显出欧姆导通特性，电流随电压增加迅速增大，开始发光。开启点电压因半导体材料的不同而异。GaAs 是 1.0 V，GaAs1-xPx 和 Ga1-xAlxAs 大致是 1.5 V（实际值因 x 值的不同而有些差异)，GaP(红色)是1.8 V，GaP(绿色)是2.0 V，GaN为2.5 V。AlGaInP LED的 $I-V$ 特性曲线如图1-13所示，InGaN LED的 $I-V$ 特性曲线如图1-14所示。

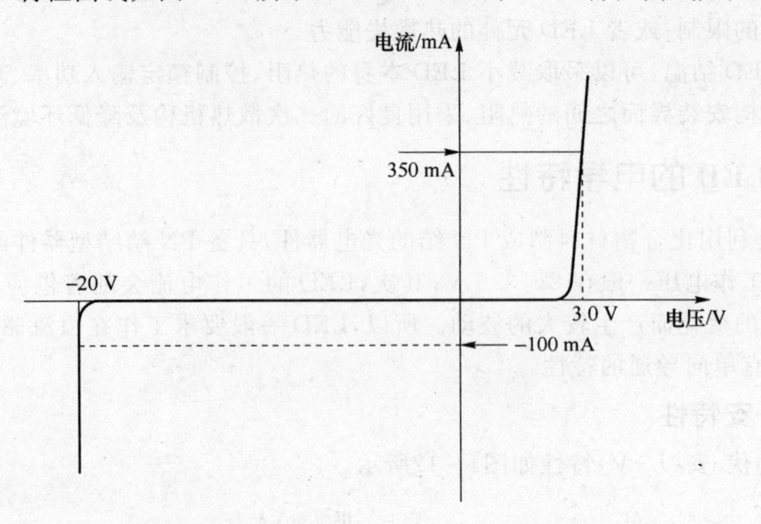

图1-13　AlGaInP LED的 $I-V$ 特性曲线

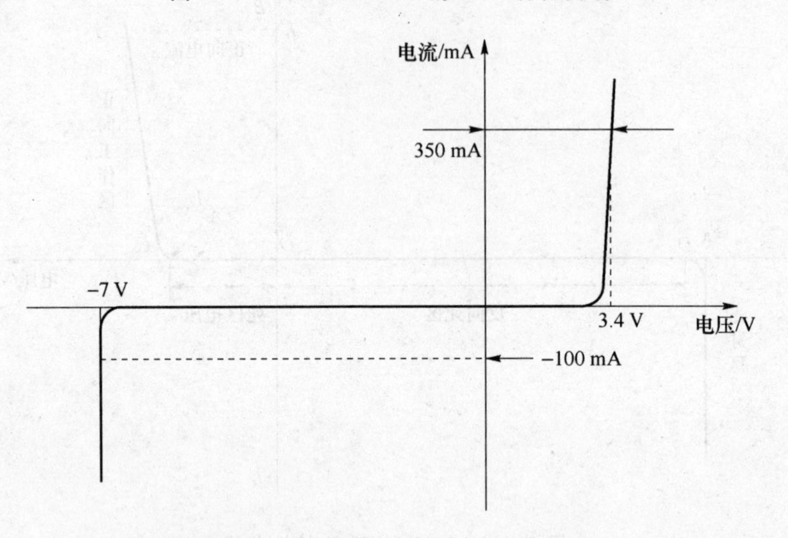

图1-14　InGaN LED的 $I-V$ 特性曲线

正向工作电流 I_F 是指发光二极管正常发光时的正向电流值。在实际使用中应根据需要选择 I_F 在 $0.6 \cdot I_{Fmax}$ 以下。

反向漏电流 I_R 是当加反向电压时，外加电场与内建势垒电场方向相同，便阻止了多数载流子的扩散运动，所以只有很小的反向电流流过管子。但是，当反向电压加大到一定程度时，结在内外电场的作用下，把晶格中的电子强拉出来，参与导电，因而此时反向电流突然增大，出现反向击穿现象。正向的发光管反向漏电流 $I_R<10\ \mu A$，反向漏电流 I_R 在 $V=-5$ V时，GaP为0，GaN为10 μA。反向电流越小，说明LED的单向导电性能越好。

最大反向电压 V_{Rmax} 是所允许加的最大反向电压。超过此值，发光二极管可能被击穿损坏。反向击穿电压也因材料而异，一般在 -2 V 以上即可。

正向工作电压 V_F 是参数表中给出的工作电压，是在给定的正向电流下得到的。小功率彩色 LED 一般是在 $I_F=20$ mA 时测得的，正向工作电压 V_F 在 1.5～2.8 V；功率级 LED 一般是在 $I_F=350$ mA 时测得的，正向工作电压 V_F 在 2～4 V。在外界温度升高时，两者的 V_F 都将下降。

2. 响应时间

LED 响应时间是指通一正向电流时开始发光和熄灭所延迟的时间，标志 LED 的反应速度。

响应时间主要取决于载流子的寿命、器件的结电容及电路的阻抗，如图 1-15 所示。LED 的点亮时间，即上升时间 t_r，是指接通电源使发光亮度达到正常的 10%开始，一直到发光亮度达到正常值的 90%所经历的时间。LED 熄灭时间，即下降时间 t_f，是指正常发光减弱至原来的 10%所经历的时间。

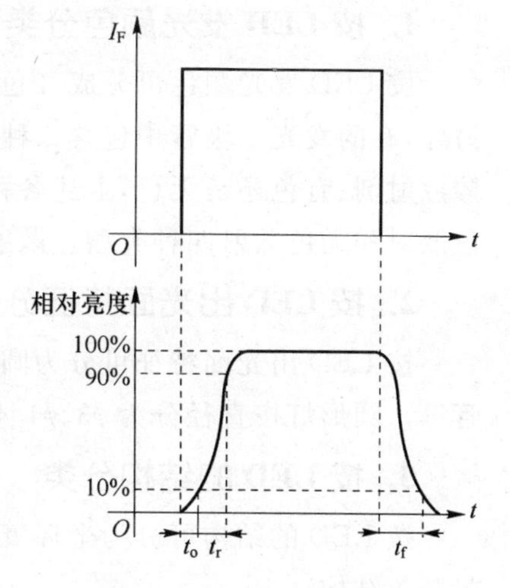

图 1-15 LED 响应时间

不同材料制得的 LED 的响应时间各不相同，如 GaAs、GaAsP、GaAlAs 的响应时间均小于 10^{-9} s，因此它们可用在 10～100 MHz 的高频系统中。

3. 允许功耗 *P*

如果流过 LED 的电流为 I_F、管压降为 V_F，那么 LED 的实际功率消耗 P 为

$$P=V_F\times I_F$$

LED 工作时，外加偏压、偏流，一部分促使载流子复合发出光，另一部分变成热，使结温升高。

若结温大于外部环境温度时，内部热量借助管座向外传热，逸散热量。为保证 LED 安全工作，应该保证实际功率在最大允许功耗范围内。

1.4 LED 的分类

随着不断上涨的能源成本加上越来越多的政府监管呼唤采用高效照明，这使得高亮度 LED 成为照明应用的主力军。在市场的吸引和推动下，LED 技术进步的步伐在不断加快，产品性价比在逐年提高，产品种类层出不穷，而且 LED 企业数量快速增加，据统计，仅在我国专业经营 LED 照明灯具的制造企业已经有几千家，因此要对 LED 进行科学分类还很难，下面是作者按照 LED 的物理特征、发光强度角分布图及工作电流进行分类。

1.4.1 按LED的物理特征分类

1. 按LED发光颜色分类

按LED发光颜色可分成红色、橙色、绿色(又细分黄绿、标准绿和纯绿)、蓝光等。另外,有的发光二极管中包含二种或三种颜色的芯片。根据发光二极管出光处掺或不掺散射剂、有色还是无色,上述各种颜色的发光二极管还可分成有色透明、无色透明、有色散射和无色散射四种类型。散射型LED适合用做指示灯。

2. 按LED出光面特征分类

按LED出光面特征可分为圆灯、方灯、矩形灯、面发光管、侧向管、表面安装用微型管等。圆形灯按直径分为$\phi 3$、$\phi 4.4$、$\phi 5$、$\phi 8$、$\phi 10$及$\phi 20$等。

3. 按LED的结构分类

按LED的结构可分为全环氧封装、金属底座环氧封装、陶瓷底座环氧封装及玻璃封装等结构。

4. 按封装式样和用途分类

SMD型LED:SMD是目前LED最新的发展,主要应用于3C科技商品上,如手机屏幕背光源、音响背光源、手机按键光源、汽车面板背光源、电器按键信号灯等,照射角度大所以光束能够均匀扩散,但是制作成本极高。

SMD型又称为表面贴装二极管,属于表面贴装元器件。SMD型LED有多种类别。

按形状大小SMD型LED可分为0603、0805、1210、5060、1010等,一般SMD型都是菱形的,所以其名称都是根据长×宽的尺寸来命名的,行业中常用的是英寸,不是毫米,也有使用毫米的,如1608(1.6 mm×0.8 mm)等。

SMD型LED的发光颜色和胶体的种类与LAMP LED产品一样,只是产品的形状发生了很大的变化。

LAMP型LED:LAMP的体积大且照射角度较小,因而光束为聚光型,主要应用在户外广告牌、指示灯、电器信号灯、交通信号灯。有的称它为P2产品,也有的称它为插件LED,无论怎样称呼只要是直插式的都归于一种。而LED种类里面还有如下种类:

按胶体形状分:3 mm、4 mm、5 mm、8 mm、10 mm、12 mm、方形、椭圆形、墓碑形,还有一些特殊形状等。

“食人鱼”型LED:兼具了SMD及LAMP的优点,且照射角度也比LAMP大,加上防水技术成熟,且拥有高亮度、省电力、长寿命的特性,可对应汽车室内灯较大的车种,超优质量、超低价格已成为目前市场上物美价廉的最佳车内照明选择,而因技术已成熟所以制作成本较SMD便宜,均广泛用于汽车照明系统,物超所值而深受开车族的喜爱。

由于LED的发光效率不能满足汽车的使用要求，所以就开发了“食人鱼”型LED产品，是小功率产品，其驱动电流一般在50 mA，一般LED用的是20 mA，最高电流可以达到70 mA，就是因为其散热比较好，一般用于汽车后尾灯。

1.4.2　从发光强度角分布图来分类

1. 高指向性

一般为尖头环氧封装，或是带金属反射腔封装，且不加散射剂。半值角为5°～20°或更小，具有很高的指向性，可作局部照明光源用，或与光检出器联用以组成自动检测系统。

2. 标准型

通常用做指示灯，其半值角为20°～45°。

3. 散射型

这是视角较大的指示灯，半值角为45°～90°或更大，散射剂的量较大。

1.4.3　按发光强度和工作电流分类

按发光强度和工作电流分为普通亮度LED(发光强度10 mcd)和发光强度在10～100 mcd的高亮度LED。达到或超过100 mcd的称为超高亮度。

一般LED的工作电流在十几毫安至几十毫安，而低电流LED的工作电流在2 mA以下(亮度与普通发光管相同)。按工作功率，LED可分为小功率型(<0.06 W)、功率型(0.06～1 W)、大功率型(>1 W)。现有照明的LED大功率(powerled)产品有以下分类:1 W、3 W、5 W等。

1.5　白光LED和高亮度LED

1.5.1　白光LED的概念

随着ZnSe和GaN等宽带隙材料及其发光器件技术的发展，于20世纪90年代中期推出了一种白光LED。由于白光LED具有低驱动电压、快速开关响应时间、无频闪、高发光效率、小体积、低能耗、长寿命、强抗震性等特点，有望取代传统的白炽灯、荧光灯和高压气体放电灯，实现环保和绿色照明光源，在军用和民用领域都有巨大的应用潜力和发展前景，因此白光LED被称为爱迪生发明白炽灯之后的又一次灯具技术革命，世界各国正不惜重金支持这种极具社会和经济效益的白光LED的发展。

一般所说的白光是指白天所看到的太阳光，从学理上分析后发现其蕴含自400～700 nm范围的连续光谱，以目视的颜色而言，可分解成红、橙、黄、绿、蓝、青、紫等7种颜色。根据 LED 的发光原理，一般 LED 只能发出单色光，为了让它发出白光，工艺上须混合两种以上互补色的光，其示意图如图1-16所示。1998 年白光 LED 研发成功，经过 10 多年的发展，常用来形成白光 LED 的组合方式有三种：

① 蓝光 LED 与黄色荧光粉之组合；

② 红/绿/蓝三色 LED 之组合；

③ UVLED 与多色荧光粉之组合。

目前，掌握白光 LED 关键技术的厂家包括日亚化工、Cree、Lumileds、Osram 等。

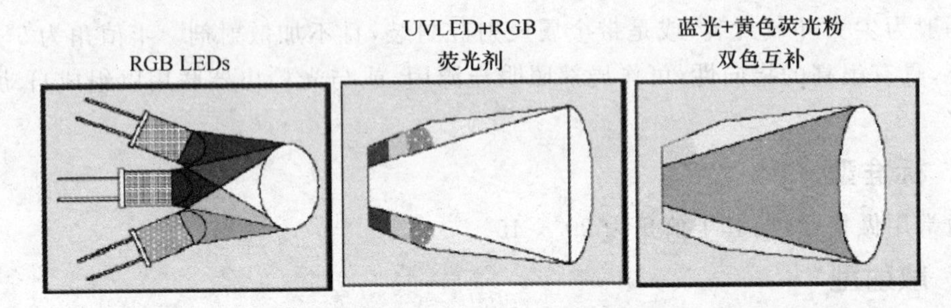

图 1-16 白光 LED 的组合方式示意图

1.5.2 白光 LED 的发光原理

1. 单芯片 LED

(1) InGaN(蓝)/YAG 荧光粉

这是一种目前较为成熟的产品，其中 1 W 和 5 W LED Lumileds 公司已有批量产品。这些产品采用芯片倒装结构，提高发光效率和散热效果。荧光粉涂覆工艺的改进，可将色均匀性提高 10 倍。实验证明，电流和温度的增加使 LED 光谱有些蓝移和红移，但对荧光光谱影响并不大。寿命实验结果也较好，ϕ5 的白光 LED 在工作 12 000 h 后，光输出下降 80%，而这种功率 LED 在工作 12 000 h 后，仅下降 10%，估计工作 50 000 h 后下降 30%。这种称为 Luxeon 的功率 LED 最高效率达到 44.3 lm/W，最高光通量为 187 lm，产业化产品可达120 lm，Ra 为 75～80。

(2) InGaN(蓝)/红荧光粉+绿荧光粉

Lumileds 公司采用 460 nm LED 配以 $SrGa_2S_4$：Eu^{2+}（绿色）和 SrS：Eu^{2+}（红色）荧光粉，色温可达到 3 000～6 000 K 的较好结果，Ra 达到 82～87，较前述产品有所提高。

(3) InGaN(紫外)/(红+绿+蓝)荧光粉

Cree、日亚、丰田等公司均在大力研制紫外 LED。Cree 公司已生产出 50 mW、385～405 nm 的紫外 LED；丰田公司已生产此类白光 LED，其 Ra 大于或等于 90，但发光效率还不够理想；日亚公司最近制得 365 nm、1 mm^2、4.6 V、500 mA 的高功率紫外 LED，如制成白色 LED，会有较好的效果。

ZnSe 和 OLED 白光器件也有进展，但离产业化生产尚远。

2. 双芯片 LED

可由蓝 LED＋黄 LED、蓝 LED＋黄绿 LED 以及蓝绿 LED＋黄 LED 制成，此种器件成本比较便宜，但由于是两种颜色 LED 形成的白光，显色性较差，只能在显色性要求不高的场合使用。

3. 三芯片(蓝色＋绿色＋红色)LED

Philips 公司用 470 nm、540 nm 和 610 nm 的 LED 芯片制成 *Ra* 大于 80 的器件，色温可达 3 500 K。如用 470 nm、525 nm 和 635 nm 的 LED 芯片，则缺少黄色调，*Ra* 只能达到 20 或 30。

采用波长补偿和光通量反馈方法可使色移动降到可接受程度。美国 TIR 公司采用 LuxeonRGB 器件制成用于景观照明的系统产品，以及 Lumileds 公司制成的液晶电视屏幕(22 in)，产品的性能都不错。

4. 四芯片(蓝色＋绿色＋红色＋黄色)LED

采用 465 nm、535 nm、590 nm 和 625 nm LED 芯片可制成 *Ra* 大于 90 的白光 LED。

此外，Norlux 公司用 90 个三色芯片(R、G、B)制成 10 W 的白光 LED，每个器件光通量达 130 lm，色温为 5 500 K。

单芯片和多芯片的比较见表 1－5。

表 1－5　单芯片和多芯片的比较

<table>
<tr><th>类　型</th><th>方　式</th><th>实　务</th><th>优劣比较</th></tr>
<tr><td rowspan="4">多芯片型</td><td rowspan="2">RGB三色混光</td><td rowspan="2">不易</td><td>优点：材料来源简单</td></tr>
<tr><td>缺点：① 使用三颗 LED 芯片，成本高
② 三色混光不易使光色相同，一致性差</td></tr>
<tr><td rowspan="2">BCW 蓝光＋琥珀色黄光</td><td rowspan="2">可行</td><td>优点：① 一致性好
② 可用于高电量产品(如汽车)</td></tr>
<tr><td>缺点：① 专利权在美商 Gentex 手中
② 由于电压高，有过热问题</td></tr>
<tr><td rowspan="5">单芯片型</td><td rowspan="2">蓝光＋YAG荧光粉</td><td rowspan="2">可行</td><td>优点：① 材料来源简单，一致性好
② 可用于低电量产品(如手机)
③ 低电压，没有过热问题</td></tr>
<tr><td>缺点：专利权在 Nichia 公司手中</td></tr>
<tr><td rowspan="2">UV＋RGB荧光粉</td><td rowspan="2">不易</td><td>优点：亮度较亮，一致性佳，没有过热问题</td></tr>
<tr><td>缺点：芯片、荧光粉的来源都不易，目前量产都有问题</td></tr>
<tr><td>ZnSe</td><td>难</td><td>缺点：制作不易，且属活泼性元素，信赖度待提升</td></tr>
</table>

1.5.3 白光LED的技术指标

照明用白光LED不同于传统的LED产品，在技术性能指标上有一些特殊要求：一个ϕ5 LED的光通量仅为1 lm左右，而用做照明的白光功率LED希望光通量达到1 K·lm。当然，光通量为0.1 K·lm和0.01 K·lm的功率LED也能达到要求较低的照明需求。由于15 W白炽灯效率较低，仅8 lm/W，所以一个15 W白炽灯的光通量，与25 lm/W的白光功率LED 5 W器件相当。

发光效率目前产业化产品已从15 lm/W提高到100 lm/W，研究水平为125 lm/W，最高水平已达130 lm/W。

色温在2 500～10 000 K，最好是在2 500～5 000 K。显色指数*Ra*最好为100。目前可以达到85。热阻小于或等于20 ℃/W。稳定性波长和光通量均要求保持稳定，但其稳定性程度依照明场合的需求而定。寿命为50 000～100 000 h。

1.5.4 白光LED作为照明光源的特点

白光LED作为第四代照明器件的候选器件，具有白炽灯、荧光灯无与伦比的优点。

1. 发光效率高

白光LED芯片是基于半导体中载流子的复合而发光的，光谱几乎全部集中于可见光频率范围，效率可达80%～90%；而市场化的蓝光加黄色荧光体组合中常用YAG系列荧光体的发光效率也达90%以上，WLED总体发光效率较白炽灯、荧光灯大大提高。

2. 能耗小

白光LED发光是典型的冷光源发光。在同样亮度下，白光LED电能的消耗仅为白炽灯的1/10。目前，我国用于照明的电力约2 500亿kW·h/a，如果采用白光LED照明，就可节电2 200多亿kW·h/a，是三峡电站年发电量的3倍。

3. 响应速度快

LED本身的工作机理决定了其发光对电流的响应速度极快，因此适合频繁开关以及高频运作的场合。

4. 体积小

可以做成点、线、面等各种形式的轻、薄、短小产品，也可以多器件组合成大器件。

5. 安全环保

LED单位工作电压为1.5～3 V，对人体安全，LED废弃物可回收，无污染。

6. 寿命长

LED光通量衰减到70%的标准寿命是10万h，约合50年，是白炽灯的100倍。

1.5.5 与单色光相比白光LED的光谱和光衰的特点

单色光的光谱为单一波峰，特性是以峰值波长(或主波长)及光谱半宽度来表示的，而白光 LED 的光谱由多种(红、绿、蓝)单色光谱合成,其光谱曲线显现出多个不同幅度的波峰,其特性是以色度图中色坐标的色温来表示,这就是二者的区别如图1-17和图 1-18 所示。

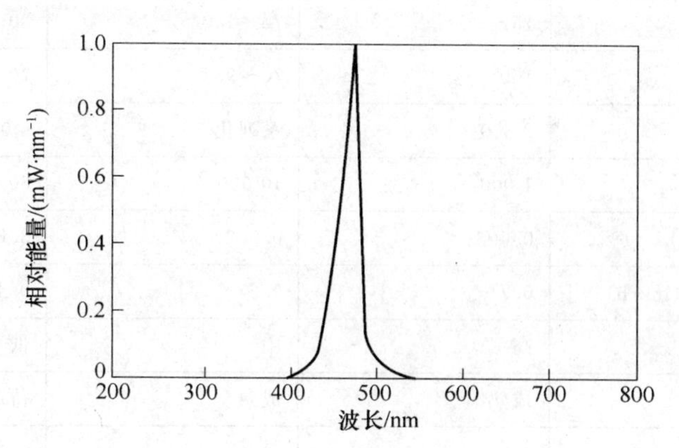

图 1-17　LED 单色光(蓝色)光谱曲线

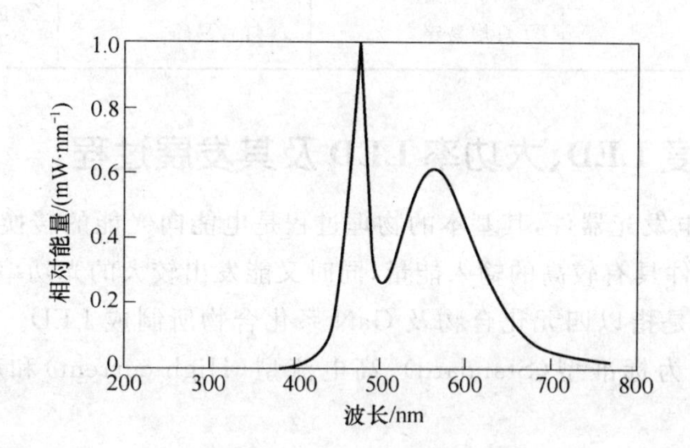

图 1-18　白光的光谱曲线

白光 LED 光衰(测试条件 20 mA、环境温度 30℃)的曲线如图1-19所示。白炽灯、荧光灯与目前白光 LED 基本性能的优劣比较如表 1-6 所列。

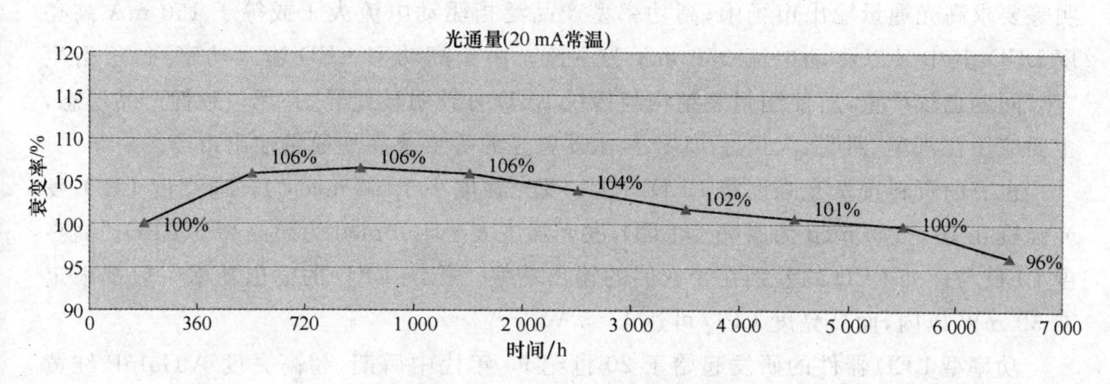

图 1-19　白光 LED 光衰曲线

表1-6 白炽灯、荧光灯与目前白光LED基本性能的优劣比较

名　称	白炽灯	荧光灯	白光LED
光效/($lm \cdot W^{-1}$)	15	70～100	30
显色指数(Ra)	100	70～98	70～85
色温/K	2 800	系列化	4 000～8 000
平均寿命/h	1 000	10 000	50 000
价格/(美元·lm^{-1})	0.003	0.002	3.6
耗电成本/[美元·$(lm \cdot h)^{-1}$]	0.7	0.2	0.4
照明面发热量	高	中	低
量产技术	成熟	成熟	待改进
存在问题	① 低效率高耗电 ② 维护频繁 ③ 灯炮易碎	① 废弃汞蒸气破坏环境 ② 灯管易碎	① 光效待提高 ② 散热技术尚待改进

1.5.6 高亮度LED、大功率LED及其发展过程

LED是一种电发光器件，其基本的物理过程是电能向光能的转换。所谓电功率型LED，即是这种器件具有较高的输入能量，同时又能发出较大的光功率输出。

高亮度LED是指以四元化合物及GaN系化合物所制成LED。若进一步依其驱动电流大小，可分为标准型(Standard)、高电流型(High-current)和高功率型(High-power)三大类。

标准型产品泛指驱动电流小于或等于20 mA高亮度LED，封装类型多为SMD或LAMP型，主要应用于可携式产品等体积小应用市场；高电流型产品泛指驱动电流在50～150 mA高亮度LED，封装类型多为"食人鱼"型或PLCC型，主要应用在汽车、照明等要求高光通量输出市场中；高功率型产品泛指驱动电流大于或等于150 mA高亮度LED，其中又以驱动电流350 mA为主流。由于高功率LED输入功率高，所衍生"热"问题也较严重，所使用封装结构与传统LED有较明显差异，并无一致性产品形态，主要应用在汽车、照明、大尺寸LCD显示器背光源等要求高光通量输出市场。

也有的资料按发光强度将LED分为：发光强度小于10 mcd为普通亮度LED，发光强度在10～100 mcd为高亮度LED，发光强度大于100 mcd为超高亮度LED。高亮度LED与标准LED的差别在于它们的输出功率。传统LED的输出功率一般都限定在50 mW以内，而高亮度LED可达1～5 W。

功率型LED器件的研发起始于20世纪90年代中后期，超高亮度AlGaInP红黄光与InGaN蓝绿光器件的研制成功与迅猛发展为功率型器件的开发奠定了基础。首

先是美国的HP公司通过采用将GaP晶片直接键合与AlGaInP红黄光LED芯片，制成透明衬底(TS)的“食人鱼”型大功率器件，其正向工作电流达70 mA，耗散功率大于150 mW，最高量子效率超过50%，波长611 mm的LED器件的流明效率可达102 lm/W。与吸收衬底相比，其光通量获得了大幅度提高。21世纪初，HP公司又推出了TS倒梯形结构的功率型大面积芯片，工作电流可进一步增大至500 mA，发光通量大于60 lm；以脉冲方式工作时，则可达140 lm。德国Osram公司通过在器件表面制作纹理机构，于2001年研制出新一代功率型LED芯片，获得了大于50%的外量子效率，其基本性能与TS结构的LED相当，但该器件的制作工艺已大为简化，适合于批量生产。对于GaN基蓝绿光器件。美国Lumileds公司于2001年研制成功了倒装芯片结构的AlGaInN功率型器件。该器件的正向电流为1 A，正向电压为3.3 V时，光输出功率达400 mW。可靠性实验表明该器件性能极为稳定。同时，美国Cree公司开发了背面出光功率型的AlGaInN/SiC LED芯片结构，该器件的芯片尺寸达0.9 mm×0.9 mm，采用米字形电极，其工作电流为400 mA时，输出光功率达到250 mW，使LED光功率提高近百倍。最近日本三肯电气公司采用一种特殊工艺，该器件发光芯片用用尺寸为1 mm×1 mm，在800 mA工作电流下，红黄光的发光通量分别为74 lm和42 lm，比以前通用的LED商品的光通量高2个数量级以上。据报，这类器件目前已研制成功，正处待产进行之中。

我国台湾是世界上开发与生产各类LED器件的主要地区。继国联光电公司研制成GB型大功率AlGaInP之后，光鼎电子公司经过2年的努力也成功开发了白光与各种色光的功率型LED器件，并投入批量生产。这类器件在不附加额外热沉时，通150 mA的工作电流，红黄光与蓝绿光的光通量分别为4～6 lm和2～4 lm。我国大陆较晚开展超高亮红黄光与蓝绿光器件的研制工作，功率型器件的批量生产更处于起步状态。

功率型LED器件的主要应用方向为通用照明，为此，目前一种型号为luxeon的功率高至5～10 W，具有更高发光效率、经济实用的固态LED照明光源在美国开发成功。数年后，光效达200 lm/W的高效功率型白色LED光源将会面世。此时，世界将会变得更为多彩、透明。

1.5.7 全球LED主要芯片厂家

目前，世界范围内在氮化镓(GaN)芯片、高亮度LED及半导体全固态照明光源的研发方面居于领先水平的公司主要有：美国的流明(Lumileds)、科瑞(Cree)，日本的日亚化工(Nichia)、丰田合成(ToyodaGosei)，德国的欧司朗(Osram)等。这些跨国公司多数有原创性的专利，引领技术发展的潮流，占有绝大多数的市场份额。我国台湾的一些光电企业(国联光电、光宝电子、光磊科技、亿光电子、鼎元光电等)以及韩国的若干公司，在下游工艺和封装以及上游材料外延方面也具备各自的若干自主知识产权，占有一定的市场份额。调查显示，日亚化工(Nichia)、科瑞(Cree)、流明(Lumileds)、欧司朗

(Osram)、丰田合成(ToyodaGosei)、东芝(Toshiba)和罗姆(Rohm)等占据了绝大多数市场份额的大公司拥有该领域 80%～90%的原创性发明专利(集中于材料生长、器件制作、白光发光原理、荧光粉、后续封装等方面),而其余大多数公司所拥有的多是实用新型专利(主要针对器件可靠性以及产品应用开发方面进行研究)。下面列出的是全球主要 LED 生产厂家:

① 美国:科瑞(Cree)、流明(Lumileds)、旭明(Semileds)、通用电气(GELcore)。

② 日本:日亚化工(Nichia)、丰田合成(ToyodaGosei)、大洋日酸。

③ 德国:欧司朗(Osram)。

④ 韩国:首尔半导体(Acriche)。

⑤ 中国台湾主要芯片厂家:晶元、洲磊、光磊、广稼、璨圆、国联。

⑥ 中国大陆主要芯片厂家:厦门三安、江西联创、大连路美、深圳世纪晶源、深圳方大、上海蓝光、扬州华夏集成。

在 LED 上游外延片、芯片生产上,美国、日本、欧盟仍拥有巨大的技术优势,而中国台湾地区则已经成为全球重要的 LED 生产基地。目前,全球形成了以美国、亚洲、欧洲为主导的三足鼎立的产业格局,并呈现出以日、美、德为产业龙头,中国台湾和韩国紧随其后,中国大陆、马来西亚等积极跟进的梯队分布。

1.6　大功率 LED 封装结构

LED 封装是一个涉及多学科(如光学、热学、机械、电学、力学、材料、半导体等)的研究课题。从某种角度而言,LED 封装不仅是一门制造技术(Technology),而且也是一门基础科学(Science),良好的封装需要对热学、光学、材料和工艺力学等物理本质的理解和应用。LED 封装设计应与芯片设计同时进行,并且需要对光、热、电、结构等性能统一考虑。在封装过程中,虽然材料(散热基板、荧光粉、灌封胶)选择很重要,但封装结构(如热学界面、光学界面,如图1-20所示)对 LED 光效和可靠性影响也很大,大功率白光 LED 封装必须采用新材料、新工艺、新思路。对于 LED 灯具而言,更是需要将光源、散热、供电和灯具等集成考虑。

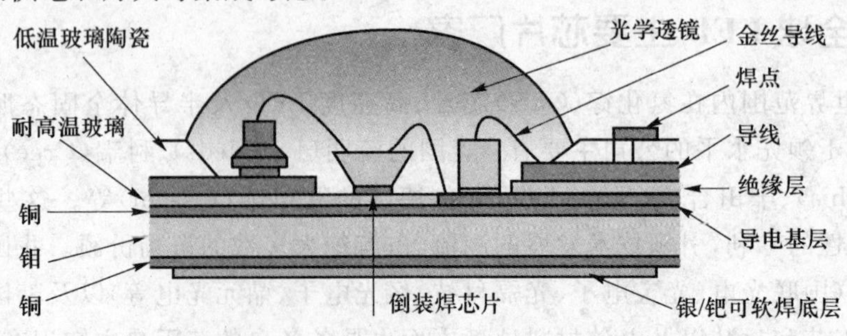

图 1-20　大功率 LED 封装结构图

1.6.1 LED照明对大功率LED封装的要求

与传统照明灯具相比，LED灯具不需要使用滤光镜或滤光片来产生有色光，不仅效率高、光色纯，而且可以实现动态或渐变的色彩变化。在改变色温的同时保持具有高的显色指数，满足不同的应用需要。但对其封装也提出了新的要求。

1. 模块化

通过多个LED灯(或模块)的相互连接可实现良好的流明输出叠加，满足高亮度照明的要求。通过模块化技术，可以将多个点光源或LED模块按照随意形状进行组合，满足不同领域的照明要求。

2. 系统效率最大化

为提高LED灯具的出光效率，除了需要合适的LED电源外，还必须采用高效的散热结构和工艺，以及优化内/外光学设计，以提高整个系统效率。

3. 低成本

LED灯具要走向市场，必须在成本上具备竞争优势(主要指初期安装成本)，而封装在整个LED灯具生产成本中占了很大部分，因此，采用新型封装结构和技术，提高光效/成本比，是实现LED灯具商品化的关键。

4. 易于替换和维护

由于LED光源寿命长，维护成本低，因此对LED灯具的封装可靠性提出了较高的要求。要求LED灯具设计易于改进以适应未来效率更高的LED芯片封装要求，并且要求LED芯片的互换性要好，以便于灯具厂商自己选择采用何种芯片。

LED灯具光源可由多个分布式点光源组成，由于芯片尺寸小，从而使封装出的灯具质量轻，结构精巧，并可满足各种形状和不同集成度的需求。唯一的不足在于没有现成的设计标准，但同时给设计提供了充分的想象空间。此外，LED照明控制的首要目标是供电。由于一般市电电源是高压交流电(220 V,AC)，而LED需要恒流或限流电源，因此必须使用转换电路或嵌入式控制电路，以实现先进的校准和闭环反馈控制系统。此外，通过数字照明控制技术，对固态光源的使用和控制主要依靠智能控制和管理软件来实现，从而在用户、信息与光源间建立了新的关联，并且可以充分发挥设计者和消费者的想象力。

1.6.2 大功率LED封装的关键技术

大功率LED封装主要涉及光、热、电、结构与工艺等方面，如图1-21所示。这些因素彼此既相互独立，又相互影响。其中，光是LED封装的目的，热是关键，电、结构与工艺是手段，而性能是封装水平的具体体现。从工艺兼容性及降低生产成本而言，LED封装设计应与芯片设计同时进行，即芯片设计时就应该考虑到封装结构和工艺；否则，等芯片制造完成后，可能由于封装的需要对芯片结构进行调整，从而延长了产品研发周期和工艺成本，有时甚至不可能。

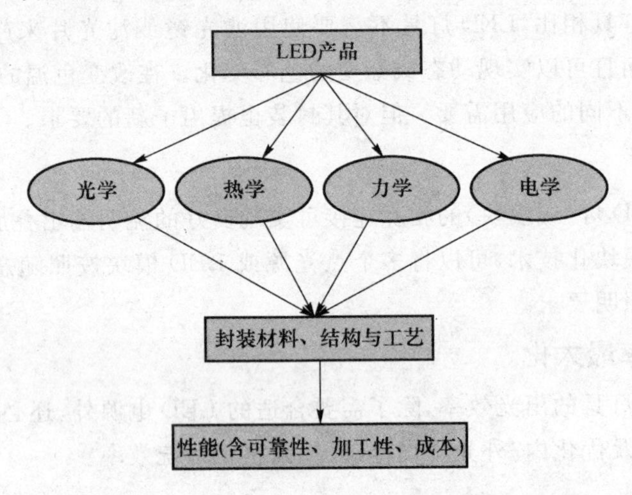

图 1-21 大功率白光 LED 封装技术

具体而言，大功率 LED 封装的关键技术包括：

1. 低热阻封装工艺

对于现有的 LED 光效水平而言，由于输入电能的 80%左右转变成为热量，且 LED 芯片面积小，因此，芯片散热是 LED 封装必须解决的关键问题。主要包括芯片布置、封装材料选择(基板材料、热界面材料)与工艺、热沉设计等。

LED 封装热阻主要包括材料(散热基板和热沉结构)内部热阻和界面热阻。散热基板的作用就是吸收芯片产生的热量，并传导到热沉上，实现与外界的热交换。常用的散热基板材料包括硅、金属(如铝，铜)、陶瓷(如 Al_2O_3，AlN，SiC)和复合材料等。如 Nichia 公司的第三代 LED 采用 CuW 做衬底，将 1 mm 芯片倒装在 CuW 衬底上，降低了封装热阻，提高了发光功率和效率；LaminaCeramics 公司则研制了低温共烧陶瓷金属基板，如图1-22(a)所示，并开发了相应的 LED 封装技术。该技术首先制备出适于共晶焊装的大功率 LED 芯片和相应的陶瓷基板，然后将 LED 芯片与基板直接焊接在一起。由于该基板上集成了共晶焊层、静电保护电路、驱动电路及控制补偿电路，不仅结构简单，而且由于材料热导率高，热界面少，大大提高了散热性能，为大功率 LED 阵列封装提出了解决方案。德国 Curmilk 公司研制的高导热性覆铜陶瓷板，由陶瓷基板(AlN 或 Al_2O_3)和导电层(Cu)在高温高压下烧结而成，没有使用黏结剂，因此导热性能好，强度高，绝缘性强，如图1-22(b)所示。其中氮化铝(AlN)的热导率为 160 W/(m·K)，热膨胀系数为 4.0×10^{-6}/℃(与硅的热膨胀系数 3.2×10^{-6}/℃相当)，从而降低了封装热应力。

研究表明，封装界面对热阻影响也很大，如果不能正确处理界面，就难以获得良好的散热效果。例如，室温下接触良好的界面在高温下可能存在界面间隙，基板的翘曲也可能会影响键合和局部的散热。改善 LED 封装的关键在于减小界面和界面接触热阻，增强散热。因此，芯片和散热基板间的热界面材料（TIM）选择十分重要。LED封装常用的TIM为导电胶和导热胶，由于热导率较低，一般为0.5～2.5 W/(m·K)，致使界面热阻很高。而采用低温或共晶焊料、焊膏或者内掺纳米颗粒的导电胶作为热界面材料，可大大降低界面热阻。

(a) 低温共烧陶瓷金属基板

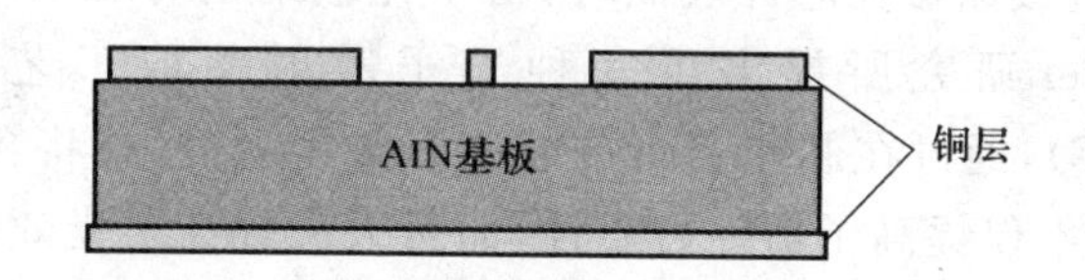

(b) 覆铜陶瓷基板截面示意图

图1-22　低热阻封装工艺

2. 高取光率封装结构与工艺

在LED使用过程中，辐射复合产生的光子在向外发射时产生的损失，主要包括三个方面：芯片内部结构缺陷及材料的吸收；光子在出射界面由于折射率差引起的反射损失；由于入射角大于全反射临界角而引起的全反射损失。因此，很多光线无法从芯片中出射到外部。通过在芯片表面涂覆一层折射率相对较高的透明胶层（灌封胶），由于该胶层处于芯片和空气之间，从而有效减少了光子在界面的损失，提高了取光效率。此外，灌封胶的作用还包括对芯片进行机械保护，应力释放，并作为一种光导结构。因此，要求其透光率高，折射率高，热稳定性好，流动性好，易于喷涂。为提高LED封装的可靠性，还要求灌封胶具有低吸湿性、低应力、耐老化等特性。目前常用的灌封胶包括环氧树脂和硅胶。硅胶由于具有透光率高，折射率大，热稳定性好，应力小，吸湿性低等特点，明显优于环氧树脂，在大功率LED封装中得到广泛应用，但成本较高。研究表明，提高硅胶折射率可有效减少折射率物理屏障带来的光子损失，提高外量子效率，但硅胶性能受环境温度影响较大。随着温度升高，硅胶内部的热应力加大，导致硅胶的折射率降低，从而影响LED光效和光强分布。

荧光粉的作用在于光色复合，形成白光。其特性主要包括粒度、形状、发光效率、转换效率、稳定性（热和化学）等，其中，发光效率和转换效率是关键。研究表明，随着温度上升，荧光粉量子效率降低，出光减少，辐射波长也会发生变化，从而引起白光LED色温、色度的变化，较高的温度还会加速荧光粉的老化。原因在于荧光粉涂层是由环氧或硅胶与荧光粉调配而成，散热性能较差，当受到紫光或紫外光的辐射时，易发生温度猝灭和老化，使发光效率降低。此外，高温下灌封胶和荧光粉的热稳定性也存在问题。由于常用荧光粉尺寸在1 μm以上，折射率大于或等于1.85，而硅胶折射率一般在1.5左右。由于两者间折射率的不匹配，以及荧光粉颗粒尺寸远大于光散射极限(30 nm)，因而在荧光粉颗粒表面存在光散射，降低了出光效率。通过在硅胶中掺入纳米荧光粉，可使折射率提高到1.8以上，降低光散射，提高LED出光效率(10%～20%)，并能有效改善光色质量。

传统的荧光粉涂敷方式是将荧光粉与灌封胶混合，然后点涂在芯片上，如图1-23(a)所示。由于无法对荧光粉的涂敷厚度和形状进行精确控制，导致出射光色彩不一致，出现偏蓝光或者偏黄光。而Lumileds公司开发的保形涂层(Conformalcoating)技术可实现荧光粉的均匀涂覆，保障了光色的均匀性，如图1-23(b)所示。但研究表明，当荧光粉直接涂覆在芯片表面时，由于光散射的存在，出光效率较低。有鉴于此，美国Rensselaer研究所提出了一种光子散射萃取工艺(ScatteredPhotonExtractionmethod, SPE)，通过在芯片表面布置一个聚焦透镜，并将含荧光粉的玻璃片置于距芯片一定位置，不仅提高了器件可靠性，而且大大提高了光效(60%)，如图1-23(c)所示。

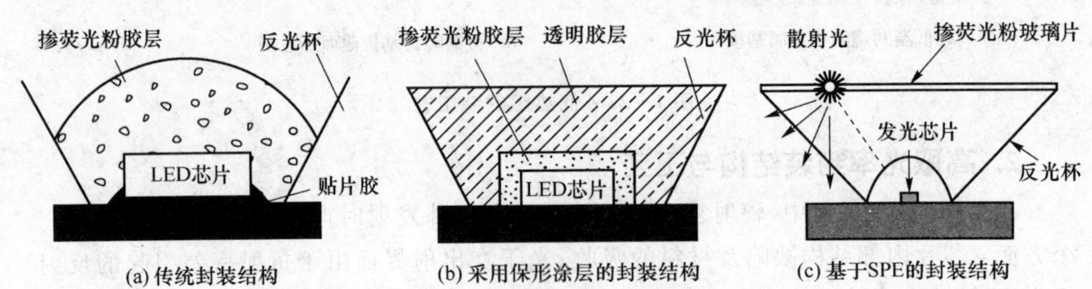

(a) 传统封装结构 (b) 采用保形涂层的封装结构 (c) 基于SPE的封装结构

图1-23 大功率白光LED封装结构

总体而言，为提高LED的出光效率和可靠性，封装胶层有逐渐被高折射率透明玻璃或微晶玻璃等取代的趋势，通过将荧光粉内掺或外涂于玻璃表面，不仅提高了荧光粉的均匀度，而且提高了封装效率。此外，减少LED出光方向的光学界面数，也是提高出光效率的有效措施。

3. 阵列封装与系统集成技术

经过40多年的发展，LED封装技术和结构先后经历了四个阶段，如图1-24所示。

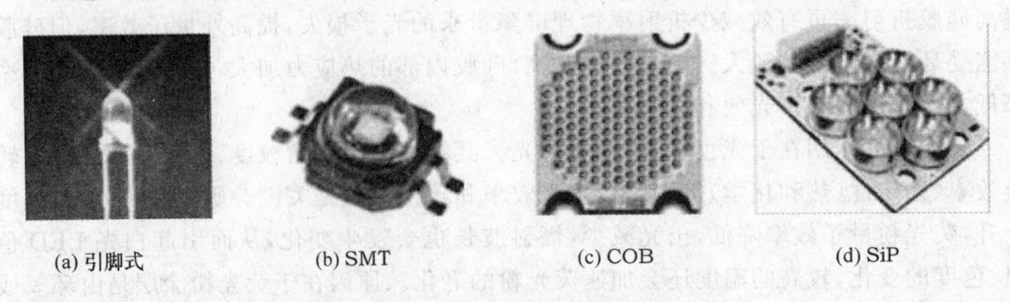

(a) 引脚式 (b) SMT (c) COB (d) SiP

图1-24 LED封装技术和结构发展

(1) 引脚式(Lamp)LED封装

引脚式封装就是常用的ϕ3～5封装结构。一般用于电流较小(20～30 mA)，功率较低(小于 0.1 W)的 LED 封装。主要用于仪表显示或指示,大规模集成时也可作为显示屏。其缺点在于封装热阻较大(一般高于 100 K/W),寿命较短。

(2) 表面组装(贴片)式(SMT-LED)封装

表面组装技术(SMT)是一种可以直接将封装好的器件贴、焊到 PCB 表面指定位置上的一种封装技术。具体而言,就是用特定的工具或设备将芯片引脚对准预先涂覆了粘接剂和焊膏的焊盘图形上,然后直接贴装到未钻安装孔的 PCB 表面上,经过波峰焊或再流焊后,使器件和电路之间建立可靠的机械和电气连接。SMT 技术具有可靠性高、高频特性好、易于实现自动化等优点,是电子行业最流行的一种封装技术和工艺。

(3) 板上芯片直装式(COB)LED 封装

COB 是 Chip On Board(板上芯片直装)的英文缩写,是一种通过粘胶剂或焊料将 LED 芯片直接粘贴到 PCB 板上,再通过引线键合实现芯片与 PCB 板间电互连的封装技术。PCB 板可以是低成本的 FR-4 材料(玻璃纤维增强的环氧树脂),也可以是高热导的金属基或陶瓷基复合材料(如铝基板或覆铜陶瓷基板等)。而引线键合可采用高温下的热超声键合(金丝球焊)和常温下的超声波键合(铝劈刀焊接)。COB 技术主要用于大功率多芯片阵列的 LED 封装,与 SMT 相比,不仅大大提高了封装功率密度,而且降低了封装热阻(一般热导率为 6~12 W/m·K)。

(4) 系统封装式(SiP)LED 封装

SiP(System in Package)是近几年来为适应整机的便携式发展和系统小型化的要求,在系统芯片 SoC (System on Chip)基础上发展起来的一种新型封装集成方式。对 SiP-LED 而言,不仅可以在一个封装内组装多个发光芯片,还可以将各种不同类型的器件(如电源、控制电路、光学微结构、传感器等)集成在一起,构建成一个更为复杂的、完整的系统。与其他封装结构相比,SiP 具有工艺兼容性好(可利用已有的电子封装材料和工艺),集成度高,成本低,可提供更多新功能,易于分块测试,开发周期短等优点。按照技术类型不同,SiP 可分为四种:芯片层叠型、模组型、MCM 型和三维(3D)封装型。

目前,高亮度 LED 器件要代替白炽灯以及高压汞灯,必须提高总的光通量,或者说增加可以利用的光通量。光通量的增加可以通过提高集成度、加大电流密度、使用大尺寸芯片等措施来实现。而这些都会增加 LED 的功率密度,如散热不良,将导致 LED 芯片的结温升高,从而直接影响 LED 器件的性能(如发光效率降低、出射光发生红移、寿命降低等)。多芯片阵列封装是目前获得高光通量的一个最可行的方案,但是 LED 阵列封装的密度受限于价格、可用的空间、电气连接,特别是散热等问题。由于发光芯片的高密度集成,散热基板上的温度很高,必须采用有效的热沉结构和合适的封装工艺。常用的热沉结构分为被动和主动散热。被动散热一般选用具有高肋化系数的翅片,通过翅片和空气间的自然对流将热量耗散到环境中。该方案结构简单,可靠性高,但由于自然对流换热系数较低,只适合于功率密度较低,集成度不高的情况。对于大功率 LED 封装,则必须采用主动散热,如翅片+风扇/热管、液体强迫对流、微通道制冷、相变制冷等。

在系统集成方面，台湾新强光电公司采用系统封装技术(SiP)，并通过翅片+热管的方式搭配高效能散热模块，研制出了72 W、80 W的高亮度白光LED光源，如图1-25(a)所示。由于封装热阻较低(4.38 ℃/W)，当环境温度为25 ℃时，LED结温控制在60 ℃以下，从而确保了LED的使用寿命和良好的发旋光性能。而华中科技大学则采用COB封装和微喷主动散热技术，封装出了220 W和1 500 W的超大功率LED白光光源，如图1-25(b)所示。

(a) 72 W高亮度LED封装模块

(b) 220 W超大功率LED照明模块

图1-25 系统集成封装技术

4. 封装大生产技术

晶片键合(Wafer bonding)技术是指芯片结构和电路的制作、封装都在晶片(Wafer)上进行，封装完成后再进行切割，形成单个的芯片(Chip)；与之相对应的芯片键合(Diebonding)是指芯片结构和电路在晶片上完成后，即进行切割形成芯片(Die)，然后对单个芯片进行封装(类似现在的LED封装工艺)，如图1-26所示。很明显，晶片键合封装的效率和质量更高。由于封装费用在LED器件制造成本中占了很大比例，因此，改变现有的LED封装形式(从芯片键合到晶片键合)，将大大降低封装制造成本。此外，晶片键合封装还可以提高LED器件生产的洁净度，防止键合前的划片、分片工艺对器件结构的破坏，提高封装成品率和可靠性，因而是一种降低封装成本的有效手段。

此外，对于大功率LED封装，必须在芯片设计和封装设计过程中，尽可能采用工艺较少的封装形式(Package-less Packaging)，同时简化封装结构，尽可能减少热学和光学界面数，以降低封装热阻，提高出光效率。

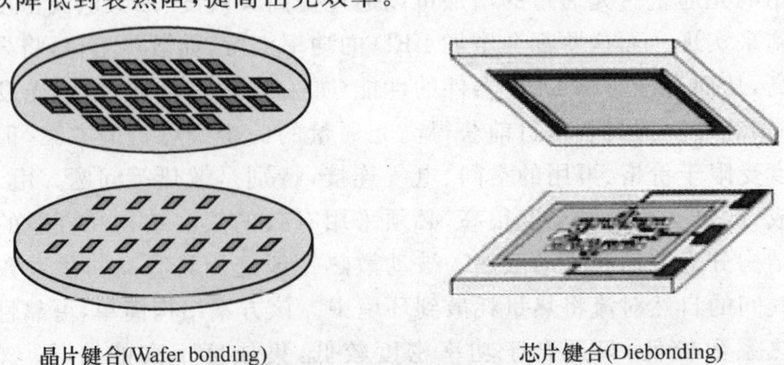

图1-26 芯片键合封装

1.7 LED照明的应用

随着高功率(HI-POWER)高亮度LED的问世,大大的拓展了LED照明的应用领域,如今在娱乐、城市建筑物美化、景观照明等方面有着非常广泛的应用,并正朝着日常照明应用的方向发展。

1. 室外景观照明

室外景观照明主要用于护栏灯、投射灯、LED灯带、LED异型灯、数码灯管、地埋灯、草坪灯及水底灯等,目前市场份额有几十亿元,潜在市场有上百亿元。

景观照明市场主要以街道、广场等公共场所装饰照明为主,推动力量主要来自于政府。受到2008年北京奥运会和2010年上海世博会的影响,北京、上海等举办地加快了景观照明的步伐,由于LED功耗低,在用电量巨大的景观照明市场中具有很强的市场竞争力。

此外,奥运会和世博会的主要作用远远不再于自身带动景观照明市场的成长,更重要的是其榜样作用。奥运会和世博会的成功举办,使北京、青岛、上海等地建成了一批LED景观照明工程,这些工程在装饰街道的同时还起到示范作用。其他城市在看到LED在景观照明中的出色表现后会减少对于LED景观照明的使用顾虑,加快LED在景观照明中的应用。LED将会从一级城市快速向二级、三级城市扩展。

2. 室内装饰照明

室内装饰照明主要用于壁灯、吊灯、嵌入式灯、射灯、墙角灯、平面发光板、格栅灯、日光灯、筒灯及变幻灯等,目前市场份额有十几亿元,潜在市场也有上百亿元。

室内装饰灯市场是LED的另一新兴市场。通过电流的控制,LED可以实现几百种甚至上千种颜色的变化。在现阶段讲究个性化的时代中,LED颜色多样化有助于LED装饰灯市场的发展。LED已经开始做成小型装饰灯,装饰幕墙应用在酒店、居室中。经过多年的替换工作,全国主要城市由传统交通灯替换为LED交通灯的工作已经接近尾声。

3. 专用照明

便携式照明(手电筒、头灯)、低照度灯(廊灯、门牌灯、庭用灯)、阅读灯、显微镜灯、投影灯、照相机闪光灯、台灯及路灯等。

4. 安全照明

安全照明是指矿灯、防爆灯、应急灯及安全指示灯等。

5. 特种照明

军用照明灯、医用无热辐射照明灯、治疗灯、杀菌灯、农作物及花卉专用照明灯、生物专用灯、与太阳能光伏电池结合的专用LED灯等,目前市场份额不大,但具有很大意义和重要性,潜在市场有上百亿元。

6. 普通照明

随着LED技术的不断进步和成本的不断下降，近几年内LED照明将会逐步进入办公室、商店、酒店、家庭等普通照明场所，其潜在市场是巨大的，具有上千亿元发展潜力。

由于酒店、商务会馆、高档商用写字楼等商用场所相对于价格的敏感度低。同时这些高档场所更注重于彰显品位与尊贵的地位，对于新兴产品抱有更大的兴趣度。这些都降低了LED照明进入的门槛。赛迪顾问预计LED照明将率先进入商用市场，逐步向民用市场扩展。

1.8 LED的关键技术和需要克服的障碍

1. 功率LED制作技术

功率LED是实现白光照明取代传统照明光源的关键器件，其关键技术包括：

(1) 提高外延片的内量子效率

优化外延片结构，改进外延生长工艺条件，使蓝光、紫光、紫外光外延片的内量子效率接近理论值的95%。

(2) 提高大尺寸芯片的外量子效率

为了获得较大光能量需要采用大尺寸的功率型芯片，通过设计新型芯片结构和采用新工艺(如芯片倒装结构、ITO电极、表面粗化工艺、表面纹理结构、晶片键合工艺等)，使蓝光、紫光、紫外光芯片的外量子效率达到50%以上。

(3) 提高封装的取光效率

优化和改进封装的光学、热学和可靠性设计和工艺(如反射杯、透镜、散热通路、共晶焊接及柔性胶灌封等)，使封装的取光效率能与芯片的外量子效率接近。

2. 荧光粉的制作和涂覆技术

(1) 高性能荧光粉的制造技术

荧光粉是LED实现白光照明的关键材料，需要尽快研制出效率高、显色性好、性能稳定的荧光粉。蓝光激发的黄色荧光粉目前虽能满足白光LED产品的要求，但还需提高效率、降低粒度，制备出球形的荧光粉；在“蓝光+绿色荧光粉+红色荧光粉”的结构中，红色荧光粉的效率需要有较大的提高；在“紫外和紫外LED+三基色荧光粉”的结构中，三种荧光粉的效率都需要有较大的提高，其中红色荧光粉目前效率最低，还有待于找到一种效率足够高的材料。

(2) 荧光粉的涂覆工艺技术

荧光粉的涂覆工艺通常是将荧光粉用胶按一定比例调和成荧光胶，再用点胶机将其涂到LED芯片上，通过优化工艺参数如荧光粉与胶的配比、荧光粉激发波长与LED芯片峰值波长的匹配、荧光胶的流动性及涂覆厚度等，使白光LED的色温、显色指数、流明效率等参数受控，制作出符合应用要求和一致性好的白光LED产品。

3. 发光效率障碍

LED发出的光由于具有单色性,不需外加彩膜(滤光片),而白炽灯加彩膜后其有效发光效率仅为白炽灯原来光效的1/10,所以LED在交通灯、建筑装饰、汽车警灯等应用领域,由于其效率高、节省电能而被广泛使用,正在逐步取代带彩色膜的白炽灯。然而照明光源多为白光,目前白光LED用于局部照明,节能效果有限。只有白光LED的发光效率远高于荧光灯达到150～200 lm/W才会有明显的节能效果,因此LED光源取代传统光源的最大障碍是其发光效率。LED因为目前的发光效率还是比较低,所以大部分的输入电功率都是转化为热,所以它的发热很高,假如散热器做得不好,那么结温就会升得很高。光衰是大功率LED路灯不能长期工作的主要原因。

4. 价格障碍

价格是LED光源取代传统光源需克服的另一障碍。目前,LED光源的价格高于0.1美元/lm,是白炽灯价格的100多倍。美国Lumileds公司提出,在未来的几年内争取降至0.01～0.02美元/lm,即约折合人民币0.1元/lm,1只相当60 W白炽灯的LED光源仍需支付60元人民币,计入性能价格比,虽然会被特殊应用所接受,但LED作为普通光源进入家庭,这样的价格还是一大障碍。

1.9 新型LED芯片介绍

近年来,LED芯片创新技术层出不穷,发展迅速,最著名的LED照明的创新方法有两种:一种是台湾晶电公司已经推出的产品交流LED(AC LED),另一种是高压LED(HV LED)。下面就HV LED和AC LED做简单介绍。

1.9.1 高压LED芯片简介

高压LED是一种新的工艺,在单机芯片上置入LED矩阵,能够具备可调整的电压、电流的功能,可弹性化设计。这种高压LED的优点是让LED光源因为单一芯片的缘故能有单一输出的光源效果,同时减少打线的数量,并减小在单一芯片上的驱动电流,可改善光学设计,简化LED封装过程,并由这种更好的电流分散技术,提供比交流LED更高的发光效率,从而降低成本,减少电源转换的损失,属于另一种创新的LED照明解决方案。

据报载,台湾迪源光电公司自主开发的高压芯片量产光效为115 lm/W,理论光效值为130 lm/W,而发光效率可提高约10%,持续点亮1 000 h光输出功率衰减均小于2%。经测试证明,高压芯片与DC功率芯片LED具备同样稳定可靠的光电性能,达到同类产品先进水平。

高压LED芯片简称HV LED芯片,与传统DC LED功率芯片相比,具有封装成本低、暖白光效高、驱动电源效率高、线路损耗低等优势。具体如下:

① 传统DC LED芯片是在大电流低电压下工作,为提升使用电压,一般采用集成

封装(COB)结构，即多颗芯片串并联，而HV LED直接在芯片级就实现了微晶粒的串并联，使其在低电流高电压下工作，将简化芯片固晶、键合数量，封装成本降低。

② 高压LED芯片在单位面积内形成多颗微晶粒集成，避免了芯片间BIN内如波长、电压、亮度跨度带来的一致性问题。

③ 高压LED芯片是在小电流下驱动的功率型芯片，可以与红光LED芯片集成＋黄色荧光粉形成暖白光，比传统DC LED＋红色荧光粉＋黄色荧光粉形成的暖白光出光效率高，并缩短了LED暖白与冷白封装光效的差距，且更易实现光源的高显色指数。

④ 高压LED芯片由于自身工作电压高，容易实现封装成品工作电压接近市电，提高了驱动电源的转换效率；由于工作电流低，其在成品应用中的线路损耗也将明显低于传统DC功率LED芯片。

此外，高压芯片将成为未来LED照明发展的一个重要方向，目前，晶元公司已在批量供货HV LED芯片。未来，迪源公司将向半极化和非极化外延生长技术发展。

高压LED相比低压LED有两大明显竞争优势：

第一，在同样输出功率下，高压LED所需的驱动电流远远小于低压LED。如以晶元公司的高压蓝光1 W LED为例，它的正向压降高达50 V，也即它只需20 mA驱动电流就可以输出1 W功率；而普通正向压降为3 V的1 W LED，则需要350 mA驱动电流才能输出1 W功率。因此，同样输出功率的高压LED在工作时耗散的功率要远小于低压LED，这意味着散热铝外壳的成本可大大降低。

第二，高压LED可以大幅降低AC/DC转换效率损失。以10 W输出功率为例，如果采用正向压降为50 V的1 W高压LED，输出端可以采取2并4串的配置，4个串联LED的正向压降为200 V，也就是说只需从市电220 V交流电(AC)利用桥式整流及降低20 V即可。但如果采用正向压降为3 V的1 W低压LED，即便10个串在一起正向压降也不过30 V，也就是说需要从市电AC 220 V降压到DC 30 V。我们知道，输入和输出压差越低，AC到DC的转换效率就越高。可见，如采用高压LED，变压器的效率就可以得到大幅提高，从而可大幅降低AC/DC转换时的功率损失，这一热耗的减少又可进一步降低散热外壳的成本。

因此，如采用高压LED来开发LED通用照明灯具产品，总体功耗可以大大降低，从而大幅降低对散热外壳的设计要求，如可用更薄更轻的铝外壳就可满足LED灯具的散热需求，由于散热铝外壳的成本是LED照明灯具的主要成本组成部分之一，铝外壳成本的有效降低也意味着整体LED照明灯具成本的有效降低。由此可见，高压LED可以带来LED照明灯具成本和质量的有效降低，但其更重要的意义是大幅降低了对散热系统的设计要求，从而有力扫清了LED照明灯具进入室内照明市场的最大技术障碍。因此，高压LED将主导未来的LED通用照明灯具市场。

1.9.2　交流LED芯片简介

交流LED(AC LED)是相对于传统的DC LED来说，无须经过AC/DC转换，可直接插电于220 V(或110 V)交流电使用的LED照明技术。目前，AC LED在发光亮度、功率等方面还不够理想，但AC LED的应用简便、无需变压转换器和恒流源，以及低成本、高效率已显现强大的生命力。AC LED的技术在飞跃发展，可以设想在不久的将来，高亮度、大功率、低成本的产品将大量面世，更绿色、更环保，为这个世界提供光明。

1. 交流LED的诞生和发展

LED光源作为绿色、节能、省电、长寿命的第四代照明灯具而异军突起、广受关注，并且迅速发展起来。目前的LED光源是低电压（$V_F=2\sim3.6$ V）、大电流（$I_F=200\sim1\,500$ mA）工作的半导体器件，必须提供合适的直流电流才能正常发光。直流（DC）驱动LED光源发光的技术已经越来越成熟，由于日常照明使用的电源是高压交流（AC 100～220 V），所以必须使用降压的技术来获得较低的电压，常用的是变压器或开关电源降压，然后将交流（AC）变换成直流（DC），再变换成直流恒流源，才能促使LED光源发光。因此，直流驱动LED光源的系统应用方案必然是：变压器＋整流（或开关电源）＋恒流源（见图1-27）。

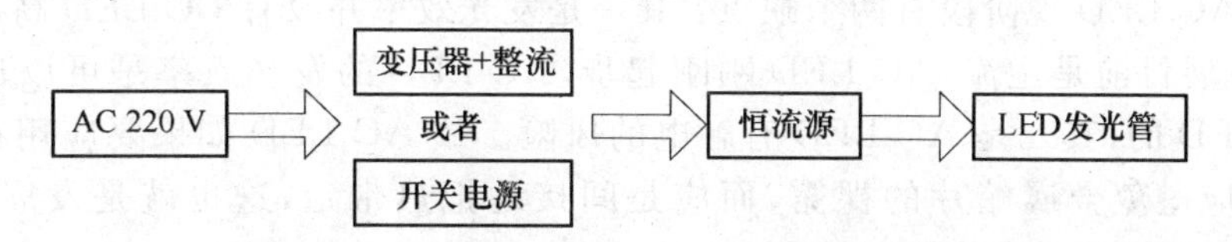

图1-27　直流驱动LED光源的系统应用方案

传统的LED是典型的低压直流器件，无法直接在日常照明使用的高压交流电（AC 100～220 V）下使用，必须经过变压器或开关电源降压，然后将交流（AC）变换成直流（DC），再变换成直流恒流源，才能供LED光源使用。

因此，在LED灯具里必然要有一定的空间来安置这个变换器，这不利于照明灯具的设计和小型化，而且系统所经过的变换环节，如变压器＋整流或开关电源降压，能量必然有一定的损耗，DC LED在交流、直流之间转换时有15％～30％的电力被损耗，系统效率很难做到90％以上。同时，变换装置的存在是造成传统LED照明产品成本较高的重要因素，并成为制约LED光源产品寿命的瓶颈，无法体现LED长寿命的特点。如果能用交流（AC）直接驱动LED光源发光，系统应用方案将大大简化，系统效率也将很轻松地达到90％以上。

韩国公司早在2005年已发明可以用交流直接驱动使其发光的AC LED，其次是美国III -NTechnology（3N技术），3N技术开发MOCVD生长技术基础上的氮化镓衬底，可以增进照明和传感器的应用，并降低成本和提高生产效率。对大大小小的硅发光二极管提供6英寸生产技术。3N发明的单芯片交流发光二极管（AC LED），建立了全面的专利组合，以保护和改善技术，牢固地确立其专有的立场，是首屈一指的大规模商业化生产的交流发光二极管产品。

中国台湾工业技术研究院2008年也完成可产业化生产并有实际应用系统方案的AC LED产品，可直接插电于60 Hz或更高频率的AC 110 V交流压使其交流发光，应用于指示灯、霓虹灯、低瓦数照明灯，能有效解决现有LED无法直接在交流源下使用，造成产品应用成本较高的缺点。台湾工研院的 OnChip AC LED(片上 AC LED)因此获得素有美国产业创新奥斯卡奖之称的 2008 年 R&D100Award 大奖。现在全世界只有美国、韩国和中国台湾有此技术。台湾工研院开发出白光、蓝光及绿光 AC LED 的制程技术,不仅与国际同步,也是全球领先者之一。

2. AC LED 的发展

AC LED 在家用电力上的方便性,不需要像 DC LED 一样要给灯具装上一个交流转直流的转换器,不但节省了转换器的成本,也避免 LED 光源本身还没坏而转换器先坏的窘境。交直流转换器是一种随着时间会老化、坏掉的电子元器件,其寿命比 LED 光源本身更短,故目前很多 LED 灯具坏掉,并不是 LED 光源寿命已尽,而是 LED 灯具使用的交直流转换器先坏了。AC LED 还有一个特性,就是因为其工艺采用交错的矩阵式排列,是轮流点亮的,在 60 Hz 的交流电作用下会以 60 次/s 的频率轮替点亮,也让 AC LED 的使用寿命较 DC LED 长。

不过,AC LED 现阶段有两个缺点:其一是发光效率并没有 DC LED 高,这是因为 DC LED 发展目前是主流,AC LED 刚刚起步,AC LED 的发光效率是可以追上,甚至超过 DC LED 的;其二是 AC LED 有触电的风险。故 AC LED 如果要应用在 LED 照明灯具上,应避免金属鳍片的裸露,而应是间接地把热带走,这也就是发展新的充液 LED 固态照明灯具的设计核心概念。

AC LED 刚刚步入成长期,目前在发光亮度、功率等方面还不够理想,但 AC LED 的应用简便、无需变压转换器和恒流源,以及低成本、高效率已显现其强大的生命力。AC LED 的技术在飞跃发展,用不了几年,高亮度、大功率、低成本的产品将大量面世。

3. AC LED 灯具的优点

与白炽灯、卤素灯、荧光日光灯、荧光节能灯和 DC LED 灯相比,AC LED 灯具有更节能省电、更长寿、更有能效的高性价比。AC LED 发光省去了成本不菲的 AC/DC 转换器和恒流源。

4. AC LED 封装技术

AC LED 光源的重大技术突破是超细 LED 晶粒在封装时的特殊排列组合技术,即 AC LED 光源超细晶粒采用特殊交错的矩阵排列。同时,利用 LED PN 结的二极管特性兼作整流,半导体制程在其中扮演着相当重要的角色。AC LED 通过半导体制程整合成一堆微小晶粒,采用交错的矩阵式排列工艺,并加入桥式电路至芯片设计,使 AC 电流可双向导通,实现发光。晶粒的排列如图1-28所示,左图是 AC LED 晶粒采用交错的矩阵式排列示意图,右小图是实际 AC LED 晶粒排列照片,AC LED 晶粒在接上交流源后通体发光,因此只需要二根引线导入交流源即能发光工作。

5. AC LED 光源的工作原理

AC LED 光源的工作原理如图1-29所示,将一堆 LED 微小晶粒采用交错的矩阵式排列工艺均分为 5 串,AC LED 晶粒串组成类似一个整流桥,整流桥的两端分别连接交流源,另两端连接一串 LED 晶粒,交流电的正半周沿蓝色通路流动,3 串 LED 晶粒发光,负半周沿绿色通路流动,又有 3 串 LED 晶粒发光,四个桥臂上的 LED 晶粒轮番发光，相对桥臂上的LED晶粒同时发光，中间一串LED晶粒因共用而一直在发光。

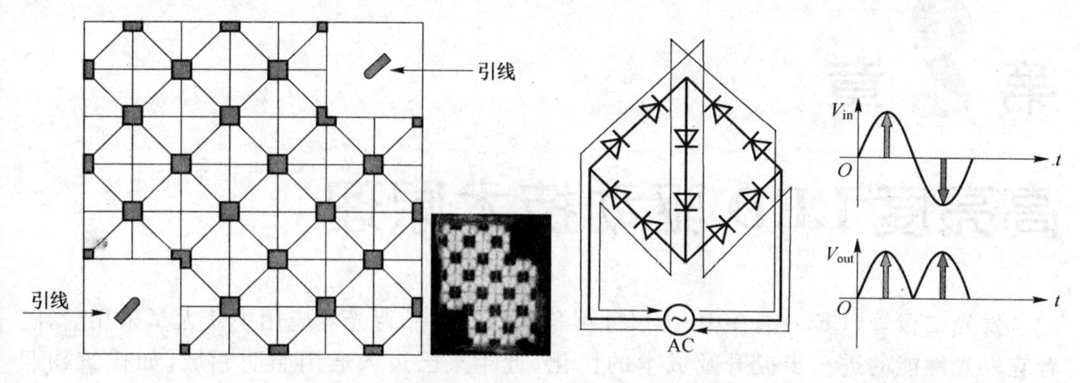

图1-28　AC LED封装技术　　　　**图1-29　AC LED光源的工作原理**

在60 Hz的交流电作用下会以60次/s的频率轮替点亮。整流桥取得的直流电是脉动直流电，LED的发光也是闪动的，LED有断电余辉续光的特性，余辉可保持几十微秒，因人眼对流动光点记忆是有惰性的，结果人眼对LED光源的发光＋余辉的工作模式解读是连续在发光。LED有一半时间在工作，有一半时间在休息，因而发热得以减少20%～40%。因此，AC LED的使用寿命较DC LED长。

图1-30　首尔半导体公司的AC LED

AC LED成熟的产品如首尔半导体公司的用于AC 110 V的AX3201、AX3211和用于220 V的AX3221、AX3231。用于AC 110 V功率在3.3～4 W，工作电流40 mA；用于AC 220 V功率在3.3～4 W，工作电流20 mA（见图1-30）。LED晶粒直接绑定在铜铝基板上。引脚如图1-31所示。

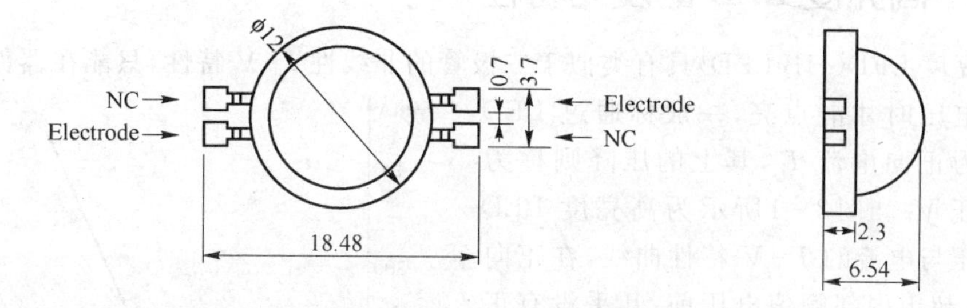

图1-31　AC LED引脚图

AC LED体积小，可应用于工业及民用小型指示灯；高压低电流导通优点克服了使用DC LED时，线路高损耗造成需依赖电源供应器接续的问题；而且双向导通，蓝绿光LED无静电击穿ESD问题；使用微晶粒技术可大幅提高发光效率；由于功率因数提高与低电流控制，对于一般照明产业及LCD背光面板产业，更是一项实用化新技术。

第 2 章

高亮度 LED 驱动技术原理

发光二极管(LED)继在中、小尺寸屏幕的便携产品背光等应用中获大量采用后，随着它发光性能的进一步提升及成本的优化，近年来已迈入通用照明领域，如建筑物照明、街道照明、景观照明、标识牌、信号灯以及住宅内的照明等应用，可谓方兴未艾。另一方面，LED 照明设计也给包括中国工程师在内的工程社群带来了挑战，这不仅因为 LED 照明的应用范围非常广泛，而且其应用的功率等级、可以采用的驱动电源种类及电源拓扑结构等也各不相同。由于 LED 是特性敏感的半导体器件，又具有负温度特性，因而在应用过程中需要对其进行稳定工作状态和保护，从而产生了驱动的概念。LED 器件对驱动电源的要求近乎于苛刻，LED 不像普通的白炽灯泡，可以直接连接 220 V 的交流市电。LED 是 2～3 V 的低电压驱动，必须要设计复杂的变换电路，不同用途的 LED 灯，要配备不同的电源适配器。在国际市场上，客户对 LED 驱动电源的效率转换、有效功率、恒流精度、电源寿命、电磁兼容的要求都非常高，设计一款好的电源必须要综合考虑这些因数，因为电源在整个灯具中的作用就好像人的心脏一样重要。

2.1 概 述

2.1.1 高亮度 LED 的发光特性

高亮度 LED(HB LED)具有类似于二极管的非线性 $I-V$ 特性，只能在器件上加正向直流电压时才能点亮，一般称通过 LED 的电流为正向电流 I_F，其上的压降则称为正向电压 V_F。图2－1所示为高亮度 LED 内部电压与电流的 $I-V$ 特性曲线，在正向电压 V_F 超出内部阈值电压前，几乎没有正向电流 I_F 流过。此后如果 V_F 进一步升高，则 I_F 迅速增大。图2－1中的 $I-V$ 特性曲线表明，当前超高亮 LED 的最高 I_F 可达 1 A，而 V_F 通常为 2～4 V。高亮度 LED 在正向导通后，其正向电压的微小变化将引起 LED 电流的大变化。同时，高亮度 LED 的

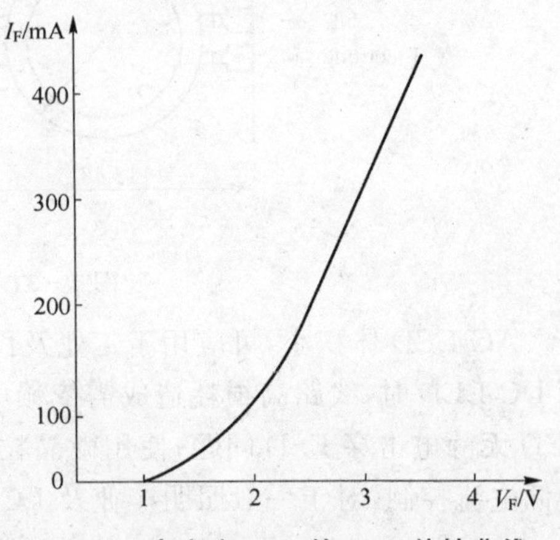

图 2－1 高亮度 LED 的 $I-V$ 特性曲线

发光亮度与流过它的电流直接相关，而电池很难提供稳定的驱动电压，也就很难保证恒定的驱动电流，从而得不到稳定的发光亮度。因此，为达到较高的亮度均一性和稳定性，必须设计专门的驱动电路，驱动电路的好坏直接影响到高亮度LED的性能和发光效果。

另外，由于高亮度LED独特的电、光学特性，当使用高亮度LED作为照明光源时，其驱动电路完全不同于传统光源，需要特别考虑。比如：驱动电路要能在输入电压和环境温度等因素发生变化的情况下，有效控制LED电流的大小；否则，LED的发光亮度将随输入电压和温度等因素的变化而变化。若其电流失控，长期工作在大电流下将影响LED的可靠性和寿命，并有可能失效。因此，为保证LED间的色彩匹配得到最佳控制、亮度及安全工作，LED驱动的设计至关重要，没有好的驱动电路和芯片的匹配，LED在照明领域的节能和长寿命等优势无法体现。

2.1.2 LED驱动电路的研究

根据高亮度LED的发光特性，总结出LED驱动电路的特点：

① LED是单向导电器件，因此就要用直流电流或者单向脉冲电流给LED供电。

② LED是一个具有PN结构的半导体器件，具有势垒电势，这就形成了导通门限电压，加在LED上的电压值超过这个门限电压时LED才会充分导通。LED的门限电压一般在2.5 V以上，正常工作时的管压降为3～4 V。

③ LED的$I-V$特性是非线性的，流过LED的电流在数值上等于供电电源的电动势减去LED的势垒电势后再除以回路的总电阻(电源内阻、引线电阻和LED体电阻之和)。因此，流过LED的电流和加在LED两端的电压不成正比。

④ LED的PN结的温度系数为负，温度升高时LED的势垒电势降低。由于这个特点，LED不能直接用电压源供电，必须采用限流措施，否则随着LED工作时温度的升高，电流会越来越大，以至损坏LED。

⑤ 流过LED的电流和LED的光通量的比值也是非线性的。LED的光通量随着流过LED的电流增加而增加，但却不成正比，越到后来光通量增加得越少。因此，应该使LED在一个发光效率比较高的电流值下工作。

2.1.3 高亮度LED电源和驱动电路的主要技术

作为一种新的光源，近年来对LED电源和驱动电路的研究方兴未艾。与荧光灯的电子镇流器不同，LED驱动电路的主要功能是将交流电压转换为直流电压，并同时完成与LED的电压和电流的匹配。随着硅集成电路电源电压的直线下降，LED工作电压越来越多地处于电源输出电压的最佳区间，大多数为低电压IC供电的技术也都适用于为LED，特别是给大功率LED供电。再则，LED电源还应能利用低电压IC电源产量逐渐上升带来的规模经济。

1. 电压变换技术

电源是影响LED光源可靠性和适应性的一个重要组成部分，必须作为重点考虑。目前，我国的市电是220 V的交流电，而LED光源属半导体光源，通常是用直流低电压供电，这就要求在这些灯具中或外部设置AC/DC转换电路，以适应LED电流驱动的特征。目前，电源选择的途径有开关电源、高频电源、电容降压后整流电源等多种，根据电流稳定性，瞬态过冲以及安全性、可靠性的不同要求作不同选择。

2. 电源与驱动电路的寿命与成本

LED寿命方面，虽然单只LED本身的寿命长达100 000 h，但其应用时必须搭配电源转换电路，故LED照明器具整体寿命必须从光电整合应用加以考虑。但对照明用LED，为达到匹配要求，电源与驱动电路的寿命必须超过100 000 h，使其不再成为半导体照明系统的瓶颈因素。在考虑长寿命的同时又不能增加太多的成本，电源与驱动电路的成本通常不宜超过照明系统总成本的三分之一，在半导体照明灯具产品发展的初期，必须平衡好电源与驱动电路的寿命与成本的关系。

3. 驱动程序的可编程技术

LED用做光源的一个显著特点就是在低驱动电流条件下仍能维持其流明效率，同时对于R、G、B多晶型混光而形成白光来说，通过开发一种针对LED的数字RGB混合控制系统，使用户能够在很大范围内对LED的亮度、颜色和色调进行任意调节，给人以一种全新的视觉享受。在城市景观亮化应用方面，LED光源可在微处理器控制下可以按不同模式加以变化，形成夜晚的多姿百态的动态效果，在这方面将体现LED相对于其他光源所具有的独特的竞争优势。

4. 电源与驱动电路的效率

LED电源与驱动电路，既要有一定的供LED所需的接近恒流的正向电流输出，又要有较高的转换效率，电光转化效率是半导体照明的一个重要因素，否则就会失去LED节能的优势。目前，商业化的开关电源其效率约为80%，作为半导体照明用电源，其转换效率仍须进一步提升。

2.1.4 LED驱动技术的发展趋势

LED驱动技术的发展趋势有以下方面：

① 针对LED的特点开发一系列恒压恒流控制电子电路，利用集成电路技术将每只LED的输入电流控制在最佳电流值，使得LED能获得稳定的电流，并产生最高的输出光通量。LED驱动电路在输入电压和环境温度等因素发生变动的情况下最好能控制LED电流的大小。

② LED驱动电路具有智能控制功能，使LED的负载电流能够在各种因素的影响下都能控制在预先设计的水平上。当负载电流因各种因素而产生变化时，初级控制IC可以通过控制开关使负载电流回到初始设计值上。

③ 在控制电路电路设计方面，要向集中控制、标准模块化、系统可扩展性三方面发展。

④ 在目前LED光效和光通量有限的情况下，充分发挥LED色彩多样性的特点，开发变色LED灯饰的控制电路。

LED驱动电路的核心一般是由驱动集成电路IC，针对DC LED驱动集成电路方面有三类驱动 IC 将是发展趋势：

第一类是高压工艺生产的 DC/DC BUCK，V_{in} 宽至 DC 60～100 V，恒流精度达 1%，将能满足所有直流 LED 灯具驱动的需要，可满足 LED 光源多串少并技术的需要。

第二类是 AC/DC 的 LED 灯具需要的应用电路简洁，应用成本低，通过 EMI、CE、UL 的高效率谐振半桥（LLC）＋功率因数校正（PFC）拓扑结构驱动 IC。

第三类是功率因数校正（PFC）＋ 脉宽调制（PWM）两种平均电流模式控制器组成新的 AC/DC 驱动 IC。它们将在新一代 LED 灯具显现其强大生命力，以充分发挥零电压开关拓扑结构（ZVS）的优势，并满足 LED 灯具对 PFC 日益提高的要求，在较低的功率等级（如小于 50 W）时能提高效率大于 90%。宽电压输入、短路和过功率保护、开路保护、较低的总谐波失真（THD）是基本的要求。

2.2　LED 及高亮度 LED 驱动的分类

LED 驱动 IC 的功能主要是对 LED 提供高效和持久的驱动。有的不光是简单的控制与驱动，还具有智能管理功能，从而实现高效率、高性能和多种管理及保护功能。驱动 IC 的需求和 LED 的应用密不可分，LED 的应用和技术发展，推动了驱动 IC 的发展。反过来，驱动技术又是提升 LED 照明应用水平的关键所在。LED 所需电源为直流、低电压，故传统的钨丝灯泡或日光灯之电源并不适合直接推动 LED 灯具，必须考虑恒定的电流驱动、能源转换的效率、功率因数等各种要求。这些都对集成电路的设计、工艺及应用等诸方面的技术提出了挑战。集成电路设计、工艺等技术也因此受到严峻的考验。因此，众多厂商投入大量资金和人力开展结构更加紧凑、功能更强、效率更高的用于 LED 控制和驱动 IC 的研发工作，从而在各个应用领域中，在技术和产品方面都有较明显的突破。

2.2.1　按原始电源供电情况分类

原始电源给 LED 供电有四种情况：低电压驱动、过电压驱动、高电压驱动及市电驱动。不同的情况在电源变换器的技术实现上有不同的方案。下面介绍这几种情况下的电源驱动方法。

1. 低电压驱动

低电压驱动是指用低于 LED 正向导通压降的电压驱动 LED，如一节普通干电池或镍镉/镍氢电池，其正常供电电压为 0.8～1.65 V。低电压驱动 LED 需要把电压升到足以使 LED 导通的电压值。对于 LED 这样的低功耗照明器件，这是一种常见的使用情况，如 LED 手电筒、LED 应急灯、节能台灯等。由于受单节电池容量的限制，一般不需要很大功率，但要求有最低的成本和比较高的变换效率。另外，考虑到有可能配合一节 5 号电池工作，还要有最小的体积，它主要采用升压式 DC/DC 转换器或升压式（或升降压式）电荷泵转换器，少数采用 LDO（低压差线性稳压器）电路的驱动器，最佳技术方案是电荷泵式升压变换器。

2. 过渡电压驱动

过渡电压驱动是指给LED供电的电源电压值在LED管压降附近变动，这个电压有时可能略高于LED管压降，有时可能略低于LED管压降。如一节锂电池或者两节串联的铅酸电池，满电时电压在4 V以上，电快用完时电压在3 V以下。用这类电源供电的典型应用有LED矿灯等。过渡电压驱动LED的电源变换电路既要解决升压问题又要解决降压问题，为了配合一节锂电池工作，也需要有尽可能小的体积和尽量低的成本。一般情况下功率也不大，其最高性价比的电路结构是反极性电荷泵式变换器。

3. 高电压驱动

高电压驱动是指给LED供电的电压值始终高于LED管压降，如6 V、9 V、12 V、24 V蓄电池。典型应用有太阳能草坪灯、太阳能庭院灯、机动车的灯光系统等。高电压驱动LED要解决降压问题，由于高电压驱动一般是由普通蓄电池供电，会用到比较大的功率（如机动车照明和信号灯光），应该有尽量低的成本。变换器的最佳电路结构是串联开关降压电路。

4. 市电驱动

这是一种对LED照明应用最有价值的供电方式，是半导体照明普及应用必须要解决好的问题。用市电驱动LED要解决降压和整流问题，还要有比较高的变换效率、有较小的体积和较低的成本。另外，还应该解决安全隔离问题。考虑到对电网的影响，还要解决好电磁干扰和功率因数问题。对中小效率的LED，其最佳电路结构是隔离室单端反激变换器。对于大功率的应用，应该使用桥式变换电路。

2.2.2 按负载连接方式分类

驱动LED面临着不少挑战，如正向电压会随着温度、电流的变化而变化，而不同个体、不同批次、不同供应商的LED正向电压也会有差异；另外，LED的色温也会随着电流及温度的变化而漂移。

LED的排列方式及LED光源的规范决定着基本的驱动器要求。

1. 串联方式

串联接法如图2-2(a)所示。恒压驱动时要求驱动电压较高，任一LED短路将导致余下LED容易损坏。当某一LED断路时，则无论是恒压驱动还是恒流驱动，串联在一起的LED将全部不亮。解决的办法是在每个LED两端并联一个导通电压比LED高的齐纳管即可。

2. 并联方式

并联接法如图2-2(b)所示。恒流驱动时要求电流较大，任一LED断路将导致余下LED容易损坏。解决办法是尽量多并联LED，当断开某一LED时，分配在余下LED的电流不大，不影响其正常工作。所以，在

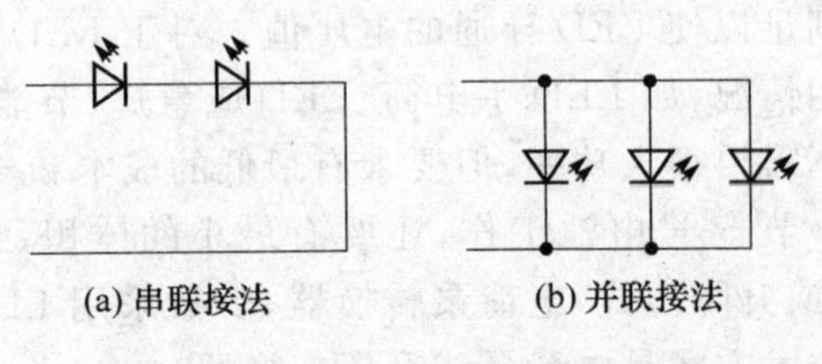

图2-2 LED的简单串联和并联

功率型LED作并联负载时，不宜选用恒流式驱动器。当某一LED短路时，无论是恒压驱动还是恒流驱动，则所有的LED将不亮。

3. 混联方式

混联接法有两种：一种如图2-3(a)所示，串并联的LED数量平均分配，分配在一串LED上的电压相同，通过同一串每只LED上的电流也基本相同，LED亮度一致，同时通过每串LED的电流也相近。另一种接法是将LED平均分配后，分组并联，再将各组串联，如图2-3(b)所示，要求与单组串联或并联相同。

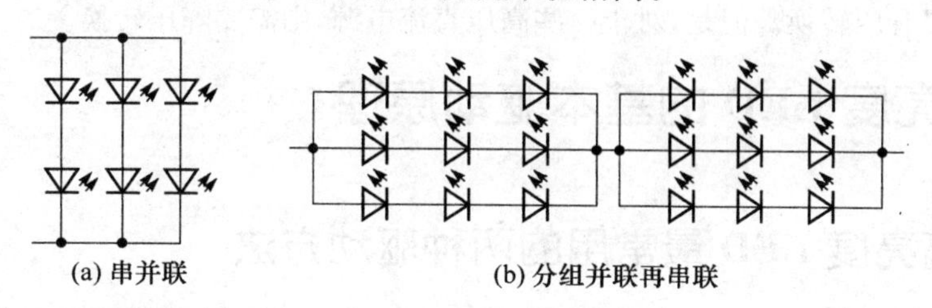

(a) 串并联　　(b) 分组并联再串联

图2-3 LED的混联

另外，应用中通常会使用多只LED，这就涉及多只LED的排列方式问题。各种排列方式中，首选驱动串联的单串LED，因为这种方式不论正向电压如何变化、输出电压(V_{out})如何“漂移”，均提供极佳的电流匹配性能。当然，用户也可以采用并联、串联-并联组合及交叉连接等其他排列方式，用于需要“相互匹配的”LED正向电压的应用，并获得其他优势。在交叉连接中，如果其中某个LED因故障开路，则电路中仅有1个LED的驱动电流会加倍，从而尽量减少对整个电路的影响。LED各种排列方式优缺点如表2-1所列。

表2-1 LED各种排列方式比较

连接形式 \ 特性		优点	缺点	应用场合
串联	简单串联	电路简单，连接方便；LED的电流相同，亮度一致	可靠性不高，驱动器输出电压高，不利于其设计和制造	LED背光光源，工业LED交流指示灯，应急灯照明
	带旁路串联	电路较简单，可靠性较高；保证LED的电流相同，发光亮度一致	元器件增加，体积加大；驱动器输出电压高，设计和制造困难	
并联	简单并联	电路简单，连接方便；驱动电压低	可靠性高，要考虑LED的均流问题	手机等LCD屏的背光源，LED手电筒，低压应急照明灯
	独立匹配并联	可靠性好，适应性强，驱动效果好；单个LED保护完善	电路复杂，技术要求高，占用体积大，不适合数量多的LED电路	
混联	先并联后串联	可靠性好，适应性强，驱动器的设计制造方便，总体效果较高；适用范围较广	电路连接较为复杂，并联的单个LED或LED串联之间需要解决均流问题	LED平面照明，大面积LCD背光源，LED装饰照明灯，交通信号灯，汽车指示灯，局部照明
	先串联后并联			
	交叉阵列	可靠性好，总体的效率较高，应用范围较广	驱动器设计较复杂，每组并联的LED需要均流	

2.2.3 按驱动方式分类

若按 LED 驱动方式来分类,可分为两种:恒压驱动和恒流驱动。由于 LED 使用场合不一样,提供的电源大小和性质也不一样。手电筒、矿灯等使用直流电源供电且电压较低,而照明等则使用交流电源供电且电压较高。这就要求 LED 驱动电路的芯片选择视情况而定,如果是直流供电场合则应选择 DC/DC 转换器,如果是交流供电场合则选择AC/DC 转换器,它们都要求有稳定的输出电压或电流。另外,大多数手持设备的电池电压都不足以驱动 LED,所以需要升压转换。但是,对于一些高压直流电源,则需要降压转换。

2.3 高亮度 LED 的基本驱动原理

2.3.1 高亮度 LED 最常用的两种驱动方法

高亮度 LED 是由电流驱动的器件,其亮度与正向电流呈比例关系。因此,驱动高亮度 LED 的主要目标是产生正向电流通过器件,这可采用恒压源或恒流源来实现。有两种常用的驱动方法可以控制高亮度 LED 的正向电流。第一种方法是根据高亮度 LED 的 $I-V$ 特性曲线来确定产生预期正向电流所需要向 LED 施加的电压。其实现方法是采用带限流电阻器的恒压电源,其电路示意图如图2-4所示。这种方法存在两个缺点:第一,由于温度和工艺的原因,难以保证每个 LED 的正向压降 V_F 绝对相同,因此尽管可以保证 V_{IN} 的稳定和 R_B 的一致性,但 V_F 的微小变化仍会带来较大的 I_{LED} 变化。比如:如果额定正向电压为 3.6 V,则图2-4中 LED 的电流为 20 mA。若温度或工艺改变让正向电压变为 4.0 V(仍在正常的范围内),正向电流将下降至 14 mA。换言之,正向电压只要改变 11%,正向电流就会出现 30%的大幅度变动。第二,镇流电阻的压降和功耗使系统效率降低。这两个缺点是许多应用无法接受的。第二种方法,也是首选的高亮度 LED 驱动方法,就是利用恒流源来驱动 LED。恒流源驱动可消除因温度和工艺等因素引起的正向电压变化所导致的电流变化,因此可产生恒定的 LED 亮度。产生恒流电源需要调整通过电流检测电阻上的电压,而不是调整输出电压,图 2-5所示是其电路示意图。参考电压 V_{ref} 和电流检测电阻 R_{sense} 的值决定了 LED 电流的大小。在驱动多个 LED 时,只需把它们串联就可以在每只 LED 上实现恒定电流,驱动并联 LED 需要在每串 LED 中放置一个镇流电阻。

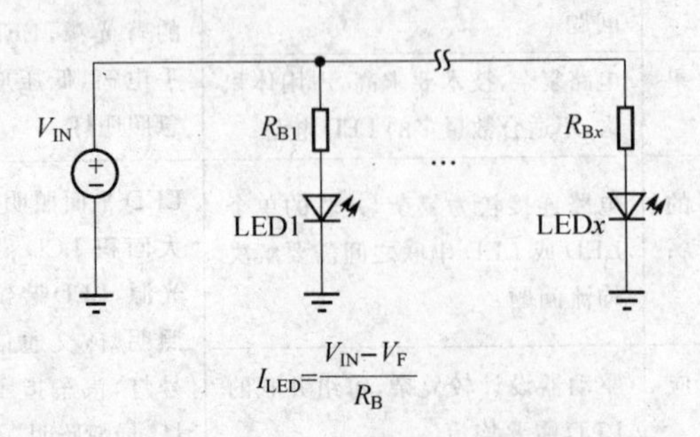

图 2-4 带限流电阻器的恒压源驱动电路

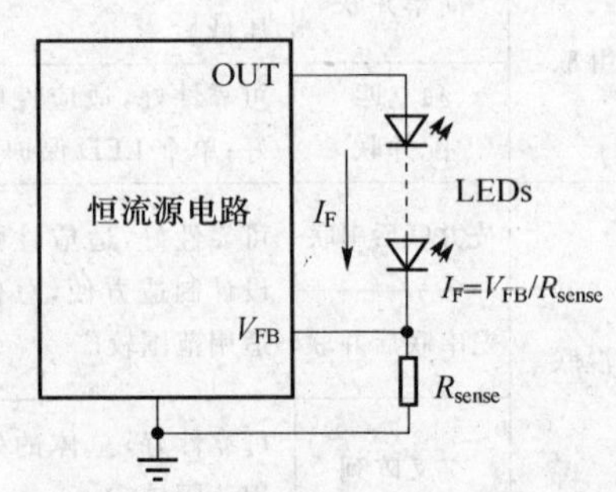

图 2-5 驱动 LED 的恒流源

高亮度 LED 的驱动设计必须充分考虑系统的需求。一方面，使用高亮度 LED 的系统大多采用电池供电，如：手机中的 3.6 V 锂电池，汽车中的 12 V 蓄电池等，它们提供的电压不适合直接驱动高亮度 LED。另一方面，从 2.1 节的论述中可以看出，高亮度 LED 应该工作在稳定的电流下。因此，现代高亮度 LED 驱动电路从原理上来说应具备两个基本要素：一是直流变换，二是恒流。高亮度 LED 驱动电路的一般原理如图2-6所示。

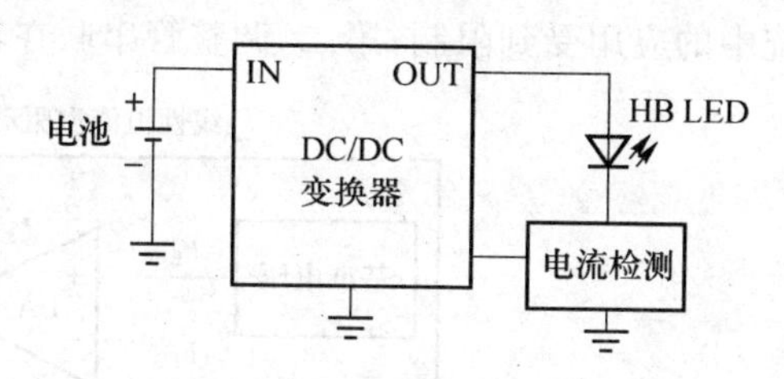

图 2-6　高亮度 LED 驱动电路的一般原理

从图2-6可以看到，驱动电路主要由 DC/DC 变换器、电流检测电路组成，DC/DC 变换器将电池电压变换成适合驱动高亮度 LED 的直流电压，电流检测电路检测输出电流，通过反馈环路控制 DC/DC 变换器输出电压，将 LED 电流稳定在一个预设值。

2.3.2　常用的 DC/DC 恒流驱动原理

采用 DC/DC 电源的 LED 照明应用中，高亮度 LED 常用的恒流驱动方式有电阻限流、线性调节器以及开关调节器三种。下面分别介绍。

1. 电阻限流 LED 驱动电路原理

如图2-7所示，电阻限流驱动电路是最简单的驱动方式，限流方式按下式：

$$R=\frac{V_{IN}-yV_F-V_D}{xI_F} \tag{2-1}$$

式中：V_{IN} 为电路的输入电压；I_F 为 LED 的正向电流；V_F 为 LED 在正向电流 I_F 时的压降；V_D 为防反二极管的压降（可选）；y 为每串 LED 的数目；x 为并联 LED 的串数。

由图2-7和式(2-1)可知，电阻限流电路虽然简单，但是在输入电压波动时，通过 LED 的电流也会随其变化，因此使调节性能变差。另外，由于电阻 R 的接入损失的功率为 xRI_F，因此效率较低。

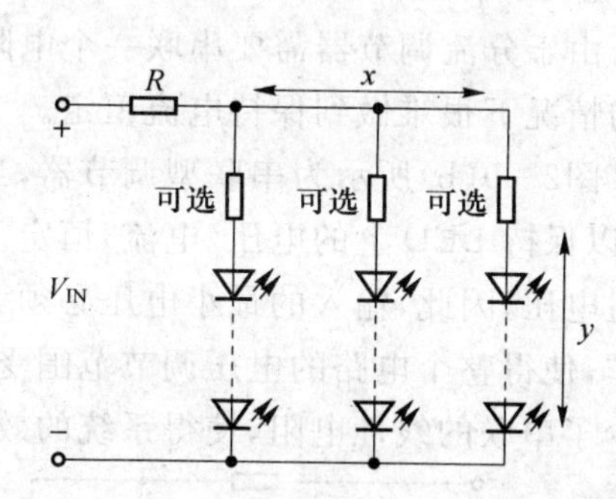

图 2-7　电阻恒流驱动电路

2. 线性恒流型 LED 驱动原理

线性恒流型 LED 驱动是一种降压驱动，其基本原理如图2-8所示。该电路由串联调整管 PE、采样电阻 R_{sense}、带隙基准电路和误差放大器 EA 组成。采样电压加在误差放大器 EA 的同相输入端，与加在反相输入端的基准电压 V_{REF} 相比较，两者的差值经误差放大器 EA 放大后，控制串联调整管的栅极电压，从而稳定输出电流。线性恒流型 LED 驱动的优点是结构简单、电磁干扰小、低噪声特性、对负载和电源的变化响应迅速、较小的尺寸及成本低廉。缺点主要是：第一，驱动电压必须小于电源电压，因此在锂电池供电系统中的应用受到限制；第二，调整管串联在输入、输出之间，效率相对较低。

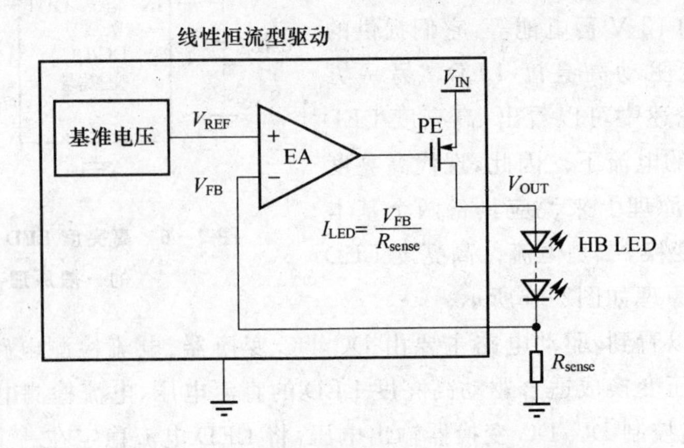

图2-8 线性恒流性LED驱动电路的原因

线性恒流调节器的核心是利用工作在线性区的功率三极管或MOSFET作为一个动态电阻来控制负载。线性恒流调节器有并联型和串联型两种。

图2-9(a)所示为并联型线性调节器又称分流调节器，它采用功率管与LED并联的形式，可以分流负载的一部分电流。分流调节器也同样需要串联一个限流电阻R_{sense}，与电阻限流电路相似。当输入电压增大时，流过负载LED上的电流增加，反馈电压增大使得功率管Q的动态电阻减小，流过Q的电流将会增大，这样就增大了限流电阻R_{sense}上的压降，从而使得LED上的电流和电压保持恒定。

由于分流调节器需要串联一个电阻，所以效率不高，并且在输入电压变化范围比较宽的情况下很难做到保持电流恒定。

图2-9(b)所示为串联型调节器，当输入电压增大时，使功率管的调节动态电阻增大，以保持LED上的电压(电流)恒定。由于功率三极管或MOSFET管都有一个饱和导通电压，因此，输入的最小电压必须大于该饱和电压与负载电压之和，电路才能正常工作，使得整个电路的电压调节范围受限。这种控制方式与并联型线性调节器相比，由于少了串联的线性电阻，使得系统的效率较高。

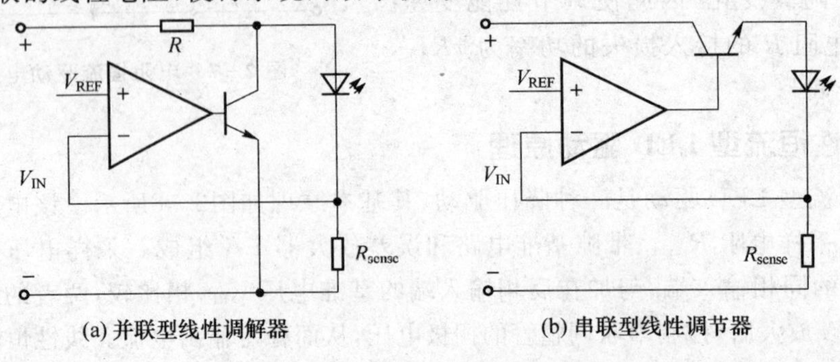

图2-9 线性调节器电路图

驱动HB LED的最佳方案是使用恒流源。实现恒流源的简单电路是用一个MOSFET与HB LED串联，对HB LED的电流进行检测并将其与基准电压相比较，比较信号反馈到运算放大器，进而控制MOSFET的栅极。这种电路如同一个理想的电流源，可以在正向电压、电源电压变化时保持固定的电流。目前，一些线性驱动芯片，例如MAX16806在芯片内部集成了MOSFET和高精度电压基准，能够在不同照明装置之间保持一致的亮度。

线性驱动器相对于开关模式驱动器的优点是电路结构简单、易于实现，因为没有高频开关，所以也不需要考虑EMI问题。线性驱动器的外围元件少，可有效降低系统的整体成本，例如MAX16806所要求的输入电压只需比LED总压降高出1 V，利用外部检流电阻测量LED的电流，从而保证在输入电压和LED正向电压变化时，MAX16806能够输出恒定的电流。

线性驱动器的功耗等于LED电流乘以内部(或外部)无源器件的压降。当LED电流或输入电源电压增大时，功耗也会增大，从而限制了线性驱动器的应用。为了减少照明装置的功耗，MAX16806对输入电压进行监测，如果输入电压超过预先设定值，它将减小驱动电流以降低功耗。该项功能可以在某些应用中避免使用开关电源，如汽车顶灯或日间行车灯等，这些应用通常会在出现不正常的高电源电压时导致灯光熄灭。

3. 开关型LED驱动电路原理

线性恒流驱动技术不但受输入电压范围的限制，而且效率低。在用于低功率的普通的LED驱动时，由于电流只有几毫安，因此损耗不明显，而当作用电流有几百毫安甚至更高时，功率的损耗就成为比较严重的问题。

开关电源作为能量变换中效率最高的一种方式，效率可以达到90%以上。其明显的缺点是输出纹波电压大、瞬时恢复时间较长，会产生电磁干扰(EMI)。

大多数的LED驱动电路都属于下列拓扑类型：降压型、升压型、降压-升压型、SEPIC和反激式拓扑，如表2-2所列。

表2-2 LED驱动电源的拓扑

拓扑结构	输入电压(V_{in})总大于输出电压(V_{out})	输入电压(V_{in})总小于输出电压(V_{out})	输入电压(V_{in})大小或者小于输出电压(V_{out})	隔离模式
降压拓扑	√			
升压拓扑		√		
降压-升压拓扑			√	
SEPIC拓扑		√	√	
反激式拓扑	√	√	√	√

开关电源作为LED驱动电源从结构上看，其优点是有BOOST、BUCK和BUCK-BOOST等形式，都可以用于LED的驱动电路的设计，为了满足LED的恒流驱动，打破传统的反馈输出电压的形式，采用检测输出电流进行反馈控制，并且可以实现降压、

升压和降压-升压的功能。另外，价格偏高和外围器件复杂是开关电源型驱动相对其他类型LED驱动的缺点。

在驱动LED时常用的三种开关型基本电路拓扑为：降压拓扑结构、升压拓扑结构以及降压-升压拓扑结构。采用何种拓扑结构取决于输入电压和输出电压的关系。

开关型LED驱动是利用开关电源原理进行DC/DC直流变换的，其原理如图2-10所示。L_1和C_{out}为储能元件，MOSFET和整流二极管D_1为开关元件，MOSFET不断开启和关闭，使输入电压V_{IN}升高至输出电压V_{OUT}，从而驱动LED，升压比由开关管占空比决定。

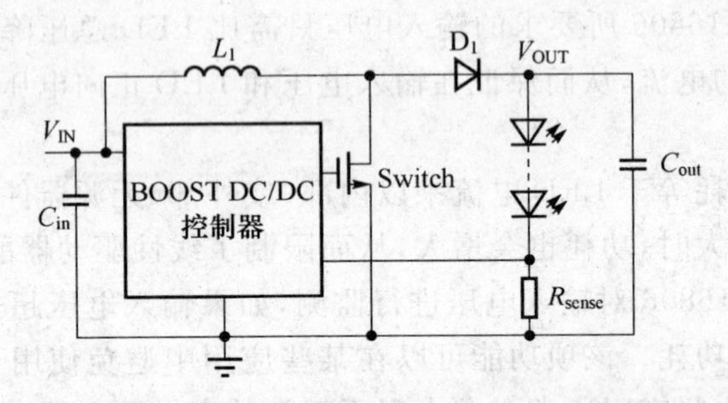

图2-10 开关电源型高亮度LED驱动电路原理

BOOST DC/DC控制器能根据R_{sense}反馈的电压自动调节开关的占空比，从而调节输出电压的高低，使LED电流稳定在预设值。

图2-11(a)所示为采用BUCK变换器的LED驱动电路，与传统的BUCK变换器不同，开关管S移到电感L的后面，使得S源极接地，从而方便了S的驱动，LED与L串联，而续流二极管D与该串联电路反并联。该驱动电路不但简单而且不需要输出滤波电容，降低了成本。但是，BUCK变换器是降压变换器，不适用于输入电压低或者多个LED串联的场合。降压稳压器BUCK＃2如图2-11(b)所示。在此电路中，MOSFET对接地进行驱动，从而大大降低了驱动电路要求。该电路可选择通过监测FET电流或与LED串联的电流感应电阻来感应LED电流。后者需要一个电平移位电路来获得电源接地的信息，但这会使简单的设计复杂化。

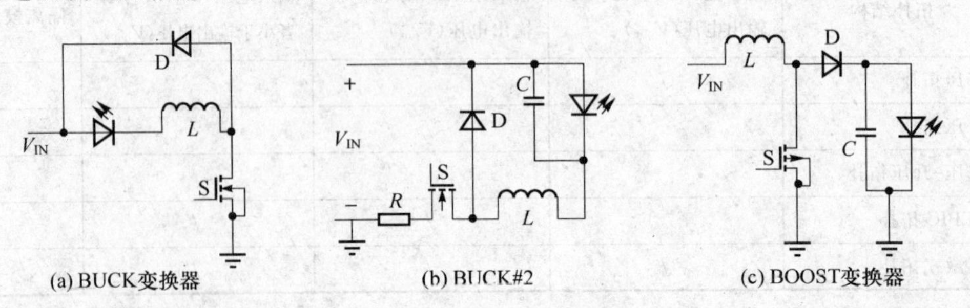

图2-11 开关电源不同类型原理图一

图2-11(c)所示为BOOST变换器的LED驱动电路，通过电感储能将输出电压泵至比输入电压更高的期望值，实现在低输入电压下对LED的驱动。在结构上与传统的

BOOST 变换器结构基本相似，只采用 LED 负载的反馈电流信号，以确保恒流输出。其缺点是由于输出电容通常取得较小，LED 上的电流会出现断续。通过调节电流峰值和占空比来控制 LED 的平均电流，从而实现在低输入电压下对 LED 的恒流驱动。

图2－12(a)所示为采用 BUCK－BOOST 变换器的 LED 驱动电路。与 BUCK 电路相似，该电路 S 的源极可以直接接地，从而方便 S 的驱动。

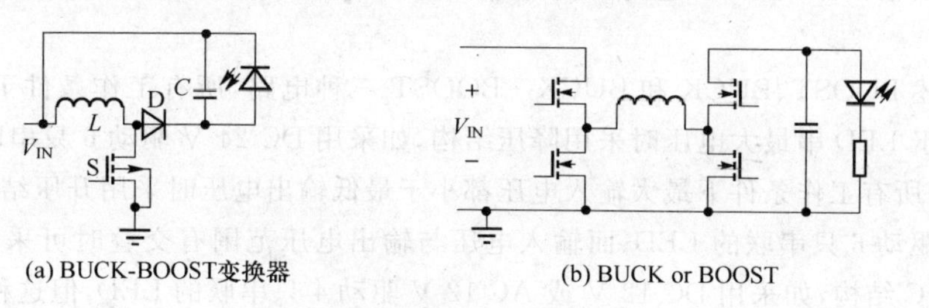

图 2－12　开关电源不同类型原理图二

该降压-升压方法的一个缺陷是电流相当高。例如，当输入和输出电压相同时，电感和电源开关电流则为输出电流的 2 倍。这会对效率和功耗产生负面的影响。在许多情况下，图2－12(b)中的“降压或升压型”拓扑将缓和这些问题。在该电路中，降压功率级之后是一个升压。如果输入电压高于输出电压，则在升压级刚好通电时，降压级会进行电压调节。如果输入电压低于输出电压，则升压级会进行调节而降压级则通电。通常要为升压和降压操作预留一些重叠，因此从一个模型转到另一模型时就不存在静带。

当输入和输出电压几乎相等时，该电路的好处是开关和电感器电流也近乎等同于输出电流。电感纹波电流也趋向于变小。即使该电路中有四个电源开关，通常效率也会得到显著的提高，在电池应用中这一点至关重要。

图2－13所示为 SEPIC 拓扑和 FLYBACK 拓扑，此类拓扑要求较少的 FET，但需要更多的无源组件。其好处是简单的接地参考 FET 驱动器和控制电路。此外，可将双电感组合到单一的耦合电感中，从而节省空间和成本。但是像降压-升压拓扑一样，它具有比“降压或升压”和脉动输出电流更高的开关电流，这就要求电容器可通过更大的 RMS 电流。

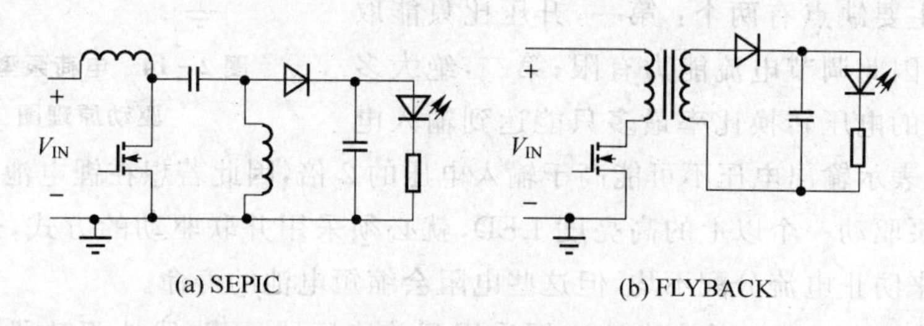

图 2－13　开关电源不同类型原理图三

出于安全考虑，可能规定在离线电压和输出电压之间使用隔离。在此应用中，最具性价比的解决方案是反激式转换器(参见图2－19)。它要求所有隔离拓扑的组件数最少。变压器匝比可设计为降压、升压或降压-升压输出电压，这样就提供了极大的设计灵活性。但其缺点是电源变压器通常为定制组件。此外，在FET以及输入和输出电容器中存在很高的组件应力。在稳定照明应用中，可通过使用一个"慢速"反馈控制环路（可调节与输入电压同相的LED电流）来实现功率因数校正（PFC）功能。通过调节所需的平均LED电流以及与输入电压同相的输入电流，即可获得较高的功率因数。

对上述BOOST、BUCK和BUCK－BOOST三种电路，所有工作条件下最低输入电压都大于LED串最大电压时采用降压结构，如采用DC 24 V驱动6只串联的LED；与之相反，所有工作条件下最大输入电压都小于最低输出电压时采用升压结构，如采用DC 12 V驱动6只串联的LED；而输入电压与输出电压范围有交叠时可采用降压-升压或SEPIC结构，如采用DC 12 V或AC 12 V驱动4只串联的LED，但这种结构的成本及能效最不理想。

开关稳压器的能效高，并提供极佳的亮度控制。线性稳压器结构比较简单，易于设计，提供稳流及过流保护，具有外部电流设定点，且没有电磁兼容性（EMC）问题。电阻型驱动器利用电阻这样的简单分立器件，限制LED串电流，是一种经济的LED驱动方案，同样易于设计，且没有EMC问题。

4. 电荷泵型LED驱动原理

电荷泵型LED驱动是一种直流升压驱动方式，如图2－14所示。通过电荷泵将输入直流电压V_{IN}按固定升压比升压至V_{OUT}，用来驱动LED。LED电流通过检测电阻R_{sense}取样后反馈给模式选择电路，根据输出电流的大小自动调节电荷泵工作在1X、1.5X或2X等模式下，使LED电流稳定在一个范围内，从而在不同负载下均能达到较高的转换效率。

电荷泵通过开关电容阵列、振荡器、逻辑电路和比较器实现升压，其优点是采用电容储能，不需要电感，只需要外接电容，开关工作频率高（约1 MHz），可使用小型陶瓷电容（1 μF）等。电荷泵解决方案的主要缺点有两个：第一，升压比只能取几个固定值，因此调节电流能力有限；第二，绝大多数电荷泵IC的电压转换比率最多只能达到输入电压的2倍，这表示输出电压不可能高于输入电压的2倍，因此若想在锂电池供电的系统中利用电荷泵驱动一个以上的高亮度LED，就必须采用并联驱动的方式，这时必须使用镇流电阻来防止电流分配不均，但这些电阻会缩短电池的寿命。

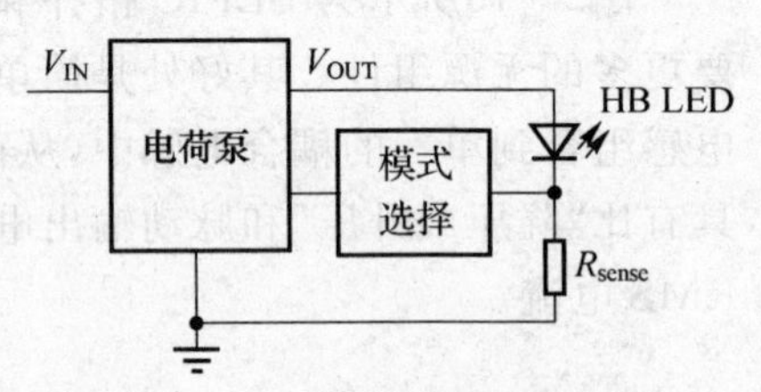

图2－14 电荷泵型LED驱动原理图

如电流大于500 mA的大电流应用采用开关稳压器，因为线性驱动器限于自身结构原因，无法提供这样大的电流；而在电流低于200 mA的低电流应用中，通常采用线性稳压器及电阻型驱动器；而在200～500 mA的中等电流应用中，既可以采用线性稳压器，也可以采用开关稳压器。

2.3.3 高亮度LED恒流驱动芯片的常用控制模式

微功率电源芯片有以下几种控制模式：

① PFM是通过调节脉冲频率(即开关管的工作频率)的方法实现稳压输出的技术。它的脉冲宽度固定而内部振荡频率是变化的，所以滤波较PWM困难。但是PFM受限于输出功率，只能提供较小的电流。因而在输出功率要求低，静态功耗较低场合可采用PFM方式控制。

② PWM的原理就是在输入电压、内部参数及外接负载变化的情况下，控制电路通过被控制信号与基准信号的差值进行闭环反馈，调节集成电路内部开关器件的导通脉冲宽度，使得输出电压或电流等被控制信号稳定。PWM的开关频率一般为恒定值，所以比较容易滤波。但是PWM由于误差放大器的影响，回路增益及响应速度受到限制，尤其是回路增益低，很难用于LED恒流驱动，尽管目前很多产品都应用这种方案，但普遍存在恒流问题。在要求输出功率较大而输出噪声较低的场合可采用PWM方式控制。

③ Chargepump电荷泵解决方案是利用分立电容将电源从输入端送至输出端，整个过程不需要使用任何电感。Chargepump主要缺点是只能提供有限的电压输出范围(输出一般不会超过2倍输入电压)，原因是当多级Chargepump级联时，其效率下降很明显。用Chargepump驱动一个以上的白光LED时，必须采用并联驱动的方式，因而只适用于输入输出电压相差不大的应用。

④ 采用Digital PWM(数字脉宽调制)通过对独立数字控制环路和相位的数字化管理，实现对DC/DC负载点电源转换进行监测、控制与管理，以提供稳定的电源，减少传统供电模组的电压波幅造成系统的不稳定，而且Digital PWM并不需要采用传统较高量的液态电容用做储能及滤波作用。Digital PWM数字控制技术，能够使得MOSFET管运行在更高的频率下，有效地缓解了电容所受到的压力。Digital PWM适用于大电流密度，其响应速度很快，但回路增益仍受到限制，目前成本相对较高。因此其在LED恒流驱动上的应用仍需进一步研究。

⑤ FPWM(强制的脉宽调制)是一种恒流输出为基础的控制方式。它的工作原理是：无论输出负载如何变化总是以一种固定频率工作，高侧FET在一个时钟周期打开，使电流流过电感，电感电流上升产生通过感抗的电压降，这个压降通过电流感应放大器放大，来自电流感应放大器的电压被加到PWM比较器输入端，和误差放大器的控制端作比较，一旦电流感应信号达到这个控制电压，PWM比较器就会重新启动关闭高侧FET开关的逻辑驱动电路，低侧的FET会在延迟一段时间后打开。在轻负载下工作时，为了维持固定频率，电感电流必须按照反方向流过低侧的FET。FPWM技术驱动芯片目前只见到MAXIM和NationalSemiconductor的芯片使用。如PFM、PWM是采用恒压驱动方式控制LED，而FPWM和PFM/PWM是恒流驱动方式控制技术，实践证明较适合LED驱动。

2.3.4 常用的AC/DC驱动结构图

目前LED在应用中大多利用交流市电电源供电。由于LED要求在直流低电压下工作,如果采用市电电源供电,则需要通过适当的电路拓扑将其转换为符合LED工作要求的直流电源。LED驱动器的主要功能就是在一定的工作条件范围下限制流过LED的电流,而无论输入及输出电压如何变化。LED驱动器基本的工作电路示意图如图2-15所示,其中所谓的"隔离"表示交流线路电压与LED(即输入与输出)之间没有物理上的电气连接,最常用的是采用变压器来电气隔离,而"非隔离"是指在负载端和输入端有直接连接,即没有采用高频变压器来电气隔离,触摸负载有触电的危险。

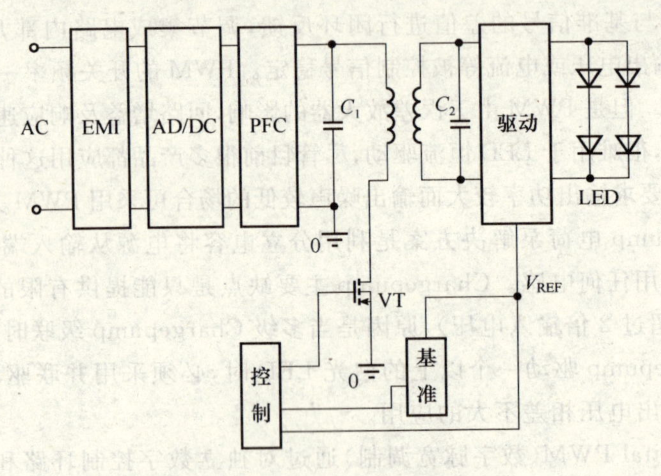

图2-15 AC/DC驱动结构框图

1. AC/DC驱动器基本结构

LED驱动器的基本工作电路示意图如图2-16所示,在LED照明设计中,AC/DC电源转换与恒流驱动这两部分电路可以采用不同配置:

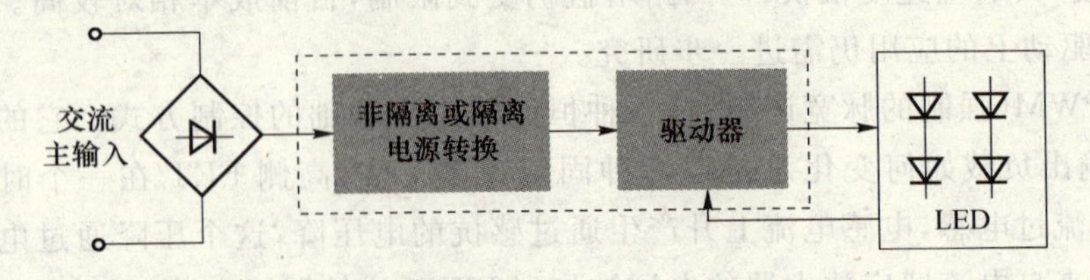

图2-16 LED驱动器的基本工作电路示意图

① 整体式(integral)配置,即两者融合在一起,均位于照明灯具内,这种配置的优势包括优化能效及简化安装等。

② 分布式(distributed)配置,即两者单独存在,这种配置简化安全考虑,并增加灵活性。

2. 非隔离 AC/DC LED 驱动器

非隔离 LED 驱动器有两种设计方法：一种是采用高耐压电容降压，另一种是采用高压芯片直接和市电连接。

电容降压简易电源的基本电路如图2－17所示。C_1为降压电容器，同时具有限流作用，D_3是稳压二极管，R_1为关断电源后C_1的电荷泄放电阻。

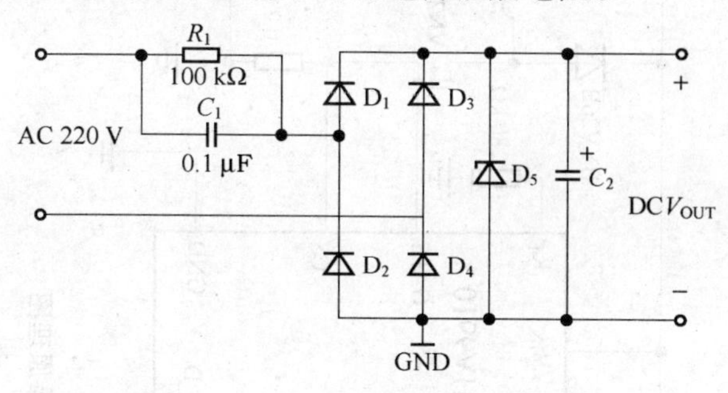

图 2－17 非隔离 AC/DC 转换电路

通过C_1的电流I_{C_1}为

$$I_{C_1}=V_{AC}/2\pi f_{AC}C_1$$

在交流电压为 220 V、50 Hz 条件下，

$$I_{C_1}=69C_1$$

电容降压 LED 驱动电路的优点是体积小、成本低，缺点是带负载能力有限，效率不高，输出电压随电网波动而变化，使 LED 亮度不稳定，所以只能应用于对 LED 亮度及精度要求不高的场合。

高压 LED 驱动芯片降压是整个驱动电路直接和市电电路相联系，以 HV9910 为例，如图2－18所示就是高压芯片 HV9910 直接和市电连接电路图。HV9910 是一款 PWM 高效率 LED 驱动 IC。它允许电压从 DC 8 V 一直到 DC 450 V 而对 HB LED 有效控制。

通过一个可升至 300 kHz 的频率来控制外部的 MOSFET，该频率可用一个电阻调整。LED 串是受到恒定电流的控制而不是电压，如此可提供持续稳定的光输出和提高可靠度。输出电流调整范围可从 mA 级到 1.0 A。HV9910 使用了一种高压隔离连接工艺，可经受高达 450 V 的浪涌输入电压的冲击。对一个 LED 串的输出电流能被编程设定在 0 与其最大值之间的任何值，它由输入到 HV 的线性调光器的外部控制电压所控制。另外，HV9910 也提供一个低频的 PWM 调光功能，能接受一个外部达几 kHz的控制信号在 0～100％的占空比下进行调光。高压芯片恒流电路特点是电路简单，所需元器件少，但恒流精度不高，一旦失控，会烧毁 LED 灯串。

3. 市电隔离 AC/DC LED 驱动器

市电隔离 AC/DC LED 驱动器有两种结构：一种是变压器降压 LED 驱动电路，另一种是采用 PWM 控制方式开关电源。

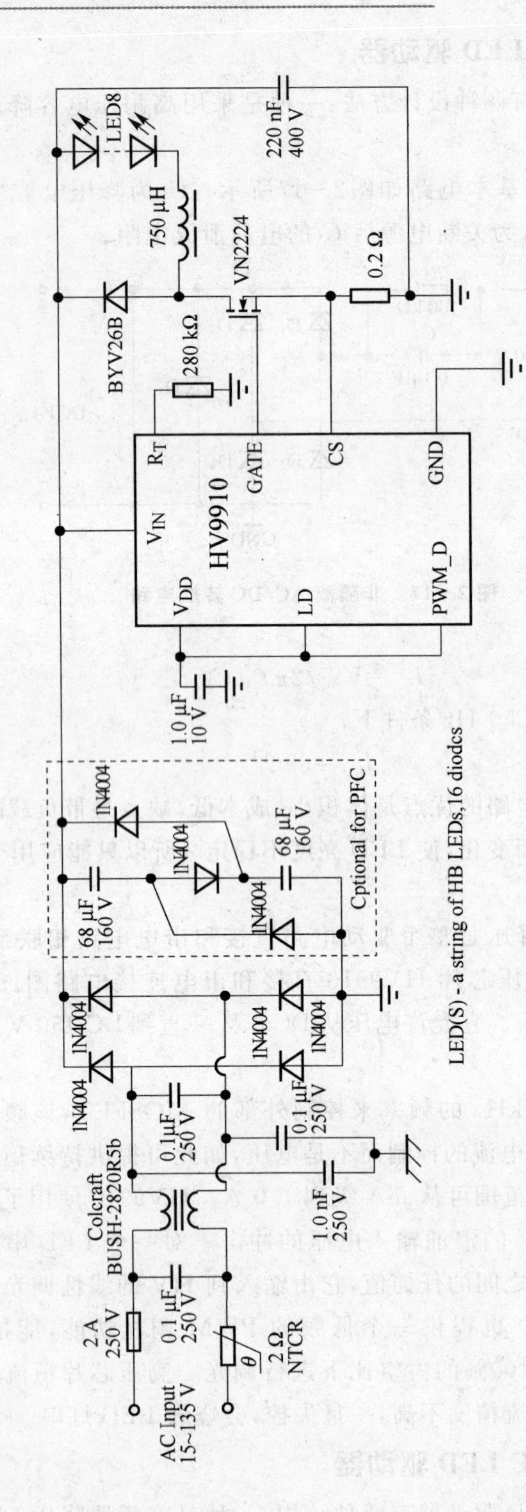

图 2－18　HV9910 非隔离 LED 驱动器原理图

采用变压器降压LED驱动电路的结构是由降压变压器、全波整流、电容滤波和LED驱动电路构成(参考图1-27)。变压器降压LED驱动电路的特点是采用工频变压器,转换效率低,另外限流电阻上消耗功率较大,电源效率很低。

PWM控制方式开关电源主要由四个部分组成,即输入整流滤波、输出整流滤波、PWM控制单元和开关能量转换。PWM控制方式开关电源的特点是效率高,一般可达80%~90%,输出电压和电流稳定,可加入各种保护,属于可靠性电源,是比较理想的LED电源。

4. 隔离型LED驱动电源的拓扑结构

采用AC-DC电源的LED照明应用中,电源转换的构建模块包括二极管、开关(FET)、电感及电容、电阻等分立元件用于执行各自功能,而脉宽调制(PWM)稳压器用于控制电源转换。电路中通常加入了变压器的隔离型AC/DC电源转换,包含反激、正激及半桥等拓扑结构,图2-19所示是反激型开关电源拓扑,图2-20所示是正激型开关电源拓扑,图2-21所示是LLC半桥谐振型开关电源拓扑结构。其中,反激拓扑结构是功率小于30 W的中低功率应用的标准选择,而半桥结构则最适于提供更高能效/功率密度。就隔离结构中的变压器而言,其尺寸的大小与开关频率有关,且多数隔离型LED驱动器基本上都采用“电子”变压器。

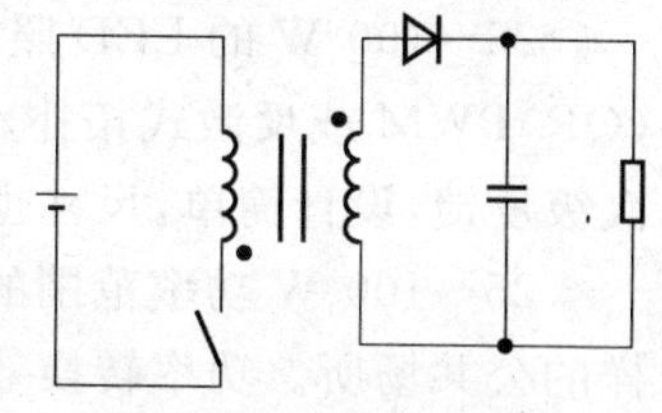

图2-19 反激型开关电源拓扑

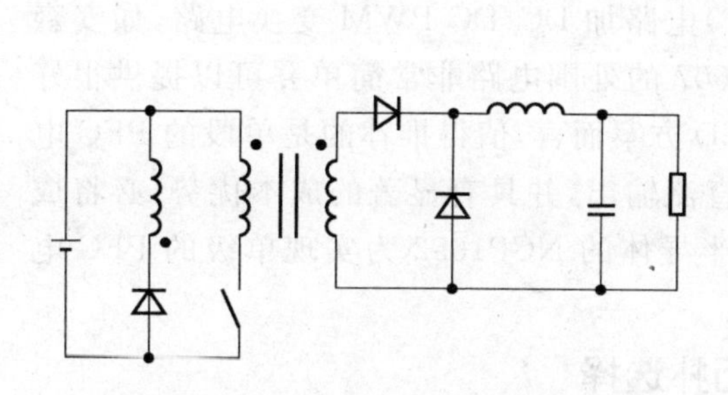

图2-20 正激型开关电源拓扑

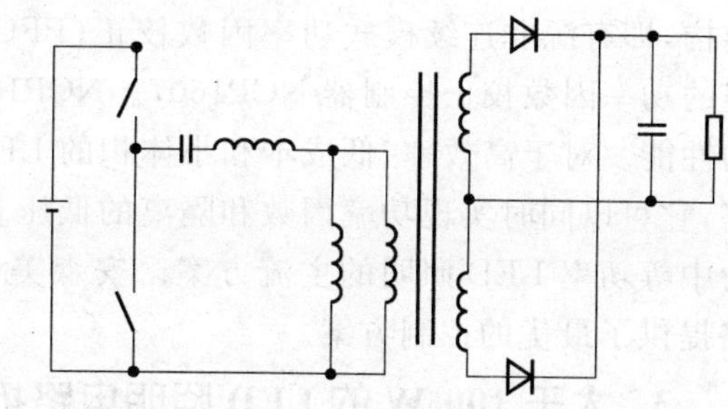

图2-21 LLC半桥谐振型开关电源拓扑

2.3.5 LED照明设计的架构选择

不管LED照明系统的输出功率有多大,LED驱动器电路的选择都将在很大程度上取决于输入电压范围、LED串本身的累积电压降以及足以驱动LED所需的电流。这导致了多种不同的可行LED驱动器拓扑结构,如降压型、升压型、降压-升压型和SEPIC型。每种拓扑结构都有其优点和缺点,其中,标准降压型转换器是最简单和最容易实现的方案,升压型和降压-升压型转换器次之,而SEPIC型转换器则最难实现,这是因为它采用了复杂的磁性设计原理,而且需要设计者拥有高超的开关模式电源设计专长。

总而言之，终端产品的应用决定LED的拓扑结构，然后再根据LED的拓扑结构和输入电源再合理选择BUCK、BOOST、SEPIC或BUCK-BOOST结构。

1. 小于25 W的LED照明电路拓扑选择

一般来说，小于25 W的LED照明系统不要求进行功率校正，因此可以采取简单一些的拓扑架构，如PSR或BUCK拓扑，这一功率范围主要针对小型设计，强调设计的简单性。小于25 W的LED灯具主要应用于室内照明，它们主要采用低成本的反激型拓扑结构。安森美半导体的NCP1015和NCP1027单片变换集成电路集成了内置高压MOSFET和PWM控制器，可以有效地减小PCB的面积和灯具的体积，提供最大25 W的功率输出(AC 230 V输入)。

2. 25～100 W的LED照明电路拓扑选择

25～100 W的LED照明应用要求进行功率校正，因此一般采用单级PFC、准谐振(QR)PWM或反激式拓扑。从效率角度来看，LLC和QR性能更好；而PSR方案无需次级反馈，设计简单，尺寸也比其他方案小，适合于单级PFC。

25～100 W功率范围的典型LED照明应用是街道照明(小区道路)和像停车场这样的公共场所。功率转换效率、PFC功能的高性价比实现及高颜色品质是目前最重要的三大技术挑战。例如，在商业照明和街道照明应用中，更长的使用寿命和由此产生的更低维护成本正帮助克服较高初始成本的进入障碍。25～100 W的LED照明应用有功率因数的要求，因此需要增加功率因数校正电路。这种电路可以采用传统的两段式结构，即有源非连续模式功率因数校正(PFC)电路加DC/DC PWM变换电路，如安森美的功率因数校正控制器NCP1607。NCP1607的外围电路非常简单并可以提供很好的性能。对于高效率、低成本和小体积的LED方案而言，值得推荐的是单段的PFC电路，它可以同时实现功率因数和隔离的低压直流输出，并具有显著的成本优势，必将成为中等功率LED照明的主流方案。安森美半导体的NCP1652为实现单级的PFC电路提供了最优的控制方案。

3. 大于100 W的LED照明电路拓扑选择

100 W以上LED照明应用适合采用LLC、QRPWM、反激式拓扑设计，一般采用效率更高的LLC拓扑和双级PFC。100 W以上的应用包括主要道路和高速公路照明(这里需要高达20 klm或以上的亮度以及250 W的电源输入)和专业应用，如舞台灯光照明和建筑泛光灯照明。在高功率应用中使用LED的一个关键驱动力是可靠性和低功耗带来的低拥有成本。例如，其系统效率可与金属卤化物和低压钠灯相比。初始成本可能在短期内继续是该市场进入门槛。

对于大于100 W的LED应用，可以采用传统的有源非连续模式功率因数校正电路和半桥谐振DC/DC转换电路。例如采用一种新型的集成控制器，它集成了有源非连续模式功率因数控制器和具有高压驱动的半桥谐振控制器。该半桥谐振控制器工作在固定的开关频率和固定的占空比，并且该电路不需要输出侧的反馈控制回路。这使得半桥谐振DC-DC变换电路工作在效率最高的ZVS和ZCS状态。直流输出电压将跟随功率因数校正电路的输出。

2.4 高亮度LED驱动器设计要求

LED照明应用的主要设计挑战包括以下几个方面：散热、高效率、低成本、调光无闪烁、大范围调光、可靠性、安全性和消除色偏。这些挑战需要综合运用适当的电源系统拓扑架构、驱动电路拓扑结构和机械设计才能解决。

2.4.1 LED驱动器应该具备高可靠性

目前，照明LED灯比较贵，即LED价格高，LED驱动可靠性低，制约着LED照明的发展。LED毕竟是半导体材料，它的寿命很长，但目前总体LED驱动可靠性低，使LED照明不能进行更大范围的推广应用。因此，应开发更多功能的LED驱动，来增加整个LED驱动的可靠性。

2.4.2 LED驱动器应该具备各种保护电路

1. 开路与短路保护

在实际安装工程中，有可能在没有连接大功率的LED而整个电源已经通电，这样的LED驱动电路处于长时间开路状态，会造成整个电源破坏，因此，LED驱动电路要增加开路与短路保护。

2. 过温保护

25 W以下的LED照明系统一般设计用于像阅读台灯、走廊灯、客厅射灯、家用餐灯及小夜灯等应用，客户一般希望一定程度的小型化，即这类应用设计得越小巧越好，因此其PCB安放的空间相对来说比较小，从而长时间使用时封装空间内的温度有可能会很高。由于设计师不太可能在其内安装一个散热风扇，因此它的散热设计就变得非常关键和重要。

图2－22所示是Cree公司XL7090 LED的温度与电流曲线图。很多工程师认为，350 mA的LED一定要做到恒流350 mA才行，700 mA的LED一定要配700 mA的驱动最佳，由图2－22可知，这个观点是错误的。在大功率LED应用中，LED能承受的电流与温度有一定的关系。因此，在设计时，考虑到灯体有可能到达50 ℃，将3 W的LED驱动设计为600 mA左右。

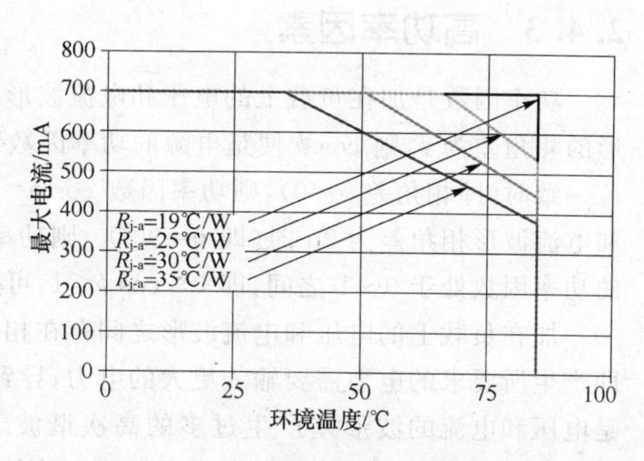

图2－22 Cree公司LED的温度与电流曲线图

因为影响LED寿命的关键因素是

发热量，所以解决好散热是关键，一个好的LED灯散热器必须满足传导、对流为主，辐射为辅的三要素条件，散热面积要足够，散热器在220 V电压时的温升≤20 ℃，在220(1+0.1)V的电压下温升≤25 ℃，满足这样条件的LED灯具才能正常工作，寿命不会受影响。由于是采用市电直接驱动，电源电压的波动对LED的工作电流有影响，加上LED对温度的敏感性，其正向压降的左移特性，会导致LED的电流增大、发热量增加。这些都说明了散热器的重要性。散热器的形状、散热通风通道对LED灯具的设计都是很重要的，正确处理好外形美观、散热功能之间的关系，在这两者之间找到平衡，才能设计出既美观、又满足散热功能的长寿命LED灯具。

在电路方面采用PPTC、PTCR、压敏电阻作为LED灯的保护必不可少，最好采用正温度系数热敏电阻作LED灯的限流电阻，如果选择合适，可以近似于恒流源的效果。只要广大LED灯具设计的技术人员努力掌握LED的特性，用科学的态度去处理问题，就一定能设计出可靠、价格低、长寿命的LED灯具来，这也是广大的低端市场所需要的产品，为节能减排、保护环境做出贡献。

3. 浪涌保护

在实际应用中，电网的浪涌电压有可能存在。尤其在雷雨季节，雷电的浪涌电压会通过电线传导，在设计电源及LED灯具时，要考虑在整个产品上加上浪涌发生器，避免在异常时会造成一定的破坏。LED抗浪涌的能力是比较差的，特别是抗反向电压能力。加强这方面的保护也很重要。有些LED灯装在户外，如LED路灯。由于电网负载的启用和雷击的感应，从电网系统会侵入各种浪涌，有些浪涌会导致LED的损坏。因此，LED驱动电源要有抑制浪涌的侵入，保护LED不被损坏的能力。

4. 隔离保护

LED是低电压的产品，而整个灯具产品又是高压的，在安装及运用中，考虑对人体的安全性，整个电路需要隔离。在欧洲电源应用中，必须是隔离的，才能符合整个产品的安全性。

2.4.3 高功率因素

功率因数是加在负载上的电压和电流波形之间的相角余弦(若电压波形与电流波形的相角差为ϕ，则$\cos\phi$便是电源的功率因数)。当加在负载上的电压和电流波形相位一致时(即相角差$\phi=0$)，则功率因数$\cos\phi=1$是理想的情况；当加在负载上的电压和电流波形相角差为90°时(即$\phi=90°$)，则功率因数等于零(处于最小值)；通常，电源的功率因数处于0～1之间，即$0\leqslant\cos\phi\leqslant1$，可用百分数表示。

加在负载上的电压和电流波形之间存在相位差，导致的结果之一是供电效率降低，即产生所要求的电力需要输入更大的电力；导致的另外一个结果且是更严重的后果，就是电压和电流的波形差产生过多的高次谐波。大量的高次谐波反馈到主输入线(电网)，造成电网被高次谐波污染成为恶性事故的隐患。同时，这种高次谐波也会扰乱控制系统里的敏感低压电路。

随着节能理念的深入人心,大功率LED的发展日趋成熟,“功率因数”的指标也被LED电源驱动行业提上议题,交流系统里实际功率等于视在功率乘以功率因数。

功率因数是电网对负载的要求。一般70 W以下的用电器,没有强制性指标。虽然功率不大的单个用电器功率因数低一点对电网的影响不大,但晚上大家同时开灯,同类负载太集中,会对电网产生较严重的污染。对于30～40 W的LED驱动电源,在不久的将来,也许会对功率因数方面有一定的指标要求。

2.4.4 高效率

LED是节能产品,驱动电源的效率要高。对于电源安装在灯具内的结构,尤为重要。因为LED的发光效率随着LED温度的升高而下降,所以LED的散热非常重要。电源的效率高,它的耗损功率小,在灯具内发热量就小,也就降低了灯具的温升。对延缓LED的光衰有利。

在RC电路中,驱动1 W的LED需要9.6 W输入功率。从这个数据可知,整个的效率只有10%左右。采用2 W集成驱动IC,在220 V工作条件下,输入电流仅为11 mA,驱动Cree公司的XL7090的LED,输出电流为600 mA,电压为3.3 V,整个输入功率为2.42 W,输出功率为1.98 W,功率因数为0.999 9,整个电源的效率达到81%左右。未来在7×1 W的LED驱动能达到85%左右。如果在一些元件参数调整情况下,效率能达到90%左右。

2.4.5 长寿命

大家都知道LED是半导体材料,在一定的条件下,寿命可达100 000 h。而整个LED灯具如果要有如此长的寿命,那整个电源的结构就要改变。传统电源在输入端都有高压电解电容,好的高压电容最长寿命不到10 000 h,正常为4 000 h与6 000 h。在LED照明领域,如果考虑传统的电源方式,显然它的寿命会很短,我们在设计时考虑该因素,采用了金属电容,因为金属电容中无电解液,整个电容寿命达50 000 h,通过这个的改变,新一代LED驱动至少能达到30 000 h,从而符合整个LED灯具的要求。

2.5 高亮度LED驱动器器件的选择

2.5.1 LED恒流驱动器件MOSFET的选择

LED驱动器常用的是NMOS,原因是NMOS导通电阻小,应用较为广泛,也符合LED驱动设计要求。所以,在开关电源和LED恒流驱动的应用中,一般都采用NMOS。下面的介绍中,也多以NMOS为主。

1. 功率MOSFET的开关特性

MOSFET功率场效应晶体管是用栅极电压来控制漏极电流的,因此它的一个显著特点是驱动电路简单，驱动功耗小。其第二个显著特点是开关速度快，工作频率高，功率 MOSFET 的工作频率在下降时间主要由输入回路时间常数决定。

MOS 管的三个引脚之间有寄生电容存在，是由制造工艺限制产生的。寄生电容的存在使得在设计或选择驱动电路的时候要麻烦一些，但没有办法避免。MOSFET 漏极和源极之间有一个寄生二极管。这个叫体二极管，在驱动感性负载时，这个二极管很重要。体二极管只在单个的 MOS 管中存在，在集成电路芯片内部通常是没有的。

MOS 管是电压驱动器件，基本不需要激励级获取能量，但是功率 MOSFET 与双极型晶体管不同，它的栅极电容比较大，在导通之前要先对该电容充电，当电容电压超过阈值电压（VGS－TH）时 MOSFET 才开始导通。因此，栅极驱动器的负载能力必须足够大，以保证在系统要求的时间内完成对等效栅极电容（CEI）的充电。

MOSFET 的开关速度和其输入电容的充放电有很大关系。使用者虽然无法降低 C_{in} 的值，但可以降低栅极驱动回路信号源内阻 R_s 的值，从而减小栅极回路的充放电时间常数，加快开关速度。一般 IC 驱动能力主要体现在这里，选择 MOSFET 是指外置 MOSFET 驱动恒流 IC。内置 MOSFET 的 IC 当然不用再考虑了，一般大于 1 A 电流会考虑外置 MOSFET。为了获得到更大、更灵活的 LED 功率能力，外置 MOSFET 是唯一的选择方式，IC 需要合适的驱动能力，MOSFET 输入电容是关键的参数。

图2－23中所示的 C_{gd} 和 C_{gs} 是 MOSFET 等效结电容。一般 IC 的 PWM OUT 输出内部集成了限流电阻，具体数值大小同 IC 的峰值驱动输出能力有关，可以近似认为 $R=V_{CC}/I_{peak}$。一般结合 IC 驱动能力 R_g 选择在 10～20 Ω。

一般的应用中，IC 的驱动可以直接驱动 MOSFET，但是考虑到通常驱动走线不是直线，电感量可能会更大，并且为了防止外部干扰，还是要使用 R_g 驱动电阻进行抑制。考虑到走线分布电容的影响，这个电阻要尽量靠近 MOSFET 的栅极。

以上讨论的是 MOSFET ON 状态时电阻的选择。在 MOSFET OFF 状态时，为了保证栅极电荷快速泄放，此时阻值要尽量小。通常为了保证快速泄放，在 R_g 上可以并联一个二极管，如图2－24所示。当泄放电阻过小，由于走线电感的原因也会引起谐振（因此有些应用中也会在这个二极管上串一个小电阻），但是由于二极管的反向电流不导通，此时 R_g 又参与反向谐振回路，因此可以抑制反向谐振的尖峰。这个二极管通常使用高频小信号管 1N4148。

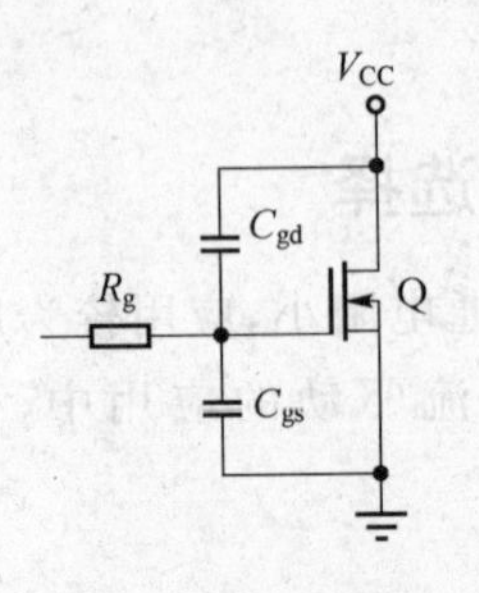

图 2－23　MOSFET 等效结电容

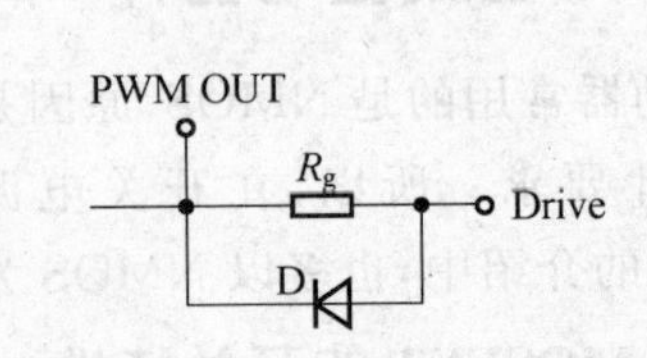

图 2－24　R_g 上并联一个二极管

2. MOS开关管损耗

不管是NMOS还是PMOS,导通后都有导通电阻存在,这样电流就会在这个电阻上消耗能量,这部分消耗的能量叫做导通损耗。选择导通电阻小的MOSFET会减小导通损耗。现在的小功率MOSFET导通电阻一般在几十毫欧左右,也有几毫欧的。

MOSFET的导通和截止一定不是在瞬间完成的。MOSFET两端的电压有一个下降的过程,流过的电流有一个上升的过程,在这段时间内,MOSFET管的损耗是电压和电流的乘积,叫做开关损耗。通常开关损耗比导通损耗大得多,而且开关频率越快,损失也越大。在LED恒流源设计中要注意频率的选择,降低损耗但也要兼顾噪声的出现。

导通瞬间电压和电流的乘积很大,造成的损耗也很大。缩短开关时间,可以减小每次导通时的损耗;降低开关频率,可以减小单位时间内的开关次数。这两种办法都可以减小开关损耗。

3. 输出的要求

因为MOSFET一般都连接着感性电路,会产生比较强的反向冲击电流。另外一个需要注意的问题是对瞬间短路电流的承受能力,对于高频SMPS尤其如此。瞬间短路电流的产生通常是由于驱动电平脉冲的上升或下降过程太长,或者传输延时过大。瞬间短路电流会显著降低电源的效率,是MOSFET发热的原因之一。

4. 估算结区温度

一般来说,即使源极/漏极电压超过绝对的最大额定值,功率MOSFET也很少发生击穿。功率MOSFET的击穿电压(BVDSS)具备正向的温度系数。因此,温度越高,击穿器件所需的电压越高。在许多情况下,功率MOSFET工作时的环境温度超过25 ℃,其结区温度会因能量耗散而升至高于环境温度。

当击穿真正发生时,漏极电流会大得多,而击穿电压甚至比实际值还要高。在实际应用中,真正的击穿电压会是额定低电流击穿电压值的1.3倍。

尽管非正常的过压尖峰不会导致器件击穿,但为了确保器件的可靠性,功率MOSFET的结区温度应当保持在规定的最大结区温度以下。

器件的稳态结区温度可表达为

$$T_{J}=P_{D}R_{JC}+T_{C}$$

其中:T_{J}为结区温度;T_{C}为管壳温度;P_{D}为结区能耗;R_{JC}为稳态下结区至管壳的热阻。

不过在很多应用中,功率MOSFET中的能量是以脉冲方式耗散,而不是直流方式。当功率脉冲施加于器件上时,结区温度峰值会随峰值功率和脉冲宽度而变化。在某指定时刻的热阻叫做瞬态热阻,并由下式表达:

$$Z_{JC}(t)=r(t)\,R_{JC}$$

其中:这里,$r(t)$是与热容量相关,随时间变化的因子。对于很窄的脉冲,$r(t)$非常小;但对于很宽的脉冲,$r(t)$接近1,而瞬态热阻接近稳态热阻。

有时输入电压并不是一个固定值，它会随着时间或者其他因素而变动。这个变动导致PWM电路提供给MOSFET管的驱动电压是不稳定的。为了让MOSFET管在较高的门电压下安全，很多MOSFET管内设置了稳压管强行限制门电压的幅值。在这种情况下，当提供的驱动电压超过稳压管的电压，就会引起较大的静态功耗。同时，如果简单地用电阻分压的原理降低门电压，就会出现输入电压比较高的时候，MOS管工作良好，而输入电压降低的时候门电压不足，引起导通不够彻底，从而增加功耗。

MOSFET导通时需要是栅极电压大于源极电压。而高端驱动的MOS管导通时源极电压与漏极电压(V_{CC})相同，所以这时栅极电压要比V_{CC}大4 V或10 V。4 V或10 V是常用的MOSFET的导通电压，设计时需要选择合适。合适的门电压会使得导通时间快，导通电阻小。目前市场上也有低电压驱动MOSFET，但耐压都较低，可以选择用在串接要求不是很高的场合。对LED灯具的输入电压是220 V的场合，由于在有浪涌的时候，600 V的MOSFET很容易被击穿，最好选用耐压超过700 V的MOSFET。常用低端场效应管主要参数如表2-3所列。

表2-3 常用低端场效应管主要参数

型 号	耐压/V	电流/A
VN2204	40	8
VN3205	50	1.2
IRFL014	60	2.7
IRF840	500	8
2SK2545	600	6
IRFB20N50K	500	20

2.5.2 驱动电源IC的选择与LED连接的匹配方式

LED在应用中需要选择合适的驱动IC，这也是设计LED驱动线路的第一步，首先确定以下几个参数：需要驱动多少只LED，预计驱动电流值，允许的供电电压范围和LED作为负载采用的串并联方式。只有这样，才能合理地配合设计，保证LED正常工作。

1. 确定LED连接的匹配方式

LED作为大功率照明灯具，通常都是由多只LED组成，少则十几只，多则上百只，如此多单独的LED组合在一起来组成发光组件构成照明灯具。

按需要驱动的LED数量定义串并联方式，因其LED V_f值问题，在小功率20 mA以下要求不是很高的情况下并联是可以接受的。大于100 mA的LED不建议并联设计。串接LED V_f值的总和是选择IC需要驱动的负载电压，负载电压应是在一定的范围内，主要是应对LED不同的V_f值所带来的负载电压的不同。

在选择并联方式时，按下面建议图设计为好。线路需要串接电阻时，最好将电阻变为若干个小阻值的电阻串接在LED中间。在中间线路同电位处多短接几次，会起到平衡每路电流的作用，减少LED V_f 值的影响。

(1) 采用全部串联方式

如图2-25所示，LED采用全部串联方式，即将多只LED的正极对负极连接成串，其优点是通过每只LED的工作电流相同，一般应串入限流电阻 R。串联方式要求LED驱动器输出较高的电压。当LED的一致性差别较大时，分配在不同LED两端的电压不同，通过每只LED的电流相同，LED的亮度一致性较好。当有一只LED发生短路时，如果是采用恒压电源驱动，由于输出电压不变，这样分配到每只LED上的电压都有升高，驱动器输出电流将增大，如果超过LED额定电流太多，容易造成剩余的LED光通量超过正常值而缩短寿命甚至烧毁。如果是采用恒流电源驱动，当一只发生短路时，由于驱动电流不变，将不会影响余下所有LED的正常工作；当有一只LED断路时，串联在一起的LED将全部熄灭，这时只要在每只LED两端并联一个齐纳管即可，如图2-26所示。所选齐纳管的导通电压要高于与其并联的LED的导通压降，否则该LED也不会亮。应用此串联方式，当LED数目较少时，电源两端的输出电压不会太高；但是当LED数目较多时，特别是大功率LED路灯等，通常数目至少有几十只，这样为了使LED正常工作，其驱动电源的输出电压必然会非常高。比如100只这样的大功率LED组成照明灯具，必须有超过300 V的输出电压，而这样高的电压会对人身安全造成影响。

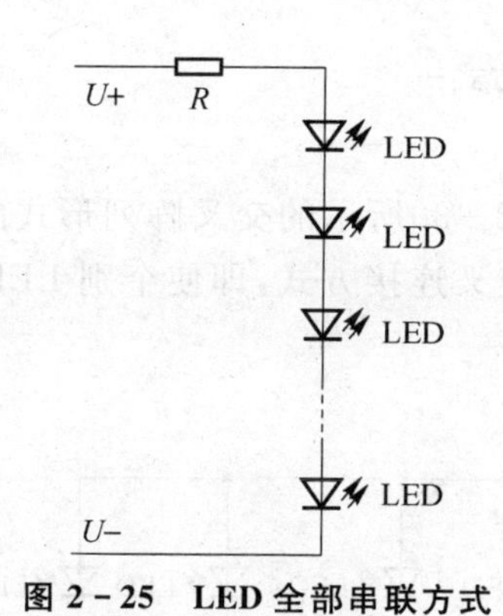

图2-25 LED全部串联方式

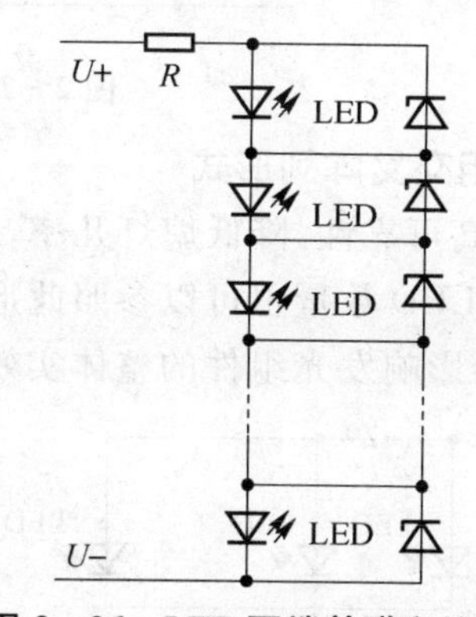

图2-26 LED两端并联齐纳管

(2) 采用全部并联方式

如图2-27所示，LED采用全部并联方式，这要求LED驱动电源输出较大的电流，负载电压较低，每只LED的电压相同，而总电流是流经每只LED的电流之和。当LED的一致性差别较大时，通过每只LED的电流不同，LED的亮度也不同。当有一只LED因品质不良断开时，如果采用恒压式驱动电源，则电源输出电流将减小，而不

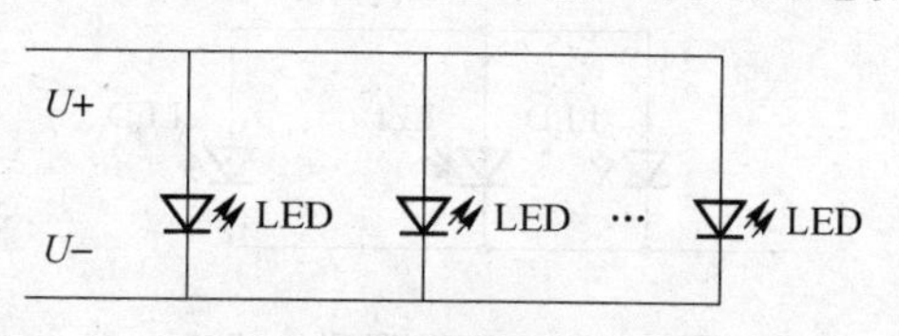

图2-27 LED采用全部并联

影响余下所有LED的正常工作。如果是采用恒流式驱动电源，由于总输出电流不变，这样分配到每只LED的电流都增加，容易导致损坏所有的LED。因此，这种全部并联的方式不适用于LED数量较少的场合，因为只要一只断路，余下的每一只都要额外增加较大的电流；当并联的LED数量较多时，断开某一只，分配到余下每一只的电流并不大，对余下的LED影响不大。所以，当选择全部并联时，不应当选用恒流式驱动器。当某一只LED因不良而短路时，所有的LED将不亮。

(3) 采用混联方式

混联方式，就是众多LED既有串联，又有并联。混联方式有两种接法，分别如图2-28和图2-29所示，其分析方法基本和上述两种连接方式一样。

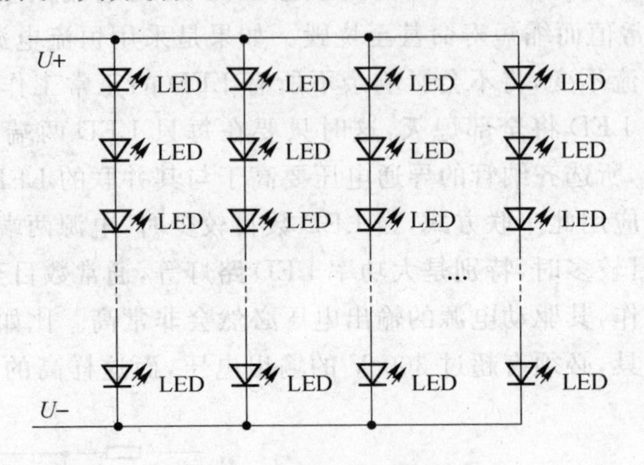

图2-28 LED混联方式一

(4) 采用交叉阵列形式

为了提高可靠性，降低熄灯几率，出现了如图2-30所示的交叉阵列形式的连接设计。更多的LED数量也可以参照此形式。这种交叉连接方式，即使个别LED断路或短路，也不会影响发光组件的整体实效。

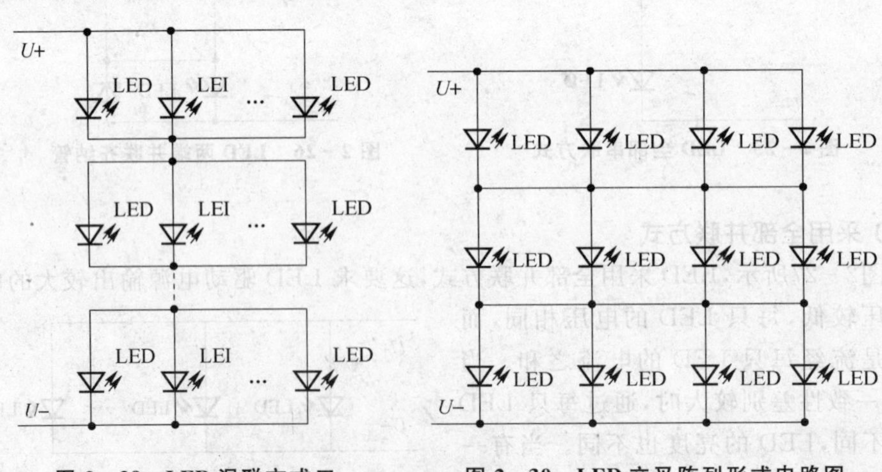

图2-29 LED混联方式二　　图2-30 LED交叉阵列形式电路图

(5) 分布式恒流架构

目前大功率 LED 用于照明的数量较多，通常都有几十只甚至上百只，选择合适的驱动匹配方式显得尤为重要。上述各种驱动方式各有优缺点，但是，对于大功率 LED 驱动电源来说，先恒压再恒流，是未来 LED 照明的主流设计方式。此方式被命名为分布式恒流，其主要架构如图 2-31 所示。

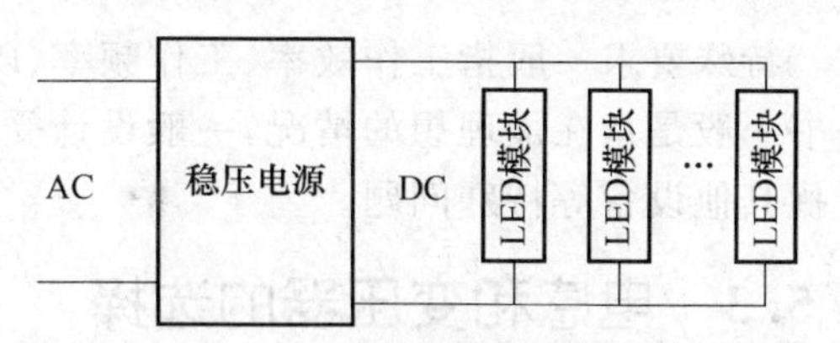

图 2-31　分布式恒流架构图

该方式先通过一个开关稳压电源，输出稳定的直流电压，然后在直流输出端接上 LED 模块，LED 模块上已经有了恒流装置。这样将恒流技术分布到光源内部，与 LED 构成一个相对独立的模块，这样设计随意性强，电源规格简单，可以根据不同光通量要求而选择不同数量的 LED 模块，这种 LED 模块的划分，使得大功率 LED 照明特别适用于路灯、隧道灯、公共场所照明、广告灯箱等。分布式恒流设计 LED 产品有着非常高的产品稳定性。分布式恒流技术，其稳压电源部分可以继续采用传统的开关电源进行恒压的供电模式。开关电源技术的积累给 LED 驱动电源设计创造了品质条件。分布式恒流技术还需要在恒流节点上串接低压差线性恒流驱动器，低压差的驱动器关系到驱动效率。LED 恒流模块设置灵活，不会因为支路电流变化而影响其他支路工作。分布式恒流可以根据应用情况而灵活布置并联支路和 LED 模块，从而保持各支路和整体线路的电流稳定。驱动线路的稳定性直接影响产品整体的稳定性，分布式恒流在稳定性方面有着独特的优势。

2. 预计驱动电流值

预计驱动电流是选择驱动 IC 的重要条件之一。在选择驱动电流时，要给 IC 预留一定的余量，特别是内置 MOSFET 的 IC，一般选择最大驱动电流的 70%左右。结合驱动压差、电流和效率，计算出 IC 的最大功耗，查厂家提供的驱动 IC 参数表找到即将使用的 IC 封装可以承受的热量，多出的功耗需要自己设计散热器完成。

3. 允许的供电电压范围

一般 IC 只能适应一定的电压范围，在一定的电压范围变化时会影响 LED 的负载电流，这是目前驱动 IC 设计的通病，技术有待提高。设计人员要避免输入电压短时间内变化太大，如果线路实在是不能避免，则要有条件地接受负载变化范围。

输入电压结合输出 LED 驱动电压值，确定驱动线路是降压、升/降压还是升压驱动方式。要仔细了解 IC 是否支持上述工作方式，并注意不要被 IC 规格书及宣传资料误导！不过，有的 IC 采用不同的外围电路，既可以做成升压型的，也可以做成降压型的。例如 PAM2842 就是这样。

4. 根据输入电压类型设计

假如输入是交流电，那么就要选用专门为交流电而设计的 IC。这里又分成两种：一种是非隔离型的降压型，其典型的代表就是 HV9910，它可以对多达 40 个以上串联的 1 W LED 供电；另一种则是隔离型的，这时候通常需要采用反激式的电路，所用的IC 又有很多。

5. 其他特殊要求

特殊要求一般指工作效率、工作频率、PFC、封装等问题。工作效率是有条件的，规格书一般是指在最理想的情况，一般设计受条件限制不一定能达到。工作频率会不会干扰其他设备等特殊问题。

2.5.3 电感和变压器的选择

LED 的驱动电路产生人耳听得见的噪声。通常，白光 LED 驱动器都属于开关电源器件，其开关频率都在 1 MHz 左右，因此在驱动器的典型应用中不会产生人耳能听得见的噪声。但是，当驱动器进行开关调节时，如果 PWM 信号的频率正好落在 200 Hz～20 kHz 之间，则白光 LED 驱动器周围的电感和输出电容就会产生人耳能听得见的噪声。所以，设计时要避免使用 20 kHz 以下的低频段。

我们都知道，一个低频的开关信号作用于普通的绕线电感，会使电感中的线圈之间互相产生机械振动，若该振动的频率正好落在上述频率，则电感发出的噪声就能被人耳听见。电感产生了一部分噪声，另一部分来自输出电容。质量不好、绕制松散的电感器件也会有噪声；未屏蔽的电感在金属外壳安装时会发生线路振荡频率改变，从而产生噪声，这时需要将电感屏蔽；另外，当被屏蔽干扰信号的波长正好与金属机壳的某个尺寸接近时，金属机壳很容易变成一个大谐振腔，即电磁波会在金属机壳内来回反射，并互相叠加。

在参考设计范围内选择电感值，通常是根据经验值，选择合适的电感值，主要需要考虑的条件是：线路工作在合适的频率范围、合适的开关频率，减少 MOS 开关次数，减少 MOS 发热量，避免与 PCB 线路同频干扰；选择合适的电感内阻，内阻是电感发热的主要因素，从而提高线路效率；选择合适的电流值，有时体积和成本是制约电感电流值的主要因素，但是还是要大于峰值电流的 2 倍（通常在 65%），就算在板级空间十分珍贵的情况下也要保证 30%预留空间余量，这样可以有效地减小内阻，减小发热量；应用中采用一只体积相对较大的电感器可以获得 3%～4%的效率提升。

为了获得最佳的效率，应选用铁氧体磁芯电感器，应选择一个能够在不引起饱和的情况下处理必需的峰值电流的电感器，确保该电感铜线低的 DCR（铜线电阻），以便减小 I^2R 功耗。切记电感铜线绝缘层不能耐受 160 ℃或长时间高温环境，SMT 有时也会有影响，会使得电感值发生严重变化，要仔细了解供应商产品的温度忍耐限度要求。

EMC 电感选择：EMC 电感用在输入和输出过滤器可以用来减少传导干扰，用于低于 EMC 标准的限制设计。所有的电感器都需要铁粉磁芯而非铁氧体，在它饱和前，可以处理更大的电流，需要依据负载选择合适的电流值。

制作滤波电感，选用何种磁芯材料，除了必须注意防止磁芯饱和问题外，还必须考虑磁芯的恒磁导特性。需要指出，有些设计人员往往只注意电感量的指标，选择磁导率高的材料，以减少线圈的匝数，而对于电感额定电流较大时，电感量是否减小，减小到什么程度，会不会达到饱和，考虑较少。这是应该注意避免的。

由于铁粉芯具有饱和磁通密度高，恒磁导特性好，价格便宜等优点，而得到了广泛应用。

2.5.4 电容器的选择

1. 输出电容的作用与选择

输出端使用输出电容可以达到目标频率和电流的精确控制。电容能在整个输入电压范围内减小频率，一个小的 4.7μF 的电容就能显著减小频率。电流的调整也能因为电容值的增加而得到改善。

增加输出电容，从本质上来说，是增加了输出级所能储存的能量，也就意味着供应电流的时间加长了。因此，通过减慢负载的 d*i*/d*t* 瞬变，频率显著减小。有了输出电容(C_{OUT})之后，电感的电流将不再与负载上看到的电流保持一致。电感电流仍将是完美的三角形的形状，负载电流有相同的趋势，只不过所有尖锐的拐角都变得圆滑了，所有的峰值明显减小。

应用设计在输出端上采用低 ESR(等效串联电阻)陶瓷电容器，以最大限度地减小输出波纹。采用 X5R 或 X7R 型材料电介质，与其他电介质相比，这些材料能在较宽的电压和温度范围内维持其容量不变。对于大多数高的电流设计，采用一个 4.7～10 μF 的输出电容就足够了。具有较低输出电流的转换器只需要采用一个 1～2.2 μF 的输出电容器。

2. 输入电容器的选择

一般在驱动 IC 输入设置一只电容器，主要是解决线路开关频率对供电部分的 EMI 问题。有时大家会误认为是电源滤波而设置，事实并非如此。

因其整流二极管广泛使用，价格变得非常低廉而稳定，集成到 IC 内部没有成本优势，所以大多将整流滤波部分不予整体考虑。

如果采用电解电容提供附加的旁路或输入电源阻抗很低，则采用一只较小的价格较低的 Y5V 电容器也会取得很好的效果。一般恒流器件会有非常快的上升和下降时间的脉冲从输入电源吸收电流。输入电容器为了减小输入端的合成电压纹波，并强制该开关电流进入一个严密的本机环路，从而最大限度的减低 EMI。输入电容在开关频率条件下必须具有低阻抗，高效率，而且它还必须具有一个足够的额定纹波电流。通常纹波电流不会大于负载电流的 0.5 倍。

陶瓷电容器以其小尺寸和低阻抗(低的等效串联电阻或 ESR)特征而成为优选方案。低的 ESR 产生了非常低的电压纹波，与容值相同的其他电容器类型相比，陶瓷电容器能够处理更大的波纹电流。应选用 X5R 或 X7R 型介质陶瓷电容器。可以选用参考值大于 1/3 容值的电解电容器代替，但是体积和寿命等因素并不是很适合与 LED 匹配。钽电容会因浪涌电流过大而易出现故障，在此也不建议使用。

3. 电解电容对 LED 驱动器寿命的影响

LED 照明的一个重要的考虑因素，就是 LED 驱动电路与 LED 本身的工作寿命应能够相提并论。虽然影响驱动电路可靠性的因素很多，但其中电解电容对总体可靠性有至关重要的影响。为了延长系统工作寿命，需要有针对性地分析应用中的电容，并选择恰当的电解电容。实际上，电解电容的有效工作寿命在很大程度上受到环境温度以及由作用在内部阻抗上的纹波电流导致的内部温升的影响。电解电容制造商提供的电解电容额定寿命是根据暴露在最高额定温度环境及施加最大额定纹波电流条件下得出的。在105 ℃时，典型电容额定寿命可能是5 000 h，电容实际所遭受的工作应力相比额定电平越低，有效工作寿命也就越长。因此，一方面，选择额定工作寿命长及能够承受高额定工作温度的电解电容，当然能够延长工作寿命。另一方面，根据实际的应力和工作温度，仍然可以选择较低额定工作温度和额定寿命的电容，从而提供更低成本的解决方案；换个角度说，在设计中考虑保持适当的应力和工作温度，可以有效地延长电解电容的工作寿命，使其更能与LED寿命相匹配。

举例来说，安森美半导体公司符合"能源之星"固态照明标准的离线型LED驱动器GreenPoint参考设计选择了松下公司的ECA－1EM102铝电解电容，其额定值为1 000 μF、25 V、850 mA、2 000 h及85 ℃。在假定环境温度为50 ℃的条件下，这种电容的可用寿命超过120 000 h。因此，尽力使LED驱动电路工作在适宜的温度条件下并妥善处理散热问题，就能实现LED驱动电路与LED工作寿命的匹配问题。

总之，如果LED驱动电路中必须使用电解电容，则须努力控制电容所受的应力及工作温度，从而最大限度地延长电容工作寿命，以期与LED寿命匹配；另一方面，设计人员也应该尽可能避免使用电解电容。

2.5.5 肖特基二极管的选择

通常开关转换型LED恒流驱动IC在MOS管关断期间传导电流，所选择二极管反向耐压要针对线路最高输出电压脉冲值来确定，要大于这个值。二极管的正向电流不必与开关电流限值相等。流经二极管的平均电流是I_F是开关占空比的一个函数，因此应选择一个正向电流$I_F = I \times (1-D)$的二极管。通常二极管在功率开关断开时传导电流占空比小于50%，选择电流值与驱动电流相等即可。如果需要采用PWM调节灰度，则需要考虑PWM低电平期间来自输出的二极管泄漏，这一点或许也很重要。

升压型转换器中的输出二极管在开关管关断期间流过电流，二极管要承受反向电压等于稳压器输出电压。正常的工作电流等于负载电流，峰值电流等于电感峰值电流。其表达式为

$$I_D = I_L = (1 + X/2) \times I_{out} / (1 - D_{max})$$

式中：I_D为二极管电流；I_L为电感电流；I_{out}为最大电流。

二极管消耗功率为

$$P_D = I_{out} \times V_D$$

保持较短的二极管引线长度并遵循正确的开关节点布局，以免振铃过大和功耗增大。耐压并非越高越好，是要合适，高耐压的肖特基二极管V_f值会高些，功耗也会大些，因此价格也会高。相对于耐压来说，大电流肖特基二极管型号的V_f值会低些，成本

也会稍有增加，没有成本压力可以考虑。

常用的二极管如表2-4所列。

表2-4 LED常用二极管参数

二极管型号	工作电流/A	反向耐压/V
IN5817	1	20
IN5819	1	40
CMSH1－60M	1	60
CMSH1－100M	1	100
BYV26A	1.5	200
BYV26B	1.5	400
BYV26C	1.5	600
BYV26D	1.5	800
B220	2	20
B240	2	40
B2100	2	100
B320	3	20
UPS340	3	40
SBM430	3	40
8ETU04	8	400

2.5.6 PCB布线设计指南

细致的PCB布线对获得低开关损耗和稳定性的工作状态至关重要，尽可能使用多层板以便更好地抑制噪声干扰。大电流回路、输入旁路电容地线和输出电容地线采用单点连接(即星形接地方式)，进一步降低接地噪声。正常工作状态下一般有两个大电流回路：一个是MOSFET导通回路，由IN→电感→LED→MOSFET→检测电阻→GND;另一个是电感→LED→续流二极管。为了降低噪声干扰，每个回路的面积应尽量小。

当散热条件超出所选用IC封装允许的范围时，需要设计外加散热器。超出的热量不多，可以在设计PCB时加宽引脚铜箔，延伸散热，IC的引脚散热是有效的；小型封装IC很多散热器在底部，贴片后靠铜箔散热，为了使铜箔更好地散热，可以将绿油层剥掉；有效的过孔将热量传导到PCB背面散热；在散热量较大时，可以选择铝基板设计，在密封的环境下显得非常重要，铝基板可以直接贴装到产品外壳上面，会有很好的散热效果。

2.6　交流LED和高压LED及其驱动电路设计

2.6.1　高压LED芯片应用与市电直接驱动

2010年10月14—16日在深圳会展中心举办的第七届中国国际半导体照明展览会暨论坛上，台湾晶元光电公司发布了蓝色1 W、50 V、20 mA芯片和世界上最亮的红色0.7 W、35 V、20 mA芯片。这两款高压芯片的发布，标志着LED照明应用进入了市电直接驱动的时代，根据晶元光电公司给出的资料，一盏5.4 W的LED照明灯只要用4只1 W、50 V、20 mA的蓝色芯片加上2只0.7 W、35 V、20 mA的红色芯片封装串联在一起(不用YAG荧光粉转换)，就可以制造出一盏5.4 W色温为3 000 K的暖白光LED灯，用市电220 V直接整流驱动，其显色指数可达90，发光效率可达105 lm/W，市电直接驱动方式可以很容易实现，因为可以简化电路，降低LED灯具整体成本，同时还可以提高可靠性。这组芯片的发布对于LED封装应用的广大企业是一个好消息。

采用铝基板作为高压芯片的固定、散热，是高压芯片封装的首选，红、蓝高压芯片在铝基板的布置有(以晶元公司推荐的5.4 W这款为例)：二蓝夹一红、二红置中心、二红外置内四蓝几种，究竟哪种布置可以使红、蓝混光均匀，达到最好效果，需实践后才知道。这两款高压芯片用来设计照明灯具很方便，可以由5.4 W作为一组，增加并联组数以扩大功率；用来制作天花板顶棚灯或大功率路灯，要20组5.4 W的并联组合即可做成一盏110 W、3 000 K的暖白光路灯，其驱动电压采用市电220 V直接整流供给；一盏天花板顶棚灯要3～4组5.4 W的组合即可。除了上述典型应用外，高压芯片也可以自由搭配，形成不同色温的光，满足不同使用需求。例如，用5片50 V、1 W、20 mA的蓝色芯片，加上1片35 V、0.7 W、20 mA的红色芯片封装在一起；或者4片50 V、1 W、20 mA的蓝色芯片，加上1片35 V、0.7 W、20 mA的红色芯片封装在一起等，就可以得到较高色温的光。

当高压芯片应用于大功率路灯时，就显得更加灵活，由于芯片数量多，连接方式和红、蓝芯片的布置也可多样化，可将蓝色芯片和红色芯片各自分成若干组，串联后再并联，实行并联独立供电，便于调节到所需要的色温。随着市场的需求，晶元光电公司或其他芯片公司还会推出更多不同电压规格的高压芯片，甚至推出直接用于市电220 V的单色芯片，使LED照明灯具的设计简便化，并带来全新的变革。

市电直接驱动可有两种驱动方式：

① 交流驱动，就是市电220 V直接提供给LED灯使用。要使LED灯工作在交流状态下，必须将2片高压LED芯片的正负极互为反向连接，形成一片交流高压LED芯片，将数片交流高压LED芯片串联到合适的工作电压，在配上限流电阻，就可用市电直接驱动了。

② 市电直流驱动，将市电220 V整流，变成100 Hz的脉动直流，就可以直接提供给LED灯使用，并可以不加滤波电解电容。这是因为LED芯片PN结是面接触，本身

是有结电容的，它的电容量根据芯片的大小而不同，一般在几十到几百纳法，所以 LED 本身就有滤波作用。LED 光的波动大于 24 Hz 人眼就感觉不出来，这是人眼的视觉效应所决定的。

2.6.2　交流 LED 的典型应用技术

交流 LED(AC LED)不仅可以用于各种场合的照明，还可以用于液晶显示屏的背光照明。其在照明上的一个典型应用原理图如图2-32所示，在 AC LED 两端分别串入正温度系数热敏电阻 PTCR 和限流电阻 R_1、R_2、R_3，接上 110 V 或 220 V 交流电即可进入照明工作。相对传统的直流 LED (DC LED)，无须降压整流装置，大大简化了实际应用，提高了效率和可靠性。

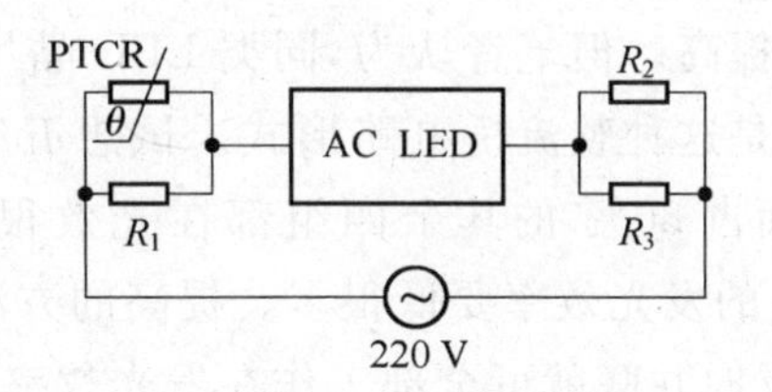

图 2-32　AC LED 的典型应用电原理图

AC LED 刚刚起步，现阶段仍有两个缺点：一是发光效率并没有 DC LED 高；二是 AC LED 有触电的风险。因为 AC LED 直接连接高压电网，如果采用金属鳍片散热，容易发生触电危险，需要研究新的间接散热方案，比如充液 LED 固态照明灯具等。

LED 在大批量生产时，其阻抗有一定的离散性，AC LED 也是如此，为便于大批量应用，LED 光源生产厂商在出厂时对批量生产的产品按阻抗分挡，客户在使用时可按 LED 光源厂家提供的 V_F 分挡表查用相应阻值的限流电阻。如表 2-5 所列是 AX3221/AX3231 的 V_F 分挡与限流电阻表。

表 2-5　AX3221/AX3231 的 V_F 分挡与限流电阻表

分挡等级	电压/V	电阻/kΩ	PTCR/Ω	R_1/kΩ	R_2/kΩ	R_3/kΩ
B	220	2	470	3	3	3.3
	230	2.45	470	3	3.9	3.9
C	220	1.8	470	3	2.7	2.7
	230	2.25	470	3	3.6	3.6
D	220	1.5	470	3	2	2.2
	230	2	470	3	3	3.3

AC LED 并非器件本质上的改变。也就是说，实际上不存在交流电场工作机理的 LED 晶片，现在问世的 AC LED 是一种内部晶片组特殊排列的器件，仅仅是 LED 器件内部构造的改变。

对 AC LED 的介绍现在大多数都引用韩国首尔半导体公司公布的资料。从中可以看出，它是沿用了传统的整流桥电路，来解决交流对直流 LED 的供电问题。省掉了整流二极管，但 LED 的反向耐压有限，遇到电网浪涌尖峰很大时易受损害。

因为是仿效的整流桥电路，所以四个桥臂上只流过一半电流，而直流负载端则流过整份电流，造成各组LED上电流分布相当不均衡，如欠流会影响发光流明值和发光效率，如过流要造成光衰并影响寿命。

要解决这个问题，只需将直流端的LED撤除后直接短路，剩下四个桥臂上的电流就可以一致了。再仔细看一下电路，现在已变成各组正向与反向LED并联连接。其实，只要正向与反向并联，交流正负半周就都能通过了。

从介绍看，现在AC LED的光效相比通常的LED还不够高，随着技术的发展将会不断提高。但笔者认为，同类LED晶片本身发光的基础是一样的，制约每瓦发光量的主要是这种整流桥电路形式。试想五组LED中只有一组能正常工作，充分发挥出光效，而占80%的其余四组都在光效很低的欠电流状态工作，再怎样发展，也比普通LED的发光效率要低很多。提高的方法还是应该摈弃不实用的整流桥路，直接采用正向、反向并联就可全部工作在发光效率最高的状态。

AC LED中没有恒流保护机能，使用时必须外接限流电阻，若电源电压超限时限制电流，则在正常或低电压时LED就要工作在欠电流的低光效状态。电阻限流是较差的保护方法，不仅功能有缺陷，而且还要靠耗能才起作用，使电源利用率(即能效)降低。

2.7　LED驱动器设计步骤

LED应用的关键技术之一是提供与其特性相适应的电源或驱动电路。因此LED驱动器的科学设计对LED照明灯尤为重要。又因为，LED驱动器的结构与LED的数量和连接方式密切相关，因此在驱动器设计前应该完成下列工作：

1. 确定照明目的

LED照明必须满足或超过目标应用的照明要求。因此，在建立设计目标之前就必须确定照明要求。对于某些应用，存在现成的照明标准，可以直接确定要求。对其他应用，确定现有照明的特性是一个好方法。具体来说，包括以下内容：照明功用，光输出、光分布、CCT、CRI，操作温度，灯具尺寸和电源功率。

2. 确定设计目标

照明要求确定之后，就可以确定LED照明的设计目标。与定义照明要求时一样，关键设计目标与光输出和功耗有关。确保包含了对目标应用可能重要的其他设计目标，包括工作环境、材料清单(BOM)成本和使用寿命。首先要确定照明面积，即确定需要照明区域的各边长或半径；然后确定照明距离，决定需要照明区域的用光量和光的照射角度，这是决定照明系统的关键；最后确定照明角度，即决定需要照明的区域要多宽角度的光，选择光源的照射角度。

3. 估计光学系统、热系统和电气系统的效率

设计过程中最重要的参数之一是需要多少只LED才能满足设计目标。其他的设计决策都是围绕LED数量展开的，因为LED数量直接影响光输出、功耗以及照明成本。

查看LED数据手册列出的典型光通量，用该数除以设计目标流明，这种方法很方便，然而太简化了，依此设计将满足不了应用的照明要求。LED的光通量依赖于多种因素，包括驱动电流和结温。要准确计算所需要的数量，必须首先估计光学、热和电气系统的效率。以前原型机设计的个人经验，或者本文提供的例子数量，都可以作为指南来估计这些参数。

4. 计算需要的LED数量和工作电流

根据LED数量、连接方式和工作电流，选择驱动器的类型和拓扑结构。

在完成上述工作后，就可以着手设计驱动器了。下面以非隔离型反激LED驱动器设计为例，叙述LED驱动器的设计过程。

第一步，根据设计目标确定LED驱动器拓扑结构，并选择驱动芯片。

在本例中设计的LED照明灯具主要用于LED轨道照明和通用LED照明设备等。因为反激型LED驱动器结构可以用于输入电压高于或低于所要求的输出电压。此外，当反激电路工作在非连续电感电流模式时，能够保持LED电流恒定，无需额外的控制回路。选择反激型LED驱动器，这里选择高度集成的MAX16802 PWM LED驱动器IC。

该MAX16802 PWM LED驱动器IC有以下特征：

- 10.8～24 V输入电压范围；
- 为单个3.3 V LED供电，提供350 mA（典型）电流；
- 29 V（典型值）阳极对地的最大开路电压；
- 262 kHz开关频率；
- 逐周期限流；
- 通/断控制输入；
- 允许使用低频PWM信号调节亮度；
- 可以调整电路以适应多种形式的串联、并联LED配置；
- 高集成度所需的外围元件很少；
- 高达262 kHz开关频率；
- 微小的8引脚μMAX封装；
- 较小的检流门限，降低损耗；
- 相当精确的振荡频率，有助于减小LED电流变化；
- 片上电压反馈放大器，可用于限制输出开路电压。

MAX16802典型应用电路如图2-33所示。

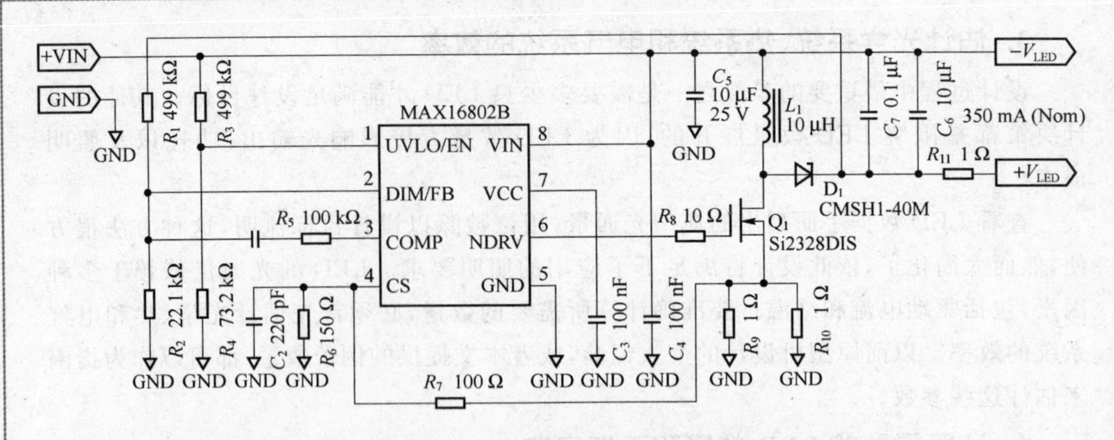

图 2－33　MAX16802 典型应用电路

注意：当 $+V_{LED}$ 和 $-V_{LED}$ 不与 LED 连接时，请勿给电路供电。

驱动电路拓扑的优点包括：

- 无需外部控制环路即可调节 LED 电流；
- 非连续电感电流传输降低 EMI 辐射；
- 较低的开关导通损耗；
- 简单的电路设计流程；
- LED 电压可高于或低于输入电压；
- 较宽的输入电压范围；
- 可以方便地接入 PWM 亮度调节信号。

该拓扑电路最大的优点是简单，代价是存在以下缺点：

LED 电流受元件容限的影响，例如，电感和检流比较器传输延迟；非连续电感电流工作模式，使该拓扑结构更适合于低功耗应用。

给定 LED 参数为 $I_{LED}=350\ \text{mA}$，$V_{LED}=3.3\ \text{V}$，$V_{in\ min}=10.8\ \text{V}$，$V_{in\ max}=24\ \text{V}$。

第二步，计算最小输入电压下最佳占空比的近似值：

$$d_{on}=\frac{V_{LED}+R_h\cdot I_{LED}+V_D}{V_{in\ min}+V_{LED}+R_b\cdot I_{LED}+V} \tag{2-2}$$

式中：R_b 为整流器电阻，与应用电路中的 R_{11} 相同，在本应用中设定为 1 Ω。V_D 为整流二极管 D_1 的正向压降。

将已知数值代入式(2－2)得到：$d_{on}=0.291$。

第三步，计算峰值电感电流的近似值：

$$I_p=\frac{k_f\cdot 2\cdot I_{LED}}{1-d_{on}} \tag{2-3}$$

式中：k_f 为临界误差系数，这里设为 1.1。

将已知值代入式(2－3)得到：$I_p=1.058\ \text{A}$。

第四步，计算所需电感的近似值，并选择小于并最接近于计算值的标准电感：

$$L=\frac{d_{on}\cdot V_{in\ min}}{f\cdot I_p} \tag{2-4}$$

式中:L 为应用电路中的 L_1;f 为开关频率,$f=262$ kHz。

将已知值代入式(2-4)得到:$L=10.566\ \mu$H。低于该值且最接近的标准值为 10 μH。

第五步,通过反激工作过程传递到输出端的功率为

$$P_{in}=\frac{1}{2}\cdot L\cdot I_p^2\cdot f \tag{2-5}$$

输出电路的损耗功率为

$$P_{out}=V_{LED}\cdot I_{LED}+V_D\cdot L_{LED}+R_b\cdot I_{LED}^2 \tag{2-6}$$

根据能量守恒原理,上述式(2-5)与式(2-6)应该相等,即可得到一个更精确的峰值电感电流:

$$I_p=\sqrt{\frac{2\cdot I_{LED}\cdot(R_b\cdot I_{LED}+V_{LED}+V_D}{L\cdot f}} \tag{2-7}$$

式中:L 为实际选择的标准电感值。

将已知数值代入式(2-7)可得:$I_p=1.037$ A。

第六步,计算检流电阻,由 R_9 和 R_{10} 并联而得;计算电压检测分压电阻(如果需要),由 R_6 和 R_7 组成。

MAX16802 的限流门限为 291 mV。因此选择 R_9、R_{10}、R_6 和 R_7,满足步骤四所计算的电感峰值电流。这步完成后,即可得到应用电路中的各个元件值,该电路可提供 12 V、350 mA 输出。因为存在寄生效应,因此电阻值(R_7)需要进行适当调整,以得到所期望的电流。

第七步,R_1 和 R_2 可选。它们用于调整 $+V_{LED}$ 至 29 V。这在输出端出现意外开路时非常有用。如果没有上述元件的分压,输出电压有可能上升,导致器件损坏。元件 C_1 和 R_5 也为可选,用于稳定电压反馈环路。对于当前应用,可以不使用这些元件。

第八步,低频 PWM 亮度调节。控制 LED 灯光源亮度的最好办法是通过一个低频 PWM 脉冲调制 LED 电流。使用这种方法,LED 电流根据占空比的变化触发脉冲,同时保持电流幅度恒定。这样,器件发出的光波波长在整个调节范围内保持不变。利用如图2-34所示电路可实现 PWM 亮度调节。

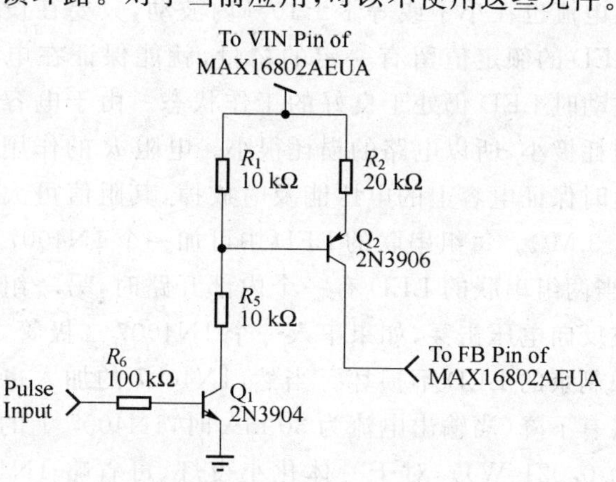

图 2-34 PWM 亮度调节电路

2.8 LED驱动电路从传统模式到现代模式的进化过程

1. 传统的低效率电路

图2-35所示是传统的低效率电路，电网电源通过变压器降压，桥式整流滤波后，通过电阻限流来使3个LED稳定工作，这种电路的致命缺点是电阻R的存在，R上的有功损耗直接影响了系统的效率。当R分压较小时，R的压降占总输出电压的40%，即输出电路在R上的有功损耗占40%，再加上变压器损耗，系统效率小于50%。当电源电压在±10%的范围内变动时，流过LED的电流变化将大于或等于25%，LED上的功率变化将达到30%。当R分压较大时，电源电压在±10%的范围内变动，能使输出到LED的功率变化减小，但系统效率将更低。

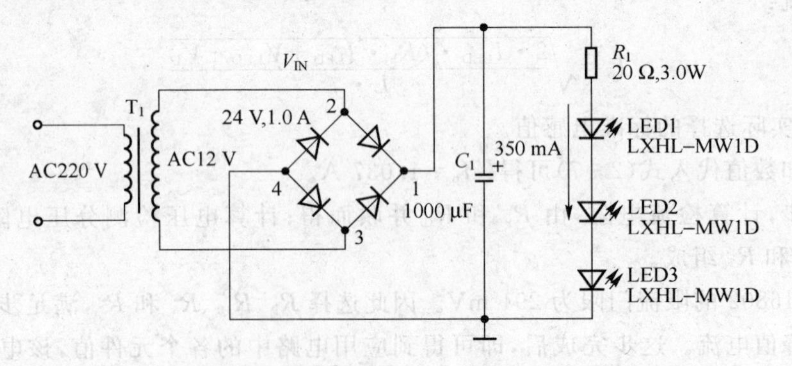

图2-35 传统的LED驱动电路

2. 一种采用电容作限流元件的LED驱动电路

图2-36所示的电路是直接采用电容作为限流元件，在此电路中，由于电容上的分压几乎达到了全部电源电压，所以具有良好的限流特性，当电源电压在±10%波动时，输出电流也在小于或等于±10%内波动，只要在设计中把LED的额定值留有一定的裕量，就能保证在电源电压波动时LED仍处于良好的工作状态。由于电容的介质损耗极小，所以电路的损耗很小。电阻R的作用是在断电时保证电容上的电压能及时放掉，其阻值可大于或等于3 MΩ。每组串联的LED中可加一个1N4007二极管，当两组串联的LED有一个内部开路时，另一组有可能被反向电压击穿，如果串入一个1N4007二极管，则可保护剩余的LED不损坏。当然，1N4007的加入也使效率略有下降（当输出电流为30 mA时，1N4007上的功耗约为0.021 W）。对于一体化小夜灯，可省略1N4007，此时这一驱动电路的效率大于或等于90%。用此驱动

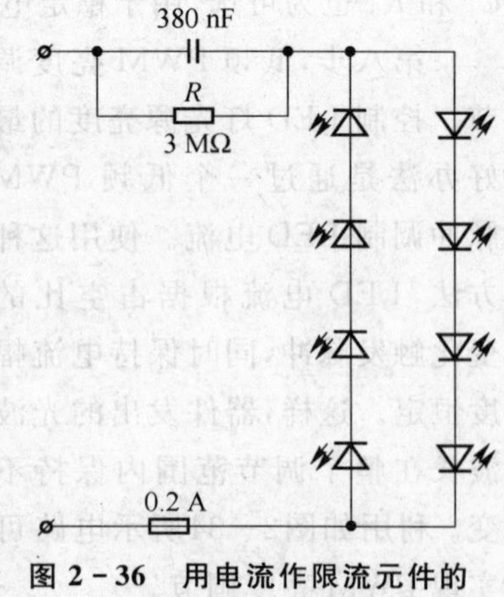

图2-36 用电流作限流元件的LED驱动电路

电路做成的 LED 小夜灯，效率高于采用气体放电光源的小夜灯，并且使用寿命远大于采用其他光源的小夜灯。此电路在 30 只 LED 串联时还能稳定工作，但是该电路输出的光具有一定的频闪（在 50 Hz 工作时有 100 Hz 的频闪），不适用于运动物体的照明场合，并且使用时 LED 需做成不可触及的，否则将影响安全。

3. 采用集成稳压元件的 LED 驱动电路

图2－37所示是在图2－35的基础上加了一个集成稳压元件 MC7809，使输出端的电压基本稳定在 9 V，限流电阻 R_1 可以用得很小，而不会因为电源电压不稳定造成 LED 的超载。但是，此电路除了保证 LED 的基本恒定输出外，效率是很低的，因为 MC7809 和 R_1 上的压降仍占很大比例，其效率为 40％左右。

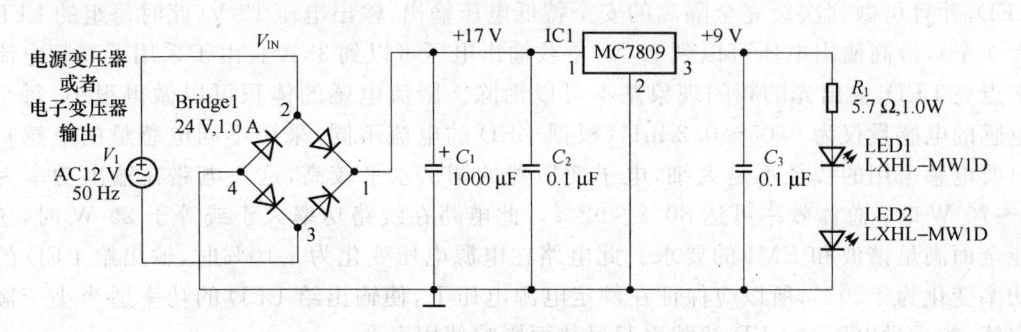

图 2－37　采用稳压元件的 LED 驱动电路

上述这类电路，系统总发光效率为 20～25 lm/W，是根本不能称为节能照明产品的。为了既能使 LED 稳定工作，又能保持高的效率，应采用低功耗的限流元件和电路来使系统效率提高。

4. 采用集成恒流源 NUD4001 的高效 LED 驱动电路

如图2－38所示，该电路的显著特点是当电源电压在±15％范围内变动时，输出波动小于或等于 1％，可称为恒功率驱动电路。另外，这一 IC 电路可在很低的串联分压

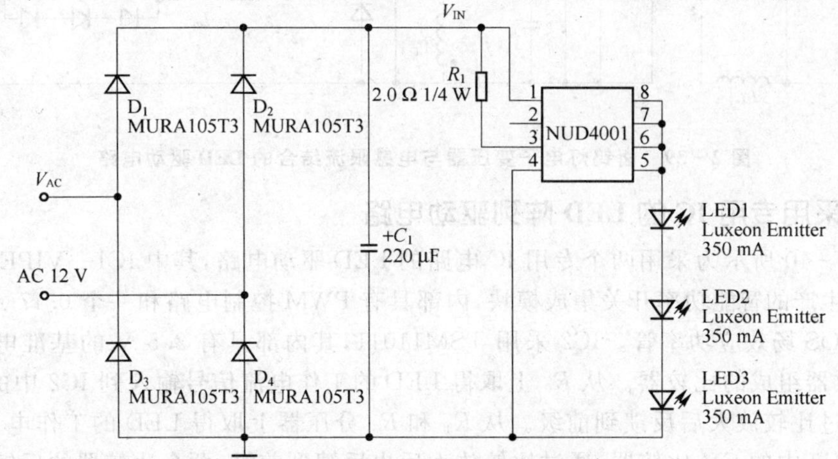

图 2－38　采用集成电路的 LED 驱动电路

下工作(即 1 脚与输出的各引脚之间的电压在大于或等于 218 V 时尚能工作),所以可保证在几乎恒功率输出的情况下,保持 1 脚与输出引脚之间的电压在 218 V 左右就能使系统效率达到 70%左右。该 IC 电路的输入电源可采用工频交流,但最好采用卤钨灯电子变压器作为前级,这样能保证谐波和电源端子干扰都符合标准的要求。当电子变压器内部实现Ⅱ类电器的隔离绝缘输出时,图2-38所示电路可用于Ⅱ类灯具中,并且输出端可以做成可触及式。

5. 一种卤钨灯电子变压器与电感限流结合的 LED 驱动电路

图2-39所示的电路是在原卤钨灯电子变压器的基础上,利用高频电感限流来实现 LED 稳定工作的。此电路的特点是,负载可根据电子变压器功率的大小带上几组 LED,并且可做到次级完全隔离的安全特低电压输出,输出电压 12 V(此时每组的 LED 为 3 个),最高输出电压可以到 25 V,空载输出电压可以到 33 V。由于采用了高频电流来点亮 LED,输出光的频闪现象基本可以消除。限流电感的体积可以做得很小,每个电感的电感量仅为 0.05～0.2 mH(根据 LED 的电流不同,采用不同电感量的电感),只要电感采用的线径不是太细,电子变压器的调试水平较高,这一电路在输出功率为 8～70 W 时,总体效率可达 80%～92%。此电路在线路功率大于或等于 25 W 时,还能全面满足谐波和 EMI 的要求。此电路在电源电压变化为±10%时,输出给 LED 的功率变化为±20%,所以应保证在额定电源电压下,使输出给 LED 的功率适当小于额定值,防止过电压时 LED 超载引起过热而影响使用寿命。

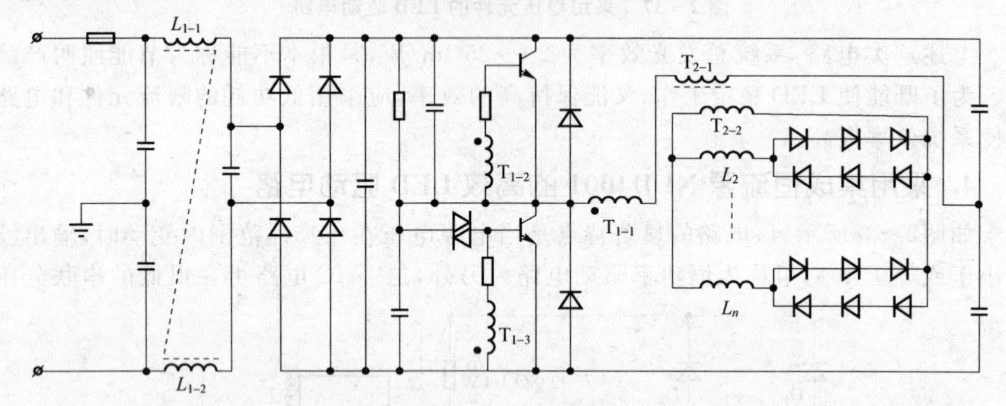

图 2-39　卤钨灯电子变压器与电感限流结合的 LED 驱动电路

6. 采用专用 IC 的 LED 阵列驱动电路

图 2-40 所示为采用两个专用 IC 电路的 LED 驱动电路,其中 IC1—VIPEr22A 是 ST 公司生产的智能功率开关集成模块,内部具有 PWM 控制电路和一个 0.17 A/730 V 的 VDMOS 场效应功率管。IC2 采用 TSM11011,其内部具有 2.5 V 的基准电压及两个由运放器组成的比较器。从 R_6 上取得 LED 的工作电流信号输入到 IC2 中的 CC 比较器,通过比较放大后反馈到前级。从 R_4 和 R_5 分压器上取得 LED 的工作电压信号,输入到 IC2 中的 CV 比较器,通过比较放大后也反馈到前级,两个比较器的反馈信号都是通过光电耦合器(型号 SFH610A)耦合到 IC1 控制极。

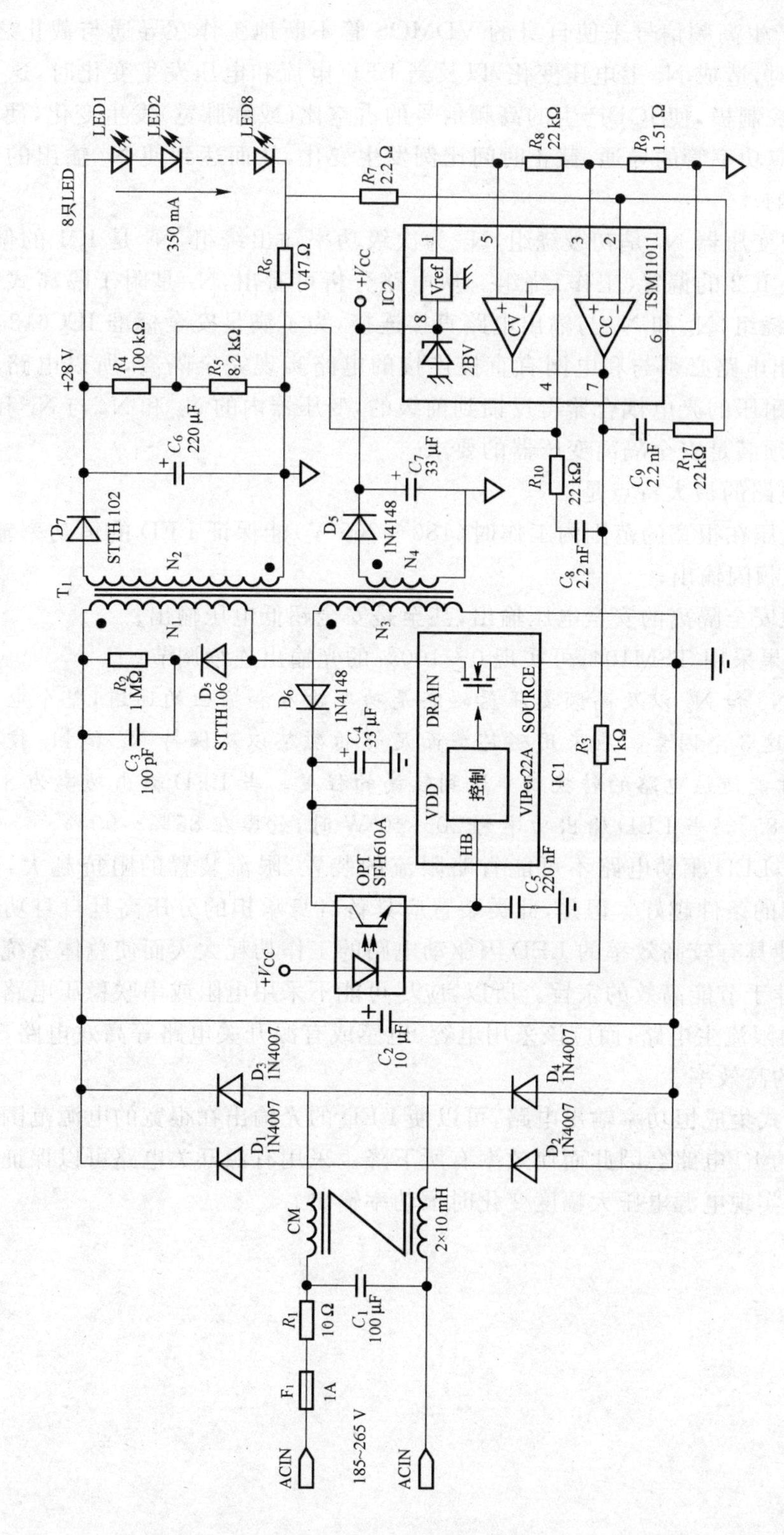

图2-40　采用专用IC的LED阵列驱动电路

IC1自身产生高频信号来使自身的VDMOS管不断地工作在导通与截止之间，当电源电压变化时，造成N_3上电压变化，以及当LED电流和电压发生变化时，这些信号都反馈到IC1控制极，使IC1产生的高频信号的占空比（或称脉宽）发生变化，使自身的VDMOS场效应功率管的导通、截止时间比例发生变化，从而达到使N_2输出的电压和电流恒定的目的。

图2-40中变压器N_1是初级绕组，N_2为次级功率输出绕组，N_3是IC1的偏置（工作）绕组，N_4是IC2的偏置（工作）绕组。从电路分析可看出，N_2是附于隔离式安全电压输出（28 V）绕组，N_4和N_2与输出电路直接连接，为了满足安全标准IEC61347-2-13的要求，输出电路必须与和电网有直接连接的电路实现完全隔离，所以电路中反馈信号是通过高耐压的光电耦合器再反馈到前级的，变压器内的N_2和N_4与N_1和N_3之间在结构上必须满足安全隔离变压器的要求。

图2-40电路的最大特点是：

① 电源电压在很宽的范围内工作时（180～265 V）能保证LED的恒功率输出，且LED可实现无频闪输出；

② 可实现安全隔离的安全电压输出，甚至是安全超低电压输出；

③ IC2如果采用TSM104，可实现0～100%的光输出连续调节。

应注意：N_1和N_2以及高频变压器磁芯是功率输入和输出的通道，整个电路的效率主要取决于这3个因素。应采用磁芯截面足够的磁芯以及保持N_1和N_2较低的电流密度，这样才能使该电路的转换效率达到较高的程度。当LED输出功率为8 W时，效率在80%～85%；当LED输出功率为20～40 W时，效率在85%～90%。

综上所述，LED驱动电路不可能省略限流的装置，限流装置的阻抗越大，提供给LED驱动电流的条件越好。但是，此类装置应具备自身承担的分压高且自身功耗小的特性，否则将使具有较高效率的LED因驱动电路的工作功耗太大而使总体系统的效率大为降低，有悖于节能高效的宗旨。所以，应尽可能不采用电阻或串联稳压电路来作为LED驱动器的限流主电路，而应该采用电容、电感或有源开关电路等高效电路，才能保证LED系统的高效率。

采用串联式集成恒功率输出电路，可以使LED的光输出在很宽的电源范围内保持恒定，但一般的IC电路会因此而使效率有所下降。采用有源开关电路可以保证在较高的转换效率下实现电源电压大幅度变化时恒功率输出。

第3章

LED照明保护电路和调光电路设计

LED驱动器大都采用开关电源技术，输出多为可随LED正向压降值变化而改变电压的恒定电流源即恒流驱动。根据LED的伏安特性，电压的微小变化可导致电流的很大变化，有可能损坏LED，且开关电源中控制电路比较复杂，晶体管和集成器件耐受电、热冲击的能力较差，因此驱动器的可靠性影响了LED应用产品的寿命。为了保护开关电源自身和负载的安全，延长使用寿命，必须设计安全可靠的保护电路。

LED作为一种光源，调光是很重要的。不仅是为得到一个舒适的家居环境，就目前来说，实现节能减排的目的是更加重要的，而且对于LED光源来说，调光也比其他荧光灯、节能灯、高压钠灯等更容易实现，所以应该在各种类型的LED灯具中加上调光的功能。调光具有节能的优点，照明调光在应用中有很好的市场，相对于白炽灯/气体放电灯，LED的发光效率更高；相对于白炽灯/气体放电灯，LED的调光节能效果更明显；白炽灯/气体放电灯调光时的工作效率有明显下降，而LED调光的发光效率会提高，这主要是在低发光亮度时通过LED的正向电流较小，在有关回路电阻上的损耗降低的原因。照明调光不仅节能，而且可以改变空间视觉效果，从而影响人的行为模式。

3.1 LED驱动器保护电路设计

LED灯必须首要考虑的还是灯的可靠性问题。对很多场合而言，可靠性的重要程度不言而喻，例如一些维护成本较高的户外照明，以及一些极易产生安全隐患的应用，包括交通灯、导航灯等。LED也是一种脆弱的半导体固态器件。它的发光原理是二极管的PN结正向电压偏置产生光源。LED阵列和电源都面临着被瞬态电压、浪涌电流和其他电子问题破坏的风险。特别是在户外照明应用，由于临近的雷击所产生的静电释放(ESD)很容易引起LED故障。在LED开关型驱动器中的保护电路如图3－1所示。

本节将介绍根据半导体二极管负载的特性，设计的LED开关型驱动器的直通保护、过电流保护、过电压保护以及防开关抖动引起电流过冲等的保护电路，并分析电路工作原理。实际应用表明：这些保护电路起到了防止过流、过压以及抑制尖峰电流的作用，能有效地保护电源和LED负载，延长其使用寿命。

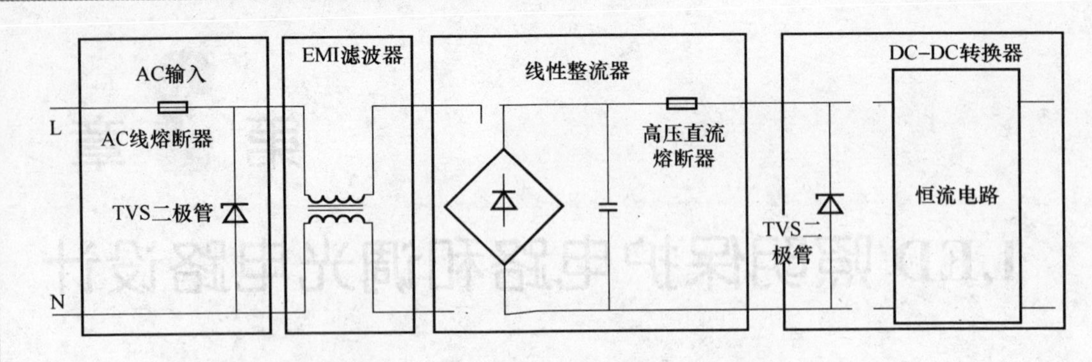

图 3－1　LED 开关型驱动器中的保护电路

3.1.1　直通保护电路

对于特大功率 LED 驱动器来说，半桥和全桥是 LED 开关驱动器常用的拓扑结构，“直通”对其有很大的威胁，直通是同一桥臂两只晶体管在同一时间内同时导通的现象。在换流期，LED 开关驱动器易受干扰而造成直通，过大的直通电流会损坏用于逆变的电力电子器件，一旦出现直通现象，须尽快检测到并立即关断驱动，以避免开关器件的 PN 结积累过大的热量而烧坏。这里利用双单稳态集成触发器 CD4528 设计了一种针对全桥和半桥的直通检测、保护电路。

CD4528 含两个单稳态触发器，其真值表如表 3－1 所列。芯片引脚 3 与引脚 13 分别为其内部两个独立单稳态电路的 Clear 端，引脚 5 和引脚 11 为单稳态的 B 输入端，引脚 4 与引脚 12 为单稳态的 A 输入端。B 端接高电平，只有当 Clear 端为高电平时，A 端输入的上升沿触发才会有效。PWM_1 与 PWM_2 为 PWM 芯片输出的两路互补脉冲信号，主电路（见图3－2）中 Q_1、Q_4 的驱动与图 3－3 中 PWM_1 同步，Q_2、Q_3 的驱动与 PWM_2 同步。在 A、B、C 和 D 四点进行电流上升率采样然后转变为电压信号，并分别传给图3－3中的直通信号 1 与直通信号 2。

表 3－1　CD4528 真值表

输　入			输　出	
Clear	A	B	Q	$\bar{Q}$
L	X	X	L	H
X	H	X	L	H
X	X	L	L	H
H	L	↓	⎍	⊔
H	↑	H	⎍	⊔

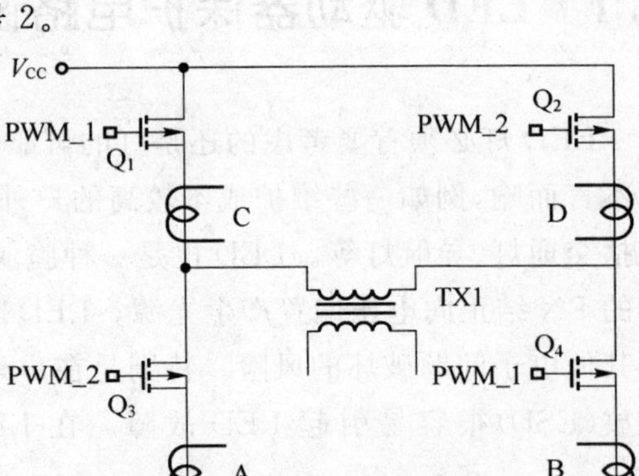

图 3－2　输出主电路

主电路中的左右桥臂对称，就左桥臂的直通保护进行分析。正常状态下，当 Q_1、

Q_4 导通时，PWM_1 为高电平，PWM_2 为低电平，引脚 3 高电平输入有效，A 点和 D 点没有电流流过，不会触发单稳态；虽然 B 点和 C 点采到了正常输出的上升沿信号，但是引脚 13 低电平时输入无效，所以不会触发单稳态，没有保护信号输出；而在直通时，Q_3 由于某种原因误导通了，A 点将检测到很大的电流上升率并转换为电压信号；此时 PWM_1 为高电平，图3－3中左边的单稳态被触发产生保护信号送到 PWM 芯片的关断端，封锁 PWM 脉冲输出。

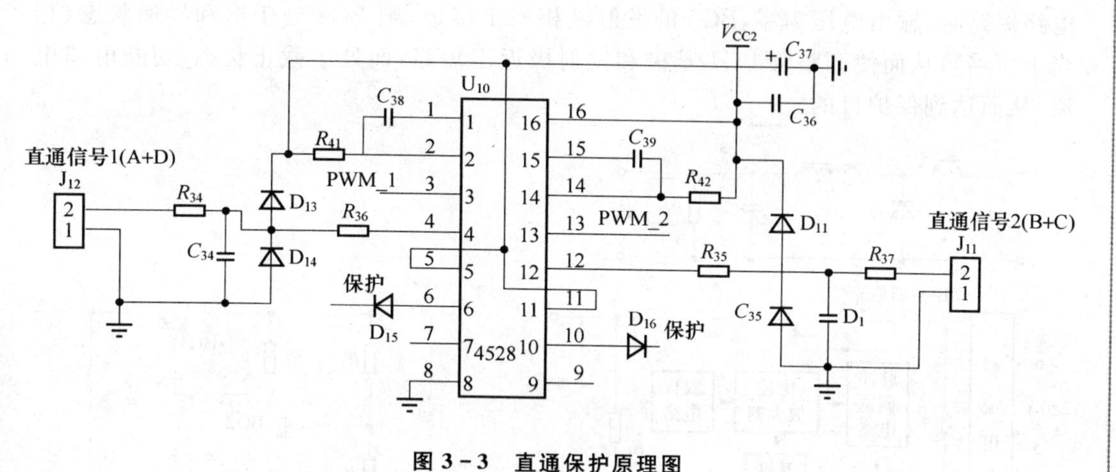

图 3－3　直通保护原理图

3.1.2　过流保护电路

当出现负载短路、过载或控制电路失效等意外情况时，会引起流过开关管的电流过大，使管子功耗增大、发热，若没有过流保护装置，大功率开关管就可能损坏；调节电路失效还可能导致 LED 过流损坏。过流保护一般通过取样电阻或霍尔传感器等来检测、比较，从而实现保护，但它们都有体积大和成本高的缺点。

方案一

这里采用如图3－4所示的方法，在正激变换器扼流圈放置相同匝数的线径较细的线圈。这两个绕组是磁平衡的，它们之间本应没有电压差，但是主绕组有直流电阻，大电流时产生了微小的电压差，该电压差由负载电流决定。这个微小的电压差被运放检测，并且通过调节 R_x 可以设置电流限制。该电路的缺点是电流限制不是很精细，这是因为铜电阻在温度每上升 10 ℃时增加 4%。但是，这个电路依然可以满足我们的设计要求。

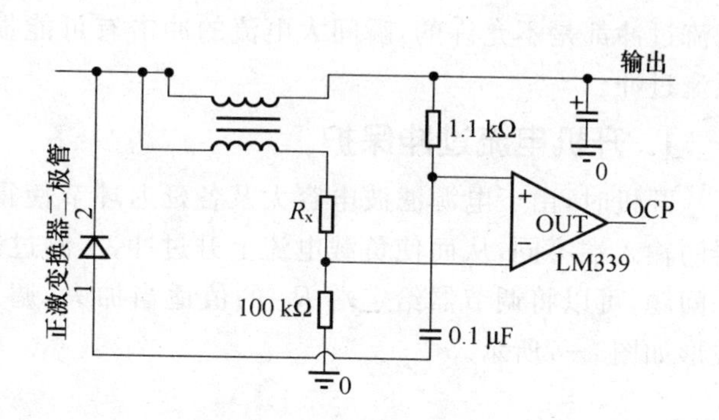

图 3－4　过流保护电路

方案二

在直流LED开关电源电路中，为了保护调整管在电路短路、电流增大时不被烧毁，其基本方法是，当输出电流超过某一值时，调整管处于反向偏置状态，从而截止，自动切断电路电流。如图3-5所示，过电流保护电路由三极管BG2和分压电阻R_4、R_5组成。电路正常工作时，通过R_4与R_5的分压作用，使得BG2的基极电位比发射极电位高，发射结承受反向电压。于是BG2处于截止状态（相当于开路），对稳压电路没有影响。当电路短路时，输出电压为零，BG2的发射极相当于接地，则BG2处于饱和导通状态（相当于短路），从而使调整管BG1基极和发射极近于短路，而处于截止状态，切断电路电流，从而达到保护目的。

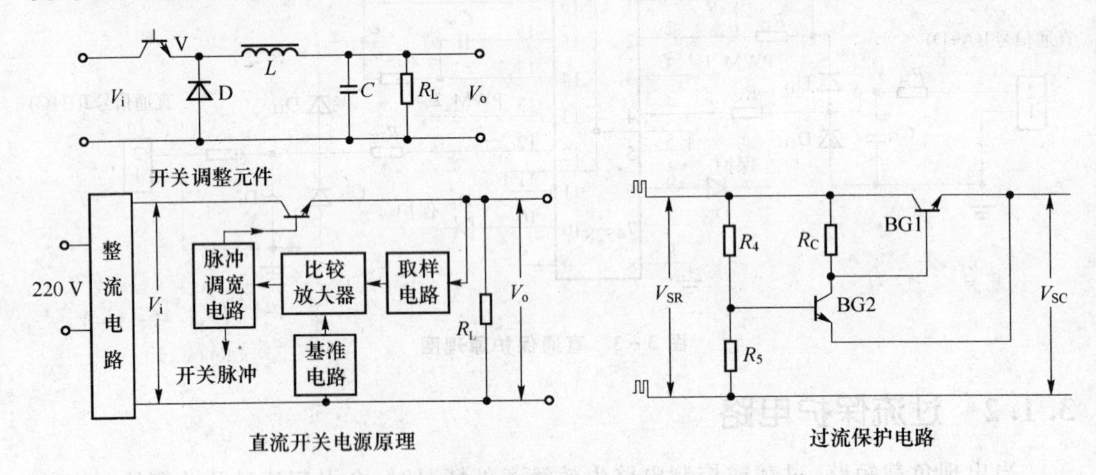

图3-5 直流开关电源原理和过流保护电路

3.1.3 开、关机电流过冲保护电路

稳流型开关电源在开机和关机时容易造成电流过冲，LED之类的负载对毫秒级的电流过冲都是不允许的，瞬间大电流的冲击有可能损坏LED器件，因此必须严格防止电流过冲。

1. 开机电流过冲保护

开机时，由于电源滤波电容大及各延迟环节使得电流采样反馈值与给定值在调节器的输入端不同，从而使负载电流上升过冲，实测过冲波形如图3-6所示。为了解决这一问题，可以将调节器给定端R_C的值适当加大，调节以后的开机电流没有发生过冲，波形如图3-7所示。

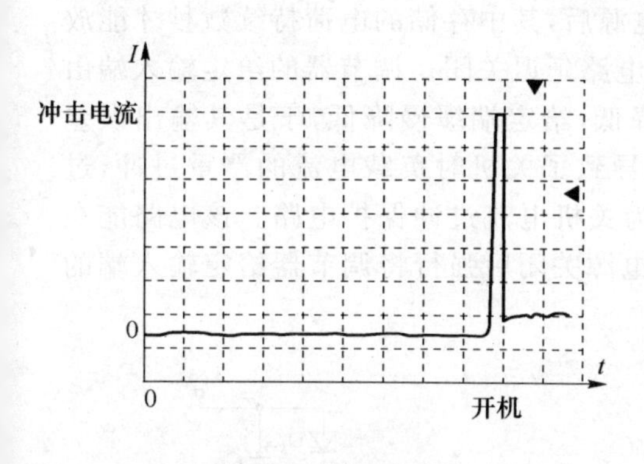

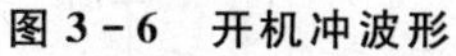
图3-6 开机冲波形

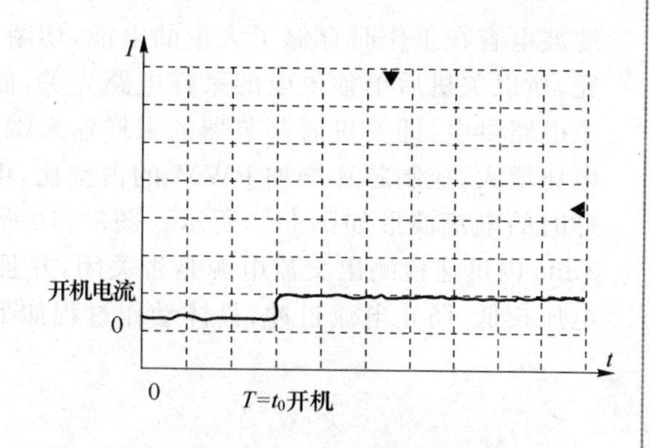

图3-7 正常开机电源

开关稳压电源的电路比较复杂，开关稳压器的输入端一般接有小电感、大电容的输入滤波器。在开机瞬间，滤波电容器会流过很大的浪涌电流，这个浪涌电流可以为正常输入电流的数倍。这样大的浪涌电流会使普通电源开关的触点或继电器的触点熔化，并使输入熔断器熔断。另外，浪涌电流也会损害电容器，使之寿命缩短，过早损坏。为此，开机时应该接入一个限流电阻，通过这个限流电阻来对电容器充电。为了防止该限流电阻消耗过多的功率，影响开关稳压器的正常工作，在开机暂态过程结束后，用一个继电器自动短接它，使直流电源直接对开关稳压器供电，这种电路称为直流LED开关电源的软启动电路。

如图3-8(a)所示，在电源接通瞬间，输入电压经整流桥（$D_1 \sim D_4$）和限流电阻 R_1 对电容器 C_1 充电，限制浪涌电流。当电容器 C_1 充电到约80%额定电压时，逆变器正常工作。经主变压器辅助绕组产生晶闸管的触发信号，使晶闸管导通并短路限流电阻 R_1，LED开关电源处于正常运行状态。为了提高延迟时间的准确性及防止继电器动作抖动振荡，延迟电路可采用图3-8(b)所示电路替代RC延迟电路。

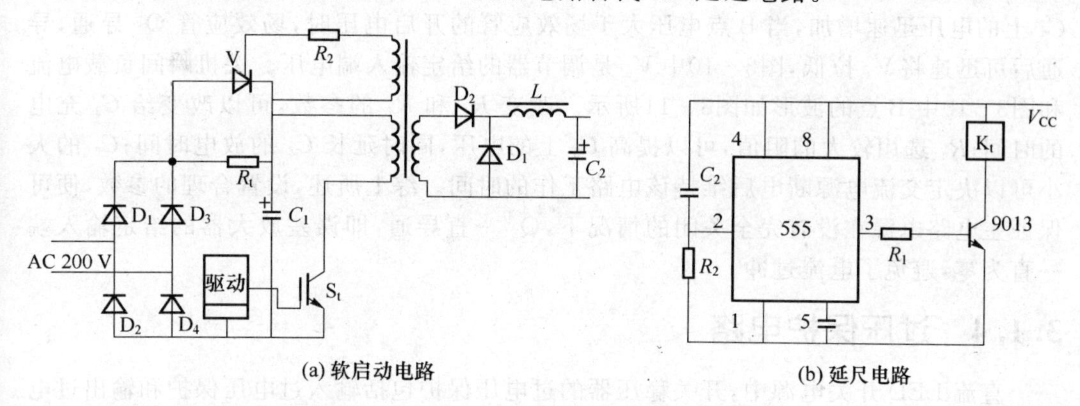

图3-8 LED开关电源软启动保护电路

2. 关机电流过冲保护

在我们设计的30 A/20 V开关型稳流电源中，采用控制电路单独供电。主电路的滤波电容在工作时存储了大量的电能，切断总电源后，其中存储的电荷持续数秒才能放完，所以关机后单独供电的采样电路先关，而主电路延迟关闭。调节器的给定输入端由主电路供电，即关机后调节器的采样输入端先降低，给定端缓慢降低，于是其输出误差电压增大，控制芯片增加 PWM 的占空比，由此导致了关机时负载电流的严重过冲，过冲时的电流波形如图3－9所示。图3－10所示为关机电流过冲保护电路。该电路能在 3 ms 内迅速检测出交流电源是否关闭，并且在电源关闭后强行将调节器给定输入端的电压拉低，防止电流过冲，具体动作过程如下。

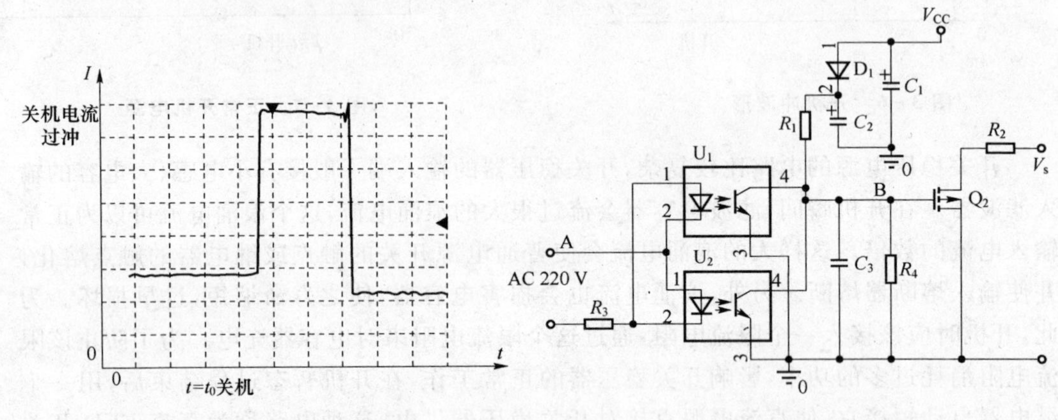

图 3－9　关机时电流过种波形　　　　图 3－10　关机电流过冲保护电路

光耦 U_1、U_2 随被测电源的正负半周交替导通，当 A 点交流电压大于光耦中发光二极管的导通电压 V_{on} 时，光耦开启，C_3 通过光耦中三极管放电，使 B 点的电压未达到场效应管的开启电压；当交流电压小于 V_{on} 时，光耦不导通，C_3 充电，B 点的电压增加，此时应使 C_3 的电压上升到场效应管阈值的时间大于光耦关闭的时间，以保证 Q_2 不导通。在 t_1 时刻交流电源断开，光耦输出呈高阻态，C_2 中存储的电荷经 R_1 向 C_3 充电，C_3 上的电压迅速增加，当 B 点电压大于场效应管的开启电压时，场效应管 Q_2 导通，导通后可迅速将 V_s 拉低，图3－10中 V_s 是调节器的给定输入端电压。关机瞬间负载电流和图3－10中 B 点的波形如图3－11所示。改变 R_1 和 R_4 的参数，可以改变给 C_3 充电的时间；R_4 选用较大的阻值，可以提高 C_3 上的电压，同时延长 C_3 的放电时间；C_2 的大小可以决定交流电源断电后维持该电路工作的时间。综上所述，设置合理的参数，便可保证主电路电源在没有完全关闭的情况下，Q_2 一直导通，即误差放大器的给定输入端一直为零，避免了电流过冲。

3.1.4　过压保护电路

直流 LED 开关电源中，开关稳压器的过电压保护包括输入过电压保护和输出过电压保护。如果开关稳压器所使用的未稳压直流电源（诸如蓄电池和整流器）的电压过高，将导致开关稳压器不能正常工作，甚至损坏内部器件，因此 LED 开关电源中有必要使用输入过电压保护电路。

稳流型电源若负载发生断路，电流检测电阻两端的电压下降到零，一旦给定值不为零，调节器会使得输出电压急剧飙升至最大值，这对负载连接接触不良时是很危险的。对LED、半导体制冷等负载来说，过压发生时，首要任务是保护负载，其次是保护开关功率管。为解决以上问题，有两种保护方法同时使用：一种方法是放置双向TVS来实现对瞬间冲击电压的防护。TVS是一种二极管形式的高效能保护器件，当TVS二极管的两极受到反向瞬态高能量冲击时，它能以纳秒级的速度，将其两极间的高阻抗变为低阻抗，吸收高达数千瓦的浪涌功率，使两极间的电压钳位于一个预定值，有效地保护电子线路中的元器件免受各种浪涌脉冲损坏。还可将电阻与TVS串联，当TVS未击穿时，电阻上没有电流；若发生过压，TVS被击穿，则电阻上有电流流过，产生压降，以此作为保护信号，送到PWM芯片的关断端，封锁PWM脉冲输出。另一种方法是当负载断路时使电源立即停止工作，如图3-12所示。图中，R_{24}和R_{27}给运放同相输入端提供固定的小电压U_+，R_{26}为取样的负载提供电流输入，当负载发生断路时，运放反相输入端电压$U_-=0$，因而$U_+>U_-$，运放输出电压为高电平，给出空载保护信号。同时，将时间常数$R_{30}\times C_{15}$与电源给定的时间常数配合调节，使得空载保护不发生误动作。

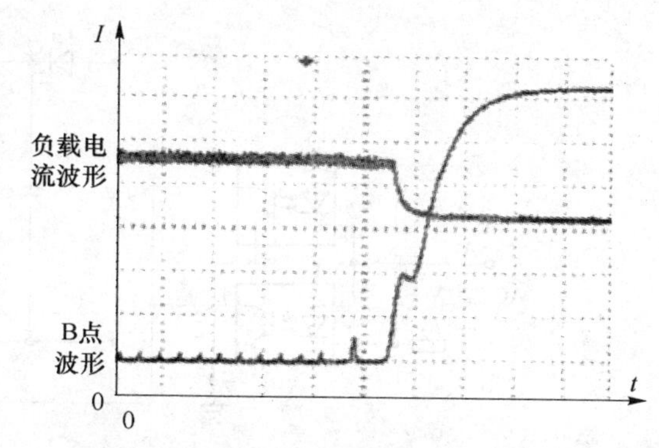

图3-11 B点和负载电流波形

还有一种过压保护思路就是如图3-13所示的用晶体管和继电器所组成的保护电路，在该电路中，当输入直流电源的电压高于稳压二极管的击穿电压值时，稳压管击穿，有电流流过电阻R，使晶体管T导通，继电器动作，常闭接点断开，切断输入。输入电源的极性保护电路可以跟输入过电压保护结合在一起，构成极性保护鉴别与过电压保护电路。

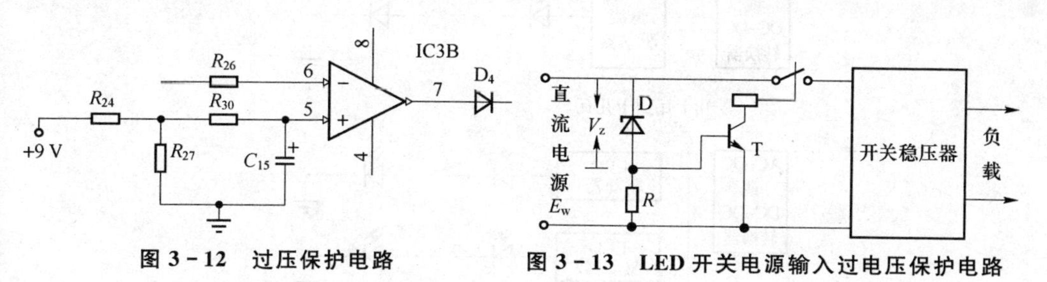

图3-12 过压保护电路

图3-13 LED开关电源输入过电压保护电路

3.1.5 开关抖动保护电路

当220 V交流电源开关开启抖动或停机后又立即重新启动，可能出现电流过冲。在前面所述关断时防电流过冲的电路（见图3-10）基础上，添加一自锁电路即可解决，如图3-14所示，工作过程如下。

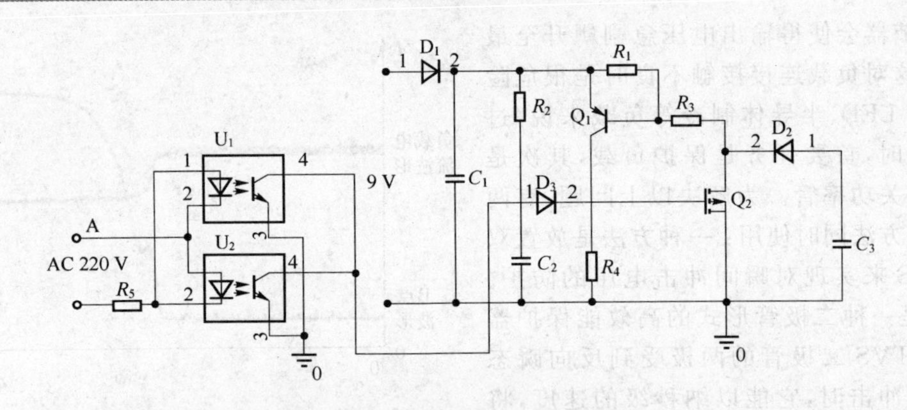

图 3-14　防开关抖动保护电路

正常工作时光耦 U_1 随被测电源的正负半周交替导通，使 C_2 上的电压达不到 Q_2 的开启电压，一旦掉电，Q_2 导通，同时使得 Q_1 基极电位拉低而导通，Q_2 的门极被钳在高电位。若在此时重新开机，即使光耦再次导通使 C_2 放电，由于二极管 D_3 反偏，Q_2 始终维持导通，保持电源设定值为零，其保持时间由 C_1 和等效放电电阻决定。

3.1.6　LED开路保护电路

1. LED的开路故障

近年来，采用1～3 W大功率LED制作的灯具逐年增加，其功率可从几瓦到数百瓦。大功率LED灯具都采用LED串联的结构，用恒流供电，其结构如图3-15所示。一般1 W LED的工作电流为250～350 mA，3 W LED的工作电流为600～700 mA，电流大的可达900～1 000 mA。

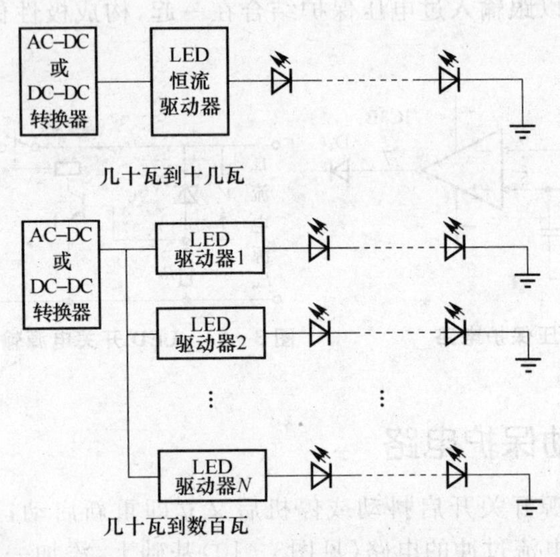

图 3-15　常见LED驱动电路结构

这种串联LED的灯具有一个缺点，如果串联的LED中有一个LED开路，则整个灯都不亮了。这对某些灯具（如警示灯、矿灯、应急灯等）的应用是十分危险的。为了在LED开路时，LED灯还能亮，采用LED开路保护器是十分有效的，它能保证灯具使用的安全性。

2. LED开路保护器

LED灯通常由一定数量的LED管串联或并联组成阵列，单只LED损坏会造成整个LED阵列停止工作。传统的Fuse、MOV、TVS并不能保障此类问题，因此在LED阵列端，有专门为LED开路生产的LED开路保护器。目前已开发出的1 W LED开路保护器有两种结构：齐纳二极管型和晶闸管型（单向可控硅型），如图3-16所示。有的LED生产厂家直接将齐纳二极管与LED封装在一起，即带有开路保护的LED也已上市。3 W LED的工作电流一般取值为700～1 000 mA，这种开路保护器由于电流较大在市面上比较少见。

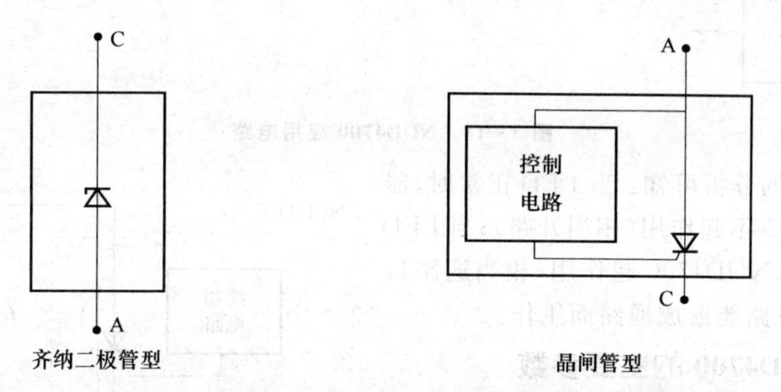

图3-16 两种LED开路保护器

安森美公司在2009年1月推出的新器件NUD4700及SMD公司在2008年推出的SMD602都是晶闸管型LED开路保护器。

3. NUD4700的工作原理

NUD4700是一种两端器件，其外形如图3-17所示，A端为阳极，C端为阴极。它由控制电路及单向晶闸管组成。

NUD4700的典型应用电路如图3-18所示。这是一个交流供电，往AC/DC转换器输出直流电压，再由NUD4700恒流LED驱动器驱动4个串联的1 W大功率LED的电路。NUD4700与LED并联在一起。在LED未开路时，由于LED的正向降压 V_F 小于晶闸管的"开启"电压 $V_{(BR)}$，则NUD4700为关闭状态。在关闭状态时，只有小于250 μA的漏电电流经过NUD4700，相当于NUD4700"开路"，不影响LED的工作。若串联的LED中有一个（如LED2）因损坏而开路，则此时与LED2并联的NUD4700的A、C之间电压超过了

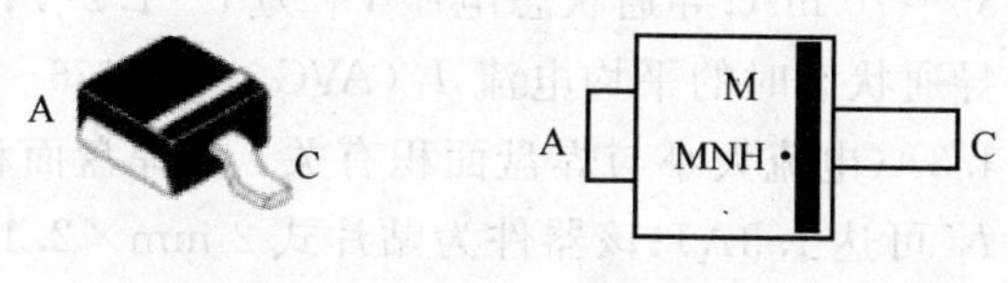

图3-17 NUD4700外形

“启动”电压 $V_{(BR)}$（5.5～7.5 V），NUD4700启动，由关闭状态转为导通状态。在导通状态时，A、C之间导通电压 V_T 为1.0～1.2 V。此时，LED的电流由LED1流经NUD4700的A、C，再流入LED3，如图3－19所示。4个LED的灯仅有3个LED工作，其亮度稍差一些，但仍可以正常工作，并且不影响其恒流的大小。

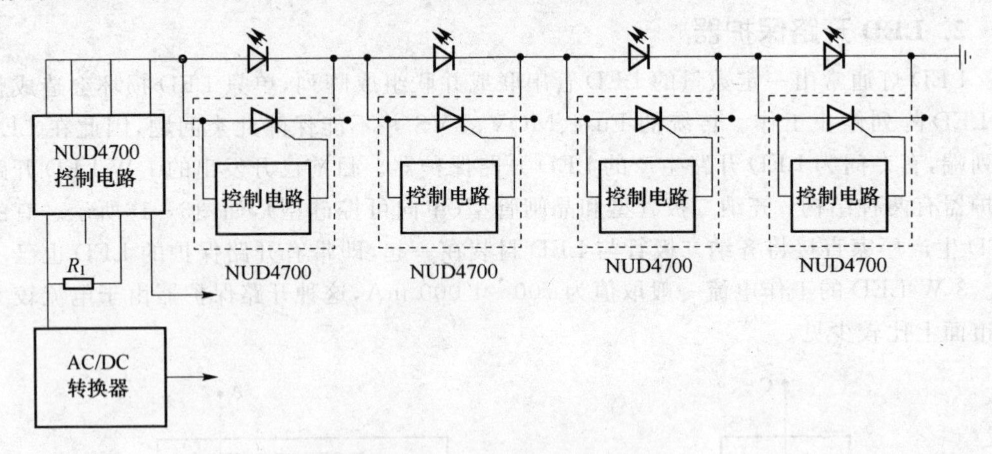

图3－18 NUD4700应用电路

从上面的分析可知：当LED正常时，器件NUD 4700不起作用（相当开路）；当LED损坏开路时，NUD4700起作用（相当通路），使LED的电路能形成通路而工作。

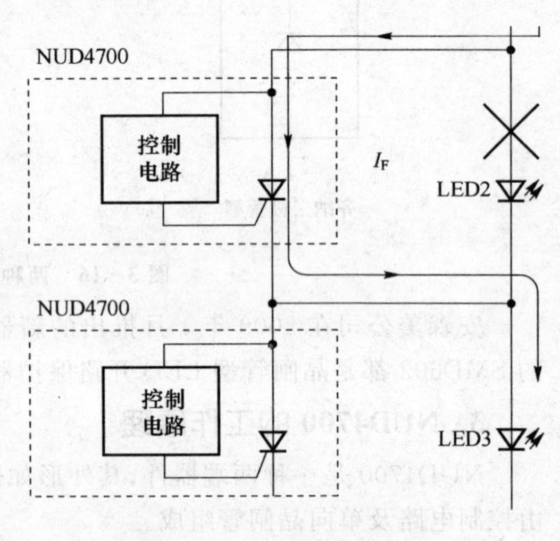

图3－19 NUD4700工作原理

4. NUD4700的主要参数

NUD4700的主要参数：峰值重复关闭状态时，电压为－0.3～＋10 V；关闭状态时的漏电流 I_{LEAK} 为100～250 μA；启动电压（也称为击穿电压Breakdown Voltage）$V_{(BR)}$ 为5.5～7.5 V；保持电流 I_H 为6～12 mA；闭锁电流（Iatching Current）I_L 为35～70 mA；导通状态电压 V_T 为1～1.2 V；导通状态时的平均电流 I_T（AVG）为0.376～1.3A（电流大小与焊盘面积有关：在焊盘面积为25.4 mm×25.4 mm时，散热条件好，I_T 可达1.3A）；该器件为贴片式2 mm×2.1 mm封装（高度为1 mm）；工作温度范围为－40～＋85 ℃。

5. SMD602的结构与工作原理

SMD602的内部结构如图3－20所示，它的基本结构与NUD4700相同，但增加了一个反接的二极管，可在LED串极性接反时提供一个电流通路，由于二极管的正向压降为1.1～1.5 V，其可保护LED免受反向电压击穿（一般LED反向击穿电压为5 V）。

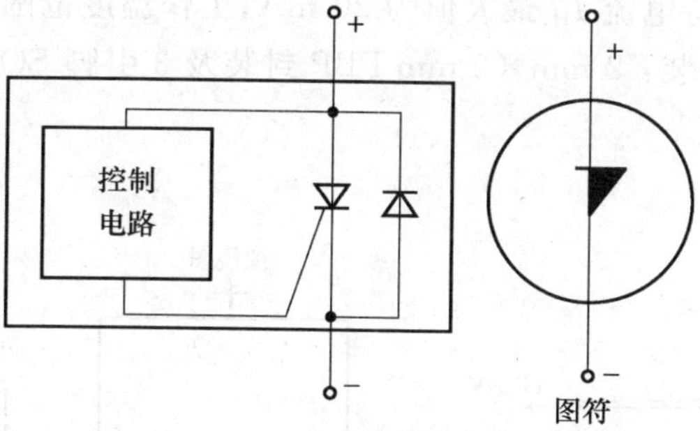

图 3-20 SMD602 内部结构

SMD602 的工作原理与 NUD4700 完全相同。它的正极与 LED 的阳极连接，负极与 LED 的阴极连接，如图3-21所示。在 LED 没有开路时，SMD602 都为关闭状态，其漏电流为 100 μA(典型值)。图中粗箭头线为 LED 电流 I_{LED}。

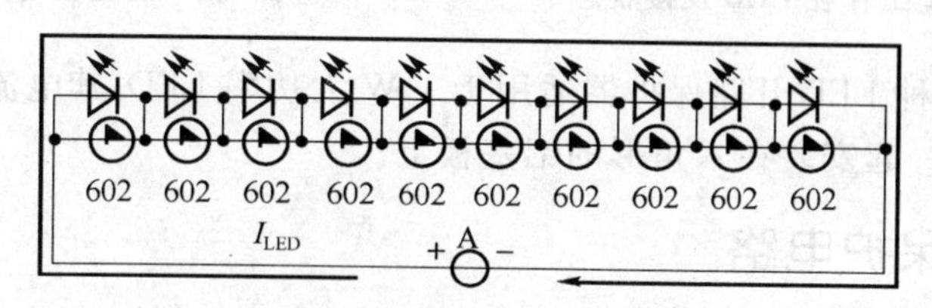

图 3-21 SMD602 工作在 LED 导通状态下

若在串联的 LED 中有一个开路，如图3-22所示，则与此并联的 SMD602 的正、负极之间电压大于其开启电压 4.65～5.25 V，此器件由关闭状态转换为导通状态，降压为 1～1.2 V。LED 电流经 SMD602 内部的晶闸管后流到下一个 LED，保证其他未开路的 LED 正常工作。图中用粗线 X 表示此 LED 开路。若 LED 串与驱动器连接时极性接反，则有可能 LED 受反压过大而损坏。由于 SMD602 内部有反接二极管，在 LED 串极性接反时，其内部的二极管极性是正确的，则 LED 的电流经 SMD 内部的二极管形成回路，使 LED 得到保护，如图3-23所示。

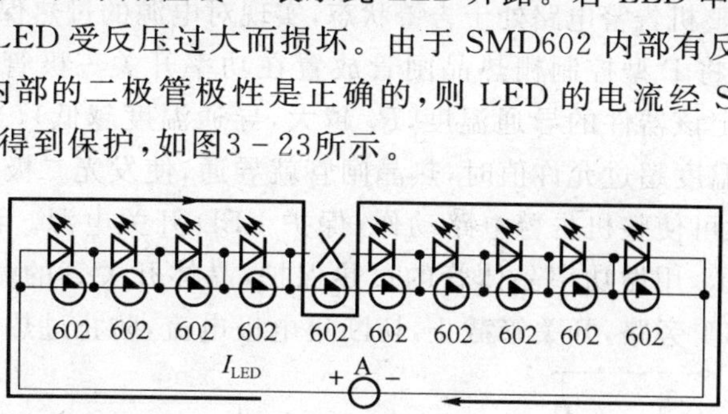

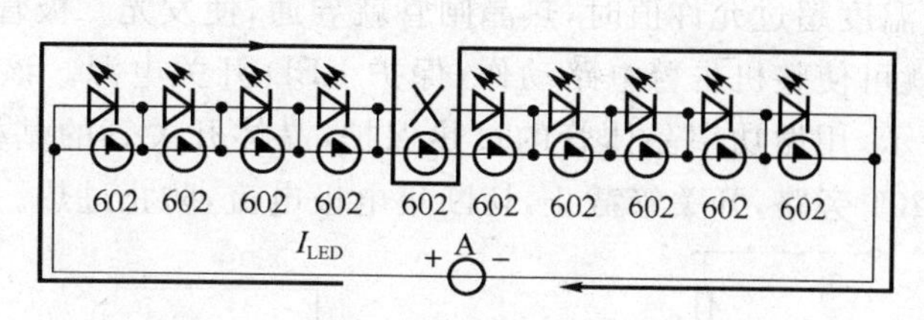

图 3-22 SMD602 工作在 LED 开路状态下

6. SMD602 主要参数与特性

SMD602 的主要参数：输入电压 V_{DC} 最大值为 38 V；导通状态时最大电流 I_{BP} = 500 mA；反向电流 I_R 最大值为 500 mA；启动电压 $V_{(BR)}$ 为 4.65～5.25 V，导通状态时压降 V_T 为 1～1.2 V；在 LED 极性反接时，其压差为 1.1～1.5 V；在关闭状态时漏电流为 100～150 μA；维持电流 I_H 最大值为 20 mA，工作温度范围 －40～＋85 ℃。

SMD602 有两种封装：2 mm×2 mm FBP 封装及 3 引脚 SOT－89 封装，其引脚排列如图3－24所示。

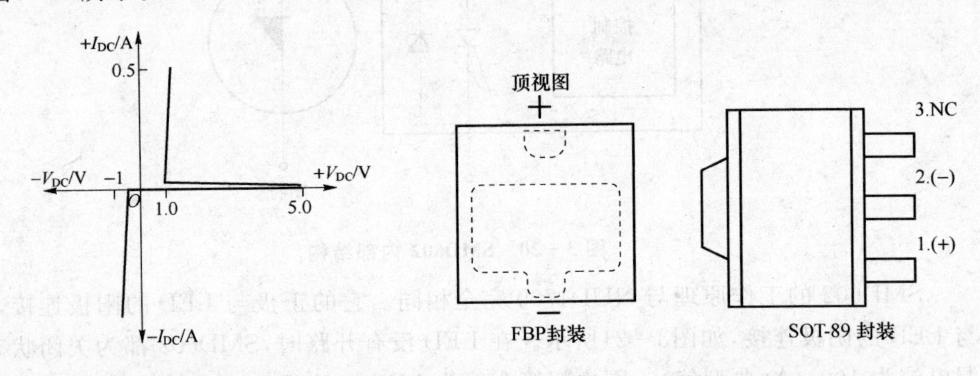

图 3－23　SMD602 工作在 LED 反接状态下　　**图 3－24　SMD63 的引脚排列**

以上介绍的两种 LED 开路保护器适用于 1 W 大功率 LED，其电流 I_{LED} 为 350 mA。它们可以与 LED 一起安装在六角形的铝基板上。

3.1.7　过热保护电路

直流 LED 开关电源中开关稳压器的高集成化和轻量小体积，使其单位体积内的功率密度大大提高。但是，如果电源装置内部的元器件对其工作环境温度的要求没有相应提高，必然会使电路性能变坏，导致元器件过早失效。因此，在大功率直流 LED 开关电源中应该设过热保护电路。

这里采用温度继电器来检测电源装置内部的温度，当电源装置内部产生过热时，温度继电器就动作，使整机告警电路处于告警状态，实现对电源的过热保护。如图3－25(a)所示，在保护电路中将 P 型控制栅热晶闸管放置在功率开关三极管附近，根据 TT102 的特性(由 R_r 值确定该器件的导通温度，R_r 越大，导通温度越低)，当功率管的管壳温度或者装置内部的温度超过允许值时，热晶闸管就导通，使发光二极管发亮告警。倘若配合光电耦合器，就可使整机告警电路动作，保护 LED 开关电源。该电路还可以设计成如图3－25(b)所示，用做功率晶体管的过热保护，晶体开关管的基极电流被 N 型控制栅热晶闸管 TT201 旁路，开关管截止，切断集电极电流，防止过热。

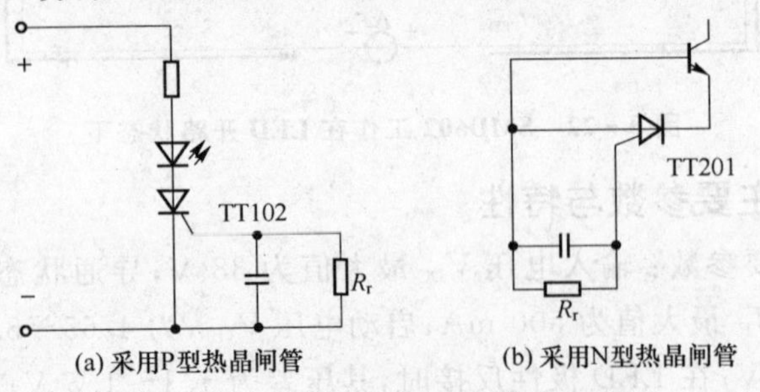

(a) 采用P型热晶闸管　　(b) 采用N型热晶闸管

图 3－25　LED 开关电源过热保护电路

3.1.8 LED驱动器中常用的瞬态电压抑制器和压敏电阻简介

1. TVS管

AK6和AK10系列是具有极高额定电流的瞬态电压抑制器(TVS),特别为保护AC和DC输入电路免受瞬态电压损坏而设计,其额定值为6 kA(8/20 μs)和10 kA(8/20 μs);AK15和AK30是额定值分别为15 kA(8/20 μs)和30 kA(8/20 μs)的TVS,它们都是针对保护恶劣环境下LED照明的理想应用。1.5SMC系列是脉冲功率额定值为1 500 W的TVS,它是保护DC/DC转换器免受瞬态电压破坏的理想选择。

2. TMOV热保护压敏电阻

TMOV集成了热敏组件,有助于TVSS模块利用适当的外壳,在电缆连接和永久连接应用方面符合UL1449标准。TMOV提供比大多数分立式解决方案更快速的热响应和较低的电感,提高了钳位性能,从而快速响应电压瞬变。

3. Fuse熔断器

AC线熔断器选用464系列,它提供了最小化、快速响应的表面贴装型AC 250 V熔断器,符合IEC60127-4标准,464系列特别针对电源和照明系统应用而设计。

高压直流熔断器选用477或505系列,这两个系列都面向高能量和电源应用设计,477系列提供用于DC 400 V/DC 500 V额定电压、延时、抗浪涌熔断器,采用5×20 mm封装;505系列提供AC/DC 500 V额定电压的熔断器,其断流上限额定值高达50 kA,采用6.3×32 mm封装。

3.2 大功率LED驱动的温度补偿电路设计

与其他光源相比,大功率LED会产生严重的散热问题,这主要是因为LED不通过红外辐射进行散热。一般而言,用于驱动LED的功耗最终有75%~85%转换为热能,过多的热量会减少LED的光输出和产生偏色,加速LED老化。因此,热管理是LED系统设计最重要的一个方面。LED系统生产商通过寻求优化的散热器、高效印制电路板、高热导率外壳等来应对这一挑战。但是,LED驱动器设计的工程师们需要改变理念,热管理并不是机械设计师的专利,电子工程师同样可以进行热管理设计。实践证明,通过电路实现温度补偿功能进行热管理是一个既经济又可靠的方法。

温度补偿功能以其低成本、高可靠性兼顾了LED寿命和输出功率,不会因为环境恶劣或是散热装置异常、老化而使LED性能和寿命受到影响。

3.2.1 温度补偿原理

一般而言,大功率LED的产品规格书中都会标明不同环境温度(或LED焊点的温度)下的最高容许输出电流的曲线图(见图2-22)。当周围温度低于安全温度点时,输出最高容许电流保持不变;当高于安全温度点时,输出最高容许电流随周围温度升高而降低,即所谓的降额曲线。为确保LED的性能寿命不受影响,必须保证LED工作在降额曲线与横、纵坐标轴所包络的安全区内。

但是，目前大多数LED灯具生产商都将LED的驱动电流设计为不随温度变化的恒流源，因此，当LED周围温度高于安全温度点时，工作电流就不在安全区内，这将导致LED的寿命远低于规格书的数值甚至直接损坏。而LED周围温度过高是由LED自身发热所致，目前有两个办法可以解决这个问题。

一种办法是使用导热性更好的散热装置，减小LED芯片至环境的热阻，控制LED内部温度不至比环境温度高太多，但这需要较高的成本。此外，难以避免的问题是，当散热装置使用一段时间后在灯体外壳的散热片上沉积灰尘，以及铝合金基敷铜板上连接铜层和铝基板的介质层老化脱胶都将使热阻较大幅度地上升，导致整体散热性能下降。

另一种办法是使LED工作在安全区边际，这样既能满足在安全温度点内输出电流、输出功率工作在额定状态且恒定，也能在高于安全温度点输出电流并按比例下降进行负补偿，保证LED使用寿命，这就是温度补偿的含义。

3.2.2 数字温度传感器配合驱动器实现温度补偿

有些照明产品需要一些智能控制，如一些高级路灯的应用，这些系统往往使用单片机对整个系统进行监视和控制。这时可利用原有的单片机控制系统加入温度补偿功能，即使在恶劣的环境下，如夏日暴晒，系统内的温度仍能得到很好的控制。

图3-26所示为带有温度被偿系统驱动电路LED串的示意图。温度检测部分采用了高精度数字温度传感器SN1086。SN1086可以同时检测芯片本身温度，相当于间接检测PCB温度，又能检测远端三极管温度，若将三极管与LED一同焊接在铝基板上便可以检测铝基板温度。SN1086将检测到的两种温度通过芯片内部的高精度Δ-Σ ADC进行模/数转换，将温度的数字结果通过I^2C总线的SDA数据线和SCL时钟线与单片机通信。当单片机接收到铝基板温度结果后与预设定的安全温度点阈值进行比对，当温度过高时启动温度补偿程序，通过PWM1按比例降低LED驱动器的输出电流。单片机同时监控PCB板温度，温度过高时通过PWM2信号线控制风扇对PCB进行散热，确保板上的元器件尤其是电解电容的温度不会过高。

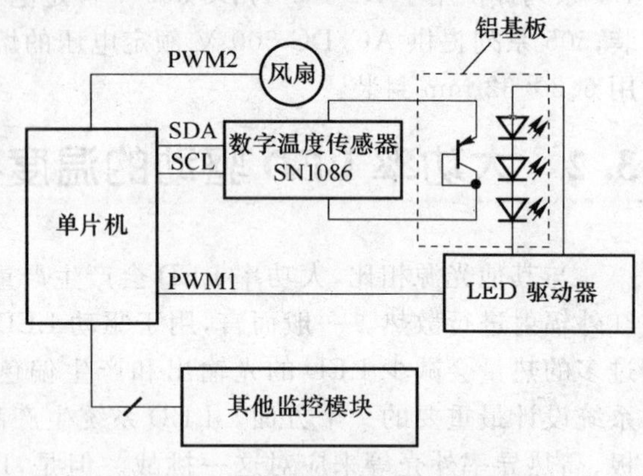

图3-26 使用数字温度传感器实现的温度补偿系统

这种系统控制极大地增强了系统的稳定性，并保证整体系统的使用寿命。实践证明，系统内部温度得到很好的控制，但硬件成本较高，适于中高端领域的应用。

3.2.3 DC-DC降压LED驱动器实现温度补偿

若能将温度补偿功能集成在芯片内部，这将极大地降低使用成本和所占空间。

SN3352 正是为了这个目的而设计出来的芯片。SN3352 是降压型 DC-DC 恒流芯片，工作电压范围为 6～40 V，输出电流达 700 mA，温度补偿未启动时恒流性能优良，适用于驱动串联的 1 W 或者 3 W LED 灯，其应用电路如图3-27所示。SN3352 具备调光功能，通过改变 ADJI 引脚的模拟电压或者对此引脚施加 PWM 信号都能实现调光功能。SN3352 内部集成了矽恩微电子公司的自有专利技术的温度补偿电路，温度补偿功能需要外接一个普通电阻 R_{th} 用于设置温度补偿启动的温度点 T_{th} 和一个检测温度的负温度系数热敏电阻 R_{ntc} 配合实现。

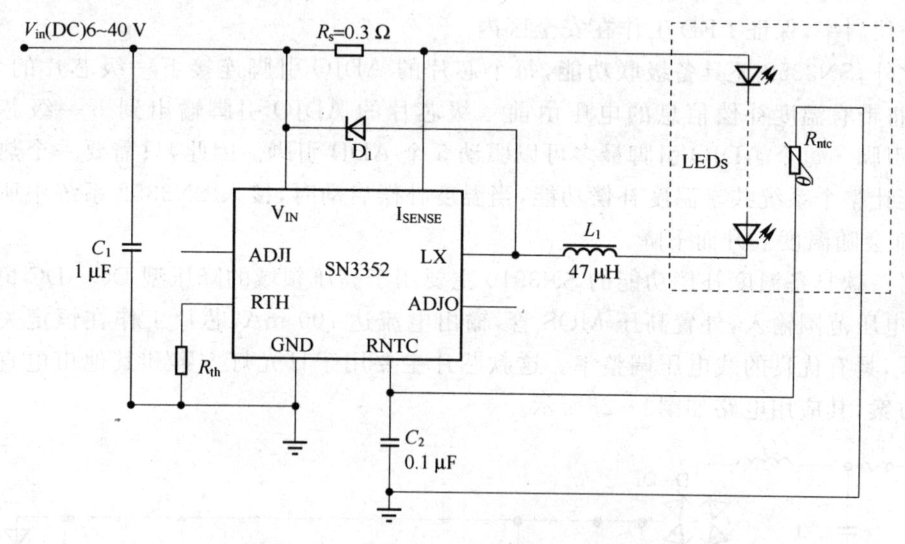

图 3-27 SN3352 温度补偿应用电路

SN3352 通过 RNTC 引脚不断测量与 LED 焊接在同一块铝基板的热敏电阻 R_{ntc} 阻值，随着 LED 铝基板温度上升，当热敏电阻的阻值低至与连接在 RTH 引脚上的普通电阻 R_{th} 阻值相等时，温度补偿功能启动，输出电流将会自动随温度升高而降低。由此可见，温度补偿启动的温度点 T_{th} 可以通过改变 R_{th} 阻值进行更改，而电流随温度降低的斜率可以通过选择不同 B 常数的热敏电阻来决定。

输出电流的公式如下：

当 $R_{ntc} > R_{th}$ 时，温度补偿未启动，输出电流保持不变，大小由设置电流电阻 R_s 和 ADJI 引脚的电压决定：

$$I_{out} = \frac{V_{ADJI}}{12 \times R_s}$$

式中：V_{ADJI} 为调光引脚 ADJI 的电压，单位 V，调光范围为 0.3～1.2 V，悬空时电压为 1.2 V。

当 $R_{ntc} < R_{th}$ 时，温度补偿启动，此时，输出电流如下：

$$I_{out} = \frac{V_{ADJI}}{12 \times R_s} \times \frac{R_{ntc}}{R_{th}} = \frac{V_{ADJI}}{12 \times R_s} \times \exp B\left(\frac{1}{T} - \frac{1}{T_{th}}\right)$$

$$R_{th} = R_{25} \times \exp B\left(\frac{1}{T_{th}} - \frac{1}{298}\right)$$

式中：R_{25} 为热敏电阻在 25 ℃下的阻值；B 为热敏电阻的 B 常数。热敏电阻特性主要由这两个参数决定。

根据输出补偿电流的结果，对不同的温度作一组电流曲线，不难得出，即使把温度补偿启动的温度点 T_{th} 设置在较高温度，如 100 ℃以上，电流随温度降低的斜率仍然保持较高。这区别于目前市面上其他的温度补偿方案，这些方案在较低温度保持较大的补偿斜率，而在较高温度补偿斜率大幅下降，这有悖于 LED 降额曲线在高温斜率更大的事实。因此，SN3352 在高温仍然保持大的补偿斜率可以满足绝大多数 LED 降额曲线的补偿斜率，保证 LED 工作在安全区内。

此外，SN3352 还具备级联功能，每个芯片的 ADJO 引脚连接下一级芯片的 ADJI 引脚，将带有温度补偿信息的电压由前一级芯片的 ADJO 引脚输出到下一级芯片的 ADJI 引脚。每个 ADJO 引脚最多可以驱动 5 个 ADJI 引脚。因此，只需要一个热敏电阻就能让整个系统共享温度补偿功能，当温度补偿启动时，接入 SN3352 系统中所有的 LED 都会随温度上升而下降。

另一款具备温度补偿功能的 SN3910 主要用于高压领域的降压型 DC－DC 恒流芯片，全电压范围输入，外置高压 MOS 管，输出电流达 700 mA，芯片工作在恒定关断时间模式，具有优良的线电压调整率。这款芯片主要用于日光灯方案和其他市电直接接入的方案，其应用电路如图3－28所示。

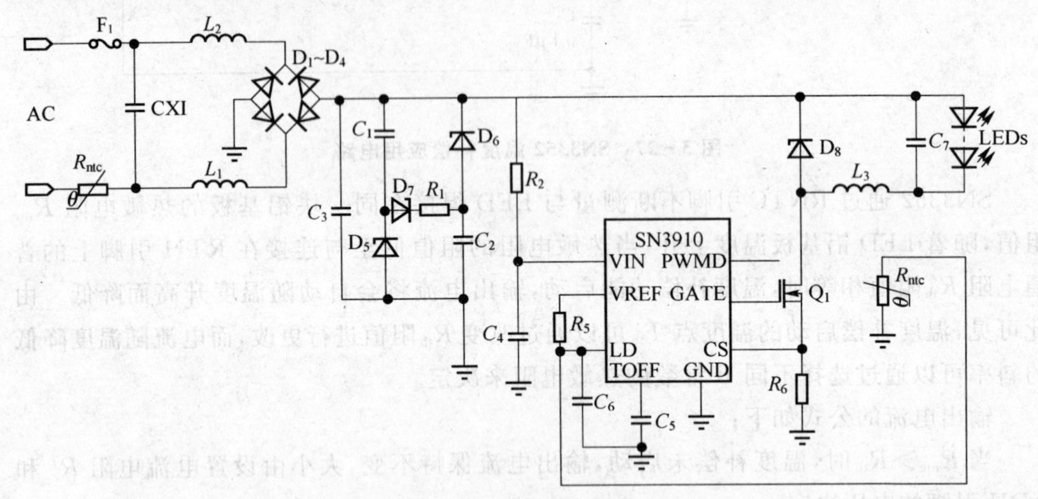

图 3－28　SM2010 的温度补偿电路

3.2.4　线性恒流 LED 驱动器实现温度补偿

具备温度补偿功能的 LED 线性恒流源驱动器是 SN3118，其输出电流可由外接电阻编程，适合 20～200 mA 的低电流 LED 应用，其应用电路如图3－29所示。SN3118 工作电压6～30 V，四个支路电流之间匹配度为±5％以内，每路最大电流达 175 mA，工作时无 EMI 问题。电路中同样使用一个普通电阻和负温度系数的热敏电阻实现温度补偿，当热敏电阻阻值下降至普通电阻阻值时，温度补偿启动。

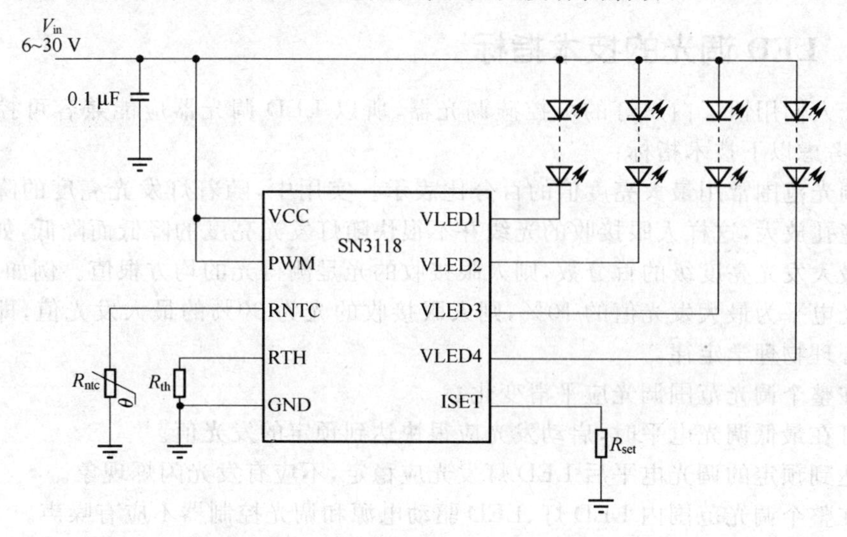

图3-29 SN3118驱动LED典型应用图

3.3 LED的调光原理概述

自从人类意识到一定要千方百计节能减排，才能解决大气变暖的迫切问题后，如何减少照明用电就作为一个重要的问题提到日程上来。因为照明用电占总能耗的20%。如果还能利用调光来节能，则是非常重要的节能手段。但过去所有光源都不容易实现调光，而容易调光正是LED的一个很大的优点。所以，对于灯具来说，调光是LED驱动技术发展的一大方向。家庭壁灯需要调光，路灯、办公室、商场、学校、工厂的照明也需要调光。调光LED照明不但市场巨大，而且节能可观。不同时段照明功率调光效果曲线如图3-30所示。

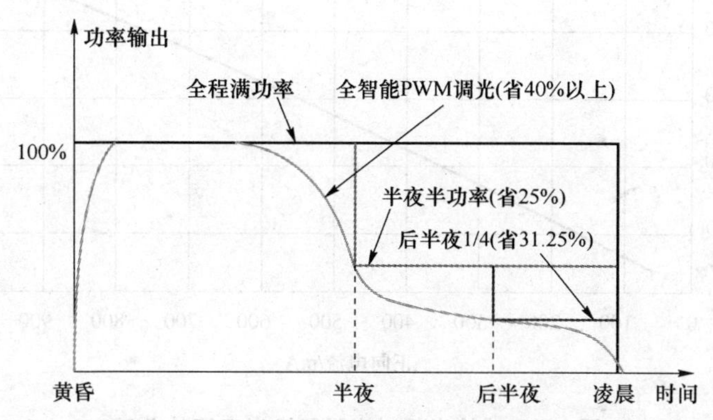

图3-30 不同时段照明功率调光效果曲线

在技术实现上包括模拟调光、PWM调光和可控硅调光三种调光方式。可控硅在替换方案中颇具优势，而PWM更符合人们对LED调光精度、效率以及效果的要求。

基于原理的不同，它们有着不同的设计考量。

3.3.1 LED调光的技术指标

由于人们用惯了白炽灯的可控硅调光器，所以LED调光器应能兼容可控硅调光器，并应考虑以下技术指标：

- 调光范围常用最大亮度值的百分比表示。实用中，随着灯发光亮度的降低人眼瞳孔放大，这样人眼接收的光线并不很快随灯发光亮度的降低而降低，如表示为最大发光亮度级的百分数，则人眼接收的光是测得光的均方根值。例如，测得调光电平为最大发光值的10%，则人眼接收的光为30%的最大发光值，即所谓的心理物理学定律。
- 在整个调光范围调光应平滑变化。
- 灯在最低调光电平时，启动发光应很快达到预定的发光值。
- 达到预定的调光电平后LED灯发光应稳定，不应有发光闪烁现象。
- 在整个调光范围内LED灯、LED驱动电源和调光控制器不应有噪声。
- 运动控制/有无人检测/光电检测等部件能控制LED灯的工作。

对白炽灯而言，其发光色温和钨丝灯的温度有关，当白炽灯的发光亮度降低时，白炽灯的发光色温降低。

3.3.2 模拟LED的调光技术

要改变LED的亮度，是很容易实现的。首先是改变它的驱动电流，因为LED的亮度几乎与它的驱动电流直接成正比关系。图3-31中显示了Cree公司的XLampXP-G的输出相对光强和正向电流的关系。

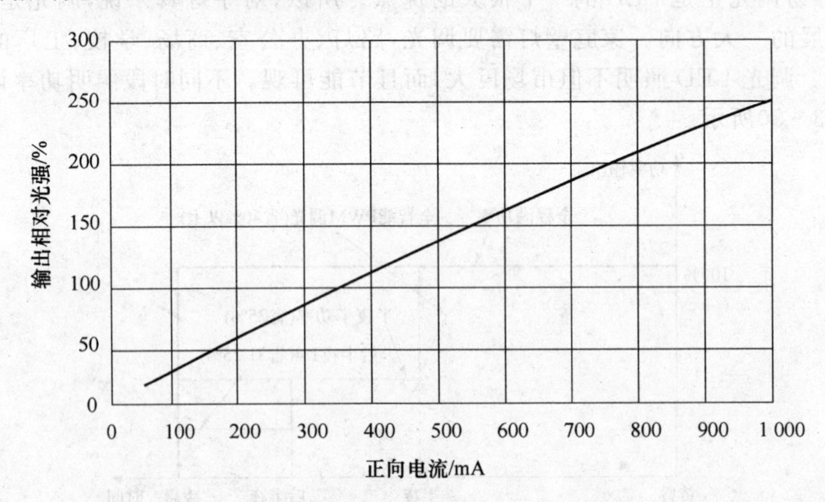

图3-31　输出相对光强和输出电流的关系

由图3-31可知，假如以350 mA时的光输出作为100%，那么200 mA时的光输出就大约是60%，100 mA时大约是25%。所以调电流可以很容易实现亮度的调节。

1. 调节正向电流的方法

调节 LED 的电流最简单的方法就是改变和 LED 负载串联的电流检测电阻(见图 3-32(a)),几乎所有 DC—DC 恒流芯片都有一个检测电流的接口,是检测到的电压与芯片内部的参考电压比较,来控制电流的恒定。但是这个检测电阻的值通常很小,只有零点几欧姆,如果要在墙上装一个零点几欧姆的电位器来调节电流是不大可能的,因为引线电阻也会有零点几欧姆了。所以,有些芯片提供了一个控制电压接口,改变输入的控制电压就可以改变其输出恒流值。例如,凌特公司的 LT3478(见图3-32(b))只要改变 R_1 和 R_2 的比值,就可以改变其输出的恒流值。

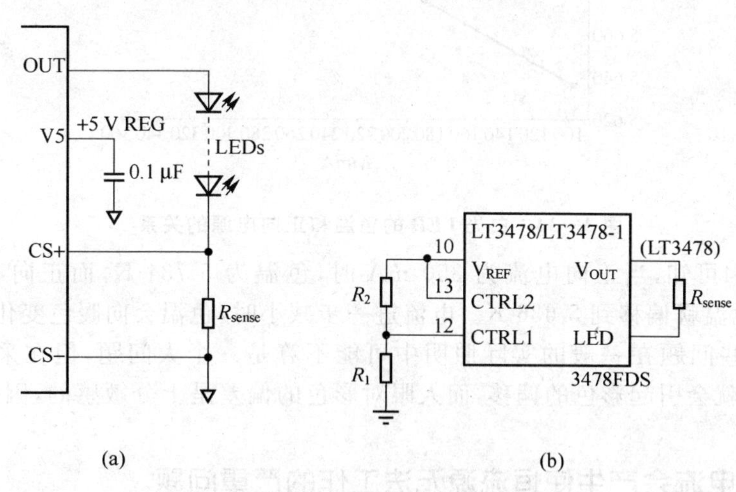

图 3-32 输出恒流值的调节

2. 调正向电流会使色谱偏移

用调节正向电流的方法来调节亮度会产生一个问题,那就是在调节亮度的同时也会改变它的光谱和色温。因为目前白光 LED 都是用蓝光 LED 激发黄色荧光粉而产生的,当正向电流减小时,蓝光 LED 亮度增加而黄色荧光粉的厚度并没有按比例减薄,从而使其光谱的主波长增长,具体实例如图3-33所示。

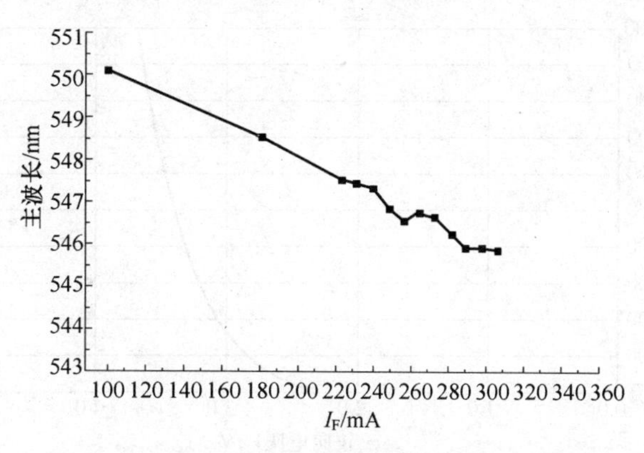

图 3-33 主波长和正向电流的关系

当正向电流为350 mA时，主波长为545.8 nm；当正向电流减小为200 mA时，主波长为548.6 nm；当正向电流减小为100 mA时，主波长为550.2 nm。

正向电流的改变也会引起色温的变化如图3-34所示。

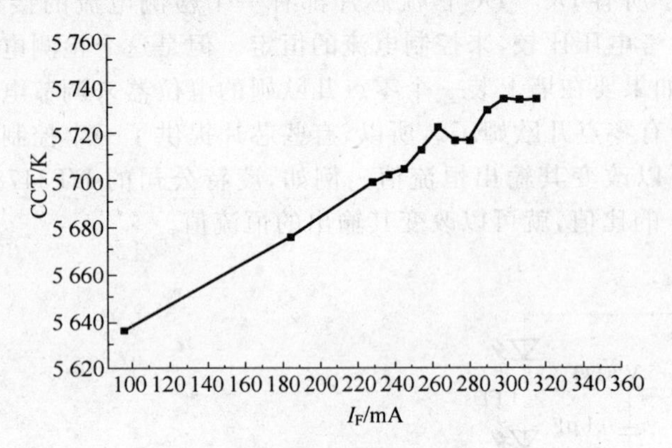

图3-34 白光LED的色温和正向电源的关系

由图3-34可知，当正向电流为350 mA时，色温为5 734 K，而正向电流增加到350 mA时，色温就偏移到5 636 K。电流进一步减小时，色温会向暖色变化。

当然，这些问题在一般的实际照明中可能不算是一个大问题，但在采用RGB的LED系统中，就会引起彩色的偏移，而人眼对彩色的偏差是十分敏感的，因此也是不能允许的。

3. 调节电流会产生使恒流源无法工作的严重问题

在具体实现中，用调节正向电流的方法来调光可能会产生一个更为严重的问题。我们知道，LED通常是用DC-DC的恒流驱动电源来驱动的，而这类恒流驱动电源通常分为升压型和降压型两种(当然还有升降压型，但由于效率低、价钱贵而不常用)。

电源究竟采用升压型还是降压型是由电源电压和LED负载电压之间的关系决定的。假如电源电压低于负载电压就采用升压型；假如电源电压高于负载电压就采用降压型。而LED的正向电压是由其正向电流决定的。从LED的伏-安特性(见图3-35)

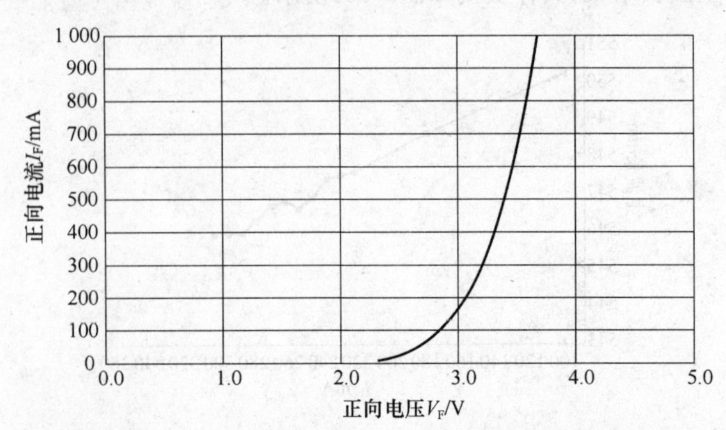

图3-35 Cree公司的XLampXP-G的LED伏-安特性曲线

可知，正向电流的变化会引起正向电压的相应变化，确切地说，正向电流的减小也会引起正向电压的减小。所以，在把电流调低的时候，LED的正向电压也随之降低。这就会改变电源电压和负载电压之间的关系。

例如，在一个输入为24 V的LED灯具中，采用8只1 W的大功率LED串联起来。在正向电流为350 mA时，每只LED的正向电压是3.3 V，那么8只串联就是26.4 V，比输入电压高，所以应该采用升压型恒流源。但是，为了要调光，把电流降到100 mA，这时的正向电压只有2.8 V，8只串联为22.4 V，负载电压就低于电源电压。这样，升压型恒流源就根本无法工作，因而应采用降压型。对于一个升压型的恒流源一定要它工作于降压是不行的，最后LED就会出现闪烁现象。

实际上，只要是采用了升压型恒流源，在使用调节正向电流进行调光时，只要调到很低的亮度几乎都会产生闪烁现象。因为那时候的LED负载电压一定是低于电源电压。很多人因为不了解其中的问题，还总要从调光的电路里去找问题，这是徒劳无益的。

采用降压型恒流源问题会少一些，因为如果本来电源电压高于负载电压，当亮度是向低调，负载电压是降低的，所以还是需要降压型恒流源。但是，如果正向电流调得非常低，LED的负载电压也会变得很低，那么降压比会非常大，可能超出这种降压型恒流源的正常工作范围，也会使它无法工作而产生闪烁。

4. 长时间工作于低亮度可能产生的问题

长时间工作于低亮度有可能会使降压型恒流源效率降低、温升增高而无法工作。

一般人可能认为，向下调光是降低恒流源的输出功率，所以不可能会引起降压型恒流源的功耗加大而温升增高。殊不知，当降低正向电流时所引起的正向电压降低会使降压比降低。而降压型恒流源的效率是与降压比有关的，降压比越大，效率越低，损耗在芯片上的功耗越大。图3-36所示是SLM2842J的效率和降压比的关系曲线。

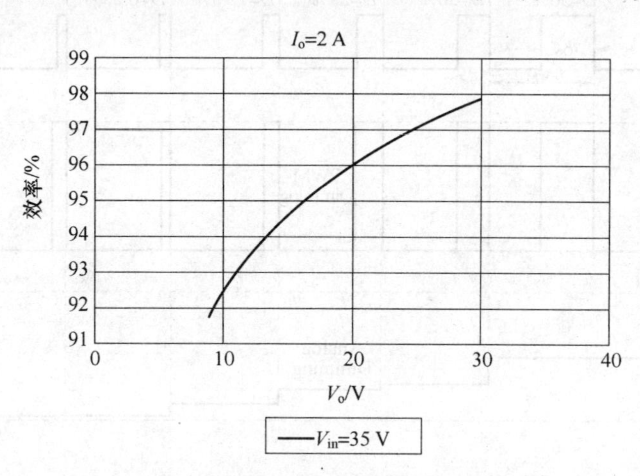

图3-36　降压型恒流源的效率和降压比的关系

图中的输入电压为35 V，输出电流为2 A，当输出电压为30 V时，效率可以高达97.8%。但是当输出电压降低到20 V时，效率就降为96%；当输出电压降低为10 V时，效率就降低为92%。在这三种情况下，尽管其输出功率依次为60 W、40 W和20 W，但是其损耗功率却依次为1.2 W、1.6 W、1.6 W。后两种情况下功耗增大了33%。假如恒流模块的散热系统设计得非常临界，增加33%的耗散功率就有可能会使芯片的结温升高，以致发生过温保护而无法工作，严重时也有可能使芯片烧毁。

5. 调节正向电流无法得到精确调光

因为正向电流和光输出并不完全是正比关系，而且不同的LED会有不同的正向电流与光输出的关系曲线，所以用调节正向电流的方法很难实现精确的光输出控制。

3.3.3 PWM调光法

PWM调光技术目前被认为是最有前景的LED调光技术。在进行脉冲宽度PWM调光时，需要提供一个额外的脉冲宽度调节信号源。通过改变输入的脉冲信号占空比来调制LED驱动芯片对功率场效应管的栅极控制信号，从而达到调节通过LED电流大小的目的。这种调光技术的优点在于应用简单、效率高、精度高，且调光效果好；缺点是由于一般LED驱动器都基于开关电源原理，如果PWM调光的频率为200 Hz～20 kHz，则LED驱动器周围的电感和输出电容容易产生人耳听得见的噪声。此外，在进行PWM调光时，调节信号的频率与LED驱动芯片对栅极控制信号的频率越接近，线性效果就越差。

LED是一个二极管，它可以实现快速开关。它的开关速度可以高达微秒以上，是任何发光器件所无法比拟的。因此，只要把电源改成脉冲恒流源，用改变脉冲宽度的方法，就可以改变其亮度。这种方法称为脉宽调制（PWM）调光法。图3-37所示为这种脉宽调制的波形。假如脉冲的周期为t_{PWM}，脉冲宽度为t_{ON}，那么其工作比D（或称为孔度比）就是t_{ON}/t_{PWM}。改变恒流源脉冲的工作比就可以改变LED的亮度。

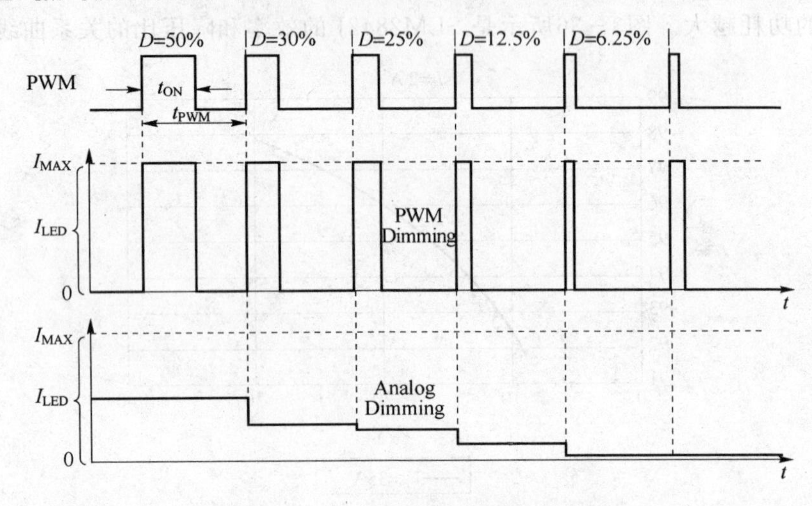

图3-37 用改变脉冲宽度方法调光

1. 实现PWM调光的方法

具体实现PWM调光的方法就是在LED的负载中串入一个MOS开关管（见

图3-38)，这串LED的阳极用一个恒流源供电。

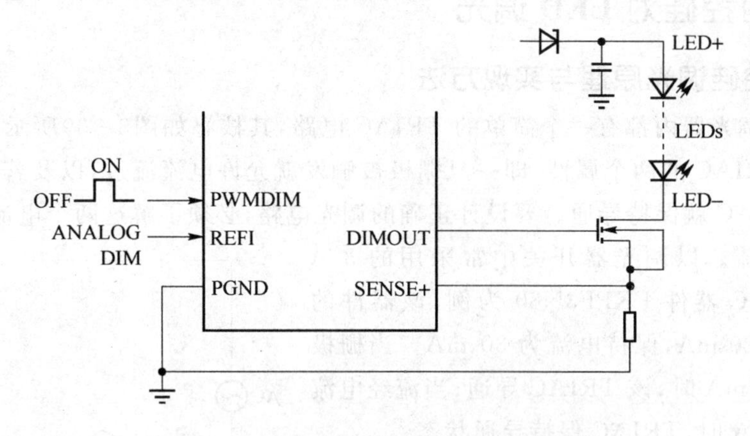

图3-38 用PWM信号快速通断LED率

然后用一个PWM信号加到MOS管的栅极，以快速地开关这串LED，从而实现调光。也有不少恒流芯片本身就带一个PWM的接口，可以直接接收PWM信号，再输出控制MOS开关管。那么这种PWM调光方法有哪些优缺点呢?

2. PWM调光的优点

① 不会产生任何色谱偏移。因为LED始终工作在满幅度电流与0之间。

② 可以有极高的调光精确度。因为脉冲波形完全可以控制到很高的精度，所以很容易实现万分之一的精度。

③ 可以与数字控制技术相结合来进行控制。因为任何数字都可以很容易变换成为一个PWM信号。

④ 即使在很大范围内调光，也不会发生闪烁现象。因为不会改变恒流源的工作条件(升压比或降压比)，更不可能发生过热等问题。

3. PWM调光要注意的问题

(1) 脉冲频率的选择

因为LED是处于快速开关状态，假如工作频率很低，人眼就会感到闪烁。为了充分利用人眼的视觉残留现象，它的工作频率应当高于100 Hz，最好为200 Hz。

(2) 消除调光引起的啸声

虽然200 Hz以上人眼无法察觉，可是一直到20 kHz却都是人耳听觉的范围。这时候就有可能会听到“丝丝”的声音。解决这个问题有两种方法：一是把开关频率提高到20 kHz以上，跳出人耳听觉的范围。但是频率过高也会引起一些问题，因为各种寄生参数的影响，会使脉冲波形(前后沿)产生畸变。这就降低了调光的精确度。另一种方法是找出发声的器件而加以处理。实际上，主要的发声器件是输出端的陶瓷电容，因为陶瓷电容通常都是由高介电常数的陶瓷做成的，这类陶瓷都具有压电特性。在200 Hz的脉冲作用下就会产生机械振动而发声。解决的方法是采用钽电容来代替。不过，高耐压的钽电容很难得到，而且价钱昂贵，会增加一些成本。

3.3.4 可控硅对LED调光

1. 可控硅调光原理与实现方法

大多数调光器内都有一个简单的TRIAC电路，其核心如图3－39所示。我们讨论的重点是TRIAC的两个属性，即一旦栅极被触发就允许电流流过，以及若有足够的电流流过，TRIAC就保持导通。要设计正确的调光电路，必须了解这两个电流，即触发电流和保持电流。以调光器开关中常采用的3 A 800 V TRIAC器件FKPF3N80为例，该器件的触发电流为20 mA，保持电流为30 mA。当栅极电流接近20 mA时，该TRIAC导通；当流经电流至少为30 mA时，TRIAC保持导通状态。

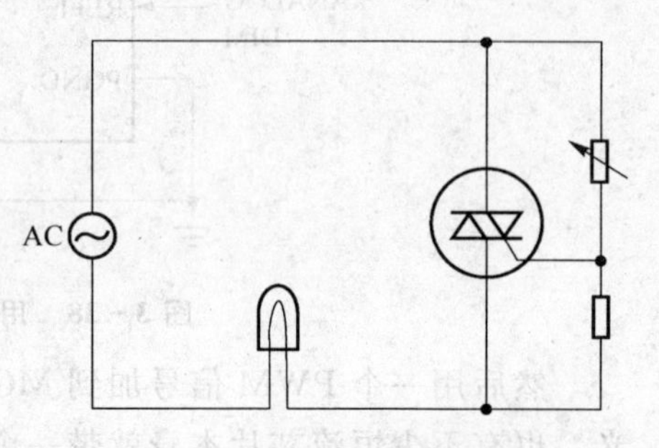

图3－39 可控硅调光示意图

当用户旋开调光器旋钮时，其实是在改变电阻分压器。分压器在交流周期内设置不同的电流触发点，从而设定TRIAC的触发点。通过选择TRIAC的设置点，用户实际上选择了负载供电所需的交流电压的占空比，而这个占空比是LED驱动器调节LED亮度所需的信息。

为了对LED进行调光，需要把60 Hz占空比转换为可用于上述任一种调光方法的数值。一旦触发导通，必须确保TRIAC有足够的电流。第一部分很容易做到，可利用图3－40所示的电路来实现。图中，TRIAC调光器和双向光耦合器从AC线输入获得占空比信息，对简化电路进行供电。

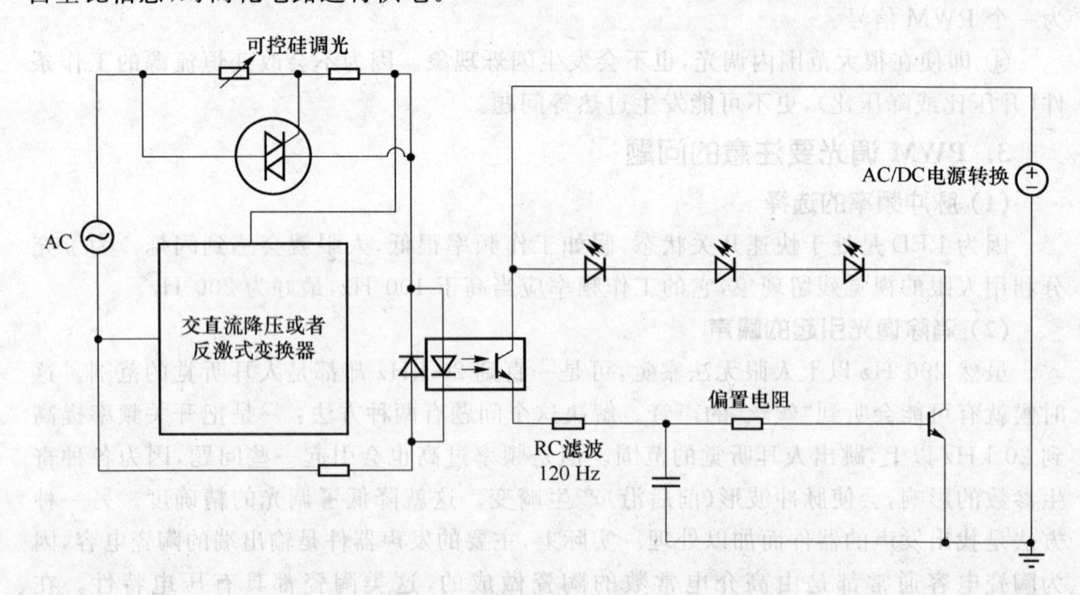

图3－40 利用双向光耦合器调光示意图

120 Hz 信号经一个电阻/电容滤波器处理为代表交流电压占空比的电压，并经由 TRIAC 调光器提供给电源。可通过多种方法利用这个电压来控制 LED 电流。在图示电路中，利用两个电阻把双极结型晶体管偏置到所需的最大负载电流，并假设光耦合器完全导通(占空比为 100%)，滤波器电容被充电到最大电势能量。鉴于 V_{CC} 一般都很低，小于 AC 24 V，所以电容的尺寸很小，即其数值相当大，足以作为 120 Hz 滤波器。

在上述实现调光器和 LED 电流调节器的方法中，最好是有一个恒压电路。这样一来，就可以利用简单的 BJT 来调节电流。设计人员需要把 BJT 完全偏置到 LED 串允许的最大电流，并在该电流下把输出电压设置到 LED 工作温度所需的值，从而让 BJT 能够以 100%的占空比控制电流。

注意：V_{CE} 低至 0.2 V，电流最大值一般在 350 mA～1.35 A。

对于 1.35 A 负载电流的设计，功耗为 $V_{CE(SAT)} \times I_c \approx 0.27$ W。随着占空比下降，BJT 开始限制电流，其 V_{CE} 将上升，故在 50%占空比饱和的情况下，LED 电流将为最大设计点的一半。因此，功耗为 $V_{CE} \times I_c$，并很容易设计为足够低的范围，以便于管理。

这种方案的另一个关键部分是作为恒压电源工作的 AC - DC 电源，通常会消耗大量电流，使调光器开关中的 TRIAC 一旦触发即闩锁(latch)。

由于有代表 AC 输入(RC 滤波器输出的)占空比的电压，故能够利用这一信息来控制由其他电路驱动的 LED 的亮度。要在电路中采用逐脉冲(pulse - by - pulse)电流限制或 PWM 电流限制技术，基本 AC - DC 电路必须是恒流电路，如图3 - 41所示。因此，只需要把电路中代表占空比的电压加载到比较器上，便可以额外增加一个占空比电压。例如，在图3 - 41所示的电路中，可以让 I_{PEAK} 设置阻抗 R_8 与一个在线性区域内偏置并利用上面所示的光耦合器电路进行控制的小型 MOSFET 并联。

许多高亮度 LED 驱动器电路都带有一个可作为 LED 调光之用的比较器。其中，有些电流输出很小，并可读取引脚上的电压，用以控制初级端开关或低频占空比。在任何一种情况下，关键都在于把 AC 占空比转换为可用值。光耦合电路可以很好地做到这一点，并提供隔离，故可以在初级端或次级端电路的任何地方使用这些数据。

2. 可控硅调光的缺点和优势

(1) 可控硅调光的缺点和问题

① 可控硅破坏了正弦波的波形，从而降低了功率因数值，通常 PF 低于 0.5，而且导通角越小时功率因数越差(1/4 亮度时只有 0.25)。

② 同样，非正弦的波形加大了谐波系数。

③ 非正弦的波形会在线路上产生严重的干扰信号(EMI)

④ 在低负载时很容易不稳定，为此还必须加上一个泄流电阻。而这个泄流电阻至少要消耗 1～2 W 的功率。

⑤ 在普通可控硅调光电路输出到 LED 的驱动电源时还会产生意想不到的问题，就是输入端的 LC 滤波器会使可控硅产生振荡，这种振荡对于白炽灯是无影响的，因为白炽灯的热惯性使得人眼无法看出这种振荡。但是对于 LED 的驱动电源就会产生音频噪声和闪烁。

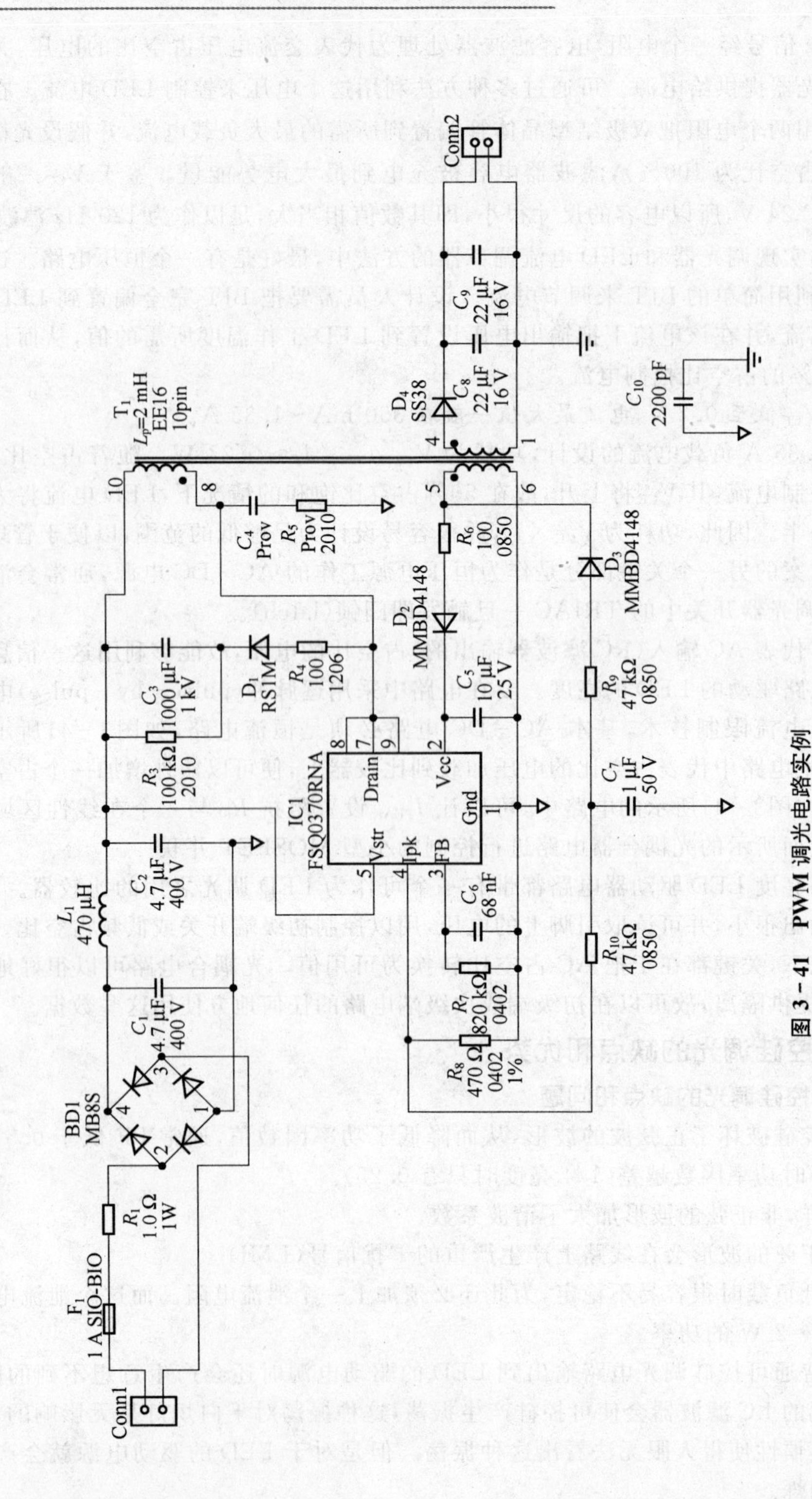

图3-41 PWM调光电路实例

(2) 可控硅调光的优势

可控硅调光虽然有许多缺点和问题，但是，它却有一定的优势，就是它已经与白炽灯、卤素灯结成了联盟，占据了很大的调光市场。如果LED想要取代可控硅调光的白炽灯和卤素灯灯具的位置，就要与可控硅调光兼容。具体来说，在一些已经安装了可控硅调光的白炽灯或卤素灯的地方，墙上已经安装了可控硅的调光开关和旋钮，墙壁里也已经安装了通向灯具的两根连接线。要更换墙上的可控硅开关和要增加连接线的数目都不是容易的，最简单的方法就是什么都不改变，只要把灯头上的白炽灯拧下，换上带有兼容可控硅调光功能的LED灯泡即可。这种战略就像LED日光灯一样，最好做成与现在的T_{10}、T_8荧光灯尺寸完全一样，无需专业电工，即可直接更换，那很快就可以普及。因此，国外很多生产LED驱动IC的厂商都已开发出了可以兼容现有可控硅调光的IC。

3. 兼容可控硅调光的LED驱动IC

目前市场上主要有恩智浦公司的SSL2101/2、国半公司的LM3445、iWatt公司的iW3610和安森美公司的NCL3000四种兼容可控硅调光的驱动IC。其特点如表3-2所列。

表3-2 四种LED驱动芯片的调光特点比较

参 数	SSL2102	LM3445	iW3610	NCL3000
电路构架	反激式	反激式，降压式	反激式	反激式
功率MOS管	内置600 V 15 W MOSFET	外接2个MOSFET	外接2个MOSFET	外接1个MOSFET
输出功率/W	25	25	25	15
效率/%	75	85	75	>80
功率因数校正	无源PFC	无源PFC		有源PFC
调光比		100:1	50:1	10:1
泄流电阻损耗/W	1	1	2	1

与一般反激式的IC不同之处在于，它们都可以检测出可控硅的导通角来确定LED的电流以进行调光，这里不准备详细介绍它们的工作原理和性能，因为我们并不认为这是LED调光的方向。

尽管多个跨国大芯片公司都推出了兼容现有可控硅调光的芯片和解决方案，但是这类解决方案还是有很多缺点的，主要原因如下：

① 可控硅技术是具有半个多世纪的陈旧技术，它具有很多如前所述的缺点，是一种面临淘汰的技术。

② 很多这类芯片自称具有PFC，可以改善功率因数，但实际上它只改善了作为可控硅负载的功率因数，使它们看上去接近纯阻的白炽灯和卤素灯，而并没有改善包括可控硅在内的整个系统的功率因数。

③ 所有兼容可控硅的 LED 调光系统的整体效率都十分低下，有些还没有考虑为了稳定工作而需要的泄流电阻的损耗，完全损坏了 LED 的高能效。

④ 所有可控硅 LED 调光系统也都是调节 LED 的正向电流，存在着前面所述的色谱偏移等缺点。

⑤ LED 是一种全新的创世纪的技术，它有着无可比拟的优越性，完全没有必要为了照顾落后的可控硅而牺牲 LED 的优点，更不应该去新安装墙上的可控硅开关来实现 LED 的调光。

基于上述原因，可控硅调光技术还在不断改进或研究中，随着技术的飞速发展，会有更好的调光方法面市。

3.4　LED 路灯的调光设计实例

一般来说，路灯到半夜以后使用率就很低了，所以通常的做法是 12 时以后关灯或者开一半亮度。但是，最合理的做法是根据交通流量来控制路灯的亮度，甚至是完全自适应地控制亮度。图3－30就是根据当地交通流量的统计值来调节路灯亮度的一个例子。而为了实现这种智能调光，实际上也是十分简单的。只要把这个地区的交通流量统计值的曲线输入到一个单片机上，根据这个曲线给出 PWM 的调光信号到恒流驱动源就可以实现。

为了减小在强日光下不必要的照明亮度，可以采用光敏自动调光路灯。这个光敏自动调光路灯采用 LED 日光灯（或任何其他 LED 灯具）。它的方框图如图3－42所示。光敏元件的作用是感受周围的日光，如果日光越强那么就输出一个 PWM 信号到所有靠近日光的 LED 灯具（例如 LED 日光灯），把它们的亮度调暗。一个调光信号发生器可以调节很多 LED 灯具，只要这些灯具的恒流驱动源带有 PWM 调光控制接口。这种调光系统本身的效率高达 92% 以上，而且不存在任何与墙上可控硅调光线路的兼容性问题。这种全自动的自适应节能调光是任何荧光灯、节能灯、高压钠灯等气体放电管根本无法实现的，但却是 LED 灯具最擅长的。

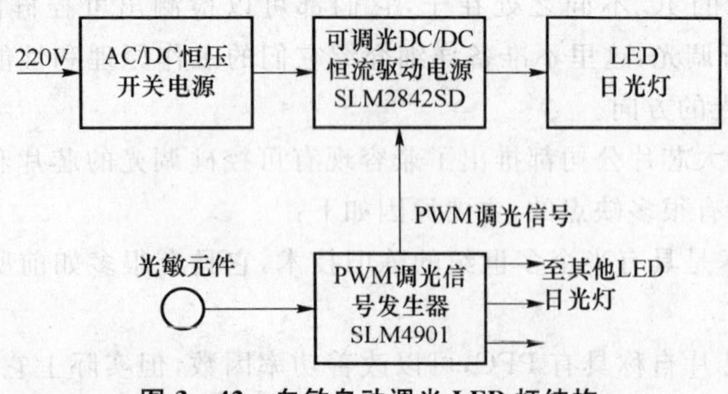

图 3－42　白敏自动调光 LED 灯结构

3.5　高效 LED 照明驱动及智能调光电路设计

介绍一种用市电供电的高效大功率 LED 照明用驱动芯片及其应用电路和 LED 的智能调光控制。驱动芯片用的是大功率恒流驱动芯片 SMD802，智能调光电路主要是由测光模块和 STC89S52 单片机实现，经实验测试可以实现 LED 灯的高效节能优点和智能调光控制。

3.5.1　驱动电路介绍

由于 LED 灯只能用直流供电，当用市电供电时，市电与 LED 灯之间有一个 AC/DC 转换器，其主要组成部分为滤波及保护电路、整流器、无源 PFC 和 DC/DC 转换器，整流电路可以由一个二极管整流桥实现，DC/DC 转换器可由大功率恒流驱动芯片 SMD802 实现。

SMD802 是一个低成本的可降压、升压、升降压的高效控制芯片，效率可大于 90%，特别适合设计驱动多串 LED 或 LED 阵列。该芯片既适用于全球通用的交流输入，也适用于 8～450 V 的直流输入。交流输入时，为提高功率因数，通过由 EN61000－3－2ClassC（国际电工委员会 IEC 制定的电流谐波标准）所规定的照明设备交流谐波的限制，在输入功率小于 25 W 时，可很容易地在线路中加入无源功率因数校正电路来实现。SMD802 可满足不同负载（串联的任意 LED 个数）的要求。输出的恒流驱动电流可设定，从几十毫安到 1 A，适用于多个串联的大功率 LED 应用，输出功率也达几十瓦。工作频率（开关频率）可由用户设定，频率范围为 25～300 kHz。可采用模拟方式调光，也可采用输入低频 PWM 信号（50～1 000 Hz）调光。内部有欠压锁存保护及过载保护。

下面先介绍一下 SMD802 芯片的引脚，驱动芯片有三种引脚封装，各引脚的功能介绍如表 3－3 所列。

表 3－3　SMD802 芯片的引脚功能

引脚号	引脚名	功能描述
1	VIN	直流输入电压 8～450 V
2	CS	LED 灯串的电流采样输入端
3	GND	芯片地
4	GATE	驱动外部 MOSFET 的栅极
5	PWM_D	低频 PWM 调光引脚，也是使能输入引脚。内部集成 100 kΩ 的下拉电阻到地
6	VDD	内部线性电源（一般是 7.5 V），能够向外部线路提供高达 1 mA 的电流。当交流输入电压在整流接近零交越时，一个足够大的储能电容用来提供能量
7	LD	线性调光器被用来改变电流采样比较的电流限制阈值
8	ROSC	频率振荡控制器。一个电阻连接在此引脚与地之间用来设定 PWM 的频率

3.5.2 LED驱动器的工作原理

基于SMD802设计的驱动器电路图如图3－43(a)所示，电路很简单，元器件比较少。工作原理如下：

① 当GATE端输出高电平时，驱动电路的电流流向如图3－43(a)所示。电感 L_1 为充电状态，电感 L_1 的电流增大，采样电阻 R_1 两端的电压增大，经过RC滤波接到SMD802的CS端，当采样电阻 R_1 两端的电压大于250 mV(在进行实验前，对芯片进行了测量其值为269 mV)，芯片SMD802的GATE输出低电平，从而关断N沟道的MOS管。

② 当GATE端输出为低电平，MOS管迅速关断，驱动电路的电流流向如图3－43(b)所示，LED灯的电流通过电感 L_1 和续流二极管 D_1 续流，使流过LED灯的电流为连续模式。C_2 和 R_2 起消除干扰的作用，R_3 和ZD1取限幅稳压的作用，C_1 对LED灯侧的纹波有一定的改善作用。

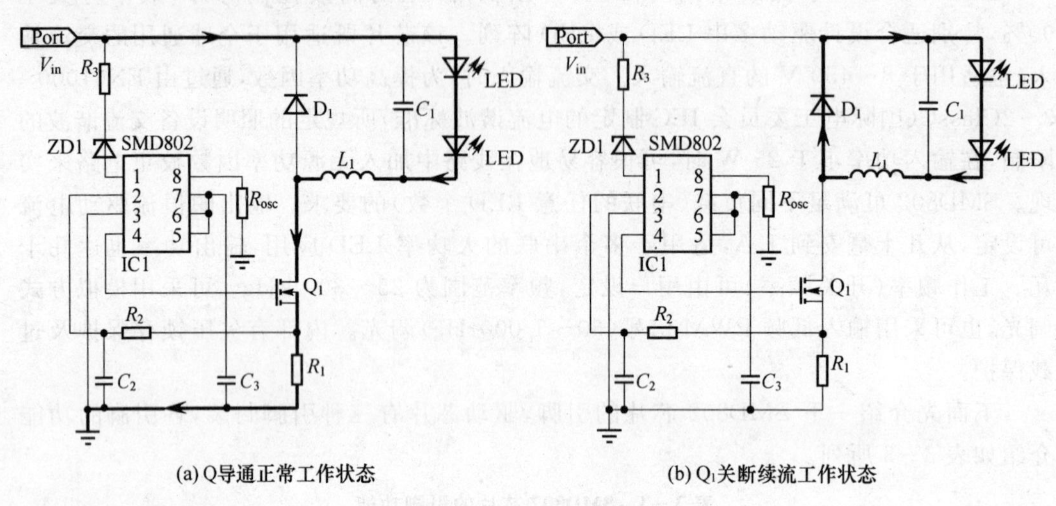

(a) Q导通正常工作状态　　(b) Q_1关断续流工作状态

图3－43 驱动器电路图

3.5.3 参数设计

这里主要对一些关键元器件的参数进行设计，其他元器件可以参照SMD802的文档进行选型设计。这里用的LED灯是22 W，由一排灯串联组成，电流为0.3 A，电压为66 V。SMD802的工作频率 f_{OSC} 为150 kHz。根据SMD802芯片手册可得 R_{OSC} 的计算如下：

$$f_{OSC}=\frac{25\ 000}{R_{OSC}+22}(\text{kHz}),R_{OSC}=144.7\ \text{k}\Omega$$

可取 $R_{OSC}=143\ \text{k}\Omega$。

采样电阻 R_1 的计算如下：

$$R_1=\frac{0.25}{L_{LED}+(0.5\times0.2I_{LED})}=0.758\ \Omega$$

取 $R_1=0.75\ \Omega$。

电感 L_1 的计算如下：

$$L_1\geqslant\frac{(V_{in}-V_{LED})\times t_{on}}{0.3\times I_{LED}}=1.972\ \text{mH}$$

式中：V_{in}为整流后并考虑市电有10%变化的电压，t_{on}为开关管导通的时间。取电感L_1为2.5 mH，饱和电流为1 A。N沟道的MOS管选型：$V_{DSS}=1.25\ V_{in}=1.25\times342.2\ V=428\ V$，电流为$I_{LED}$的3倍以上，本方案采用的MOS管为4N60（耐压600 V，额定电流为4 A）。

续流二极管 D_1 的选型：参照MOS管选型，本方案采用的续流二极管为MUR160（耐压600 V，额定电流为1 A），反向恢复时间越短越好。

3.5.4 无源PFC

在负载功率小于25 W时，可用无源PFC来改善电路的功率因数。这里用的无源PFC电路为填谷电路，如图3-44所示。填谷电路（D_2、D_3、D_4、C_4、C_5 和 R_4）限制工频电流的3次和5次谐波值，能够提供极佳的功率因数校正（通常为0.9或更高），C_6 用来抑制高频干扰信号。相关的参数设计为：二极管可以选用1N4007，两个电解电容 C_4、C_5 可以用容值22 μF、耐压250 V的电解电容器，电阻 R_4 选用10 Ω、1/2 W功率的电阻器，电容 C_6 可以选用容值为0.022 μF、耐压400 V的薄膜电容器。

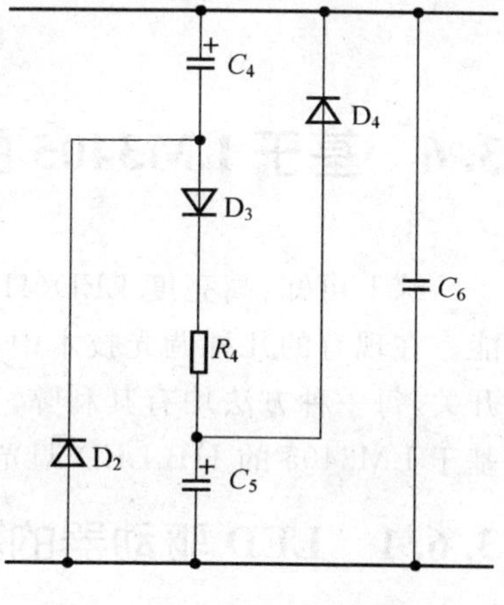

图3-44 无源DFC电路

3.5.5 智能控制模块调光

智能模块的核心是微控制器，这里用的是STC89S52单片机，51单片机具有高速，采用RISC指令集，主频最高达20 MHz，低功耗，宽电压为3.3～5.5 V，输出口驱动能力强，推拉电流能力大，可以直接驱动蜂鸣器和继电器等特点；片内资源丰富，包括外部中断、定时/计数器、UART。因为单片机所需的供电功率很小，所以可以用一个工频变压器、整流桥和一个线性稳压电源电路来实现，基本不会影响整个电路的效率。外围模块主要由人体红外感应模块、测光模块、A/D转换模块和智能控制模块等组成，如图3-45所示。

人体红外感应模块采用CD-HW01。该模块在人进入其感应范围（一般设定为3 m）则输出高电平，人离开感应范围则自动延时关闭高电平，输出低电平，实现自动开关的作用。同时可以设定白天或光线强时不工作。

这里用的光强传感器是由光敏电阻和一个电阻串联构成。当光强度不同时，光敏电阻两端的电压值不同，光敏电阻两端的电压经过A/D转换获得一个数字电压值，经过单片机处理后，输出PWM亮度控制电压波形，通过LED驱动器，改变LED亮度，实现LED智能调光的功效。

本驱动电路的电路结构十分简单，设计比较方便，元器件所占的体积小。电路的效率能达到0.9以上，能充分体现LED的节能优势。加入了智能调光控制模块，可以按照要求进行调光，实现对LED的保护和使人视觉上更舒适。加入了无源PFC电路，可以对驱动器的功率因数进行控制，实现功率因数大于0.9。

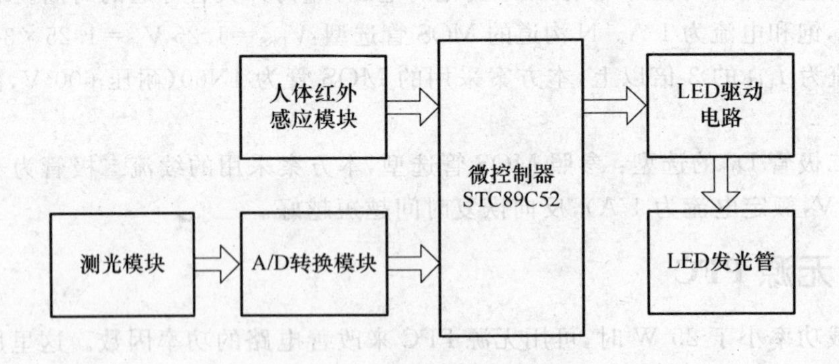

图3-45 智能调光结构框图

3.6 基于LM3405的高亮度LED调光技术

综上可知，高亮度LED(HB LED)已在各种领域普及应用，并要求其具备调光功能。在现有的几种调光技术中，从简单的可变电阻负载到复杂的脉冲宽度调制(PWM)开关，每一种方法均有其利弊。PWM调光的效率最高，电流控制也最精准。下面研究基于LM3405的HB LED调光特性。

3.6.1 LED驱动器的基本工作原理

由于LED的功率低于1 W，所以可用任何类型的电压源(LDO、开关器、晶体管)和串联电阻建构一个电流源。对于少数流明光线输出端电流的改变而造成亮度和颜色的变化，人眼是不容易察觉出来的。不过，一旦将多个LED串联或者采用HB LED，该稳压器便必须担当电流源的角色。这是因为LED的正向电压V_F会随正向电流I_F变化，而该变化对于每个LED都不相同，即使是同一批产品也有区别。在较大的电流下，光线的强度变化通常约为20%。而HB LED制造商一般都会采用较大的V_F范围来增加亮度和颜色，因此上述情况尤其突出。然而，除了电流外，正向电压还会受到温度影响。假如只采用镇流电阻器，则光源的颜色和亮度变化很大，而唯一可确保色温稳定的方法是稳定正向电流I_F。大部分设计人员只习惯为LED设计稳压器，但在设计电流调节器方面显然有不同的要求。电压输出必须要配合固定的输出电流。虽然在大多数应用中，HB LED驱动器的输出电流可容许误差为±10%，而直流电流的输出纹波更可高达20%，一旦纹波超出20%，人眼便会察觉到亮度的变化，假如输出纹波进一步增加到

40%，人眼就无法承受了。

3.6.2 器件和设计实例

表 3-4 列出美国国家半导体公司多个不同 HB LED 驱动器进行比较，它们全都具有调光功能。一般而言，电流调节器的设计都需使用比较大的电感以使电感电流 I_L 的变化少于 20%。从表 3-4 可见，对于正极，电流调节器所需的电容比稳压器(LM25007)的少，故这里可采用 LM3405，即使电感由于 1.6 MHz 的高开关频率而变得较小，仍可发挥很好的效用。

表 3-4 美国国家半导体公司不同 HB LED 驱动器性能比较

参　数	LM3402	LM3404	LM3405	LM25007
控制方法	滞环、COT	滞环、COT	电流模式	滞环、COT
封装	MSOP-8	SOIC-8，PSOP-8	TSOT-6	MSOP-8
调节变量	电流调节器	电流调节器	电流调节器	稳压器
最高 V_{IN}/V	42/75	42/75	15	42
应用	汽车、工业照明	汽车、工业照明	工业照明	汽车、工业照明
LED 驱动电流/A	0.525	1	1	0.5
输出电容/μF	2.2～22	2.2～22	1～22	10～68
电感/μH	68	68	4.7～10	33

3.6.3 PWM 调光技术

PWM 控制是降低 LED 光线输出的最佳方法。这种控制方法可在保持控制器高效工作的同时，提供一个相对稳定的颜色输出。在衡量调光质量方面，对比度 C_R (1/$D_{DIM(min)}$)是一个重要的指标，数值越大，表示光线输出的控制越精准。现今，有些驱动电路制造商声称其产品的调光频率可以高至开关频率的 50%，因而可获得良好的对比度。理论上，这是有可能的，但这要求稳压器必须在不连续导电模式(DCM)和连续导电模式(CCM)之间正常工作，而这种工作对于设计而言未必是最好的方法。然而，设置 PWM 频率比开关频率高一级，其稳定性最好。实验数据显示，采用 LM3045，调光频率为 5 kHz 时，稳定性最好。

设置最低调光频率下限是基于：当开关频率低于 100 Hz 时，人眼便可看到抖动或闪烁。至于最高频率上限是调光脉冲施加器件后，电路所需的启动时间。以 LM3405 为例，器件首先会经历一个通电重设，之后进入软启动。整个延迟直到 LED 电流被完全建立约为 100 μs，而额外调光脉冲的上升时间(t_{SU})和下降时间(t_{SD})会跟随最低调光脉冲到达。

$$D_{DIM(min)}=(t_D+t_{SU})/T$$

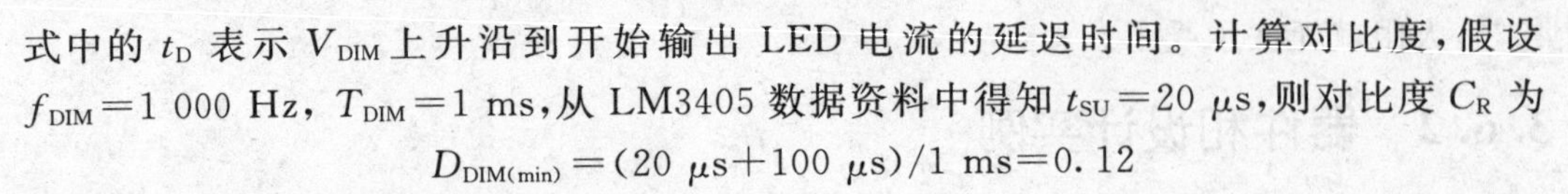

式中的 t_D 表示 V_{DIM} 上升沿到开始输出 LED 电流的延迟时间。计算对比度，假设 f_{DIM}＝1 000 Hz，T_{DIM}＝1 ms，从 LM3405 数据资料中得知 t_{SU}＝20 μs，则对比度 C_R 为

$$D_{DIM(min)}=(20\ \mu s+100\ \mu s)/1\ ms=0.12$$

因此对比度 $C_R=1/D_{DIM(min)}=8.3$。

若要得到较佳的对比度，则需要降低调光频率 f_{DIM}。在调光频率 100 Hz 下，对比度 C_R 为 83。但效果比起 LM3404 并不算高，因为 LM3404 是专为高对比度而设计的，在 500 Hz 下 LM3404 的对比度可达 655∶1，适用于显示器背光灯和机器显示。对于一般的照明应用而言，对比度接近 100 即可。然而，LM3405 可提供最简单和最小型的 1 A HB LED 调光驱动器解决方案。将关机和调光功能结合到一个引脚上，封装尺寸缩小 70%（比较 PSOP－8 与 TSOT－6 封装），但启动时间却增加至 100 μs。

3.6.4 基于 LM3405 的 LED 调光应用电路原理

LM3405 是一款 1 A 的恒流降压调节器，用来提供一个简单且高效率的方案，驱动最高功率密度的 LED。它的低反馈参考电压为 205 mV，因而能允许使用正向电压较大的 LED。LM3405 型 LED 驱动器集成了 1 A 高侧电源开关、内部限流、过压保护以及热关闭。它采用了电流模式控制和内部补偿来实现使用的简单性，并达到在各种工作条件下的可预测性高性能调整。LM3405 采用了 6 引脚 Thin－SOT（TSOT）封装，内部开关频率为 1.6 MHz，允许使用小数值感应器，从而节省了空间。

LM3405 应用电路原理图如图3－46所示。将 LM3405 配置以至可在 3 种预设电流下驱动 HB LED。不同厂商的 LED 通过连接器 J_1 进行测试。在 J_5 处，提供 4～15 V 的电源电压，这也是 LM3405 的工作电压范围。LM3405 是一款电流模式降压稳压器，并经过特别的适配处理可将一个高至 1 A 的恒流驱动接入一个 LED 负载。输出电压范围为 250 mV(V_{REF})～V_O 最大值，而 V_O 最大值取决于最长的工作周期，一般为 94%。应用中，大部分 HB LED 均有约 3.5 V 的正向电压，而由 V_{OUT} 经 D_2 得到的 V_{BOOST} 电压正好满足 $V_{BOOST}-V_{SW}$ 低于 5.5 V 并高于 2.5 V 的要求。低于 5.5 V 可保护内部 NMOS 开关，而高于 2.5 V 则可确保门驱动工作正常。

假如将图3－46串联一只齐纳二极管从 V_{IN} 衍生出 V_{BOOST}，最多串联 3 个 LED。图 3－46 可提供三种不同的正向电流 I_F，分别为 360 mA、670 mA 和 975 mA，可通过连接器 J_2 上的跳线设置。LED 的正向电流是由电阻 R_2、R_3 和 R_4 设置。若要改变这些设置，可使用 $I_F=V_{FB}/R_x$ 选择新的电流 I_F，其中 V_{FB} 的典型值为 205 mV。需要注意的是：R_x 必须能处理并测量从 LED 流向接地 GND 的电流。EN/DIM 引脚通过一只 100 kΩ 的电阻(R_{12})连接到 VIN 引脚并启动器件。将连接器 J_6 打开，通过设置，LED 可以永久性通过 J_2 获得电流。将 J_6 短路来启动调光功能，这样便可把一个脉冲宽度调制器连接到 EN/DIM。该调制器是由两个 LMC555 计时器构成，其中 IC3 在稳定模式（1 000 Hz）下工作，而 IC4 在单稳态模式下执行脉冲宽度调制。改变调制器的脉冲宽度（即 LED 的光度）有两种方法，即把跳线 J_3 设置成内部控制电压或外部控制电压，内部控制可简单地将 RT1 的电位循环来实现；把 J_3 设置到外部并在 J4（V－调光）上施加 1～10 V 的电压，可获得更佳的准确度和设置点。板上的线性稳压器 LP2981 是用于向 IC3 和 IC_4 供电，并可作为外部调光控制用的参考电压。

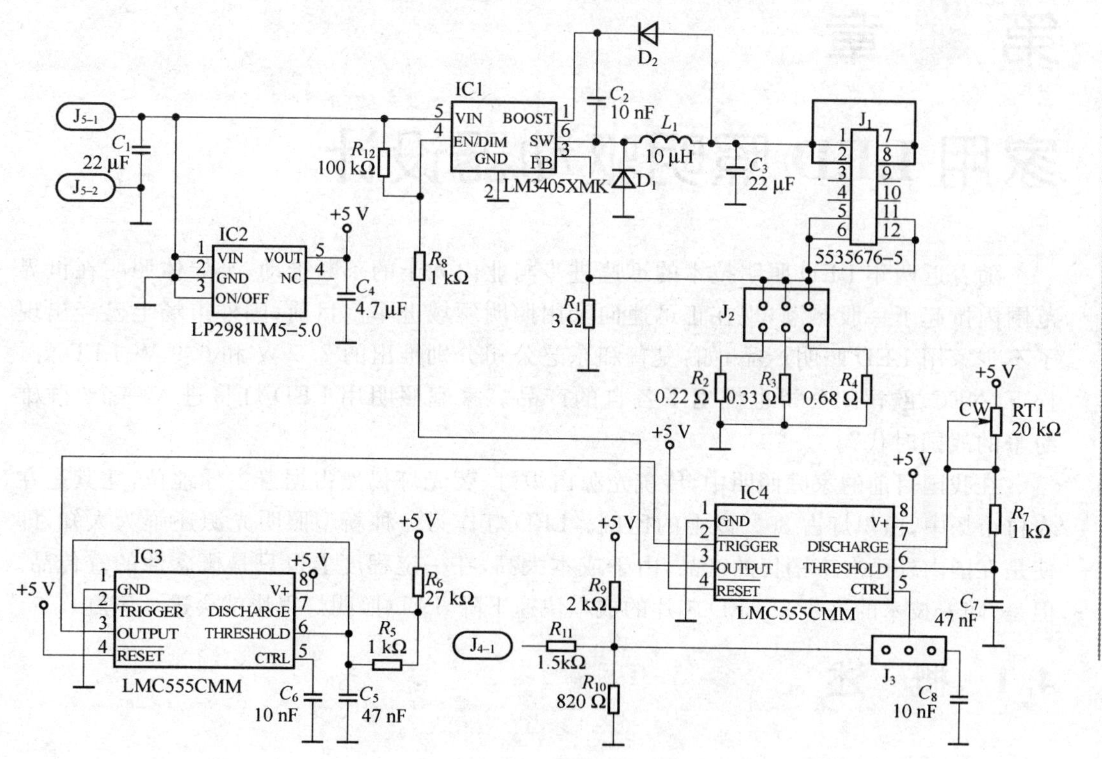

图 3－46　LM3405 应用电路原理图

第4章

家用 LED 照明驱动器设计

随着近两年 LED 照明技术的迅速进步与业内人士的不断推动，半导体照明在世界范围内掀起了一股热潮，现在正迅速向家用照明领域进军。目前，国外市场上已经出现了不少家用 LED 照明产品，如：夏普和东芝公司分别推出的 7.5 W 和 6.9 W LED 灯，松下、NEC、欧司朗公司也推出了各自的产品。家庭照明用 LED 灯将进入一个“群雄纷争的战国时代”。

在我国目前的家庭照明中，传统光源白炽灯、荧光灯仍然占据着主导地位，尤其是在农村市场中，白炽灯占 80%以上的比例。LED 灯作为一种新型照明光源还鲜为人知，即使是在国内外已上市销售的产品，由于成本太高，在一定程度上也只是概念性的宣传品。但是，随着技术的进步和 LED 芯片的成本快速下降，LED 照明灯很快就会进入家庭。

4.1 概 述

4.1.1 家用 LED 照明设计理念

在灯具的具体设计方面，家庭照明用 LED 灯的使用环境与路灯不同，不会碰到后者经常遇到的暴晒、雨雪、大风天气以及较大温差等问题，因此不需要按照设计路灯的环境要求来设计家用 LED 灯。在家用灯具的设计过程中，有所保留的同时必须有所牺牲。另外，在灯具所选用的芯片方面，也不必为了追求高亮度及制造方便而全部采用大功率芯片，考虑到灯具的成本等因素，小功率芯片也许是一个更佳的选择，而且选择小功率芯片，最终的灯具散热设计也会较为简单。

目前，我国的小功率芯片制造技术已经十分成熟，经过作者计算，在全部采用国产配件的情况下，采用贴片式制造出来的单只大功率 LED 光源，性价比可以低至 0.018 元/lm，已接近荧光灯的性价比；而为了保证光源的可靠性及效率，全面采用进口配件封装的单只 LED 光源，其性价比最低约为 0.05 元/lm，是前者的 2.8 倍。通过对比可以看出，在牺牲小部分性能的情况下，采用国产配件将能大幅降低最终产品的价格。

4.1.2 降低家用 LED 照明成本与驱动器设计的关系

高亮度 LED 的发光效率在过去几年中已得到巨大提升，随着发光效率、使用寿命、可靠性等的不断提升，LED 照明的市场吸引力和应用价值将会不断提高，在家庭中的采用率也将因此而逐步提高。与商业照明应用相比,庞大的消费群使得 LED 家庭照明市场极受关注,但制约 LED 照明进入家庭应用的关键因素是成本,这导致其发展速度缓慢。为了与其他技术(荧光灯是其最主要的竞争产品)争夺市场份额,LED 灯具的价格必须控制在 10～30 元。虽然 LED 的成本在逐步降低,但与传统 CFL 节能灯相比,还有一定的价格差距。

LED 灯泡的高成本主要来自三个方面,包括大功率 LED 光源、LED 的控制芯片以及为实现良好散热而采用的灯泡外壳材料。降低驱动器成本是降低整个 LED 系统成本的有效方法之一。利用单级变换驱动器,直接采用交流电源供电,能够有效降低成本。另一种途径是尽可能在驱动器中避免使用电解电容,因为 LED 灯的工作温度较高,必须选用高级电解电容才能维持足够的驱动电路使用寿命。因此,如果驱动器中不使用电解电容,也会节省相应的成本。很多公司已经推出了一款单级变换、无需电解电容的 LED 灯驱动方案。

4.1.3　家用 LED 照明驱动器技术要点

LED 照明在家庭应用中的普及,不仅要求家用 LED 照明产品价格低廉,而且要求 LED 器件的可靠性、发光效率和电源效率高,同时具备散热设计合理等。

1. 驱动器尽可能有调光功能

除了价格之外,要想产品真正在家庭市场具有竞争力,高亮度 LED 照明解决方案还必须提供可调光的选择。通过增加无闪烁调光功能,以便用户根据实际需要调节灯的亮度,也有助于降低功耗。

2. 驱动器要有良好的散热管理

与电源电路不同,由于 LED 照明时功耗较大,LED 驱动器必须工作在高温环境下。开发能够在高温环境下长期工作的驱动器是对 LED 驱动器的一个特殊要求。良好的散热管理和高效驱动电路是实现高效 LED 照明系统的重要保障,否则将有可能造成系统可靠性降低、光衰甚至产品失效。对于驱动部分而言,高效的热管理同样是必需的,通过提升转换效率可以减少损耗,从而减少热量的产出。从控制器的设计到组件的选择都需要注意,散热处理不当将会加速亮度衰减,进而降低产品的亮度与使用寿命。

3. 驱动器要有高可靠性和长寿命

从传统普通照明转向 LED 照明还必须满足消费者对产品的高品质要求,由于 LED 照明的工作环境比较恶劣(雷击、高温等),提高 LED 驱动电源的效率和可靠性成为设计难点。在保持极高可靠性的同时降低成本应确保电子驱动器的可靠性和寿命与 LED 的可靠性和寿命相匹配。

4.1.4　家用和商用 LED 日光灯设计方法

日光灯作为一种光亮柔和而有效的光源在全世界广受欢迎,无论是在家居、商店、办公室、学校、超市、医院、剧场,还是在商业冰柜、广告灯箱、地铁、人行隧道、人防工程、夜市灯饰等照明的地方均可见到日光灯。

传统的荧光日光灯其电源的利用率并不理想：附加镇流器功耗较大，开启时需要辅助高压；日光灯管内置的水银在废弃时无法处理，成为污染环境的公害。日光灯管的荧光粉在充入日光灯管过程中，含有较多量的汞（水银），因此日光灯管破裂后，跑出来的水银蒸气对人体的危害较大。权威资料显示：汞蒸气达0.04～3 mg时会使人在2～3月内慢性中毒，达1.2～8.5 mg时会诱发急性汞中毒，如若其量达到20 mg，会直接导致动物死亡。

作为第四代新型节能光源，LED光源诞生之时即被用来做各类灯具的发光光源。0.06 W的白光LED"草帽"灯、"食人鱼"灯是最早被用在LED日光灯的发光灯条上的。每个LED日光灯管使用数量不等，为280～360只。现在新一代的LED日光灯发光灯条使用从0.06 W到1 W，显色为纯白、青白、暖白、冷白的贴片LED平面光源。

节能省电是LED日光灯的最大特点。以T8日光灯为例，标称36 W的荧光日光灯（CFL），其附加镇流器耗电8 W，工作时实际耗电44 W，照亮流明为420 lm，使用寿命3 000 h。而同样规格的LED日光灯，工作时实际耗电仅16 W，照亮流明为550 lm，使用寿命可达30 000 h。

LED日光灯以质优、耐用、节能为主要特点，投射角度调节范围大，15 W的亮度相当于普通40 W日光灯，抗高温，防潮，防水，防漏电。LED日光灯采用最新的LED光源技术，数位化外观设计，节电高达70%以上。LED日光灯的寿命为普通灯管的10倍以上，几乎免维护，无须经常更换灯管、镇流器、启辉器。绿色环保的半导体电光源，光线柔和，光谱纯，有利于使用者的视力保护及身体健康。6 000 K的冷光源给人视觉上清凉的感觉，人性化的照度差异设计，更有助于集中精神，提高效率。LED日光灯和普通日光灯比较具有以下优点：

① 环保。LED日光灯根本不使用水银，且LED产品也不含铅，对环境起到保护作用。LED日光灯无有害金属，废弃物容易回收，被公认为21世纪的绿色照明。

② 节能，高效转换，减少发热。传统灯具会产生大量的热能，而LED灯具则把电能全部转换为光能，不会造成能源的浪费，而且对文件、衣物也不会产生退色现象。

③ 清静舒适，没有噪声。LED灯具不会产生噪声，对于使用精密电子仪器的场合为上佳之选。适合于图书馆、办公室之类的场合。

④ 光线柔和，保护眼睛。传统的日光灯使用的是交流电，所以会产生100～120次/s的频闪。LED灯具是把交流电直接转换为直流电，不会产生闪烁现象，保护眼睛。

⑤ 无紫外线，没有蚊虫。LED灯具不会产生紫外线，因此不会像传统的灯具那样，有很多蚊虫围绕在灯源旁。室内会变得更加干净、卫生、整洁。

⑥ 电压可调80～245 V。传统的日光灯是通过整流器释放的高电压来点亮的，当电压降低时则无法点亮。而LED灯具在一定范围的电压之内都能点亮，还能调整光亮度。

⑦ 节省能源，寿命更长。LED日光灯的耗电量是传统日光灯的三分之一以下，寿命也是传统日光灯的10倍，可以长期使用而无需更换，减少人工费用。更适合难于更

换灯管的场合。

⑧ 坚固牢靠，长久使用。LED灯体本身使用的是环氧树脂而并非传统的玻璃，更坚固牢靠，即使掉在地板上LED也不会轻易损坏，可以放心地使用。

⑨ 与普通的荧光灯相比，LED日光灯无需镇流器，无需启辉器，无频闪。

⑩ 免维护，频繁开关不会导致任何损坏。

⑪ 安全且有稳定的质量，可以经受4 kV高电压，散热量低，可以工作在低温−30 ℃、高温55 ℃的环境中。

⑫ 抗振动性好，便于运输。

当然，LED日光灯与普通日光灯相比目前还有缺点，主要是价格贵，目前能普遍做到的光效率和理论光效率还有很大差距，能做到的寿命和理论寿命也有很大差距，另外还有一定的发热量，光衰还可以大幅度缩小。

4.1.5 LED日光灯电源设计要点

在设计LED日光灯电源以前，应了解LED本身结构及日光灯结构特点，进行科学合理设计。设计要点如下：

1. LED的工作电流

一般小功率LED的额定工作电流为20 mA，但是设计20 mA时，实际上工作发热很严重，经试验发现，设计成16～18 mA比较理想，N路并联的总电流为$17N$。

2. LED的工作电压

一般LED的推荐工作电压是3.0～3.5 V，在估计LED灯串电压时，一般取单只为3.125 V。M只LED灯串联的总电压为$(3.125\times M)$V。

3. LED日光灯电源与灯板的匹配

首先考虑设计电源，再设计灯板，使灯板能最大限度地发挥电源的效率。

4. LED灯板的串并联与宽电压的关系

要使LED日光灯工作在输入电压范围比较宽的范围AC 85～265 V，则灯板的LED串并联方式很重要。对非隔离的降压式电源，在要求宽电压时，输出电压不要超过72 V，输入电压范围是可以达到85～265 V的。也就是说，串联数不超过24串；并联数也不要太多，否则工作电流太大，发热严重，推荐为6并、8并、12并，总电流不超过240 mA为好。

5. LED日光灯电源的功率因数校正电路(PFC电路)

前文说过，功率因数在一定程度上反映了发电机容量得以利用的比例，是合理用电的重要指标。目前，LED日光灯电源PFC电路主要有三种：一种是无PFC电路，PF值一般为0.65左右；第二种是无源PFC(填谷式)，与灯管匹配得好，一般可达0.92；第三种是有源PFC，采用专用芯片，PF值可达0.99，但价格翻一倍。所以，采用第二种方案的比较多。

无源PFC(填谷式)电路如图4-1所示,C_1 和 D_1 组成半桥的一臂,C_2 和 D_3 组成半桥的另一臂,D_2 和 R_1 组成充电连接通路,利用填谷原理进行补偿。滤波电容 C_1 和 C_2 串联,电容上的电压最高充到输入电压的一半($V_{AC}/2$),一旦线电压降到 $V_{AC}/2$ 以下,二极管 D_1 和 D_3 就会被正向偏置,这样使 C_1 和 C_2 开始并联放电。采用这个电路后,系统的功率因数从0.6提高到0.9,但很难超过0.92,因为输入电压和电流之间还存在约60°的死区。

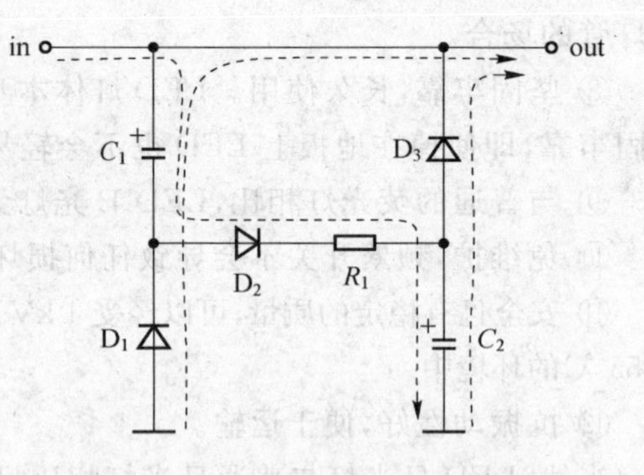

图4-1　无源PFC(填谷式)电路

6. LED灯板的串并联与功率因数的关系

对于被动式PFC电路,其工作电压范围是交流输入电压峰值的一半。如输入是220 V,其峰值是220 V×1.414=310 V,峰值电压的一半是155 V,再减去两个电容串联的分压1/2,则最大输出是77 V,所以LED灯珠串联数最多24串。如果输入是110 V,则带PFC电源的输出是:110 V×1.414×1/4=38 V,可以带的灯珠数是12串。所以,在电压为110 V的地区,要带PFC是比较麻烦的,灯珠数不能多于12串。因此,要想得到比较大的功率因数,灯珠的串联数不能太多,否则,就达不到低电压的要求。

4.2　基于恒流二极管的家用LED走廊灯驱动电路设计

家用LED走廊灯是安装在走廊墙壁或拐角处,供夜间照明的一种小功率灯具,由于需要的照明功率小,亮度需求低,为降低驱动成本和减小体积,可以采用恒流二极管和电容降压式小功率LED驱动电路设计方案,由交流市电供电,输出低压恒流,只需调整电路中部分元件参数即可恒流驱动不同功率LED灯组。这种设计方案在传统电容降压驱动电路基础上引入了恒流二极管,保证了驱动源低压恒流输出。负载小功率LED采用交叉阵列方式连接,降低了灭灯率。

4.2.1　恒流二极管原理

恒流二极管也称为半导体电流调整管,其技术原理是利用半导体结构的沟道夹断方式产生半导体恒定电流。恒流二极管用在电路中达到恒流输出效果。即使在电压供应不稳定或负载电阻变化很大的情况下,都能确保供电电流恒定。恒流二极管的特点如下:

- 人电流,1～100 mA;
- 低电压启动,3～3.5 V;
- 恒流电压范围为25～100 V;
- 动态电阻,8～160 kΩ;

➢ 高精度，在恒流电压范围内，电流相对变化在10%范围内；
➢ 应用外围电路简单，使用方便。

4.2.2 LED 连接方式

在设计 LED 照明系统时，需要考虑选用什么样的 LED 驱动器，以及 LED 的连接方式，只有合理的匹配设计，才能保证 LED 正常工作。小功率白光 LED 的正向电压范围一般为 2.8～4 V，工作电流为 15～20 mA。照明用的 LED 灯一般是多个这样的小功率 LED 通过串并联方式组合在一起的，这些 LED 通常需要匹配以产生均匀的亮度。另外，还需要采用合理的方式将这些 LED 连接在一起，不能因为其中一只 LED 灯珠损坏而导致整个 LED 灯组不能工作。

将多只同型号的 LED 串接在一起，流过每只 LED 的电流相等。LED 一致性较差时，虽然不同 LED 灯珠正向电压不同，但流过每只 LED 的电流相等，每只 LED 灯珠的亮度将会一致。LED 串联连接驱动源输出电压要求较大，电流必须恒定在 20 mA 以下。当其中一只 LED 因为品质不良断路后，将会导致整个 LED 灯组不亮，这对 LED 灯珠的品质和焊接工艺要求较高。

多个 LED 灯珠全部并联，需要驱动器输出较大的电流，输出电压在 3 V 左右。并联连接方式可以避免一只 LED 烧坏后导致整个灯组熄灭的严重问题。由于 LED 发光强度与工作电流成正比关系，LED 灯珠之间参数存在一定差异，流过每只 LED 灯珠的电流不一致，直接导致 LED 发光亮度不均匀。采用恒流方式驱动并联 LED 时，LED 灯珠应尽量多地并联，防止因为其中几只 LED 烧坏，致使流过其他 LED 的电流增加而烧坏。

为了提高可靠性、发光均匀性，提出了交叉阵列连接方式，图4-2所示为 LED 交叉阵列连接方式图。从图中可以看出，当其中个别 LED 短路或断路，也不会引起整个灯组熄灭。这种交叉阵列连接方式具有线路简单，亮度稳定，可靠性高，对驱动要求较低等特点。

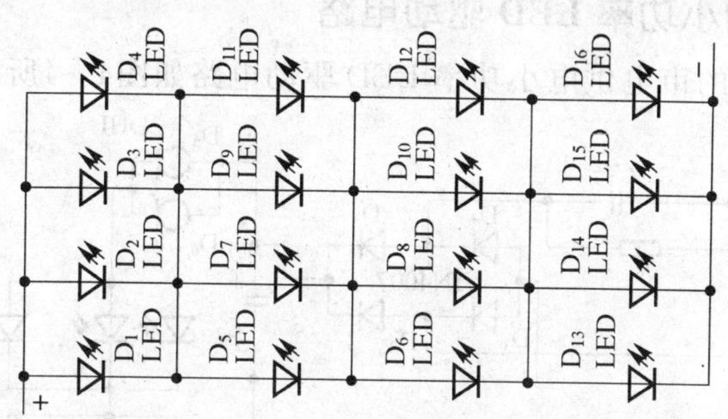

图 4-2 走廊灯 LED 交叉阵列连接方式图

4.2.3 小功率 LED 驱动电路设计

1. 电容降压电路

LED 采用交流市电供电时，必须经过 AC/DC 以及 DC/DC 转换，将高电压的交流电转换为低压直流电，目前降压电路主要有工频变压器线性降压电路、高频开关电路、基于 IC 的降压电路、电容降压电路等几类。考虑到驱动电源的体积与成本，这里采用电容式降压电路。如图4－3所示为电容降压电路。

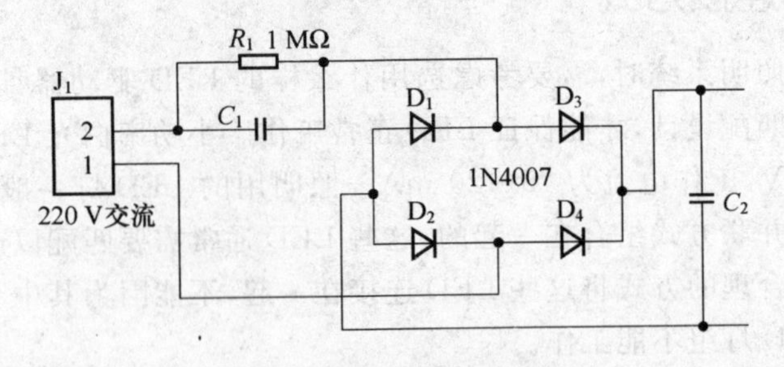

图 4－3　电容降压电路

图 4－3 中，无极性降压电容 C_1 的充放电电流为 $I_C=2\pi fCU_0$（U_0 为交流电压，f 为交流频率），降压电容 C_1 向负载提供的电流 I_0 实际上就是流过 C_1 的充放电电流 I_C。当负载电流小于 C_1 的充放电电流时，多余的电流就会流过滤波电容 C_2。若 $U_0=220$ V，$f=50$ Hz，则 $I_C=69C$（I_C 的单位为 mA，C 的单位为 μF）。为了能够保证降压电容安全可靠工作，其耐压值应大于 2 倍市电电压，因此降压电容宜选用耐压值 630 V 的独石电容。R_1 为 1 MΩ 放电电阻，当电路断电 C_1 通过 R_1 快速放电，$D_1 \sim D_4$ 为 1N4007 组成的全波整流桥。为了获得较好的滤波效果，选择的滤波电容的容量应满足 $R_LC=(3 \sim 5)T/2$（R_L 为负载电阻，T 为 0.02 s），耐压值应大于 $1.12U_0$（U_0 为电容降压电路输出电压）。原则上，电容值取的越大，输出电压越平滑，其纹波值越小。但是随着电容容量的增大，一般其体积也随之增大，在考虑电路板面积的情况下，应尽量选择大容量的滤波电容。

2. 市电供电的小功率 LED 驱动电路

基于恒流二极管的市电供电小功率 LED 驱动电路如图4－4所示。

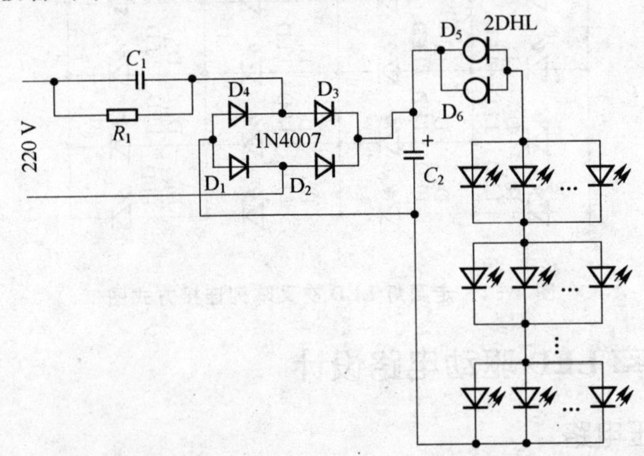

图 4－4　基于恒流二极管的小功率 LED 驱动电路

图中 D_5、D_6 为恒流二极管，本设计采用的恒流二极管为贵州博越公司的2DHL系列。2DHL系列恒电流二极管是一种硅材料制造的基础电子器件，正向恒电流导通，反向截止。其输出的恒电流大，精度高，启动电压低。器件按极性接入电路中，即可达到恒流的效果，应用简单，实现了电路理论和电路设计中的二端恒流源。由于其输出电流大，可以直接驱动负载，实现恒定电流电源，在LED、半导体激光器及需要恒功率供电驱动的场合有广泛应用。恒流二极管具有起始电压低（3～3.5 V）、恒流电压范围广（25～100 V）、响应时间快（t_r＜50 ns，t_f＜70 ns）、负温度系数等优良特性。为了提供更大电流，可以将多个恒流二极管并联使用，并联后输出电流为各个恒流二极管标称电流之和。由于恒流二极管工作电压范围加大，因此即使负载LED短路也不会导致整个驱动电路烧毁，具有很强的电路保护功能。

小功率LED正向电压2.8～3.2 V，最大工作电流为20 mA。LED亮度 L 与正向电流 I_F 成正比：$L=KI_F^m$（K 为比例系数），工作电流越大发光亮度越大，但由于LED也具有亮度饱和特性，所以LED正向驱动电流应小于其标称电流。小功率LED电流达15 mA以后，亮度已达到饱和，如果继续增大电流不仅不会提高亮度，还会使LED的PN结温度迅速升高导致光衰。

C_1 为降压电容，电容降压电路的输出电流主要与降压电容容量和输出电压有关，输出电压越高电流越小。理论上，驱动电路输出电压可达100 V以上，但考虑到高电压下滤波电容 C_2 的体积较大，不易于电路安装，设计的驱动电路主要使用50 V和100 V的滤波电容。虽然电容的容值越大，驱动电路的输出电流越大，但降压电容的容值太大会降低整个驱动电路的安全特性与稳定性，因此建议降压电容的容值不要超过3.3 μF。表4-1列出了采用0.68～3.3 μF不同降压电容，驱动电路在不同电压下提供的电流以及能够驱动的最多LED数量。

表4-1 C_1 容量值与输出电流的关系

C_1 电容值/μF	输出电流值/mA	最大输出电压/V	驱动最多LED数量
1	60	45（C_2 为470 μF 50 V）	4（并）×15（串）
	45	90（C_2 为220 μF 100 V）	3（并）×30（串）
2.2	120	45（C_2 为470 μF 50 V）	8（并）×15（串）
	100	93（C_2 为220 μF 100 V）	7（并）×31（串）
3.3	180	45（C_2 为470 μF 50 V）	12（并）×15（串）
	165	93（C_2 为220 μF 100 V）	11（并）×31（串）

LED采用交叉阵列方式连接，先将相同个数LED并联成组，再将各个组串联。采用交叉阵列方式，对LED灯珠一致性要求不高，并且不会因为其中一只灯珠损毁而导致整个LED灯熄灭。由于目前LED白光频谱成分单一，柔和性较差，为了提高LED

灯整体发光柔和度，应在白光 LED 灯中适当加入几只黄光 LED 灯珠。

基于恒流二极管小功率 LED 驱动电路结构简单，成本低廉，可满足 LED 恒流驱动的要求，驱动电路可靠性很高。通过改变降压电容可适合用做多种 LED 灯具电源。虽然驱动电路功率因数较低，但特别适合低端照明市场应用。

4.3　基于 NU501 的集中外置式 LED 日光灯驱动器设计

随着 LED 技术的进一步发展，LED 日光灯已经成为新一代节能环保照明灯，在家庭、办公室广泛应用。LED 日光灯的电源分为内置式和外置式两种。所谓内置式，就是指电源可以放在灯管内部。这种内置式的最大优点就是可以做成直接替换现有的荧光灯管，而无需进行任何改动。所以，内置式的形状都是做成长条形，以便塞进半圆形的灯管中去。所谓外置式，就是将 LED 驱动器供电 AC/DC 部分放在日光灯的外部，日光灯的内部放置 LED 驱动器和 LED 发光管。它的缺点是不能替代现有的荧光灯管，而优点是电源隔离彻底，安全可靠，符合有关电器标准，且在很多场合体现出它的优越特性。

4.3.1　集中外置式 LED 日光灯系统结构

在政府机关、办公室、商场、学校、地下停车库、地铁等场所，往往一个房间采用不止一个日光灯，可能在 10 个以上。这时就应采用集中式的外置电源。所谓集中式是指采用一个大功率的 AC/DC 开关电源统一供电，而每个日光灯则采用单独的 DC/DC 恒流模块，这样可以得到最高的效率和最大的功率因数。集中外置式 LED 日光灯系统结构如图4－5所示。

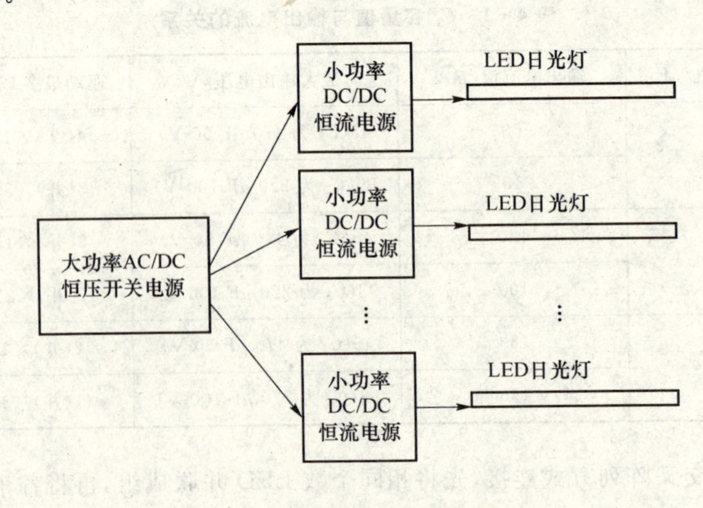

图 4－5　集中式外置电源

从图4-5中可见，集中开关电源部分单独构成一体，而每个LED日光灯只是它负载的一部分。各个日光灯自成体系，互不影响。

现在大功率的AC/DC开关电源的效率很容易达到95%，功率因数可以达到0.995。而降压式的DC/DC恒流源的效率也很容易达到98%。这样，集中式电源总效率可以达到93.1%。这时的性能可以达到最高。

以20 W LED灯管为例，假如采用非隔离内置式电源，直接用220 V供电与外置式集中供电的性能比较如表4-2所列。

表4-2 内置式和外置式LED照明性能比较

性能指标	内置式非隔离电源本身	外置式(每根灯管)
总功率/W	25.6	22.18
效率/%	78	92
功率因数	0.946	0.99

集中式供电的优点是显而易见的。而且，它还是一种隔离式电源，在灯管处没有220 V高压，只有低于36 V的直流低压，也是符合安全使用的条件的。

4.3.2 集中外置式LED日光灯调光设计

集中外置式结构很容易实现各种调光方案，例如手动调光、光敏调光等，只要把调光控制信号送到各个DC/DC恒流模块就能实现。其具体的方框图如图4-6和图4-7所示。在图4-6中用户改变调光控制旋钮，即改变了调光模拟电压，从而改变PWM占空比，实现了调光。在图4-7中，利用光敏元件，自动感受环境光照情况，改变PWM占空比，改变了LED亮度。

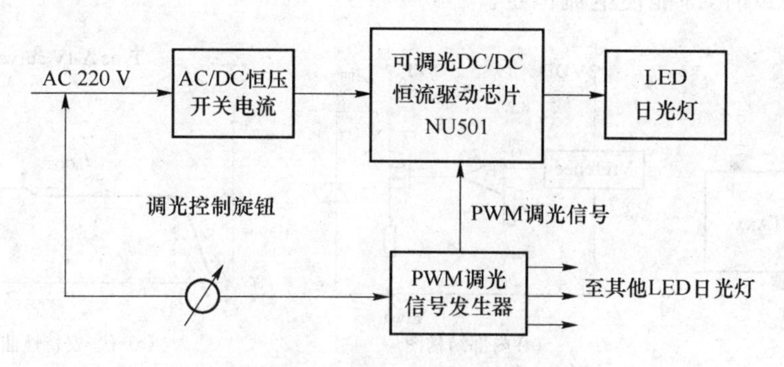

图4-6 手动调光日光灯方框图

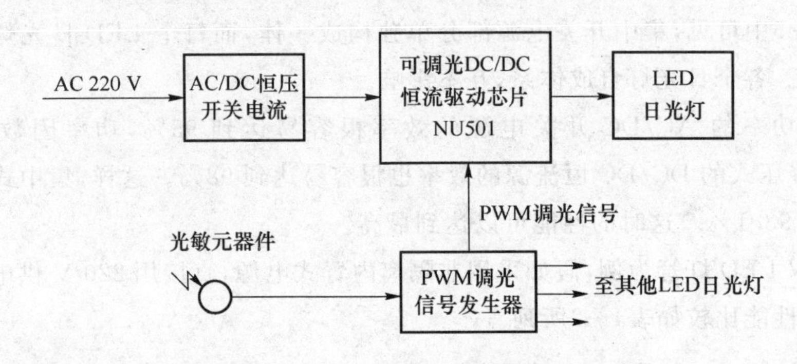

图 4－7 光敏调光日光灯的方框图

4.3.3 高精度恒流驱动芯片 NU501 简介

NU501 系列是一简单的恒流组件 IC，非常容易应用在各种 LED 照明产品，具有绝佳的负载与电源调变率和极小输出电流误差。NU501 系列芯片能使 LED 的电流非常稳定，甚至在大面积的光源上，电源及负载波动范围大时都能让 LED 亮度均匀一致，并增长 LED 的使用寿命。品种为 15～60 mA，每 5 mA 分为一挡，具有应用简单，用途宽广，精度高等特点。

如图4－8所示为 NU501 引脚图，VDD 是电源正引脚，VP 是电流流入引脚，VN 是电流流出引脚。NU501 内部结构图如图4－9(a)所示，可见 NU501 实际就是个恒流源。如图4－9(b)所示为 NU501 的伏-安特性曲线。

除了支持宽广电源范围外，NU501 的 VDD 引脚可以充当输出使能(OE)功能使用，配合数字 PWM 控制线路，可达到更精准的灰阶电流控制应用。

当 VDD 与 VP 引脚短接在一起时，NU501 的极小工作电压特性可当做一个二极管来使用，这个功能使 NU501 在应用上非常容易，就像二极管一样，当这个二极管应用在一串 LED 时，即能使电流恒定。

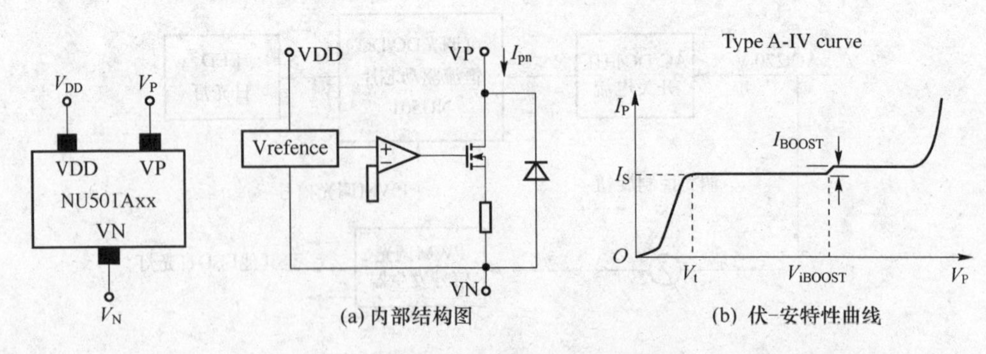

图 4－8 NU501 外形图

图 4－9 NU501 内部结构图和伏安特性曲线

在高压电源和低 LED 负载电压的应用场合，多个 NU501 能够串接使用来分摊多余的电压。这种独特过高电压的分摊技术，非常适合在更宽广电源电压范围的应用，而此特性是其他厂家的芯片所没有的。

5 V、24 V PWM 照明调光应用和 12 V LED 驱动器电路如图4－10所示。

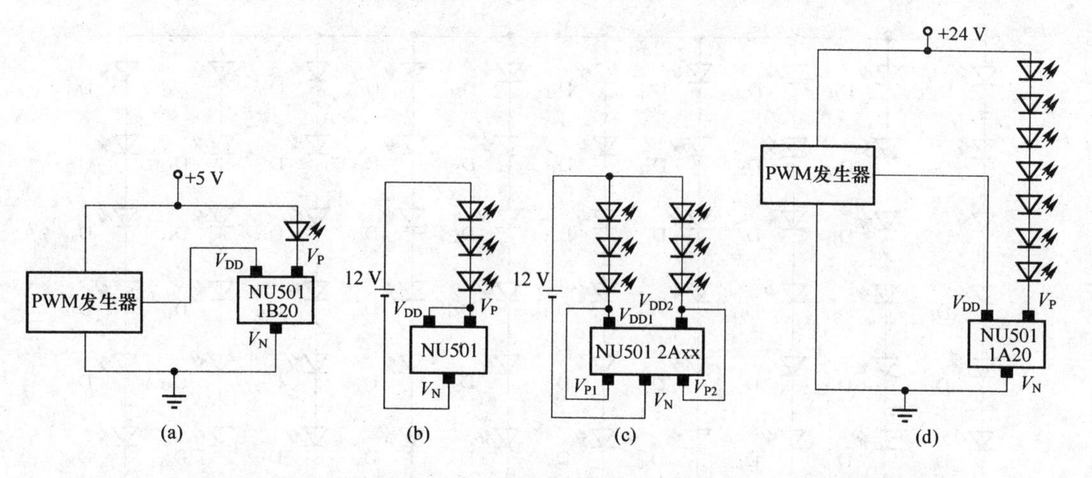

图 4－10　NU501 5 V、24 V PWM 照明调光应用和 12 V LED 驱动器电路

NU501 为线性恒流组件，在应用时需考虑功耗与散热的问题。选用组件电流越高，越须降低 NU501 的输出端压降，以避免 NU501 发出高热。降低输出端的方法如下：

- 在能维持恒流的情况下，尽量降低电源电压。
- 在能维持恒流的情况下，尽量增加恒流串联回路中 LED 的数量。
- 在能维持恒流的情况下，于恒流串联回路中，加上降压电阻，以减少 NU501 的输出端电压。
- 在系统电源为 24 V 以上的工作环境中，建议在 VDD 与 VN 引脚间并联一个 0.1～10 μF的电容，以增加电流的稳定性与可靠度。

4.3.4　基于 NU501 芯片的 LED 日光灯电路

由于输出驱动电压选择了外置式集中供电电源，电源模块采用外置 48 V 或 36 V 稳压供电，若以 20 W 市电驱动时，输出电压为 48 V 左右比较合适；大于 20 W 市电驱动时，输出电压为 36 V 左右最合适。另外，在每并联灯串上串联一个 NU501 芯片，实现每路 LED 灯串电流恒流(也就是路路恒流的概念)。基于串并联安全考虑出负载合适的驱动电压值，应尽量统一电压值降低电源设计规格成本。

当输出电压在 48 V 左右时，低压差线性恒流器件恒流效率高达 99%，恒流精度在±3%以内，不受任何外围器件影响；当输出电压在 36 V 左右时，低压差线性恒流器件恒流效率高达 98.6%，恒流精度在±3%以内，不受任何外围器件影响；即使在离线式照明部分，较低的电压 12 V 和 24 V，效率也分别有 96%和 98%。图4－11所示为 36 V 直流稳压供电，NU501 实现路路恒流电路图。

该电路是最高效的驱动恒流架构，最高精度的恒流方式，受外围器件影响最小，且简洁、方便、实用。

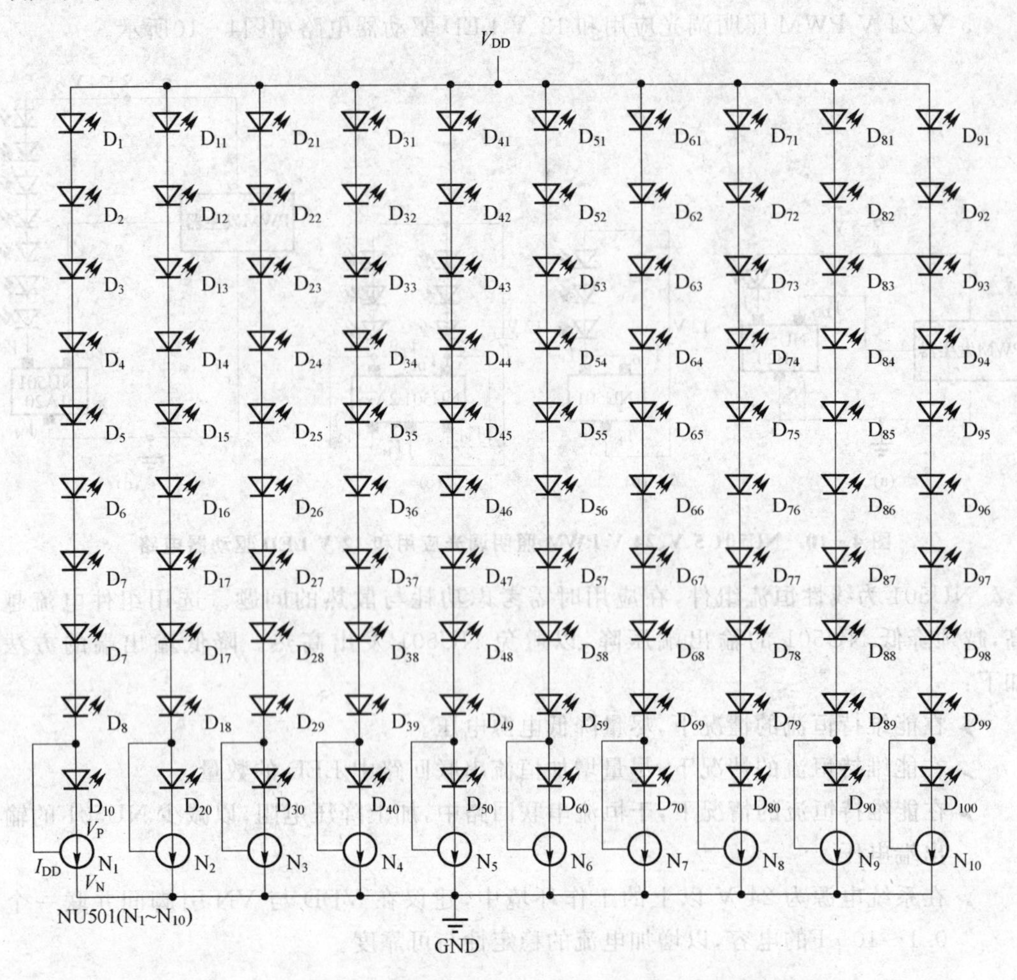

图 4-11　36 V 直流稳压供电，NU501 实现路路恒流电路图

4.4　基于 NCP1014 系列 8 W LED 厨房吸顶灯驱动器设计

厨房是为家人准备饭菜的地方，厨房在家庭生活中起着很重要的作用，所以其中的灯光设计必须方便业主洗菜做饭，所使用的灯具应遵循实用、长寿的特点。厨房通常以吸顶灯或吊灯作为一般照明，也可采用独立开关的轨道射灯系统在厨房各个角度发挥光照作用。由于厨房内的潮气较重，所以灯具必须选择有防潮功能的，这样不会使灯具因潮气入侵而发生破裂现象。

根据上述要求，NCP1014 芯片非常适合做厨房用 LED 灯具驱动器。NCP101X 系列芯片是低待机功耗离线开关电源的自给电流式单片转换器，它将固定频率电流模式

PWM 控制器和 700 V 的 MOSFET 集成在一块芯片上。它还具有软启动、频率抖动、短路电流保护、跳周期、最大峰值电流调整和动态自供电功能。这里介绍一种基于低待机功耗 NCP1014 芯片的 8 W LED 厨房吸顶灯驱动器设计，实验证明它具有外围电路简单、体积小、转换效率高和成本低等特点。

4.4.1　NCP101X 性能特点及内部结构

NCP101X 系列构成非隔离式、需要外围元件较少的节能开关电源，与传统的解决方案相比，不仅具有比电容降压式线性稳压电源更高的效率，而且有更大的输出能力。该开关电源具有可选择的开关频率(65 kHz、100 kHz、130 kHz)，抗干扰能力强，待机功耗低，并有频率抖动和动态自供电等功能；保护功能完善，具有短路自动重启、限流、过热、限制负载等保护线路。

主要功能介绍如下：

① 软启动。NCP101X 在上电期间，会激活内部 1 ms 的软启动。一旦 V_{CC} 达到 $V_{CC,OFF}$，峰值电流就从零逐渐增加到最大内部钳位值，该状态持续 1 ms，然后峰值电流极限保持最大值直到电源稳定。在过流短脉冲序列期间，软启动一直有效。每次重启都会激活软启动。一般来说，当 V_{CC} 从 0 V 或 4.7 V 开始升高，达到闭锁电压时，就会激活软启动。

② 短路保护。通过实时监控反馈线路，IC 芯片可以检测到短路故障，并立即减小输出功率以保护整个系统。一旦短路故障消失，控制器就会恢复正常工作。

③ 动态自供电(DSS)。安森美公司的高压集成电路技术可以直接通过高压 DC 通道为 IC 供电。该解决方案无需辅助线圈，简化了高频变压器的设计。但存在的问题是，使用了该功能，整个芯片的功耗增加，输出功率减小，效率也要下降。可以通过辅助线圈禁止 DSS 功能，使芯片工作在较高的效率。

NCP1014 引脚 1 是 IC 低压电源端，引脚 2 是反馈输入端，引脚 3 是 MOSFET 漏极端，引脚 4 是接地端。

用 NCP1014 做控制器的离线低功率 LED 驱动电源，利用在 AC 电路半周期内的系统反馈输入电平保持基本不变的特性，在桥式整流器输出，取消了平滑电容器，也不附加任何专门电路，则可以获得较高的功率因数，并满足能源之星 SSL 标准对功率因数的要求。

4.4.2　系统结构和原理图

图4－12所示为 LED 驱动器的基本结构，最左侧为输入部分，驱动器中有两个重要的部分：一个是电源转换，包括非隔离型和隔离型两种；另一个是驱动器，它将输入电压转换成恒流来驱动 LED。驱动器的主要功能就是在工作条件范围内限制电流，无论输入条件和正向电压如何变化。除了限流之外，在制作驱动器产品时，要考虑它的效率、成本、尺寸等诸多因素。在效率方面，因为人的视觉系统会滤除电流纹波，所以如果开关频率达到 100～150 Hz，驱动器的“恒定”电流就不需要为直流电平，而可以采用非线性电流来驱动 LED。这样，不但可以提高效率，还可以简化电路。

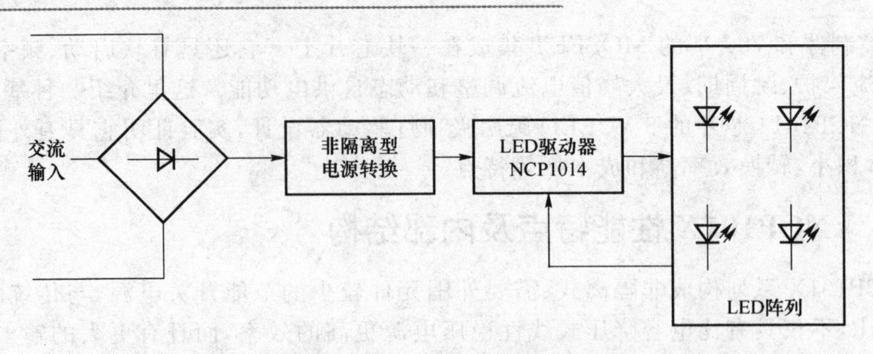

图4-12 基于NCP1014的8 W LED厨房吸顶灯驱动器电路结构

用NCP1014做控制器并带功率因数校正(PFC)的8 W隔离反激式LED驱动电源电路如图4-13所示和图4-14所示。

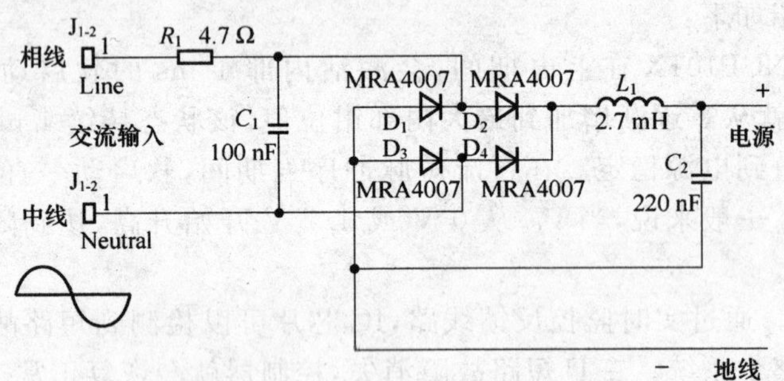

图4-13 AC/DC电源转换电路

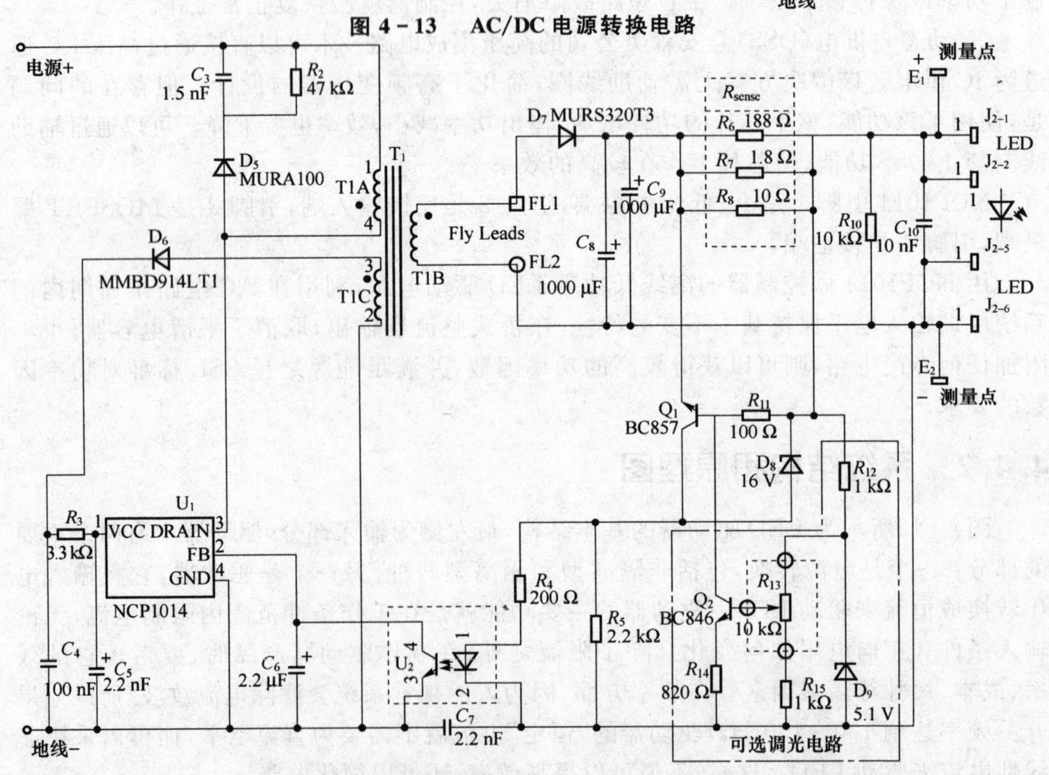

图4-14 基于NCP1014的8 W LED厨房吸顶灯驱动器电路

在图4-13中，R_1 为可熔电阻，C_1、L_1 和 C_2 为EMI滤波器，D_1～D_4 为桥式整流器。在图4-14中，变压器 T_1，D_7，C_8/C_9，R_{sense}，Q_1，U_1 等组成DC/DC反激式转换器。连接在 T_1 初级绕组T1A两端的 R_2、C_3 和 D_5，组成 R_{CD} 钳位电流。T1C，D_6，C_4，R_3 和 C_5 组成 U_1 的偏置电路。D_7、C_8/C_9 为输出整流滤波电路，R_{10} 和 C_{10} 提供高频滤波和放电通路。R_{sense}（R_6，R_7 和 R_8）为输出电流传感电阻。R_{sense}、Q_1、U_2、C_6 等形成反馈环路。D_8 限制输出电压。Q_2、R_{12}～R_{15} 和 D_9 组成模拟调光电路，调节 R_{13}，可以改变LED亮度。C_7 是 T_1 初、次级之间的"Y"电容。

4.4.3 电路中元器件的选择和参数计算

LED照明电源的AC输入电压为90～265 V，输入功率为10.6 W，输出功率为8 W，效率约为75%，最大输出电压（开路电压）是22 V，输出电流为630 mA。

驱动电路的负载为一个内装4个串联在一起的表面贴装LED，每个LED的额定电流是700 mA（正常工作电流是630 mA）。

电路不增加任何元件，可以实现功率因数校正（PFC）。与传统电路不同的是，图4-13电路中的桥式整流器输出端，并未连接一个平滑电容器（容量一般为10～47 μF）。因此，反激式变换器的DC输入高压，是频率为线路频率2倍的正弦半波电压。因为整流的AC电压未经大容量电容器充、放电平滑，整流二极管的导通角接近180°，AC输入电流大体仍为正弦波形。能量传送到负载，将跟随电压与电流之乘积，呈现正弦平方形状。负载上的纹波也为AC电路频率的2倍，这与"填谷式无源PFC电路"很相似。在一个AC电路半周期内，借助于 U_1 引脚FB上47μF的大电容 C_6，使反馈环路响应时间变缓，保持反馈输入电平基本不变，则可以实现较高的功率因数。

图4-15所示为线路功率因数与AC输入电压的关系。由该图可知，在输入电压范围为90～140 V时，功率因数高于0.8；在220 V时的功率因数不低于0.7，符合能源之星SSL标准要求。

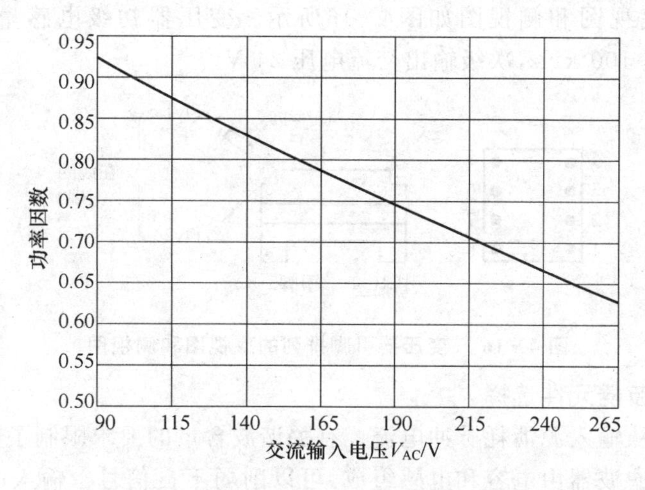

图4-15 功率因数与AC电路电压的关系

AC 输入电流谐波含量符合 IFC61000－3－2 标准 C 类限制要求。

1. 主要元件的选择

(1) 变压器 T_1

LED 驱动电路输出功率 $P_0=8$ W，效率 $\eta=75\%$，反激变换器最低输入峰值电压 $V_{in(PK)}=126$ V，峰值开关电流 I_{PK} 为

$$I_{PK}=\frac{4P_0}{\eta V_{in(PK)}}=0.39\ \text{A}$$

T_1 初级电感值 L_P 为

$$L_O=\frac{500\ V_{in(PK)}}{I_{PK}f_{SW}}=1\ 858\ \mu\text{H}$$

T_1 选用 EF16 磁芯，$A_C=0.2\ \text{cm}^2$，最大磁通密度 $B_{max}=0.3$ T，T_1 初级 T1A 匝数 N_P 为

$$N_P=\frac{0.1L_P I_{PK}}{A_C B_{max}}=105$$

变换器最高输入电压是 374 V。U_1 中 MOSFET 的额定电压是 700 V，降额系数选取 0.8，MOSFET 最大允许电压是 700 V×0.8＝560 V，剩余电压为 560 V－374 V＝186 V，再扣除 10 V 的尖峰电压，初级绕组上的最大电压是 186 V－10 V＝176 V。

输出电压被限制在 22 V，加上一个 50％的冗余，输出最大电压为 22 V×(1＋50％)＝33 V。次级绕组 T1B 匝数 N_S 为

$$N_S=N_P(V_S/V_P)=105\times(33/176)=20$$

NCP1014 的最小偏置电压 $V_b=8.1$ V，LED 最小电压设计在 12.5 V，偏置绕组 T1C 匝数 N_b 为

$$N_b=N_S(8.1/12.5)=20\times(8.1/12.5)=13$$

8 W 的反激式变压器选用 EF16 磁芯(3C90 材料)，变压器采用 8 引脚垂直安装骨架，引脚排列的底视图和侧视图如图4－16所示。变压器初级电感量为 1.8 mH(或 5％)，开关频率是 100 kHz，次级输出交流电压 24 V。

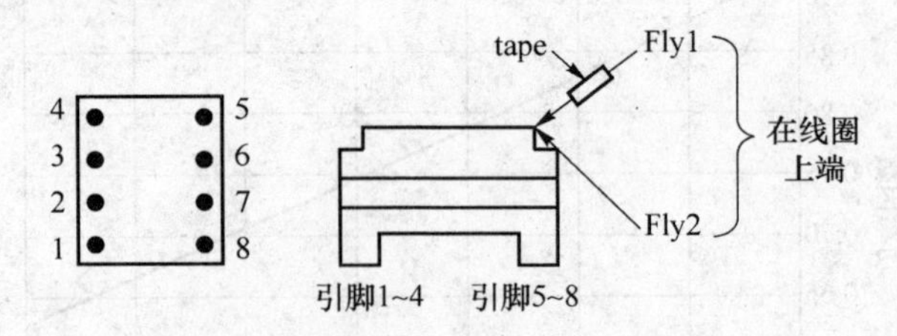

图 4－16　变压器引脚排列的底视图和侧视图

(2) EMI 滤波器元件选择

开关稳压器从输入源消耗脉冲电流。有关谐波含量的要求限制了电源输入电流的高频分量。通常滤波器由电容和电感组成，可以削弱不良信号。输入电路上连接的电容以与输入电压呈 90°的异相电流导通，这种转移电流通过位移输入电压与电流之间

的相位降低了功率因数，故需要在滤波需求与维持高功率因数之间取得平衡。

根据电磁干扰的属性及滤波器元件的复杂特性，电容 C_1 和 C_2 起始选择了 100 nF 电容。选择的差分电感 L_1 用于提供 $L-C$ 滤波器频率，约为开关频率的 1/10。所使用的电感值为

$$L=\frac{1/(2\pi\times0.1\times f_{SW})^2}{C}=\frac{1/(2\pi\times0.1\times100\ 000\ \text{Hz})^2}{100\ \text{nF}}=2.6\ \text{mH}$$

实际设计中选择的是 2.7 mH 的电感，这是一个标准电感值。基于这个起点，根据经验来调节滤波器以符合传导干扰限制。电容 C_2 增加到了 220 nF，从而提供干扰限制余量。电阻 R_1 限制浪涌电流，并在出现故障时提供易熔元件。根据应用环境的不同，可能需要熔丝来满足安全要求。注意，在初级总电容较小的情况下浪涌电流较小。

(3) 变压器初级钳位元件选择

二极管 D_5、电容 C_3 和电阻 R_2 组成钳位网络，控制由反激变压器泄漏电感造成的电压尖峰。D_5 应当是一个快速恢复器件，额定用于应对峰值输入电压及反射到变压器初级上的输出电压。电压为 600 V 额定电流为 1 A 的 MURA160 快速恢复二极管是 D_5 的适宜选择。电容 C_3 必须吸收泄漏的能量，同时电压只有极小的增加，1.5 nF 的电容足以用于这类低功率应用。电阻 R_3 必须耗散泄漏的能量，但并非会降低能效。该电阻根据经验选择 47 kΩ。需要注意的是，该电阻和电容 C_3 的额定电压是 125.5 V。

(4) 偏置电源元件选择

二极管 D_6 对偏置绕组提供电源整流。200 mA 电流时，额定电压为 100 V 的 MMBD914 二极管是 D_6 的适宜选择。初级偏置由电容 C_4、电阻 R_3 和电容 C_5 来滤波。选择的 C_5 为 2.2 μF，C_4 为 0.1 μF，R_3 为 1.5 kΩ。

(5) 输出整流滤波元件选择

输出整流器必须承受远高于 630 mA 平均输出电流的峰值电流。最大输出电压为 22 V，整流器峰值电压为 93.2 V。所选择的输出整流器是 3 A、200 V、35 ns 的 MURS320，提供低正向压降及快开关时间。2 000 μF 的电容将输出纹波电流限制在 25%或峰 峰值为 144 mA。

(6) 电流传感电阻选择

通过监测与输出串联的传感电阻 R_{sense} 的压降，维持恒定的电流输出。电阻 R_{11} 连接传感电阻至通用 PNP 晶体管 Q_1 的 be 结。当传感电阻上的压降约为 0.6 V 时，流过 R_{11} 的电流偏置 Q_1，使其导通。Q_1 决定了流过光耦合器 U_2 的 LED 的电流，并受电阻 R_4 限制。光耦合器 U_2 的晶体管为 NCP1014 提供反馈电流，控制着输出电流。设定输出电流 $I_{OUT}=630$ mA，则要求传感电阻 $R_{sense}=0.85\ \Omega$。传感电阻由 4 只并联的电阻 R_6、R_7、R_8 和 R_9 组成，选择 R_6 和 R_7 的阻值为 1.8 Ω，选择 R_8 的阻值为 10 Ω，而让 R_9 开路，从而产生约 0.83 Ω 的总传感电阻。

(7) 功率因数控制

在本电路中维持高功率因数有赖于缓慢的反馈响应时间，仅支持给定输入电源半周期内反馈电平略有改变。对于这种电流模式的控制器件而言，最大峰值电流在半周

期内几乎保持恒定，与传统反馈系统相比，改善了功率因数。电容 C_6 提供慢速的环路响应，抑制 NCP1014 的内部 18 kΩ 上拉电阻及来自反馈光耦合器晶体管的电流。从经验来看，电容 C_6 确定在 22～47 μF 的范围内。

(8) 开路保护

齐纳二极管提供开路负载保护。开路电压由二极管 D_8 电压、电阻 R_4 压降及光耦合器 LED 电压之和确定。所选择的齐纳二极管 D_8 的额定电压为 18 V。

(9) 泄漏电阻器及滤波器

电阻 R_{10} 及电容 C_{10} 提供小型的放电通道，并过滤输出噪声。

(10) 调光电路元件选择

电流通过 Q_2 使输出电流减小。将最小的 LED 电流设置在 50 mA，在 R_{sense} 上的电压降为 50 mA×0.83 Ω≈42 mV。Q_1 的发射极与基极电压是 600 mV，扣除 42 mV 后得 558 mV，通过 R_{11} 的电流为 558 mV/100 Ω＝5.58 mA。由于 D_9 的稳压电压是 5.1 V，Q_2 的发射极电压约为 5.1 V－0.6 V＝4.5 V，R_{14} 值为 4.5 V/5.58 mA＝806 Ω，选择 R_{14} 的阻值为 820 Ω。

设定在 Q_2 基极上的控制电压是 0.5 V，R_{15} 电阻值是 1 kΩ。

基于控制器 NCP1014 的 8 W LED 台灯驱动电路，在桥式整流器输出，取消了平滑（滤波）电容器，基于 NCP1014 反馈输入端上的电平在 AC 电路半周期之内保持基本不变的特性，可以获得不低于 0.7 的高功率因数，满足 DOE 能源之星固态照明（SSL）光源标准要求。这种隔离反激式 LED 照明电源，提供可调光功能，效率达 75%。

4.5 基于 AX2028 的 LED 18 W 吸顶灯驱动器设计

LED 吸顶灯是吸附或嵌入天花板上的灯饰，它与吊灯一样，是室内的主体照明设备，是家庭、办公室、娱乐场所等经常选用的灯具。LED 吸顶灯一般直径在 200 mm 左右，如图4-17所示。适宜在走道、浴室内使用，而直径 400 mm 的吸顶灯则安装在不小于 16 m² 的房间顶部为宜。市面上的 LED 吸顶灯常见有 D 形管和环形管两种，并有大小管区别。

图 4-17 LED 吸顶灯外形图

4.5.1 AX2028 简介

AX2028 是一款驱动 LED 的恒流控制芯片，系统应用电压范围在 12～450 V，占空比 0～100%。支持交流 85～265 V 输入，主要应用于非隔离的 LED 驱动系统。

在交流 85～265 V 范围内，AX2028 优化的系统结构在 18 W 的 LED 日光灯方案中，效率高于 90%，且可以驱动 3～36 W 的 LED 阵列，广泛应用于 E14/E27/PAR30/

PAR38/GU10等灯杯和LED日光灯。

AX2028具有多重LED保护功能，包括LED开路保护、LED短路保护、过温保护。在系统故障出现时，电源系统进入保护状态，直到故障解除，系统又重新进入正常工作模式。采用SOP－8封装，见图4－18。AX2028各个引脚功能如表4－3所列。AX2028主要特点如下：

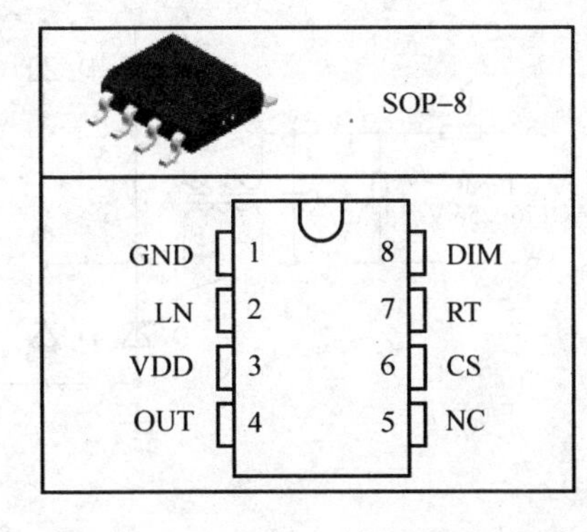

图4－18　AX2028外形图和引脚图

- 系统应用电压范围为12～450 V直流电压输入，支持交流85～265 V输入。
- 占空比范围0～100％。
- ±5％的输出电路精度。
- 高达93％的系统效率。
- LED短路保护，LED开路保护。
- 过温保护。
- 复用DIM引脚进行LED模拟调光和PWM调光。
- 输出可调的恒流控制方法。

表4－3　AX2028引脚功能

引脚号	引脚名	功能描述
1	GND	信号和功能地
2	LN	峰值和阈值的线电压补偿，采用LN与VDD之间的电压
3	VDD	电源输入端，必须就近接旁路电容
4	OUT	内部功率开关的漏端，外部功率开关的源端
5	NC	悬空
6	CS	电流采用端，采样电阻在CS与GND之间
7	RT	设定芯片工作关断时间
8	DIM	开关使能，模拟和PWM调光端

4.5.2　基于AX2028的LED 18 W吸顶灯原理图

在AX2028_TUBE_18W非隔离应用设计（见图4－19）中，LED光源阵列设计为0.06 W白光LED（SMT或“草帽”24只串联、12串并联的方案，驱动288只小功率LED，总功率为18 W。

电路采用了EMI抑制电路、整流滤波电路、填谷PFC电路、AX2028恒流系统电路来驱动LED工作。

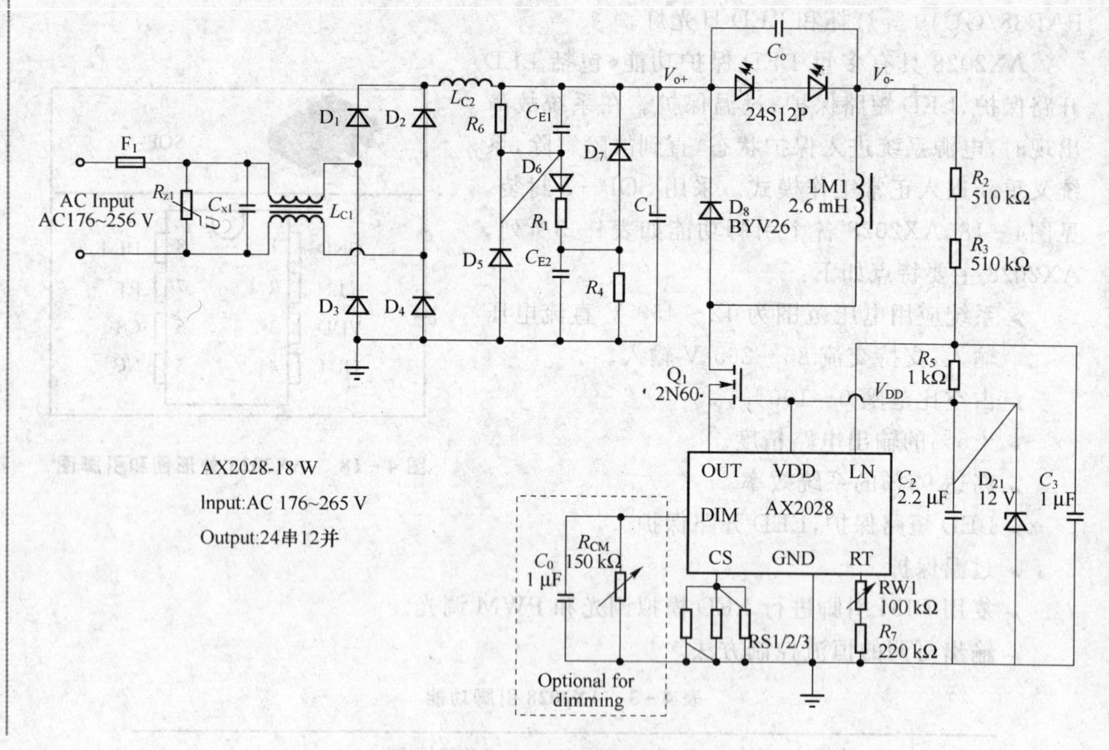

图 4-19　LED 18 W 吸顶灯原理图

4.5.3　电路中元器件的选择和参数计算

设置 LED 驱动工作电流为

$$I_{LED}=I_{Lpk}-\frac{1}{2}\times I_{Lripple}$$

$$I_{Lpk}=\frac{V_{CS}}{R_{CS}}$$

$$I_{Lripple}=\frac{V_{OUT}}{L}\times t_{off}$$

调光功能：可以采用模拟调光和 PWM 调光两种。对于模拟调光，只需外接一个 150 kΩ 的电位器就可以实现 0～100%调光。对于 PWM 调光，建议调光频率为 270 Hz。在不用的情况下，只要悬空即可。

对于启动电阻参数计算如下：

$$R_{ST}+R_{LN}=\frac{V_{IN\_MIN}}{I_{ST\_MAX}}=\frac{176\ V}{100\ \mu A}=1\ 760\ k\Omega$$

这里选择 R_{ST1} 和 R_{ST2} 分别为 510 kΩ。

对于前馈补偿电阻，若内部补偿系数选择 $K\approx0.1\%$，则

$$R_{LN}=K\times R_{ST}=1\ 020\ k\Omega\times0.1\%=1.02\ k\Omega$$

输出电容器件的选择：输出可同时使用输出电容以达到目标频率和电流的精确控制。电容能在整个输入电压范围内减小频率，一个4.7μF的电容就能显著减小频率。电流的调整也能因为电容值的增加而得到改善。增加输出电容(C_{OUT})，从本质上说，是增加了输出级所能储存的能量，也就意味着能供应电流的时间加长了。因此，通过减慢负载的di/dt瞬变，频率显著减小。有了输出电容(C_{OUT})之后，电感的电流将不再与负载上看到的电流保持一致。经过测试电感电流仍将是完美的三角形的形状，负载电流有相同的趋势，只不过所有尖锐的拐角都变得圆滑了，所有的峰值明显减小。

AX2028在设计上的重大改进使得性能更趋完善，固定T_{OFF}工作模式、高占空比、高达92%的效率、高恒流精度等特性，使其更适用于LED照明灯具的驱动电源。

4.6　家用集中式LED照明供电系统设计

LED照明与传统的白炽灯照明系统在驱动上的明显差别是超低功耗直流驱动。单个发光LED的最大直流压降是3.6 V，而且采用的恒流供电方式是比较理想的LED供电方式，它能避免LED正向电压的改变而引起的电流波动，同时恒定的电流使LED的亮度更稳定。因此，每个独立的LED照明单元都需要独立的LED驱动电路。在一个家庭或一个住宅小区，可以实行集中的低压直流供电，让LED照明推广更方便、高效和安全。

4.6.1　家用LED集中供电系统整体结构

家用LED集中供电系统由集中供电部分和各个分散的LED灯构成。集中供电部分的功能是提供稳定的，具有一定功率的48 V电源，家中每个LED灯都统一由总电源供电，并各自有独立的LED驱动器。如图4-20所示为家用LED集中供电系统整体结构图。

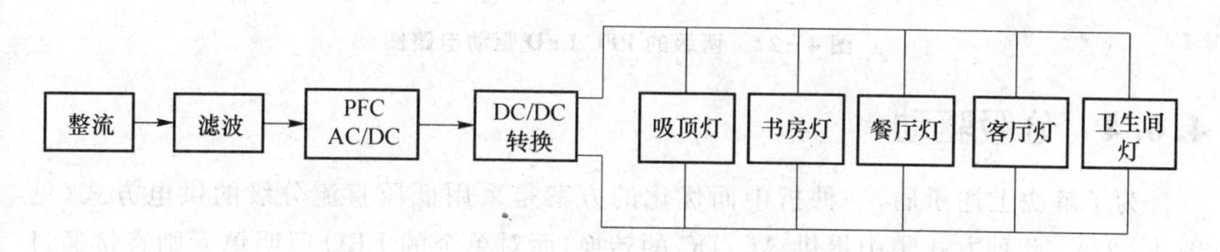

图4-20　家用LED集中供电系统整体结构图

4.6.2　单级PFC驱动电路

如图4-21所示为一通用的单级功率因数校正(PFC)电路。它实现了隔离的AC

到 DC 的转换，并能将功率因数控制在 90%以上。

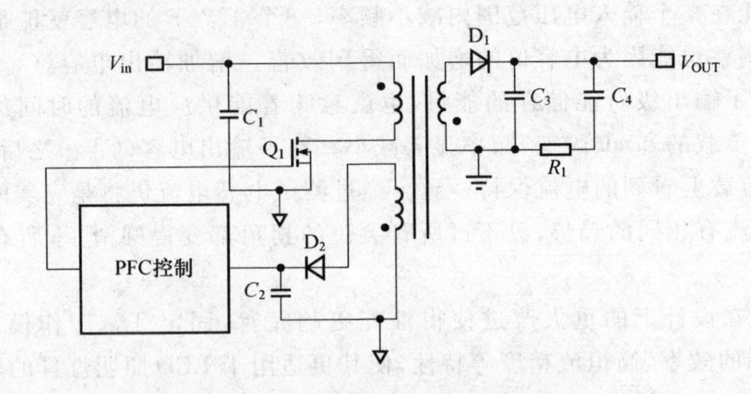

图 4-21 单级的 PFC LED 驱动电路图

此电路的缺点是效率不高，因为是隔离的结果，并考虑到成本的原因，当功率小于 20 W 时，效率一般只能在 87%以下。输出的纹波电压比较高，需要大容量的输出 DC 电容才可以吸收工频的纹波。为了得到高的功率因数，在输入电路中不能并联电解电容，因此对输入 IEC-61000-4-5 定义的浪涌的抑制比较差。

4.6.3 两级驱动

单级驱动的缺点，可以通过在两级转换来解决。如图4-22所示，第一级专门实现 PFC 控制，第二级专门实现 DC/DC 的恒流输出控制。实际上，大功率 LED 照明系统都是两级驱动的。但是，相应的整体的效率更低，器件更多，成本更高。

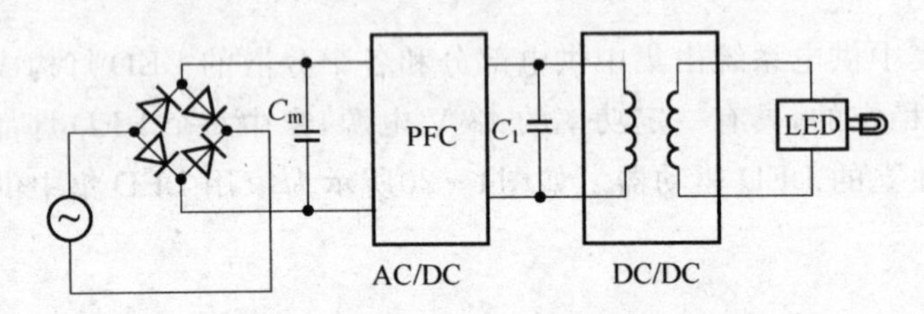

图 4-22 两级的 PFC LED 驱动电路图

4.6.4 分级驱动

为了解决上述矛盾，一种折中而优化的方案是采用低压直流分级的供电方式（见图 4-23）。此种方式集中提供 AC/DC 的转换，而对单个的 LED 照明单元则直接通过 DC 直流供电驱动。AC/DC 的转换，从效率和单位瓦数的成本上考虑，最好是在 1 kW 以上，考虑到通用的电讯系统，输出的直流电压也应该设定在 48 V。大功率的转换器，可以由多个模块并联构成。

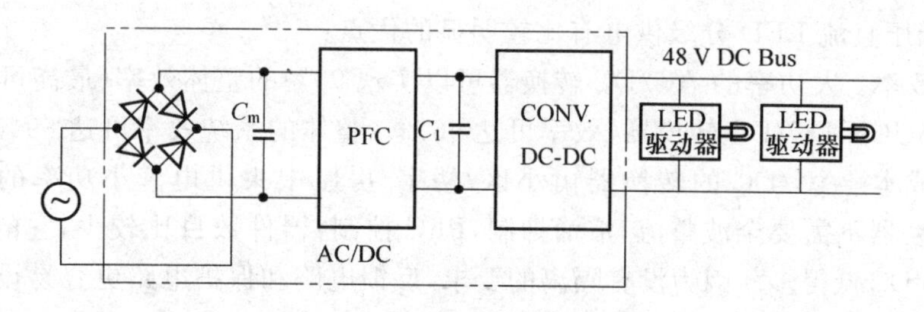

图 4-23 分级供电框图

根据上述方案，设计了交流输入转48 V直流总线的电路原理框图（见图4-24），集中提供48 V直流总线；然后设计了基于LT3590的48 V输入LED直流驱动原理图（见图4-25）。

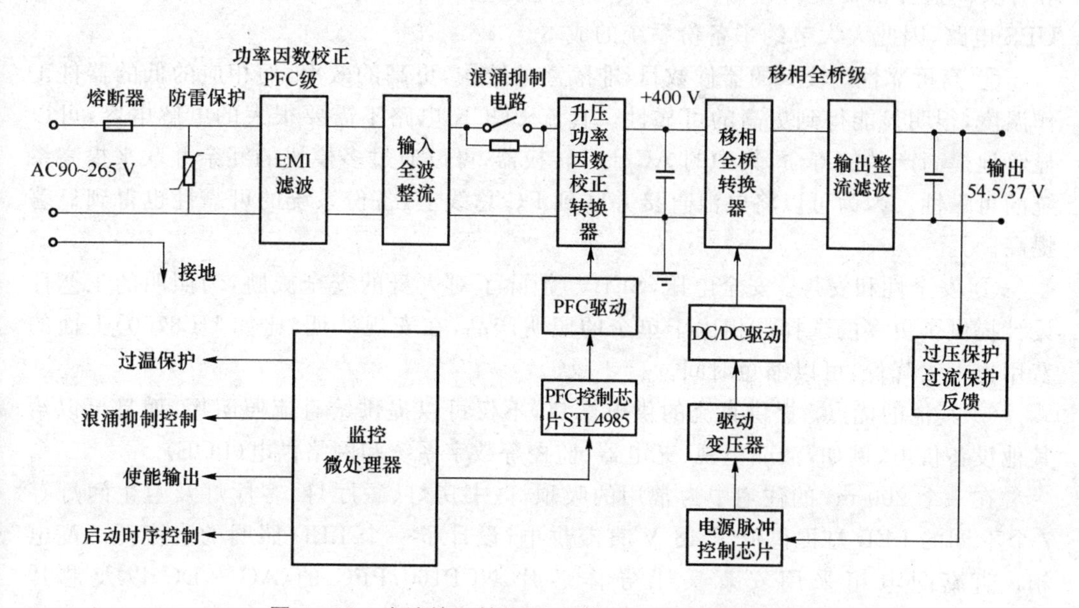

图 4-24 交流输入转换48 V直流总线的电路框图

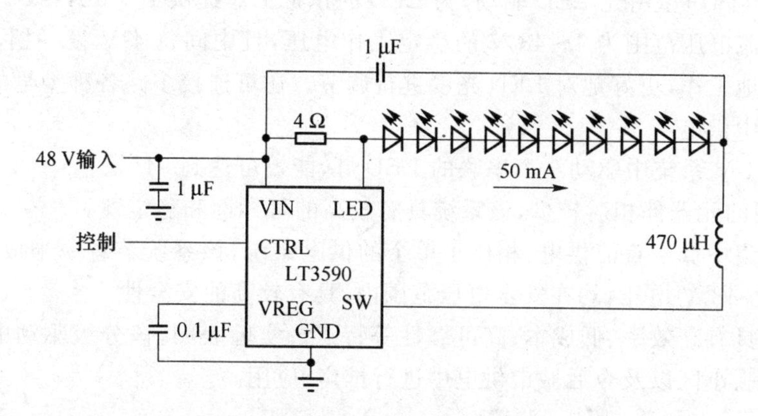

图 4-25 基于LT3590的48V输入LED直流驱动原理图

这种低压直流 LED 分级供电有比较明显的优点：

① 高效率。大功率的 AC/DC 转换器可以实现 93%的整体效率（最高可达 97%）。非隔离的 BUCK DC/DC 转换器，效率可达 96%。整体的系统效率可达 89%。

② 低成本。AC/DC 的转换器由小区/楼宇/房屋中央供电。小功率的非隔离的 DC/DC 转换器不需要全波整流，浪涌抑制，PFC 控制，器件数目比较少，它的成本比小功率的 AC/DC 低得多。因为没有隔离的要求，反馈电路和保护电路更容易设计。20 W 以下时，DC/DC 的电源成本只有 AC/DC 成本的 50%左右。另一个与成本相关的是配套设施的选择，比如电源线的选择，旧的 AC 电源线可以直接保留给 DC 照明系统使用，但是新建的照明系统的设计，安全电压（SELV）下的 DC 供电系统所需的电源线不需要加强的绝缘，因而大幅度降低了成本，某些应用中还可使用单线供电。相应的线管和开关的选择都要便利容易。因为可以将电池直接并联到 DC 总线上，不需要逆变的 UPS 电路，因此大大节约了备份系统的成本。

③ 高可靠性。较少的器件数目，非隔离的结构，更高的效率，而相应的低的器件工作温度，很明显能得到更高的可靠性。直流 BUCK 电路不需要很大的电解电容，可以显著地提高产品的寿命，集中的 AC/DC 转换器，可以通过多模块的冗余并联来提高系统的可靠性。因为可以将电池直接并联到 DC 总线上，备份系统的可靠性也得到显著提高。

④ 安全性和安规。安全电压（SELV）消除了对人身的安全威胁，为照明的工艺性设计提供了更多的选择。相比于单个的照明产品，在安规认证（比如 UL8750）上面的费用也大大降低，可以缩短时间。

⑤ 其他的优点。提供直流的供电端口，不仅可以提供给直流照明用，而且可以给其他设备供电，例如，液晶电视、充电器、监控等数字系统和网络供电（POE）。

在一个 200 m^2 的住宅中为常用的吸顶灯、书房灯、餐厅灯、客厅灯及卫生间灯等 7 个不同的 LED 灯提供低压 48 V 直流供电，设计了一个 LED 照明的直流低压配电箱。直流配电箱采用安森美半导体芯片 NCP1607PFC 的 AC - DC 以及芯片 NCP3065/6 的 DC - DC，集中提供 48 V 总线直流电压。LED 直流驱动采用凌力尔特芯片 LT3590 降压型白光 LED 驱动，为 LED 的正常工作提供 100 mA～2 A 的稳定工作电流和直流电压范围为 4～48 V 的稳定工作电压，且中间每 4 V 设一挡，保证 LED 能正常可靠地工作，更好地对 LED 光度进行调节。还可连接多路各种型号的 LED 灯，对其进行集中供电：

① 在 24 V 系统中驱动 7 个串联的 LED 灯，能效可达到 94%。

② 采用的元器件相对较少，该系统具有较高的可靠性和稳定性。

③采用集中低压直流供电，相比于单个的供电系统，该系统节省一半成本；又因为提供的是 4～48 V 电压，均在安全电压范围内，具有较高的安全性。

该电路具有高效率、低成本、高可靠性等特点。实验表明，该分级驱动电路是有效的，可在家庭、小区以及今后城市供电中进行推广、应用。

4.7　基于 PT4107 的家用和商用 LED 日光灯驱动器设计

4.7.1　PT4107 简介

LED 日光灯的 LED 灯条电源驱动方案有很多种，目前非隔离方案因其效率高而占主流，而用 PWM LED 驱动控制器来做 LED 日光灯驱动电源的又占绝大多数。PT4107 是一个典型的 PWM LED 驱动控制器，其内部拓扑结构如图4－26所示。

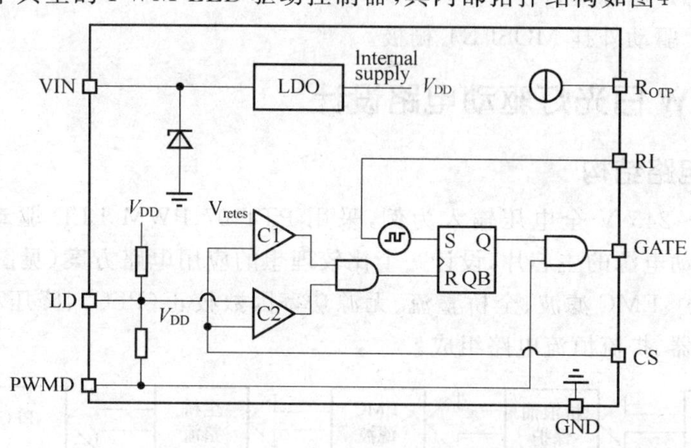

图 4－26　PT4107 内部拓扑结构

PT4107 是一款高压降压式 PWM LED 驱动控制器，通过外部电阻和内部的齐纳二极管，可以将经过整流的 110 V 或 220 V 交流电压钳位于 20 V。当 V_{in} 上的电压超过欠压闭锁阈值 18 V 后，芯片开始工作，按照峰值电流控制的模式来驱动外部的 MOSFET。在外部 MOSFET 的源端和地之间接有电流采样电阻，该电阻上的电压直接传递到 PT4107 芯片的 CS 端。当 CS 端电压超过内部的电流采样阈值电压后，GATE 端的驱动信号终止，外部 MOSFET 关断。阈值电压可以由内部设定，或者通过在 LD 端施加电压来控制。如果要求软启动，可以在 LD 端并联电容，以得到需要的电压上升速度，并和 LED 电流上升速度相一致。

PT4107 的主要技术特点：从 18 V 到 450 V 的宽电压输入范围，恒流输出；采用频率抖动减小电磁干扰，利用随机源来调制振荡频率，这样可以扩展音频能量谱，扩展后的能量谱可以有效减小带内电磁干扰，降低系统级设计难度；可用线性及 PWM 调光，支持上百个 0.06 W LED 的驱动应用，工作频率 25～300 kHz，可通过外部电阻来设定。

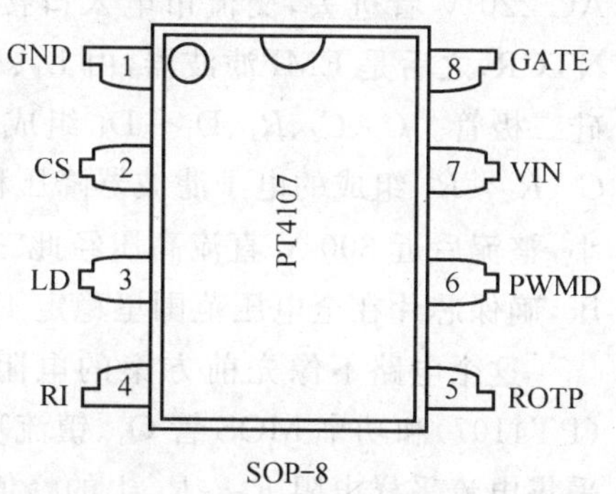

图 4－27　PT4107 封装图

PT4107 封装如图4－27所示，各引脚功能如下：

①GND　芯片接地端；

②CS　LED 峰值电流采样输入端；

③LD　线性调光接入端；

④RI　振荡电阻接入端；

⑤ROTP　过温保护设定端；

⑥PWMD　PWM 调光兼使能输入端，芯片内部有 100 kΩ 上拉电阻；

⑦VIN　芯片电源端；

⑧GATE　驱动外挂 MOSFET 栅极。

4.7.2　20 W 日光灯驱动电路设计

1. 驱动电路结构

以 AC 85～245 V 全电压输入为例，采用 PT4107 PWM LED 驱动控制器来做 LED 日光灯驱动电源的主芯片，设计一个比较理想的应用电路方案（见图4－28）。该方案由抗浪涌保护、EMC 滤波、全桥整流、无源功率因数校正（PFC）、降压稳压器、PWM LED 驱动控制器、扩流恒流电路组成。

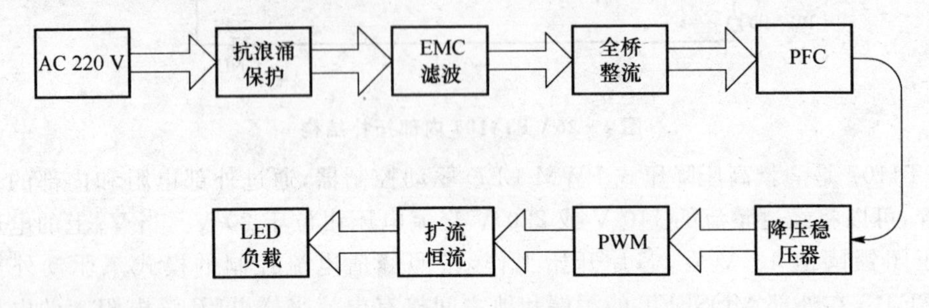

图 4－28　20 W 日光灯驱动电路框图

2. 电路分析

按此理念，设计成的全电压 20 W 日光灯开关恒流源电原理图如图4－29所示。从 AC 220 V 看进去，交流市电入口接有 1 A 熔断器 F_1 和抗浪涌负温度系数热敏电阻 NTCR，之后是 EMI 滤波器，由 L_1、L_2 和 C_{x1} 组成。BD1 是整流全桥，内部是 4 个高压硅二极管。C_1、C_2、R_1、D_1～D_3 组成无源功率因数校正电路。PT4107 芯片由 T_1、D_4、C_4、R_2～R_4 组成的电子滤波器降压稳压后供电，这个滤波器输入阻抗很高，输出阻抗很小，整流后近 300 V 直流高压经此三极管降压向 PT4107 VIN 提供 18～20 V 稳定电压，确保芯片在全电压范围里稳定工作。

这个电路不像先前方案的电阻降压电路那样耗能而发烫。PWM 控制芯片 U_1（PT4107）和功率 MOS 管 Q_1、镇流功率电感 L_3、续流二极管 D_5 组成降压稳压电路，U_1 采集电流采样电阻 R_6～R_9 上的峰值电流，由内部逻辑在单周期内控制 GATE 脚信号的脉冲占空比进行恒流控制。输出恒流与 D_5、L_3 的续流电路合并向 LED 光源恒流供电，改变电阻 R_6～R_9 的阻值可改变整个电路的输出电流，但 D_5、L_3 也要随之改动。R_5 是芯片振荡电路的一部分，改变它可调节振荡频率。电位器 RT 在本电路中不是用来调光，而是用来微调恒流源的电流，使电路达到设计功率。由于器件的分散性，批量生产时每一块电源板的输出电流会略有不同，在生产线上可用此电位器来调整每块电源板的输出电流。为保证已调好电源板的稳定性，一定要选用蜗轮蜗杆微调电位器，并在调好后滴胶固封。

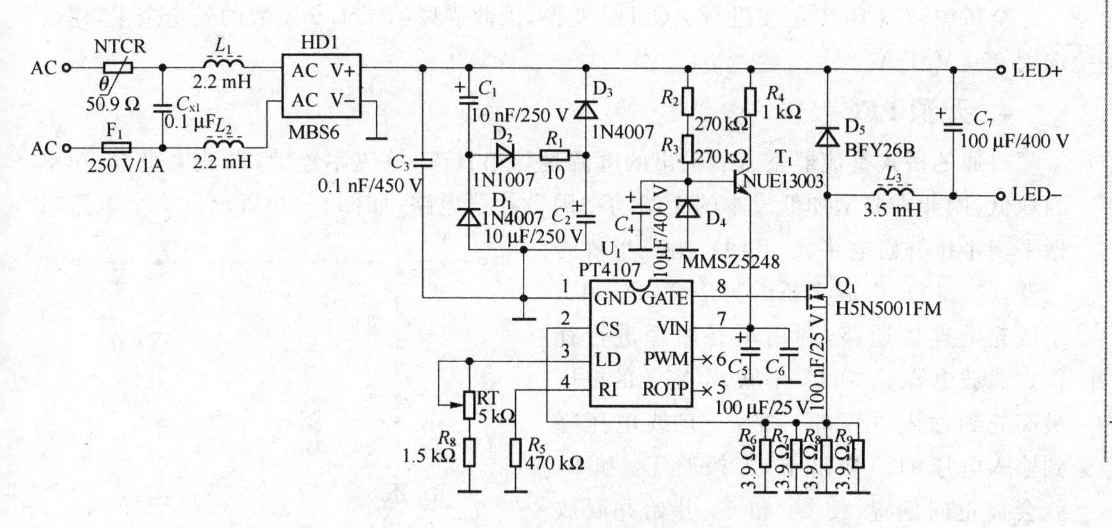

图 4-29 20 W 日光灯驱动电路原理图

该电路的参数是按 22 只 0.06 W LED 串联，15 串并联，驱动 330 只 60 mW 的白光 LED 负载设计的，每串的电流是 17.8 mA，设计输出 36～80 V/250 mA。改变 LED 数量需要修正 R_6～R_9 的参数。

PCB 板的排列是做好产品的关键，因此 PCB 板的走线要按电力电子规范要求来设计。该电路可同时用于 T_{10}、T_8 日光灯管，因两种灯管的空间大小不同，两块 PCB 板的宽度将不同，要降低所有零件的高度，以便放入 T_{10}、T_8 灯管。

4.7.3 关键电路的设计和元件参数计算

1. 抗浪涌的 NTCR

抗浪涌的 NTCR 选用 300 Ω/0.3 A 热敏电阻，如改变此方案的输出，比如增大电流，则 NTCR 的电流也要选大一些，以免过流自发热。

2. EMC 滤波

在交流电源输入端，一般需要增加由共轭电感、X 电容和 Y 电容组成的滤波器，以增加整个电路抗电磁干扰的效果，滤掉传导干扰信号和辐射噪声。本电路采用共轭电感加 X 电容器的简洁方式，主要还是出于整体成本的考虑，本着够用就好的设计原则。

X电容器应标有安全认证标志和耐压AC 275 V字样，其真正的直流耐压在2 000 V以上，外观多为橙色或蓝色。共轭电感是绕在同一个磁芯上的两个电感量相同的电感，主要用来抑制共模干扰，电感量在10～30 mH范围内选取。为缩小体积和提高滤波效果，优先选用高磁导率微晶材料磁芯制作的产品，电感量应尽量选较大的值。使用两个相同电感替代一个共轭电感也是一个降低成本的方法。

3. 全桥整流

全桥整流器BD1主要进行AC/DC变换，因此需要给予1.5系数的安全余量，建议选用600 V/1 A。

4. 无源PFC

普通的桥式整流器整流后输出的电流是脉动直流，电流不连续，谐波失真大，功率因数低，因此需要增加低成本的无源功率因数补偿电路，如图4-30所示。这个电路叫做平衡半桥补偿电路，C_1 和 D_1 组成半桥的一臂，C_2 和 D_2 组成半桥的另一臂，D_3 和 R 组成充电连接通路，利用填谷原理进行补偿。滤波电容 C_1 和 C_2 串联，电容上的电压最高充到输入电压的一半，一旦线电压降到输入电压的一半以下，二极管 D_1 和 D_2 就会被正向偏置，使 C_1 和 C_2 开始并联放电。这样，正半周输入电流的导通角从原来的75°～105°上升到30°～150°；负半周输入电流的导通角从原来的255°～285°上升到210°～330°(见图4-31)。与 D_3 串联的电阻 R 有助于平滑输入电流尖峰，还可以通过限制流入电容 C_1 和 C_2 的电流来改善功率因数。采用这个电路后，系统的功率因数从0.6提高到0.89。R 有浪涌缓冲和限流功能，因此不宜省略。

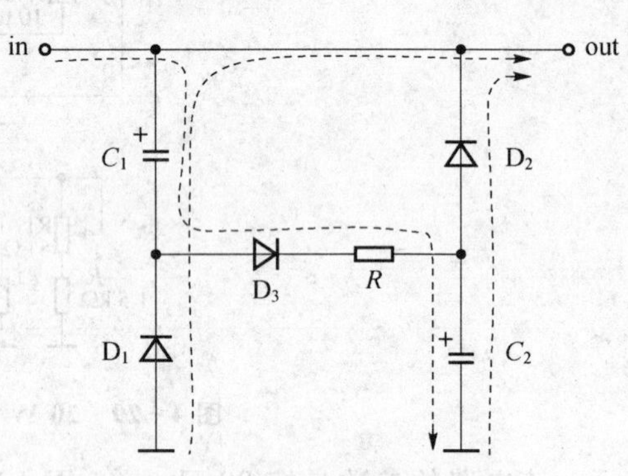

图4-30 平衡半桥PFC电路

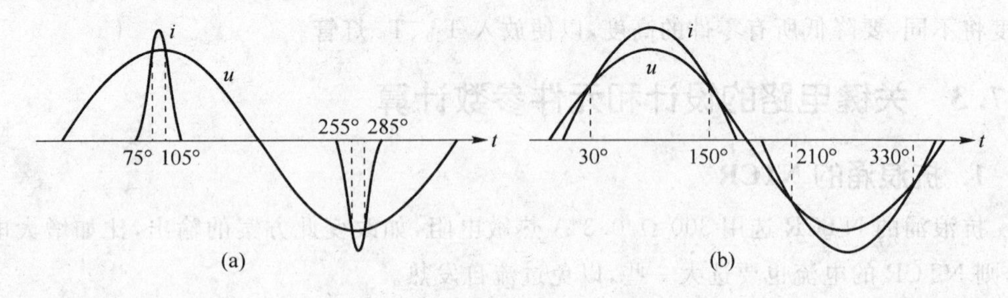

图4-31 平衡半桥PFC电路的效果

5. 降压稳压电路

给PT4107供电的电路是倍容式纹波滤波器，如图4-32所示。具有电容倍增式低通滤波器和串联稳压调整器双重作用。在射极输出器的基极到地接一个电容 C_4，由于基极电流只有射极电流的 $1/(1+\beta)$，相当于在发射极接了一个容值为 $(1+\beta)C_4$ 的大电容，这就是电容倍增式滤波器的原理。如果在基极到地之间再连接一个齐纳二极管，就是一个简单的串联稳压器。该电路能有效地消除高频开关纹波。注意，T_1 要选择双极型晶体管的 $V_{bce}>500$ V，$I_c=100$ mA。稳压二极管 D_4 要用20 V、0.25 W任何型号的小功率稳压管。

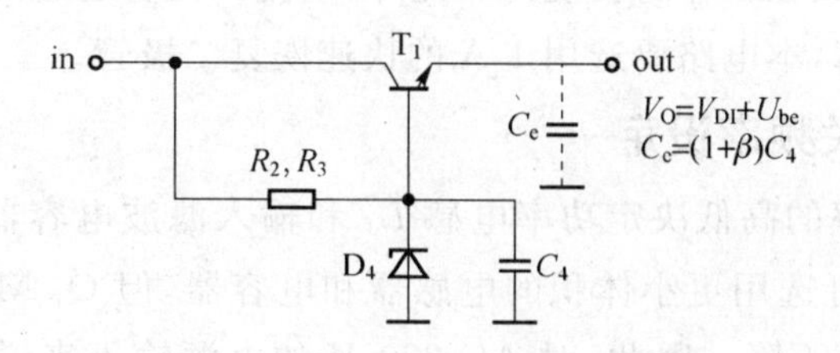

图4-32 倍容式纹波滤波器

6. 镇流功率电感

镇流功率电感 L_3 与Q1MOS管，以及 R_6、R_7、R_8、R_9 并联的电流采样电阻，是此电路恒流输出的三大关键元件。镇流功率电感 L_3 要求 Q 值高、饱和电流大、电阻小。标称3.9 mH的电感，在40～100 kHz频率范围里 Q 值应大于90。设计时要选用饱和电流是正常工作电流2倍的功率电感。本电路设计输出电流250 mA，因此选500 mA。选用功率电感的绕线电阻要小于2 Ω、居里温度大于400 ℃的优质功率电感。一旦电感发生饱和，MOS管、LED光源、PWM控制芯片就会瞬间烧毁。建议使用高磁导率微晶材料的功率电感，它可以确保恒流源长期安全可靠地工作。

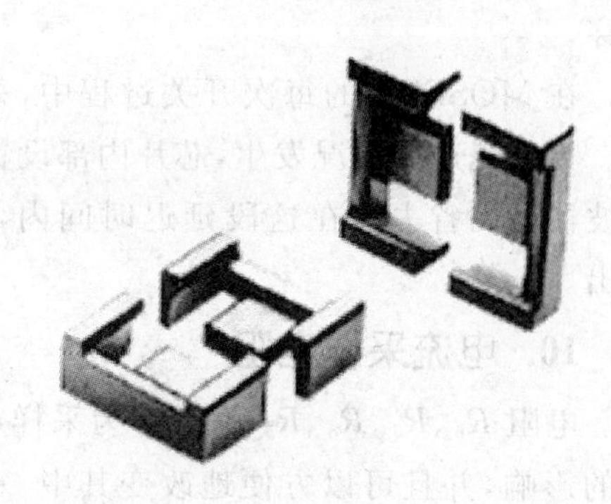

图4-33 EPC13磁芯

L_3 电感要选用EE13磁芯的磁路闭合电感器，或高度低一点的EPC13磁芯，如图4-33所示。现在LED日光灯大多数选用半铝半PV塑料的灯管，以帮助LED光源散热。工字磁芯电感器的磁路是开放的，当使用工字磁芯电感器的电源驱动板进入半铝半PV塑料灯管时，由于金属铝能使其磁路发生变化，往往会使已调试好的电源驱动板输出电流变小。

该电路是非隔离方案，其优点是效率比较高，增加无源PFC电路使功率因数有很大的改善。如按此电路生产产品要过MEI的传导，还要将该电路输入端的EMC电路中的两个电感改成正规的共轭电感器，增加Y电容器；X电容器和Y电容器应标有安全认证标志和耐压AC 275 V字样，其真正的直流耐压在2 000 V以上，外观多为橙色或蓝色。共轭电感是绕在同一个磁芯上的两个电感量相同的电感，主要用来抑制共模干扰，电感量在10～30 mH范围内选取。为了缩小体积和提高滤波效果，优先选用高磁导率微晶材料磁芯制作的产品，电感量应尽量选较大的值。如要过辐射，还要在半铝管的两端做好金属屏蔽。

7. 续流二极管

续流二极管 D_5 一定要选用快速恢复二极管，它要跟上MOS管的开关周期。如果在此使用1N4007，那么在工作时会烧毁。此外，续流二极管通过的电流应是LED光源负载电流的1.5～2倍，本电路要选用1 A的快速恢复二极管。

8. PT4107开关频率设定

PT4107开关频率的高低决定功率电感 L_3 和输入滤波电容器 C_1、C_2、C_3 的大小。如果开关频率高，则可选用更小体积的电感器和电容器，但 Q_1 MOSFET管的开关损耗也将增大，导致效率下降。因此，对AC 220 V的电源输入来说，50～100 kHz是比较适合的。PT4107开关频率设定电阻 R_5 计算公式如下：

$$f=\frac{25\ 000}{R}\Rightarrow R=\frac{25\ 000}{f}$$

当 $f=50$ kHz时，$R_5=500$ kΩ。

9. MOSFET管的选择

MOSFET管 Q_1 是本电路输出的关键器件。首先，它的RDS(ON)要小，这样它工作时本身的功耗就小。另外，它的耐压要高，这样在工作中遇到高压浪涌不易被击穿。

在MOSFET的每次开关过程中，采样电阻 R_6～R_9 上将不可避免地出现电流尖峰。为避免这种情况发生，芯片内部设置了400 ns的采样延迟时间。因此，传统的RC滤波器可以省去。在这段延迟时间内，比较器将失去作用，不能控制GATE引脚的输出。

10. 电流采样电阻

电阻 R_6、R_7、R_8、R_9 并联作为采样电阻，这样可以减小电阻精度和温度对输出电流的影响，并且可以方便地改变其中一个或几个电阻的阻值，达到修改电流的目的。建议选用千分之一精度、温度系数为 50×10^{-6} 的SMD(1206)1/4 W电阻。电流采样电阻 R_6～R_9 的总阻值设定和功率选用，要按整个电路的LED光源负载电流为依据来计算。

$$R(6-9)=0.275/I_{\text{LED}}$$

$$PR(6-9)=I_{\text{LED2}}\times R(6-9)$$

11. 电解电容器

LED光源是一种长寿命光源，理论寿命可达50 000 h，但是，应用电路设计不合理、电路元器件选用不当、LED光源散热不好，都会影响它的使用寿命。特别是在驱动电源电路里，作为 AC/DC 整流桥的输出滤波器的电解电容器，它的使用寿命在 5 000 h 以下，这成为制造长寿命 LED 灯具技术的拦路虎。本电路设计使用了 C_1、C_2、C_4、C_5、C_7 多只铝电解电容器。铝电解电容器的寿命还与使用环境温度有很大关系，环境温度升高电解质的损耗加快，环境温度每升高 6 ℃，电解电容器的寿命就会减少一半。LED 日光灯管内温度因空气不易流动，如电源驱动板设计不合理，管内温度会比较高，电解电容器的寿命因此大打折扣。选用固态电解电容器，也许是延长寿命的办法之一，但会导致成本上升。

应用 PT4107 可以设计以多只 0.06 W LED 光源串并联为负载的，电压输入为 AC 110 V 或 AC 220 V 的 T_{10}、T_8、T_5 的 LED 日光灯方案，以及类似应用的吸顶灯、满天星灯、野外照明工作灯、球泡灯等，也可设计以高亮度 1 W LED 光源串联为负载的 LED 庭院灯、LED 路灯和 LED 隧道灯。

4.8　基于 SA7527 的 25 W 办公室 LED 照明灯驱动电路设计

办公室是工作人员长期办公作业的地方，良好的办公室照明可以赢来愉悦舒适的气氛和高昂的工作热情，提高工作效率，办公室照明质量要求照明水平和均匀性，LED 照明非常适合设计办公室灯具，这里介绍的是基于 SA7527 芯片的办公室 LED 照明驱动电路的设计。

4.8.1　LED 驱动系统结构

结合 LED 驱动特性，以功率约为 25 W 的办公室照明灯组驱动电源的设计为实例。其中，使用 100 只 ϕ10 LED 灯珠，采用 LED 阵列连接形式，即：20 只灯珠串联，5 串并联。针对以上设计对象特性，设计的基于 SA7527 的 LED 驱动方案。其总体框图如图 4－34 所示。

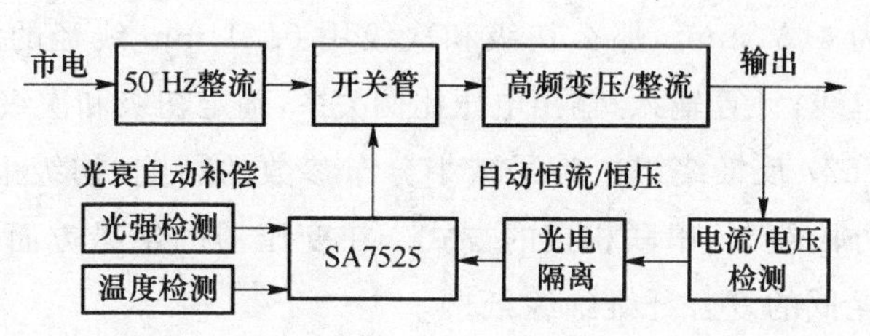

图 4－34　SA7527 的 LED 驱动电路框图

市电(50 Hz，90～264 V)经过 50 Hz 整流后，送入由高频变压器初级绕组和开关管组成的主回路，经高频变压、整流得到所需的输出。利用 SA7527 可以设计出周边电路简洁、低浪涌电流、高功率因素、低成本的 LED 驱动电源。该驱动器主要包括以下几个特性：①宽电压输入范围；②恒流/恒压特性；③自动光衰补偿功能。

4.8.2 LED驱动器原理图和主要部分设计

1. SA7527主控芯片介绍

该结构的主控制芯片采用8脚封装的SA7527，这是一块功能强大的芯片，除了通用的PWM控制芯片的功能外，还提供了内置RC滤波器、启动定时器、过电压保护、零电流检测、乘法器、内部带隙基准以及特殊防击穿电路等功能，内部框图如图4-35所示。

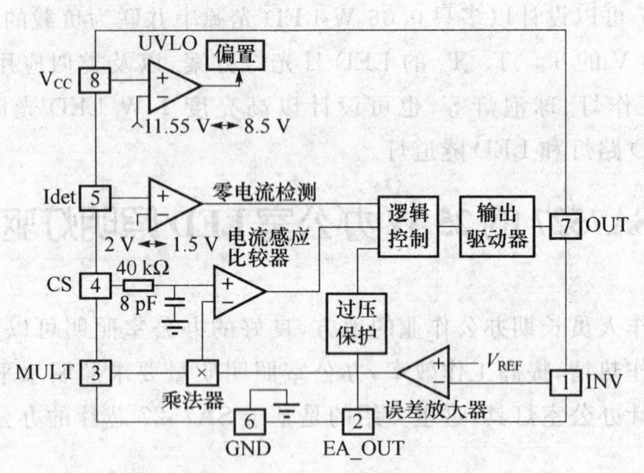

图4-35 SA7527的内部电路框图

2. 高频变压器设计

根据开关电源高频变压器的基本理论，输出功率25 W，开关频率取30 kHz时，选定变压器磁芯为EI25磁芯。这种结构的磁芯与环形磁芯相比具有线圈绕制方便、分布参数影响小、磁芯窗口利用率高、散热性好、系统绝缘可靠等优点；考虑到线包损耗与温升，把电流密度定为4 A/mm²，那么初级和次级用0.41 mm线径的漆包线绕制，反馈用0.19 mm的漆包线；计算输入/输出电压比例关系，确定初级和次级匝数比为120:40，另外再加8匝SA7527反馈绕组。为了减小分布参数的影响，初级采用双线并绕连接的方式，次级采用分段绕制、串联相接的方式。在变压器的绝缘方面，线圈绝缘选用抗电强度高、介质损耗低的复合纤维绝缘纸。

3. 功能单元设计

(1) 宽电压输入

把输入整流高压取样信号与输出的检测电压分别输入SA7527乘积运算的两个输入端引脚3和引脚2(MUL端子和SO端子)，运算结果作为PWM的控制信号；当输入电压降低时，乘积运算的结果减小，使PWM脉宽输出增大，保证了在宽输入范围条件下输出的稳定。

由于SA7527乘法器MUL端子的电压输入范围为0～3.8 V，为了保证输入电压的宽范围，我们设正常工作电压为2 V(近似中间值)。因此，高压分压电阻比为$R_5+R_1/R_5=270\ V/2\ V$(270 V近似为正常220 V交流输入的全波整流滤波后的电压值)，由于MUL端的输入电流最大为5 μA，若该取样电路的功率为1/8 W，那么$R_5+R_1\geqslant 900\ k\Omega$。故本设计取$R_1=2.7\ M\Omega$，$R_5=27\ k\Omega$。

(2) 恒流/恒压功能

利用输出端的电流取样和电压取样信号，通过光电耦合器件反馈到SA7527的反向控制输入端引脚1(INV端子)。当输出电流的取样电阻压降超过0.7 V时，流过光耦的电流主要受开关电源输出电流大小控制，此时开关电源工作在恒流输出状态；否则为恒压输出状态，并且输出电压大小取决于精密三端稳压TL431稳压大小。这样的自动恒流/恒压特性有力地保护了LED出现开路以及短路时可能导致的连锁性破坏。反馈信号隔离器选用光电耦合器PC817，它的电流传输比为1∶1，工作电压$V_{CE}>1$ V，正向工作电流$I_F>1$ mA。由于INV端子正常工作电压为2.5 V，若取电流/电压转换电阻$R_{10}=1\ k\Omega$，则光耦的前向工作的电流$I_F=2.5$ mA。因此，由三极管Q_3、电流取样电阻R_{18}和光耦PC817组成恒流反馈环节。当输出电流变化时，取样电阻R_{18}的压降引起Q_3基极电压的改变，使得通过光耦PC817的电流发生改变，从而达到稳流的目的。恒压输出大小由TL431精密稳压源确定。该稳压器的基准电压为2.5 V，并且工作电流为I_{RC}为1 mA，那么开关电源恒压输出时电压为$[(R_{17}+R_{19})R_{17}]\times 2.5$ V。根据输出恒压的大小以及电阻的功率可以确定R_{17}，R_{19}的取值。

(3)自动光衰补偿功能

由于PN结温度升高以及工作时间的增加将引起输出光通量减小，而驱动电流适当增大则可提高输出光通量。因此，为保持输出光强的稳定性，利用光敏电阻RW和热敏电阻RT实现光衰的自动补偿。当RT检测到LED工作温度升高时，MUL端子对地的等效电阻降低，MUL端子输入信号变小，使得输出电流大小随温度的升高而有所上升，有效地补偿了温度升高后LED光通量降低的矛盾。另外，PN结温度升高将引起PN结压降的升高，驱动电源可能过早地从恒流转入恒压工作的情况，从而影响LED光通量的稳定性。为此，在输出端子引入恒压输出电压补偿端子，当温度升高时，适当提高恒压启动的转折点电压，从而可靠地实现恒流/恒压功能。

4.8.3　25 W LED灯的设计实例

我们使用100只深圳市明学光电公司生产的$\phi 10$ LED，采用阵列的形式连接，并均匀地镶嵌在600 mm×600 mm的铝塑天花板上。对开发的25 W办公照明驱动电路(如图4-36所示)进行实际测试，输出功率约为25 W，工作电压约为63 V，驱动电流约为400 mA。

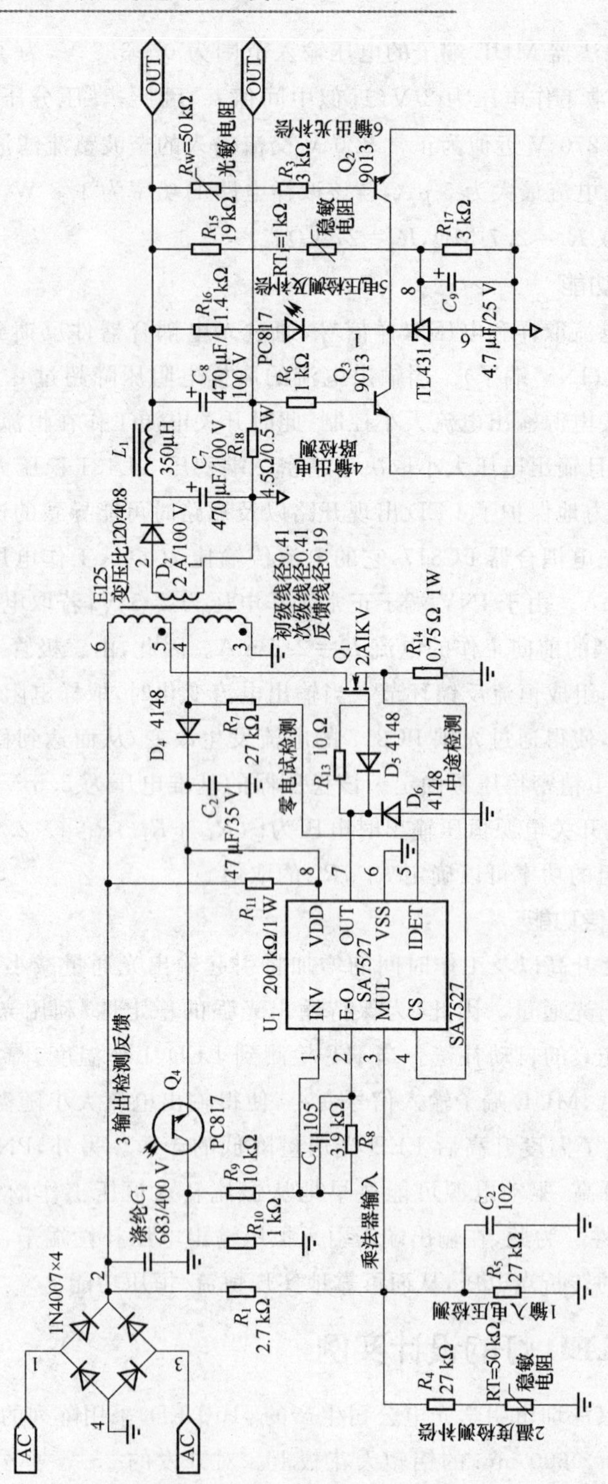

图 4－36　基于 SA7527 的 LED 驱动电源

在标准负载条件下，功率因数为0.92，效率为87.5%，电压输入范围达82～290 V，自动恒流精度±0.4 mA，过电压自动转入恒压功能，随着热敏电阻阻值的变化，恒流输出电流值发生相应的改变，最大变化幅度为8 mA。在实际运行时，电源输出的恒流大小设定为单只LED电流为72 mA〔标称值(80 mA)的90%〕，当LED结温升高引起光强度降低时，有利于加大恒流输出电流大小对光衰进行补偿。实际测试表明，中心光强为346 lx(勒克斯)，并且随着LED温度的升高中心光强衰减低于3%。

该驱动电路克服了常规LED驱动电路的缺陷，对LED温度升高引起的光衰进行了自动补偿。实际试验表明，该驱动电路高效、安全、可靠，可广泛用于各种LED产品的照明驱动。

4.9　基于VIPer12A的家用卫生间LED照明灯电路设计

卫生间需要明亮柔和的光线，最好选用高色温、高照度、高明亮的灯管或灯泡。卫生间的灯具还要具备防潮性，安全性，因为卫生间的灯开关频繁，而且使用时间不长，用白炽灯和节能灯的寿命都比较短，用LED照明非常合适。可以采用暖色LED发光管。本节介绍的是一款家用卫生间LED光源，这款家用卫生间照明灯采用美国科锐(Cree)公司生产的VIPer12A芯片，工作电压为AC 187～265 V，输出电压为自适应6～13.5 V，可以随意将2～4只白光LED串联使用，输出电流为350 mA，带短路保护。

4.9.1　VIPer12A简介

VIPer12/22A芯片是一种专用的电流模式PWM控制器，具有恒流输出特性，主要用来驱动发光二极管(LED)，或做电池充电适配器、电视机和监视器的备用电源、马达控制器的辅助电源等。

1. VIPer12A特点

VIPer12/22A含有一个高压功率MOS管，同控制器集成在一块硅片上，可以不用外接MOS管，共有8条引脚(功能引脚仅为4条)，如图4-37所示。内部的控制线路使芯片具有以下特点：

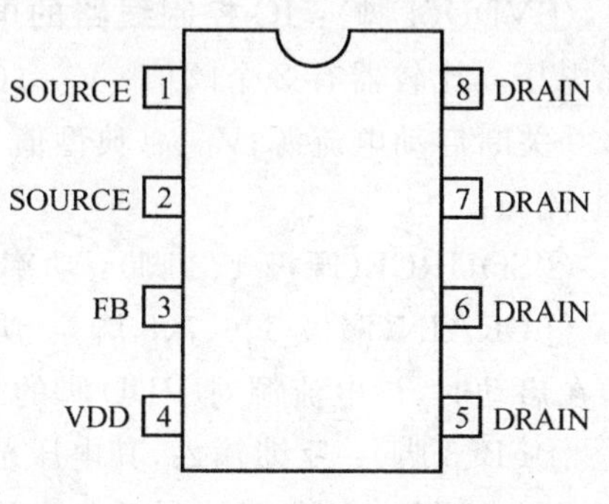

图4-37　VIPer12A外形图

- 采用脉宽调制，脉宽调制的开关频率是固定的，为60 kHz。
- VDD引脚电压范围很宽，为9～38 V，能够适应辅助电源的变化，这一点特别适合于充电器的应用(在充电时，电池电压逐渐上升，辅助电源电压也随之变化)。

- 在轻负载下(MOS管漏极电流只有最大极限值 I_{Dlim} 的12%时,例如几十毫安),电路进入自动突发模式(Automat IC burstmode,此时,为适应电路调整的要求,MOS管开通时间会变得很短,以致要丢失几个开关周期才出现脉冲,故称为突发模式);而在过压时,则工作在打嗝模式(Hiccupmode)。
- 采用电流模式控制的脉宽调制。
- VDD引脚有欠电压封锁功能,且有回差。
- 有过温、过流、过压保护功能,并能自动再启动。
- 驱动能力:在输入AC电压为195~265 V时,SO-8封装的IC为8 W,DIP-8封装的为13 W;在输入AC电压为85~265 V时,SO-8封装的IC为5 W,DIP-8封装的为8 W。

用VIPer12A或VIPer22A驱动LED时,根据LED的功率大小,所能驱动的LED数量如表4-4所列。

表4-4 VIPer12A和VIPer22A所能驱动的LED数量

器件型号	1 W LED I_0=350 mA	3 W LED I_0=700 mA	5 W LED I_0=1.05 A
VIPer12A	1~4只	1~2只	1只
VIPer22A	2~8只	2~4只	2只

由于每个管子的导通压降3.5 V,VIPer12A和VIPer22A的输出电压根据所驱动的LED数量,可能从最低的3.5 V到14 V。

2. VIPer12/22A的内部结构

VIPer12/22A的内部结构如图4-38所示。VIPer12/22A对外部的功能引脚为4条,即 V_{DD}、SOURCE(源极)、DRAIN(漏极)、FB。

①VDD(4脚):IC控制线路的电源,在IC内部,由一个有回差的比较器来监控 V_{DD} 电压。比较器有2个阈值:V_{DDon}(典型值为14.5 V),在此电压下器件开始开关振荡,并关断启动电流源;V_{DDoff}(典型值为8 V),在此电压下器件中断开关振荡,并接通启动电流源。

②SOURCE(源极1、2脚):功率MOS管的源极,电路的接地点。

③DRAIN(漏极5、6、7、8脚):功率MOS管的漏极,内部的高压电流源也连到此脚,在启动时,该电流源对VDD脚的外接电容充电。

④FB(3脚):反馈输入,其电压范围为0~1 V。通过反馈改变流入FB脚的电流及电压,来调整MOS管的漏极电流及输出电流。当FB脚电压为0时,漏极电流最大,并被限定为最大值 I_{Dlim}。

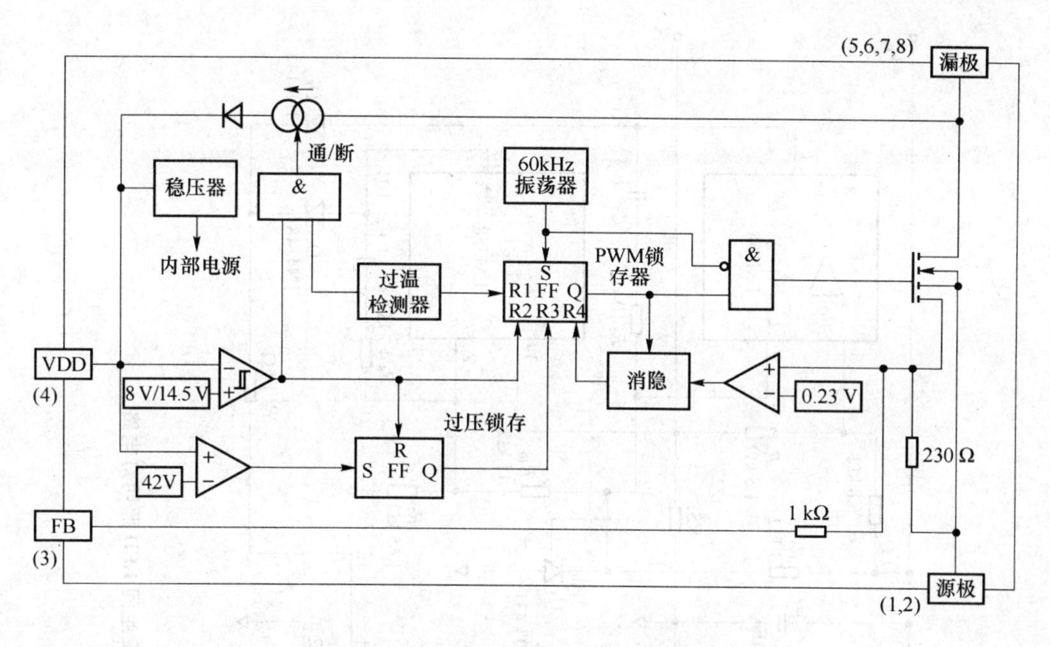

图4-38 VIPer12A内部拓扑图

4.9.2 家用卫生间LED照明灯电路设计

VIPer12/22A驱动电流在350 mA～1 A,在350 mA时发光效率可达到100 lm/W,完全可以用做家用照明,通常白光LED在350 mA工作电流时的电压为2.8～3.9 V,典型值为3.3 V,反向击穿电压为5 V,可视角为90°,温度系数为-4 mV,用4只这样的LED就可以做成一个家用LED灯,其照明效率达400 lm/W,可达到8 W荧光灯的发光效率。

首先用VIPer12A设计成一个离线式开关电源,采用光电隔离单端反激式拓扑结构,如图4-39所示。

VIPer12A内带一个PWM控制器和一个高压MOSFET(场效应管),当PWM控制输出为高电平时,场效应管导通,变压器TF初级开始储能,输出电压由变压器次级的输出电容C_5来维持,由于工作频率较高,所以输出电容不需要太大;当PWM控制输出为低电平时,场效应管截止,变压器次级开始向负载释放能量,同时对输出电容进行充电,整个过程通过光电耦合U_2的反馈支路进行控制。考虑到输出电压太高会引起VIPer12A本身损耗增大发热损坏,所以本电路应用低成本的双运放U_4(LM358)中的一个(U4:2)设计成电压控制环路,使该电源输出的最高电压控制在13.5 V左右,能够快速有效地保护电源工作在可控范围内;同时,为了控制LED的功耗,又用双运放U_4的另一个设计成电流控制环路,使LED工作在恒流350 mA左右,以满足LED的工作要求,并限制其自身功耗。

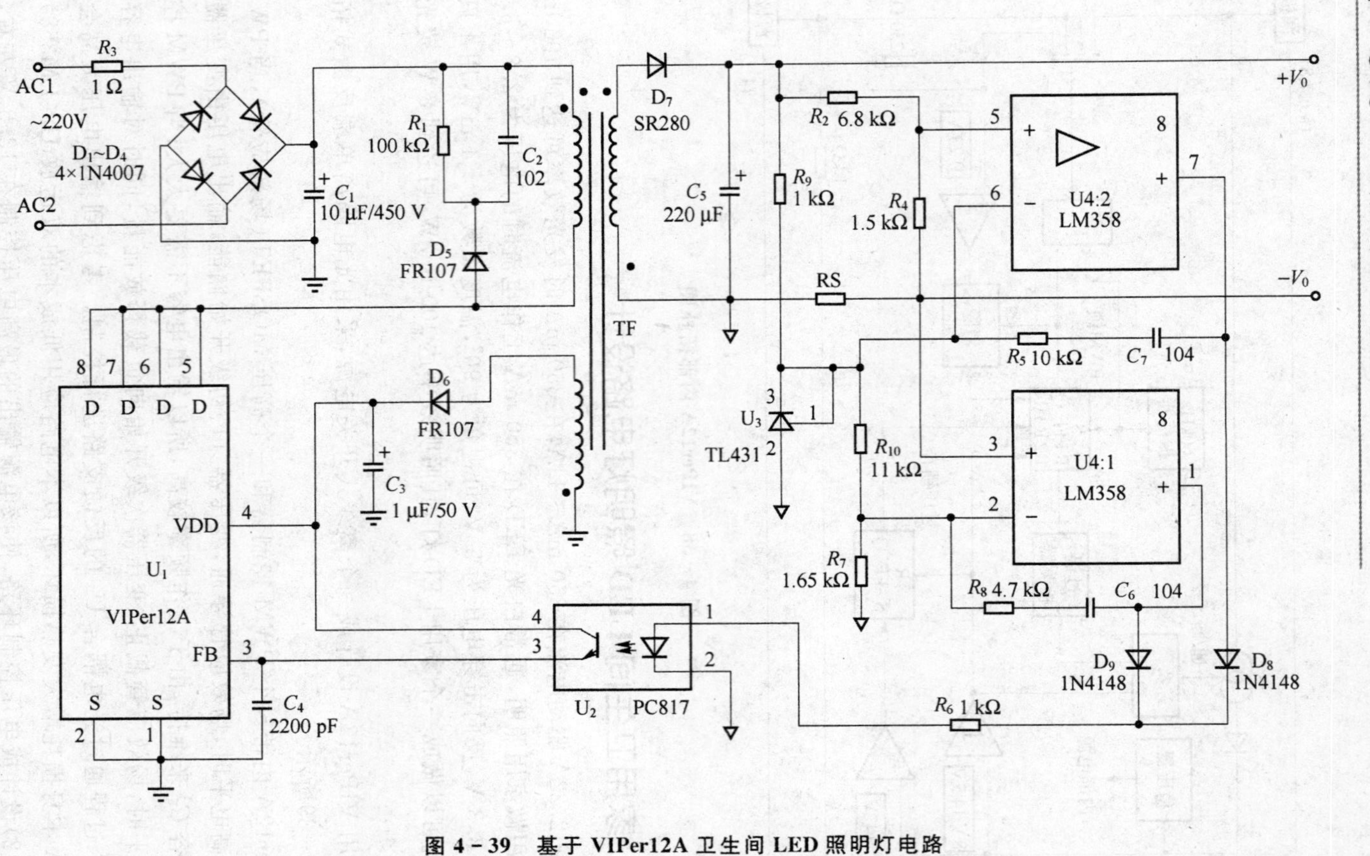

图 4-39 基于 VIPer12A 卫生间 LED 照明灯电路

双环路的控制可以提高本电源的可靠性和稳定性，为防止产生自激，两个环路各自增加了RC补偿网络本设计电路如图4-39启动时由芯片的高压源产生激磁电流，使输出建立电压，同时变压器辅助绕组随输出也建立电压，给VIPer12A供电，开始正常工作，RS为电流取样电阻，同时有过载保护作用。

本电源的核心是设计变压器，可以通过相关的设计工具或估算来进行，由于工作在60 kHz，使用的磁芯都为铁氧体材料，选用日本NiceraEI19铁氧体磁芯，初始磁导率为2 300 H/m，EI19铁氧体磁芯。图4-40所示为变压器引脚及外形图变压器。各绕组的计算与电源工作方式、电源输入电压范围、工作频率、脉冲占空比等诸多因素有关，过程较为复杂，而且结果不是唯一的，这里只把某一计算结果列出。初级线圈P_1、P_2为直径0.16 mm的高强度漆包线，112匝，初级电感量为2.0 mH；辅助线圈B_1、B_2为直径0.12 mm的高强度漆包线，50匝；次级线圈（输出绕组）S_1、S_2为直径0.32 mm的高强度漆包线，30匝。由于本变压器体积较小，主要考虑安全绝缘工艺：先绕辅助绕组，加一绝缘层；再绕初级绕组，加三层绝缘；最后绕次级绕组，外包绝缘层。注意同名端不能弄错。另外，需要注意的是，辅助绕组是在电源启动后提供芯片电源的，由于V_{DD}的正常范围为9～38 V，根据单端反激式电源的工作方式，该绕组与输出绕组同名端极性相同，它的计算依据次级线圈匝数和电压来确定，也就是说，辅助线圈与次级线圈的匝数比就是辅助电压与输出电压之比，当输出电压在6～13.5 V变化时，辅助电压V_{DD}必须在9～38 V的范围内；否则，该电源的性能指标就达不到设计要求。变压器绕组工艺示意图如图4-41所示。

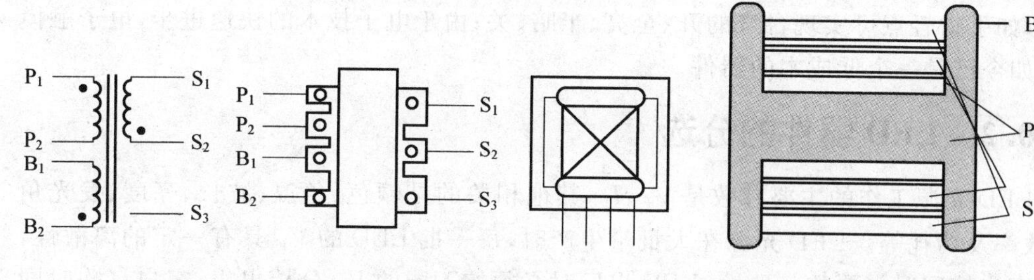

图4-40 变压器引脚及外形图

图4-41 变压器绕组工艺示意图

4.10 基于PT4115的LED台灯电路设计

台灯是家家户户都在使用的普通灯具，这几年高亮度的LED光源因其制造技术突飞猛进，而其生产成本又节节下降，如今台灯得以使用LED光源作为高亮度、高效率、省电、无碳排放的照明光源。

4.10.1 LED台灯结构

遵循安全第一的民用电器的设计理念，LED光源是一种低电压直流恒流源的发光器件，不能用100～220 V的交流高压电直接点亮，因此，LED台灯方案的设计思路是，首先要将高压的交流电变换成低压的直流恒流源，才能点亮LED光源。使用最经济有效的方法降压和进行交直流变换是设计的首要考虑，当今便携式电子产品使用交流电源的交直流降压变换器——适配器（Adapter）就成了既经济实惠，又现成、好用的首选。适配器的输出电压要求稳定在DC 12 V，输出电流要根据LED的光源的功率来选择，一般要给予30%的余量，以3×1 W的白光LED光源为例，1 W的白光LED的标准工作电流应为350 mA，因而3只LED串联其电路需要的电流也是350 mA，考虑到延长LED寿命和降低光衰，可以设计为300～330 mA，不会明显地影响LED发光的亮度，所以适配器的输出电流应选750 mA～1 A。

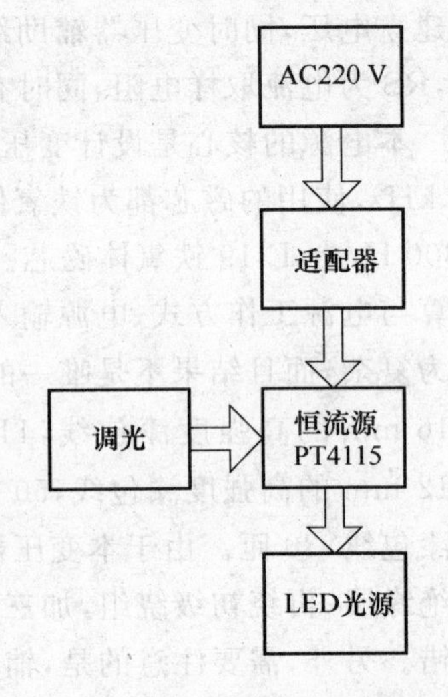

图4-42 LED台灯电路方框图

一种简洁实用的LED台灯方案如图4-42所示。AC 220 V经由适配器在灯具外的安全降压变换，向LED台灯提供稳定的12 V直流电源，在台灯底座壳内安置恒流源电源板，将直流电压变换成稳定的直流恒流源，以满足LED光源发光的技术要求。在直流恒流源前可加一电源开关，以便在台灯不用时可关断直流电源，但不能关断220 V交流电源，因此不用时应从墙上取下适配器的电源插头，这也是这个实用方案的唯一“缺点”。如不想采用机械开关，并想要一个更有创意的设计，可选用电子触摸开关，如手指轻点可实现台灯的开、全亮、半暗、关；由于电子技术的快速进步，电子触摸开关如今已是一个低成本的器件。

4.10.2 LED器件的分选

LED光源工作的主要参数是V_F、I_F，其他相关的是颜色、色温、波长、亮度、发光角度、效率及功耗等。LED光源在大批量生产时，每一批LED的V_F具有一定的离散性，为了客户使用时需要的一致性，LED出厂时必须按不同的V_F分档出售；客户订购时同一批灯具需用的LED光源必须选用同一档次V_F的或相邻档次的，否则会导致同一批生产的LED灯具亮度有差异；LED的I_F工作电流按应用需要选用，不同的电流档次不能混用。

4.10.3 恒流芯片PT4115介绍

PT4115是一款连续电感电流导通模式的降压恒流源，适合绿色照明LED灯的驱动电路。它具有较宽的直流8～30 V输入电压范围，击穿电压大于45 V，输出200～1 200 mA恒定直流，可满足驱动点亮1～7只串联的大功率LED或N只串并联的小功率LED，驱动恒流大小可按应用方案设定。

PT4115采用频率抖动技术有效地改善EMI；采用从满量程向下到零的PWM调

光；安全可靠，调光比可达5 000∶1；采用SOT89－5的封装，如图4－43所示。芯片的管芯可通过直接连通到封装外的金属板散热，导热十分有效；PT4115内部设置了过温保护功能，以保证系统稳定可靠的工作。当IC芯片温度超出160 ℃，IC即会进入过温保护状态并停止电流输出，而当温度低于140 ℃时，IC即会重新恢复至工作状态。

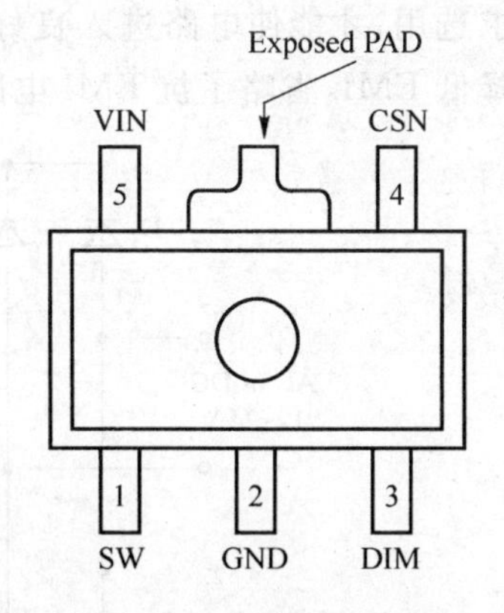

图4－43　PT4115引脚图

PT4115可利用模拟调光的原理以及温度对LED电流的负反馈实现LED灯具动态温度控制，只要在调光端（DIM端）加一热敏电阻或PN结即可。加上整流桥PT4115可应用于交流12 V、24 V供电的LED灯具。PT4115的工作效率高达97％，是真正的绿色驱动IC，PT4115被广泛应用于使用LED灯的MR11、MR16、水灯、路灯等各类LED灯具。

PT4115主要参数如下：

- 输入范围为8～30 V，击穿电压大于45 V；
- 输出电流高达1.2 A，内置大功率MOSFET；
- 效率高达97％；
- 超低的关断电流；
- ±5％输出电流精度；
- LED开路保护；
- 模拟PWM调光功能选择，高达5 000∶1的PWM调光比；
- 内部含有抖频特性，有效地改善了EMI。

恒流驱动芯片PT4115的5脚封装的引脚图如图4－43所示，其引脚描述如下：

引脚1：SW，功率开关的漏端；

引脚2：GND，信号和功率；

引脚3：DIM，开关使能、模拟和PWM调光端；

引脚4：CSN，电流采样端，采样电阻接在CSN和VIN端之间；

引脚5：VIN，电源输入端，必须就近接旁路电容。

4.10.4　LED光源驱动电路

LED光源的驱动电路就是把12 V直流电压变换成稳定的恒流源，电路的设计本着删繁就简、节省成本的原则，应该从能完成这个电路设计要求的众多LED驱动芯片中选择集成度高、性能较好、应用电路简单、价格较平的性价比有优势的芯片。因此，选择驱动电路外围器件少的驱动芯片是生产成本的首要考量。

PT4115用于1～6 W的白光LED光源驱动方案时只需4个零件如图4－44所示。C_{IN}是输入滤波电容，R_S设定流过LED的电流I_F，$R_S=0.1/I_{LED}$；L是续流电感，D_5是续流二极管。因适配器已提供12 V的直流电压，原图为交流电压输入整流用的桥式整

流器 D_1～D_4 可省略。虽然零件少了，但对零件的要求更高，设计时需按表4－5所列的要求选用，才能使电路进入良好的工作状态。PT4115的开关频率采用抖频技术能有效降低EMI，省略了抗EMI电路。

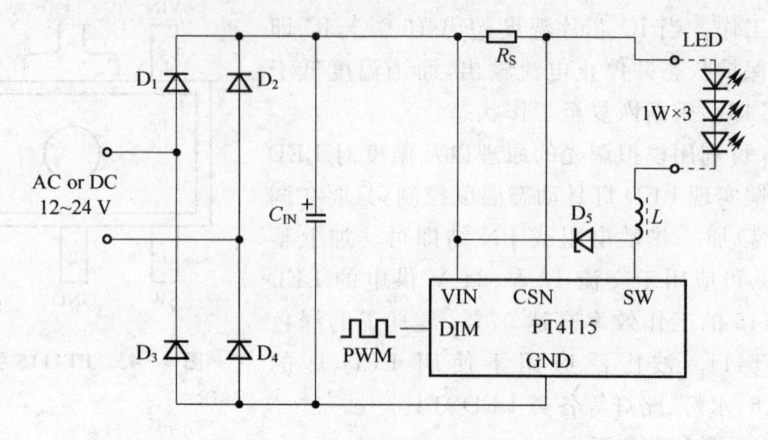

图4－44 基于PT4115的LED台灯电路

表4－5 关键元件的选择

元件名	元件参数	输出电流参数
R_S	精度大于1%	$R_S=0.1/I_{LED}$，比如要输出350 mA，则 $R_S=0.1/0.35=0.285\ 7\ \Omega$
C_{IN}	100 μF/50 V	输出电流小于400 mA
	100 μF/50 V	输出电流大于400 mA
	有续流储能和滤波功能，电容量不宜过小	
D	SS14	输出电流小于400 mA
	SS24	输出电流大于400 mA
	导通压降低于0.3 V的肖特基二极管，可以提高系统效率	
L	33～47 μH(饱和电流＞1.8 A)	输出电流在800～1 200 mA
	47～68 μH(饱和电流＞1.2 A)	输出电流在400～800 mA
	68～100 μH(饱和电流＞0.6 A)	输出电流小于400 mA
	DCR越小，效率越高，选用EPC13锰锌4000磁芯。选用额定电流大于工作电流的1～1.5倍	
整流管	正向压降尽可能低的肖特基二极管，可能有效降低系统消耗	

LED光源驱动芯片的恒流精度对于LED灯具生产厂家而言是至关重要的，目前LED光源驱动IC的恒流精度批量生产时都会有一定的离散性，LED灯具生产厂家在批量生产调试时，同样的电源、同样的LED光源负载、同样的恒流源电源板，因同一型号的不同驱动IC其恒流精度的个性差异会导致恒流源电源板输出电流产生一定的公差，使同一LED光源负载的发光亮度有所不同，这就会增加恒流源电源板大批量生产时在线调试的时间，影响生产力。因此，恒流源电源板生产厂家应选用恒流精度高的驱动IC，恒流精度至少要小于±3%，如是±1%更理想，但其价格会高于±3%的产品。

电感的选择以3×1 W的高亮度白光LED光源的设计方案为例，3个1 W的LED

光源串联，其工作电流可设计为300～350 mA，L的电感量应选用68～100 μH，Q值大于50，饱和电流大于800 mA的磁路闭合电感器。

PT4115的设计最佳工作频率在1 MHz以下，电感量大了，会影响其工作频率，本方案的电感设计在68 μH以上，这样系统工作频率可以控制到1 MHz以下。电感量小了，工作频率趋高，由于PT4115内部电流检测电路响应速度限制，对内部电流正常检测出现影响，不能更好地实现对内部开关的导通/关断控制。另外，由于高频率会带来较大的开关损耗，使芯片运行在较高的结温下，电应力加大，不利于稳定工作。电感量太小，还会导致PT4115的SW端烧坏，而无输出。

电感的DCR越小，效率越高。建议选用EPC13锰锌4000磁芯。电感器的饱和电流选小了，D_5肖特基二极管的电流选小了，将会导致整个电路的续流不足，LED光源会产生人眼可见的闪光。将电感器的饱和电流和肖特基二极管的电流适当增大即可增大整个电路的续流电流，消除因此产生的闪光。

4.10.5 适配器的选择

适配器为本方案LED台灯提供稳定的交流电源到交直流降压变换，它的实时带载输出能力将影响本方案LED台灯的性能，用于本方案3×1 W白光LED台灯的适配器，它在带载时输出电流应大于1 A，电压应稳定在DC 12 V。有些带载能力差的适配器，连接上本方案LED光源负载时，其实时输出电压会跌落到7 V，甚至6.5 V，对于工作电压从8 V开始的LED驱动IC，届时会进入欠压保护状态而停止工作，一旦驱动IC停止工作，电压又回升至12 V，LED驱动IC再次进入工作状态，如此周而复始，使LED台灯出现人眼可见的闪光。此时，只有更换带载能力好的适配器才能使LED台灯正常工作。同时应选用工作电压范围自6 V初始的LED驱动IC，也可降低对适配器的选择要求，以降低生产配套成本。

在本LED台灯方案总体设计时，要考虑能通过EMI的传导与辐射的规定，通过EMI的传导与辐射规定的关键是电源变换器，因此要选用能通过EMI，甚至能通过CE、UL的适配器来配套，以便生产的LED台灯能出口欧美日市场。恒流源电源板因使用的驱动IC是DC/DC开关器件，工作时开关频率会产生辐射，因此内置在台灯底座金属壳内可有效降低辐射，机械结构设计时应考虑金属底座内的磁路屏蔽。

4.11 基于MAX16820的5 W MR16 LED射灯的驱动电路设计

MR16射灯(MR16代表灯的杯口径为50 mm)广泛应用于专业仓储和室内装饰照明。常用的MR16射灯一般都是采用卤素灯，它的功耗在10～50 W，输出光通量为150～800 lm，等效的发光效率为15 lm/W。卤素灯的典型寿命为2 000 h。此外，卤素灯的灯丝应避免出现大幅度的震动，以免灯泡过早失效。LED技术提供了一个更具有成本效益的替代方案。比如，最新5 W高亮度LED和10 W高亮度LED的典型发光效率为45 lm/W。在实际应用中，5 W LED可输出155 lm，10 W LED输出345 lm。可以看出，当输出光通量相同时，LED灯的功耗仅为卤素灯的50%。此外，当LED工作结温不超过120 ℃时，LED工作50 000 h后仍保持90%的输出光通量。

4.11.1　MAX16820简介

MAX16820是Maxim公司推出的降压恒流高亮度LED(HB LED)驱动器，为汽车内部/外部照明、建筑和环境照明、LED灯泡如MR16和其他LED照明应用提供具有成本效益的解决方案。

MAX16820工作于4.5～28 V输入电压范围，并且有一个5 V/10 mA片上稳压器。输出电流由高边电流检测电阻调节，专用PWM输入(DIM)可实现宽范围的脉冲式亮度调节。

MAX16820非常适合需要宽输入电压范围的应用。高边电流检测和内置电流设置电路可使外部元件的数量最少，并可提供±5%精度的LED电流。在负载切换和PWM亮度调节过程中，滞回控制算法保证了优异的输入电源抑制和快速响应。MAX16820具有10%的纹波电流。这些器件可工作于高达2 MHz的开关频率，从而允许使用小型元件。

MAX16820可工作于－40～＋125 ℃汽车级温度范围，可提供3 mm×3 mm×0.8 mm，6引脚TDFN封装。

MAX16820 HB LED驱动器仅需一个外部MOSFET和少量无源器件即可驱动高达3A电流的LED。每个器件最多可驱动6只串联LED，提供从1 W到25 W以上的输出功率，效率高达94%。同时，高压电流检测放大器和高达2 MHz的开关频率可进一步降低对空间和元件数目的要求。该系列器件高度集成，可大大降低功耗，提高可靠性，同时也降低了生产成本，可理想地用于MR16 LED(替代传统MR16卤素灯)灯光源以及汽车前、后照明灯(RCL、DRL以及雾灯)。

与驱动HB LED的通用降压控制架构不同，MAX16820驱动器采用滞回控制。利用这一控制技术，驱动器可以保证在PWM调光期间的快速瞬态响应和快速通/断控制，PWM调光技术通过专用的DIM输入实现较宽的调光范围(高达5 000:1)或极高的调光开关频率(高达20 kHz)。滞回控制具有较高的输入电源抑制比，并可快速响应LED调光。器件无需控制环路补偿，简化了设计并同时减少了元件数目。

MAX16820的特点如下：

- 高边电流检测；
- 专用亮度调节控制输入；
- 20 kHz最高亮度调节频率；
- 滞回控制：无需补偿；
- 开关频率高达2 MHz；
- LED电流精度为±5%；
- 可调恒定LED电流；

➢ 输入电压范围为4.5～28 V；

➢ 输出功率超过25 W；

➢ 5 V,10 mA片上稳压器。

4.11.2 LED射灯的恒流驱动电路设计

在MR16射灯电路的设计中，选用LedEngin公司的5 W LED，电路原理图如图4-45所示。

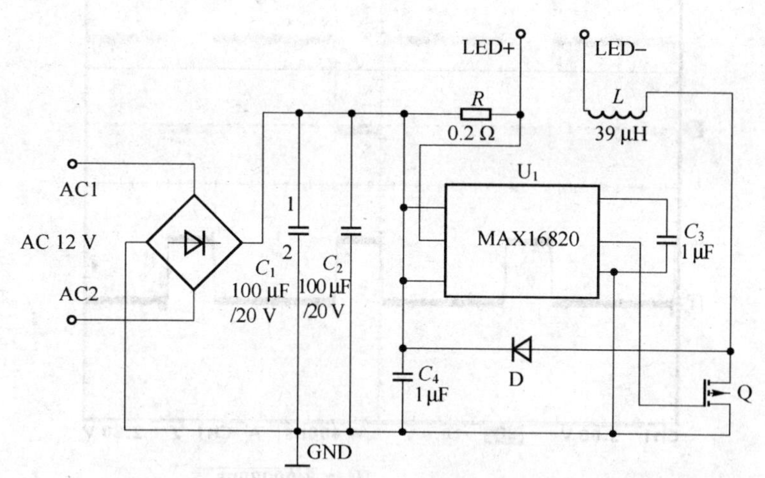

图4-45 基于MAX16820的5 W MR16 LED灯驱动电路

在图4-45的5 W MR16 LED灯的驱动电路中，电源部分由二极管整流桥D_1～D_4、100 μF滤波电容C_1和C_2和降压型转换器电路组成，其中降压型转换器电路包含了LED驱动器MAX16820、电感(L)、功率MOSFET(Q)、续流二极管(D)和检流电阻(R)。

5 W的高亮度LED需要1 A的驱动电流，因此降压型LED驱动电路被设计成可以提供1 A的直流输出电流。这里采用滞环电流控制方法来控制降压电感电流（即LED电流）。MAX16820所采用的滞环电流控制方法使驱动电路非常简单，且具有很高的鲁棒性，从而保证7%的LED电流精度。

为保证5 W LED在整个交流电源线频率周期内正常工作，在整流桥输出端并联了滤波电容来限制输出电压的波纹。该电容的电容值不小于200 μF，可以选用220 μF/25 V的钽电容或电解电容。

为保证足够高的输出电流精度，电感电流的最大变化率di/dt要小于0.4 A/μs。在图4-45中，电感上的最大电压为$V_{L,\max}$，电感值可通过下式计算得到：

$$V_{L,\max}=V_{\text{AC\_IN}}\times(1+\delta)\times\sqrt{2}-V_{\text{O}}$$

$$L=\frac{V_{L,\max}}{\text{d}i/\text{d}t}$$

若$V_{\text{AC_IN}}=12$ V、$\delta=10\%$、$V_{\text{O}}=3.6$ V，则电感值大于37 μH，其标准值为39 μH。这里，δ为输入交流电压的允许波动百分比、V_{O}为LED正向电压。这里的输出电流纹波百分比为10%。

当直流滤波电容为 200 μF 时，直流电压的纹波为 8.5 V。采用滞环电流控制方法的 MAX16820 表现出很好的电源电压调节特性，使得 LED 驱动电流的纹波非常小。即使 5 W MR16 LED 灯驱动电路的输入交流电压纹波大于 8.5 V，输出 LED 电流仍保持 1 A。

图4－46的通道一为 MOSFET 栅极驱动波形，通道二为 MOSFET 漏源极的压差波形。

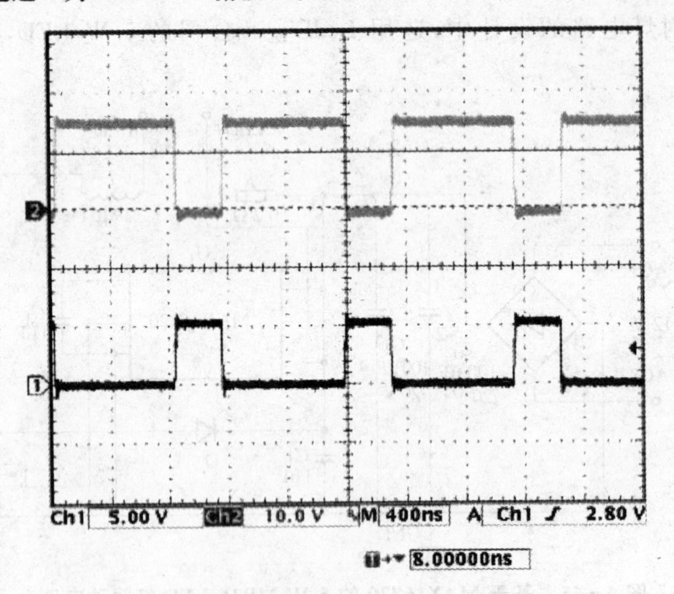

图 4－46　MOSFET 栅极驱动波形和源级压差波形

在高亮度 LED 的应用中，如果要保证使用 50 000 h 后的输出光通量仍为原来的 90％以上，则要限制 LED 的结温，使其低于 120 ℃。采用散热器是将 LED 的热量传导到空气中的低成本方案。5 W MR16 LED 灯具采用散热器散热，LED 驱动电路的 PCB 就安装在散热器的背面。

值得注意的是，MR16 灯具的独特外形本身就与散热器很相似。卤素灯具主要将热辐射到空气中，而这款 LED 灯直接将热传导到散热器，再通过对流将热散发到周围空气中。

与其他的低功率 LED（1 W 和 3 W LED）方案相比，采用了 5 W LED 和 MAX16820 的高功率 MR16 的输出光通量显著增加，无需采用多灯级联方式就可以达到 10 W 卤素灯的照明水平。

4.12　基于 BP2808 的高效能 LED 照明日光灯驱动电路设计

4.12.1　BP2808 的基本工作原理

1. BP2808 概述

BP2808 是专门驱动 LED 光源的恒流控制芯片。BP2808 工作在连续电流模式的降压系统中，芯片通过控制LED光源的峰值电流和纹波电流，从而实现LED光源平均电流的恒定。芯片使用非常少的外部元器件就实现了恒流控制、模拟调光和PWM调光等功能。系统应用电压范围从直流12 V到600 V，占空比最大可达100%；适用于交流85～265 V宽电压输入，主要应用于非隔离的LED灯具电源驱动系统。BP2808采用专利技术的源极驱动和恒流补偿技术，使得驱动LED光源的电流恒定，在交流85～265 V范围内变化小于±3%。结合BP2808专利技术的驱动系统应用电路，使得18 W的LED日光灯实用方案，在交流85～265 V范围内系统效率高于90%。在交流85～265 V输入范围内，BP2808可以驱动从3 W到36 W的LED光源阵列，因此广泛应用于E14、E27、PAR30、PAR38、GU10等灯杯和LED日光灯。

BP2808具有多重LED保护功能包括LED开路保护、LED短路保护、过温保护。一旦系统故障出现的时候，电源系统自动进入保护状态，直到故障解除，系统再自动重新进入正常工作模式。复用DIM引脚可进行LED模拟调光、PWM调光和灯具系统动态温度保护。BP2808采用SOP-8封装，如图4-47所示。各个引脚的功能如表4-6所列。

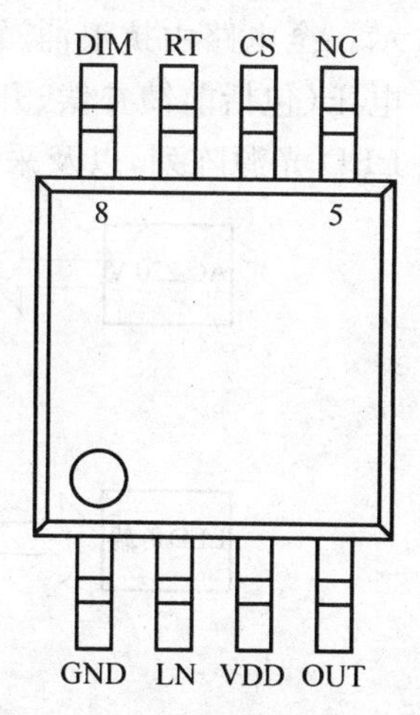

图4-47　BP2808引脚图

表4-6　BP2808的引脚功能

引脚号	引脚名	描　述
1	GND	信号和功率地
2	LN	峰值和阈值的线电压补偿，采样LN和VDD之间的电压
3	VDD	电源输入端，必须就近接旁路电容
4	OUT	内部功率开关的漏端，外部功率开关的源端
5	NC	悬空
6	CS	电流采样端，采样电阻接在CS和GND端之间
7	RT	设定芯片工作关断时间
8	DIM	开关使能，模拟和PWM调光端

2. BP2808的特点

- 系统应用电压范围为12～600 V直流电压输入，支持交流85～265 V输入；
- 占空比为0～100%；
- ±5%的输出电流精度；
- 高达93%的系统效率；
- LED短路保护、LED开路保护；
- 芯片内部过温保护；
- 复用DIM引脚进行LED模拟调光、PWM调光和系统动态温度补偿。

4.12.2　LED日光灯应用典型方案设计

LED日光灯的光源灯条电源驱动方案有很多种，目前非隔离方案因其效率高、体积小、成本低而占主流，而用PWM LED驱动控制器来做LED日光灯驱动电源的又占绝大多数。事实上传统的荧光日光灯都是非隔离方案。

以AC 176～264 V全电压输入为例，采用BP2808为主芯片来设计负载为小功率多只LED光源多串、多并的LED日光灯时，整个系统方案的设计方框图如图4－48所示。全电路由抗浪涌/雷击保护、EMC滤波、全桥整流、无源功率因数校正(PFC)、启动电压(包括前馈补偿、开机后的馈流供电、驱动变软)、恒流补偿、PWM控制、源极驱动、LED光源阵列，以及采样电阻、T_{OFF}时间设定、储能电感、续流二极管等各部分组成。

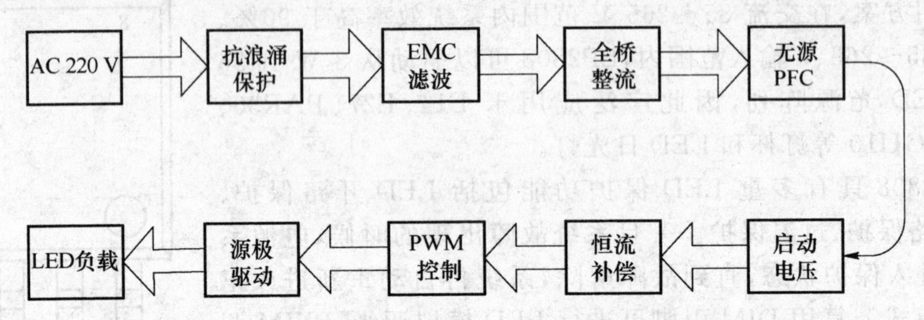

图4－48 LED日光灯系统方案设计方框图

LED光源阵列设计为0.06 W白光LED(SMT或草帽灯)24只串联、12串并联的方案，驱动288只小功率WLED，总功率18 W。全电压18 W LED日光灯开关恒流源的设计电路如图4－49所示，其各部分的功能如图中汉字所标注。图中抗雷击和EMI滤波组成EMC电路，馈流供电是利用已经做在芯片内部的整流二极管来实现的。

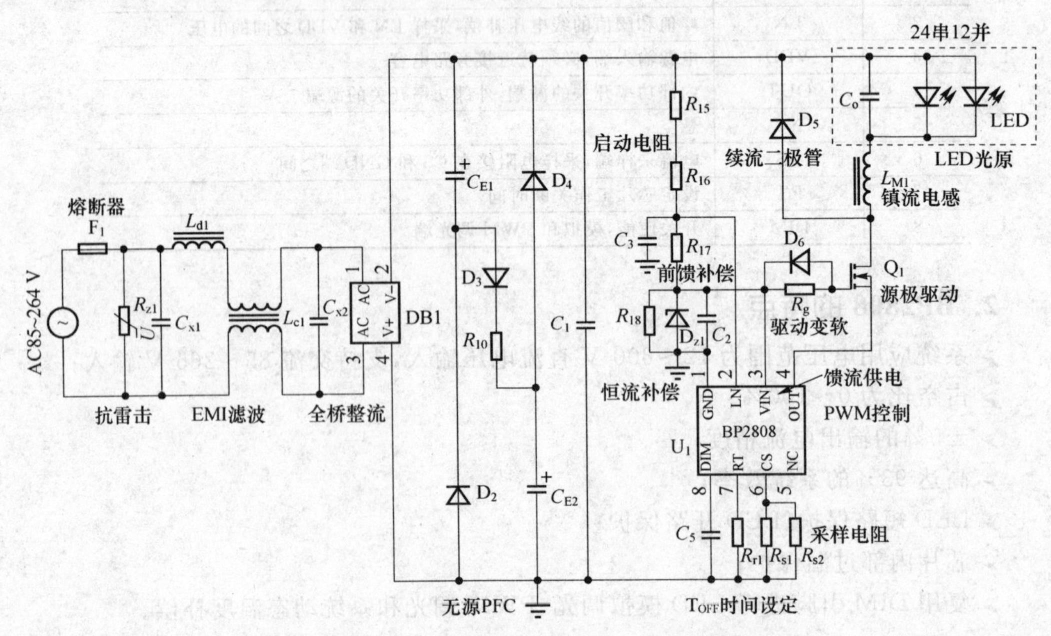

图4－49 18 W LED日光灯系统方案设计电路图

从AC 220 V看进去，交流市电入口接有1 A熔断器F_1和抗浪涌、雷击的压敏电阻R_{z1}；之后是EMI滤波器，由L_{d1}、L_{c1}和C_{x1}、C_{x2}组成；DB1是全桥整流器，内部是4个高压硅二极管；C_{E1}、C_{E2}、R_{10}、D_2～D_4组成无源功率因数校正电路；BP2808芯片由R_{15}、R_{16}启动电阻降压经R_{17}、C_3前馈补偿，并由D_{z1}、C_2、R_{18}与BP2808内部电路组成专利的恒流补偿电路稳压后给BP2808控制电路供电，系统启动后由于控制电路本身静态电流小，以及芯片内部存在从OUT到VCC的馈流二极管可向BP2808提供工作电源，此时电阻R_{15}～R_{17}上通过的电流将大大降低，因而总的系统功耗也大大降低，系统效率得到明显提高。

专利的源极驱动电路由MOS管Q_1、D_6、R_g、R_t、R_{cs}与BP2808内部电路组成，其显著特点是有效降低功耗、提高恒流精度。源极驱动方式的驱动电路使系统消耗电流减少，尤其是减少了传统的高压差供电通路中类似R_{15}～R_{17}上的电流，从而降低了功耗，提高了效率。D_6、R_g可使开关开通驱动变软，关断驱动保持较强，既改善EMI，又尽量不牺牲效率。与LED光源并联的输出滤波电容C_0，用以减少LED光源上的电流纹波。

BP2808的CS端采集电流采样电阻R_{S1}～R_{S2}上的峰值电流，由内部逻辑在单周期内控制OUT脚信号的脉冲占空比进行恒流控制，输出恒流与D_5、L_{M1}的续流电路合并向LED光源恒流供电。LED光源阵列组合改变时，电阻R_{S1}～R_{S2}的阻值也要随之改变，使整个电路的输出电流满足LED光源阵列组合的要求。

PCB板的排列是做好产品的关键，因此PCB板的走线要按电力电子安全规范要求来设计。本电路可通用于T_{10}、T_8日光灯管，因两管空间大小不同，两块PCB的宽度将不同，要降低所有零件的高度，以便放入T_{10}、T_8灯管。

如果设计AC 85～264 V全电压输入，又要考虑PFC，可将LED光源阵列设计成0.06 W白光LED 12只串联、24串并联方案。用BP2808做LED日光灯电源驱动电源设计时，建议输出直流电压小于100 V、电流小于600 mA。

目前，可使用的LED日光灯驱动IC有好几种，其性能参数都有差异，现列表4-7供设计选型参考。从中可见，BP2808的固定T_{OFF}工作模式、100%占空比、芯片工作电流仅0.2 mA、效率达92%、恒流补偿和使用独特的源极驱动模式等特性，使其具有适用于LED照明灯具的明显优势。

表4-7 LED日光灯驱动IC产品性能参数比较表

产品名称	工作模式	最大占空比	输出电感量	驱动模式	芯片电流/mA	驱动电压/V	典型效率/%	恒流补偿	短路保护	EMC	MOS管温升	功率电阻
XX9910	固定F_{SW}	0～50	大	栅极驱动	1～2	7.5	90	无	无	很难	高	NO
XX4107	固定F_{SW}	0～50	大	栅极驱动	1～2	12	85	无	无	很难	高	YES

续表 4-7

产品名称	工作模式	最大占空比	输出电感量	驱动模式	芯片电流/mA	驱动电压/V	典型效率/%	恒流补偿	短路保护	EMC	MOS管温升	功率电阻
XX802	固定 F_{SW}	0～50	大	栅极驱动	1～2	7.5	90	无	无	很难	高	NO
XX870	固定 F_{SW}	0～50	大	栅极驱动	1～2	9.6	90	无	无	很难	高	NO
XX306	固定 F_{SW}	0～50	大	栅极驱动	1～2	7.5	85	无	有	较难	高	NO
XX9910B	固定 T_{OFF}	0～100	中	栅极驱动	1～2	7.5	90	无	无	较难	较高	NO
XX3445	固定 T_{OFF}	0～100	中	栅极驱动	1～2	12	85	无	无	较难	较高	YES
XX3910	固定 T_{OFF}	0～100	中	栅极驱动	1～2	7.1	85	无	无	较难	高	YES
BP2808	固定 T_{OFF}	0～100	小	源极驱动	0.2	12	92	有	有	较易	低	NO
				>50%次谐波振荡								

BP2808 的关键技术

恒流补偿与源极驱动两个专利应用电路使BP2808应用更显方便和更具特色。从图4-50可见，BP2808 GND与LN的内部电路与R_3、C_3、R_4、D_{z1}、C_2组成恒流补偿的专利应用电路；BP2808 VCC、CS与OUT的内部电路与Q_1、D_6、R_g、R_t、R_{CS}组成源极驱动的专利应用电路。

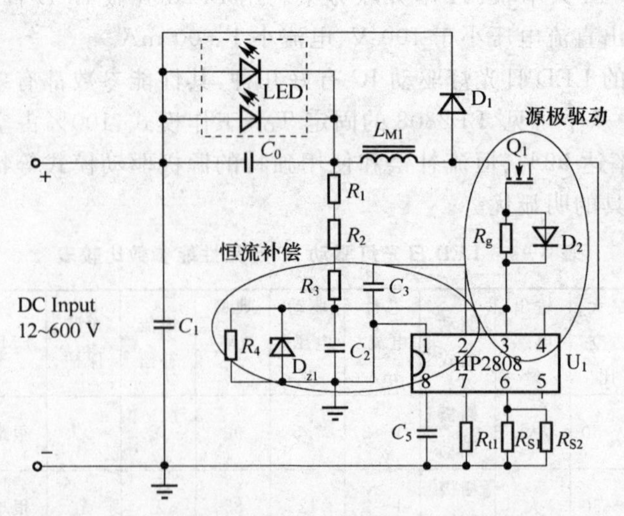

图 4-50 恒流补偿与源极驱动两个专利应用电路

图4-51是源极驱动控制电原理路，从中可见 BP2808 内部的低压开关 MOS 管(700 mA)漏极连接到外部功率开关 MOS 管 Q_1 的源极，而其源极连接到采样电阻 R_{CS} 的一端以及第一比较器的输入端，其栅极连接到 RS 触发器的输出端。外部功率开关 MOS 管 Q_1 的漏极输出电流经储能电感直接驱动 LED 光源。芯片内的 D_0 是馈流二极管，在 BP2808 启动工作后，从 OUT 到 VCC 的馈流经 D_0 整流向 BP2808 提供工作电源。

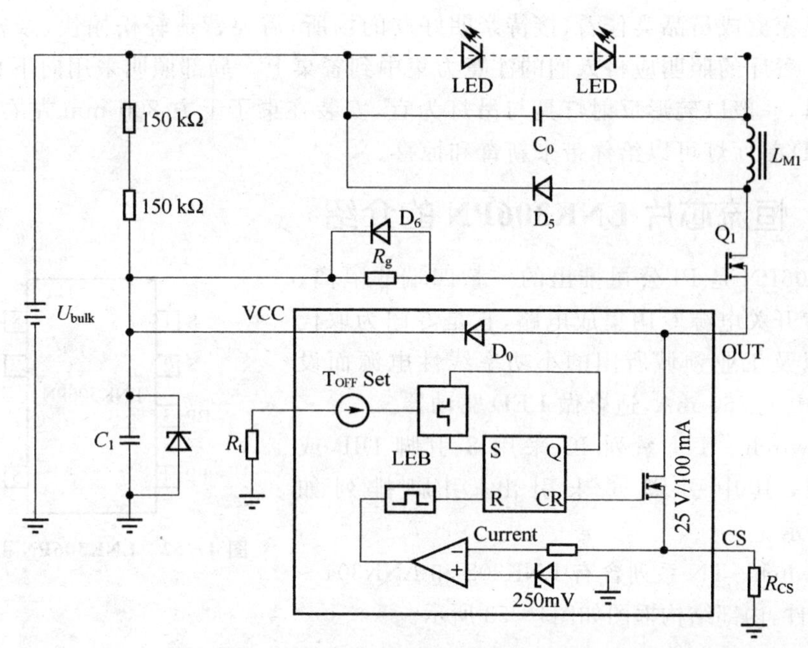

图 4-51　源极驱动控制电原理路

采用源极驱动，可以有效减少驱动电路电流消耗，降低功耗，提高效率；传统的高压差供电通路中为了将整流后的直流高压降至 PWM 芯片所需要的低压工作电压，采用低阻大功率电阻降压，器件发烫，自耗功率很大。

BP2808 还可应用于设计隔离与非隔离的球泡灯、PAR 灯、筒灯、嵌灯、庭院灯、防爆灯、洗墙灯、台灯、工作灯、可控硅调光灯等 LED 光源灯具的驱动电源。非隔离的灯具其设计原理可延用前述 LED 日光灯应用典型方案设计思路，改变 LED 光源阵列的排列，可以变换成各种款式、形式多样的 LED 灯具，针对各种 LED 灯具对驱动电源的不同要求，可以改变电源的输出特性设计来满足各不相同的需求。如可控硅调光控制就可在应用电路上动脑筋，增加在切相电源中提取导通角信息线路，并根据该信号来控制 LED 光源的驱动电流，以得到调光的效果。

BP2808 的固定 T_{OFF} 工作模式、100％占空比、芯片工作电流减至 0.2 mA、效率达 92％、恒流精度提高，使其更适用于 LED 照明灯具的驱动电源的应用。BP2808 除继承和吸收国内外同类产品的优点之外，还采用了创新的拓扑结构，芯片设计上有重大的改进，性能更趋完善，特别是恒流补偿与源极驱动两个专利应用电路使 BP2808 应用更便捷和有效节能。

4.13 基于LNK306PN的家用LED餐厅灯的9 W可调光驱动器设计

餐厅是家庭成员品尝佳肴、接待亲朋好友的场所，需要营造轻松愉快、亲密无间的就餐气氛。餐厅的照明应将人们的注意力集中到餐桌上。局部照明采用向下直接照射配光的灯具，一般以碗形反射灯具与吊灯为宜，安装在桌子上方800 mm左右处，这里设计的LED餐厅灯可以给你带来新奇和惊喜。

4.13.1 恒流芯片LNK306PN的介绍

LNK306PN是PI公司推出的一款四端非隔离、节能型单片开关电源专用集成电路，它是专门为取代家用电器以及工业领域所用的小功率线性电源而设计的，最大电流360 mA，适合做LED驱动器。

LinkSwitch－TN系列IC采用8引脚DIP或SMD封装，其中引脚6未引出，引脚排列如图4－52所示。

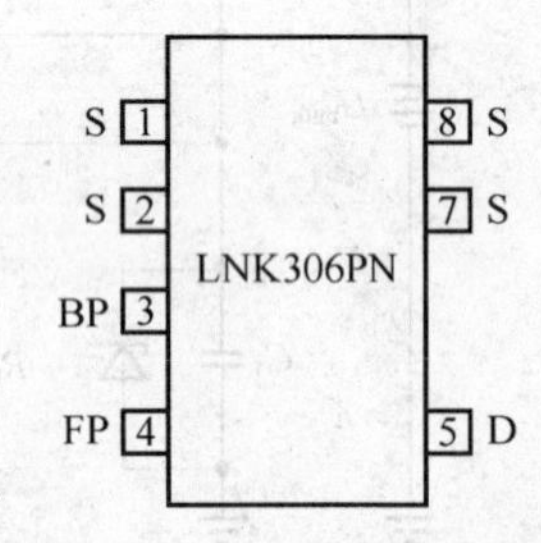

图4－52 LNK306PN引脚图

LinkSwitch－TN系列含有LNK302和LNK304～306四种器件，内部结构框图如图4－53所示。

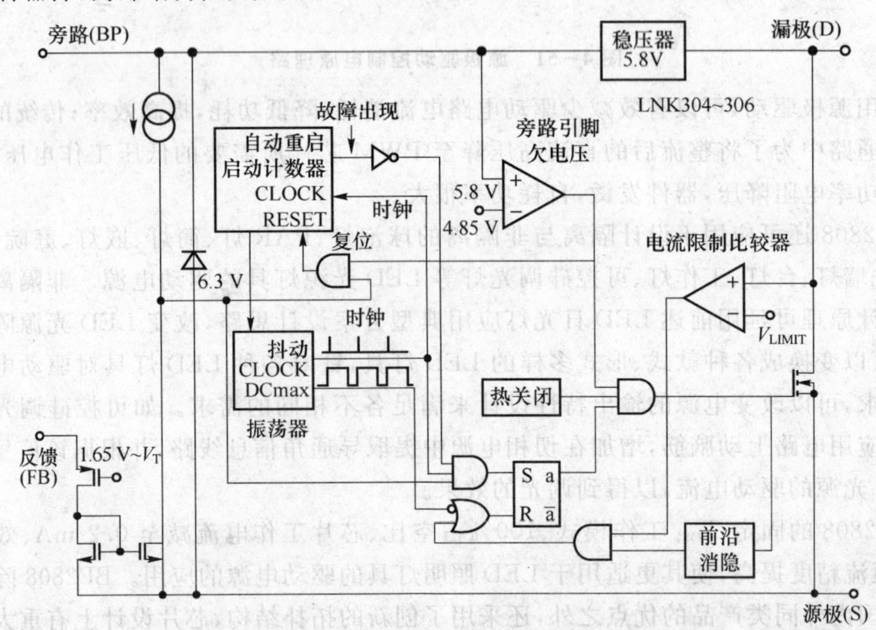

图4－53 LNK306PN内部结构图

LinkSwitch－TN系列IC的引脚D是内部700 V功率MOSFET的漏极，为IC启动和稳态工作提供电流；引脚S是MOSFET的源极，同时也是地参考；引脚BP是内部5.8 V电源输出端，外部连接一个0.1 μF的旁路电容；引脚FB是一个反馈端，在正常操作期间，该脚控制MOSFET的开关，当流入FB端的电流大于49 μA时，MOSFET开关关闭。

LNK302和LNK304～306的主要特点如下：

① 为取代线性和电容降压非隔离电源而专门设计，为降压(Buck)变换器提供最少元件和最低成本解决方案。

② 内置700 V功率MOSFET，能承受优异的浪涌冲击性能，并且在芯片上集成了简单高性能控制电路。

③ 内部振荡器频率设置在66 kHz，通过振荡器产生最大占空因数(DCmax)和时钟两个信号，频率抖动有效减小EMI(约10 dB)，从而可使用低成本EMI滤波器。

④ 提供短路和开环故障保护、门限温度为135 ℃的热关闭保护、精密电流限制及自动重新启动功能。

⑤ 在AC 115～230 V输入下，自加电降压拓扑无载消耗功率仅为50～80 mW，带外部偏置的反激式拓扑消耗功率仅为7～12 mW。

LNK302与LUK304～306比较，不同点是无自动重新启动功率，具有非常低的系统成本。

4.13.2 LED餐厅灯驱动电路设计

市电供电的离线(Off－line)功率LED驱动电路，与交流电子镇流器和离线开关电源一样，如果其前置AC/DC转换器利用桥式全波整流和大容量电容滤波电路，工频输入电流则发生严重畸变，产生大量的谐波。这不仅对电网会造成污染，而且导致线路功率因数为0.5～0.6。为限制谐波电流所造成的危害，IEC1000－3－2和IEC61000－3－2、EN61000－3－2以及GB17625.1等标准对25 W以上及小于或等于25 W的照明设备的谐波电流都有限制规定。为满足相关标准要求，照明设备必须配置功率因数校正(PFC)电路。对于离线式LED驱动电路来说，采用无源PFC是一种可行的低成本解决方案。

基于LNK306PN采用填谷式无源PFC的9 W可调光恒流LED驱动电路如图4－54所示。在图4－54中，熔断器F_1在发生短路或过电流时为LED电源提供保护。电容C_6、C_{10}提供差模滤波，EMI在电感L_1、L_2和电阻R_{15}、R_{16}共同作用下得到有效抑制。

二极管D_2、D_3、D_4和电容C_1、C_2组成填谷式无源PFC电路。C_1、C_2以串联方式充电，并以并联方式放电。由于D_2的存在，只要AC输入电压高于C_1、C_2上的电压，线电流便会流入负载。一旦线路电压降至AC(PEAK)/2以下，D_3、D_4则导通，C_1、C_2开始并联放电。C_1的接入有助于平滑输入电流尖峰，还可以通过限制C_1和C_2的电流来改善功率因数。C_8用做改善EMI性能。由于采用填谷式无源(即被动)PFC电路，使AC

输入电流被修整，输入电流导通角可连续从30°增加到150°，从210°增加到330°，功率因数大于或等于0.9，符合能源之星SSL功率因数大于0.9的要求，并满足EN55015BEMI要求。

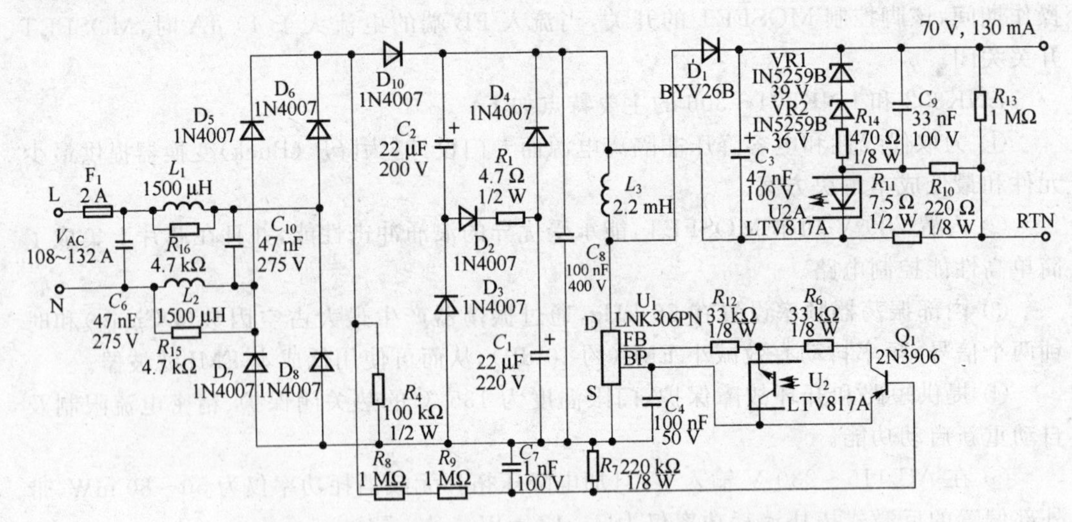

图4-54 基于LNK306PN 9 W可调光恒流LED驱动电路

图4-54中，由R_7、R_8和R_9组成的分压网络，R_7上的电压将随AC线路电压变化而变化。当调节调光器使R_7和C_7上的电压低于5.1 V时，晶体管Q_1将导通，流入U_1反馈端FB的电流增加，负载电流则减小，LED亮度变暗。

L_3采用TDKPC40EE19-Z磁芯和28 mm线径的漆包线绕制，线圈共180匝，电感值为2.2(1±0.02)mH。

图4-54所示电路的AC输入为(120±12)V，满载下的效率高于85%。由于LNK306PN的输入电压范围为85～265 V，所以只要变动电路中部分元件的参数，AC输入电压即可为(220±40)V。

图4-55所示为线路功率因数随AC输入电压增加而降低的变化曲线。

U_1(LNK306PN)、L_3、D_1和C_3等组成降压-升压(BUCK-BOOST)变换器。当U_1中MOSFET关断时，D_1导通，L_3中存储的能量释放，经D_1传输至C_3。稳压二极管VR1、VR2和电阻R_{14}能在空载条件下将输出电压钳位到约80 V。

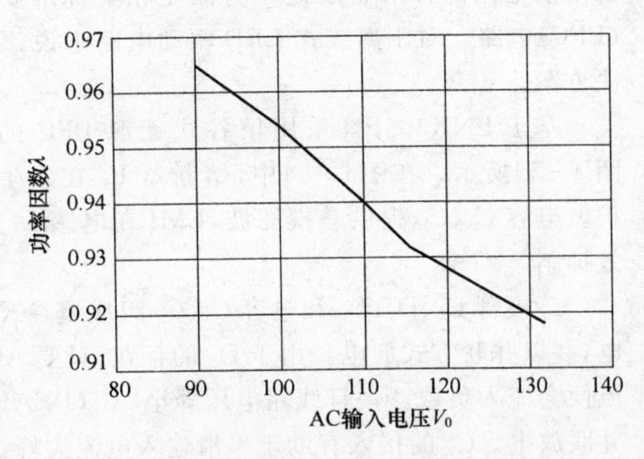

图4-55 功率因数与AC输入电压关系曲线

U_1采用开/关控制方法。如果U_1的FB引脚上的电流超过49 μA，U_1内MOSFET将关断。只要FB引脚上的电流降至49 A以下，MOS-

FET将导通。

R_{11}为电流感测电阻，它用来在输出9 W的功率时设置130 mA的电流。R_{11}的电压通过光电耦合器U_2(LTV817A)加至U_1的FB引脚。R_{10}为光电耦合器增益设置电阻。R_{13}为输出泄放电阻，用于在电源关断时对C_3放电。电路采用的反馈方式允许使用传统标准相位调光器进行调光，调光器电路及其连接方式分别如图4-56和图4-57所示。

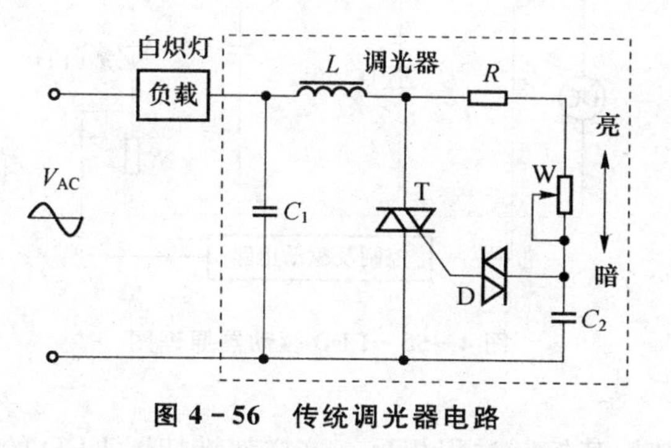

图4-56　传统调光器电路

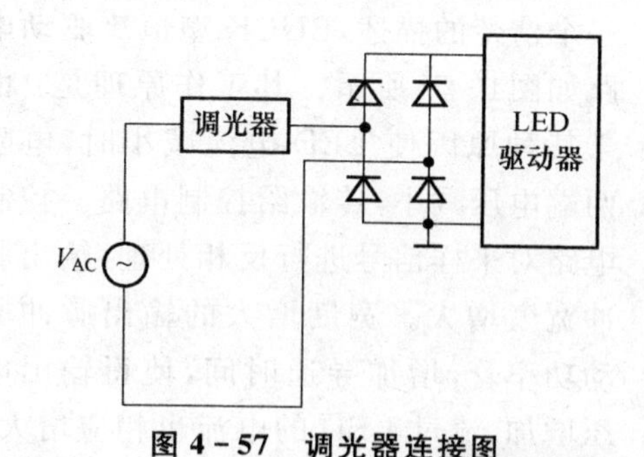

图4-57　调光器连接图

填谷式被动PFC电路在离线式恒流LED驱动器中应用，可对工频输入电流进行一定程度修整和整形，使其流动角增加到120°，线路功率因数超过0.9，总谐波失真(THD)≤35%，满足能源之星SSL功率因数大于0.9的要求，并符合IEC61000-3-2等标准对AC输入谐波电流的限制规定。

4.14　基于IRS2541控制器的14 W LED卧室吸顶灯驱动电路设计

吸顶灯是一种灯具，安装在房间内部，由于灯具上部较平，紧靠屋顶安装，像是吸附在屋顶上，所以称为吸顶灯。原来吸顶灯的光源有普通白灯泡、荧光灯、高强度气体放电灯、卤钨灯等，现在由于大功率LED具有寿命长、节能环保等优点，用LED光源做吸顶灯也是一种很好的选择。

大功率LED虽具有发光效率高和节能的优点，但其电学离散性大，容易受温度的影响。这对制作室内吸顶灯有不利影响，况且LED是一种电流驱动的双端口器件，其发光特性与流过的电流大小相对应。发光二极管导通后，加在LED两端的电压稍有提高，就会引起电流急剧上升，严重时会使LED长期超过额定电流工作，容易使LED的半导体芯片烧坏。因此，为了使吸顶灯可靠地工作，就要使流过LED的电流恒定，不随输入电压变化而变化，还要具有调光能力和适当的故障保护等特定性能。这里采用IRS2541驱动芯片制作了吸顶灯LED的驱动电路。该电路具有结构简单，带自我保护功能等特点。

4.14.1 吸顶灯采用的恒流驱动原理简述

LED需要稳定的工作电流。其恒流源驱动电路是一个电压/电流变换器，无论负载大小均能够提供恒定的电流。

以本节吸顶灯采用的BUCK变换器为例可以对LED的恒流驱动原理作一个清楚的描述，BUCK型恒流驱动电路如图4-58所示。其工作原理是：由于某种原因使LED电流减小时，电阻两端电压减小，传输给控制电路。控制电路对采样信号进行反相处理，输出脉冲宽度增大。宽度增大的输出脉冲驱动功率管，增加导通时间，使得输出电压增加，流过LED的电流也相应增大；同样，若由于某种原因使LED电流增大时，其控制过程相反。这样就维持了LED的电流恒定，此时通过LED的平均电流由芯片供应的参考电压值和电阻值决定。

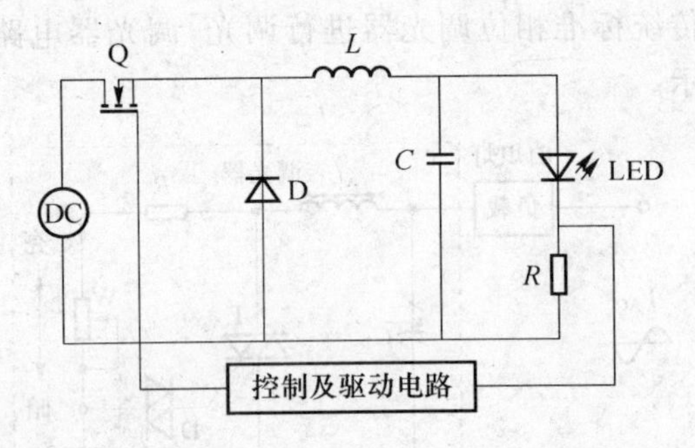

图4-58 LED驱动器原理图

4.14.2 IRS2541驱动芯片的特点

IRS2541是一个高压、高频降压式转换器控制IC，用于LED的恒流控制。芯片内置精准的带隙基准电压源，通过连续模式的延时滞环方法，IRS2541实现了负载的平均电流控制。内置短路保护功能，可以通过简单的外部电路实现开路保护功能。外部的高压侧自举升压电路高频驱动降压式开关器件，同时为同步整流设计提供一个低压侧的驱动。IRS2541采用8引脚DIP或SOIC封装，引脚排列如图4-59所示。

IRS2541各个引脚功能为：VCC脚为电源电压，它与COM脚之间内接一个齐纳二极管，限制其最大输入电压；COM脚为芯片功率和信号地；IFB脚为电流反馈，内接一个比较器和带隙基准电压为0.5 V的参考电压进行比较，控制HO脚的通断；ENN脚为禁用输出（LO＝High，HO＝Low），内接一个比较器和基准电压为2.5 V的参考电压进行比较，当输入该引脚的电压超过2.5 V时，芯片处于禁用状态；VS脚为高压侧悬浮返回点，VB脚为高压侧栅极驱动悬浮电压，它们之间外接一个自举电容，且该芯片内置一个看门狗定时器，以便维持自举电容有足够的电荷，能够减少高压侧的开关器件的损耗；LO脚为低压侧栅极驱动输出，HO脚为高压侧栅极驱动输出，控制其外部的开关器件决定输出回路。

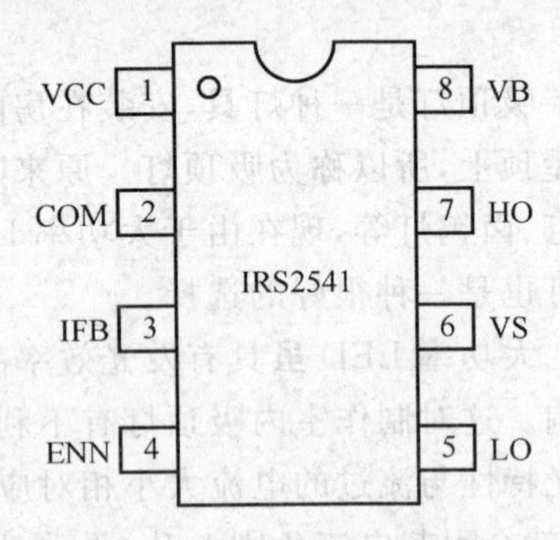

图4-59 IRS2541引脚图

4.14.3 基于IRS2541的LED驱动电路设计

该电路的主要技术电路的主要技术指标：输入交流电压为220(1±0.1)V，最大输出电压40 V，输出电流350 mA，最大输出功率为14 W。

1. 电路结构

基于IRS2541的恒流驱动电路主要由整流器、无源功率因数校正器、BUCK电路、检测电流反馈电路和开路保护电路等组成。结构图如图4-60所示。

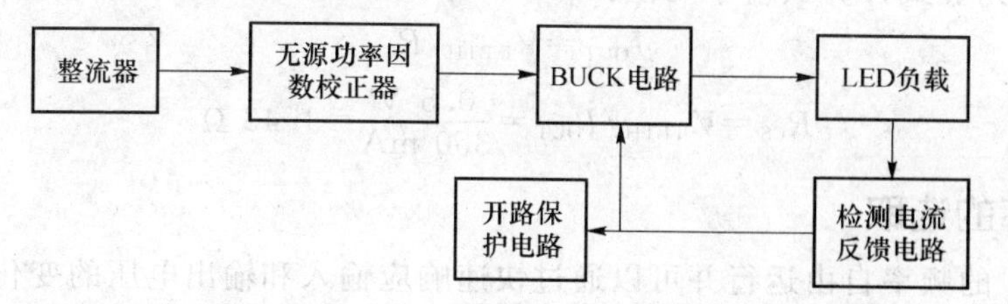

图4-60 基于IRS2541控制器的14 W LED卧室吸顶灯结构图

2. 降压型BUCK电路设计

本驱动电路的降压型BUCK电路由功率MOS管Q_1、续流二极管D_7、电感L_2和输出滤波电容C_{OUT}组成。由IRS2541组成的驱动电路如图4-61所示。其工作原理：交流电压经过整流电路、无源功率因数校正器电路和滤波电路后得到直流电压，该电压通过由电阻R_{S1}和稳压管DCL组成的分压器加到IRS2541芯片的VCC脚。当芯片的供电电压达到V_{CCUV+}时，输出引脚LO置高，HO置低，并维持一段预定的时间。这是为了开始给自举升压电容C_{BOOT}充电，建立V_{BS}悬浮电压给高压侧供电。然后芯片按照调节输出电流恒定的要求来控制HO和LO。当V_{IFB}低于V_{IFBTH}时，HO开通，LO关断，负载从直流电压线上吸收电流，同时在输出级电感L_2和电容C_{OUT}上储存能量，V_{IFB}开始增加(除非负载开路)。

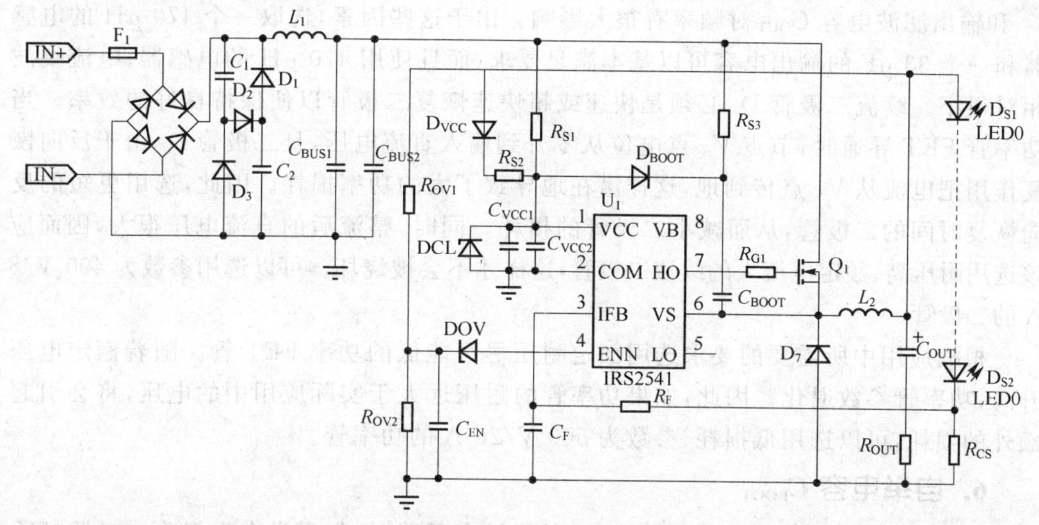

图4-61 IRS2541控制器的14 W LED卧室吸顶灯原理图

一旦当 V_{IFB} 穿越 V_{IFBTH} 时，控制环在延迟 $T_{HO.OFF}$ 后关断 HO，HO 关断后，LO 将在死区时间 DT 后开通，电感和输出电容向负载释放储存的能量，V_{IFB} 开始下降。当 V_{IFB} 再次穿越 V_{IFBTH} 时，控制环在延迟 $T_{HO.ON}$ 后开通 HO，在延迟 $T_{HO.ON+DT}$ 时间后关断 LO，从而达到稳定平均电流的目的。

3. 反馈电阻 R_{CS} 的值

开关连续调整输出平均电流，当电感和输出电容足够大，能保证 I_{FB} 的纹波足够低时，可以用下列等式计算 I_{OUT} 平均值：

$$I_{OUT}=V_{IFBTH}/R_{CS}$$

$$R_{CS}=V_{IFBTH}/I_{OUT}=\frac{0.5\ \text{V}}{350\ \text{mA}}=1.43\ \Omega$$

4. 频率的选取

IRS2541 的频率自由运行并可以通过快速响应输入和输出电压的变化维持电流调节。该器件不需要外部器件来设置频率。而频率是由 L_2 和 C_{OUT} 以及输入输出电压和负载电流决定的。由于输入交流电压整流校正滤波后的直流电压可高达 340 V 左右，因而频率应在 50～75 kHz 之间选择，这样就能控制功率的损耗。

5. 电感和输出电容的影响

驱动电路的输出电流是恒定电流，而输出电压的大小随着负载的不同而不同，因此占空比也会随负载不同而不同。选择合适的电感 L_2 和输出滤波电容 C_{OUT} 是为了在功率管导通期间存储足够的能量以提供给负载，同时保持电流控制精度。为了维持很小的滞环电流调节，电感 L_2 和滤波电容 C_{OUT} 需要足够大来保持负载上的电流，避免负载电流下降过多，低于要求的电流值。电感 L_2 的值越小，需要的输出电容 C_{OUT} 值越大。如果电感值特别小(100 μF 以下或者更小)，电容 C_{OUT} 需要几百微法以保持良好的电流调节。另外，如果电感较小，电流纹波将相当大，因而会缩短电容的寿命。同时，电感 L_2 和输出滤波电容 C_{OUT} 对频率有很大影响。由于这些因素，选取一个 470 μH 的电感器和一个 33 μF 的输出电容可以基本满足要求，而且使用 470 μH 的电感器，电流纹波相对很小。续流二极管 D_7 必须是快速或超快速恢复二极管以便保持良好的效率。当功率管 FET 导通时，节点 V_S 点电位从零升到输入直流电压，且二极管 D_7 由于反向恢复作用把电流从 V_S 点传到地，这样潜在地导致了大的功率损耗。因此，选用更短的反向恢复时间的二极管，从而减小二极管的损耗。同时，整流后的直流电压很大，因而应该选用耐压高、额定电流大的续流二极管，这样才不会被烧坏。可以选用参数为 400 V/8 A 的二极管。

根据应用中所需要的要求选用额定耐压尽可能低的功率 FET 管。随着额定电压升高，功率管参数退化。因此，如果功率管的耐压远大于实际应用中的电压，将会引起额外的损耗，可以选用低损耗、参数为 500 V/20 A 的功率管。

6. 自举电容 C_{BOOT}

自举电容 C_{BOOT} 与自举二极管 D_{BOOT} 的设计在开路时，如果没有看门狗定时器，HO

输出将始终为高，储存在自举电容的电荷对高压侧的悬浮电源逐渐放电，慢慢泄放直到零，最终不能使高压侧功率管完全导通导致高损耗。为使 C_{BOOT} 维持足够的电荷，引入了看门狗定时器。当 V_{IFB} 保持在 V_{IFBTH} 以下时，HO 输出大约 20 μs 后被强制置低，LO 置高。这种强制输出持续大约 1 μs，给 C_{BOOT} 补充足够的能量。因此，自举电容选取需要保证它可以维持至少 20 μs 的充足电荷，直到看门狗定时器允许电容再充电。如果电容值太小，电荷在 20 μs 内很快被耗光。所以，选取自举升压电容 C_{BOOT} 的值为 100 nF 才能满足要求。

自举二极管应选用快恢复型或者超快恢复型二极管以保证良好的效率。因为自举二极管的阴极会在 C_{OM} 和 V_{BUS} +14 V 之间切换，二极管的反向恢复时间越小，其损耗就越小。因此选用 MURS160 超快恢复二极管。

7. 电阻值 R_{S1} 和 R_{S2} 的设计

当 VCC 脚电压达到 V_{CCUV+} 后，芯片才能正常工作。根据芯片资料提供的参数，一般选 V_{CC} 为 14 V。电阻 R_{S1} 应该足够大以便减小来自输入电压线中的电流。通过流过这个电阻的电流给电容 C_{VCC2} 充电，一旦电容电压达到 V_{CCUV+}，芯片开始工作，激活 LO 和 HO 的输出。经过几个开关周期后，输出电压通过电阻 R_{S2} 给芯片电源端提供电流。本电路最大输出电压为 40 V，根据此电压计算出电阻 R_{S2}。

根据电路中定义的输入和输出电压，可以计算出电阻 R_{S1} 和 R_{S2}。这 3 个电阻给芯片提供电流，所以选择功率为 1 W 的电阻。当器件工作在额定功率一半之下时计算电阻值，所以电阻 R_{S1} 和 R_{S2} 可根据下述公式计算如下：

$$P=V^2/R$$

得出：

$$\frac{1}{2}\text{W}=\frac{(V_{\text{BUS max}}-14\text{ V})^2}{R_{S1}}$$

根据图4-61可知，母线电压与 VCC 之间的 R_{S1} 阻值应该足够大以便减小来自输入电压的电流，其阻值应该在几百千欧姆范围内。由上式可得电阻 R_{S1} 的值为

$$R_{S1}=\frac{(V_{\text{BUS max}}-14\text{ V})^2}{0.5\text{ W}}=\frac{(300\text{ V}-14\text{ V})^2}{0.5\text{ W}}=163.59\text{ k}\Omega\approx 165\text{ k}\Omega。$$

电阻 R_{S2} 的大小决定了该电路输出电压的最大值，根据参数指标最大输出电压设定为 40 V，由上式得电阻 R_{S2} 的值为

$$\frac{1}{2}\text{W}=\frac{(V_{\text{OUT max}}-14\text{ V})^2}{R_{S2}}$$

$$R_{S2}=\frac{(V_{\text{OUT max}}-14\text{ V})^2}{0.5\text{ W}}=\frac{(40\text{ V}-14\text{ V})^2}{0.5\text{ W}}=1\ 352\ \Omega\approx 2\text{ k}\Omega$$

8. 开路保护电路设计

电阻 R_{OV1} 和 R_{OV2} 组成输出分压电路，进入稳压二极管的阴极，只有超过其标称电压，二极管才导通，并能向引脚注入电流。当分压网络产生的电压高于稳压二极管标称额定电压 2.5 V 以上时，芯片进入禁用状态。选择 7.5 V 稳压二极管作为稳压管 DOV。R_{OV2} 为 390 Ω，提供 C_{BOOT} 低阻抗充电路径，也用来将输出电压限制在 40 V。电

阻 R_{OV1} 计算如下：

$$V_{OUT}=\frac{(2.5\ V-DOV)\cdot(R_{OV1}+R_{OV2})}{R_{OV2}}$$

$$R_{OV1}=\frac{V_{OUT}\cdot R_{OV2}}{2.5\ V+DOV}-R_{OV2}=\frac{40\ V\cdot 390\ \Omega}{2.5\ V+7.5\ V}-390\ \Omega=1\ 170\ \Omega(\text{选 } 2\ k\Omega)$$

根据实际使用，随着 LED 数量的增加，输出电流偏离预设的电流值越来越小，效率越来越高。主要原因是 LED 导通时，其两端的电阻值不大，为几欧姆，而反馈电流中的电阻值为 1.43 Ω，其阻值相当，这样当负载越少时反馈阻值分的电压就越大，其电流也就越大。这表明负载越大，其恒流效果越好。驱动 10 只 LED 的效率仍很低，只有 58%，功率损耗很大，其中开关器件和续流二极管中的损耗最大，原因是开关器件在不完全导通时会导致高损耗，同时也由于续流二极管有反向恢复时间。当开关器件打开，V_S 点很快从 C_{OM} 到 V_{BUS}，续流二极管导通，电流从 V_S 流到地，由于反向恢复效果，潜在地导致大功率损耗。

因此，为了得到更高的效率，应选用低损耗的开关器件和具更短的反向恢复时间的续流二极管，或者在驱动电路中选用更高功率因数的校正器，IRS2541 驱动器可以在不使用变压器的情况下给 LED 提供恒定电源。该驱动电路结构简单，响应快，具有自我保护功能，稳流性能好，基本达到了设计要求，可用于 AC/DC 的照明系统中。但该电路的缺点是效率低，还有待改进。

4.15 基于 MT7920 的高 PFC 隔离式无电解电容 LED 照明驱动电路设计

4.15.1 MT7920 简介

MT7920 是一款离线式低功耗、高精度 LED 驱动芯片，输入电压宽(AC 85～265 V)，工作于恒流、动态 PWM 模式，美芯晟专利技术的源极端电流感应算法精确控制 LED 的电流，无需光耦。MT7920 自然支持高 PFC 方案，外围电路十分简单，PFC 在全电压范围可以达到 0.9 以上。MT7920 内置过压检测电路，一旦过压(如 LED 开路情况下)，自动进入打嗝模式。同时，MT7920 包括欠压锁定、限流及过热保护电路等，进一步提高系统的可靠性。

该款芯片采用 SOP-8 封装，如图4-62所示，具有以下性能特点：

- 输入电压范围为 AC 85～265 V；
- 高精度 LED 恒流电流精度为±2%；
- 最高可达 30 W 的驱动能力；
- 内置欠压、过压及热保护功能；

图 4-62 MT7920 外形图

➢ 内置 V_{DD} 过压和 LED 开路/短路保护；
➢ 初级端电流、电压感应技术，无需光耦；
➢ 可调节输出电流及功率设置；
➢ 支持高 PFC 架构，PFC 最高超过 0.99；
➢ 具有上电软启动功能；
➢ 支持开机/关机 4 挡位调光(可选项)，而无需调光器。

MT7920 支持无电解电容方案，解决了 LED 照明方案中 LED 灯珠长寿命与电解电容短寿命的矛盾，极大地提高了 LED 照明方案的使用寿命。该款芯片将大量运用于交流转直流 LED 驱动、通用恒流源、信号及装饰用 LED 照明驱动以及 E14、E27、PAR30、PAR33、GU10LED 灯和 LED 日光灯。

4.15.2　高 PFC 隔离式无电解电容 LED 照明驱动设计

LED 照明灯作为一个半导体器件，其寿命长达 50 000 h 以上。而 LED 照明驱动方案中普遍用到电解电容，其寿命则为 5 000～10 000 h。这样，电解电容的短寿命与 LED 照明灯的长寿命之间有一个巨大的差距，削弱了 LED 的优势。因而无电解电容 LED 驱动的解决方案受到市场青睐。

基于 MT7920 的无电解电容 LED 驱动解决方案如图 4－63 所示。在该方案中，在全桥堆之后，采用容值较小的 C_{BB} 高压陶瓷电容或薄膜电容取代了高压电解电容，去掉了电解电容，同时也提高了功率因数(PF，在 AC 85～265 V 范围可以全程高于 0.9)。而输出电容 C_8 和 C_9 可以用陶瓷电容替代电解电容，从而实现了完全无电解电容。

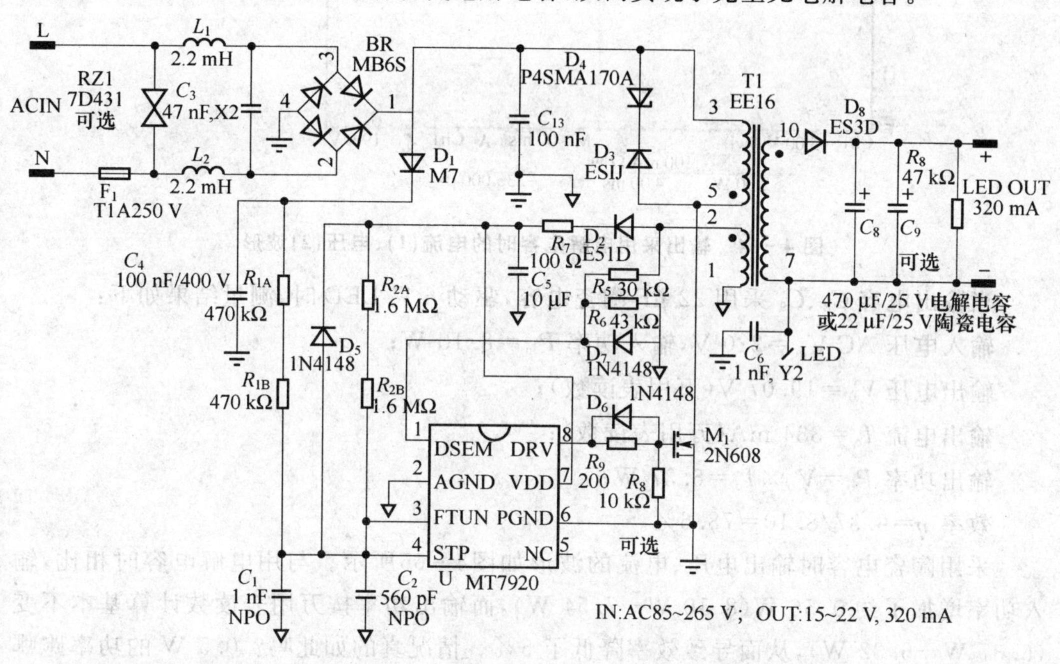

图 4－63　基于 MT7920 的无电解电容隔离式 LED 驱动方案

当输出电容 C_8、C_9 采用 470 μF 电解电容，驱动 6 只 LED 时，测量结果如下：

输入电压 AC $V_{in}=220$ V，输入功率 $P_{in}=7.54$ W；

输出电压 $V_o=19.33$ V；

输出电流 $I_o=327$ mA；

输出功率 $P_o=V_o\times I_o=6.32$ W；

效率 $\eta=6.32/7.54=83.8\%$。

采用电解电容时的输出电压，电流的波形如图4-64所示。从波形图上可以看出，输出电压、电流均存在一定的纹波。这在单级 PFC 恒流驱动方案中是不可避免的，加大输出电容 C_8、C_9，可以进一步减小输出纹波。同时，我们注意到示波器上电流、电压的平均值与万用表的读数基本相同，即万用表所测量到的直流电压、电流值均为平均值。进一步，在示波器上，用输出电压与输出电流相乘所得的瞬时功率曲线的平均值为 6.34 W，也基本与用平均电压和平均电流相乘所计算的功率相同。

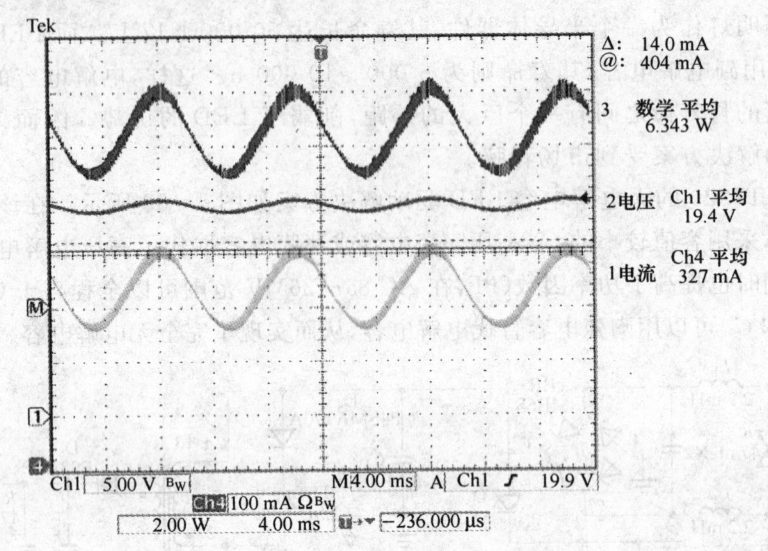

图 4-64　输出采用电解电容时的电流(1)、电压(2)波形

当输出电容 C_8、C_9 采用 22 μF 陶瓷电容，驱动 6 只 LED 时，测量结果如下：

输入电压 AC $V_{in}=220$ V，输入功率 $P_{in}=8.10$ W；

输出电压 $V_o=19.07$ V(万用表读数)；

输出电流 $I_o=334$ mA(万用表读数)；

输出功率 $P_o=V_o\times I_o=6.37$ W；

效率 $\eta=6.37/8.10=78.6\%$。

采用陶瓷电容时输出电压、电流的波形如图4-65所示。与用电解电容时相比，输入功率增加了约 0.56 W(8.10 W-7.54 W)，而输出功率按万用表读数计算基本不变(6.37 W-6.32 W)，从而导致效率降低了 5%。情况真的如此吗？0.5 W 的功率跑哪里去了？

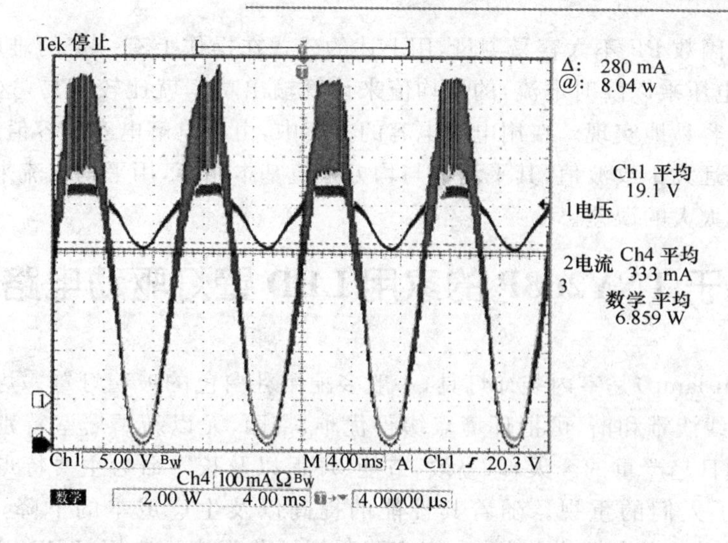

图 4－65　输出采用陶瓷电容(22 μF×2)时的电流、电压波形

在图4－65中，用输出电压与输出电流相乘所得的瞬时功率曲线的平均值为 6.86 W，而不是用平均电压与平均电流计算得到的 6.37 W，二者相差 0.49 W，正好补上了输入端增加的 0.56 W。新的效率应该是 η=6.37/8.10=84.7%，因此效率是没有下降的。

为什么在无电解电容(采用陶瓷电容)方案中，输出功率的计算会有如此的不同?原因在于陶瓷电容的容值较小，导致输出电流的纹波巨大，电流的最低值甚至已经触底为零值了。此时，输出电流的纹波已经大于其直流平均值了，也即输出电流已经是一个交流电流了，再采用平均电流来计算输出功率就不合适了。

正确的输出功率计算方法是：

$$P_o = V_{o,rms} \times I_{o,rms} \times PF$$

式中：$V_{o,rms}$ 和 $I_{o,rms}$ 分别为输出电压和电流的均方根值；PF 为功率因数。图4－66是输出为陶瓷电容时，输出电压及电流的波形及均方根值。与图4－66比较可以发现，对于交流电流来说，平均值与均方根值不再相等了。

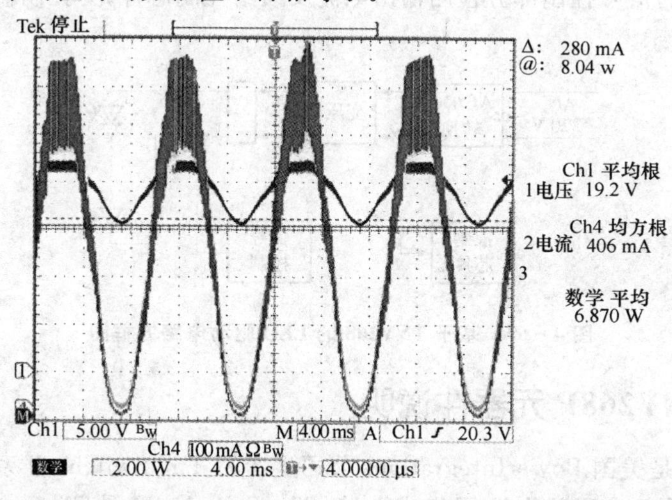

图 4－66　输出采用陶瓷电容(22 μF×2)时的电流、电压波形及方均根值

但是功率因数PF不太容易测量,用上述的公式在操作上有一定的难度,而采用瞬时功率(瞬时电压乘以瞬时电流)的平均值来计算输出功率就比较容易,这个操作可以在示波器上很容易地实现。在用电解电容的方案中,由于电解电容的容值比较大,输出电流的直流值远大于纹波值,其平均值与均方根值基本相等,用平均电流来计算输出功率就不会引入太大的误差。

4.16 基于TNY268P的家用LED壁灯驱动电路设计

壁灯(wall lamp)是室内装饰灯具,一般多配用乳白色的玻璃灯罩。灯泡功率多在15～40 W,光线淡雅和谐,可把环境点缀得优雅、富丽,尤以新婚居室特别适合。在能源和环境问题日趋严重的今天,以高效、节能、环保以及长寿命为主要特点的大功率照明LED获得了人们的重视。随着其性能的提高以及生产成本的下降,大功率照明LED将逐步取代白炽灯和荧光灯,在家庭照明领域获得广泛应用,LED壁灯的设计就是一次革命。与此同时,大功率照明LED驱动集成电路的开发也由于大功率LED应用的逐渐普及得到了长足的发展。在这里主要是设计一个开关电源式恒流驱动电路,用于家用LED壁灯驱动器。该电路是基于美国PowerIntegrations公司推出的第二代增强型高效小功率隔离式开关电源集成电路TinySwitch－Ⅱ系列的TNY268来设计的。

4.16.1 电路总体结构及设计

本设计恒流驱动是最佳的LED驱动方式,设计采用了市电220 V给LED灯供电的开关电源式恒流源,解决了降压、整流、变换效率高、较小的体积、较低的成本及安全隔离等一系列问题。

系统整体结构由五部分构成,AC/DC转换部分完成交直流转换,控制芯片和变压器构成恒流控制,信号控制部分检测输出电流反馈给控制芯片,为控制输出电流提供依据,如图4－67所示。

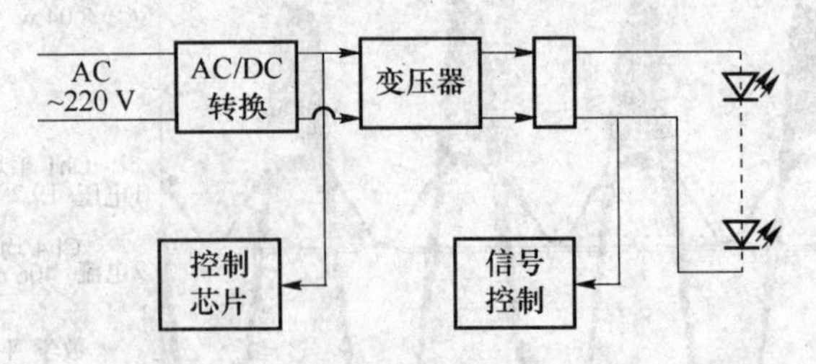

图4－67 基于TNY268的LED驱动电路方框图

4.16.2 TNY268P元器件说明

TNY268P是美国PowerIntegrations公司生产的TinySwitch－Ⅱ系列第二代增强型高效小功率隔离式开关电源用集成电路,TinySwitch－Ⅱ是TinySwitch的改进产品，用它构成电源系统时，成本比分立元件PWM和其他集成/混合式电源方案低，体积小，效率和可靠性高，特别适合于要求低成本、高效率的应用场合。

TNY268P是把控制IC和功率MOSFET集成在一起的功率IC，它有四个功能引脚：漏极(D)、源极(S)、旁路(BP)、使能/欠压(EN/UV)，如图4-68所示。

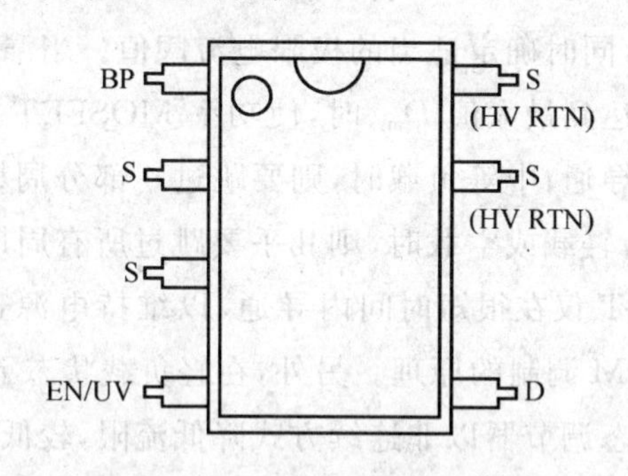

图4-68 TNY268P的引脚外形图

① 漏极(D)引脚 功率MOSFET的漏极输出引脚，为启动和稳态工作提供内部工作电流。

② 旁路(BP)引脚 该端与地(S极)之间需接一只0.1 μF的旁路电容。

③ 使能/欠压(EN/UV)引脚 此引脚具有输入使能和输入欠压检测两个功能，正常工作时，通过此引脚可控制功率MOSFET的通断(当该引脚的电流大于240 μA时将功率MOSFET关断)。此引脚还通过与输入直流高电压相连的外部电阻来检测欠压情况，若该引脚没有与外部电阻相连，则没有输入欠压功能。

④ 源极(S)引脚 控制电路的公用点，连接到内部MOSFET的源极，4个源极在内部是相连通的，它们被分成两组，其中：2个S端须接控制电路的公共端，另外2个S(HV RTN)端则接高压返回端。

图4-69所示为TNY268P的内部功能框图。其内部集成了一个耐压为700 V的功率MOSFET和一个开/关控制器。与传统的PWM控制器不同，它使用一个简单的开/关控制器来稳定输出电压。振荡器的频率为132 kHz，振荡器中还增加了频率抖动电路，抖动量为±4 kHz。该功能使EMI的均值和准峰值噪声均较低。

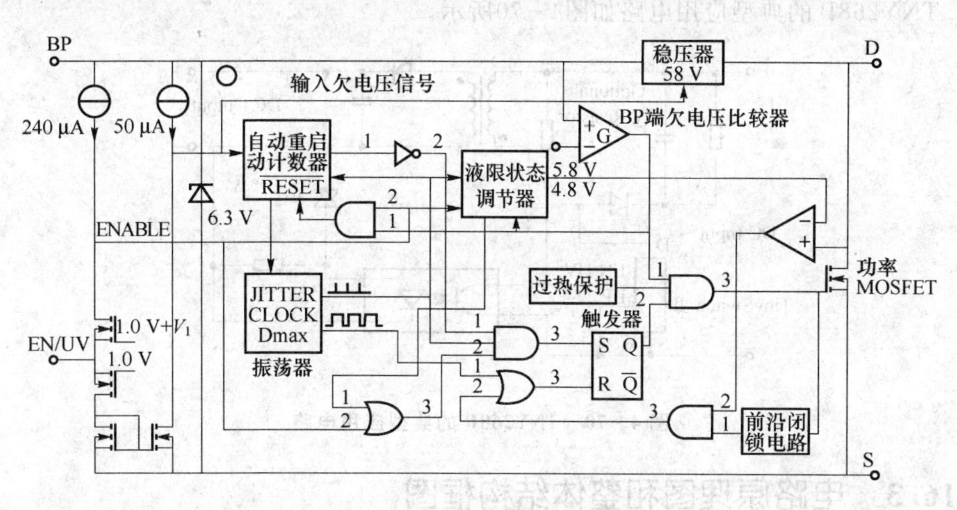

图4-69 TNY268P的内部功能图

TinySwitch－Ⅱ通常是工作在极限电流的模式下。启动时，它在每个时钟周期的起始对EN/UV引脚信号取样，然后根据取样结果决定是否跳过周期或跳过多少个周期，同时确定适当的极限电流阈值。当漏极电流ID逐渐升高并达到ILIMIT值或占空比达到最大值D_{max}时，使功率MOSFET关断。满载时，TinySwitch－Ⅱ在大部分周期内导通；中等负载时，则要跳过一部分周期并开始降低ILIMIT值，以维持输出电压稳定；轻载或空载时，则几乎要跳过所有周期，并且进一步降低ILIMIT值，使功率MOSFET仅在很短时间内导通，以维持电源正常工作所必需的能量。这本质上是引入了PFM调制的原理。另外，在轻负载状态下，当开关频率有可能进入音频范围内时，流限状态调节器以非连续方式降低流限，较低的流限值使得开关频率保持在音频以上，降低了变压器的磁通密度从而减轻了音频噪声。

EN/UV引脚的使能电路包含一个输出设定为1.0 V的低阻抗源级跟随电路，流经该电路的电流被限制在240 μA，当流出此引脚的电流超过240 μA时，使能电路的输出端会产生逻辑低（禁止）。连接在直流电源和EN/UV引脚间的外接电阻可用于监测直流输入电压，当电压低于设定值时，欠压检测电路就将旁路端电压U_{BP}从正常值5.8 V降至4.8 V，强迫功率MOSFET关断，起到保护作用；当输出MOSFET关断时，5.8 V稳压器通过漏极电压抽取电流将旁路引脚上连接的旁路电容充电至5.8 V；当MOSFET导通时，TinySwitch－Ⅱ消耗存储在旁路电容中的能量。另外，TinySwitch－Ⅱ中还有一个6.3 V并联稳压器，当电流经外部电阻注入旁路引脚时，稳压器将旁路引脚电压钳位在6.3 V，这样能方便地通过偏置绕组对TinySwitch－Ⅱ外部供电，将空载功耗降至约50 mW。

TNY268P的典型应用电路如图4－70所示。

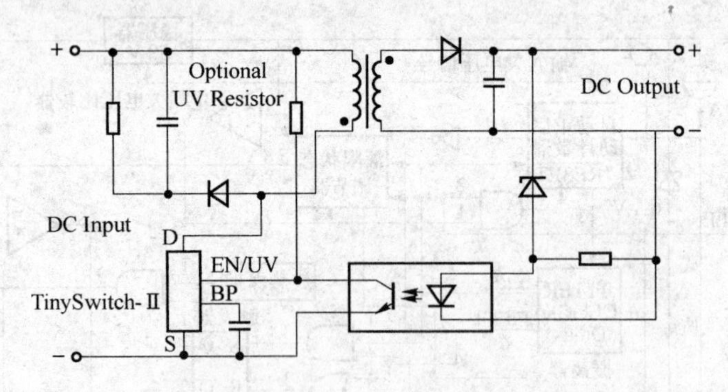

图4－70　TNY268P的典型应用电路

4.16.3　电路原理图和整体结构框图

LED驱动电路的整体结构如图4－71所示。电路由交流过流过压保护模块、整流滤波模块、功率因数校正模块、集成恒流模块、检测反馈模块和LED负载构成。

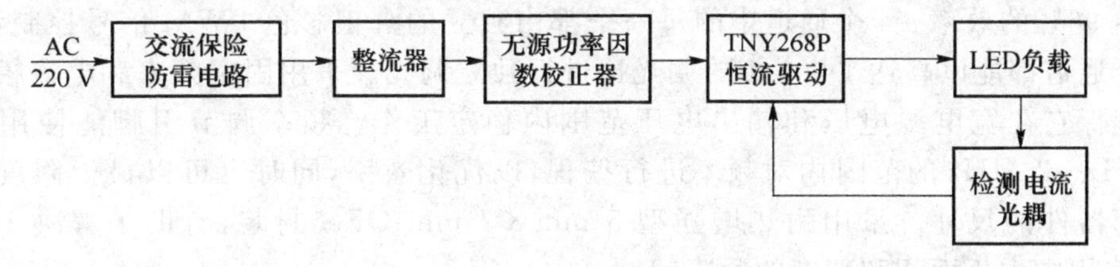

图4-71 LED驱动的整体结构框图

基于TNY268P的LED驱动电路原理图如图4-72所示，输入的市电(AC 220 V)经过AC-DC整流滤波电路，接入电源隔离变压器，单片开关电源芯片TNY268P，变压器的次级输出电压经过输出整流滤波电路。D_7、Q_1为开路保护电路。

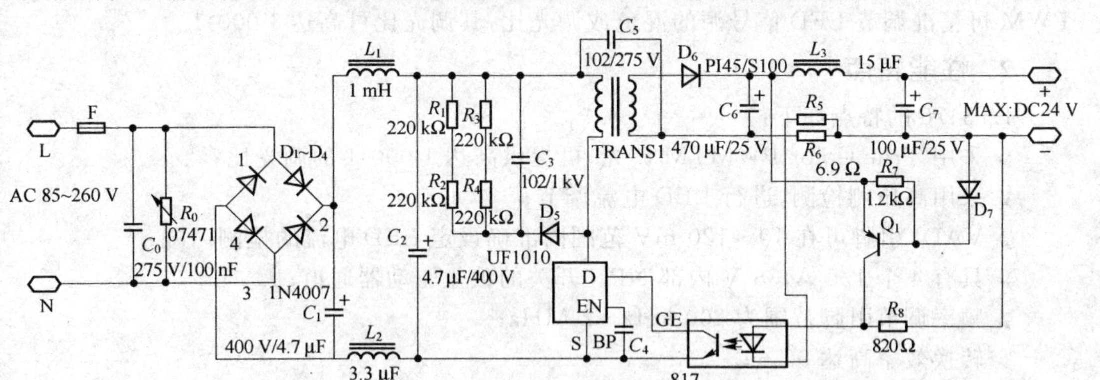

图4-72 基于TNY268P的LED驱动电路

TNY268P与电源隔离变压器以及C_5构成开关电源电路部分，电源隔离变压器次级输出经过D_6整流，C_6、L_3滤波，向负载提供直流电压。开关恒流电源是输出电流取样，通过电流负反馈，稳定输出电流。即流经负载的电流经过R_5、R_6产生电流负反馈经过光耦PC817调节TNY268P的功率输出以达到恒流的目的。

4.17 基于LT3476的4通道LED客厅吊灯驱动器设计

目前家庭客厅几乎都装有多个灯泡组成的大吊灯。实际使用时只需打开其中一盏或数盏，而其他灯泡不需点亮，这就要求在墙壁上安装多个控制开关，不但要占据较多墙壁位置，而且接线也较复杂。

采用LT3476设计客厅LED吊灯，能控制8盏LED灯头，分成4路，每路控制两个灯头，可以让每路LED灯亮、灭或者改变亮度。

4.17.1 LT3476简介

1. LT3476综述

LT3476是凌力尔特公司最新推出的4通道DC/DC转换器。它的每个通道都能驱动多达8个串联的1 A发光二极管(LED),因而能驱动多达32个1 A LED,同时具有高达96%的效率。4个通道中的每一个都由独立的真正彩色PWM信号控制,从而对每个通道都能以高达1 000∶1的调光比进行独立调光。采用固定频率和电流模式结构可确保它在宽电源电压和输出电压范围内稳定工作。频率调节引脚能使用户在200 kHz~2 MHz的范围内对频率进行编程,以优化效率,同时也可以最大限度地减小外部器件的尺寸。采用耐热增强型5 mm×7 mm QFN封装,有助于解决100 W LED应用中占板面积和高度的紧凑问题。

LT3476是在LED的高压侧检测输出电流的,因此是一个灵活性最高的LED驱动方案,可提供降压、升压或降压/升压型配置。在105 mV的全标度值条件下,将每个电流监视器的门限准确度修正至2.5%以内,用户就能利用一个外部检测电阻器来设置每个通道的输出电流范围。4个稳压器均由对应信道的PWM信号来独立操作。该PWM可精准调节LED信号源的混色或调光比,其调光比可高达1 000∶1。

2. 性能特点

LT3476的特点如下:

- 采用True Color PWMTM调光,可提供高达1 000∶1的调光比;
- 采用高压侧检测,进行LED电流调节;
- VADJ引脚可在10~120 mV范围内准确设定LED电流的检测门限;
- 具有4个1.5 A,36 V内部NPN开关的独立驱动器通道;
- 频率调节引脚范围为200 kHz~2 MHz;
- 转换效率高达96%;
- 具有开路LED保护;
- 在运行模式下低静态电流为22 mA,在停机模式下低静态电流小于10 μA;
- 输入电压范围宽,U_{IN}=2.8~16 V;
- 采用耐热增强型38引脚5 mm×7 mm QFN封装。

3. 引脚功能说明

LT3476采用38引线、5 mm×7 mm QFN封装。图4-73给出其引脚配置图。其中,VC1、VC4、VC3、VC2(引脚1、12、13、38)为误差放大器的补偿端;LED1、LED2、LED3、LED4(引脚2,5,8,11)为电流检测误差放大器的同相输入端;CAP1、CAP2、CAP3、CAP4(引脚3,4,9,10)为电流检测误差放大器的反相输入端;RT(引脚6)为振荡器的频率设置端;REF(引脚7)为基准输出端;VADJ4、VADJ3、VADJ2、VADJ1(引脚14,15,36,37)为LED的电流调节端;PWM4、PWM3、PWM2、

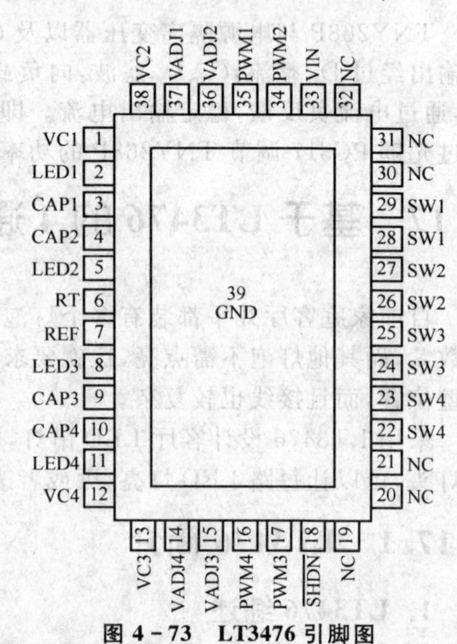

图4-73 LT3476引脚图

PWM1(引脚16,17,34,35)为低电平信号端,用于关闭通道,停用主开关;SHDN(引脚18)为停机端,当该引脚上的电压高于1.5 V时,该器件接通;NC(引脚19,20,21,30,31,32)未使用端,为更好地散热,需与接地引脚39连接;SW4、SW3、SW2、SW1(引脚22,23,24,25,26,27,28,29)为开关引脚端;VIN(引脚33)为输入电源引脚端;GND(引脚39)为电源及信号地端。

4. 功能描述

图4-74所示为LT3476的结构框图。LT3476是一款具有内部电源开关的恒频率电流模式稳压器。在每个振荡周期的起点,设定SR锁存器,接通主电源开关VQ1,其电压则随VQ1的电流成比例增减,并施加至一稳定的斜坡信号上,其最终值反馈给PWM比较器A_2的极端。当该电压高于A_2负极上的输入电压时,SR锁存器复位,关断电源开关。A_2负极上的输入电压是由误差放大器A_1提供的,其大小取决于内部电阻R_{SET}两端电压与外部电流检测电阻R_{SNS}两端电压之差。以此方式使A_1设置正确的峰值开关电流,用以调节流过R_{SNS}上的电流。VQ1上的输出电流则随A_1输出的增加而增加,随A_1输出的减少而减少。

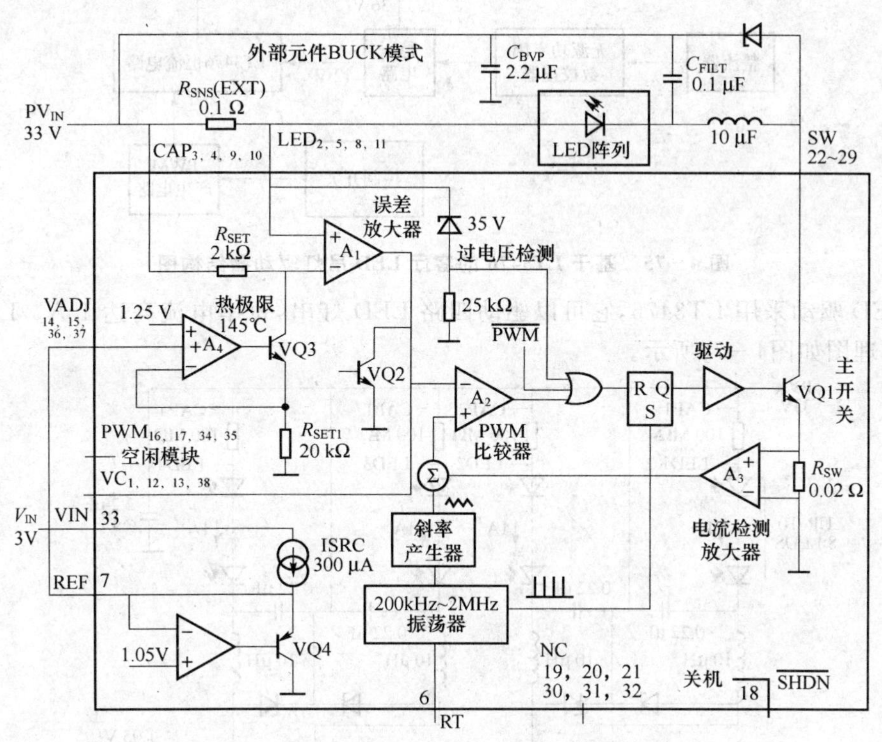

图4-74 LT3476内部结构图

通过VADJ输入引脚改变R_{SET}两端电压,可以调整R_{SNS}上的电流大小。通过放大器A_4可调整VQ3的输出电流,使R_{SET}两端生成一个与VADJ相等的电压,并使CAP引脚上的输入电压为VADJ输入的1/10。当A_4的输入电压为1.25 V时,R_{SET}上的电压典型极限值为125 mV。采用PWM引脚来调整R_{SNS}上的平均电流,以便对LED照明调光。当PWM引脚为低电平时，禁止VQ1操作，关断A_1，所以它不会驱动VC引脚。此时，所有VC引脚上的内部载荷均停用，这样外部补偿电容器上将保存VC引脚的充电状态。当PWM引脚上的电平由低变高时，开关所需电流将恢复至PWM上一次变换至低电平之前的数据，该功能可缩短瞬变恢复时间。

4.17.2 客厅LED吊灯驱动器设计

基于LT3476的客厅LED吊灯驱动器结构如图4－75所示。该驱动器由三大部分构成，第一部分是稳压电源部分，包括整流、功率因数校正和稳压电路。这部分的作用是为LED驱动器提供需要的电源。第二部分是控制部分，包括控制开关和四路PWM信号发生器。该部分作用是产生控制信号，控制对应各路的LED灯亮灭和亮度。第三部分是LED驱动器和LED灯。该部分作用是产生四路恒定的电流，控制LED发光。这里只研究LED驱动电路。

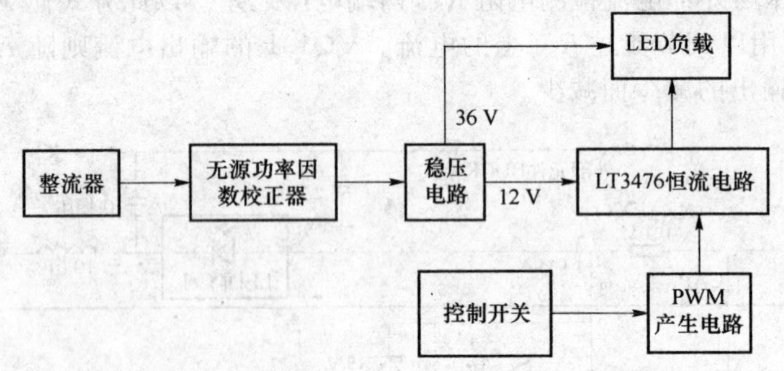

图4－75 基于LT3476的客厅LED吊灯驱动器结构图

LED驱动采用LT3476，它可以驱动四路LED灯串，每串电流高达1 A。LT3476驱动原理图如图4－76所示。

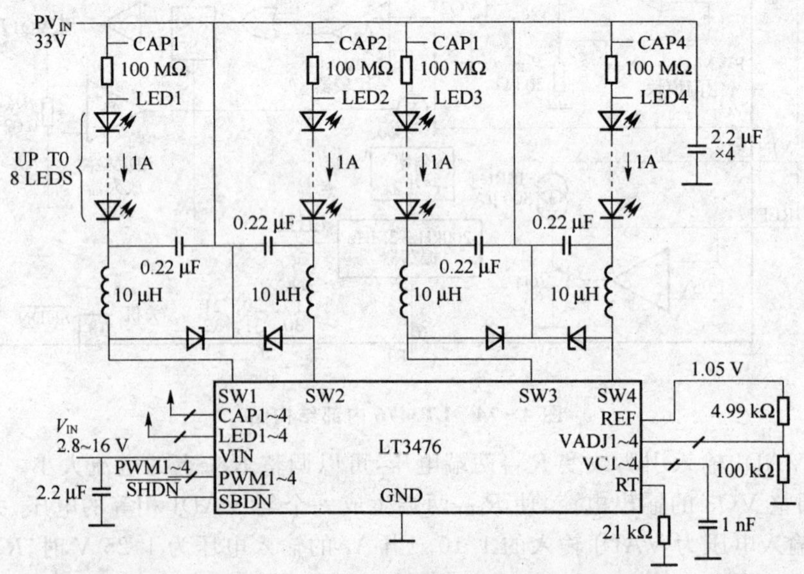

图4－76 LT3476驱动四路4×1 A LED电路图

4.17.3 参数设置

1. 开关频率设置

LT3476的开关频率取决于一个连接在RT引脚与GND之间的外部电阻器。RT引脚不能开路,也不能连接电容器,必须始终连接一只电阻。开关频率 f_c 与 R_T 的阻值大小有关。当 $f_c=200$ kHz时,$R_T=140$ kΩ;当 $f_c=400$ kHz时,$R_T=61.9$ kΩ;当 $f_c=1$ MHz时,$R_T=21$ kΩ;当 $f_c=12$ MHz时,$R_T=16.2$ kΩ;当 $f_c=2$ MHz时,$R_T=8.25$ kΩ。

一般来说,在需要很高或很低开关占空比操作时,或者希望获得较高效率时,应采用较低的开关频率。若选择较高的开关频率,应使用数值较小的外部元件,以实现较小的外形尺寸。然而对高频下的PWM调光,因为较高的开关频率(较短的开关周期)只需在每个开关周期起点处一个很窄的时隙中对PWM引脚的状态进行采样,所以能实现更好的调光控制。

2. 电感的选择

用于LT3476的电感,其额定饱和电流应为2.5 A或更大。为了获得最佳闭环稳定性效果,选定的电感值应能提供一个350 mA或更大的纹波电流。对于降压或升压型配置而言,在RT引脚使用一个21 kΩ电阻的情况下($T_{SW}\approx1$ μs),大多数应用表明,电感的推荐值在4.7~10 μH。在降压模式中,电感值的估计算式为

$$L=\frac{D_{BUCK}T_{SW}(V_{CAP}-V_{LED})}{\Delta l}$$

式中:$D_{BUCK}=V_{LED}/V_{CAP}$;V_{LED} 为LED串两端的电压;V_{CAP} 为电压转换器的输入电压;T_{SW} 为LED驱动器开关引脚的开关周期,单位为μs。

在升压模式中,电感值的估算公式为

$$L=\frac{D_{BOOST}T_{SW}V_{IN}}{V_{CAP}}$$

式中:

$$D_{BOOST}=\frac{V_{CAP}-V_{IN}}{\Delta l}$$

V_{IN} 为输入电压;V_{CAP} 为LED串两端的电压。

3. 输入输出电容器的选择

为了运行可靠,应在LT3476的 V_{IN} 引脚附近设置一个与地连接的1 μF或更大的旁路电容器(最好选择陶瓷电容器)。对于降压型配置来说,当开关关断时,因肖特基二极管返回的电流会在功率转换器的输入电容器上产生较大的脉冲电流,所以应选择较低等效串联电阻值(ESR)和等效串联电感值(ESL)的电容器,并使其满足纹波电流的要求。通常可在靠近肖特基二极管与接地平面处设置一个2.2 μF的陶瓷电容器。输出滤波电容器的选择取决于负载的大小以及配置升压型转换器还是降压型转换器。对

LED的应用来说，发光二极管的等效电阻比较小，因此选择输出滤波电容器时，应尽量将电感产生的纹波电流衰减至35 mA以下。所需电容值的估算公式为

$$C_{FILT}=2(T_{SW}/R_{LED})$$

式中：T_{SW}为LED驱动器开关引脚的开关周期；R_{LED}为LED串的等效电阻值。当$R_{LED}=5\ \Omega$，$T_{SW}=1\ \mu s$时，滤波电容的典型值为0.47 μF。

为实现环路的稳定性，假设输出极点位于闭环增益为1的频率上，这样用于环路补偿的主极点将取决于VC输入端的电容器。

对于LED的升压应用，由于源电流的脉动特性，所需的滤波电容器数值约为上述计算值的5倍。因此对于每个通道来说，往往在靠近肖特基二极管与IC接地平面处设置一个2.2 μF的陶瓷型电容器就足够了。

4. LED电流调节

可通过一个与负载串联的外部检测电阻来调节LED的电流。该方法在驱动负载的过程中能检测多个并联LED串中的一个，并能保持较好的准确度。VADJ输入引脚负责把外部检测电阻器两端的电压门限值设定在10～120 mV。REF引脚提供一个1.05 V的基准输出电压，并通过电阻分压器或直接连接用于驱动VADJ引脚，以提供105 mV的全标度电流，也可采用一个D/A转换器来驱动VADJ引脚。VADJ引脚不能置于开路状态。如果VADJ引脚的输入与一个高于1.25 V的电压相连，则CAP与LED两端的默认调节门限为125 mV。VADJ引脚也可外接一PTC热敏电阻，以对LED负载进行过热保护。图4-77给出了过热保护电路。

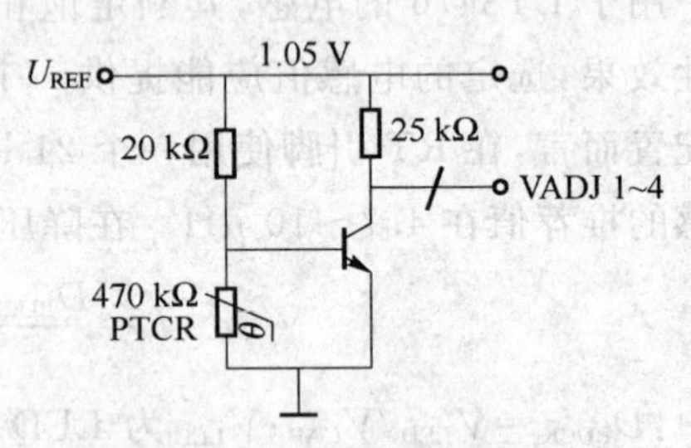

图4-77 过热保护电路

5. 调光控制

采用LT3476控制调光电流源的方法有两种。第一种方法是LED的常用方法，采用PWM引脚把电流源调整在零电流与满电流之间，以实现一个精准编程的平均电流。为了使这种电流控制方法更加准确，在静态期间，把需要的开关电流存储于VC节点上。当PWM信号变至高电平时，该功能将最大限度地缩减恢复时间。最小的PWM接通或关断时间取决于通过RT引脚所选择的工作频率。为了获得最佳的电流准确度，最小的PWM低电平或高电平时间至少为10个开关周期。采用上述方法有两个原因：其一是为了在关断前使输出达到稳态，其二是振荡器未被同步至PWM信号，而且在从PWM走高到开关操作开始之间可能存在长达1个开关周期的延迟，不过该延迟并非使用于PWM信号的负变换。如果在LED电流通路中使用一个断接开关，则最小的PWM低电平/高电平时间可缩短至5个开关周期。第二种方法是采用VADJ引脚在PWM高态期间对电流检测门限进行线性调节。LED电流的编程功能增强了PWM

调光控制能力,有可能使总调光范围扩大 10 倍。

4.18 基于 SN3910 的高功率因数 LED 镜前灯驱动电路设计

镜前灯是梳妆镜上面的灯,也是卫生间镜子上面的灯,一般是指固定在镜子上面的照明灯,作用是照清照镜子的人,使照镜子的人更容易看清自己。过去镜前灯都是用荧光灯管设计,镜前灯的功率也不大,通常 5～10 W 荧光灯管。现在完全可以采用 LED 照明,功率仅需 2～3 W。这里采用 SN3910 作为恒流集成电路芯片来设计。

4.18.1 SN3910 简介

SN3910 是一款峰值电流检测降压型 LED 驱动器,工作在恒定关断时间模式。它允许电压源范围从 DC 8 V 到 450 V 或 AC 110 V/220 V 驱动高亮度 LED。SN3910 可以根据 PWM 信号调整 LED 亮度,可以接受的 PWM 控制信号占空比为 0～100。它还包括一个 50～240 mV 线性调光输入,可用于 LED 电流线性调整和温度补偿。SN3910 采用峰值电流模式控制,该控制器不需要任何环路补偿,便能取得良好的输出电流调节。SN3910 具有输出电流可达 1 A 温度补偿功能恒定关断时间模式,线性 PWM 调光极少的外围器件。

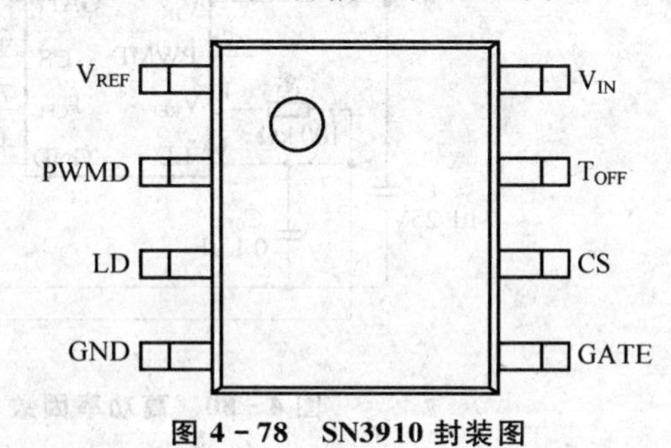

图 4-78 SN3910 封装图

SN3910 采用 SOP-8 封装,如图 4-78 所示。

4.18.2 SN3910 高功率因数驱动电源主电路设计

根据大功率 LED 的工作特性,采用高效率通用 LED 驱动器 SN3910。SN3910 高功率因数驱动电源的设计框图如图4-79所示。

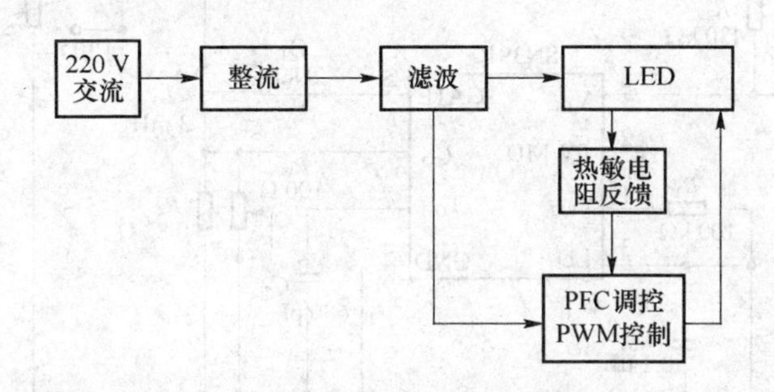

图 4-79 LED 镜前灯电路框图

基于 SN3910 的高功率因数 LED 驱动电源完整电路图如图4-80所示。它直接接入 220 V 市电,无需变压器,输入电压范围较大,输出电流可达 1 A,效率和功率因数较高,有温度补偿功能,具有线性调光和 PWM 调光,外围器件较少。它既满足输入电压范围宽的要求,又满足输出电流具有可调的特性,且效率高。美中不足的是电路设计较复杂,调试困难,成本较高。

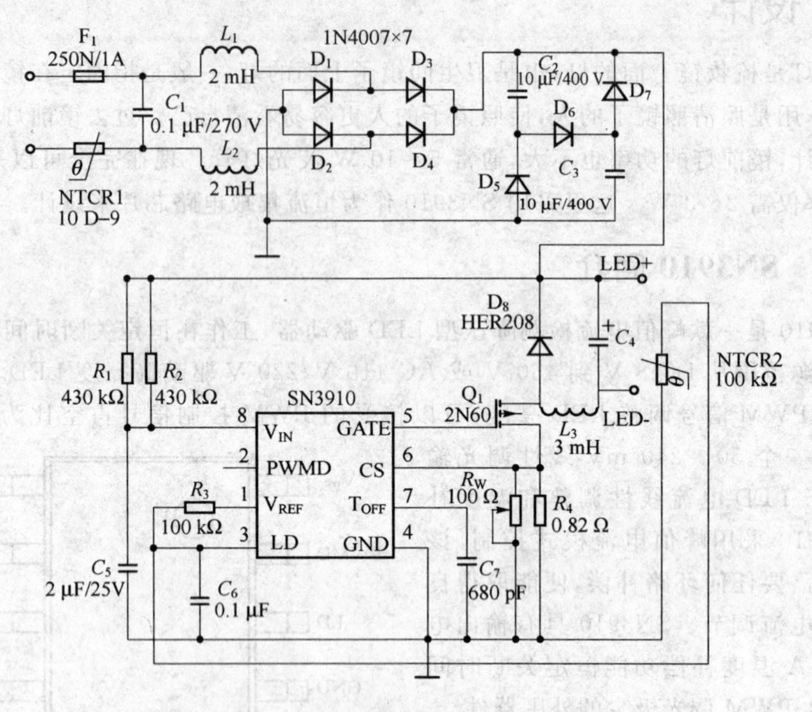

图 4-80 高功率因数 LED 镜前灯驱动电路

SN3910 芯片工作电压典型值为 7.2 V,如图4-81所示,它是利用整流后的 250 V 直流电经过电阻 R_1、R_2 分压和电容 C_5 滤波,得到的一个平稳的工作电压,从而为芯片

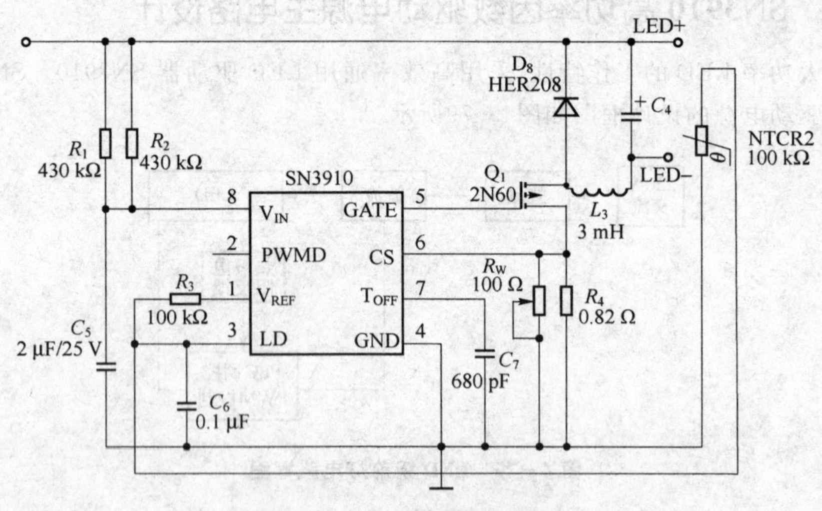

图 4-81 主电路工作原理图

的起振提供了条件。引脚 T_{OFF} 设置在恒定关断时间模式下，功率 MOSFET 的关断时间。浮空时，内部设定时间 510 ns，即为芯片内部振荡频率。引脚 CS 为电流检测引脚，通过外部感应电阻检测 MOSFET 电流，决定何时关闭输出。当GATE引脚产生一个脉冲为高电平时，驱动 MOSFET 栅极在 MOSFET 上形成一个输出电流，输出电流同时为电感储能；当 GATE 脚为低电平时，MOSFET 关闭，电感通过续流二极管 HER208 和 LED 放电，从而保证在栅极低电平时负载 LED 也有电流流过，且输出电流的大小完全取决于电感的大小。

4.18.3　电路分析与参数计算

接入市电 200 V，如图4－80上半部分的主电路直流电源所示，电感 L_1、L_2 和 C_1 起到了滤除市电中的高次谐波干扰，经过 D_1、D_2、D_3、D_4 桥式整流，得到 260 V 的脉动直流电，在经过电容 C_1、C_2 以及二极管 D_5、D_7 低通滤波，得到了比较平滑的直流电 250 V，用此 250 V 作为主控芯片的电源，同时也作为输出电压。

桥式整流电路

① 输出电压与输入电压有效值之间的关系为

$$U_0 = 2\times 0.45\,U_2 = 0.9\,U_2$$

② 输出电压的平均值为

$$U_0 = \frac{1}{\pi}\int_0^{\pi}\sqrt{2}U_2\sin\omega t\,\mathrm{d}\omega t = \frac{2\sqrt{2}}{\pi}U_2 = 0.9U_2$$

③ 直流电流为

$$I_0 = \frac{0.9U_2}{R_L}$$

④ 脉动系数 S，整流输出电压波形中包含有若干偶次谐波分量称为纹波，它们叠加在直流分量上。最低次谐波幅值与输出电压平均值之比定义为脉动系数。全波整流电压的脉动系数约为 0.67，故需用滤波电路滤除 U_0 中的纹波电压。

⑤ 流过二极管的正向平均电流 I_D。在桥式整流电路中二极管 D_1、D_3 和 D_2、D_4 是两两轮流导通的，所以流经每个二极管的平均电流为

$$I_D = \frac{1}{2}I_L = \frac{0.45U_2}{R_L}$$

⑥ 二极管在截止时所承受的最大反向电压均为 U_2 的最大值

$$U_{DRM} = \sqrt{2}U_2$$

整桥式整流电路的优点是输出电压高，纹波电压较低，二极管所承受的最大反向电压较低，同时因电源变压器在正负半周内都有电流供给负载，电源变压器得到充分的利用，效率较高。因此，这种电路在半导体整流电路中得到了广泛应用。电路的缺点是二极管用得较多。目前，市场上已有许多品种的半桥和全桥整流电路出售，而且价格便宜，这对桥式整流电路的缺点是一个弥补。选择整流二极管，既要考虑最大正向电流，

又要考虑最大反向耐压值，在本设计中选择常用的1N4007二极管，$V_{rms}=700$ V，平均最大正向电流 $I=1$ A。

4.19 基于LNK406EG的14 W可调光LED天花灯驱动电路设计

天花灯是一种具有高贵档次的照明及现代装饰灯具，非常适用于商场超市、酒店、珠宝柜台及高档家居。天花灯一般采用低光衰大功率LED作为光源，以确保其长寿命、节能、高效、环保等特点。本节采用PI公司生产的LinkSwitch-PH系列LED驱动IC LNK406EG为核心，设计了14 W可调光的LED天花灯。

4.19.1 LNK406EG简介

PI公司生产的LinkSwitch-PH系列LED驱动IC可以设计出具有成本效益且元件数量极少的LED驱动器，不仅能满足功率因数和谐波限值，同时还能为最终用户带来不同凡响的使用体验。其特性包括超宽调光范围、无闪烁工作（即使使用的是低成本的AC输入可控硅调光器），以及快速、平滑的导通。LNK406EG引脚图如图4-82所示。

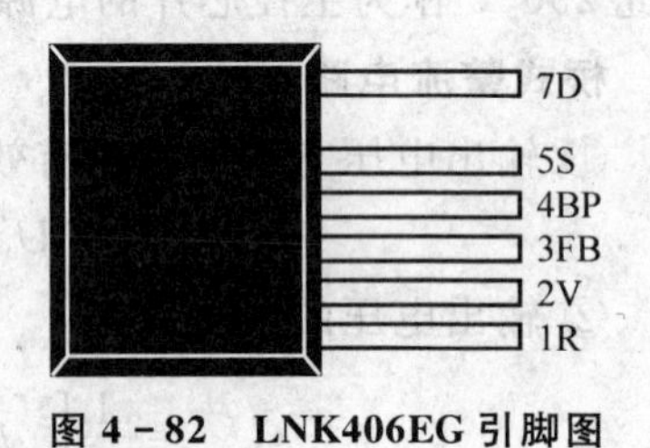

图4-82 LNK406EG引脚图

LNK406EG引脚功能描述见表4-8。

表4-8 LNK406EG引脚功能描述

引脚号	引脚名和符号	功能描述
1	参考引脚R	该引脚连接到一个外部精密电阻，用于切换调光工作模式与非可控硅调光工作模式
2	电压监测引脚V	该引脚与一个由整流管、滤波电容和电阻构成的外部输入线电压峰值检测器相连。施加的电流用于控制输入欠压（UV）和过压（OV）的停止逻辑，并提供前馈信号以控制输出电流和远程ON/OFF功能
3	反馈引脚FB	反馈引脚用于输出电压反馈。流入反馈引脚的电流与输出电压成正比。反馈引脚还包含开路负载和过载输出保护电路
4	旁路引脚BP	一个外部旁路电容连接到这个引脚，用于生成内部5.9 V的供电电源。此外，该引脚还可通过旁路引脚电容值的选取提供输出功率选择
5	源极引脚S	这个引脚是功率MOSFET的源极连接点。它也是旁路、反馈、参考及电压监测引脚的接地参考
7	漏极引脚D	功率MOSFET的漏极连接点。在启动及稳态工作时还提供内部工作电流

LNK406EG所使用的拓扑结构是运行于连续导通模式下的隔离反激。输出电流调节完全从初级侧检测，因此无需使用次级反馈元件。在初级侧也无需检测外部电流，而是在IC内部进行，从而进一步减少了元件和损耗。内部控制器调整MOSFET占空比以保持输入电流为正弦交流电，从而确保高功率因数和低谐波电流。

LNK406EG是PI公司生产的高功率因数、可控硅调光的LED驱动器。LNK406EG也可提供各种复杂的保护功能，包括环路开环或输出短路条件下自动重新启动。输入过压可提供增强的抗输入故障和浪涌能力，输出过压在负载断开时可保护电源，精确的迟滞热关断可确保在所有条件下PCB板平均温度都处于安全范围内。

4.19.2　14 W可调光、高效率LED驱动设计

在任何LED照明装置中，驱动器的性能直接决定了最终客户（用户）对照明的感受，包括启动时间、调光、闪烁和驱动器之间的一致性。此设计中重点关注的是在AC 115 V和AC 230 V条件下尽可能多地兼容各种调光器和尽可能大地兼容调光范围。即使是这样，在两种单输入电压工作范围仍可以实现设计简化，包括不需要调光的或调光器（高质量）调光范围受限的应用。

该LED驱动器采用了LinkSwitch－PH系列IC中的LNK406EG器件，高功率因数、可控硅调光的LED驱动器，它可以在AC 90～265 V的输入电压范围内为LED灯串提供额定电压28 V、额定电流0.5 A的驱动。电路原理图分成两部分，电源部分如图4－83所示。LED恒流驱动电路如图4－84所示。

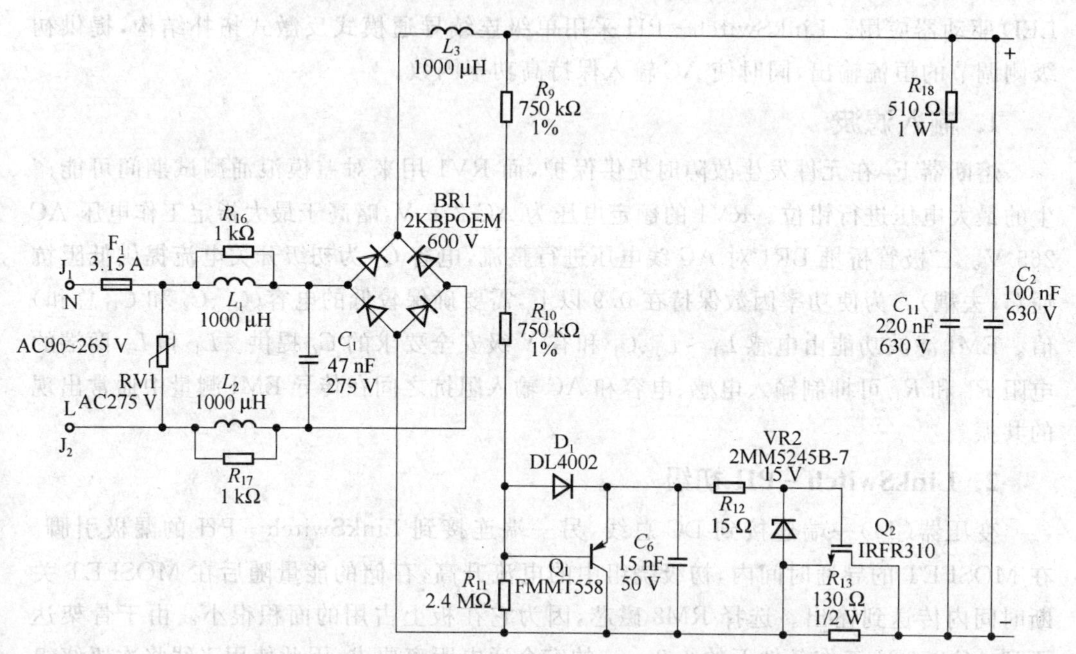

图4－83　14 W天花灯LED驱动器电源部分电路图

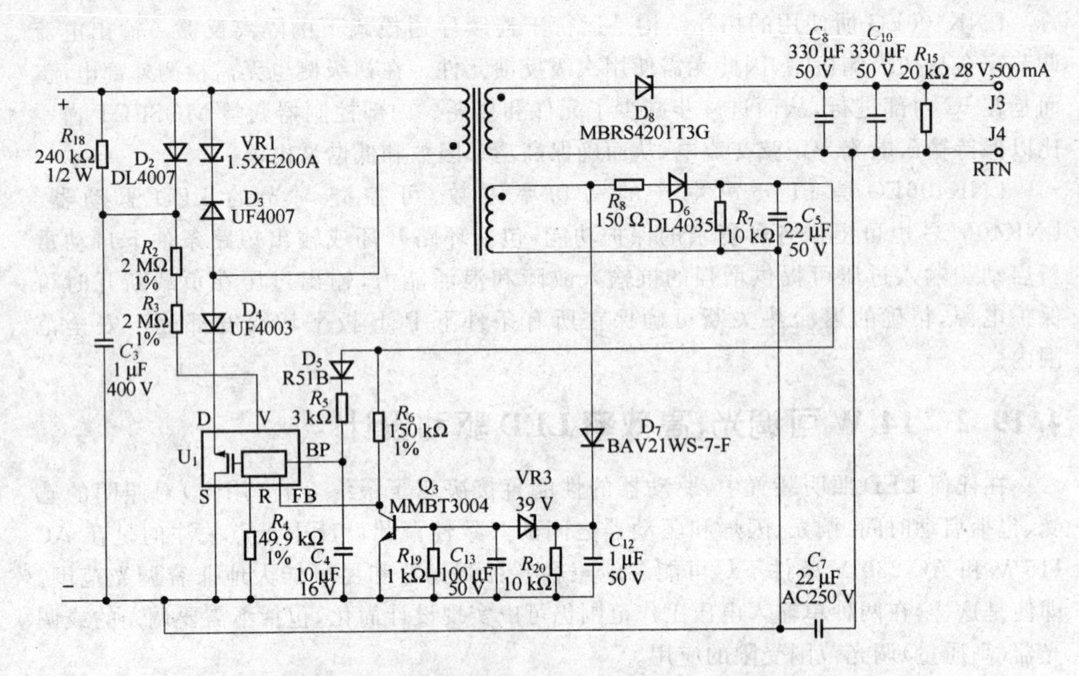

图 4-84 14 W天花灯LED恒流驱动部分电路图

4.19.3 电路分析

LinkSwitch-PH是一种将控制器和725 V MOSFET集成在一起的器件,用于LED驱动器应用。LinkSwitch-PH采用单级连续导通模式反激式拓扑结构,提供初级侧调节的恒流输出,同时使AC输入保持高功率因数。

1. 输入滤波

熔断器 F_1 在元件发生故障时提供保护,而RV1用来对差模浪涌测试期间可能产生的最大电压进行钳位。RV1的额定电压为AC 275 V,略高于最大指定工作电压AC 265 V。二极管桥堆BR1对AC线电压进行整流,电容 C_2 为初级开关电流提供低阻抗通路(去耦)。为使功率因数保持在0.9以上,需要确保较低的电容(C_1、C_2 和 C_{11} 总和)值。EMI滤波功能由电感 L_1~L_3、C_1 和有Y级安全要求的 C_7 提供。L_1 和 L_2 两端的电阻 R_{16} 和 R_{17} 可抑制输入电感、电容和AC输入阻抗之间在传导EMI测量中通常出现的共振。

2. LinkSwitch-PH初级

变压器(T_1)一端连接到DC总线,另一端连接到LinkSwitch-PH的漏极引脚。在MOSFET的导通时间内,初级绕组中的电流升高,存储的能量随后在MOSFET关断时间内传送到输出。选择RM8磁芯,因为它在板上占用的面积很小。由于骨架达不到AC 230 V工作条件下的6.2 mm的安全通电距离要求,因此使用飞线将次级绕组端接到PCB板中。

为使 U_1 得到峰值输入电压信息，AC 输入整流后经由 D_2 对 C_3 充电。然后电流经过 R_2 和 R_3，注入 U_1 的 V 引脚。电阻容差将会导致不同电源之间的 V 引脚电流有所差异，因此选择 1%误差的电阻可以将这种变化降至最低。器件也会利用 V 引脚电流来设置输入过压和欠压保护阈值。欠压保护可确保不同电源在相同的输入电压下启动，过压保护可使整流后的线电压承受能力（在浪涌和线电压陡升期间）达到内部 MOSFET 的额定 725BVDSS。电阻 R_1 为 C_3 提供放电通路，时间常数远大于经整流 AC 的放电时间，以防止 V 引脚电流被线电压频率所调制。

V 引脚电流和 FB 引脚电流在内部用来控制 LED 平均输出电流。对于相位角调光应用，可在 R 引脚（R_4）和 V 引脚上分别使用 49.9 kΩ 电阻和 4 MΩ（R_2+R_3）电阻，使输入电压和输出电流保持线性关系，从而获得最大调光范围。电阻 R_4 还设置内部的线电压输入升高、降落和输入过压保护阈值。

在 MOSFET 导通期间，由于漏感的影响，二极管 D_3 和 VR1 将漏极电压钳位到一个安全水平。在 C_2 上的电压降到反向输出电压（V_{OR}）以下时，需要使用二极管 D_4 来防止反向电流流经 U_1。选择肖特基势垒二极管来减少此元件中的损耗并提高效率，也可使用超快速 PN 型二极管（UF54002）代替，从而降低成本。

二极管 D_6、C_5、R_7 和 R_8 构成初级偏置供电，能量来自变压器的辅助绕组。电容 C_4 对 U_1 的 BP 引脚进行局部去耦，该引脚是内部控制器的供电引脚。在启动期间，与漏极引脚相连的内部高压电流源将 C_4 充电至约 6 V。此时，器件开始开关，器件的供电电流再由偏置供电经过 R_5 提供。二极管 D_5 隔离 BP 引脚和 C_5，以防止启动时间由于对 C_4 和 C_5 的充电而延长。建议使用外部偏置供电（通过 D_5 和 R_5）以实现最低的器件功耗和最高的效率，尽管这些元件有时可以省去。这种自供电能力可提供更好的相位角调光性能，因为在输入导通相位角很小而导致等效输入电压较低时，IC 仍然能够保持正常工作。电容 C_4 同时用来选择输出功率模式，选择 10 μF（低功率模式）可以将器件功耗减至最低，降低对散热片的要求。

3. 反 馈

偏置绕组电压用来间接地反映输出电压的高低，而无需使用次级侧反馈元件。偏置绕组上的电压与输出电压成比例（由偏置绕组与次级绕组之间的匝数比决定）的。电阻 R_6 将偏置电压转换为电流，注入至 U_1 的反馈（FB）引脚。U_1 中的内部控制电路综合 FB 引脚电流、V 测引脚电流和漏极电流信息，在 2:1 的输出电压变化范围内提供恒定的输出电流，同时保持较高的输入功率因数。为限制空载时的输出电压，D_7、C_{12}、R_{20}、VR3、C_{13}、Q_3 和 R_{19} 共同组成输出过压钳位电路。如果断开输出负载的连接，偏置电压将升高，直至 VR3 导通，这样会使 Q_3 导通并减小流入 FB 引脚的电流。当该电流低于 20 μA 时，器件进入自动重启动模式，开关被禁止 800 ms，使输出电压（和偏置电压）下降。

4. 输出整流

变压器次级绕组由 D_8 进行整流，由 C_8 和 C_{10} 进行滤波。选择肖特基势垒二极管用以提高效率，所选取的 C_8 和 C_{10} 的总值可使 LED 纹波电流等于平均值的 40%。如果需要更低纹波的设计，可提高输出电容值。R_{15} 用做小的假负载，可限制空载条件下的输出电压。

5. 可控硅相位调光控制兼容性

对于用低成本的可控硅前沿相控调光器提供输出调光的要求，需要在设计时进行全面的权衡。

由于 LED 照明的功耗非常低，整个灯具所消耗的电流要小于调光器内可控硅的维持电流。这样会因为可控硅触发不一致而产生某些不良情况，比如调光范围受限和/或闪烁。由于 LED 灯的阻抗相对较大，因此在可控硅导通时，浪涌电流会对输入电容进行充电，产生很严重的振荡。这同样会造成类似的不良情况，因为振荡会使可控硅电流降至零并关断。

要克服这些问题，需增加两个电路——有源衰减电路和无源泄放电路。这些电路的缺点是会增大功耗，进而降低电源的效率。对于非调光应用，可以省略这些元件。

有源衰减电路由元件 R_9、R_{10}、R_{11}、R_{12}、D_1、Q_1、C_6、VR2、Q_2 以及 R_{13} 共同组成。该电路可以限制可控硅导通时流入 C_2 并对其充电的浪涌电流，实现方式是在导通前 1 ms 内将 R_{13} 串联。在大约 1 ms 后，Q_2 导通并将 R_{13} 短路。这样可使 R_{13} 的功耗保持在低水平，在限流时可以使用更大的值。电阻 R_9、R_{10}、R_{11} 和 C_6 在可控硅导通后提供 1 ms 延迟。晶体管 Q_1 在可控硅不导通时对 C_6 进行放电，VR2 将 Q_2 的栅极电压钳位在 15 V，R_{12} 用于防止 MOSFET 发生振荡。

无源泄放电路由 C_{11} 和 R_{18} 构成。这样可以使输入电流始终大于可控硅的维持电流，而与驱动器相应的输入电流将在每个 AC 半周期内增大，防止每个导通角度的起始阶段出现可控硅的开关振荡。

这种设计可实现无闪烁调光，并对所有相位角调光器进行了测试，包括欧洲、中国和韩国生产的调光器，同时包括了前沿和后沿类型不同调光器。

4.20 基于 LNK457DG 的可调光 LED 阳台灯驱动电路设计

阳台起到居室内外空间过渡的作用，阳台照明不可少。夜间，用户可能在阳台收下白天晾晒的衣服。所以，即便是室外，也要安装灯具。这样的灯具就叫阳台灯。这里采用 5 W 的 LED 照明足够使用。

4.20.1 LNK457DG 简介

LNK457DG 是一款可控硅调光、单级 PFC、低功率的 AC/DC 功率转换的芯片。它的特性包括：

➢ 单级功率因数校正及精确的恒流(CC)输出；

- 无闪烁相位控制的可控硅调光；
- 使用小的无电解电容，依赖更少元件，适合紧凑型灯泡的设计；
- 紧凑型 SO－8 封装；
- 完全省去控制环路补偿。

它的典型应用电路如图4－85所示。

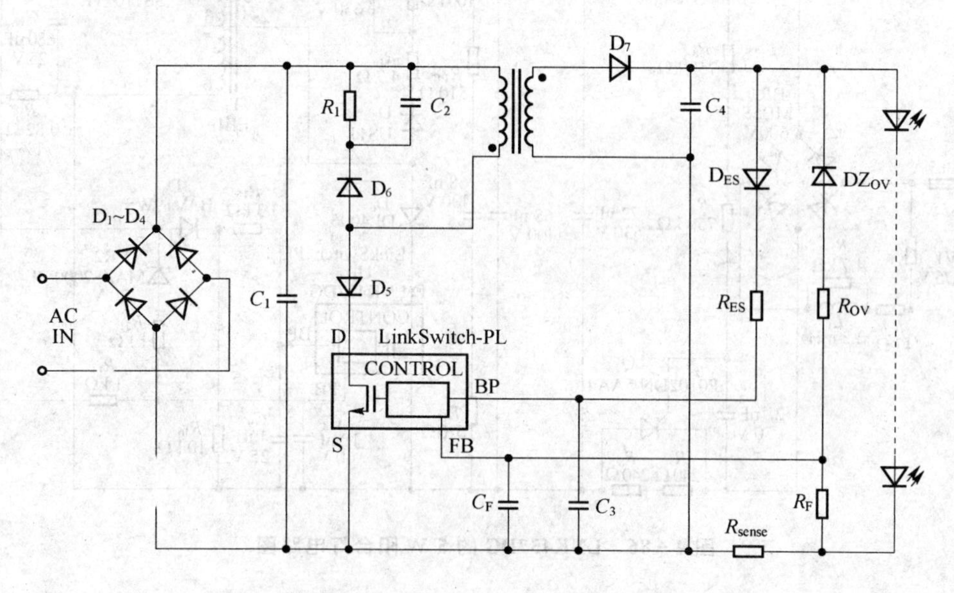

图 4－85　LNK457DG 典型应用电路图

4.20.2　5 W 可调光 LED 阳台灯驱动电路设计

5 W 可调光阳台 LED 驱动电路是使用 LinkSwitch－PL 系列器件 LNK457DG 设计的非隔离式 LED 驱动器（电源）。在 12 V 和 18 V 的 LED 灯串电压下可提供 350 mA 单路恒流输出。使用标准的 AC 市电可控硅调光器可将输出电流降低至 1%（3 mA），这不会造成 LED 负载性能不稳或发生闪烁。该电路可同时兼容低成本的前沿调光器和更复杂的后沿调光器。

该电路用于在通用 AC 输入电压范围内（AC 85～265 V，47～63 Hz）进行工作，但在 AC 0～300 V 的输入电压范围内也不会造成损坏。这样可以提升现场应用可靠性，延长在线电压跌落和浪涌条件下的使用寿命。基于 LinkSwitch－PL 的设计可提供高功率因数（>0.9），有助于满足所有现行国际标准的要求，并可使单个设计全球通用。

该电源所选用的外形可满足标准梨形（A19）LED 替换灯的要求。输出采用非隔离式，要求外壳的机械设计能够将电源输出和 LED 负载与用户隔离。

电路原理图如图4－86所示。本电路为非隔离式、非连续导通模式反激转换器电路，以 350 mA 的输出电流给电压为 12～18 V 的 LED 灯串提供驱动。驱动器完全能够在宽输入电压范围内工作，并提供高功率因数。本电路可同时满足输入浪涌和 EMI

要求，其元件数较少，能够使电路板尺寸满足LED灯泡替换应用的要求。

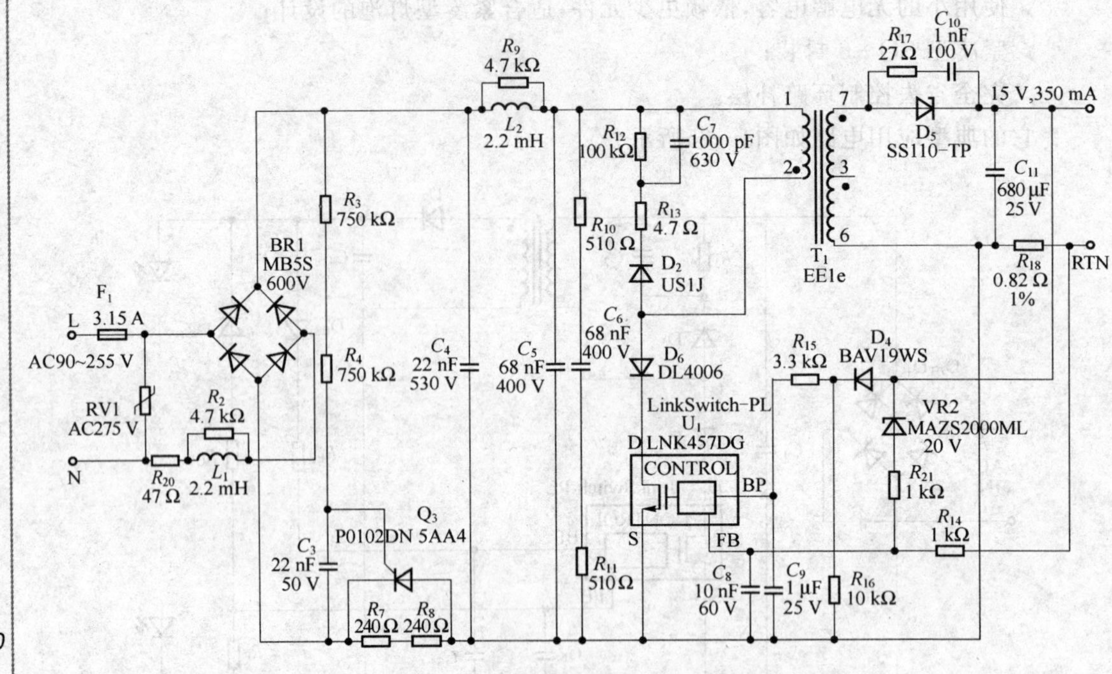

图4-86　LNK457DG的5 W阳台灯电路图

4.20.3　参数设计

1. 调光性能设计指南

对于使用低成本的可控硅前沿相控调光器提供输出调光的要求，需要在设计时进行全面的权衡。由于LED照明的功耗非常低，整灯吸收的电流通常要小于调光器内可控硅的维持电流。这样会产生调光范围受限和/或闪烁等不良情况。由于LED驱动器的阻抗相对较大，因此在可控硅导通时，会产生很严重的振荡。在可控硅导通的一瞬间，一股非常大的浪涌电流会流入驱动器的输入电容，从而激发线路电感并造成电流振荡。这同样会造成类似不良情况，因为振荡会使可控硅电流降至零并关断，同时造成LED灯闪烁。为解决这些问题，电路中采用了两个电路功能块——一个有源衰减电路和一个泄放电路。这些电路功能块的缺点是会增大功耗，进而降低电源的效率。

在本设计中衰减电路和泄放电路的取值能够使一个电路板与绝大多数调光器（600 W以下的调光器并包括低成本前沿可控硅调光器）在整个输入电压范围内正常工作。这一设计可实现在高压输入时将一个灯连接一个调光器来实现无闪烁照明。一个灯在高压下工作会导致最小输出电流和最大浪涌电流（可控硅导通时），这代表最差情况。因此，主动衰减电路和泄放电路的作用非常明显：泄放电路可降低阻抗，衰减电路可提高阻抗。但这会增加功耗，进而降低驱动器的效率和整个系统的效能。

要求将多个灯连接到一个调光器，这样，调光器不仅可以正常工作，而且会降低泄放电路所需的电流，此时可增大 R_{10} 和 R_{11} 的值并减小 C_6 的值。

如果使灯具仅在低压(AC 85～132 V)下工作，可在前沿可控硅调光器导通时出现的峰值电流大幅降低时降低 R_7 和 R_8 的值。对于非调光应用，可直接省去这些元件，用跳线替代 R_7 和 R_8，从而提高效率，但不会改变其他性能特性。

2. 输入EMI滤波和输入整流

EMI滤波器经优化可降低对调光性能的影响。电阻 R_{20} 为可熔电阻。如果某个元件故障会导致输入电流过大，应选择可熔电阻来使开路失效。与非PFC设计或无源PFC设计相比，薄膜电阻(相对于线绕电阻)是可以接受的。这会在输入电容充电时降低瞬间功率耗散，但对于在高压下工作的设计建议使用2 W的额定值。此外，它们可以限制相位超前可控硅调光器导通以及电容 C_4 和 C_5 充电时所产生的浪涌电流。当可控硅以90°或270°角导通时出现最差条件(浪涌电流达到最大)，它对应于AC波形的波峰。最后，它们可以在前沿可控硅导通时衰减在AC输入阻抗与电源输入级之间由浪涌电流再次导致的任何电流振荡。

两个π型差模滤波器EMI级与 C_1、R_2、L_1 和 C_2 一起形成一个级，C_4、L_2、R_9 和 C_5 形成第二个级。在测试时发现，没有要求 C_1 满足传导EMI限值，因此没有装配。AC输入由BR1进行整流，由 C_4 和 C_5 进行滤波。所选取的总等效输入电容(C_4、C_5 与 C_6 的和)可确保LinkSwitch-PL器件对AC输入进行正确的过零点检测，这对于在调光期间维持正常工作和实现最佳性能很有必要。

3. 有源衰减电路

有源衰减电路用于限制调光器内的可控硅导通时所产生的浪涌电流、相关电压尖峰和振荡。该电路在每个AC半周期的短暂时间内连接与输入整流管串联的阻抗(R_7 和 R_8)，在剩下的AC周期则通过一个并联SCR(Q_3)旁路。电阻 R_3、R_4 和 C_3 决定 Q_3 导通前的延迟时间。

4. 泄放电路

电阻 R_{10}、R_{11} 和 C_6 形成泄放电路，确保初始输入电流量足以满足可控硅的维持电流要求，特别是在可控硅导通角不够大的情况下。对于非调光应用，可同时去除有源衰减电路和泄放电路。为此，可删除下列元件：Q_3、R_{20}、R_3、R_4、R_{10}、R_{11}、C_6 及 C_3。将 R_7、R_8 及 R_{20} 替换为0 Ω电阻。

5. LinkSwitch-PL初级

LNK457DG器件(U_1)集成了功率开关器件、振荡器、输出恒流控制、启动以及保护功能。集成的725 V MOSFET提供更宽的电压裕量，即使在发生输入浪涌的情况下仍可确保高可靠性。该器件通过去耦电容 C_9 从旁路引脚获得供电。启动后，C_9 由 U_1 从内部电流源并经由漏极引脚进行充电，然后在正常工作期间则由输出经由 R_{15} 和 D_4 进行供电。经整流和滤波的输入电压加在 T_1 初级绕组的一端。U_1 中集成的MOSFET驱动变压器初级绕组的另一侧。D_2、R_{13}、R_{12} 和 C_7 形成RCD-R钳位电路，对漏感引起的漏极电压尖峰进行限制。

二极管 D_6 用于防止IC在功率MOSFET因反射输出电压超过DC总线电压而关断时产生负向振荡（漏极电压振荡低于源极电压），确保以最小输入电容实现较高的功率因数。

6. 输出整流

变压器的次级由 D_5 整流，由 C_{11} 滤波。选用肖特基势垒二极管来提高效率。由于 C_{11} 在AC过零点期间提供能量存储，因此它的值决定了线电压频率输出纹波的幅值。因此，可根据所需的输出纹波来调整该值。对于所显示的680 μF值，输出纹波为 $\pm I_o$ 的50%。电阻 R_{17} 和 C_{10} 用来衰减高频振荡，改善传导及辐射EMI。

7. 输出反馈

恒流模式设定点由 R_{18} 上的电压降决定，然后馈入 U_1 的反馈引脚。输出过压保护由VR2和 R_{14} 提供（R_{14} 对电流检测信号的影响微不足道，可忽略不计）。

4.21 基于FT880的18 W LED日光灯驱动电路设计

在LED照明中，LED日光灯替换传统日光灯的趋势日渐明朗。本节设计的LED日光灯相比传统日光灯可以节电至少30%以上，且寿命方面是传统日光灯的5～8倍。目前，日光灯的设计局限主要在散热设计、电源设计两个方面。散热设计由最初的全PC管，到现在半PC半铝管结构逐渐演进，每家的散热设计也各有所长，目前整个行业对散热的重视和散热设计也较一年前成熟许多；因为是新一代的节能产品，所以从产品定义的开始就对电源提出了很高的要求，主要表现在高性能、长寿命、小体积、低温升、高可靠性等。

4.21.1 FT880简介

FT880是一款PWM控制型的高效恒流型LED驱动IC，能在15～500 V的输入电压下正常工作，频率可调，可工作于固定频率或固定关断时间模式，最大能驱动1 A的输出电流，恒流精度达到±5%，并且支持PWM调光功能。

FT880对市场上现有客户对LED日光灯的各种要求最新开发出的新一代产品，具备以下特点：

- FT880使用500 V高压工艺制程制造，使得电路具备动态自供电、反馈零电流供电、2 ms超快速启动等特点，长期工作电路更可靠。
- 电路可以配置为BUCK、BUCK-BOOST、BOOST等电路拓扑，方便不同LED应用需求。
- FT880具有PWM和PFM工作模式，使得电路可以应用专利的“全电压恒流技术”且可以灵活配置为不同工作模式满足不同拓扑和LED配置。
- 芯片工作频率可调，而且可以配置为固定关断时间模式，使得电路应用更加灵活。

➢ 针对LED应用增加线性调光、PWM调光功能，可以从外部输入调光信号，也可以使用FMD的专利LED调光方式。

➢ 芯片具备2级电流检测机制，可以同步检测LED短路异常，可靠保护LED。

➢ 芯片7.5 V的超低工作电压，使得芯片工作于典型值1 mA的低功耗状态，有效外围器件价格和体积。

➢ 芯片可同时配置为光耦反馈型，达到电路批量生产免调，且以低成本实现了输出开路保护。

4.21.2 18 W应用电路图及基本原理

本方案采用了高效率的低边BUCK拓扑结构，使用了专利的"全电压恒流技术""零电流供电技术"，采用了被动PFC电路提高方案的功率因数，输出光耦实现开路保护，同时降低了输出电压耐压，驱动LED的功率范围为6 W～30 W。该方案（如图4-87所示）还具有以下主要特点：

➢ 全电压输入范围为AC 90～277 V，可以满足全球范围内使用。

➢ 专为日光灯铝管增加屏蔽设计。

➢ 超小体积设计，适合T8、T10日光灯PC管/铝管（高10 mm，宽13.6 mm）。

➢ 高效率，效率达到90%。

➢ 符合能源之星功率因数大于0.9的要求。

➢ 整体温升小于30 ℃。

➢ 全电压电流精度±2%，使用专利全电压恒流技术。

➢ 满足EN55015B EMI要求。

➢ 空载功耗小于0.3 W。

➢ 具有输出过压保护、短路保护、过载保护、反接保护。

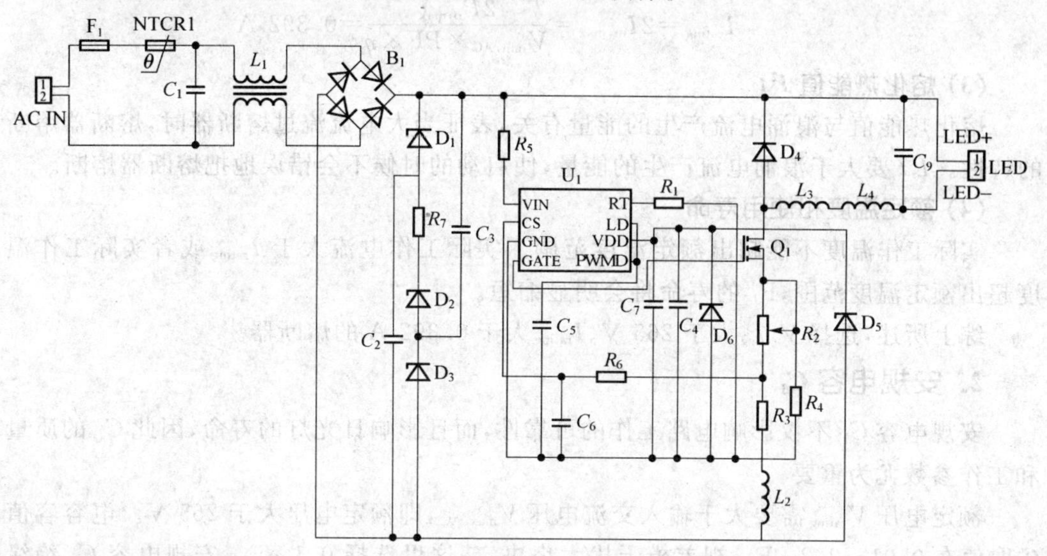

图4-87 18 W LED日光灯驱动电路原理图

当开关管导通时，主电流回路为 ACIN→F_1→B_1→LED→L_1→Q_1→R_4→L_2→B_1→ACIN，此时AC给LED供电，并使电感L_1存储能量；当开关管关断时，主电流回路为L_1→D_4→LED→L_1，此时电感L_1释放能量，保持LED的输出。由于开关管导通时，流过LED的电流同时也流过R_4，所以通过检测R_4上的电压来检测流过LED的电流，从而达到恒流的目的。

电路中，C_2、C_3、D_1、D_2、D_3构成PFC电路，主要是提高输入的功率因数。L_2、D_5、C_7构成辅助供电回路，从而关断VIN引脚的供电，减小损耗，提高效率。R_1用于设定系统工作频率。

4.21.3 元器件参数选择

本小节设计的LED日光灯输出规格为3.2 V，20 mA，共240只，连接方式为8只LED串联为一路，共30路，系统参数是市电输入电压范围90～265 V，f=50 Hz（交流输入频率）；输出电压最大值25.6 V，输出最大电流498 mA；输出功率最大值为12.75 W；效率η为85%，PF值为0.85，芯片工作频率f_u为25 kHz，输入功率15 W。

1. 熔断器F_1

(1) 额定电压V_{rating}

额定电压V_{rating}需要大于$V_{max,AC}$，即大于265 V。

(2) 额定电流I_{rating}

由于$V_{in} \times I_{in} \times PF \times \eta = P_o$，所以选择熔断器额定电流时要保留0.5的系数。因此熔断器的额定电流为

$$I_{in} = \frac{P_o}{V_{in} \times PF \times \eta}$$

$$I_{rating} = 2I_{in,max} = \frac{2P_{o,max}}{V_{min,AC} \times PF \times \eta} = 0.392\ A$$

(3) 熔化热能值I^2t

熔化热能值与浪涌电流产生的能量有关，表征当大电流流过熔断器时，熔断器熔断的特性。I^2t要大于浪涌电流产生的能量，使启动的时候不会错误地把熔断器熔断。

(4) 额定温度和使用寿命

实际工作温度不能超出额定温度范围。实际工作电流大于I_{rating}或者实际工作温度超出额定温度范围，F_1的寿命将会明显缩短。

综上所述，选择V_{rating}大于265 V、I_{rating}大于0.392 A的熔断器。

2. 安规电容C_1

安规电容C_1不仅影响电路工作的可靠性，而且影响日光灯的寿命，因此C_1的质量和工作参数尤为重要。

额定电压V_{rating}需要大于输入交流电压$V_{max,AC}$，即额定电压大于265 V。电容容值C取值在0.01～2.2 μF。视差模干扰大小决定，这里选择0.1 μF。安规电容C_1绝缘等级一般选择X2，即耐压小于或等于2.5 kV，实际工作温度不能超出额定温度范围。

因此，选择AC 0.1 μF/275 V、绝缘等级为X2的安规电容，主要抑制差模干扰。

3. 整流桥 B_1

整流桥承受的最大反向耐压 V_{RRM} 为

$$V_{RRM}=1.5\times\sqrt{2}V_{max,AC}=562\ V$$

整流桥的额定电流与熔断器的额定电流相同，选择大于0.392 A的额定电流即可。整流桥正向导通压降与效率有关。V_F 越小，消耗的导通功耗就越小，效率越高。因此，选择 V_{RRM} 大于562 V、I_{rating} 大于0.392 A、V_F 尽量小的整流桥。

4. 二极管 D_1、D_2、D_3

二极管 D_1、D_2、D_3 最大反向耐压 V_{RRM} 为

$$V_{RRM}=1.2\times(0.5\times\sqrt{2}\times V_{max,AC})=225\ V$$

由于开机时导通电流都要留过 D_2，所以二极管的额定电流 I_{rating} 与熔断器一样，选择大于0.392 A的额定电流。又因为输入电压是低频，所以反向恢复时间 t_{rr} 的大小对电路没什么影响，可以不考虑。因此，选择 V_{RRM} 大于225 V、I_{rating} 大于0.392 A的二极管。

5. 频率调节电阻 R_1

全电压输入范围为AC 85～265 V的情况下，系统的工作频率一般在20～150 kHz之间选择。在体积条件允许的情况下，减小工作频率可以减小开关损耗。本应用中选择工作频率为25 kHz，相应的电阻值为1 MΩ的频率调节电阻。

6. 电解电容 C_2，C_3

电容的耐压与二极管 D_1，D_3 的反向耐压相同，也是大于225 V；选择合适的电容，使电容在充放电的过程中能够保证后级电路所需要的能量。要保证系统的正常工作，电容上的最小电压应该为最大输出电压的2倍以上（即保证系统占空比不超过50%），所以整流后最小直流电压为

$$V_{min,DC}=2\times V_{o,max}=51.2\ V$$

输入电容应能够保证在最小的输入电压下，为后级电路提供足够的能量，所以电容为

$$C>\frac{V_{o,max}\times I_{o,max}}{(V_{min,AC}^2-2V_{min,DC}^2)\times\eta\times 2f}=52\ \mu F$$

由于上面的计算取的放电时间为(1/4)f(其中 f 为输入交流电压的频率)，实际放电时间并没有这么长，所以电容的容值可以取小些，实测中发现47 μF/250 V的电容即可满足要求。

由于用到的电容容量较大，一般使用铝电解电容。实际应用中会受到体积的限制，而电解电容体积较大，所以要注意体积是否能满足要求。由于一般LED使用的寿命比电解电容的寿命长，所以应尽量选择寿命长的电解电容。考虑到各种因素，应选择耐压大于或等于250 V、电容值大于或等于47 μF、低ESR值、寿命长的电解电容。

7. 高压启动限流电阻 R_5

为了防止启动时大电流冲击烧坏 VIN 脚，建议 R_5 取封装为 0805 的 22 kΩ 的贴片电阻。

8. 滤波电容 C_4，C_5，C_8

C_4，C_5，C_8 主要起高频滤波作用，建议选择封装为 0805 的 1 nF 的贴片电容。

9. 滤波电容 C_6

C_6 主要起滤除尖峰和谐波补偿作用，建议选择封装为 0805 的 100 pF 的贴片电容。

10. 稳压二极管 D_6

防止 V_{DD} 电压过高烧坏芯片，建议 D_6 取 0.5 W、12 V 的稳压管。

11. 电解电容 C_7

由于有 12 V 的稳压管 D_6，所以电容耐压大于或等于 16 V 即可。定量计算比较困难，实测中发现电容容量取 4.7 μF 可以满足要求。由于用到的电容量较大，一般使用铝电解电容。由于一般 LED 使用的寿命比电解电容的寿命长，所以尽量选择寿命长的电解电容。

这里选择耐压大于或等于 16 V、电容值大于或等于 4.7 μF、寿命长的电解电容。

12. 电感 L_1

(1) 电感量 L_1

当电路工作在电流连续模式和电流非连续模式之间的临界模式时，$\Delta I=2I_{o,max}$，此时电感可以按照下面的公式计算：

$$L_1=\frac{V_{o,max}\times\left(1-\dfrac{V_{o,max}}{\sqrt{2}V_{max,AC}}\right)}{2I_{o,max}\times f_u}=0.96\ \text{mH}$$

这是临界模式时的电感取值，为保证电路工作在电流连续模式，电感取值要大于上面计算得到的值，电感取值越大输出电流的纹波越小。

(2) 电感饱和电流 I_L

$$I_L=\frac{V_{o,max}\times\left(1-\dfrac{V_{o,max}}{\sqrt{2}V_{max,AC}}\right)}{2L_1\times f_u}+I_o=\frac{0.477}{L_1}\times10^{-3}+I_o$$

由上式可以看出电感量越大，电感的饱和电流越小。

(3) 电感线径 r

以截面积 1 mm^2 的铜线过电流为 5 A 计算，则电感线的截面积为 $I_L/5$，所以电感的线径为

$$r=2\sqrt{\frac{I_L}{5\pi}}$$

(4) 电感体积

电感体积受到空间的限制，在保证电感量和电感饱和电流的情况下，电感体积越小越好，如果一个电感体积太大，可以考虑用2个电感串联。

这里选择电感量大于0.96 mH且饱和电流大于I_L的电感。

13. 续流二极管D_4

当MOS管导通时，二极管D_4承受的反向耐压为600 V；MOS管关断后，D_4给电感L_1提供续流回路，所以通过D_4的电流不会超过电感L_1饱和电流I_L；由于电路工作的频率较高，所以需要反向恢复时间小的超快恢复肖特基二极管，以防止误触发。建议选用t_{rr}小于或等于75 ns的超快恢复肖特基二极管；正向导通压降V_F越小，效率越高，尽可能选择正向导通压降小的超快恢复肖特基二极管。这里选择反向耐压为600 V、额定电流为1 A、反向恢复时间小于或等于75 ns的超快恢复肖特基二极管。

14. 输出电容C_9

输出电容的作用是减小LED电流的波动，越大越好，但由于体积的限制，建议选择容值为0.47～1 μF、耐压为400 V的C_{BB}电容。

15. MOS管Q_1

(1) MOS管耐压V_{DSS}

$$V_{RRM}=1.5\times\sqrt{2}V_{max,AC}=562\ V$$

MOS管的最大耐压为交流整流后的电压最大值，留50%的裕量，选取耐压值为

$$V_{DSS}=1.5\times\sqrt{2}V_{max,AC}=562\ V$$

(2) MOS管的额定电流I_{FET}

流过MOS管的电流取决于最大占空比，本系统最大占空比为50%，所以当流过MOS管的额定电流为工作电流的3倍时，损耗较小，因此选取MOS管的额定电流为$I_{FET}\geqslant 1$ A。

$$I_{FET}=I_{o,max}\times\sqrt{0.5}=0.352\ A$$

(3) MOS管开启电压V_{th}

要保证V_{th}小于芯片的驱动电压，即$V_{th}<11$ V，由于一般高压MOS管的V_{th}为3～5 V，所以这个参数不需要过多考虑。

(4) MOS管导通电阻R_{dson}

MOS管的导通电阻R_{dson}越小，MOS管的损耗就越小。

(5) 额定温度

实际工作温度不能超出其额定温度的范围。

这里选择耐压为600 V，额定电流大于或等于1 A，R_{dson}较小的MOS管。

16. CS取样电阻 R_4、R_7、R_8

(1) R_4、R_7、R_8 的阻值

设 R_7、R_8 串联后再与 R_4 并联的电阻为 R_{CS}，输出的电流波动范围宽度为0.3，则

$$\frac{0.25}{R_{CS}}=\left(\frac{0.3}{2}+1\right)\times I_{o,max}$$

$$R_{CS}=\frac{0.217}{I_{o,max}}=0.44\ \Omega$$

选取合适的 R_4、R_7 和 R_8，保证调节 R_8 可以得到需要的输出电流 I_o，且无论怎样调节 R_8，I_o 都不会太大以至于损坏器件。

(2) 电阻类型

R_{CS}上承受的功率为 $P=I_o^2\times R_{CS}=0.11$ W，所以 R_4、R_7 采用0805封装的贴片电阻，为了调节 R_8 时输出电流不会变化太快，所以选择 R_8 为精密可调电阻。

17. 续流电感 L_2 和续流二极管 D_5

加 L_2 和 D_5 的主要目的是给芯片VDD供电，从而关断芯片VIN引脚的供电，减小损耗。工作原理为：当MOS管导通时，电感 L_2 储能，电容 C_7 给芯片供电；当MOS管关断时，L_2 给芯片VDD供电，并给电容 C_7 充电。

选择 L_2 的原则是使芯片VDD供电电压保持在11～12 V，建议选择电感量为18 μH，饱和电流与 L_1 相同的电感。选择续流二极管 D_5 时，为了防止误触发，建议选用恢复时间小于75 ns的超快恢复肖特基二极管。

4.22 基于XLT604的声控LED走廊灯驱动电路设计

声控走廊灯在目前已得到广泛使用，它给人们的生活带来了很大方便，与其他灯相比最突出的优点就是节约了很大一部分电能。生活中，不管是在居民的小区里，还是在工作的高楼大厦里，我们都能看到声控走廊灯。在声控走廊灯里采用LED照明，不仅可以节电，还能增加电路可靠性和灵活性。这里就是采用XLT604、CD4013和LM324作为核心芯片设计了声控LED走廊灯。

4.22.1 XLT604芯片的结构功能

XLT604是采用BICMOS工艺设计的PWM高效LED驱动控制芯片。它在输入电压从DC 8 V到450 V范围内均能有效驱动高亮度LED。该芯片能以高达300 kHz的固定频率驱动外部MOSFET，且其频率可由外部电阻编程决定。外部高亮LED串可采用恒流方式控制，以保持恒定亮度并增强LED的可靠性，其恒流值可由外部取样电阻值决定，其变化范围从几mA到1 A。

XLT604驱动的LED可以通过外部控制电压来线性调节其亮度，亦可通过外部低频PWM方式调节LED串的亮度。

XLT604的功能框图如图4-88所示。XLT604的外形图如图4-89所示。

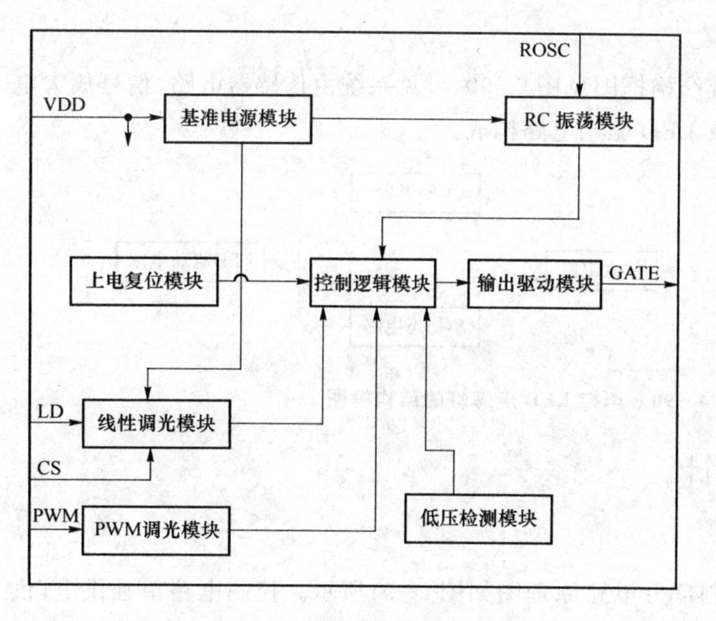

图 4-88 XLT604 的功能框图

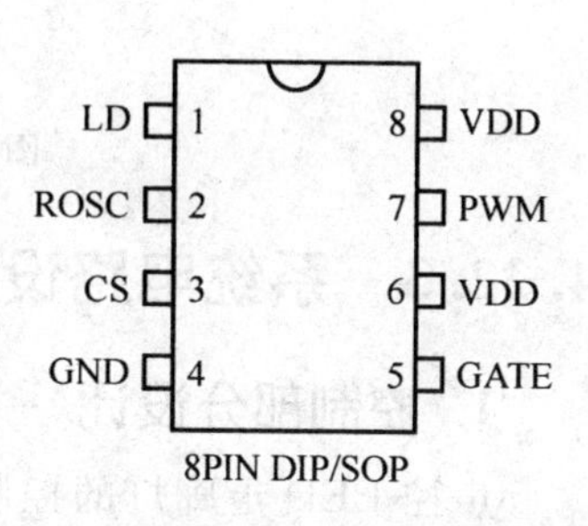

图 4-89 XLT604 的外形图

各引脚的主要功能如表4-9所列。

表 4-9 XLT604 各引脚的主要功能

引脚号	引脚名	功能描述
1	LD	线性输入调光端
2	ROSC	振荡电阻接入端
3	CS	LED 电流采样输入端
4	GND	芯片地
5	GATE	驱动外部 MOSFET 栅极
6	VDD	芯片电源
7	PWM	PWM 输入调光端，兼作使能端
8	VDD	芯片电源

4.22.2 系统设计思想和结构框图

1. 声控走廊灯的设计原理

首先要将声音信号转化成电信号，这需要传感器电路，由于传感器电路输出的电信号比较微弱，所以需要放大电路，经放大后的电信号要实现开关式控制和延时式控制两种控制方法。本系统采用驻极体话筒、LM324、CD4013 等器件完成了各项要求。该电路当开关拨到 T触发器，击掌一次灯亮，再击一次灯灭。当开关拨到单稳态电路，击掌一次灯亮，过 3 s 后自动熄灭。

2. 系统结构框图

声控LED走廊灯的系统结构框图见图4-90,可见系统由传感器电路、信号放大电路、开关控制和延时控制以及LED驱动电路构成。

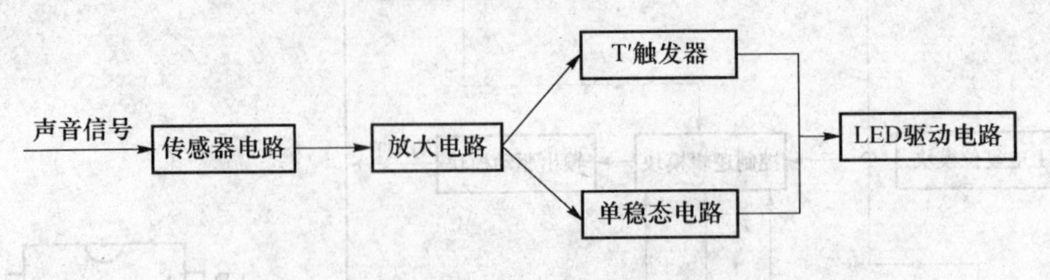

图4-90 声控LED走廊灯的结构框图

4.22.3 系统电路设计

1. 控制部分设计

声控LED走廊灯的控制部分电路原理图如图4-91所示。控制电路单独供电,供电电压为12 V(图中未画出)。声音信号通过话筒转换成电信号,送到放大电路放电整形后,分别送到CD4013组成的T触发器和单稳态触发器,在选择开关控制下输出控制信号到LED驱动电路的PWM,控制LED的亮灭。

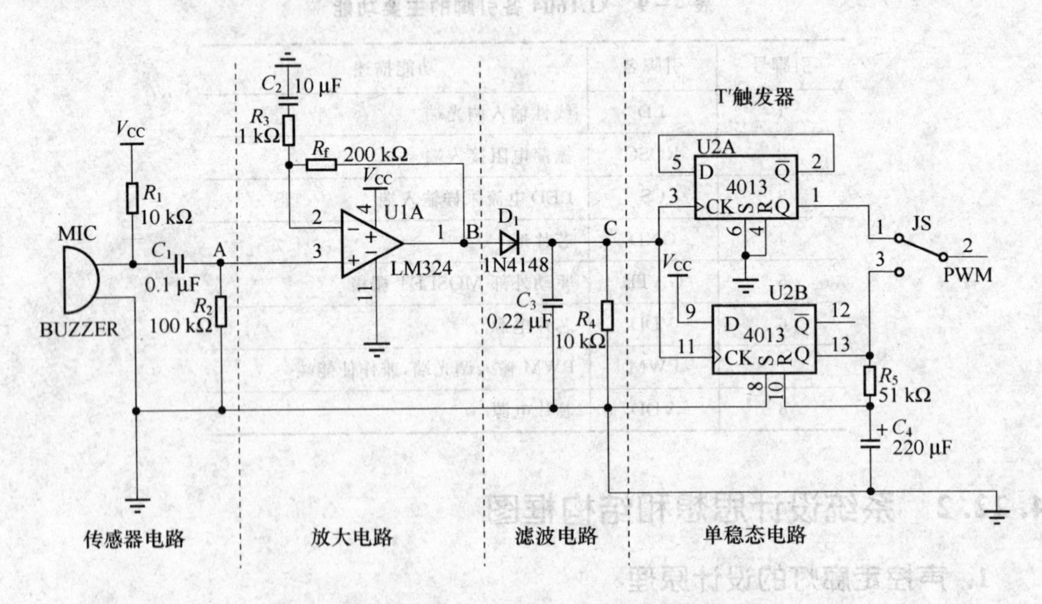

图4-91 声控LED走廊灯的控制电路原理图

2. 基于XLT604的LED驱动应用电路设计

XLT604是可降压、升压、升降压驱动大功率LED串的控制芯片。该芯片既适用于AC输入,也适用于8~450 V的直流输入。交流输入时,为提高功率因数,可在线路中加入无源功率因数校正电路。XLT604可驱动上百个LED的串联或数串并联，并可通过调节恒流值来确保LED的亮度并延长寿命。PWM_D端可采用低频脉宽调制的方法调节LED亮度，同时兼作使能端，该端悬空时，芯片无输出控制。实际上，该芯片也可以通过LD端的线性调压方式调节LED的亮度。图4－92所示是声控LED走廊灯的LED驱动电路原理图。

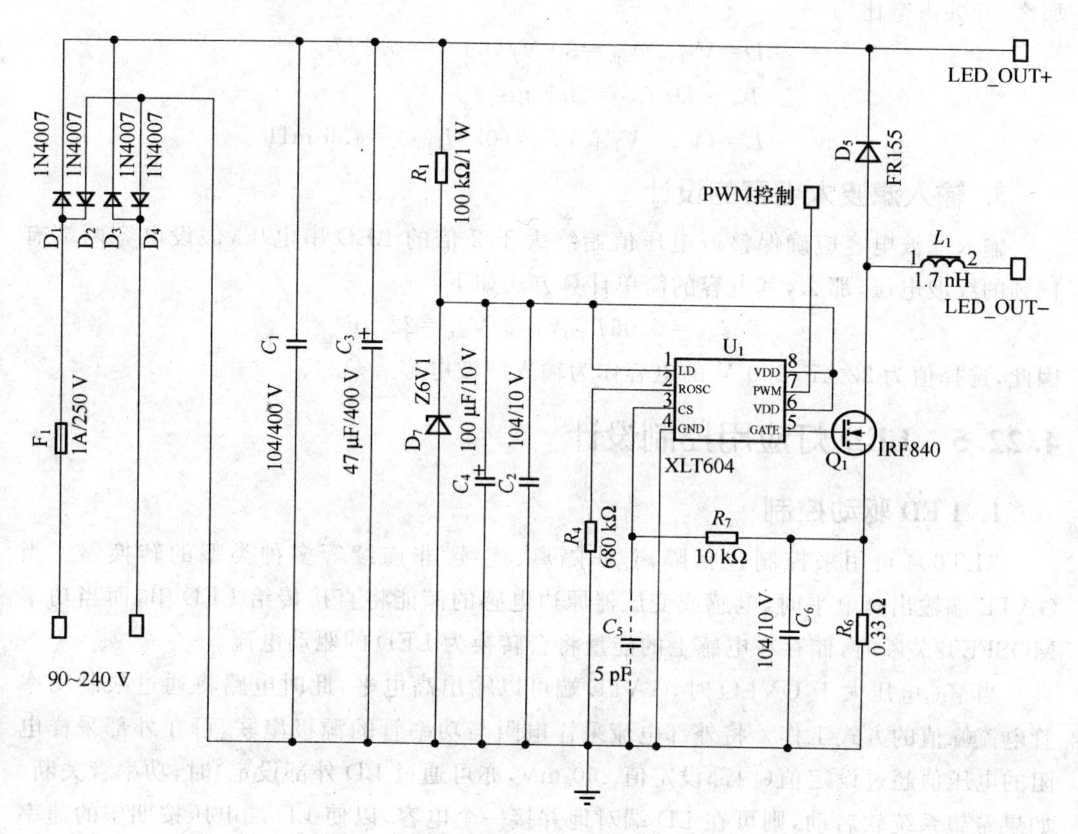

图4－92　声控LED走廊灯的LED驱动电路原理图

4.22.4 LED驱动电路元器件参数设计

1. 电路开关频率的计算

开关频率决定了电路中电感的大小，大的频率可以使用较小的电感，但这会增加电路的损耗。典型的频率应在20～150 kHz，欧洲的电压是230 V，可以用较小的频率；北美的电压是120 V，因此选择100 kHz是一种好的折中方案。电路中的振荡电阻可以通过下式计算：

$$f_{OSC}=22\,000\ \Omega/(R_{OSC}+22\ k\Omega)$$

式中：R_{OSC}的单位为kΩ。

2. 交流输入电感的设计

设输入有效值为120 V，I_{LED}为350 mA，f_{OSC}为50 kHz，10只LED的正向压降V_{LEDs}为30 V，则：

$$V_{in}=120\ V\times1.41=169\ V$$

那么，开关占空比为

$$D=V_{LEDs}/V_{in}=30\ V/169\ V=0.177$$

$$T_{on}=D/f_{OSC}=3.5\ ms$$

$$L=(V_{in}-V_{LEDs})T_{on}/(0.3I_{LED})=4.6\ mH$$

3. 输入滤波大电容的设计

输入滤波电容应确保整流电压值始终大于2倍的LED串电压，假设电容两端有15%的纹波电压，那么，其电容的简单计算方法如下：

$$C_{min}=0.06I_{LED}V_{LEDs}/V_{2in}=22\ \mu F$$

因此，选择值为22 μF/250 V的电容作为输入滤波电容。

4.22.5 LED灯应用控制设计

1. LED驱动控制

XLT604可用来控制包括隔离/非隔离、连续/非连续等多种类型的转换器。当GATE端输出高电平时，电感或变压器原边电感的储能将直接传给LED串，而当功率MOSFET关断时，储存在电感上的能量将会转换为LED的驱动电流。

当V_{DD}电压大于UVLO时，GATE端可以输出高电平，此时电路将通过限制功率管电流峰值的方式工作。将外部电流采样电阻与功率管的源极串联，可在外部采样电阻的电压值超过设定值(内部设定值250 mV，亦可通过LD外部设定)时，功率管关断。如果希望系统软启动，则可在LD端对地并接一个电容，以使LD端电压按期望的速率上升，进而控制LED的电流缓慢上升。

2. 调　光

本电路的调光有线性调节和PWM调节两种方式。这两种方式可单独调节，也可组合调节。线性调光可通过调节LD端口的电压(从0～250 mV)来实现，该电压优先于内部设定值250 mV。通过调节连接在电源地上的变阻器可改变CS端的电压，当LD端的电压高于250 mV时其电压变化将不影响输出电流。而如果希望更大的输出电流，则可以选择一个更小的采样电阻。

PWM调光则通过一个几百赫兹的PWM信号加在PWM_D端来实现。PWM信号的高电平时间长度正比于LED灯亮度，在该模式下，LED电流可以为0或设定值之一。通过PWM调节方式可以在0～100%范围内进行调光，但不能调出高于设定值的电流。PWM调光的精度仅受限于GAT。

4.23 基于 BF1501 的 LED 台灯解决方案

4.23.1 BF1501 简介

BF1501 是一款比亚迪电源管理芯片。可作为 LED 驱动电源，其特性是：

- 输出电流恒定精准，不随环境温度与工作时间而改变，低纹波系数，保证 LED 使用的安全性和稳定性，提高了 LED 的光效，有效降低 LED 的光衰。
- 高效率，效率能达到 78%以上，不仅节约能源，也能减低电源本身的发热。
- 采用体质的元器件，设计寿命达 50 000 h 以上。
- 适用全球电压范围，输入电压为 80～276 V，AC 变化时，均能稳定工作。

它采用双列直插式封装，如图4－93所示。

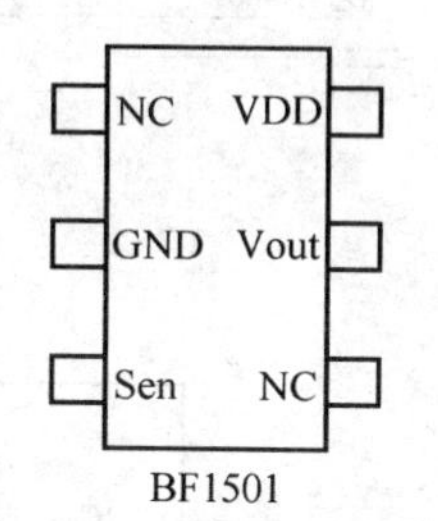

图 4－93　BF1501 引脚图

BF1501 有两种工作模式：在恒压控制模式时，BF1501 芯片采用独特的关断时间调制方法，在输出负载低于额定输出功率点时，根据辅助绕组反馈得到的电压，通过误差放大后芯片将控制开关管 Q_1 关闭相应的时间已达到恒定的电压输出。在恒流控制模式时，BF1501 芯片采用频率调制方法，当负载加重导致的输出电压下降，将被辅助线圈检测到并送入芯片内部压控振荡器模块，使开关管的工作频率降低以控制输出电流恒定。（在最大额定功率输出时，BF1501 工作于最高频率。）

4.23.2 LED 台灯电源方案

1. 设计特点

全新的控制方法实现较少的元件数及较低的方案：

- 主边开关控制省去了次级控制电路和光耦；
- 恒压精度为±10%；
- 恒流精度为±10%；
- 集成各种保护功能(过流、过载、过压等)且可自动重启；
- 更高的可靠性；
- 高转换效率，完全满足能源之星 2.0 要求，空载功耗 150 mW 以下。

2. 工作原理

图4－94中所示电路为适用 BF1501 芯片设计的 5 W 以下宽电压输入、恒压恒流输出的充电适配器。BF1501 芯片非常适合恒压恒流特性的电源方案。该设计中，D_1～D_4 用于全波整流，并将能量存储于电容 C_1 和 C_2 中。由 L_1、C_1、C_2 组成的 Π 型滤波器用于抑制差模电磁干扰；同时配合变压器中的绕组屏蔽可轻松满足 EN55022ClassB 标

准中对 EMI 传导的要求(无需 Y 电容)。绕线电阻 R_1 作为输入端的保护器件,可防止由于短路或其他原因造成的安全隐患,同时可以防止启动时电流过大。从图4-94中可知,BF1501 采用辅助线圈供电,同时辅助线圈也作为输出电压反馈的一部分,选择合适的辅助线圈与输出线圈的比例可以获得不同的输出电压。

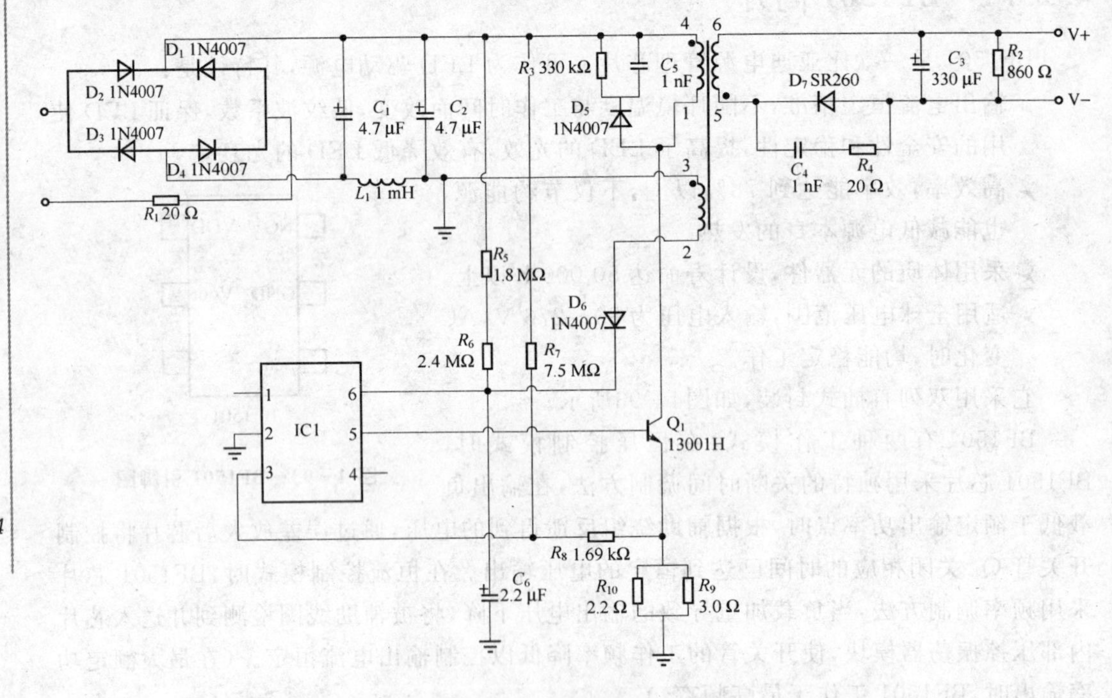

图 4-94　LED 台灯驱动电路图

图4-94中 R_8、R_9 用于输入电压变化的前馈补偿,由于芯片内部的延迟时间导致的输出功率的偏差可通过该分压电阻的比例进行调节。若为单电压输入,则 R_8、R_9 可省略。图4-94中 R_5、R_7、C_8 组成启动电路,若启动时间要求较短,则可适当减小电阻或电容值,但需注意随之增加的空载功耗问题。

3. 设计要点

输出电容 C_3 需选用低等效串联阻抗(50 mΩ 以下)的电解电容,以满足输出电压纹波的要求(无输出 LC 滤波);如无需满足能源之星 2.0 的要求,则输出端整流二极管可采用超快恢复管 UF4002 以节省成本,此时需将 C_4 电容由 1 nF 换为 2.2 nF 以满足辐射要求。

三极管的选用:根据主边峰值电流和 BF1501 的输出驱动能力可计算出三极管的最小放大倍数,可依此选择放大倍数合适的三极管;精度的输出电压和电流,必要时需采用多个电阻并联以选择最佳的电阻值;对于 2.5 W 以上的应用,建议在一个次侧边(原边)加上 RC 网络吸收,可获得颇佳的 EMI 性能,启动电容 C_8 和输出电容 C_3,建议使用 LowESR 的电容以获得稳定且纹波较小的输出。

4.23.3 LED台灯参数计算

1. 高压电容的选取

根据输入电压的范围,选择耐压、容量合适的电解电容。

2. 三极管的选取

可依据以下公式,计算出系统主边的峰值电流,其中 f 固定为45 kHz,L_p=2 mH,η=0.7,则主边的峰值电流约为398 mA,所以三极管的放大倍数为30~35倍即可(BF1501-LA驱动三极管的电流固定为15 mA);三极管C-B间的耐压则依据输入电压可适当选择;建议输出5 W时的电感量定为2 mH,3 W时为3 mH。

$$f=U_{out}\cdot I_{out}\cdot\frac{2}{L_p\cdot I_p^2\cdot\eta}$$

3. 检测电阻的选取

R_{10}必须采用1%精度的电阻以获得足够高检测电阻值,约等于 $0.5/I_p$,则检测电阻为1.25 Ω,选用2 Ω和3.3 Ω的电阻并联即可。

4. 变压器各参数的选取

(1) 变压器圈数的选取

变压器的次级、反馈匝数比可依据如下公式算出:

$$V_{out}+V_{(DO)}/N_s=V_{REF}/N_a$$

式中:V_{REF}取值21 V;$V_{(DO)}$为输出整流二极管正向压降;V_{out}为需要输出电压。如输出电压高于额定电压,可通过减少次级线圈圈数或增加反馈线圈圈数来调整,反之亦然。

表4-10所列为推荐的常见输出电压的匝数比。

表4-10 常见输出电压的匝数比

输出电压/V	初级圈数	次级圈数	反馈圈数
5	160	12	42
6	160	12	36
9	164	15	31
12	160	24	37
18	160	38	39

表4-10中变压器的各圈数供参考,实际调试中,可根据需求对次级、反馈线圈的圈数进行细微调整;初级线圈的圈数,建议依公式:

$$N_p/N_a=V_{prm}/21$$

保证初级线圈电压值 V_{prm} 在70~100 V即可。

(2) 变压器绕法的选取

在BF1501的设计中,建议变压器选用以下两种绕制方法(见图4-95):

① 线屏蔽→N_p→铜箔屏蔽层→N_s→N_a→三圈镀锡线；

② 线屏蔽→N_p→铜箔屏蔽层→N_a→N_s→三圈镀锡线。

需要注意的是，线屏蔽打在变压器的最内层，双线并绕，打满1层为宜；初级线圈的圈数如有少量几圈的差异不要紧，绕制时一定要密绕且打满3层（或4层）；铜箔长度以1.1～1.2圈为宜。

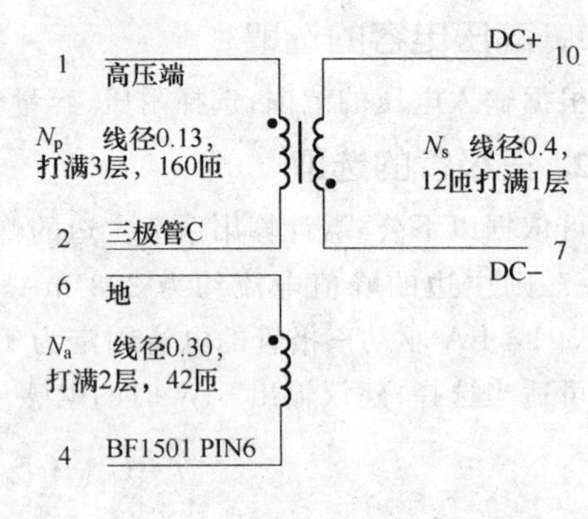

图4-95 LED台灯输出变压器绕法图

(3) 磁芯的选取

对于3 W以下的应用，初级线圈的电感量建议3 mH；3 W以上的应用，建议电感量选择在2～2.4 mH；漏感小于60 μH。

变压器如能按照以上要求，可保证系统有较好的EMI性能（10 dB以上的余量）；若变压器生产时不能按照设计好的参数制作，将会对系统的性能产生较大的影响。

4.24 基于PT4207的T8 LED日光灯驱动器设计

4.24.1 PT4207概述

PT4207是一款高压降压式LED驱动控制芯片，能适应从18 V到450 V的输入电压范围。PT4207采用革新的架构，可实现在AC 85～265 V通用交流输入范围稳定可靠的工作，并保证系统的高效能。内置输入电压补偿功能极大地改善了不同输入电压下LED电流的稳定性。

PT4207内置一个350 mA开关，并配备外部MOS开关驱动端口。对于350 mA以下的应用无需外部MOS开关，对于高于350 mA的应用可采用外部MOS管扩展电流。

采用PT4207的LED驱动电路，LED电流可通过外部电阻设定。通过多功能调光DIM引脚，可使用电阻或DC电压线性调节LED电流，也可使用数字脉冲信号进行PWM调光。

PT4207具有多种保护功能，包括负载短路保护，开路保护，过温度保护。

PT4207采用SOP-8封装，如图4-96所示。各个引脚功能见表4-11。PT4207的内部结构图如图4-97所示。

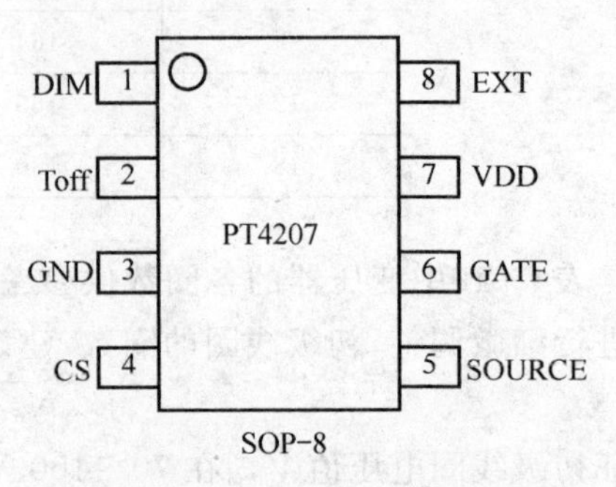

图4-96 PT4207引脚图

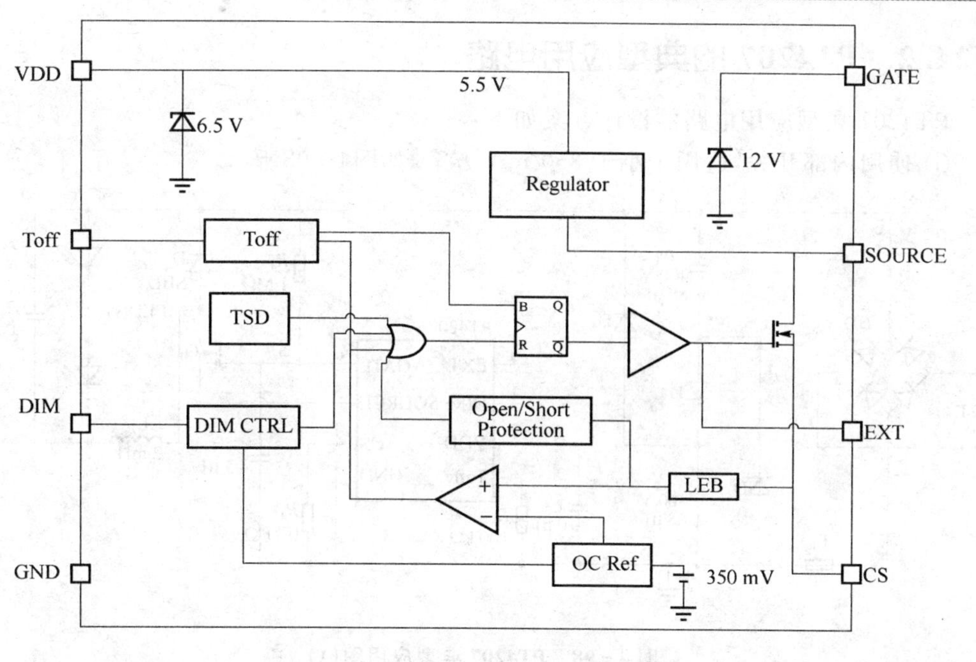

图 4-97　PT4207 内部功能结构图

PT4207 关键特性如下：

- 支持 DC20～450 V 输入电压范围应用方案；
- 支持多个 LED 的串并联驱动应用；
- 内置 20 V/350 mA 低压侧驱动开关；
- 支持低压侧 MOS 管扩展功能扩大电流应用；
- 支持最高 100%占空比应用；
- 多功能调光引脚同时支持线性调光及 PWM 调光；
- 内置 4 ms 软启动；
- LED 负载短路/开路保护；
- 过温软保护。

表 4-11　PT4207 引脚功能

引脚号	引脚名	描　述
1	DIM	多功能调光输入端，可通过该引脚进行线性调光和 PWM 调光
2	Toff	关断时间设定端，外接电阻设定关断时间
3	GND	芯片地
4	CS	MOS 端电流采样输入
5	SOURCE	外接 MOS 管源极。当需要外部 MOS 管扩流时，接外部扩流 MOS 管漏极
6	GATE	外部 MOS 管栅极偏置端
7	VDD	内部 LDO 输出端，必须在该引脚与 GND 之间接一电容
8	EXT	外接 MOS 开管栅极驱动输出，当需要外部 MOS 管扩流时，接外部扩流 MOS 管的栅极，不需要外接 MOS 管时悬空

4.24.2 PT4207 的典型应用电路

PT4207 典型应用电路的设计方案如下：

① 使用内部开关，适用于小于 350 mA 方案，如图4-98所示。

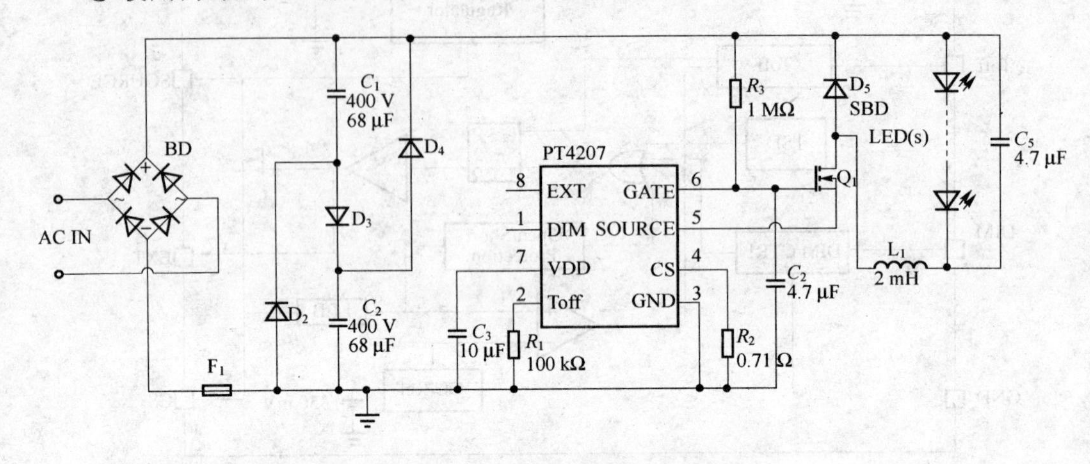

图 4-98 PT4207 典型应用图(1)

② 使用外部开关，适用于大于 350 mA 方案，如图4-99所示。

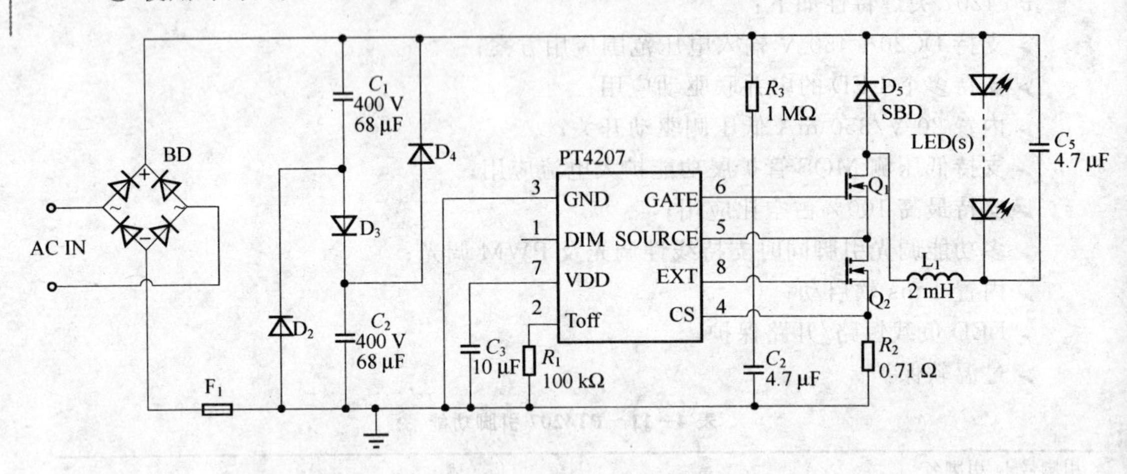

图 4-99 PT4207 典型应用图(2)

4.24.3 LED 日光灯的驱动方案及分析

这里介绍基于 PT4207 的 6 W(12 串 7 并)和 25 W(24 串 15 并)LED 日光灯的驱动方案，并在最后给出其他不同应用的参数选择。

该方案中，交流市电输入采用非隔离高频开关降压恒流模式，填谷式无源功率因数校正恒流精度±4%(包括线性调整率±2%，温度特性±4%)，效率可达 94%，可轻松装入 T8、T10 日光灯管。通过 EN55015B 和 EN61000-3-3 标准。具有开路保护、短路保护和输出反接保护功能的电路，如图4－100所示，交流市电输入接口有熔断器 F_1、抗浪涌的负温度系数热敏电阻 NTCR1 及抗雷击的压敏电阻 VR1 作为电路的输入保护。之后由安规电容 C_{x1} 和 C_{x2}、差模电感 L_2 和 L_3 及共模滤波器 L_1 组成的滤波电路，使得系统得以轻松通过 EN55015B 的传导 EMI 测试。U_1 是全桥整流，内部是 4 个高压硅二极管。

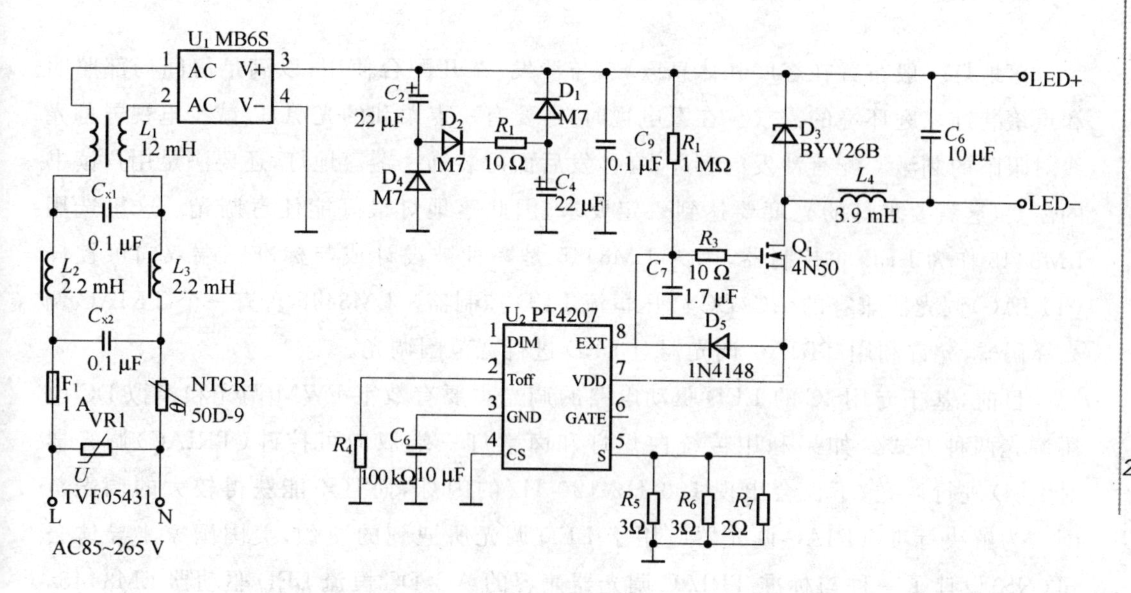

图4－100 基于PT4207的LED日光灯应用图

C_2，C_4，D_1，D_2，D_4，R_1 组成填谷式功率因数校正电路，可有效改善谐波失真和功率因数。C_9 是聚丙烯电容，起过滤高频毛刺的作用。R_1 是启动电阻，经过芯片内部齐纳管的钳位后给芯片供电。R_4 是关断时间设定电阻(详细信息可查看芯片规格书)。芯片 PT4207 的内部 MOS 管、高压 MOS 管 Q_1、快速恢复二极管 D_3、功率电感 L_4 及采样电阻 R_5～R_7，组成自举式(悬浮式)BUCK 电路，给负载供电。R_5～R_7 同时也是电流采样电阻，采样通过芯片内部 MOS 管的峰值电流，反馈给芯片进行 PWM 控制，从而达到恒流效果。

注意事项：

①全电压范围工作下，若需要 PFC 电路，LED 灯串建议不超 12 串；不需 PFC，最多 24 串。

②在 AC 175～265 V 范围内，若需要 PFC 电路，LED 灯串建议不超 32 串；不需 PFC，最多 48 串。

③一般情况下，建议客户先接负载再上电。如果需要热插拔负载，为避免浪涌电流对负载的损伤，有两个解决方案：

➢ 输出并联适当电阻，加速放电，当然会降低效率。

➢ 负载端串联抗浪涌器件，如 Polyswitch 的 LVR040K，一般批量测试时可采取该办法。

4.25 基于LM3445的可调光LED落地灯驱动器设计

落地灯一般布置在客厅和休息区域，与沙发、茶几配合使用，以满足房间局部照明和点缀装饰家庭环境的需求。在看电视时，需要有一点柔和的光源，以减少电视屏幕光线对眼睛的刺激。配有沙发的客厅，在沙发后面可装饰一盏落地灯，还要满足用户读书的需要，这就要求灯的亮度要达到一定要求，因此落地灯最好能任意调光。这里选用LM3445作为LED主控制器，因为LM3445是一种被设计成与标准三端双向可控硅(TRIAC)调光器兼容的AC/DC降压恒流LED控制器。LM3445含有一个TRIAC调光译码器，允许利用TRIAC调光器对LED进行宽范围调光。

目前，基于专用IC的LED驱动电路的调光主要有数字PWM调光和模拟DC电压调光两种方式。如果利用传统白炽灯和卤素灯三端双向可控硅(TRIAC)调光器对LED进行调光，不仅会出现100 Hz/120 Hz的闪烁，而且不能获得较大的调光范围。为解决标准TRIAC调光器应用于LED调光所遇到的瓶颈，美国国家半导体公司(NS)设计了一种与标准TRIAC调光器兼容的AC/DC恒流LED驱动器LM3445，利用其内部TRIAC导通角检测和调光译码器电路，使用传统白炽灯调光器，可对住宅、建筑和工商业照明LED灯串进行平稳无闪烁调光，并实现100:1的调光比。

4.25.1 LM3445简介

LM3445采有10引脚MSOP封装，引脚排列如图4-101所示，各个引脚功能见表4-12。

LM3445与一般AC/DC恒流LED驱动器IC比较，最主要的区别是内部含有TRIAC调光译码器电路，从而允许利用传统RTIAC调光器对LED进行宽范围无闪烁调光，并具有高效率。LM3445的其他特征包括应用AC线路电压范围达80～270 V、固定关断时间可编程、开关频率可调节、VCC欠压锁定、电流限制和热关闭保护以及支持主/从控制功能的多芯片解决方案，并能控制大于1 A的LED电流，LM3445的内部功能图如图4-102所示。

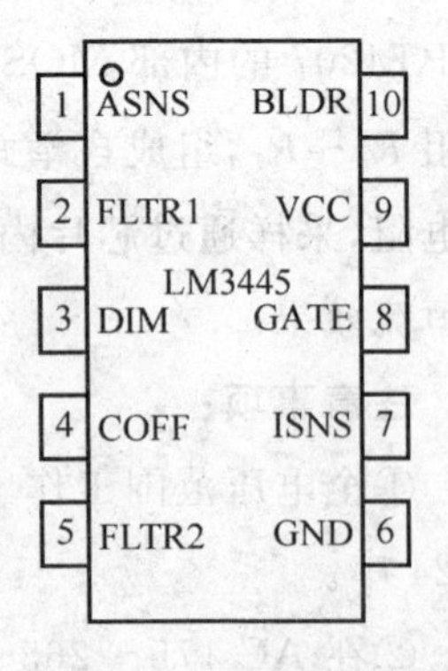

图4-101 LM3445引脚图

表4-12　LM3445引脚功能

引脚号	引脚名	功能描述
1	ASNS	TRIAC导通角检测电路0～4 V的PWM信号输出
2	FLTR1	第一个滤波器输入，从引脚ASNS上的输出信号经滤波变为一个DC信号，与内部1～3 V、5.85 kHz的锯齿波相比较，产生一个较高频率的PWM信号
3	DIM	该端可用外部PWM信号驱动去调光LED，也可作为输出信号连接到从属LM3445去调光多路LED
4	COFF	恒定关断时间设置端
5	FLTR2	第二个滤波器输入，该引脚上的电容对PWM信号滤波，施加一个DC电压去控制LED电流
6	GND	电路地
7	ISNS	LED电流感测输入
8	GATE	功率MOSFET驱动端
9	VCC	8～12 V电源电压输入端
10	BLDR	泄流端，为角度检测电路提供输入信号

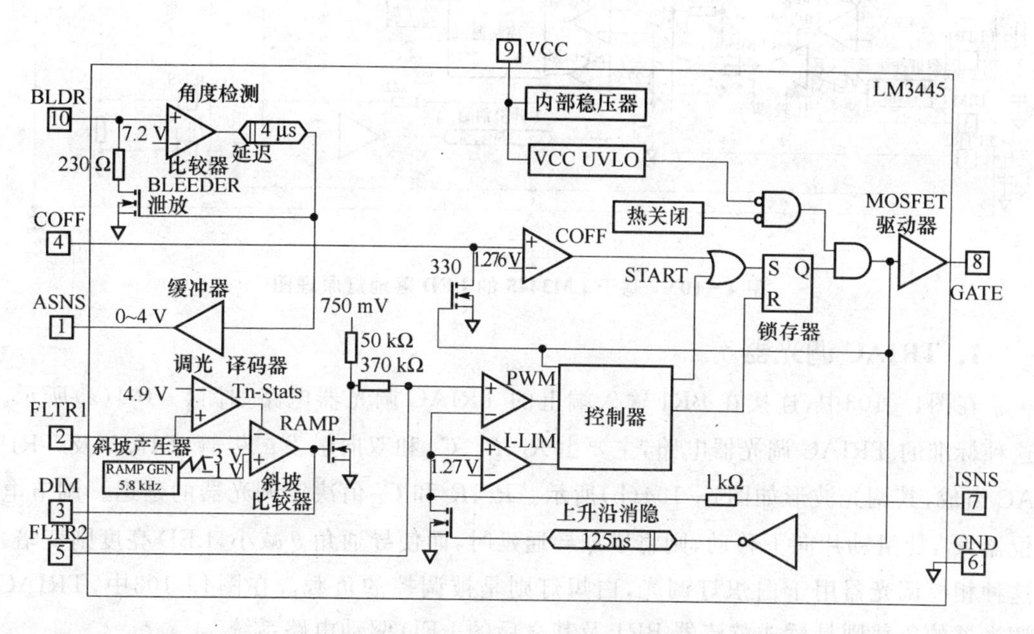

图4-102　LM3445内部功能图

4.25.2 基于LM3445的TRIAC调光LED驱动电路

基于LM3445带TRIAC调光器的LED驱动电路如图4－103所示。由图4－103可知，这种离线式AC/DC可调光LED照明电源由TRIAC调光器、桥式整流器BR1、整流线路电压感测电路、无源功率因数校正（PFC）电路及DC/DC开关型降压（buck）变换器等部分组成，核心是控制器LM3445。

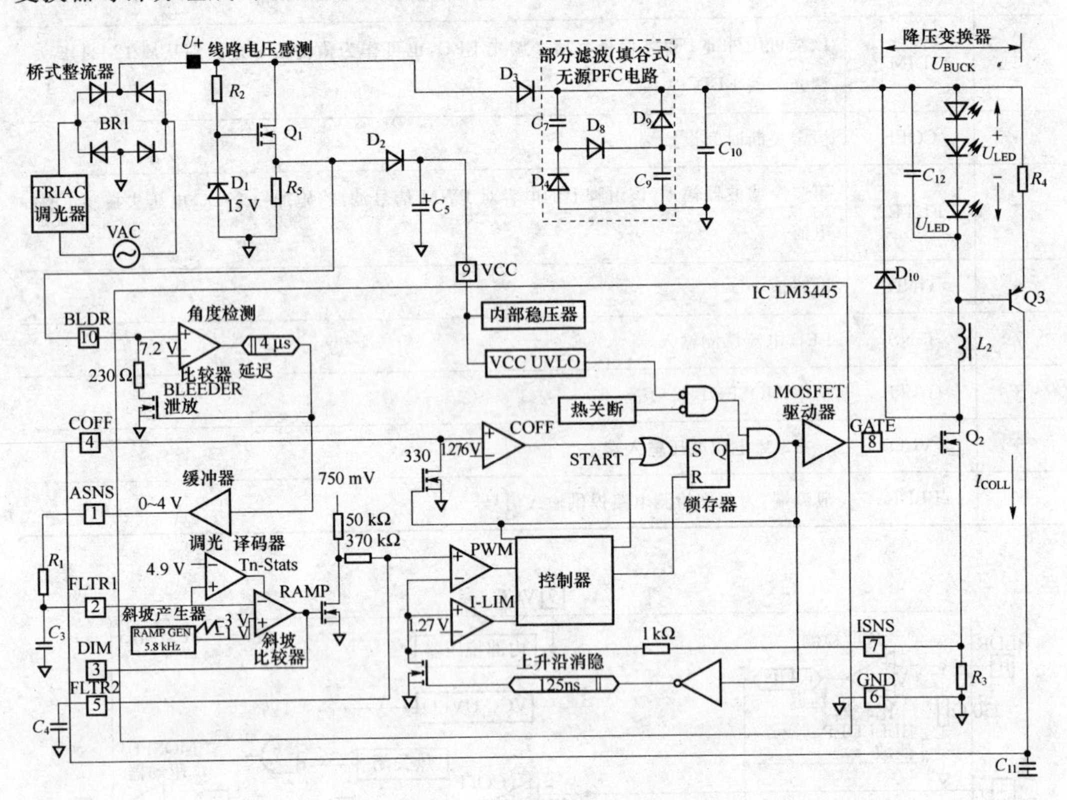

图4－103 基于LM3445的LED落地灯原理图

1. TRIAC调光器

在图4－103中，连接在BR1输入端上的TRIAC调光器电路如图4－104(a)所示。这种标准的TRIAC调光器电路，主要由R_1、R_2、C_1和双向触发二极管（DIAC）及TRIAC组成，其调光波形如图4－104(b)所示。R_1、R_2和C_1值决定调光器的延迟。调节电位器R_1，使滑动片向下移动，则将增加导通延时，而使导通角θ减小，LED亮度则变暗。这种相控调光器用于白炽灯调光，白炽灯则是被调控的负载。在图4－103中，TRIAC调光器的负载则是桥式整流器BR1及其之后的LED驱动电路系统。

2. 整流线路电压检测

R_2、齐纳二极管D_1和Q_1组成通路调整器（见图4－103），将整流后的线路电压转换为一个合适的电平被LM3445引脚BLDR感测。D_1的稳压电压是15 V。由于Q_1源极上未连接电容，当线路电压降至15 V以下时，允许IC引脚BLDR上的电压随整流过的线路电压升高和降低。

当IC引脚BLDR上的电压变低时，(肖特基)二极管D_2和电容C_5用做维持IC引脚VCC上的电压，以保证LM3445能正常操作。R_5用做泄放IC引脚BLDR节点上寄生电容的电荷，同时在输出小电流时为调光器提供所需要的保持电流。

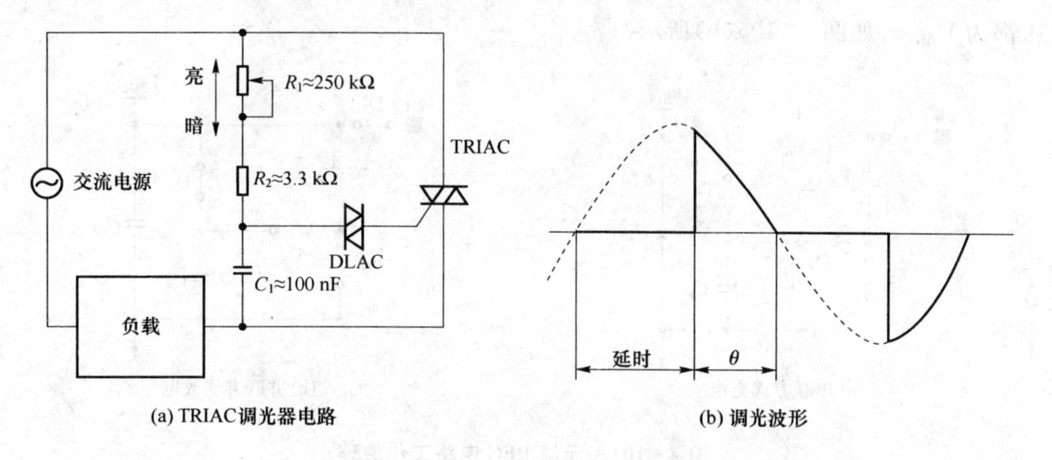

图4-104 TRIAC调光器电路及其调光波形

3. TRIAC调光译码器

TRIAC调光译码器导通角角度检测电路利用一个门限电压是7.2 V的比较器来监视IC引脚BLDR上的输入(见图4-103)，以确定TRIAC是否导通或关断。

比较器输出经4 μs的延迟线滤除噪声控制泄流电路并驱动一个缓冲器，在IC引脚ASNS上的输出信号被限制在0～4 V，经R_1和C_3滤波产生一个相应于调光器占空比的DC电平输入到一个斜坡信号比较器的反相输入端，并与同相输入端上由斜坡发生器产生的5.85 kHz、摆幅为1～3 V的锯齿波相比较。当IC引脚FLTR1上的电压$V_{FLTR1}<1$ V时，斜坡比较器输出将会持续开通；当$V_{FLTR1}>3$ V时，斜坡比较器输出将被阻断。

这样，就允许译码范围从45°到135°，从而提供一个0～100%的调光范围。斜坡比较器输出驱动引脚DIM和一个N沟道MOSFET。MOSFET漏极上的信号通过内部一个370 kΩ电阻和引脚FLTR2外部电容C_4滤波，作为调光译码器的DC输出。随调光器占空比从25%到75%变化，调光译码器的DC输出电压幅度从接近于0 V变化到750 mV，所对应的导通角为45°～135°，直接来控制LED电流。

4. 无源PFC电路

在图4-103中，位于D_3和C_{10}之间的C_7、C_9和D_4、D_8、D_9组成无源PFC电路。这种由两个电容和三个二极管组成的无源PFC电路通常称为部分滤波或填谷式电路，其

输出经 C_{10} 滤除高频噪声作为后随级降压变换器的DC总线电压 V_{BUCK}。

在AC线路电压的每个半周期内，当AC电压幅度高于其峰值的50%（即 $V_{AC(PK)}/2$）时，D_3 和 D_8 导通，而 D_4 和 D_9 反向偏置，C_7 和 C_9 以串联方式被充电，C_7 和 C_9 上的电压为 $V_{AC(PK)}/2$，每个电容上的电压为 $V_{BUCK}/2$，如图4－105(a)所示。在此情况下，线路电流流入负载。一旦AC线路电压降至 $V_{AC(PK)}/2$ 以下，D_3 和 D_8 将反向偏置，而 D_4 和 D_9 则导通，这样就使 C_7 和 C_9 开始并联放电，放电电流流入负载，每个电容上的电压都为 V_{BUCK}，如图4－105(b)所示。

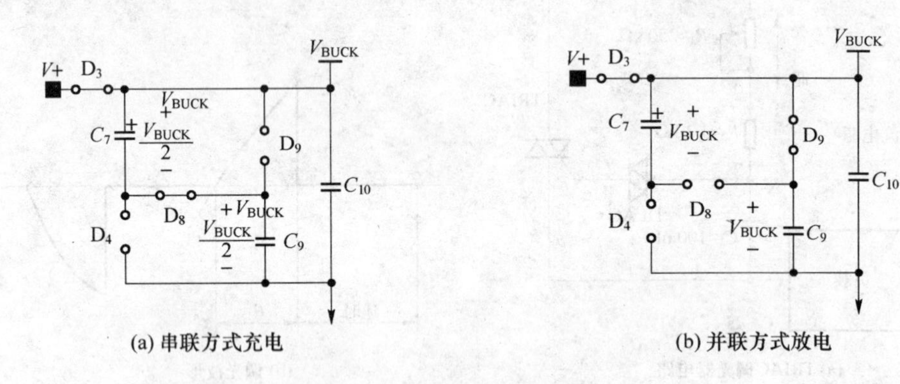

图 4－105 无源 PFC 电路工作原理

在不加入调光器时，利用一个大容量电解电容滤波，在AC线路半周期内，输入电流导通角仅约60°，功率因数不超过0.6。采用填谷式部分滤波电路替代单个电容，电流流动角将增加到120°（即从30°到150°），功率因数达0.9～0.95。

在加入TRIAC调光器并采用无源PFC电路后，输入电流波形同样会得到修整，功率因数和THD得到改善。

5. 降压式DC/DC开关型变换器及其设计

控制器LM3445、Q_2、L_2、D_{10} 和 R_3 等组成DC/DC降压式(buck)开关型LED驱动器（见图4－103）。当LM3445驱动 Q_2 导通后，通过 L_2 的电流线性增加，并被 R_3 感测，一旦 R_3 上的电压达到1.27 V的门限，Q_2 则关断，L_2 将放电，电流经 D_{10} 流入LED串。C_{12} 的作用是用来消除电感电流的大部分纹波。

R_4，Q_3 和 C_{11} 提供一个线性斜坡，用做设置固定关断时间。

降压变换器很多参数都与电压 V_{BUCK} 有关。V_{BUCK} 的最大值为 $V_{BUCK(max)}=V_{AC(max)}\cdot 2$。由于TRIAC调光器的最大导通角是135°，$V_{BUCK}$ 的最小值则为

$$V_{BUCK(min)}=\frac{V_{AC(min)}\cdot\sqrt{2}\sin 135°}{2}$$

例如，若AC输入电压范围是90～135 V，$V_{BUCK(min)}$ 则为45 V。该电压值是确定串联LED数量的依据。

对于降压变换器，其占空因数 D 约为

$$\frac{1}{\eta}\cdot\frac{V_{LED}}{V_{BUCK}}=D$$

式中：η 为效率；V_{LED} 为LED串的总压降。

开关频率 f 可表示为

$$f_{SW}=\frac{1-D}{t_{OFF}}=\frac{1-\frac{1}{\eta}\cdot\frac{V_{LED}}{V_{BUCK}}}{t_{OFF}}$$

关断时间 t_{OFF} 则为

$$t_{OFF}=\frac{1-\frac{1}{\eta}\cdot\frac{V_{LED}}{V_{BUCK}}}{f_{SW}}$$

在关断期间，L_2 上的电压 $V_{L_2(OFF)}$ 与 V_{LED} 大约相等，于是可得

$$V_{L_2(OFF)}=V_{LED}=L_2\cdot\frac{\Delta i}{\Delta t}=L_2\cdot\frac{\Delta i}{t_{OFF}}$$

式中：Δi 为峰-峰值电感纹波电流。由上式和 t_{OFF} 表达式得

$$L_2=\frac{V_{LED}\cdot t_{OFF}}{\Delta i}=\frac{V_{LED}\left(1-\frac{1}{\eta}\cdot\frac{V_{LED}}{V_{BUCK}}\right)}{f_{SW}\cdot\Delta i}$$

如果AC输入电压范围为90～135 V，开关频率 $f_{SW}=250$ kHz，LED串含7个LED，每个LED的正向压降 $V_F=3.6$ V，平均LED电流 $I_{LED}=400$ mA，变换器效率 $\eta\geqslant 80\%$，则LED串的总电压降 V_{LED} 为

$$V_{LED}=V_P\times 7=3.6\ \text{V}\times 7=25.2\ \text{V}$$

Δi 按 I_{LED} 的30%选择，Δi 值则为

$$\Delta i=400\ \text{mA}\times 30\%=120\ \text{mA}$$

在正常线路电压（AC 115 V）上，V_{BUCK} 值可按 $115\ \text{V}\times\sqrt{2}$ 来计算。根据 t_{OFF} 表达式，t_{OFF} 为

$$t_{OFF}=\frac{1-\frac{1}{0.8}\cdot\frac{25.2}{115\times\sqrt{2}}}{250\times 10^3}\text{s}=3.23\ \mu\text{s}$$

选取 $t_{OFF}=3\ \mu$s。根据前文 L_2 的表达式得

$$L_2=\frac{25.2\left(1-\frac{1}{0.8}\cdot\frac{25.2}{115\times\sqrt{2}}\right)}{250\times 120}\text{H}=677\ \mu\text{H}$$

通过 R_4 的电流 I_{COLL} 在50～100 μA，选择 $I_{COLL}=70\ \mu$A，R_4 值则为

$$R_4=V_{LED}/I_{COLL}=25.2\ \text{V}/70\ \mu\text{A}=360\ \text{k}\Omega$$

R_4 选择365 kΩ的标准电阻。

LM3445引脚COFF内部门限电压是1.276 V，C_{11} 上的充电电流约为 V_{LED}/R_4，C_{11} 值为

$$C_{11}=\frac{V_{LED}}{R_1}\times\frac{t_{OFF}}{1.276\ V}=\frac{25.2\ V}{365\ k\Omega}\times\frac{3\ \mu s}{1.276\ V}=162\ pF$$

C_{11}选择 120 pF 的标准电容。

对于其他元件，选择 $C_{10}=1\ \mu F/50\ V$，$R_3=1.8\ \Omega$；Q_2 和 Q_1 一样，选用 300 V，4 A 的 MOSFET；D_{10}选用 400 V，1 A 的二极管。

世界首款含有 TRIAC 调光译码器的高效 AC/DC 恒流 LED 驱动器 LM3445，可以利用传统白炽灯 TRIAC 调光器，实现对 LED 串的平稳无闪烁调光，调光范围几乎可达 0～100%。LM3445 还支持主/从控制多芯片解决方案，采用一个 TRIAC 调光器便能控制多串 LED。

4.26 基于 NCL30000 的离线高功率因数 TRIAC 调光 LED 驱动器设计

4.26.1 NCL30000 简介

NCL30000 是美国安森美公司（ONSemi）研发的一款适用于中小功率场合的单级功率因数校正（PFC）型 LED 驱动器。它使得 LED 驱动电路的 PFC 级和 DC/DC 级可以共用一个控制器和一个功率开关，使电路的元器件大大减少，并且能达到很高功率因数和能效，符合美国“能源之星”商业及住宅照明的应用要求。

1. 控制器 NCL30000 的内部结构

NCL30000 作为单级 PFC 型 LED 驱动器，采用电压模式控制，其结构如图4－106所示。器件内部集成有可编程导通时间限制器、零电流检测（ZCD）感测模块、门驱动器，以及应用临界导通模式（CrM）开关电源所需的全部其他脉宽调制（PWM）电路和保护功能。NCL30000 拥有典型值为 24 μA 的低启动电流及典型值 2 mA 的低工作电流，从而保证对 VCC 电容快速、低损耗的充电，配合高能效设计。过流保护设置在 500 mV减少了在电流感应电阻上的功率消耗。NCL30000 工作温度范围为－40 ～＋125 ℃，确保能用于大多数固态照明（SSL）应用中规定的不同环境工作范围。

2. NCL30000 的控制功能

(1) 导通时间控制

导通时间控制电路包括一个精密的电流源，在得到 MOSFET 导通信号后，通过给外部电容 C_t 充电，使其电压逐渐抬高。该电压与控制电压 $V_{control}$ 比较，当 C_t 上的电压值超过 $V_{control}$，则关断 MOSFET 并使 C_t 放电。$V_{control}$ 的值取决于外部控制环路，与输

入电压有效值和输出负载有关。为了得到很高的功率因数，$V_{control}$ 值必须在半个线电压周期内保持稳定（即控制环路带宽必须较低）。

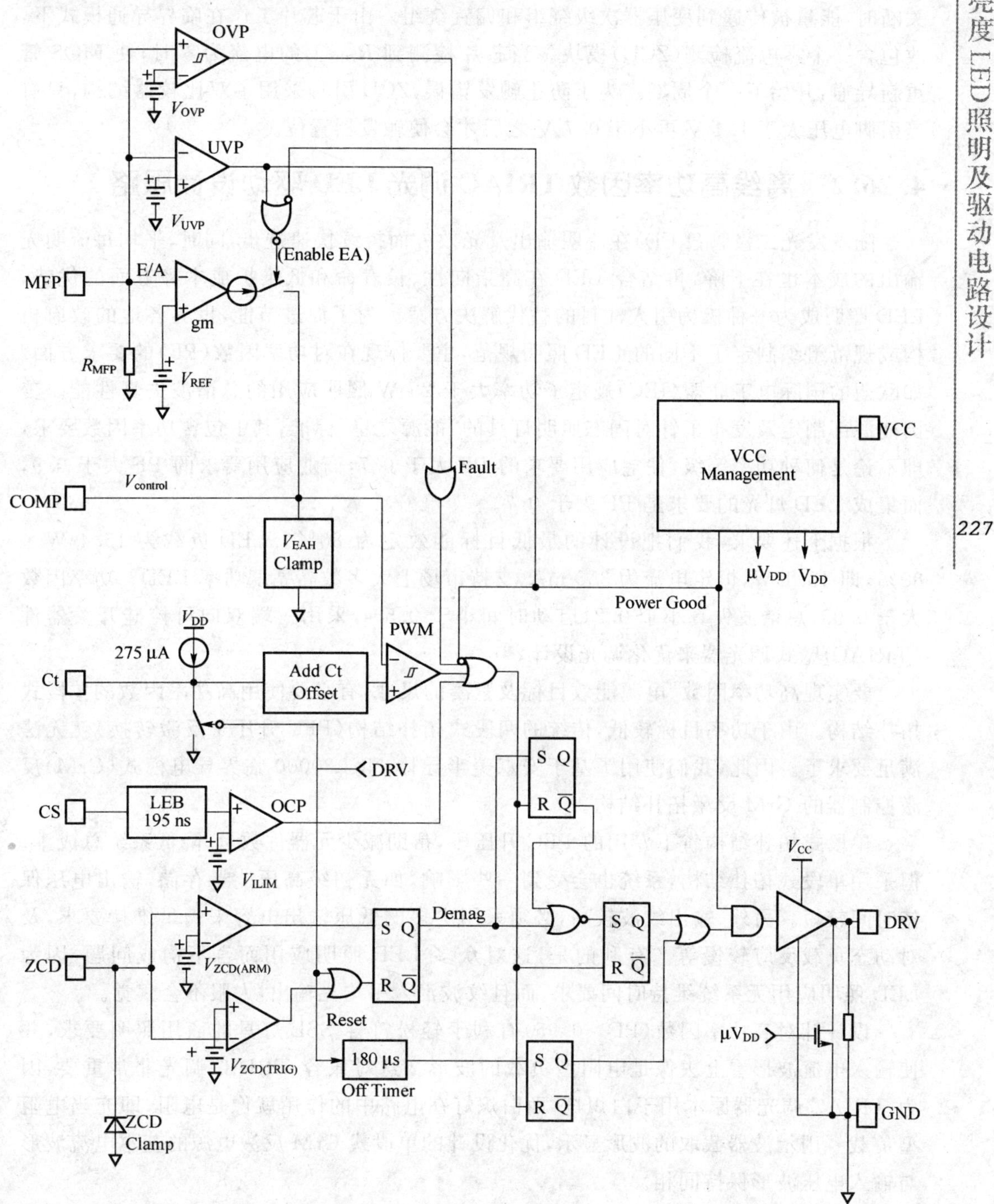

图 4－106　NCL30000 内部功能图

(2) 零电流检测

反激式开关电源在功率MOS管导通时，能量储存在变压器的主边。当MOS管被关断时，能量被传递到变压器次级绕组和偏置绕组。由于芯片工作在临界导通模式下，故包含一个零电流检测(ZCD)模块。当芯片检测到R_{ZCD}上的电流为零时，使MOS管重新导通，开始下一个周期。为了防止触发错误，ZCD引脚采用了双比较器结构，只有当引脚电压大于1.4 V再小于0.7 V之后才会使触发器置位。

4.26.2 离线高功率因数TRIAC调光LED驱动设计思路

随着发光二极管(LED)在流明输出及光效方面持续快速进步，同时，平均每流明光输出的成本也在下降，再结合LED在高指向性、长寿命和低维护成本等方面的优势，LED照明成为一种极为引人注目的替代解决方案。为了促进节能，世界各地的政府机构或规范组织制定了不同的LED照明规范，主要体现在对功率因数(PF)的要求方面。如欧盟的国际电工联盟(IEC)规定了功率大于25 W照明应用的总谐波失真性能。美国能源部制定及发布了针对固态照明灯具的“能源之星”标准，其中包含功率因数要求，即不论是何种功率等级，住宅应用要求的PF大于0.7，商业应用要求的PF大于0.9，而集成LED灯光的要求是PF大于0.7。

根据上述要求，我们把设计的最低目标能效定为80%。LED负载为16.4 W×80%，即13.1 W，恒定电流为350 mA，支持市场上大多数高亮度功率LED。功率因数大于0.95，总谐波失真小于0.2，启动时间小于0.5 s，采用三端双向可控硅开关器件(TRIAC)壁式调光器来优化调光设计。

要实现高功率因数、电源能效目标及紧凑的尺寸，有必要使用高功率因数的单段式拓扑结构。由于功率目标较低，传统的两段式拓扑结构(PFC升压+反激转换)就无法满足要求了。因此，我们使用了基于安森美半导体NCL30000临界导电模式(CrM)反激控制器的CrM反激拓扑结构。

单段式拓扑结构省下专用的PFC升压段，帮助减少元器件数量，降低系统总成本。但采用单段式拓扑结构，系统也会受到一些影响，如无初级高压能量存储，输出电压保持时间较短。另外，输出纹波较高，必须采用更多的低压输出电容来满足维持要求，及对动态负载反应较慢等。有利的是，这对众多LED照明应用而言不构成问题，因为LED照明应用无系统维持时间要求，而且纹波汇入平均光输出，人眼不会察觉。

设计针对高功率因数(PF>0.95)有利于轻松符合SSL灯具的商用照明要求，并使输入电流波形看上去像是电阻型负载的波形。这对兼容TRIAC调光非常重要，因为TRIAC调光器原本用于白炽灯，而白炽灯在电路中的作用就像是电阻，即充当电阻型负载。用示波器截取的波形显示，优化设计的单段式CrM反激电源的基本电流波形与输入电压波形保持同相。

图4-107所示为安森美半导体基于NCL30000的单段式高功率因数反激拓扑结构的简化功能框图。从图4-107中可以看出，隔离反激的次级端有恒流恒压(CCCV)

控制模块。这模块有两个主要功能：一是紧密稳流 350 mA 的恒定电流，并为初级端提供反馈，用于调节导通时间，对流经 LED 的恒定电流进行稳流；二是在发生开路事件时，进入恒压控制模式，在故障事件下产生稳压固定电压。

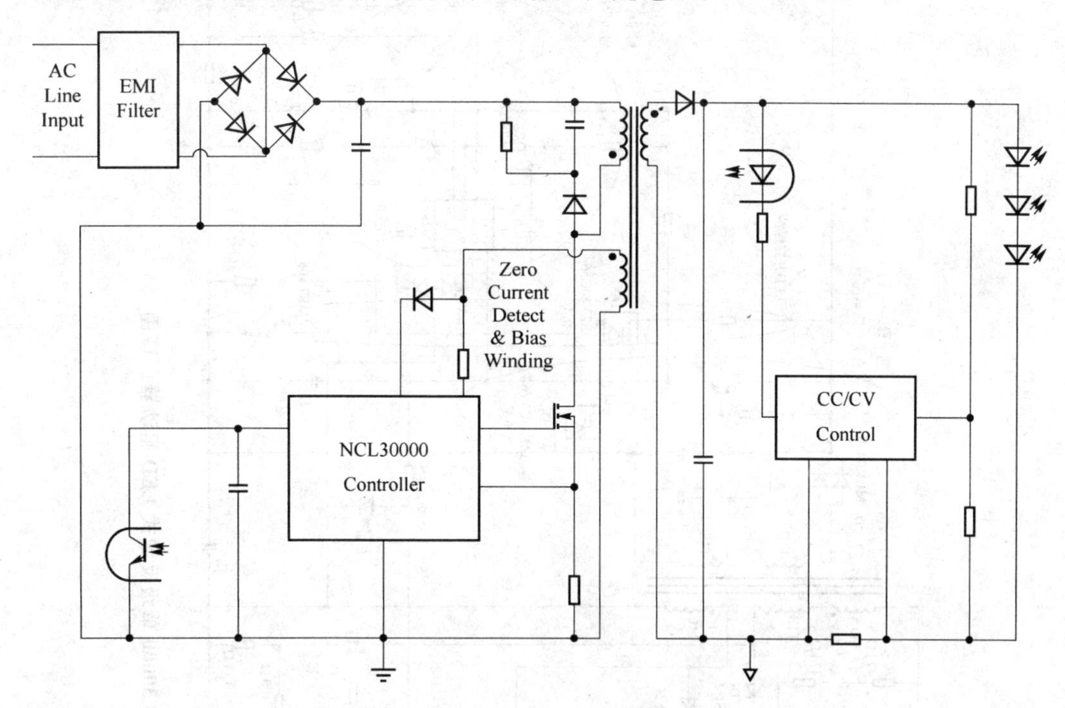

图 4-107 NCL30000 典型应用图

开路电压稳压为 UL1310 2 类电源的 DC 60 V 最大电压限制。此外，无意中碰到输出短路时，还能限制功率，避免损坏 LED。

4.26.3 NCL30000 单级反激式 LED 驱动器原理图

NCL30000 是一款应用于中小功率场合的单级功率因数(PF)校正 LED 驱动器。这款芯片采用恒定导通时间模式(CrM)控制，特别适合于隔离型反激 LED 应用，且与标准的三端可控硅(TRIAC)调光器兼容。图4-107是基于该芯片的 TRIAC 可调光离线反激式 LED 驱动电路的设计方案。这种 AC-DC 恒流驱动电路主要含有以下几个部分，即 TRIAC 调光器、单级 PFC 控制电路、变压器和恒流恒压(CCCV)反馈控制电路。整个系统的核心是 NCL30000。下面简要介绍该电路的工作原理。

如图4-108所示，C_1、L_1、L_2、R_2 等构成单级 PFC 控制电路；R_{21}、D_{11} 和 Q_4 构成简单稳流器，使电路适合宽压降范围；D_{12}、R_{23} 和 Q_6 构成 LED 开路保护电路；D_8、D_9、Q_1、Q_2 等构成启动过压保护、过温保护电路；LM2564 等构成恒流控制以及启动保护电路。

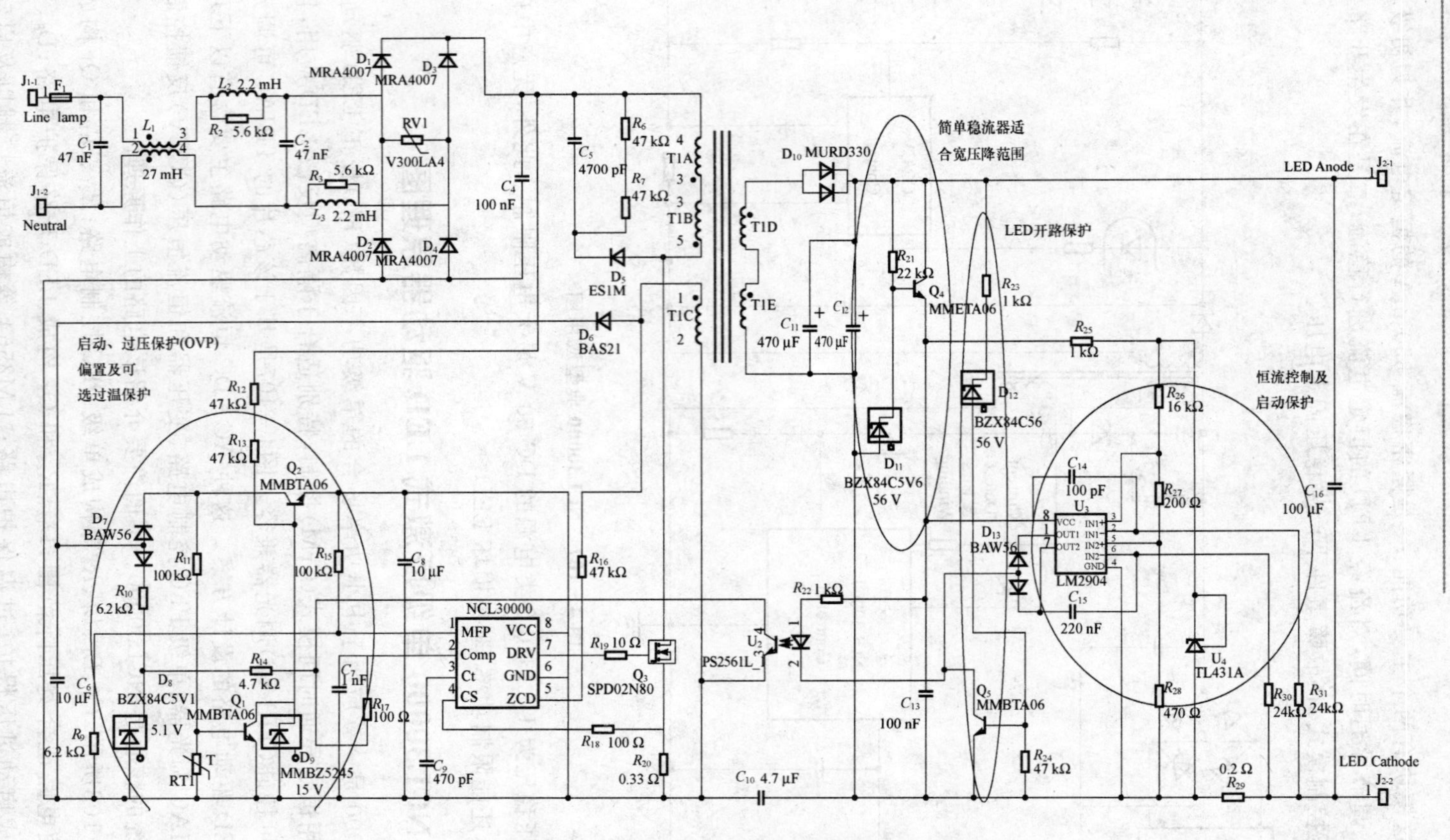

图 4－108　NCL30000 单级反激式 LED 驱动器原理图

4.26.4 添加LED调光驱动电路

NCL30000是一款应用于中小功率场合的单级功率因数(PF)校正LED驱动器。这款芯片采用恒定导通时间模式(CrM)控制,特别适合于隔离型反激LED应用,且与标准的三端可控硅(TRIAC)调光器兼容。

在图4-108中,添加串联在桥式整流器输入端上的TRIAC调光器电路,如图4-109所示。调光电路分析如下:

图4-109(a)是标准的TRIAC调光器电路,主要由R_1,R_2,C_1和双向触发二极管(DIAC)及TRIAC组成,其调光波形如图4-109(b)所示。R_1,R_2和C_1值决定调光器的延迟。调节电位器R_1,使滑动片向下移动,则将增加导通延时,而使导通角θ减小,LED亮度则变暗。这种相控调光器以前主要用于白炽灯调光。而相对于白炽灯的阻性负载,LED的容性负载特性使得使用TRIAC调光变得困难。

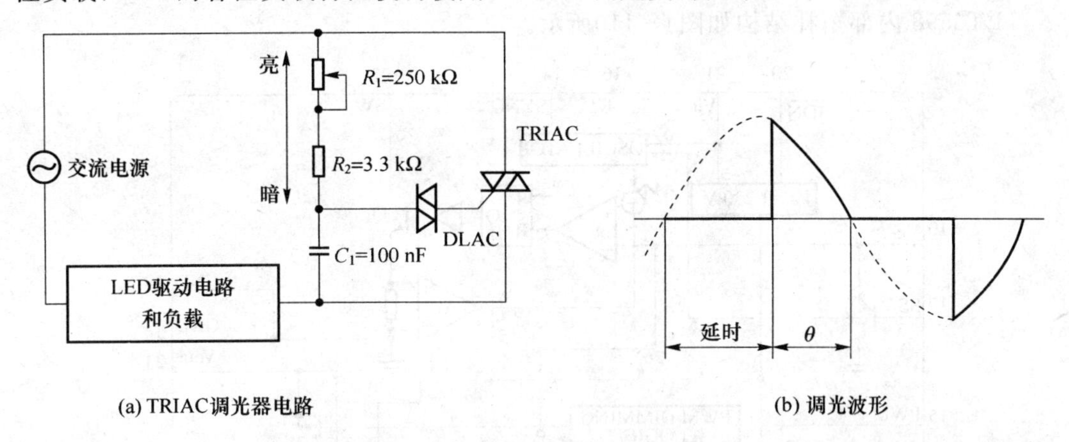

(a) TRIAC调光器电路　　(b) 调光波形

图4-109 TRIAC调光电路及波形

与一般的PWM调光芯片采用的导通角检测电路不同,NCL30000采用的是检测输入电压的有效值,以限制输出功率的方式来进行调光。但是该系统具有反馈控制环路,保证输出功率的稳定,故为实现调光控制,LED驱动器将具有两种不同的控制模式。当调光器未调光时,电路将工作在副边控制模式下,从而为LED灯提供稳定的电流;当调光器开始调光后,即导通角度开始逐渐减小,系统将工作在开环模式下,进入原边控制模式,并限制功率的输出。为了达到这个目的,系统的导通时间和输入电压成反比关系,并且当输入电压开始低于设定的调光电压时,导通时间将达到最大,并且不再变化,这就是芯片的最大导通时间控制功能。由此可见,最大导通时间控制电容C_1的值的选择显得十分关键。C_1的值与调光初始电压和负载有关。公式提供了它的一个近似值

$$C_1=\frac{4.94\cdot L_{pri}\cdot P_{out}\cdot I_{charge}}{\eta'\cdot V_{pk}^2\cdot V_{CT(max)}}\cdot\left(\frac{V_{pk}}{n\cdot V_{out}}+1\right)$$

式中:L_{pri}是变压器主边电感;P_{out}为输出功率;I_{charge}和$V_{CT(max)}$由芯片自身特性决定;η'是变压器的传输效率;V_{pk}是设定调光电压的峰值;n是变压器匝数比;V_{out}是输出电压。

4.27 基于LT3598的多通道LED射灯驱动电路设计

人们对生活品位的日益提高，对家居光环境的要求也越来越高，射灯在家居装饰上的应用也越来越普遍。射灯散发出来的迷人灯光会让居室更富有情调。

LED以其工作电压低、耗电量小、发光效率高、寿命长等优点，成为目前节能环保灯光照明系统的主流应用方案。在家庭装修中，有时同时要在一个地方安装几个射灯，采用LED射灯不仅能节省电能，而且控制和安装容易。我们基于LT3598的拓扑结构，设计了LT3598多通道LED射灯驱动电路，合理选取关键元器件，如电感、电容、二极管等，优化设定开关频率，并进行了过压、过流、热保护的设计。此电路稳定、可靠。

4.27.1 LT3598简介

LT3598内部拓扑结构如图4－110所示。

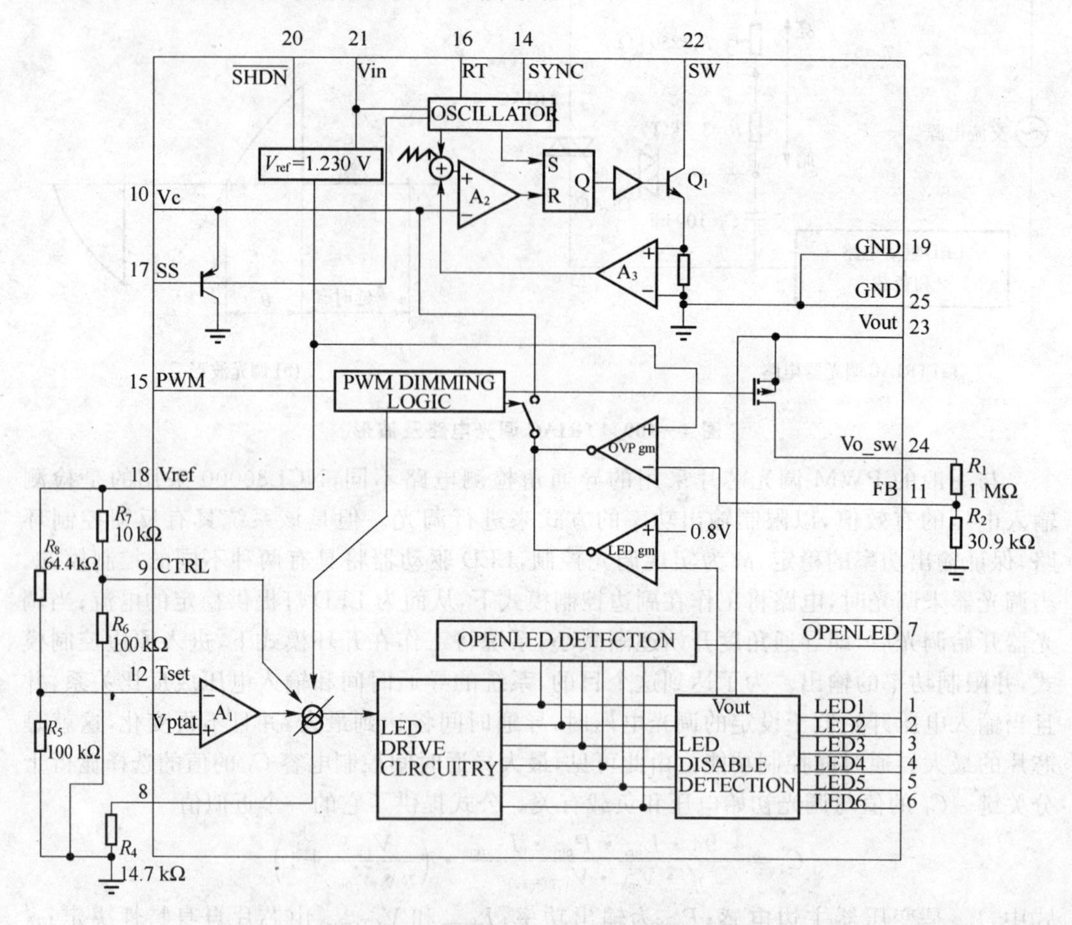

图4－110 LT3598内部拓扑结构方框图

其内部采用固定频率、峰值电流模式控制方案，有出色的线路和负载调节能力。其中有6个电流源提供6个通道，可驱动6串LED，每串多达10只白光LED，每串驱动电流可高达30 mA，效率可达90%，并且可以保证每串间电流精度在1.5%以内，以确保每串LED亮度一致。内置升压型转换器使用一个自适应反馈环路来调节输出电压至稍微高于所需的LED电压，以确保最高效率。任一LED串出现了开路，并不影响其正常工作，LT3589可继续调节现存LED串，并向OPENLED引脚发出报警信号。

4.27.2 多通道LED集成驱动应用电路设计

应用电路如图4-111所示，总共6串，每串10只LED，设计每串最大正常工作电流为20 mA，电源采用IC自带的升压型DC/DC转换电路，升压电感L_1，内置功率开关管，肖特基整流二极管D_7，设计高频开关频率为1 MHz。设计LED串最大供电电压为41 V，在此范围内的电压，都可让电路正常工作，否则，过压保护电路启动，以便让LED供电电压恢复正常。用幅值为3.3 V、上升沿和下降沿均为10 ns、频率为1 kHz的PWM调光脉冲，可实现3 000∶1的PWM真彩调光范围，并且在调光过程中，LED串的最大电流一直稳定在20 mA，改变的只是PWM调光脉冲的占空比，这意味着改变了LED串的平均电流，从而达到LED调光的目的。任何不用的LED串不能空着，应接入Vout端，内部故障检测环路忽略该串，也不会影响其他串的开路LED检测。

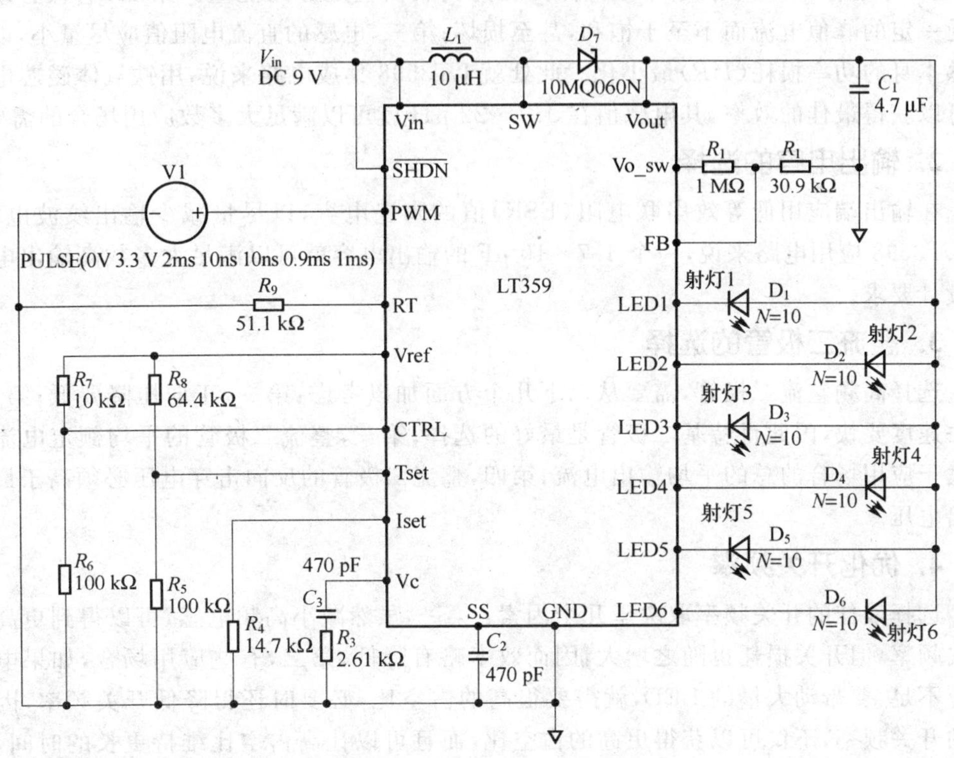

图4-111 六通道LED射灯驱动电路图

4.27.3 LED电流调光控制

应用LT3598可用两种不同类型的调光模式进行调光，有些场合，首选方案是用可变的直流电压来调整LED电流，进而进行亮度控制。LT3598的CTRL引脚电压就可用来调整LED串电流而实现调光，当该引脚电压从0 V变化到1 V时，LED串电流就会从0 A上升到设定的最大电流（本实例设定为20 mA），当CTRL引脚电压超过1 V时，对LED串的电流就没有影响了。这种调光技术称为模拟调光，其最大优势是避免了由于PWM调光脉冲所产生的人耳可闻的噪声。其缺点有二：一是增大了整个系统能耗，系统效率低下，因为此时LED驱动电路始终处于工作模式，电能转换效率随着输出电流减小而急剧下降；二是LED发光质量不高，因为LED发光颜色随着正向电流的变化而变化，而它直接改变了白光LED串的电流。

4.27.4 元器件的选择和参数设计

1. 选择电感

为了保证供电电源的稳定，选择电感有几个问题需要解决：第一，电感量必须足够大，这样才能保证开关管 Q_1 截止期间，能向负载供应足够的能量。第二，电感必须能承受一定的峰值电流而不至于饱和，甚至损坏；第三，电感的直流电阻值应尽量小，以便电感本身的功率损耗（I^2R）最小化。此处就LT3598集成电路来说，用铁氧体磁芯电感就可以获得最佳的效率，其电感值在4.7～22 μH就可以满足大多数应用场合的需要。

2. 输出电容的选择

在输出端应用低等效串联电阻（ESR）值的陶瓷电容，以尽量减少输出纹波电压。就LT3598应用电路来说，一个4.7～10 μF的输出电容就可以满足大多数高输出电流的设计要求。

3. 整流二极管的选择

选择高频整流二极管，需要从以下几个方面加以考虑：第一，正向压降要低；第二，开关速度要快，因此肖特基二极管是最好的选择；第三，整流二极管的平均额定电流必须大于应用场合的总的平均输出电流；第四，整流二极管的反向击穿电压必须高于最大输出电压。

4. 优化开关频率

选择最佳的开关频率取决于几个因素：第一，虽然减小高频电感，可以得到更高的开关频率，但开关损耗也随之增大，因而效率略有降低；第二，有些应用场合，如果电力供应不足，要带动大量的LED，就需要很高的占空比，必要时还得降低开关频率，因为低的开关频率，不仅可以获得更高的占空比，而且可以让高占空比维持更长的时间，这样才能驱动更多的LED。

LT3598本身就具有升压型DC/DC转换器的功能，其正常工作高频开关频率设置在200 kHz～2.5 MHz，就可以很好地工作。用其RT引脚外接到地电阻的阻值来调控高频开关频率的大小。本实例中RT外接电阻R_9阻值为51.1 kΩ,DC/DC转换器工作的开关频率为1 MHz。RT引脚不能悬空。图4-112给出了开关频率与RT外接电阻的关系曲线。

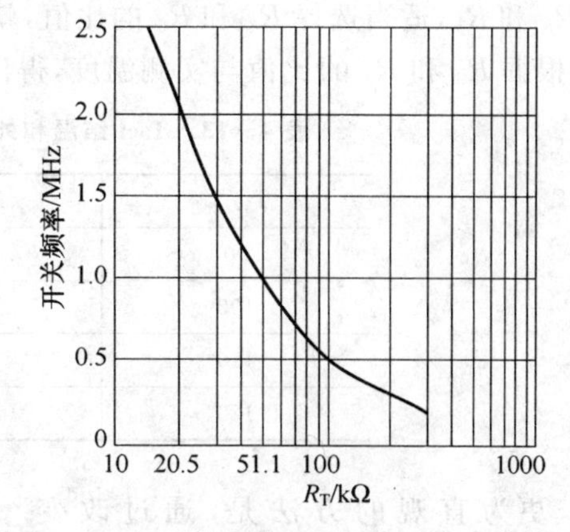

图4-112　开关频率和RT外接电阻关系图

LT3598亦可采用外同步的方式工作,若SYNC引脚外接同步信号,此信号频率必须略高于DC/DC转换器工作的开关频率,一般在240 kHz～3 MHz,占空比在20%～80%,幅度在0.4～1.5 V为宜。此时,RT外接电阻控制开关频率应低于外接SYNC同步脉冲频率的20%。该SYNC引脚不能空置,不用时必须接地。

5. 过压保护

LT3598应用电路的最大输出电压,可用如下公式求得:

$$V_{\text{out(max)}}=1.23\times\left(1+\frac{R_1}{R_2}\right)$$

通过设置外接电阻R_1的R_2的阻值大小就可以确定最大输出电压,要求输出电压应略高于LED串正常工作电压。当LED工作电压超过设定的$V_{\text{out(max)}}$时,过压保护电路就启动,以便DC/DC转换器降低输出电压。

6. 设置最大LED电流

根据实际应用需要,通过设置Iset引脚外接电阻R_4的阻值大小(选取阻值范围为10～100 kΩ可满足此驱动电路正常工作),就可以设定流过LED串的电流大小,实验测得流过LED串电流大小估算公式为

$$I_{\text{LED}}\approx\frac{294}{R_4}$$

式中:I_{LED}表示流过LED串电流大小,本实例中R_4为14.7 kΩ,故最大电流为20 mA。

设定I_{LED}越大,则LT3598本身功耗就越高,若$I_{\text{LED}}=30$ mA,PWM调光占空比为100%,此时LT3598内部功耗至少在144 mW以上。

7. 热保护电路设计

对于一个有6个线性电流源的单一升压转换器,对6串LED供电,任何LED串的电压不匹配都将造成功率的额外耗散,引起驱动电路过度发热。同时,环境温度升高,也会导致IC温度升高。因此,电路设计需要考虑发热因素的影响。

热回路的运行过程很简单,当环境温度升高时,驱动IC内部结温也随着升高。一旦温升达到了设定的最大结温,LT3598开始线性地降低LED电流,并根据需要尽量保持在这个温度水平。如果环境温度越过设定的最大结温后继续升高,LED电流将减小到大约全部LED电流的5%。因此,电路设计要考虑到具体使用环境,避免环境温

升过高而影响电路正常工作。如图4－110所示，在 IC 的 Tset 引脚接一个电阻分压网络 R_8 和 R_5，适当选择 R_8 和 R_5 的比值，就可确定需要设定的最大结温值。在实践应用中，根据 R_8 和 R_5 的比值与实测温度，得出了几组常用的数据，如表4－13所列。

表 4－13　Tset 结温和外接电阻分压网络阻值关系表

T_1/℃	R_8/kΩ	R_5/kΩ
90	67.7	100
100	63.3	100
110	59.0	100
120	54.9	100

更为直观的方法是，通过改变 Tset 引脚外接电阻分压网络的比值大小，从而设定该引脚电压值，也就决定了需要设定的最大结温值。通过实验得到结温和 Tset 引脚电压值的关系如图4－113所示，由该图中可以得出结论，随着 Tset 引脚电压 V_{Tset} 的升高，IC 能忍受的正常工作的最大结温也跟着线性地升高。

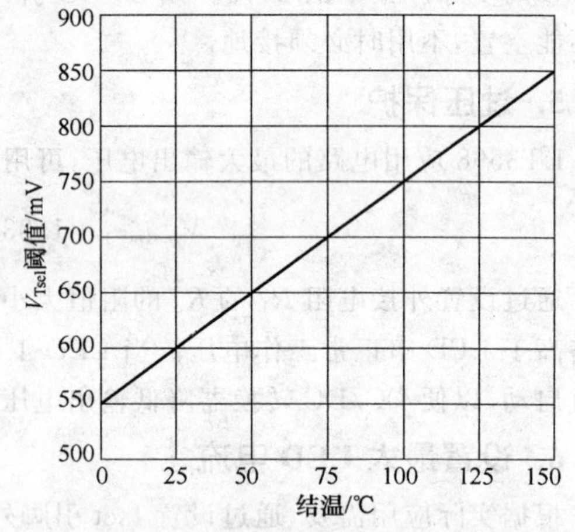

图 4－113　结温和 Tset 引脚电压值的关系图

可通过通道并联来为每个 LED 串提供更高的电流。例如，若有 2 个 LED 串，每串需90 mA 的电流，则可每 3 个通道并联形成两路通道，即可分别为 2 串 LED 各提供最高 90 mA 的电流。

若每串 LED 的正向压降差异很大，则会产生巨大的功耗，降低电源效率。为了得到高效率，在选择 LED 时，首先要求每串 LED 数量相同，其次要求通过每串 LED 的压降也尽量一致。LT3598 的输入电压范围从 3.2～30 V，多通道能力使其可以作为小功率射灯使用。

4.28　基于 TNY279 的 LED 书房灯驱动电路设计

书房照明应以明亮、柔和为原则，应适应工作性质和学习需要，宜选用带反射罩、下部开口的直射台灯，也就是工作台灯或书写台灯，台灯的光源常用白炽灯、荧光灯。书橱内可装设一盏小射灯，这种照明不但可帮助辨别书名，还可以保持温度，防止书籍潮湿腐烂。这里设计的一种基于反激变换原理的 LED 书房灯，其电路不包括一般恒流电路所需的镇流电阻和辅助电流控制电路，仅通过一块电源管理芯片进行控制，电路结构简单，成本低且效率较高。

4.28.1 TNY279的工作原理与特性

TNY279是增强型隔离式微型单片开关电源集成芯片。该芯片内部集成了一个700 V高压的功率MOSFET、振荡器及电源控制器等,S、D引脚分别为内部功率MOSFET的源极和漏极引脚(4个源极在内部连通);EN/UV为“使能/欠电压”双功能引脚,正常工作时,通过该引脚可控制内部功率MOSFET的导通与关断;BP/M为“旁路/多功能”引脚,通常连接一个外部旁路电容,用于生成内部5.85 V的供电电源。TNY279引脚图如图4-114所示。

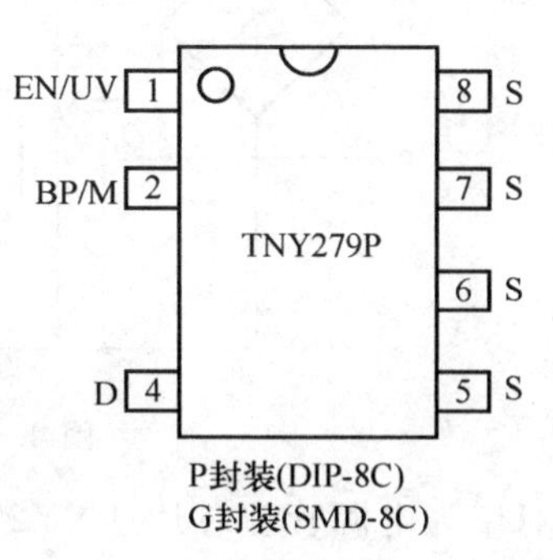

图4-114 TNY279引脚图

TNY279一般工作在极限电流模式下,该芯片EN/UV引脚的输入使能电路包括一个输出设置在1.2 V的低阻抗源极跟随器,流经此源极跟随器的电流被限定为115 A。当流出此引脚的电流超过了阈值电流时,此使能电路的输出端将产生一个低逻辑电平(禁止),直到流出此引脚的电流低于阈值电流。启动时,在每个时钟周期开始时刻,TNY279对其EN/UV端进行取样,再根据取样结果来决定是否跳过周期以及跳过多少个周期,同时确定适当的极限电流阀值。当内部MOSFET漏极电流逐渐升高并达到限流值或占空比达到其设定的最大值时,MOSFET关断。满载时,TNY279在大部分周期内导通;中等负载时,则要跳过一部分周期并开始降低漏极电流限流值,以维持输出电压稳定;轻载或空载时,则几乎要跳过所有周期使功率MOSFET仅在很少时间内导通,以维持电源正常工作所必需的能量。由于TNY279的极限电流和开关频率均为常数,因此电路的输出功率与高频变压器的初级绕组的电感量成正比,而与交流输入电压关系不大,也因此TNY279能用做宽电压输入电路的控制芯片。

此外,TNY279集成了欠压、过热保护电路及自动重启动计数器等资源,并可由用户选择实现输出过压保护,因此电路稳定性及可靠性大大提高。

4.28.2 LED恒流驱动电路

基于TNY279的反激式高效LED恒流驱动电路并介绍了电路参数的设计方法。在此基础上,设计并制作了一款输出为10 V/1.1 A的电路实例,对其单元进行了分析,并在额定负载及过载条件下进行了恒流特性测试,发现在额定负载下该电路输出电流维持在1.114 6～1.114 8 A。

1. 电路结构及原理

这里设计了一种基于TNY279的反激式恒流LED驱动电路,用于驱动大功率白光LED阵列。图4-115所示为LED恒流驱动电路结构图。

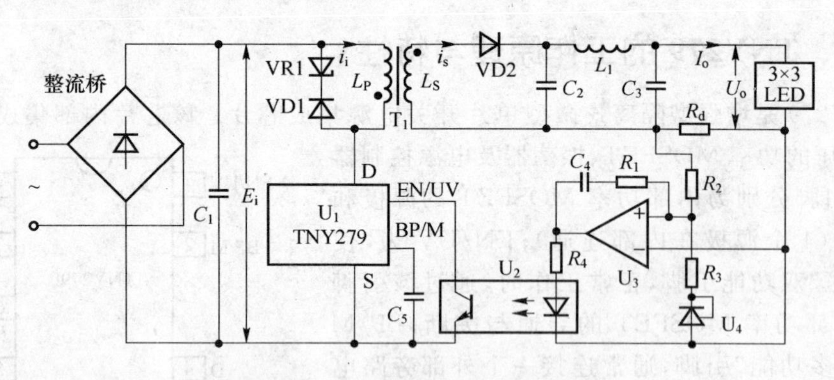

图4-115 LED恒流驱动电路结构图

U_1为电源管理芯片TNY279；U_2为线性光耦PC817A；U_3为误差放大器LM358；U_4为可调式精密稳压器TL431；VD2为输出整流二极管；C_1、C_2分别为输入及输出滤波电容；T_1为高频变压器；R_d为输出电流采样电阻；R_2、R_3为分压电阻。

T_1用于输入—输出间的能量传递，当U_1内的功率MOSFET导通时，能量储存在T_1的初级绕组中，此时C_2为负载供电；当MOSEFT关断时，储存的能量传递到T_1的次级绕组，为负载供电的同时为C_2充电；VD1及VR1构成了变压器初级位保护电路，用于吸收功率MOSFET关断时加在MOSFET漏极上的尖峰脉冲，使漏极电压限制在安全范围内，以保护开关芯片。L_1和C_3构成了输出级LC滤波电路，用于抑制高频噪声并降低输出直流电压的交流纹波。

2. 反馈控制电路设计

该恒流电路基于负反馈控制的思想，通过闭环负反馈实现输出电流恒定。如图4-115所示R_d、R_2、R_3、U_3，U_4及U_2共同构成了电路的反馈控制回路。R_d用于检测输出电流，并将其转换成电压值，用于与基准电压比较后产生误差信号，R_d一般取值为100 mΩ，因此其压降可忽略不计。U_4内部有2.5 V基准电压源，按照连接方式的不同，可在阴极与阳极间获得2.5～3.6 V的稳定电压。该电路中，U_4的阴极与参考极相连，可在阴极与阳极间产生稳定的2.5 V电压，经R_2、R_3分压后用于U_3的电压基准。U_3将采样信号与基准信号比较放大后，产生误差信号，以控制U_2中流过发光二极管的电流。R_1及C_4用于误差放大器的频率补偿，以增强电路的闭环稳定性并改善电路的动态及稳态性能，R_4为限流电阻。U_2以电流形式将误差信号传输至U_1，U_1检测误差信号并以此调整内部MOSFET的导通与关断时间，控制T_1的能量传输过程，进而维持输出电流恒定。

4.28.3 电路参数分析及设计

图4-115中E_i的最大值为

$$E_{\mathrm{imax}}=\sqrt{2}U_{3\mathrm{max}}$$

设该电路中功率MOSFET的开关频率为f，导通时间为t_{on}，则占空比为

$$D=t_{on}f$$

设该电路输出功率为 P_o。效率为 η，则输入功率 $P_i=P_o/\eta$。由此得到，变压器初级的平均电流为

$$I_{iavg}=\frac{P_i}{E_{imax}}=\frac{P_i}{\eta E_{imax}}$$

设初级绕组中初始电流为零，则在 MOSFET 导通期间，初级绕组中的电流 I_i 将从零开始线性增长至峰值 I_{ip}，如图4－116(a)所示。I_{iavg} 与 I_{ip} 的关系式为

$$I_{ip}=\frac{2I_{iavg}}{t_{on}f}$$

当 MOSFET 关断瞬间，由于流过电感的电流不能突变，因此次级绕组会产生感生电流，电流波形如图4－116(b)所示。

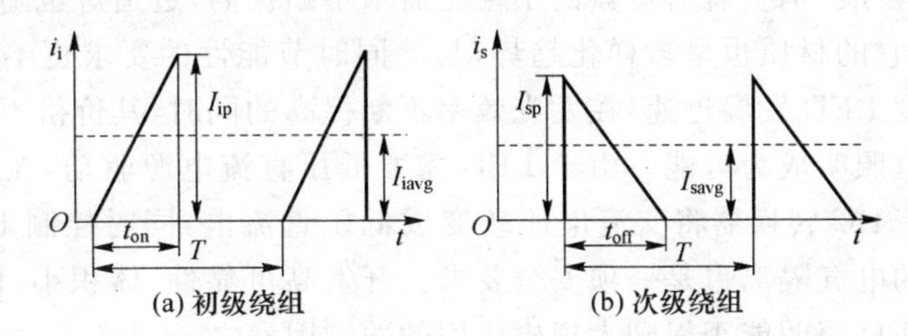

图 4－116　初级绕组和次级绕组中的电流波形

设初级绕组匝数为 N_p，次级绕组匝数为 N_s，则次级电流峰值 I_{sp} 及 I_{savg} 平均值可分别表示为

$$I_{sp}=I_{ip}N_p/N_s,\quad I_{savg}=I_{sp}(1-t_{on}f)/2$$

变压器初级绕组电感量与电流共同决定了恒流电路的输出功率，因此电感量的设计尤为重要。

设初级绕组的电感量为 L_P，则：

$$L_P=\frac{E_{imax}t_{on}}{I_{ip}}$$

最后，由上面的公式可以得到电路输出电压为

$$U_o=\eta\frac{E_{imax}}{n}\cdot\frac{t_{on}f}{1-t_{on}f}$$

式中：n 为 T_1 的匝数比。

由图4－115还可见，U_3 反向端电压 u_1 为

$$u_1=U_{ref}\frac{R_2}{R_2+R_3}$$

式中：U_{ref}为忽略 R_d 上压降时 U_4 产生的 2.5 V 基准电压。

U_3 同相端电压为 R_d 两端电压可表示为

$$u_2=I_oR_d$$

当 I_o 大于设定值时，则 $u_2>u_1$，流过 U_2 中发光二极管的电流相应增加，因此流过光敏

三极管的电流也相应增加，U_1 检测其 EN/UV 端的电平后使 MOSFET 持续关断一个开关周期，以减小 I_o，反之亦然。U_1 通过调节其内部 MOSFET 工作周期的数量，就可对输出电流进行精准调节，最终达到恒流输出的目的。

这种基于反激变换原理的恒流驱动电路具有稳定性好、恒流精度及效率高等优点，非常适合用做大功率 LED 照明系统的驱动电路。

4.29　基于 AP3706 的 LED 过道灯驱动电路设计

过道灯是适用大堂、客厅、餐厅、卧室、书房、展厅等室内照明工程用的灯具。在日常生活接触到的灯具中过道灯可能并未引起过多关注，而它却是我们生活中不可缺少的。随着时代的发展，消费者对灯具的个性化需求不断提高，过道灯也随场合的不同呈现不同的形态。它的材质也呈多样化趋势，与此同时节能性的要求也不断提高。近年来，大功率高亮度 LED 发展迅速，在发光效率不断提高的同时，其价格不断下降。这使得 LED 作为过道照明成为可能。由于 LED 需要低压直流电源驱动，在交流电网输入条件下，需要 AC/DC 转换器将交流电压转变成低压直流电，同时控制 LED 的电流恒定，输入和输出的电气隔离也是一项安全要求。开发高可靠性、体积小、低成本的 LED 驱动电路成为 LED 照明能否得到大规模应用的关键因素之一。

4.29.1　AP3706 简介

AP3706 是 BCD 公司推出的 LED 驱动电路控制芯片，AP3706 具有以下特点：

- 驱动反激式电路工作在断续导通模式下；
- 无需副边光耦及恒压恒流控制电路，利用原边控制技术实现恒压恒流输出；
- 无需采用环路补偿电路就能实现稳定控制；
- 随机频率调制技术可降低系统 EMI；
- 驱动外部三极管低电压开通，从而降低了开关损耗。

其他特点包括内部软启动功能、输出开路及过压保护功能和短路保护功能。图4－117所示为 AP3706 的引脚图。

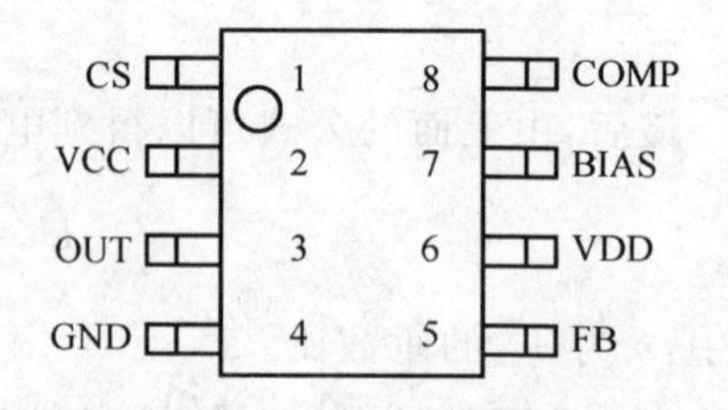

图 4－117　AP3706 引脚图

AP3706 恒流输出控制原理如下：

AP3706 恒流输出控制原理可以从图4－118看出。该图为反激式电路副边输出电流波形，定义输出二极管 D_2 的导通时间为 t_{ons}，关断时间为 t_{offs}，输出电流峰值为 I_{pks}，变压器原边绕组匝数 N_p，副边匝数 N_s。在恒流输出工作模式下，AP3706 控制开关占空比，保持输出二极管 D_2 的导通时间 t_{ons} 和关断时间 t_{offs} 比例恒定，在一个开关周期内，输出电流的平均值为

$$I_{out}=\frac{1}{2}\cdot I_{pks}\cdot\frac{t_{ons}}{t_{ons}+t_{offs}}$$

据安培定理，输出二极管 D_2 刚导通时输出电流峰值 I_{pks} 与变压器原边电流峰值 I_{pk}

有如下关系：

$$I_{pks}=\frac{N_p}{N_s}\cdot I_{pk}$$

因此，输出电流的平均值为

$$I_{out}=\frac{1}{2}\cdot\frac{N_p}{N_s}\cdot I_{pk}\cdot\frac{t_{ous}}{t_{ons}+t_{offs}}$$

AP3706 通过检测原边电流，控制原边电流峰值恒定，同时控制开关占空比，保持输出二极管 D_2 的导通时间 t_{ons} 和关断时间 t_{offs} 比例恒定，实现了输出电流的恒定。

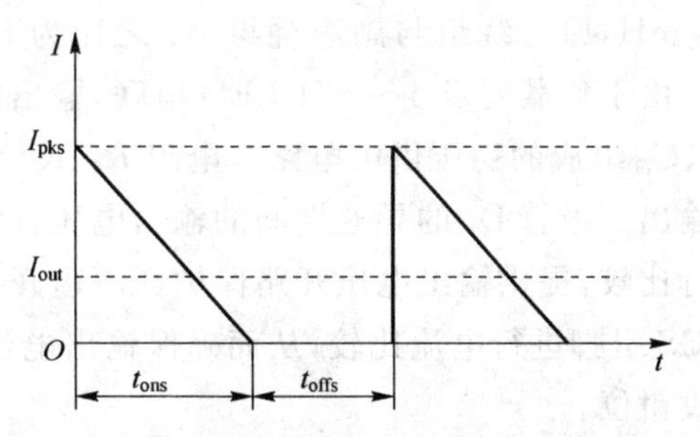

图 4-118　反激式电路副边输出电流波形图

4.29.2　LED过道灯驱动电路设计

基于 AP3706 开发的一款高性价比的隔离式 AC/DC LED 驱动电路，该方案仅采用极少的元件就实现了宽电压范围输入、恒流输出，并能满足 LED 驱动电路的各项要求。

电路设计要求输入交流电压范围 85～265 V，输出负载为 1～4 只 3 W LED 串联，保持 1 A 恒定输出电流。系统整体电路原理图如图4-119所示。

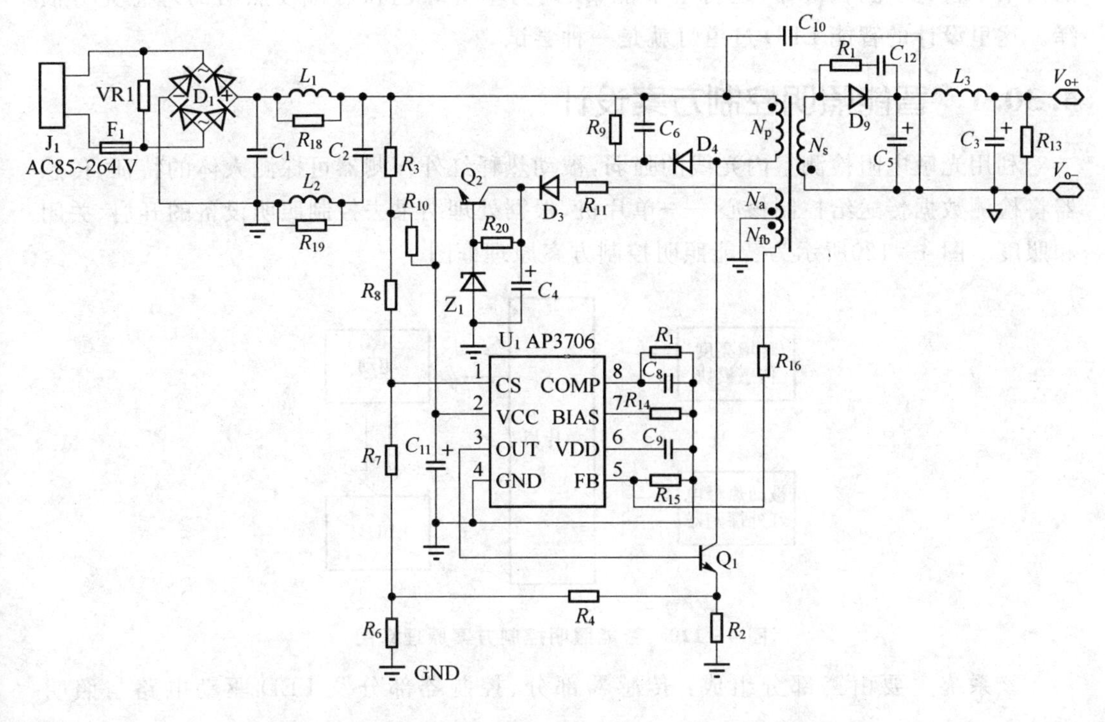

图 4-119　基于 AP3706 的 12 W LED 过道灯驱动电路原理图

图4－119中的变压器 T_1 采用 EE20 磁芯，有 4 个绕组，原边绕组 N_p 的电感量为 1.2 mH，原边绕组与副边绕组 N_s 之比为 80∶11。N_a 为辅助绕组，为芯片 AP3706 供电。由于负载要求 1～4 只 LED 串联，输出电压变化范围大，因此采用了由 C_4、Q_4、Z_1、R_{20}、C_{11} 组成的稳压供电电路。电阻 R_3、R_{10} 为 AP3706 提供启动电流。反馈绕组 N_{fb} 检测输出二极管 D_1 的导通期间的输出电压，经电阻 R_{16}、R_{15} 分压后送 AP3706 的 FB 引脚进行比较，提供输出电压开路保护。原边开关电流经电阻 R_2 检测，经 R_4、R_7 送 AP3706 的 CS 引脚进行电流比较，从而确保输出电流恒定。D_4、R_9、C_6 为开关 Q_1 关断时 RCD 吸收钳位。

4.30　基于 STC 单片机的 LED 智能过道灯照明系统设计

作为第四代照明，LED 更容易进行动态控制，更容易实现智能化。在未来 LED 的应用中，与计算机结合，充分利用其调光的特性，进行全色温调节，建立智能化照明系统，使通用照明和情景照明有机融合将成为大势所趋。

智能照明技术的发展可以使 LED 照明更加省电、节能，在特定的时间为特定的地点提供最舒适和高效的照明，提高照明环境质量。智能化 LED 照明是使照明进一步走向绿色和可持续发展的重要手段。智能化与照明技术的结合，为 LED 应用构筑了充分的技术平台，低耗、长寿命、运行中节能、以人为本等绿色和可持续照明的理念充分演绎。这里设计的智能 LED 过道灯就是一种尝试。

4.30.1　智能照明控制方案设计

利用光敏电阻检测室内光线的强弱，被动热释红外探测器可探测人体的特征，传感器将检测数据传送给控制核心——单片机，根据处理结果去控制照明设备的开启、关闭和照度。图 4－120所示为智能照明控制方案原理框图。

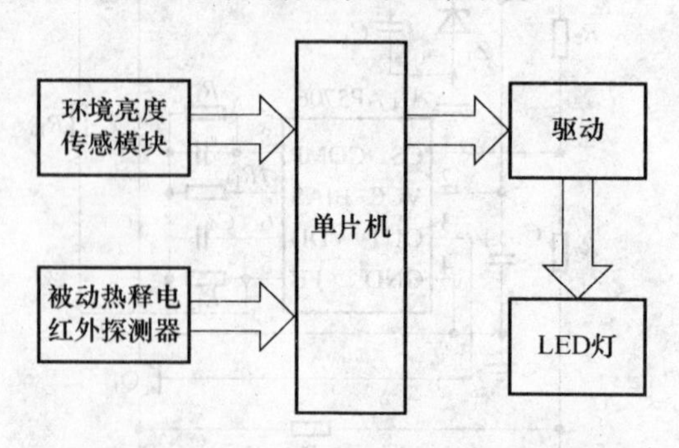

图 4－120　智能照明控制方案原理框图

该系统主要由三部分组成：传感器部分、控制器部分及 LED 驱动电路与照明系统。

4.30.2　系统硬件设计

1. 传感器部分

(1) 被动式热释电红外探测器

被动式热释电红外探测器有以下三个关键元件：

- 菲涅尔滤光晶片，它通过截止波长为 8～12 μm 的滤光晶片，起带通滤波器的作用，使环境的干扰受到明显的控制。
- 菲涅尔透镜，聚焦作用，即将热释的红外信号折射(反射)在热释电红外传感器上；其第二个作用是将警戒区内分为若干个明区和暗区，使进入警戒区的移动物体能以温度变化的形式在热释电红外传感器上产生变化热释红外信号，这样热释电红外传感器就能产生变化的电信号。
- 热释电红外传感器，将透过滤光晶片的红外辐射能量的变化转换成电信号，即热电转换。

人体都有恒定的体温，一般在 37 ℃，所以会发出特定波长 10 μm 左右的红外线，被动式红外探头就是靠探测人体发射的 10 μm 左右的红外线来进行工作的。人体发射的 10 μm 左右的红外线通过菲涅尔滤波片增强后聚集到红外感应源上。红外感应源通过采用热释电元件，这种元件在接收到人体红外辐射发生变化时就会失去电荷平衡，向外释放电荷，经检测处理后就能产生电平的变化。

根据此原理应用性能稳定的红外模块，当有人走动时模块输出 3.3 V 电压，没人时为低电平。模块有可调的延时，最多可达到 18 s。

(2) 环境亮度传感模块

环境亮度传感模块的核心器件是光敏电阻。光敏电阻利用半导体的光电效应制成的一种电阻值随入射光的强弱而改变的电阻器；入射光强，电阻小，入射光弱，电阻增大。光敏电阻器一般用于光的测量、控制和光电转换(将光的变化转换为电的变化)。光敏电阻与光强的关系如图4-121 所示，环境亮度模块的电路图如图4-122所示。

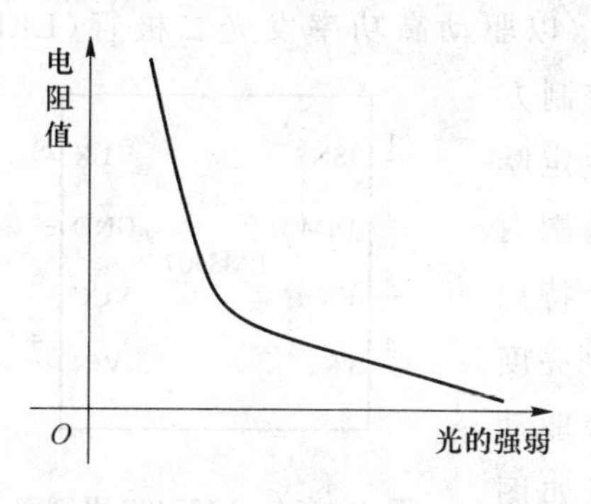

图 4-121　光敏电阻与光强的关系

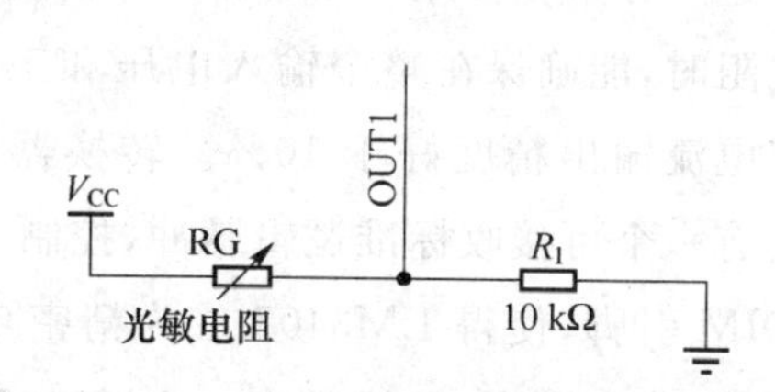

图 4-122　环境亮度模块的电路图

2. 控制部分

STC12C5628AD系列单片机是宏晶科技公司生产的单时钟/机器周期(IT)的单片机,是高速、低功耗、超强抗干扰的新一代8051单片机,指令代码完全兼容传统8051,但速度快8~12倍,内部集成MAX810专用复位电路。4路PWM、8路高速10位A/D转换,针对电机控制和强干扰场合。控制原理模块电路图如图4-123所示。

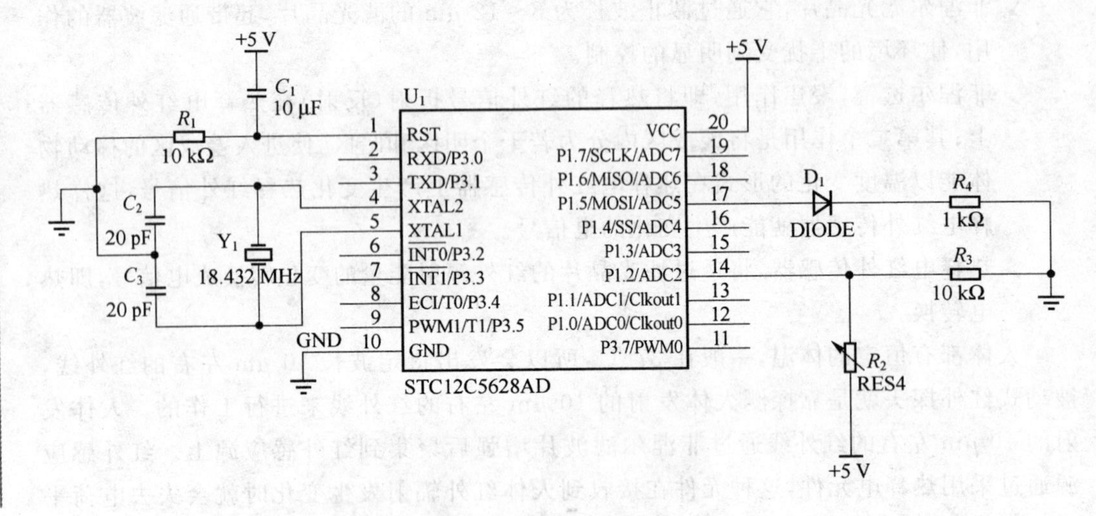

图4-123 控制原理模块图

选择这个型号的单片机主要考虑到具有PWM和A/D转换的作用,使得外围电路得到了大大的简化,同时产生的PWM信号可直接与驱动芯片相连,使得这个系统的成本降低了很多。

由于采用的是PWM调光的方式,为了减少不必要的外围电路,选择的驱动芯片可直接由DIM引脚输入PWM方波。

LM3407是一款集成了N沟道功率MOS场效应管的脉冲宽度调制的浮动式降压转换器,其设计是为提供精准的恒定电流输出,以驱动高功率发光二极管(LED)。LM3407的显著特色是脉冲电平调制(PLM)控制方案。这一方案在使用一个外部1%精度的电流设定厚膜电阻时,能确保在整个输入电压和工作温度范围内恒定电流输出精度好于10%。转换器的另一个特点是具有一个可接收标准逻辑脉冲,控制LED阵列亮度的DIM引脚,使得LM3407成为精密功率LED驱动器或者恒流源的理想器件。LM3407引脚图如图4-124所示,LED典型驱动电路如图4-125所示。

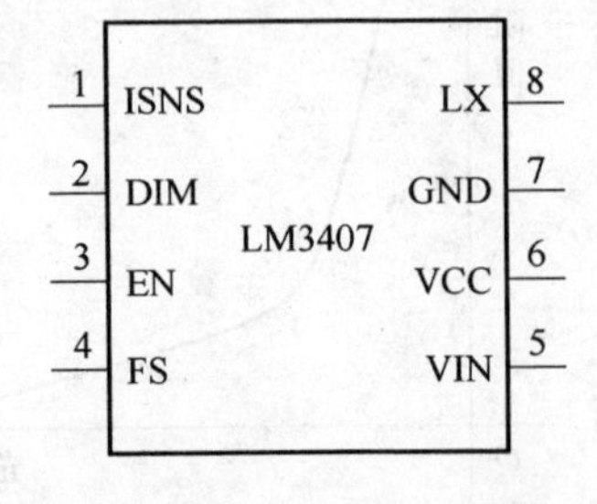

图4-124 LM3407引脚图

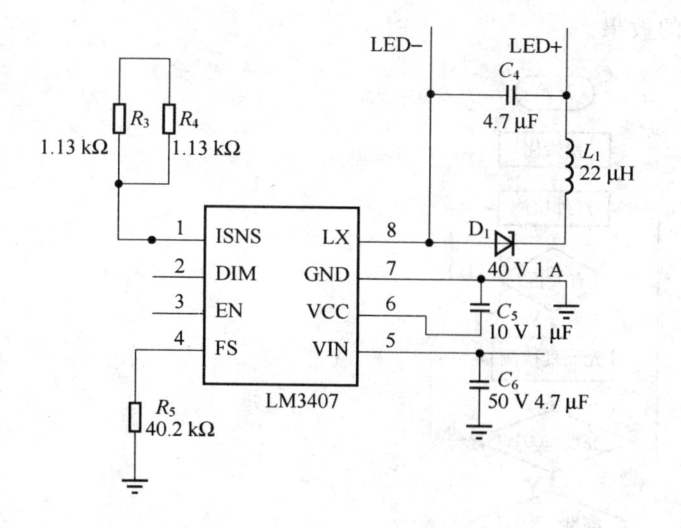

图 4－125　LED驱动电路

LM3407有以下特点：

➢ 输入工作电压范围为4.5～30 V；

➢ 输出电压范围为0.1～0.9 V精密恒流输出；

➢ Cycle－by－Cycle电流限制；

➢ PWM调光控制；

➢ 转换器的开关频率可调，范围为300 kHz～1 MHz；

➢ 无需外部控制回路补偿要求；

➢ 支持陶瓷输出电容和低ESR；

➢ 输入欠压锁定输出(UVLO)；

➢ 热关断保护；

➢ eMSOP－8封装。

4.30.3　软件设计

本程序采用模块化设计思想，以主程序为核心设置了两个功能模块子程序，使一些功能在子程序中实现，简化了设计结构。运行过程中通过主程序调用各功能模块子程序。

该系统有两个功能模块：一是A/D转换模块；二是PWM产生模块。在主函数中直接调用即可，大大简化了设计结构。其系统的流程图如图4－126所示。

该系统有很好的节能和改善照明环境的效果，既消除了居民楼道声控灯的扰民问题，又解决了及时关灯节省能源的问题。

该系统结构简单，实用性强，适用于公寓、楼道、卫生间等的照明，可达到很好的照明、节能和环保的效果。

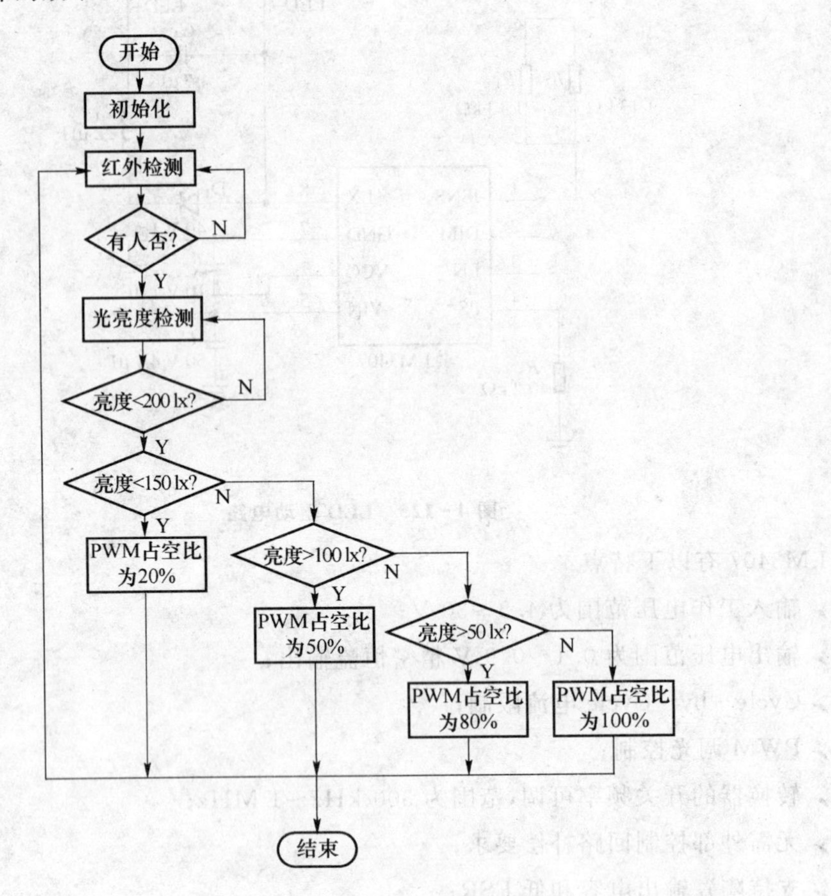

图 4-126　系统的流程图

第5章

汽车 LED 照明设计

随着全球经济的发展和人们生活水平的提高,汽车在日常生活中的使用越来越多,因此汽车节能减排及行车安全的要求日益提高。汽车照明系统是保障汽车安全行驶的关键部件,光源又是汽车照明系统的关键。发光二极管(LED)作为第四代车用光源具有寿命长、能耗低、体积小、响应快、单色性好等诸多优点,顺应了未来汽车的安全、节能、紧凑、时尚的发展趋势。很显然,随着汽车工业的成熟以及 LED 芯片、封装、散热等技术突飞猛进的发展,LED 在汽车照明系统中的应用会越来越广,规模会越来越大。

5.1 车用 LED 照明技术及现状分析

汽车工业的快速发展,对汽车节能减排及安全性能的要求越来越高,汽车照明系统的节能与安全问题已成为该领域研究的热点。LED 有很多优于其他传统光源的特点。在本节中,首先分析车用 LED 照明的可行性和先进性,然后介绍车用 LED 照明面临的问题及应对措施,并对其未来发展进行展望,最后介绍其典型的驱动电路。

5.1.1 车用 LED 照明的可行性和先进性

在汽车上使用照明光源大约开始于 20 世纪初。最先使用的是煤油灯和乙炔灯,1910 年开始使用电光源,先后经历了白炽灯、卤钨灯及高强度放电式气体灯 HID(Intensity Discharge Lamp),自 1985 年开始进入了 LED 车用灯时代。同时,LED 灯应用于自适应前照系统 AFS(Adaptive Front Lighting System)的技术随之出现。目前,LED 已被众多汽车厂商加以利用并制造出各种车灯款式。宝马、福特、本田、丰田、奔驰、奥迪等著名品牌车为了提高各自的总体竞争力,纷纷推出配有各式各样 LED 车灯的新款轿车以吸引顾客。LED 光源具有很多其他光源所不具备的优点:

① 寿命长、抗震性好。LED 的使用寿命理论上可达 100 000 h,实际寿命也可达 20 000 h(普通的卤素灯泡为 150~500 h),一般都要超过汽车本身的寿命。另外,LED 的基本结构中没有易损可动部件,故抗震性能非常好。

② 节能环保。LED 在低电压小电流的条件下就能获得足够亮度,其耗电量仅为相同亮度白炽灯的 10%~20%;LED 光源中不含危害人体健康的汞,生产过程和废弃物不会造成环境污染。

③ 响应速度快。与白炽灯相比,LED 灯的响应时间已经达到了几十纳秒,这样,

当采用LED作为汽车尾灯时,可以使后续汽车司机更早反应,以减少交通事故的发生。

④ 体积小。小巧的LED可使汽车风格的设计更加自由、多样化,从而使车型更加时尚;与传统光源相比,LED信号灯系统的安装深度可以减少80 mm,这一点对于汽车造型和内部零件布置具有重要意义。

目前,汽车产业在全球经济中仍然是支柱产业,并处在飞速发展的关键时期,其必定会带动车用灯具的发展,为LED在汽车上的应用提供广阔的市场空间。

5.1.2 车用LED照明的驱动电路概述

汽车电池的工作电压范围为9～16 V,通常情况下为12 V,但是当汽车冷启动时蓄电池的电压可跌落到4 V,而当蓄电池缺损由发电机直接供电时,此电压可达到36 V的高压。因此,对于车用LED灯具而言,要可靠地恒流驱动LED串,驱动控制器必须具备精确的电压以及电流调节、保护电路和调光功能。因此,设计一种稳压性能良好而又恒流输出的驱动电路十分必要。目前,车用LED驱动器采用控制正向电流的方法都不能充分体现LED所具有的优越性。为了克服现有车用LED驱动器的缺点,出现了车用LED阵列的高效智能驱动方法。该方法采用了半桥式DC/DC变换技术、全波整流技术、光电耦合技术等,确保了整个驱动电路的工作效率;提出了基于嵌入式系统的智能控制方案。此方案采用智能PWM稳流控制和调光控制,具有负载开路/短路保护和过流过压保护功能。图5-1所示为LED阵列智能驱动实验电路。

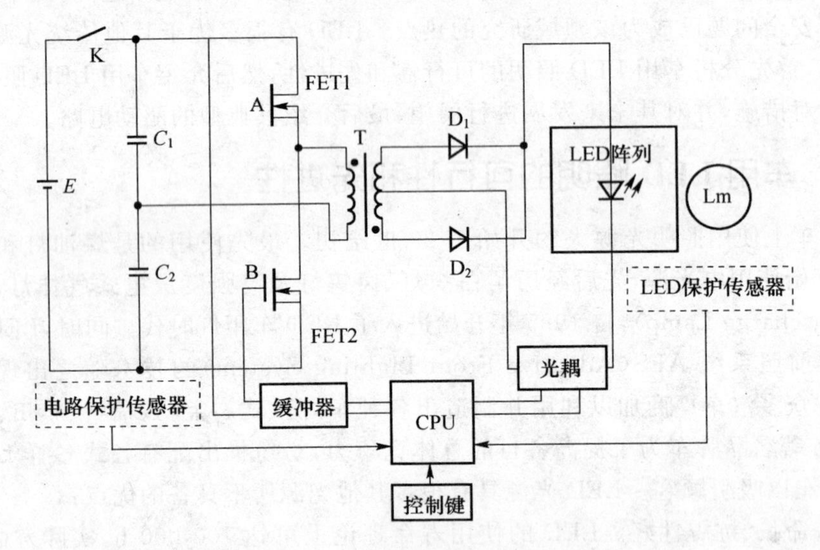

图5-1 LED阵列智能驱动电路

如图5-1所示,CPU输出两路完全倒相对称的PWM信号A和B,分别作用在开关器件上,使其轮流导通;通过高频变压器T将能量耦合到次级,再经快恢复二极管D_1、D_2进行全波整流,以实现对LED阵列的驱动。LED阵列驱动回路的光电耦合器,完成对LED阵列驱动电流的监测,并反馈到CPU,形成一种智能电流负反馈的闭环控制系统,以确保驱动电流的稳定的可靠性。

车用LED驱动电路的集成化和智能化程度越来越高。类似PMU(电源管理单元)的芯片及封装的小型化将逐渐取代多个单一功能电路进行组合的方法,以适应板级空间非常有限的车载应用。同时,由于单片机、DSP等控制芯片以及嵌入式技术的不断发展,可通过软件技术实现车用照明系统的自动化,这样LED的恒流驱动精度以及亮度的自动调节会更加准确。智能化控制已经成为新一代车用LED驱动器的设计理念。

5.1.3 车用LED照明面临的问题及应对措施

车用LED照明技术作为一项具有突破性意义的新技术,已经被大多数汽车制造商及消费者所接受,越来越多的高档汽车都配备了LED灯。毋庸置疑,采用高亮度LED照明将成为未来汽车的主要特征,这归功于LED相对于传统的白炽光照明方案所具有的许多基本优势。此外,采用LED照明也可带动汽车设计技术和设计风格上的变化。然而,正像任何创新技术一样,LED在被广泛用于汽车照明之前,仍需要克服许多困难。由于汽车应用环境的特殊要求,要真正实现车用LED代替传统光源,还有很多技术难题需要解决。

1. 成本问题

全球范围内,车用LED生产成本的下降速度将是影响今后车用LED大规模应用的主要因素之一。就元件本身而言,LED灯的价格普遍高于其他传统光源。如:1 W大功率白光LED的市场价格是白炽灯的十几倍到几十倍不等,故LED芯片还有很大的降价空间,其主要途径如下:

① 发展大芯片大电流。现在的芯片一般在0.5～1.5 mm,芯片小,电流难以加大,这是LED向单只大功率发展的障碍。如果在不降低光效的前提下把芯片做大以便通过更大的电流,大幅提高单只LED的功率,这样灯具所用LED的数量将明显减少,有助于灯具成本的下降。

② 研发新型衬底材料。现在国内已经启动了价格比较便宜的Si衬底材料的研究,希望能代替价格昂贵的蓝宝石或SiC。除价格便宜外,Si还可以制作出比蓝宝石或SiC衬底尺寸更大的衬底,以提高MOCVD的利用率,从而提高管芯产率。此外,由于Si的硬度比蓝宝石和SiC低,在加工方面也可以节省成本。据国外某知名公司的估计,使用硅衬底制作蓝光GaNLED的制造成本将比蓝宝石和SiC衬底低90%。

③ 继续延长LED的寿命。理论上,LED的寿命已经超过汽车使用寿命,但在实际汽车环境应用中,LED使用寿命还有待进一步提高。如果LED实际使用寿命能达到整车的寿命,则在汽车寿命期内无需更换光源,免去了这方面的维修费用,就会更加经济。

就整个车用LED照明系统而言,必须降低LED驱动方案的系统级成本,以提高该项技术的市场竞争力。降低方案成本的途径之一是尽可能减少驱动器的元器件数量,同时这也有利于提高系统可靠性,因为PCB上的每个元件都可能是系统的一个失效点。

2. 散热问题

通常高功率LED输入功率约20%转换成光能，剩下的80%均转换为热能，这比传统灯源高很多。如果这部分热能无法导出，将会使LED界面温度过高，进而影响产品生命周期、发光效率及稳定性，由此整个汽车照明系统就会受到严重影响。目前，改善车用LED灯具散热的主要途径有：

① LED自身的改进。首先，改进封装结构。传统直插式LED封装结构热阻高达250～300 ℃/W，而新的封装结构采用低电阻率、高导热性能的材料粘结芯片，在芯片下部加铜或铝质热沉，并采用半包封结构，大大提高了LED的散热能力。其次，改进LED的制作材料，采用超薄、高导热、高绝缘陶瓷薄片作基底，提高散热效果；开发量子转换效率高、能承受高温的荧光粉，提高允许的最大结点温度，增大允许的散热设计温差，以降低散热设计的难度。

② 散热装置的改进。主要有：考虑采用合适的散热形式，如热管、风扇、水冷等，要保证将热量迅速地散发出去，同时散热装置能够稳定地工作；考虑散热片的结构形状尺寸，要保证足够的散热面积，同时散热效果要好；考虑电路板的设计格式，可将印制电路板设计为上下两层，下层专用于信号发生电路及驱动电路，上层为LED点阵电路，这样能够有效避免因为LED的热量传递到驱动芯片而使其损坏。

3. 光效问题

提升LED光效是车用LED技术发展的关键，是车用LED产业化的出发点和原动力。从封装技术上来说，LED的封装应该尽量减少光线在其内部的全反射，增加衬底基板反射率，从而使光线能够尽量多地透射出来，增加LED的发光效能。与标准的白炽灯相比，LED消耗每单位电能可以产生更多的光输出。但与卤素灯相比，LED的实际光输出的优势并不明显。最新的LED具备出色的光效值，但某些数值是在优化条件下取得的，而不是在最高输出条件下获得的。一般而言，当LED的电流增加时，光输出量并未呈线性增加。因此，即使LED在0.5 A电流下输出光通量为x，在1.0 A电流下也不会输出$2x$。

4. 可靠性与使用寿命

LED的预期使用寿命为50 000 h，而卤钨灯为20 000 h，钨白炽灯为3 000 h。相对于白炽灯，LED的结构坚固，不容易受振动影响，使用过程中光输出亮度也不会明显下降。基于多个LED的照明方案还具备“冗余度”好处，即使一只LED出现故障，仍可以继续使用照明装置。正确使用LED（特别是正确控制LED的温度），可有效延长LED的预期寿命。相反，如果温度过高，LED很容易损坏。LED应用在汽车照明上还牵涉许多法律定义问题。大多数国家对刹车灯或前照灯故障——灯亮或熄灭有明确定义。但对采用多只LED灯，很难准确定义照明灯是否已经损坏。制造商与立法机构正在定义LED的使用方法。

5. 响应速度

以刹车灯和方向指示灯管为例，假设车辆时速为125 km/h，即 35 m/s 时，白炽灯的热启动时间约为 250 ms，而反应迅速的 LED 可提早约 8 m 距离发出刹车警告，从而有效避免汽车相撞。指示灯也是如此。

6. 方向性

另一个关键特性是LED的发光方式。与白炽灯不同，LED只透过一个表面发光，这对前照灯与航图灯应用有好处，但车厢照明灯需要做光学处理。如图 5-2 所示，与白炽灯不同，LED发出的光具有方向性。

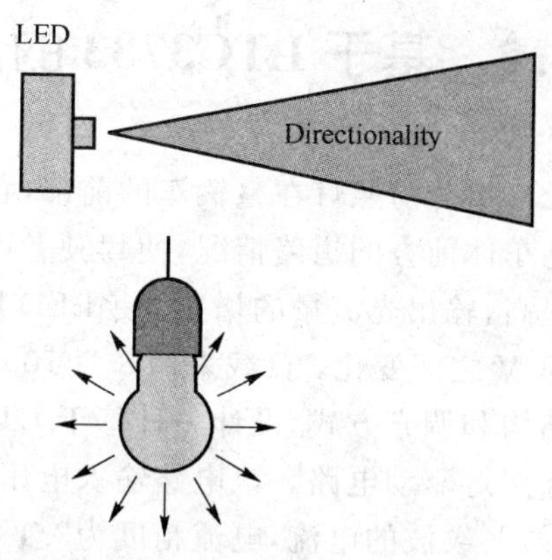

图 5-2　白炽灯与 LED 发光的方向性比较

5.1.4 汽车照明对 LED 驱动芯片的要求

汽车环境对电子产品而言是非常苛刻的：任何连接到12 V 蓄电池上的电路都必须工作在 9～16 V 的标称电压范围内，其他需要应对的问题包括负载突降、冷车发动、噪声和极宽的温度范围。在负载突降时，交流发电机的输出电压迅速升高到接近 30 V 的高电压；冷车发动指的是在低温时启动汽车，会引起电池电压下降至 9 V 或更低；考虑到汽车电子系统由大电流电动机、继电器、螺线管、车灯和不断颤动的开关触点组成，因此不可避免会出现噪声问题。简言之，汽车电子系统的特点是：供电电源是蓄电池，且要求宽输入范围、高输入电压电路；对噪声比较敏感，尤其是导航系统、无线电路和 AM 收音机；要求 LED 驱动芯片的外围器件尽可能简单，以降低系统复杂度和节省空间；极宽的工作温度范围（－40～125 ℃）。因此，对应用于汽车照明系统的高亮度 LED，其驱动芯片必须满足以下设计要求：

① 具有宽输入电压范围，以保护芯片不受抛负载和冷启动过程中巨大瞬变的影响；

② 低噪声和较弱的 EMI，对其他电路的干扰小；

③ 具有－40～125 ℃的宽工作温度范围；

④ 电流精度高，以保证多个 LED 并联使用时各 LED 之间的电流相匹配，亮度均匀；

⑤ LED 的最大电流 I_{LEDmax} 可设定，具有亮度调节功能；

⑥ 低功耗，静态电流小，在关闭状态时耗电小；

⑦ 有完善的保护电路，如过温保护、短路保护或过流保护；

⑧ 要求外围元件少而小，并采用小尺寸封装，以减小印制板的面积；

⑨ 使用方便，价位低。

5.2 基于LTC3783的LED汽车前照灯设计

组合前照灯在整辆车的前部,它主要起照明和信号作用。前照灯发出的光可以照亮车体前方的道路情况,使驾驶者可以在黑夜里安全行车。随着大功率LED性价比的提高,输出光流量的增加,使LED应用在汽车前照灯成为可能。在输入电压在10～14 V之间变化,负载采用8只700 mA大功率白光LED的条件下确定驱动方式、拓扑结构和调光方式,设计一种基于LTC3783芯片PWM控制LED亮度的恒流LED汽车前照灯驱动电路。该电路输入电压在10～14 V变化时,输出电流均值为710 mA,有0.7%纹波的电流,电流精度为2.1%,输出电压为28.6 V,输出功率为20 W,电路转换效率为91%。当有PWM信号输入时,电路输出一个与PWM信号相同占空比的电流,通过调节PWM信号的占空比实现LED亮度的控制。

5.2.1 汽车LED前照灯设计要素

由于汽车前照灯在行车安全中具有重要的作用,因此LED前照灯是最难也是最后投入使用的。以前,LED前照灯只应用在概念车上,随着LED照明技术以及汽车产业的不断发展,LED前照灯的应用范围已从概念车、豪华车向中档车甚至一般车型过渡,并且照明发光强度已达到白炽灯的水平。

汽车前照灯包括远光灯和近光灯。在夜间行驶时,远光灯应保证照亮车前100 m、高2 m处范围内的物体,且亮度均匀;近光灯不但要保证车前40 m司机能看清障碍物,而且不能让迎面而来的驾驶员或行人产生眩目光,以确保汽车在夜间交会车行驶时的安全。传统汽车前照灯输出近光和远光两种功能的光束,且每种光束分布模式均呈静态分布,具体的光照分布也都符合国家标准。但在实际应用中,此系统射出的光束分布于有限的角度范围,在一些较为复杂的路况下(如转弯)极易产生视觉盲区。另外,传统汽车前照灯系统不具备自动调整光束分布的功能,近光光束和远光光束之间的变换需驾驶员手动操作实现,这样在来往车辆频繁的行车环境下,车辆之间容易产生眩目光。为了克服传统汽车前照灯的上述缺点,自适应前照灯系统AFS应运而生。

AFS是一种能使驾驶员更好地适应各种速度、道路类型和天气条件的变化,提高驾驶安全性的前照灯系统。其工作原理如下:当汽车进入特殊的道路状况(如弯道)时,由于方向盘和速度发生变化,角度传感器和速度传感器传输到电控单元(ECU)的信号就相应地发生变化。ECU捕捉到这些信号变化,同时判断车辆进入了哪种弯道,并发出相应的指令给前照灯的控制单元,控制单元根据收到的指令操控装在AFS灯体内部的微电机带动发光三要素绕相应的旋转轴旋转,从而使汽车在非常规路面及天气下行驶时,改变照明方式,提供更好的安全保障。

随着白光LED技术的发展及空气动力学和汽车造型的需求,汽车前部位置越来越低且呈流线型,为前照灯预留的空间越来越小。为了满足汽车照明智能化和人性化的需求,AFS与LED灯的结合已经成为现代汽车前照灯系统的发展趋势。

5.2.2　白光LED作为汽车前照灯的可能性

1. 白光LED的光通量

近年来，白光LED的光效取得了显著的进步，2003年早期市场上一些高功率LED的光效已经达到了30 lm/W。最终，LED的光效将在120～300 lm/W之间达到一个极限值，最大功率预计可达到1～10 W，因此一个LED的光通量输出预计能达到60～300 lm。

2. 白光LED的亮度

在通常的照明领域，LED作为荧光灯的替代品，其亮度从来就不是一个问题，只要光通量能不断增大就可以了。因此，LED技术的核心是如何提高光通量而不是提高亮度。但在汽车的前照灯系统中，亮度就显得比光通量重要得多，其主要原因如下：当今LED的亮度最大是4 cd/mm²，这个数值比卤钨灯亮度20～25 cd/mm²要低得多，而与HID前照灯比就更是低了10倍多。因此，为了设计出尺寸合适的汽车前照灯系统，单个LED的输出亮度必须提高到现在的2～3倍。更进一步分析可见，使用荧光粉的LED的出射亮度不仅仅决定于芯片的尺寸，同时还决定于与芯片作为一个整体的包含荧光粉的发光表面的外观尺寸。举例来说，同样是一个面积为1 mm×1 mm的芯片，它能发出的光通量为30 lm，但是它的亮度却能在0.6～1.4 cd/mm²之间变化，这取决于荧光粉的涂敷方式及部件的封装方法(如图5-3所示)。因此，用于汽车前照灯的LED用荧光粉必须涂敷得尽可能薄，这样就不会增大光源系统的表面积。

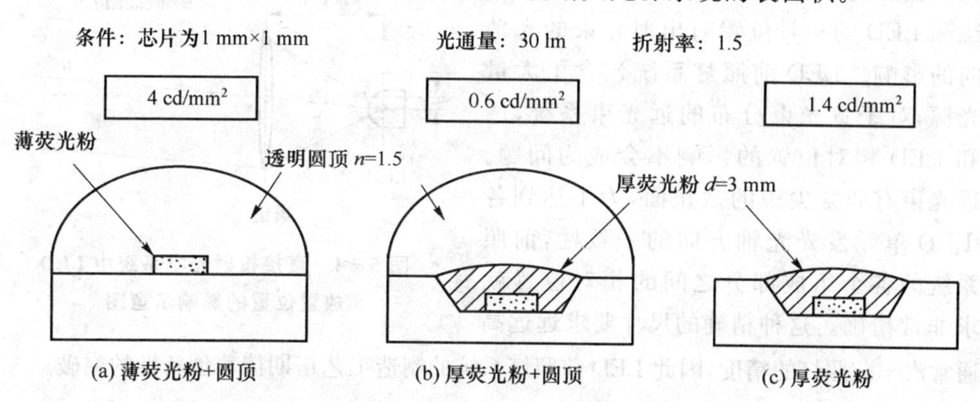

图5-3　不同结构的LED亮度

3. 白光LED的寿命

通常而言，LED的使用寿命很长。在消费用电子产品中，LED光源的寿命与产品寿命相比足够长，一些高功率LED的寿命能超过10 000 h，但遗憾的是，这些都是没有考虑到作为汽车前照灯这一苛刻的工作环境而得到的结果。如果用于汽车前照灯，LED的寿命必须超过HID光源的3 000 h；若进一步考虑到替换LED光源的过程难度更大，LED的寿命要求能够超过10 000 h。LED光源要想成为汽车前照灯，其寿命仍然有待改进和提高。

5.2.3　白光LED在汽车前照灯的应用设计

1. 白光LED光学系统

一套LED前照灯系统毫无疑问需要多个LED光源,因为单只LED不能提供足够的光通量。同时,通常的卤钨灯和HID光源所发出的光线会射向除基底外的各个方向,而目前使用的大功率LED发出的光线因受到结构的限制,一般只会向半个球的方向发射,从而使采用LED的前照灯光学系统与常规的前照灯系统不同。但是,这两种前照灯系统对其出射光的要求是一样的,因此基本上可以使用通常的方法设计采用LED的前照灯系统。

更重要的是,由于LED光源的低发热,LED前照灯系统中与光源相连接的部分可以使用塑料材料,这为设计者的配置设计提供了更大的自由性。同时,设计者可以使用塑料导光管,但这一点对目前前照灯系统来说是难以实现的。因此,当设计LED前照灯光学系统时,设计者将有更大的选择空间:不但可以采用传统的自由构造的反射器件和投射器件,而且还可以使用塑料导光管,让设计者能根据不同的条件使用不同的方法以达到美观性的要求,从而使汽车前部外形轮廓更趋合理。

2. 光学系统组成成分的精确尺寸定位

因为LED光源和光学系统做得很小,因此光学元件的相对位置就要求更加精确。以直接投射光学系统为例,图5-4显示了透镜和LED的相对位置对出射光束的光轴方向的影响。LED前照灯系统包含了大量的光源,对于宽光束分布的远光束系统,透镜和LED相对位置的影响不会成为问题。而近光束有非常尖锐的截止面,为了达到各个LED单元发光光轴方向的一致性,前照灯系统的各个组成部分之间的相对位置就要求非常精确。这种精确的尺寸要求远远高于通常汽车前照灯的精度,因此LED前照灯系统的制造工艺正期待着创新性的突破。

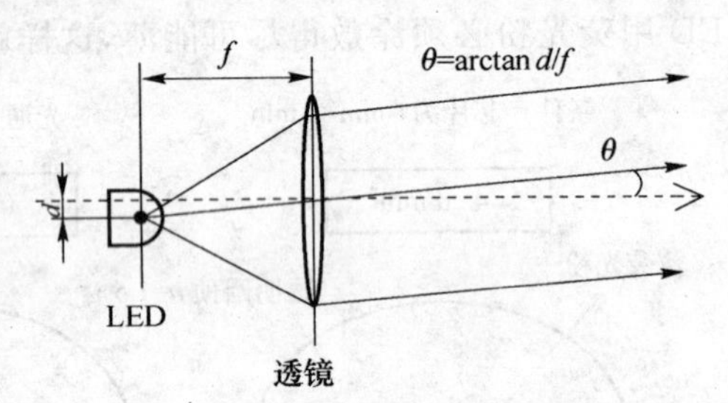

图5-4　直接投射光学系统中LED放置位置的影响示意图

3. LED的亮度和前照灯的尺寸

光源的发光强度在汽车前照灯系统中显得格外重要,因为近光灯要求达到2 000~30 000 cd的光强,而远光灯至少要求达到50 000 cd的光强。光源在一个给定方向的发光强度取决于光源的发光部分在该方向的亮度,换句话说,取决于光源中许多小发光体的亮度的总和。在此小发光体就是组成光源的众多LED。LED光源的亮度需要考虑光线在各个光学部件的反射和传输中的衰减。在一个典型的前照灯系统中,光在各个光学元件包括外透镜在内总的衰减是25%~40%。根据物理学的观点来看,光学元件不可能放大光源的亮度,因而对光源亮度的要求就决定了前照灯表面面积的下限,如

图5-5所示。这里的表面面积是指从前方看过来的发光面积。而设计一个实际的前照灯,为了形成漫射光线及考虑系统其他元件的性能,这个面积的数值要变成原来的2～3倍。如前文所述,目前使用LED最大亮度是4 cd/mm²,这显然是不够的。考虑到汽车前照灯的实际尺寸,对于近光灯,LED的亮度至少要提高到目前的2倍,而远光灯的亮度就要求提高到3倍。

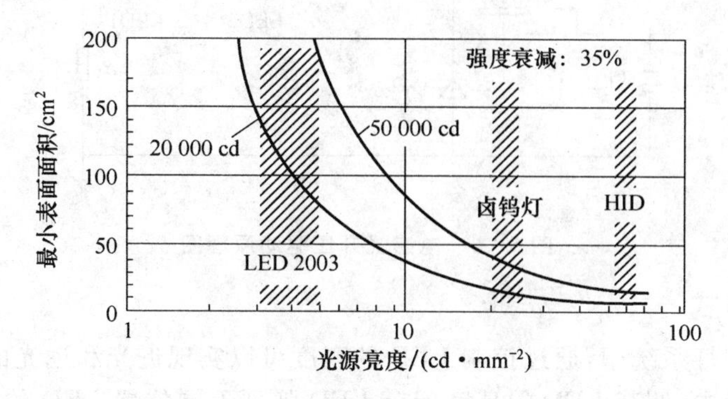

图5-5 光源的亮度与汽车前照灯的最小表面面积的关系

5.2.4 汽车前照灯驱动类型选择

汽车电气是由酸铅蓄电池供电的,典型值为12 V,但实际电压在12 V左右不断变化。如何利用电压值低且不断变化的汽车电源设计一种电流精度高、亮度可调、低功耗的驱动电路是制造LED汽车前照灯的关键技术。在输入电压为汽车电源电压,负载采用8只700 mA大功率白光LED的条件下,设计一种基于LTC3783芯片PWM控制LED亮度的恒流LED汽车前照灯驱动电路。该电路输出电流稳定、精度高、电路转换效率高。

1. 驱动方式

LED驱动方式可分为恒压源驱动和恒流源驱动。恒压源驱动的负载一般采用LED多支路并联,每个支路都要串联一个有一定阻值的镇流电阻,要求高电流输出时,电路的转化效率较低。由于LED是电流型器件,即使电压发生微小的变化也可引起电流的大幅度变动,恒压源驱动将影响LED的发光质量和稳定性。恒流源驱动能控制输出电流稳定,LED发光质量好,一般采用串联连接,只有一个小阻值的检测电阻,效率相对较高,适用于汽车前照灯LED驱动。恒流源串联驱动时,一般每个LED并联一个稳压管,防止某个LED烧坏导致整个电路开路。

2. 拓扑结构

LED驱动电路可分为线性稳压器电路和开关型变换器电路。线性稳压驱动电路虽然比较简单,但是在芯片和限流电阻上的功耗比较大,效率非常低。开关型变换器驱动又分为电荷泵驱动和电感式驱动。电荷泵驱动器是利用电容将电流从输入端传到输出端,整个方案不需要电感,具有体积小,设计简单的优点,但它只能提供有限的输出电压范围,不适用于多个大功率LED串联。所以设计中采用了电感式升压驱动。

在图5-6电路中，当MOSFET管M_1导通时，电感电流增加，开始储能，LED开始发光，续流二极管由于承受反向电压而关闭。当MOSFET管M_1关断时，电感电流减小，开始释放能量，通过肖特基二极管续流。

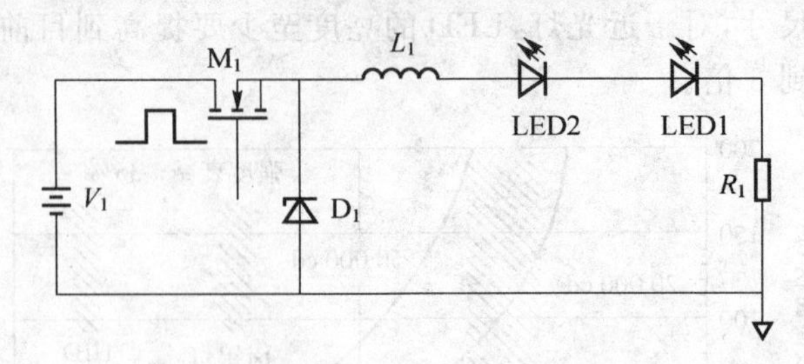

图5-6 电感式升压驱动原理图

3. 调光方式

在汽车前照灯系统中，通过控制LED的亮度可以实现近光和远光的转换。而在自适应前照灯系统中，调节LED的亮度配合LED阵列不同位置LED的亮灭，可实现照射光束不同的照明距离和偏转角度，适应不同的路况信息。当输入电压值有波动时，LED的电流也随着波动，通过电流反馈，可以进行调光控制，保证流过LED的电流不变。另外，LED亮度调节还可以应用在热调节电路上，代替传统的体积较大的散热片装置。能够准确、高效地实现LED调光也是驱动电路考虑的重要因素之一。

通常情况下，可采用外部SET电阻、线性调节和PWM调节等技术来控制LED的亮度。在LED驱动器外部使用SET电阻的方式缺乏灵活性，无法进行动态调节。线性调节可动态控制LED的亮度，但会降低LED的效率，并引起白光LED向黄色光谱的色彩偏移。相比较而言，PWM调节技术的优势十分明显，当PWM脉冲为有效高电平或低电平时，LED输入电流分别为最大或0，其导通时间受控于PWM引脚输入脉冲的占空比。由于LED始终工作于相同的电流条件下，通过施加一个PWM信号来控制LED亮度的做法，可以在不改变颜色的情况下实现对LED亮度的动态调节。

为保证PWM调光不被人眼察觉，PWM调光频率一般要大于100 Hz，但过高的频率会增加MOSFET的动态损耗。该设计中取PWM调光频率为120 Hz。

4. 设计规格

LED恒流驱动电路的设计规格如表5-1所列。

表5-1 LED恒流驱动电路的设计规格

属　性	参　数
输入电压	DC 10～14 V
输出电流	700 mA
LED负载	120灯，8只串联
PWM调光频率	120 Hz
PWM调光占空比	1%～100%

5.2.5 汽车前照灯驱动主电路设计

凌特公司新型的LTC3783是一款电流模式多拓扑结构转换器，具有恒流PWM调光功能，可驱动大功率LED串和群集。专有技术可提供极其快速、真实PWM的负载切换，而没有瞬态欠压或过压问题，可以数字化地实现3 000:1的宽调光比率(在100 Hz条件下)，利用TrueColor PWM调光保证白色和RGBLED颜色的一致。LTC3783可使用模拟控制实现额外的100:1调光比率。LTC3783的引脚图如图5-7所示。

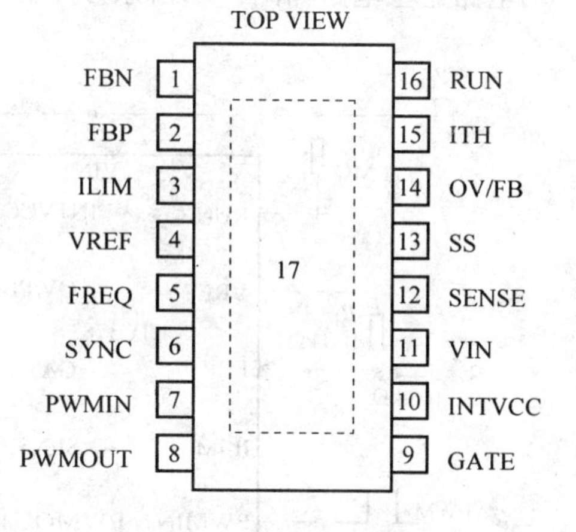

图5-7 LTC3783引脚图

这是一个重要的标准，因为人的眼睛对环境光细小的变化非常敏感。这个通用的控制器可以用做升压、降压、降压一升压、SEPIC或反激转换器，以及作为恒流/恒压调节器。无电感器(NoRSENSE)的运行可使用一个MOSFET导通电阻，以省去电流感测电阻和提高效率。LTC3783的应用包括高压LED阵列和LED背光照明，以及电信、汽车、工业控制系统中的稳压器。

1. LTC3783的性能和优势

大电流：提供大电流(1.5 A)，LTC3783可驱动一个外置N沟道MOSFET，为高亮度和超高亮度LED提供电源。

高电压：依据外置电源组件的不同选择，LTC3783的3～36 V输入运行和输出电压可以扩展，可轻松驱动LED串(串联系列)或LED群集(串联+并联)。

保护：该IC集成了必要的精确电流和输出电压调节，以保护高亮度LED。其他保护包括过压、过流和软启动等。

调光：通过PWM 3 000:1数字调光，可在宽调光比率下保持LED的恒定颜色。另外，LTC3783还具有其他模拟100:1的调光功能。

调光功能在高亮度LED应用中有3个用途：

① 调节LED的亮度；

② 当LED太热时，通过调光来保护LED；

③ 通过独立调节红色、绿色、蓝色LED的亮度，创造多种颜色的拓扑结构。

LTC3783具有特殊的电路，使之成为众多拓扑结构中驱动LED的理想选择。LTC3783的一个主要优势在于其简单的单电感器型降压一升压拓扑。此外，LTC3783的数字PWM输入可以用数据方式调节LED的亮度。该集成电路还具有一个PWM控制器，可驱动第二个MOSFET进行亮度调节。

2. 电路组成

前照灯驱动主电路主要是由 LTC3783，MOSFET 管 M_1、M_2，电感 L_1，续流二极管 D_9，检测电阻 R_9，输出电容 C_4 及大功率 LED 串组成的升压型电感式电流控制模式驱动电路。主电路如图5－8所示。

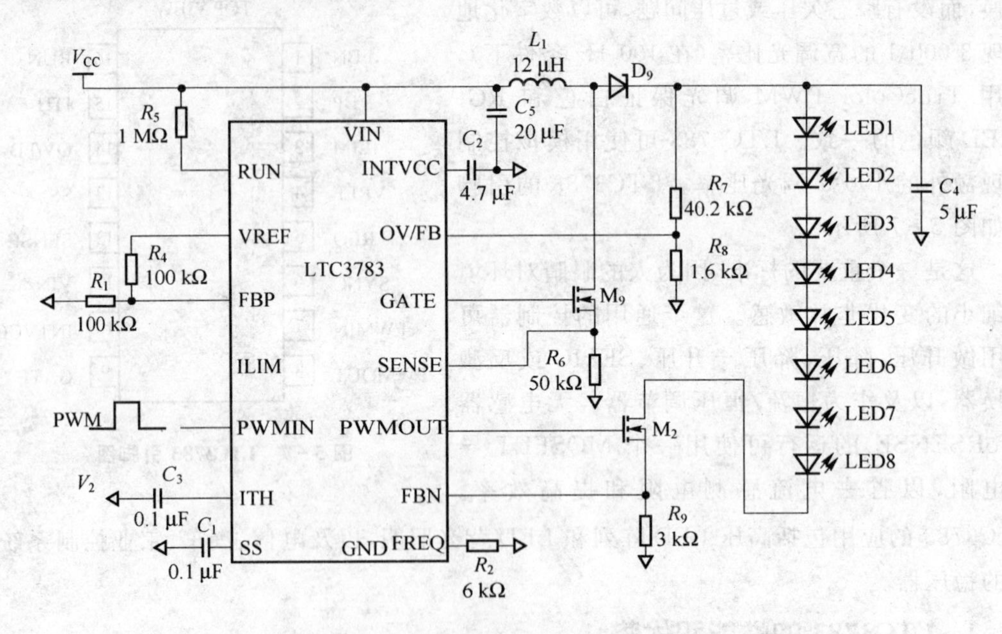

图5－8　基于LTC3783的LED汽车前照灯驱动主电路图

通过改变芯片 FREQ 引脚外接电阻的大小来决定芯片的高频控制信号频率 f，GATE 引脚输出一个峰值为 7 V 的脉冲信号，它是 PWMIN 引脚接收的 PWM 控制脉冲和芯片 LTC3783 高频控制输出脉冲的"与"。GATE 引脚驱动 MOSFET 管 M_1，控制功率 MOSFET 管 M_1 的通断，引起流过电感 L_1 电流的变化，产生一个压降，它与输入电压的和作为输出电压。PWMOUT 引脚输出一个与 PWMIN 引脚相同的 PWM 控制脉冲信号，驱动 MOSFET 管 M_2，PWM 脉冲的占空比决定 LED 串电流的占空比，进而控制 LED 串的亮度。FBN 引脚接收检测电阻 R_9 反馈的电压信号，当输出电流因输入电压发生变化时，调整电路占空比，保持输出电流恒定。

3. 主要参数的计算

(1) 开关频率 f 的选取

PWM 控制脉冲信号与芯片高频开关控制信号如图 5－9 所示，可以看出两者有如下关系：

$$f > \frac{N f_{PWM}}{D_{PWM}}$$

采用 PWM 控制 LED 亮度时，一般为了避免人眼觉察，控制脉冲的频率选择 $f_{PWM}=120$ Hz。每个控制脉冲高电平至少要包含 2 个芯片高频开关脉冲，即 $N>2$。为

了达到数字化实现 D_{PWM} 为1:3 000的调光比，选择芯片频率 f 为1 MHz。而芯片开关频率是由连接在芯片FREQ上的电阻 R_2 决定的。f 与 R_2 的关系如图5-10所示，该设计中选择 $R_2=6\ k\Omega$。

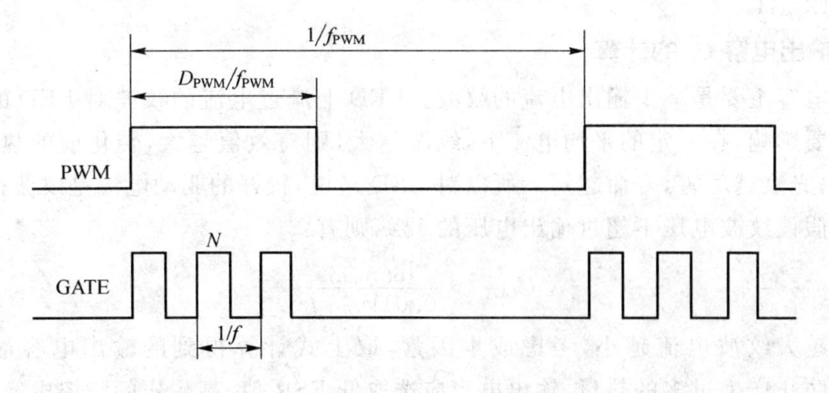

图5-9 PWM脉冲与芯片高频开关脉冲关系图

(2) 计算电路占空比 D

电路最大占空比计算公式为

$$D_{max}=\frac{V_{OUT}+V_D-V_{IN(min)}}{V_{OUT}+V_D}$$

式中：V_{OUT} 为输出电压；$V_{IN(min)}$ 为最小输入电压；V_D 为二极管 D_4 的正向压降，V。

最小输入电压为10 V，输出电压为28.6 V，二极管正向压降为0.4 V，由上式计算得到最大占空比为59%。LTC3783允许的最大占空比可以达到90%。

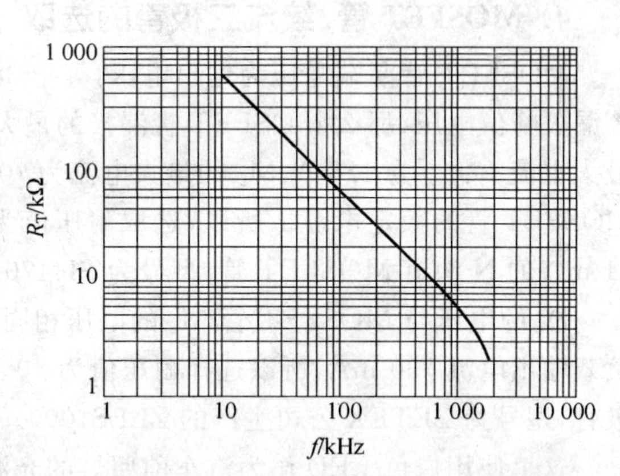

图5-10 芯片开关频率与FREQ外接电阻关系图

(3) 计算最大输入电流

计算最大输入电流的目的是计算其他元件的额定值。输入电流计算公式为

$$I_{IN(max)}=\left(1+\frac{x}{2}\right)\frac{I_{OUT}}{1-D_{max}}$$

式中：$\frac{x}{2}$ 表示纹波电流与平均电流的比值。这里取 $x=I_{OUT}\times20\%=700\ mA$；$D_{max}$ 为59%。计算得出最大输入电流为1.8 A。

(4) 输入电感 L_1 的计算

经过电感 L_1 的纹波电流为

$$\Delta I_L=x\frac{I_{OUT}}{1-D_{max}}$$

计算得出 $\Delta I_L=0.5$ A，所以电感 L_1 的值为

$$L=\frac{V_{IN(min)}}{\Delta I_L f}D_{max}$$

算得 $L=12\ \mu$H。

(5) 输出电容 C_4 的计算

输出电容主要是减少输出电流的纹波。LED 上流过电流的纹波对 LED 的光效和光衰有重要影响，在一定的平均电流下，纹波越大，则有效值越大，转化成的热量越多，光效越低，光衰越厉害，寿命越短。所以对 LED 来说，较好的驱动电流是纹波很小的直流电流。假设纹波电压不超过输出电压的 1%，则有：

$$C_{OUT}>\frac{I_{OUT(max)}}{0.01V_{OUT}f}$$

电容越大纹波电流越小，考虑成本因素，取上式计算得到的输出电容最小值为 5 μF。为防止产生过多的热量，输出电容应选取低 ESR 值、高耐压的陶瓷电容。

4. MOSFET 管、续流二极管的选取

MOSFET 管漏端电压为输出电压，等于 28.6 V，假设用高于额定电压的 30% 来计算漏极峰值电压，那么 MOSFET 管漏极的最大电压为 38 V。流过 MOSFET 管 M_1 的最大电流 $I_{IN(max)}$ 为 1.8 A，M_2 的最大电流为 700 mA 左右，一般选取实际电流的 3 倍为 MOSFET 管的额定电流。所以，选取耐压值为 60 V，最大正向电流为 7.5 A，内阻为 11 mΩ 的 N 沟道 MOSFET 管，型号为 SI4470EY。

D_9 的电压与 MOSFET 管 M_1 的电压相同，最大电压为 38 V，流过 D_9 的电流等于负载输出电流 700 mA，所以选择耐压值为 40 V，最大正向电流为 1.16 A 的肖特基二极管，型号为 ZETEX 公司生产的 ZLLS1000。

这里使用白色 LED 作为汽车前照灯的光源，这样它们的优越性就可以得到充分展示。这种新系统比通常使用的卤素灯要明亮，与 HID 前照灯的亮度差不多。但是，考虑到 LED 光源特有的优越性，比如质量轻、安装深度小、耗能低、寿命更长、没有环境污染等，它们的确更适合作为下一代汽车前照灯系统的光源。此外，白色 LED 的使用还可以使整个车的设计变得更加灵活。

5.3　基于 UC1843 的高效率车载大功率 LED 驱动器设计

在当前和未来的汽车中，LED 照明应用将以前所未有的速度增长，这些应用包括从前灯到内部照明。LED 的使用寿命及驱动器转换效率将成为驱动器设计中主要考虑的因素。针对车载大功率 LED 驱动器进行设计，选择高效率的 BOOST 电路作为主电路，设计以 UC1843 为核心的控制电路。电路中没有对主功率场效应管的电流进行检测，提高了电路的转换效率和可靠性。设计中利用采样电阻获得输出电流信号，形成电流闭环，稳定输出电流。该设计方案合理，整个驱动器的效率可达 93%。

5.3.1 车载LED驱动器

目前，对车载LED驱动器有下面的要求：体积要求小型化，大功率LED电源设计的小型化发展是一个必然的趋势，这将有利于生产出能够替代现有照明灯的LED灯；驱动器需要恒流驱动，LED在过电流时，会引起LED光学特性衰减，导致LED的寿命缩短，甚至损坏；高效率，车载LED驱动器的效率要大于85%。

由于车载LED驱动器中的输入电压不高（汽车电池的额定电压为12 V），开关管和二极管的导通损耗使得驱动器的效率下降，从而使设计高效率的车载大功率LED用驱动器成为当前紧迫的任务。

5.3.2 UC184X系列芯片简介

英国Unitrode公司电流控制型IC芯片UC184X（UC1842/3/4/5）系列，为单端输出式脉宽调制器。这类芯片只有8个引脚，外电路接线简单，所用元器件少，并且性能优越，成本低廉，驱动电平非常适合于驱动MOS场效应管。该系列中，UC1842/3的最大占空比可达100%，UC1844/5的最大占空比为50%；UC1842/4的启动/关闭电压阈值分别为16 V/10 V，UC1843/5的启动/关闭电压阈值分别为8.5 V/7.9 V。本设计中反激变换器输入电压变化范围为18～32 V，故选用UC1843芯片作为控制电路的核心芯片。

1. UC184X系列PWM控制器内部方框图

UC184X系列芯片的内部方框图如图5-11所示。8脚为内部供外用的基准电压，带载能力为50 mA；7脚为芯片工作电压，变化范围为8～34 V，具有过压保护和欠压锁定功能；4脚接R_T、C_T，确定锯齿波频率；5脚接地；2脚电压反馈；3脚电流检测；1脚误差放大器补偿端，通过内部E/A误差放大器构成电压、电流闭环；6脚为推挽输出端，可提供大电流图腾柱式输出，输出电流达1 A。

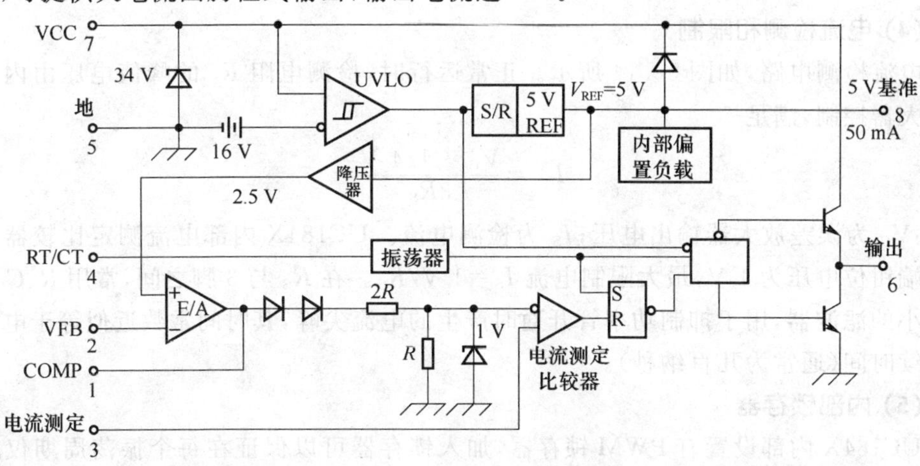

图5-11 UC184X系列芯片的内部方框图

2. 功能介绍

(1) 过压保护和欠压锁定

当工作电压V_{CC}大于34 V时，稳压管稳压，使内部电路在小于34 V下可靠工作；而当欠压时，有锁定功能。在输入电压U_i小于开启电压阈值时，整个电路耗电1 mA，降压电阻功耗很小。一般设置自馈电的感应绕组，当开关电源正常工作后，转由自馈电供给UC184X，电流将升至15 mA，在此之前可设置储能电容，推动建立电压。

(2) 振荡频率的设置

如图5-12所示，UC184X芯片8脚与4脚之间接R_T，4脚与5脚之间接C_T，8脚5 V基准电压经R_T给定时电容C_T充电，UC184X的振荡器工作频率f为

$$f = \frac{1.72}{R_T \times C_T}$$

(3) 误差放大器的补偿

UC184X的误差放大器同相输入端接在内部+2.5 V基准电压上，反相输入端接收外部控制信号，其输出端可外接RC网络，然后接到反相输入端，在使用过程中，可改变R、C的取值来改变放大器的闭环增益和频率响应。图5-13所示的误差放大器补偿网络可以稳定这种电流控制型PWM。

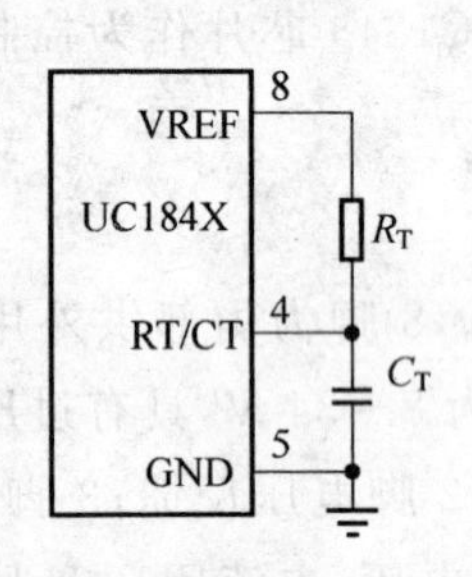

图5-12 振荡频率的设置

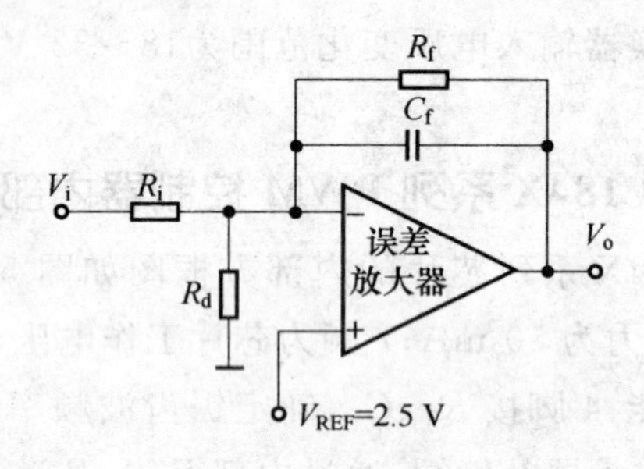

图5-13 误差放大器的补偿网络

(4) 电流检测和限制

电流检测电路，如图5-14所示。正常运行时，检测电阻R_S的峰值电压由内部误差放大器控制，满足

$$I_S = \frac{V_C - 1.4\ \text{V}}{3R_S}$$

式中：V_C为误差放大器输出电压；I_S为检测电流。UC184X内部电流测定比较器反向输入端钳位电压为1 V，最大限制电流I_S=1 V/R_S。在R_S与3脚之间，常用R、C组成一个小的滤波器，用于抑制功率管开通时产生的电流尖峰，其时间常数近似等于电流尖峰持续时间(通常为几百纳秒)。

(5) 内部锁存器

UC184X内部设置有PWM锁存器，加入锁存器可以保证在每个振荡周期仅输出一个控制脉冲，防止噪声干扰和功率管的超功耗。

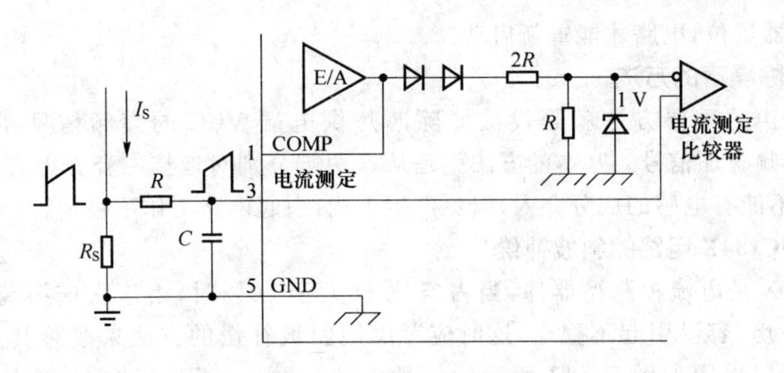

图 5－14　电流检测和限制

(6) 图腾柱式输出

UC184X 的输出级为图腾柱式输出电路，输出晶体管的平均电流为±200 mA，最大峰值电流可达±1 A，由于电路有峰值电流自我限制的功能，所以不必串入电流限制电阻。

(7) UC184X 驱动电路

UC184X 的输出能提供足够的漏电流和灌电流，非常适合驱动 N 沟道 MOS 功率晶体管，图 5－15(a)所示为直接驱动 N 沟道 MOS 功率管的电路，此时 UC184X 与 MOSFET 之间不必进行隔离。若需隔离可采用图 5－15(b)所示的隔离式 MOSFET 驱动电路。图 5－15(c)所示是直接驱动双极型功率三极管的电路形式，C_1、R_2 是加速电路，其作用是加速功率三极管的关闭，由电阻 R_1、R_2 确定输出偏置电流。

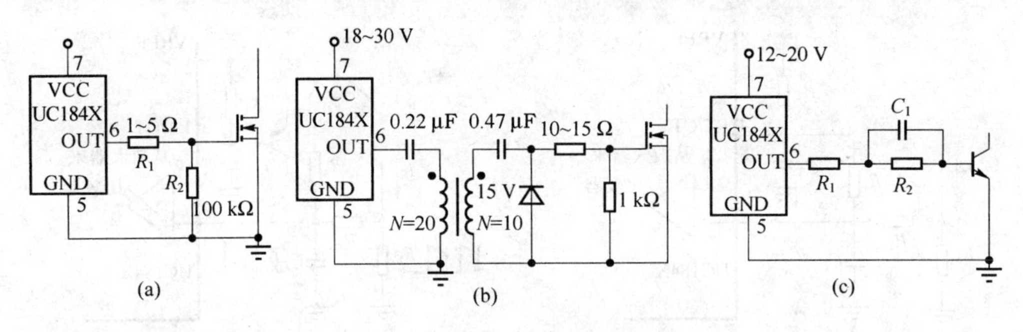

图 5－15　UC184X 驱动电路

(8) 关闭技术

UC184X 提供了两种关闭技术，如图5－16 所示。第一种是将 3 脚电压升高超过 1 V，引起过流保护开关关闭电路输出；第二种是将 1 脚电压降到 1 V 以下，使 PWM 比较器输出高电平，PWM 锁存器复位，关闭输出，直到下一个时钟脉冲的到来，将

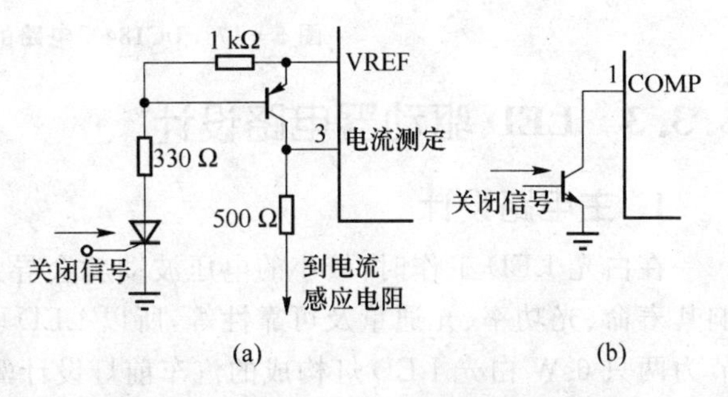

图 5－16　UC184X 提供了两种关闭技术

PWM 锁存器置位，电路才能重新启动。

(9) 免除噪声的方法

免除噪声的重要方法就是设法滤除芯片供电端 VCC 的高频信号和参考电源 VREF 的高频叠加信号。基本的方法就是从这两端分别对地接一瓷介电容，在布线中特别注意，不能有电感的成分介入，以免产生干扰，引起电路工作不稳定。

(10) UC184X 电路的斜坡补偿

UC184X 是电流控制型器件，当占空比 D 大于 50%时，由于次谐振荡及电感电流上升率平坦，容易引起不稳定，这时应考虑用斜坡补偿的方法来改善其工作特性。斜坡补偿可以采用如图 5－17 所示的三种电路。图(a)相当于在 V_e 处加上斜坡补偿，图 5－17(b)、(c)相当于在采样电压 V_S 处加上斜坡补偿。

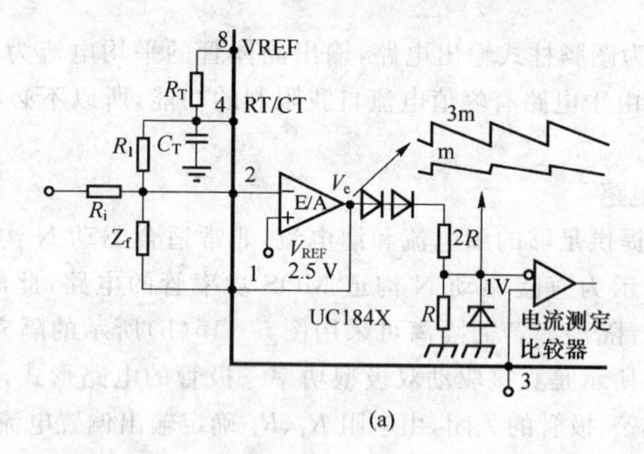

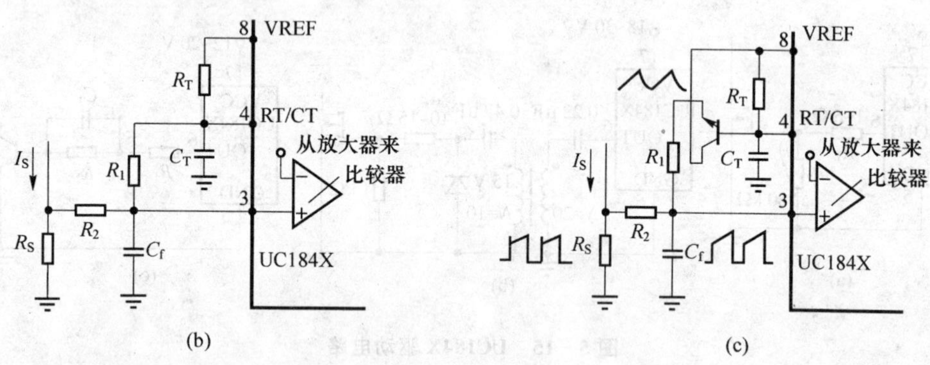

图 5－17 UC184X 电路的斜坡补偿

5.3.3 LED 驱动器电路设计

1. 主电路设计

在白光 LED 工作时，较小的电压波动就会导致工作电流的急剧变化，这将直接影响其寿命、光功率、光通量及可靠性等，所以 LED 驱动器应当采用恒流控制方式。本小节为两只 6 W 白光 LED 灯构成的汽车前灯设计驱动器。两只 LED 采用串联形式，单只 LED 灯的额定电流为 500 mA，LED 两端的额定电压为 12 V。由于 LED 制作时的分散性和温度等因素，在额定电流情况下其电压为11.5～13 V，两只串联后电压为23～26 V。将LED驱动器应用于额定电压为12 V的汽车供电系统。汽车电池的典型工作电压范围为9～16 V。一个电量耗光的电池在汽车启动前可能降低至9 V，而汽车发电机运行时可将其充电至14.4 V。伴随着一些尖峰和过冲汽车电池的最高电压可达16 V。

为了获得高的转换效率，主电路采用不隔离的升压型电路。电路形式如图5-18中所示的虚线框部分。

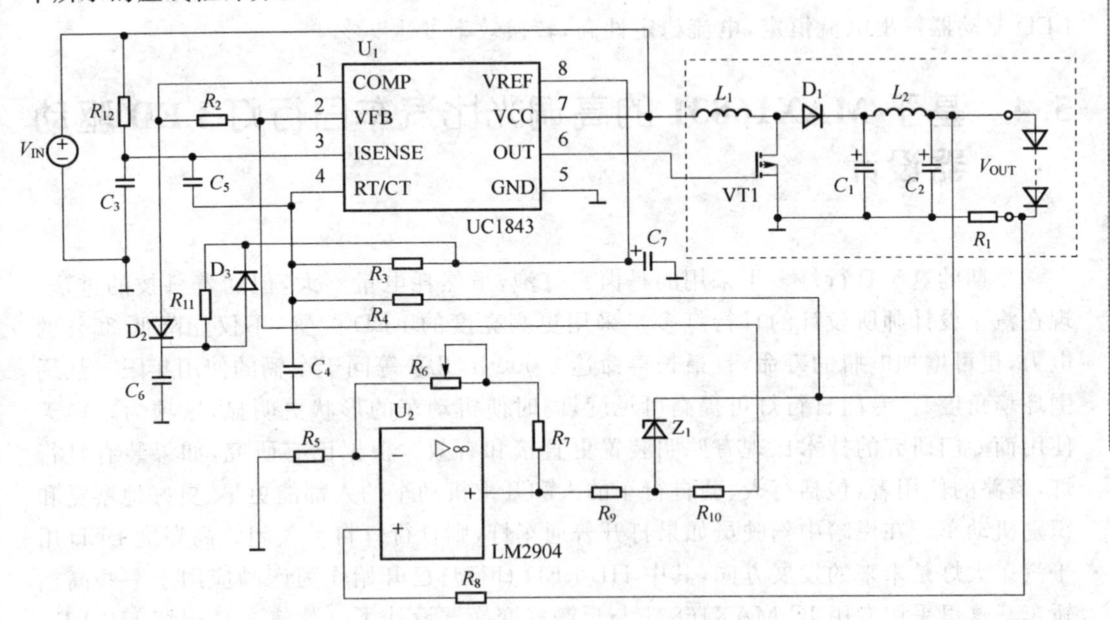

图5-18　基于UC184X的车载大功率LED驱动电路

主电路中，L_1、VT1、D_1和C_1构成了升压电路(BOOST电路)，这种电路输出电压高于输入电压。主电路中L_2和C_2是输出滤波电路，用于减小输出电压的纹波；R_1为采样电阻，用来采集输出电流并反馈到控制电路使输出电流恒定，R_1的阻值选取为0.22 Ω，在额定输出电流(500 mA)时，R_1上的压降为0.11 V，这个0.11 V的电压对LED驱动器的效率影响不大。

2. LED驱动器控制电路设计

控制电路如图5-18左半部分所示，它主要由UC1843和LM2904两个部分组成。

运算放大器LM2904可以稳定地工作在5～30 V供电条件下，并且具有低功耗的特点。LM2904与电阻R_5、R_6和R_7组成同相比例运算电路，电路的放大倍数为$1+(R_6+R_7)/R_5$。当额定输出为500 mA，电阻R_1上电压为0.11 V，UC1843的2脚所需要的反馈电压为2.5 V时，需要同相比例运算电路的放大倍数为22.7。根据放大倍数可确定电阻R_5、R_6和R_7的取值，选取R_5=10 kΩ，R_7=180 kΩ，R_6=50 kΩ的滑动变阻器。

为了使输出电压在未接负载时稳定在某一设计的数值，电路中加入了电阻 R_9、R_{10} 和稳压管 Z_1。当输出电压超过稳压管稳压值加 2.5 V 时，稳压管被击穿，由稳压管向 UC1843 提供稳定所需要的 2.5 V 的反馈电压。这样设计的好处是不会由于输出开路时没有电流反馈信号而使输出电压不断增加。这部分电路称为过压保护电路。

对车载大功率 LED 驱动器进行的设计，采用高效率的 BOOST 电路作为主电路。控制电路中没有对主功率场效应管的电流进行检测。针对恒流输出的要求设计了由 LM2904 组成的电流反馈电路，并设计了过压保护和软启动电路。试验结果表明，本 LED 驱动器输出电流恒定，电流稳定性高，转换效率可达 93%。

5.4　基于 MAX16831 的高调光比汽车日行灯 LED 驱动器设计

早期的这类日行灯多半采用的是卤素灯泡，虽然耗电量不大，但随着科技的进步，现在汽车设计师所设计的日行灯多半采用更高亮度的 LED 配置，不仅能降低 35% 的电力，更可增加电瓶的寿命，且最长寿命达 8 000 h，几乎等同于车辆的使用年限。从周围环境角度看，专门日行灯可提高可见度，同时使机动车的形状更明显，这项为在白天使用而专门研究的技术比现有照明装置更直接和有效。根据已有研究，如果装有日行灯，道路的使用者，包括行人、骑自行车的人和开乘机动车的人都能更早、更好地察觉和识别机动车。在黑暗中驾驶员如果打开普通车灯，则日行灯自动关闭。高亮度 LED 用于汽车大灯是未来的发展方向，其中 HB LED 日行灯已开始作为产品应用于一些高档轿车。这里采用专用 IC MAX16831 与反激式变换器设计了一款汽车日行灯 HB LED 驱动电路，实现了 HB LED 的恒流驱动和 PWM 调光，并能满足日行灯的有关驱动要求。

5.4.1　高调光比 LED 汽车日行灯的研究现状

高亮度 LED 是未来的一种主要照明光源，具有功耗低、光效高、响应快、寿命长、无污染等优点，因此获得了广泛的应用。其中，HB LED 前灯是目前国际汽车灯具领域的研究热点。HB LED 汽车日行灯自 2004 年首次应用于奥迪 AS 型汽车以来，已开始在西方国家普及。凌特、美信、国半等 IC 公司在 HB LED 驱动方面做了很多研究，有不少成果，但能应用于汽车日行灯领域的并不多。MAX16831、LTC3783、LM3423 等 IC 是少有的代表，调光比高，功耗较低，性能较强，可以满足汽车日行灯的驱动要求：输入输出电压范围大，输出电压高，恒流驱动，可 PWM 调光，可耐受汽车级温度等。这里选用功能较强的 HB LED 专用驱动 IC——MAX16831，基于其输入输出电压范围大、低 LED 电流源检测基准、可 PWM 调光和可耐受恶劣环境等优点，设计了基于该芯片的汽车日行灯 HB LED 的驱动电路，实现了 HB LED 的恒流驱动和 PWM 调光，调光比较高，能满足日行灯的所有要求，并对有关设计进行了探讨。

5.4.2 MAX16831简介

MAXIM(美信)公司推出的MAX16831高电压、大功率、恒定电流LED驱动器,内置模拟和PWM调光。该LED驱动器集成浮置的LED电流检测放大器以及调光MOSFET驱动器,可将元件数目降至最少,并满足采用高亮度(HB)LED的汽车和通用照明应用的高可靠性要求。MAX16831工作在5.4～76 V输入电压范围,可耐受恶劣的工作环境,因此可确保兼容于冷启动和抛负载(高达80 V)。该器件经过专门优化,可满足最新的汽车前灯设计的要求,理想地应用于远光灯和近光灯、自适应调节前灯系统、日间行车灯以及雾灯。

MAX16831采用32引脚薄型TQFN封装,引脚配置如图5-19所示。

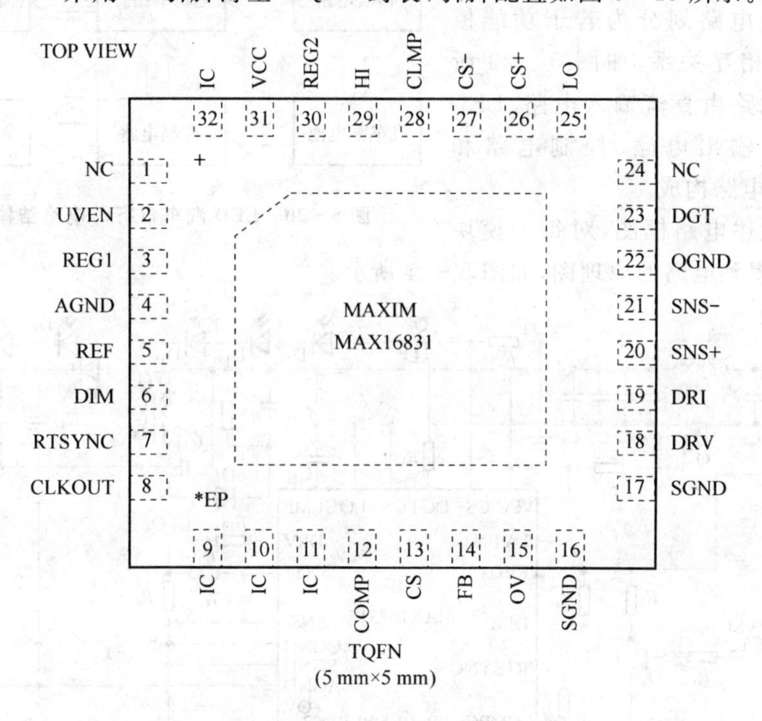

图5-19 MAX16831引脚图

MAX16831的主要特点如下:

- 输入电压范围为6～76 V(开/关电压为6 V/5.5 V),尤其适合在汽车中应用;
- 可配置为升压、降压和升压-降压三种类型的变换器拓扑,为单串大功率LED电流调节驱动外部两个N沟道MOSFET;
- 采用电流模式控制,并带脉冲前沿消隐,简化了控制环路设计,当占空比高于50%时,内部斜率补偿可以稳定电流环路;
- 集成了差分LED电流传感放大器,107 mV的LED电流感测可获得90%以上的高效率;
- 开关频率从125 kHz到600 kHz可通过单只电阻R编程,也可以与外部时钟保持同步比；

➢ 可实现 1 000∶1 的低频 PWM 调光或施加 1 个 DC 电压获得模拟调光；

➢ 提供过电压保护、LED 短路保护和门限为 165 ℃并带 20 ℃滞后的过温度保护。

5.4.3　驱动电路的设计原理

1. 设计要求

输入电压 6～19 V，标称值 12 V，输出电压 40～57 V，PWM 调光频率 100 Hz(其占空比可调 5%～100%)，输出 LED 电流恒定 160 mA。

2. 电路框图

将整个电路划分为若干功能模块，确定其相互关系，如图 5－20 所示。这个电路由直流输入电路、LED 驱动电路、输出电路、控制电路和 PWM 调光电路构成。

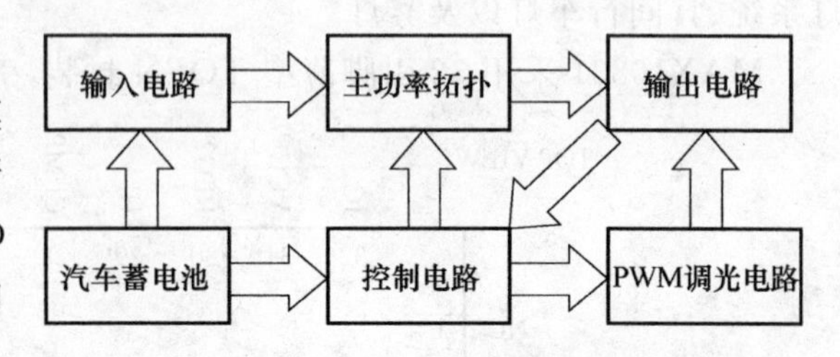

图 5－20　LED 汽车日行灯电路结构框图

根据上述电路框图，对每个模块进行设计，得到电路的原理图，如图 5－21 所示。

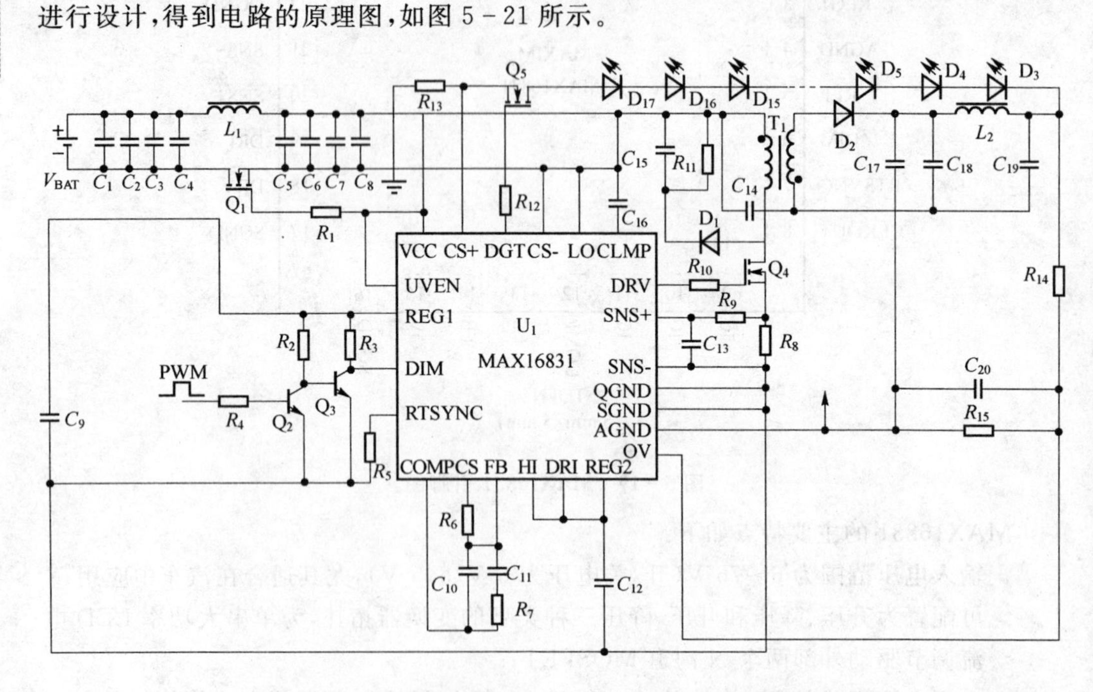

图 5－21　基于 MAX16831 LED 汽车日行灯电路原理图

3. 输入电路

对蓄电池输入端进行滤波，给芯片和功率电路供电，以及通过 MOS 管 Q_1 作电源防反接保护：当电源正接时，Q_1 导通，电路正常工作；当电源反接时，Q_1 截止，电路不工作,从而使电路得到保护。

4. 主功率拓扑

按设计要求,BOOST是最简单也是最理想的选择,但经实验发现,该款芯片的最大占空比只有0.6左右,即最大升压比过小。显然,在低输入电压条件下,单靠BOOST的占空比无法达到所要求的高输出电压,所以必须引进变压器,利用其匝数比分担一部分升压比,减小占空比的负担。于是,反激式变换器成了比较理想的选择,鉴于电路在低压直流电下工作,故可以采用非隔离的反激,既简化电路,又节约成本。反激工作于CCM模式,变压器绕制时需尽量减小漏感。

5. 输出电路

为减小输出铝电解滤波电容ESR的影响,并联一只ESR较小的CBB电容,同时为减小输出纹波,输出端再加一级LC滤波。LED负载串联,低端串联一电流检测电阻R_{13},以其电压作反馈实现恒流驱动。

6. PWM调光电路

调光MOS管Q_5串联在LED负载低端,通过控制门极驱动占空比线性调节LED平均电流,实现PWM调光。为符合芯片的要求,DIM前端电路的作用是将原始PWM方波的低电平信号变得足够低,高电平信号变得足够高,使逻辑匹配。

7. 控制电路

MAX16831芯片的控制方式为峰值电流模式,芯片内置斜坡补偿。此外,电路还有输入欠压、输出过压、输入过流和热关断等保护功能,保证电路安全可靠工作。

5.4.4 PWM调光控制原理和调光比研究

1. MAX16831的PWM调光控制原理

MAX16831内部集成了目前业界比较先进的PWM调光控制电路,可以较好地实现PWM调光。下面简述其控制原理。当调光管Q_5关断时,芯片要同时完成两个任务:第一,芯片内部的双向开关快速切断反馈回路,反馈环上的电容C_{10}和C_1保存电荷,记忆恒流控制状态,从而当Q_5再次导通时,LED电流无需调整,即可直接稳定工作。第二,芯片发出指令信号关断主开关管驱动电源,Q_4截止,主电路停止工作,电路不会因空载而导致输出过压,直至Q_5再次导通时主电路才重新开始工作。这样,输出方波电流的上升沿就很陡,调整时间较短,动态响应很快,可实现较高的调光比和较好的调光效果。

2. 调光比及其相关因素

对PWM调光而言,调光比是一个比较重要的指标,可由下式表示:

$$\text{调光比} = \frac{1}{\text{调光占空比}} = \frac{1}{t_{\mathrm{ON,PWM}} \cdot f_{\mathrm{PWM}}}$$

$$t_{\mathrm{ON,PWM}} = \frac{3}{f_{\mathrm{SW}}}$$

调光比的大小除与芯片内部架构有关外，还与其他因素有关，下面作相关分析：

① PWM调光频率越低调光比越大（最低频率一般不低于100 Hz，否则肉眼会看到灯光闪烁）。

② 主电路工作频率越高调光比越大，但是会增加开关损耗，降低效率，因此一般为主电路工作频率。

③ 一般情况下，输出电容值越大，变压器电感值越小，肖特基二极管的反向漏电流越小，调光比会越大。

设计实现了基于专用IC MAX16831与反激式变换器的汽车日行灯HB LED驱动电路，在输入输出电压范围很宽的情况下，输出电流稳态精度高，动态响应快，PWM调光线性度和恒流特性均较好，调光比高，且电路简单，体积小，质量轻。

5.5 基于MAX16823的汽车LED尾灯驱动器设计

组合尾灯在整辆车的后部，它主要起照明和信号作用，后车灯一般由后位灯、倒车灯、制动灯、后雾灯、后转向灯和回复反射器组成。随着汽车造型日趋流线型，汽车尾灯对于汽车整体造型的完美体现起着很大作用。但对于灯具而言，光源的选择在一定程度上限制着灯具整体设计的自由度。这里介绍的LED应用于汽车尾灯有着很大的优势和广阔前景。

5.5.1 LED作为汽车尾灯光源的优势

作为汽车尾灯的光源，首先要考虑其光效。光效体现于该光源每消耗1 W电能所产生的光通量。随着半导体材料技术不断发展，LED的光效得到不断提高。其次，就服务寿命这方面，LED更显其优势。一个LED尾灯的价格明显高于白炽灯，但是LED的使用寿命达100 000 h，而汽车用白炽灯的寿命只有几百小时，由此还涉及维护保养的费用，而LED通常在汽车寿命期间无须更换。因此就总体而言，使用LED系统的成本并不很高。如果说LED至今仍未被广泛用于汽车尾灯的主要原因之一是其价格昂贵，那么长寿命的特性将能很好地弥补这一缺点。

LED的另一特性是单色性好，其辐射光谱为窄带，因此无需滤光片，几乎所有光通量都得到了利用；而白炽灯辐射为连续光谱，要利用滤光片才能得到所需颜色，这一过程损失了很多的光通量。有研究表明，综合LED的单色性好和服务寿命长等优势，使用LED的实际经济性并不很差。

LED的优势还体现在其激励响应时间短。这点有利于尾灯，特别是提高刹车灯安全性能。这也是目前LED广泛应用于高位刹车灯的原因之一。LED的响应时间为几纳秒，而白炽灯约为200 ms，使用LED后可使后面的道路使用者更快作出反应，提高了车辆行驶的安全性。

5.5.2　汽车LED尾灯发展方向

近年来，汽车外形由于设计上的需要、空气动力学的要求及美观的需求，低侧而流线形的外形越来越受欢迎。因此，尾灯的形状也朝着异型化和一体化发展。同时，由于尾灯占用了汽车后车厢的体积，因此希望装入深度尽量浅。于是就开发出一套组合式尾灯，将转向灯、刹车灯、后位灯和倒车灯等多种功能信号灯组合在一个灯具中。

对于组合式尾灯，LED更具优势。首先，它体积小、功耗小、颜色单一（无须用滤光片），为组合灯的外观设计提供了很大的自由度。其次，LED发光时产生的热量，相对于白炽灯而言很小，因此对于灯具材料的耐热性要求不是很高。第三，由于LED发出的光束集中，更易于控制，且不需要用反射器聚光，有利于减小灯具的深度。例如，利用平面镜光学系统，可以只用1～2只LED照亮很大的表面，而灯具深度又很浅；而利用光导技术，LED直接装于光导管旁，可大大减少光源及其他组件占用的体积，制成超薄的灯具。

由于组合尾灯的形状变化多样，LED组成的阵列不局限于矩阵形式，并且为了与车身曲线相融合，灯具即使很浅也须有弧度。

5.5.3　汽车LED尾灯设计

1. MAX16823简介

MAX16823是3通道、高亮度LED(HB LED)驱动器，工作于5.5～40 V输入电压范围，每个通道可为一列或多列高亮度LED提供高达70 mA电流。各通道的电流都可通过与LED串联的外部检流电阻调整。器件具有3个亮度调节(DIM)输入，可在宽范围内实现独立的PWM调光以及输出通/断控制。波形整形电路在提供快速导通和关断时间的同时降低了EMI。

MAX16823非常适合要求高电压输入的汽车应用，并能承受高达45 V的抛负载电压。内置调整元件使外部元件数目降到最低，并提供±5%的LED输出电流精度。该器件还提供用于LED开路检测的高电平有效开漏LEDGOOD输出，具备4 mA输出电流能力的+3.4 V(±5%)稳压输出，以及短路保护和热保护等特性。

MAX16823提供热增强型16引脚5 mm×5 mm TQFN-EP和16引脚TSSOP-EP封装，如图5-22所示。工作于-40～+125 ℃汽车级温度范围。

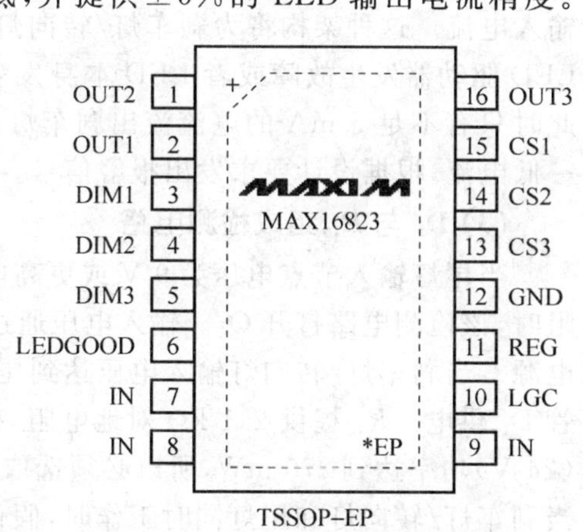

图5-22　MAX16823引脚图

MAX16823的特点如下：

- 5.5～40 V工作电压范围；
- 可调的恒定输出电流(5～70 mA，采用外部BJT时可高达2 A)；

- ±5%输出电流精度；
- LED 开路检测；
- 3个独立的高压 DIM 输入；
- 内置3通道具有极低压差(0.7 V 最大值)的调整元件；
- 欠压锁定；
- 输出短路保护；
- 内置4 mA 电流能力的3.4 V 稳压器；
- 较低的203 mV 精密电流检测基准；
- 过热关断；
- −40～+125 ℃工作温度范围。

2. 汽车 LED 尾灯驱动器原理图设计

设计使用线性驱动器 MAX16823 和外部 BJT，采用三串三并，能够为每串 LED 提供200 mA驱动电流，改善了散热能力。设计包括 PWM 调光电路，用于调节尾灯亮度和满亮度刹车灯。设计中考虑了双电池和抛负载情况。图5-23所示为汽车 LED 尾灯驱动器原理图。

3. 设计分析

LED 尾灯驱动器电路由4部分电路组成：输入保护电路与输入选择器、10%占空比发生器、抛负载和双电池检测、LED 驱动电路。

(1) 输入保护电路

输入保护主要由金属氧化物变阻器 MOV1 和 MOV2 提供。设计中，采用了 Littelfuse公司的 V18MLA1210H(EPCOS 公司也提供高质量的 MOV 器件)。根据具体应用环境选取不同的保护参数。

(2) 输入选择器电路

输入电压建立后，除非刹车灯/转向灯输入端作用有效电源，否则，输入选择器将电源切换到尾灯节点。一旦电源为刹车灯/转向灯输入供电，输入选择器将自动屏蔽尾灯输入电流。这种架构将为刹车灯/转向灯输入提供600 mA 电流，指示 RCL 功能。当 LED 驱动器发生故障或者 LED 本身发生故障时，MAX16823 将彻底关断所有 LED，此时只有不足5 mA 的电流流出刹车灯/转向灯。灯的输出级电路能够成功检测到这一低电流，根据设计要求发出报警信号。

(3) D_5 与 R_{16} 组成检测电路

当尾灯输入节点电压为9 V 或更高电压，并且刹车灯/转向灯输入节点接地或为高阻时，该检测电路打开 Q_4。输入电压通过二极管 D_3 加载到 V_{IN}，提供 LED 驱动器的主电源。当刹车灯/转向灯输入电压达到尾灯电压的2 V 以内时，Q_4 断开，V_{IN} 通过二极管 D_4 供电。R_{17} 提供2.1 kΩ 对地电阻，确保此节点的最大阻抗。R_{17} 在双电池条件下(24 V)功率达到270 mW，所以必须选取0.5 W 功率的电阻。这个电路的主要限制是：当刹车灯/转向灯和尾灯同时工作时，假设刹车灯/转向灯输入电压与尾灯输入电压的差值在2 V 以内。

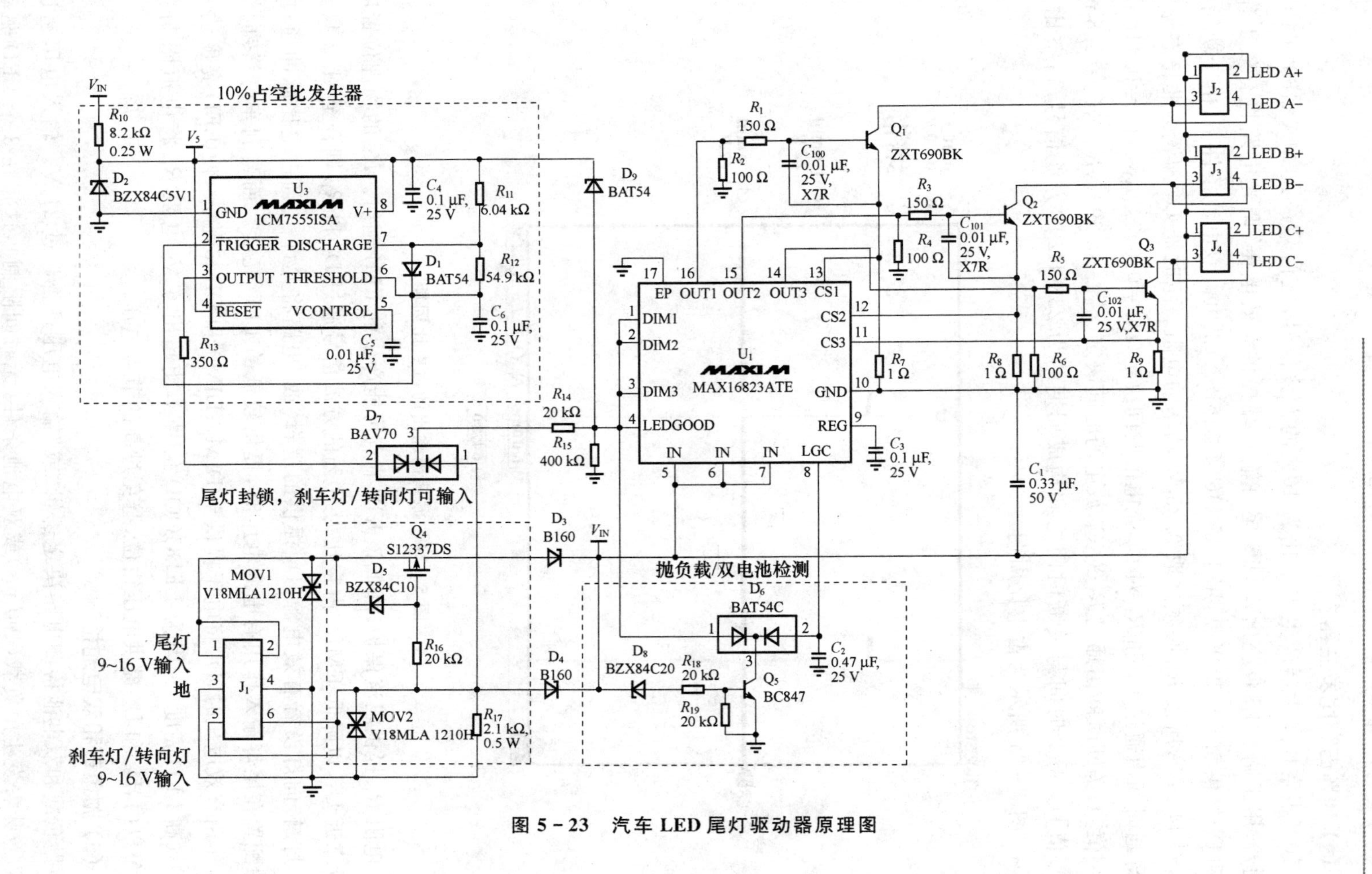

图 5－23　汽车 LED 尾灯驱动器原理图

(4) 10%占空比发生器

10%占空比发生器产生占空比为10%的方波信号，该信号送入MAX16823 LED驱动器，用于调节LED亮度。只要尾灯输入端提供有效电压，调光电路将有效工作。R_{10}和D_2提供5.1 V稳压源，用于U_3(ICM7555ISA)供电。双电池条件下，由于功耗可能达到44 mW，所以R_{10}必须选取0.25 W功率的电阻。定时器U_3配置为非稳态振荡器，导通时间由通过D_1和R_{11}对C_6充电的时间决定($t_{ON}=0.693\times R_{11}\times C_6=0.418$ ms[典型值])；关断时间由通过R_{12}对C_6放电的时间决定($t_{OFF}=0.693\times R_{12}\times C_6=3.8$ ms[典型值])。导通时间与关断时间之和构成周期约为237 Hz的方波信号，占空比为9.9%，图5-24所示为占空比周期。

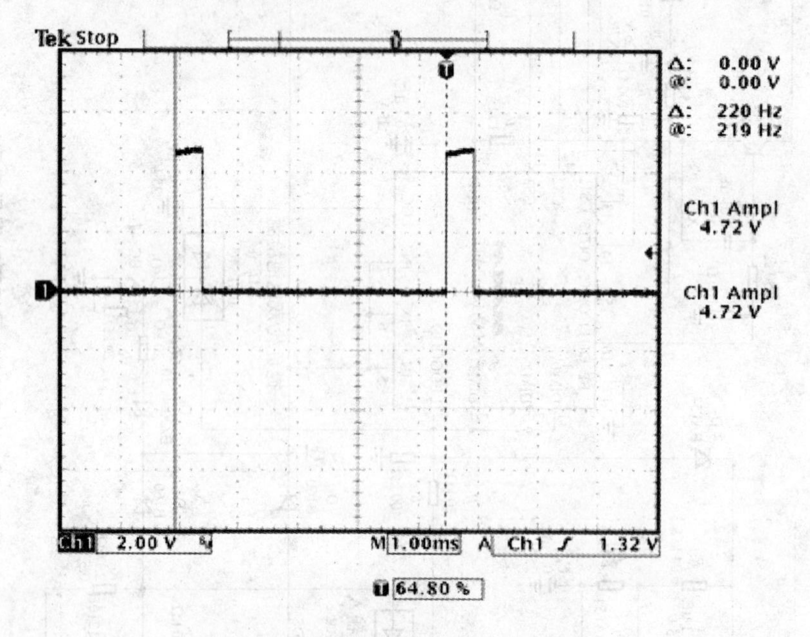

图5-24 振荡器输出的占空比周期

电阻R_{13}提供限流保护，降低该开关节点可能产生的EMI辐射。R_{13}的物理位置应尽量靠近U_3，以降低EMI。占空比为10%的方波信号通过D_7和R_{14}耦合至U_1。只要刹车灯/转向灯没有有效电源，D_7提供的逻辑“或”电路将允许10%占空比脉冲通过。这种配置在尾灯输入作用有电源电压时，提供较低的LED亮度。而当刹车灯/转向灯输入作用有效电压时，D_7将电压提供至DIM1、DIM2和DIM3输入，使LED亮度达到100%(高LED亮度)。因为LEDGOOD信号不能超出6 V，电阻R_{14}将电流限制在2 mA以内，D_9和D_2提供电压钳位，避免过高的节点电压。

(5) 抛负载和双电池检测

抛负载和双电池检测电路决定逻辑“或”输入电压是否超过21 V。输入电压超过21 V意味着发生抛负载(400 ms)或双电池条件(无时间限制)，这将在3个LED驱动晶体管上产生过大的功耗。因此，检测电路将DIMx输入拉低，关闭输出驱动器。另

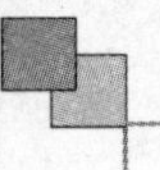

外，检测电路还将 LGC 电容(C_2)拉低，以避免可能发生的错误检测。由于 DIMx 和 LGC 引脚电压被控制在 10 V 以内，Q_5 和 D_6 的额定电压并不严格。检测电压是 D_8 击穿电压与 R_{18} 对地电压的总和，约为22 V。当电阻为 20 kΩ 时，R_9 将在 Q_5 导通之前产生 20 μA 的旁路漏电流。

(6) LED 驱动器

LED 驱动器的核心 IC 是 MAX16823ATE，IN 引脚输入电压最高为 45 V。IC 从 OUTx 引脚提供电流驱动 LED。使用检流电阻对电流进行检测，MAX16823 调节 OUTx 引脚的输出电流，根据需要将 CS 引脚的电压保持在 203 mV。因为 IC 本身的每个输出通道只能提供 70 mA 输出，我们在每串 LED 上增加了外部驱动，为每串 LED 提供 200 mA 的驱动电流，并有助于解决散热问题。晶体管 Q_1、Q_2 和 Q_3 (ZXT690BKTC)提供所需的电流增益。这些晶体管提供 TO－262 封装，为管芯提供良好的散热。

Q_1、Q_2 和 Q_3 为 45 V、2 A 晶体管，当 IC/IB 增益为 200 倍时具有低于 200 mV 的饱和压降 $V_{CE(Sat)}$。因为最小输入电压(9 V)和 LED 串最大导通电压(3×2.65 V＝7.95 V)之间的压差只有 1.05 V，所以 $V_{CE(Sat)}$ 的额定值非常重要，必须留有足够的设计裕量，以满足 Q_4 和 D_3 的压降，以及 Q_1、Q_2 和 Q_3 的 $V_CE(Sat)$要求。

电阻分压网络 R_1/R_2、R_3/R_4 和 R_5/R_6 保证每个 OUTx 的输出电流不小于 5 mA，从而确保 IC 稳定工作。设计步骤中，分析晶体管基极电流的最小值和最大值。这些电流流经电阻 R_1、R_3 和 R_5。电阻压降、晶体管的 V_{BE} 以及检流电阻压降之和为 R_2、R_4 和 R_6 两端的电压。合理选择这些电阻，以保证流过电阻的电流与晶体管基极电流之和不小于 5 mA。另一方面，OUTx 的输出电流必须小于 70 mA(额定电流)。

(7) 散热考虑

本设计中调整管需要耗散的功率达到 6 W，为了降低晶体管的温升，将晶体管焊盘通过多个过孔连接到 PCB 的底层，并通过电绝缘(但导热)的粘胶垫将热量传递到铝散热器上。散热器耗散 6 W 功率时自身温度上升 31 ℃。虽然 Zetex 公司的晶体管没有给出结到管壳的热阻，但可以参考其他晶体管供应商提供的 TO－262 封装的热阻，约为 3.4 ℃/W。该热阻表示每个晶体管内部的温度会比管壳高出 5.4 ℃。总之，在最差工作条件下，结温比环境温度高出 35～40 ℃。本参考设计实际测量的温度大约高出 30 ℃。

(8) 瞬态响应

图 5－25 和图 5－26 给出了尾灯供电时晶体管的瞬态响应。测试时，振荡器输出 10％占空比的脉冲信号对 MAX16823 进行脉宽调制，驱动外部晶体管导通/关断。图 5－25 中下冲持续时间为 3 μs，图 5－26 中过冲持续时间为 100 μs，均不会引起任何问题。

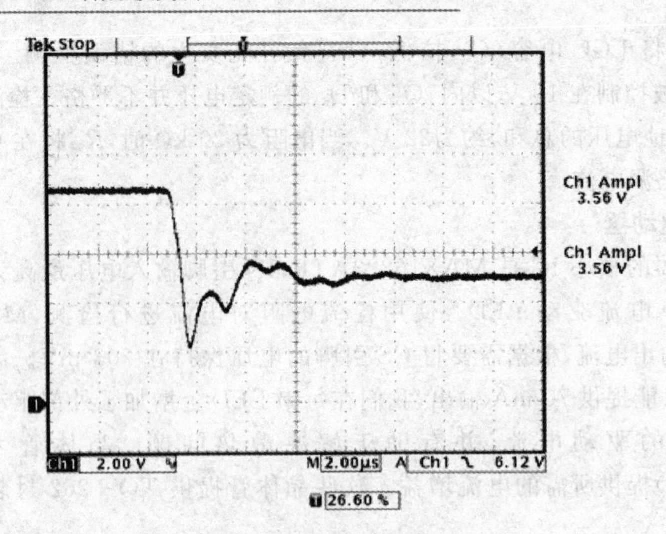

图 5-25 晶体管导通时，Q_1 集电极的波形(V_{IN}=12.5 V)

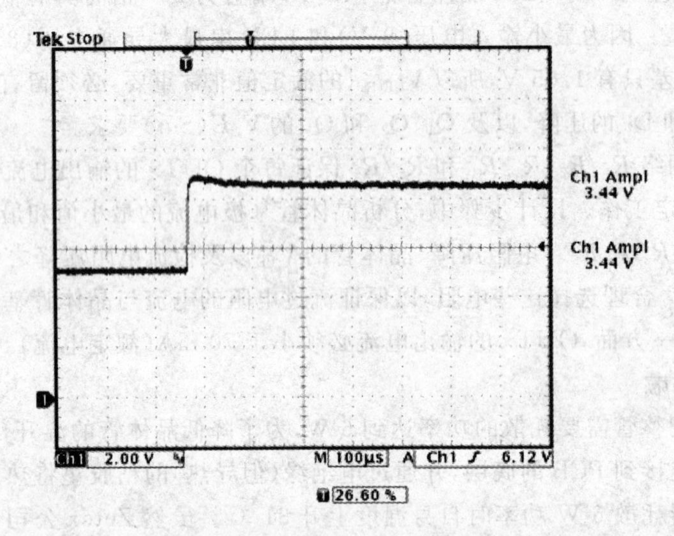

图 5-26 晶体管断开时，Q_1 集电极的波形(V_{IN}=12.5 V)

5.6 基于 MAX16832 的 LED 汽车前照灯驱动电路设计

汽车前照灯是汽车夜间行驶照亮车前道路的重要灯具。本节介绍基于 MAX16832 芯片的一种汽车 LED 前照灯恒流源驱动电路。该电路符合汽车工作环境，满足大功率 LED 照明的电压电流工作要求。

5.6.1 LED 汽车前照灯驱动电路的研究背景

最近几年来，由于半导体光源性能的不断提高，使很多新的发明用于汽车照明的新方案变得切实可行。红色或琥珀色发光二极管用于汽车尾部信号灯已风靡一时，白色发光二极管在光通量方面的迅速提高使其能够满足前照灯系统的高要求，例如，雾灯、远光灯，最终是近光灯。

发光二极管应用于前照灯有如下优点。首先是发光二极管的寿命决定前照灯的寿命。机动车的平均寿命大约是5 000 h，而发光二极管的平均寿命大大高于这个数字。在这种情况下，可能不再需要更换前照灯，在寿命和相关的替换品及保险开销上大大节省。其次是前照灯的外观。用一只或多只发光二极管，把它们组合起来使之达到理想状态。基于上述优点，LED汽车前照灯有着广阔的应用前景，同时LED前照灯的光学设计、散热设计等关键部分也在快速发展中，所以对LED驱动电路的研究十分必要。

5.6.2 LED驱动电路设计要求

LED的亮度会随工作电流的增大而增大，为保证流过每只LED的电流相同（使每只LED的亮度均匀），就必须将LED串联使用，而串联使用使得LED点阵所需的电源电压要高。一般小型产品电源（如手机）电压比较低，高电压电源的需求使得LED的应用受到了限制。即便是车用电源，尽管其电压保持在12 V左右，同样不能满足驱动要求。合理地设计升压电路来驱动LED，是LED能够得到广泛应用的关键。LED亮度控制及整个电路的保护电路设计，也是驱动电路设计中必须解决的问题。表5-2所列为汽车中LED驱动电路的技术参数要求。

表5-2 电路参数要求

输入电压 V_{in}	典型值12 V，范围8～20 V
输出电流 I_{out}	700 mA/1 000 mA
输出电压 V_{out}	0～40 V
电路效率	85%以上
工作温度	－40～125 ℃
保护功能	开路保护、短路保护、反接保护、过流保护

从目前LED的发光效率来看，要想达到LED汽车前照灯的照明要求，需要10只左右的大功率LED，而每只LED的压降在3.5～4 V之间，所以需要把车载电源的12 V电压最高升压至40 V，才能保证光学设计。

5.6.3 LED的驱动器结构

LED是一种电流驱动器件，其恒流源驱动电路就是一个电压/电流变换器。这个变换器在负载大小以及外界温度变化等情况下都能够为LED提供恒定的电流。在升压变换器中，通常利用功率MOSFET的开关动作来控制输入电压，对电感及其串联的LED负载的电压进行调节。当MOSFET导通时，电感存储能量；当MOSFET关断时，电感的储能为LED提供电流。当MOSFET关断时，接在LED和电感两端的二极管提供了电流返回的路径。升压LED驱动电路的框图如图5-27所示。

图5-27 汽车前照灯升压LED驱动电路的框图

5.6.4　LED汽车前照灯驱动电路设计

LED照明系统需要借助于恒流供电，目前主流恒流驱动设计方案是利用线性或开关型DC/DC稳压器结合特定的反馈电路为LED提供恒流供电，根据DC/DC稳压器外围电路设计的差异，又可以分为电感型LED驱动器和开关电容型LED驱动器。电感型升压驱动器方案的优点是驱动电流较高，LED的端电压较低、功耗较低、效率保持不变，特别适用于驱动多只LED的应用。在大功率LED驱动器设计中，主要采用开关电容型LED驱动方案，其优点是LED两端的电压较高、流过的电流较大，从而获得较高的功效及光学效率。先进的开关电容技术还能够提高效率，因而在大功率LED驱动中应用广泛，所以当驱动功率较大时，选用开关电容型。本设计由于驱动10只左右的LED，所以选择电感型LED驱动器。

目前，世界上知名的半导体设计企业几乎都有针对LED的恒流驱动芯片，而且芯片功能很全，应用范围相当广，节约了设计人员的时间和精力，缩短了产品的开发时间，大大减少了所需的外部元件数。在驱动芯片和外部元器件的选择上，由于是汽车工业级标准，所以参数要求比较严格，需要－40～125 ℃的工作温度范围。

1. MAX16832简介

MAXIM公司的MAX16832芯片符合上述要求，作为一种高电压、大功率、恒定电流LED驱动器，MAX16832内置模拟和PWM调光。该LED驱动器集成浮置的LED电流检测放大器以及调光MOSFET驱动器，可大幅减少元件数目，并满足采用高亮度(HB)LED的汽车和通用照明应用的高可靠性要求。

MAX16832A/MAX16832C工作在－40～+125 ℃汽车级温度范围，采用增强散热型8引脚SO封装，如图5－28所示。MAX16832A/MAX16832C引脚功能如表5－3所列。

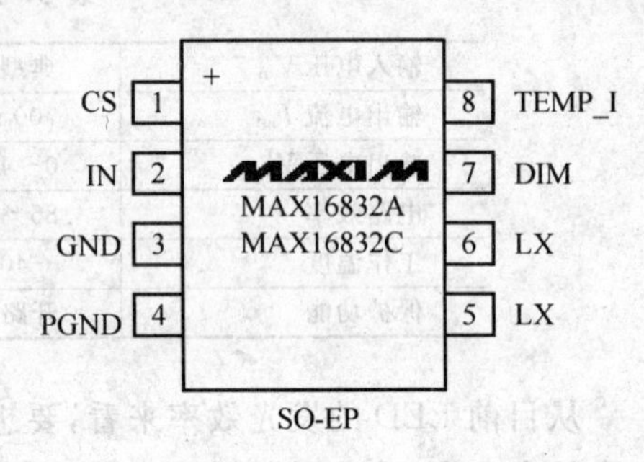

图5－28　MAX16832引脚图

表5－3　MAX16832A/MAX16832C引脚功能

引脚号	引脚名	功　能
1	CS	电流检测输入。在IN与CS之间连接一个电阻设置LED电流
2	IN	正电源电压输入。通过一个1 μF或更大电容旁路至GND
3	GND	地
4	PGND	功率地
5,6	LX	开关节点
7	DIM	逻辑电平亮度调节输入。拉低DIM，关闭电流调节器；拉高DIM，使能电流调节器
8	TEMP_I	折返式热管理和线性亮度调节输入。如果使用折返式热管理或模拟亮度调节，则用一个0.01 μF的电容
—	EP	电容旁路至GND

MAX16832A/MAX16832C工作在+6.5～+65 V输入电压范围，最高工作温度达到+125 ℃时，输出电流最高可达700 mA；输出电流可由高边电流检测电阻调节，独特的脉宽调制(PWM)输入可支持较宽的脉冲调节LED亮度范围。这些器件非常适合宽输入电压范围的应用。高边电流检测和内部电流设置减少了外部元件的数量，并可提供精度为±3%的平均输出电流。在负载瞬变和PWM亮度调节过程中，滞回控制算法保证了优异的输入电源抑制和快速响应特性。MAX16832A允许10%的电流纹波，而MAX16832C允许30%的电流纹波。这两款器件的开关频率高达2 MHz，从而允许使用小尺寸元件。MAX16832A/MAX16832C提供模拟亮度调节功能，输出电流，通过在TEMP_I和GND之间加载低于内部2 V门限电压的直流电压实现这种调节。TEMP_I还可向连接在TEMP_I与GND之间的负温度系数(NTC)热敏电阻输出25 μA电流，提供折返式热管理功能，当LED串的温度超出指定温度时能够降低LED电流。此外，器件还具有热关断保护功能。MAX16832的内部结构图如图5-29所示。

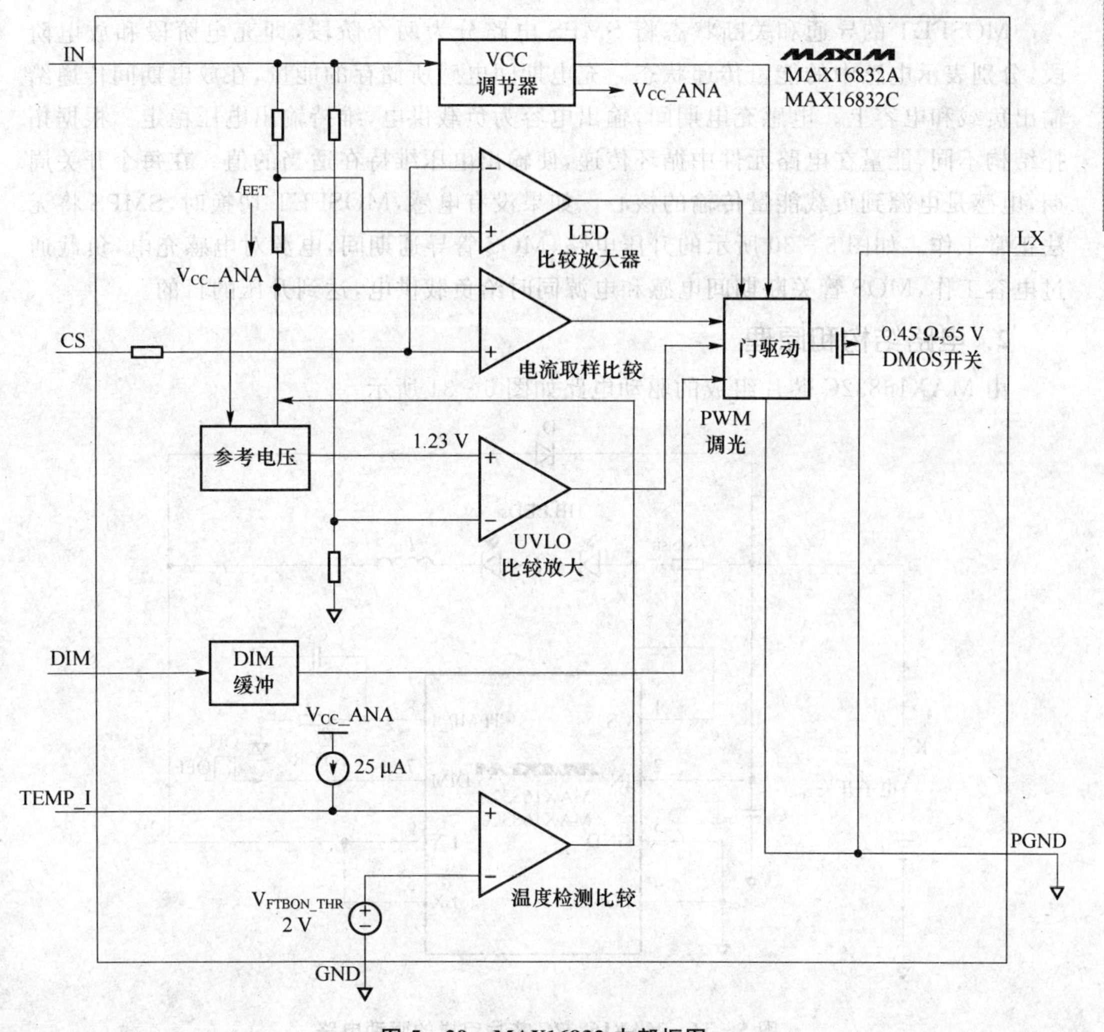

图5-29　MAX16832内部框图

从上述分析可知，MAX16832 完全符合汽车前照灯设计要求。该芯片选择不同的外部电路可以工作在升压、降压和降压-升压等多种模式，下面介绍升压模式。开关电源工作在升压模式的工作原理图如图 5-30 所示。

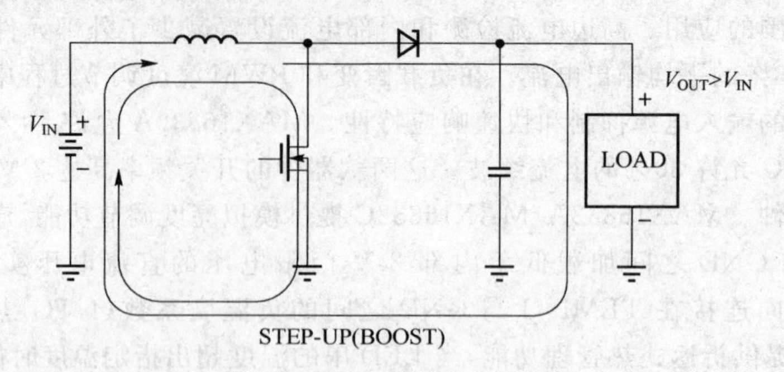

图 5-30　MAX16832 升压电路

MOSFET 的导通和关断状态将 SMPS 电路分为两个阶段，即充电阶段和放电阶段，分别表示电感中的能量传递状态。充电期间电感所储存的能量，在放电期间传递给输出负载和电容上。电感充电期间，输出电容为负载供电，维持输出电压稳定。根据拓扑结构不同，能量在电路元件中循环传递，使输出电压维持在适当的值。在每个开关周期，电感是电源到负载能量传输的核心。如果没有电感，MOSFET 切换时，SMPS 将无法正常工作。如图 5-30 所示的升压电路，MOS 管导通期间，电源对电感充电，负载通过电容工作，MOS 管关断期间电感和电源同时给负载供电，达到升压的目的。

2. 电路结构和原理

由 MAX16832C 芯片组成的驱动电路如图 5-31 所示。

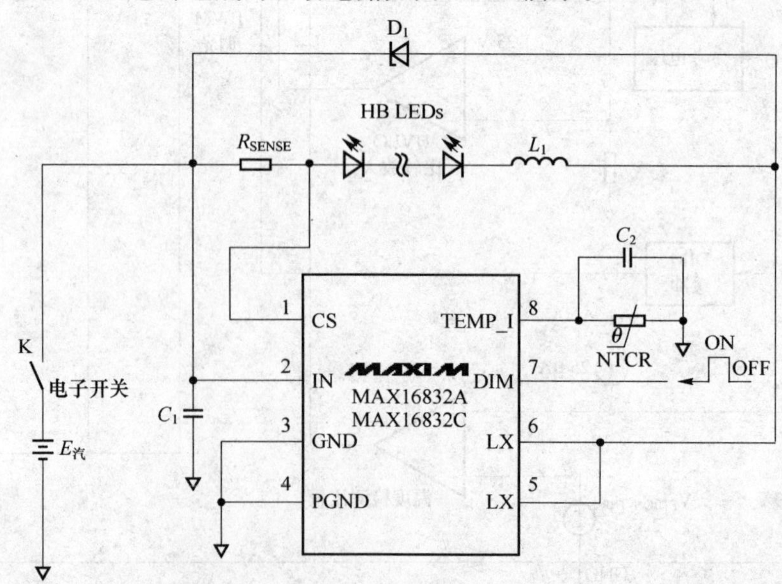

图 5-31　MAX16832C 芯片组成的驱动电路

工作原理：当加一个直流输入电压后，芯片CS引脚和IN引脚之间会有一个200 mV的电压，它们之间的R_{SENSE}就能确定输出电流值大小，芯片的LX引脚是芯片内部一个大功率NMOS的漏极，只有当NMOS管的栅极上电压为高电平时，NMOS导通，电路形成的一个回路$V_{IN}\rightarrow R_{SENSE}\rightarrow$LED$\rightarrow L_1$。这个回路是电源直接给LED供电，并且此过程给电感L_1蓄能。当NMOS管的栅极电压为低电平时，此时形成的回路为$L_1\rightarrow D_1\rightarrow R_{SENSE}\rightarrow$LED。DIM引脚可以通过外接一个方波用以调节LED亮度；TEMP_I引脚外接一个热敏电阻，即可实现外部电路的过热关断功能；芯片自身带有低压锁存、过压保护的功能，当输入电压低于65 V或高于65 V，芯片停止工作；过流保护功能由芯片CS引脚与IN引脚之间的电压差值反馈实现，当流过R_{SENSE}的电流偏大，CS引脚与IN引脚之间的电压增大，由芯片内部反馈电路反馈到NMOS的驱动电路，调节NMOS的导通时间，使流过R_{SENSE}上的电流回到正常状态。

C_1和C_2为输入滤波电容，用于滤出与前一级电路之间连线的干扰信号，确保芯片稳定工作，陶瓷式电容是最好的选择，因为其具有高纹波电流额定值、寿命长、良好的温度性能等优点。R_{SENSE}为电流采样电阻，通过选择不同的值可以调节输出电流的大小，电阻的要求是功率误差越小越好。L_1为电感，储能元件，用于平滑输出电流。D_1为肖特基二极管，在电路中起续流作用。DIM引脚可接PWM调光脉冲，若要实现模拟调光，可接电位器，同时要在DIM与电压输入引脚IN之间接电阻。

3. 各外部元件的设置取值

(1) 欠压锁存(UVLO)

MAX16832A/MAX16832C包含带有500 mV滞回的UVLO。开启电压为5.5 V，停止电压为6.0 V。

(2) DIM输入

通过在DIM引脚输入PWM信号实现LED亮度调节。低于0.6 V逻辑电平的DIM输入将MAX16832A/MAX16832C的输出强制拉低，从而关闭LED电流。若需打开LED电流，则DIM上的逻辑电平必须高于2.8 V。

(3) 热关断

MAX16832A/MAX16832C的热关断功能在结温超过＋165 ℃时关断LX驱动器，当结温降至关断温度门限以下10 ℃时，LX驱动器重新打开。

(4) 模拟亮度控制

MAX16832A/MAX16832C提供了模拟亮度调节功能，当TEMP_I的电压低于内部2 V门限电压时，降低输出电流。MAX16832A/MAX16832C通过TEMP_I与地之间连接的外部直流电压源，或25 μA内部电流源在TEMP_I与地之间连接的电阻上的检测电压实现调光。当TEMP_I上的电压低于内部2 V门限电压时，MAX16832A/MAX16832C将降低LED电流。模拟调光电流的设置公式如下：

$$I_{TF}=I_{LED}\times\left[1-FB_{SLOPE}\left(\frac{1}{V}\right)\times(V_{TFB\_ON}-V_{AD})\right]$$

式中：$V_{TFB\_ON}=2$ V；$FB_{SLOPE}=0.75$；V_{AD}为TEMP_I上的电压。

(5) 折返式热管理和LED电流设置

MAX16832A/MAX16832C具有折返式热管理模式，可在串联LED灯的温度超过规定的温度门限时降低输出电流。当NTC热敏电阻（热敏电阻与LED之间须提供好的导热通路，电器连接置于TEMP_I与地之间）的压降低于内部2 V门限时，这些器件进入折返式热管理模式。

LED电流由IN与CS之间连接的检流电阻设置。采用下式计算电阻值：

$$R_{SENSE}=\frac{1}{2}\frac{V_{SNSHI}+V_{SNSLO}}{I_{LED}}$$

式中：V_{SNSHI}为检测电压门限的上限；V_{SNSLO}为检测电压门限的下限。这里$V_{SNSHI}=0.23$ V，$V_{SNSLO}=0.17$ V。经过计算$R_{SENSE}=0.571\ \Omega$，此时$I_{LED}=350$ mA。

(6) 电流调节器工作频率设定

MAX16832A/MAX16832C利用一个具有滞回的比较器调节LED电流。当通过电感的电流上升，并且检测电阻两端的电压达到上限时，内部MOSFET关断；当通过续流二极管的电感电流下降，直到检测电阻上的电压等于下限时，内部MOSFET再次打开。采用下式确定工作频率：

$$f_{SW}=\frac{(V_{IN}-nV_{LED})\times nV_{LED}\times R_{SENSE}}{V_{IN}\times\Delta V\times L}$$

式中：n为LED的数量；V_{LED}为1只LED的导通压降；$\Delta V=(V_{SNSHI}-V_{SNSLO})$。这里把$n$设为10，用于驱动10只LED。

(7) 电感选择

MAX16832A/MAX16832C的开关频率可达2 MHz。对于空间受限的应用，采用高开关频率有利于降低电感尺寸。采用下式计算电感值，选择最接近的标准值：

$$L=\frac{(V_{IN}-nV_{LED})\times nV_{LED}\times R_{SENSE}}{V_{IN}\times\Delta V\times f_{SW}}$$

在前面的参数确定的情况下，f_{SW}决定了L的取值，但是这里的f_{SW}为一个动态值，根据其动态范围即最高开关频率为2 MHz，设定L为101 μH，最后是输入电压V_{IN}的选取，由于上面已经确定了所有参数，接下来V_{IN}只要大于26.4 V即可。当然，最高电压不能超过60 V的额定最高电压。

至此，电路的主要参数基本设置完成，在设计PCB板时需要注意主要耗能器件的散热，如MAX16832芯片、功率MOS管等，要使其周围的散热环境良好，同时，对外围器件的选择也很重要，应尽量选用汽车工业级器件并保留一定的参数余量。

利用MAX16832设计出的LED车灯驱动电路，经测试表明满足大功率LED的电气性能要求。与其他LED驱动电路相比，该电路具有电控制精度高，性能参数稳定，能适应汽车恶劣工作环境等优点。

5.7 基于LT34XX系列的汽车内部和外部LED照明驱动设计

汽车制造商越来越多地利用最新固态LED照明技术提高2007—2008车型的美感和性能，将这些更轻、更小和更可靠的器件用于内部和外部照明。与用做内部照明的白炽灯、用做前灯和刹车灯的HID灯以及卤素灯相比，大功率LED的优势越来越多，例如，可降低长期成本并具有更长的寿命等。

一般来说，用汽车电池直接驱动单个LED或LED串，需要用DC/DC转换器来准确调节一个恒定的LED电流，进而获得一致的光强和颜色的完整性。这个转换器还必须保护这些LED免受汽车电池总线变化的影响。该DC/DC转换器应该针对LED串的数量和类型以及每个应用的功能而优化，这些应用包括前灯、尾灯、信号指示灯、内部阅读灯、仪表板背光照明或LCD和GPS监视器显示照明等。

5.7.1 汽车内外部LED照明电路的拓扑选择

每种汽车LED应用采用哪种DC/DC转换器集成电路及拓扑由以下因素决定：

① 拓扑。LED电压与电池电压范围之间的关系决定采用降压、升压还是降压-升压型拓扑，所采用的拓扑必须能在整个电池电压范围内控制LED电流，使其保持恒定。

② 调光。大比例LED调光必须在所有亮度等级上保持颜色特性不变，并避免眼睛可看出的波动或振荡。

③ 效率。在驱动高亮度LED时，DC/DC转换器的高效率工作和低功耗是关键要求，因为功率损耗在不工作期间会导致电池电量的消耗，而在工作期间，功率损耗会转化成热量，给散热压力很大的汽车环境造成更大压力。

5.7.2 汽车顶灯和阅读灯设计

1. 电路设计

汽车内白光顶灯和阅读灯可以使用单只3 W LED，产生75～100 lm的亮度。这种LED一般正向电压范围为3～4.5 V，最大电流为1～1.5 A。最简单的LED驱动器设计是在整个汽车电池电压范围内采用单个降压型稳压器驱动LED。图5-32所示是一个具有调光功能的单只LED内部照明电路，比如汽车顶灯和阅读灯。

汽车电池的典型工作电压范围为9～16 V。一个电量耗光的电池在汽车启动前可能降低至9 V，而交流发电机在发动机运行的同时将其充电至14.4 V。伴随着一些尖峰和过冲，这种典型的直流电池电压最高可达16 V。在通常情况下，当发动机不工作时，充好电的汽车电池电压为12 V。在冷车发动时，汽车电池电压可能降至5 V甚至

4 V。关键的电子产品必须能在这么低的电压下保持工作,但是内部照明不必如此。

在汽车电池中,高瞬态电压也非常常见。从电池到底盘上不同地方的长电缆和汽车环境中的电子噪声总是会导致大的电压尖峰。在为汽车设计选择开关稳压器时,典型的36 V瞬态电压必须考虑。在大多数情况下,用简单的瞬态电压抑制器或RC滤波器就可以滤掉更高的电压尖峰。

图5-32中的LT3474转换器集成电路,是一种高压、大电流降压型LED转换器,具有宽PWM调光范围,能以高达1 A的电流驱动一个或更多LED。它所具有的几个特点,使其非常适合在汽车环境中驱动LED。LT3474引脚和外形结构见图5-33。

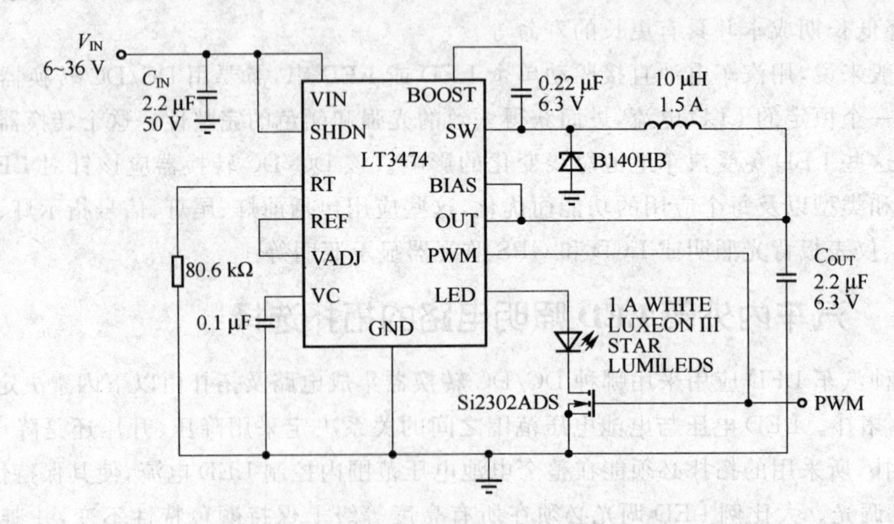

图5-32　具250:1 PWM调光比的LT3474高压降压型1A LED驱动器

LT3474是一个专用LED驱动器,具有一个片上高压NPN电源开关和一个内部电流检测电阻,可最大限度地缩小占板空间,减少组件数并简化设计,同时保持高效率。4～36 V的宽输入电压范围允许该LED驱动器在所有情况下都可直接用电池工作,同时保持恒定的LED电流。低压内部电流检测电阻去除了对昂贵的外部运算放大器的需求,在电流检测电阻通路上提供了一个低压基准。

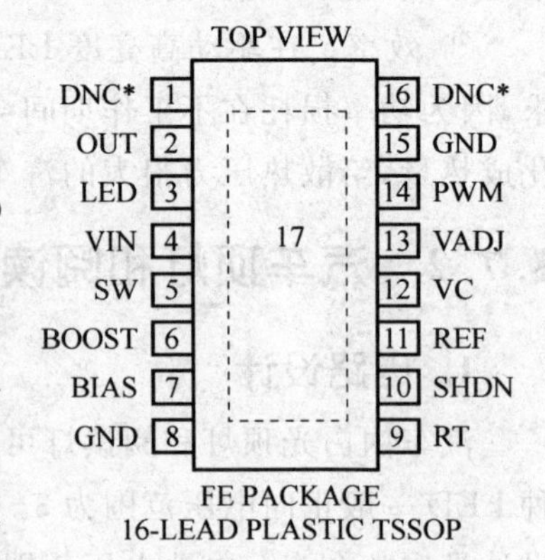

图5-33　LT3474引脚图

LT3474的降压型稳压器设计和可调高频范围使输出电流的纹波极小,甚至在采用非常小和低成本陶瓷输出电容器时也是这样。推荐本文中讨论的所有转换器都使用X5R或X7R高温度系数的陶瓷电容器。

单个LT3474 LED降压型稳压器在输入电压为12 V、LED电流高于200 mA时,其效率高于80%,用VADJ引脚实施模拟控制。随着LED电流和亮度的降低,效率也会下降,但是功耗仍然保持很低。LT3474是为汽车和由电池供电的应用而定制的,当置于停机状态时，它消耗低于2 μA(典型值为10 nA)的电流。停机还可以像物理按钮或微控制器集成电路那样，起到LED接通/断开按钮的作用。

2. PWM调光和亮度控制

图5-32中的LED亮度可以在LT3474上控制，将一个模拟电压输入到VADJ引脚，或将一个数字PWM信号接到PWM调光MOSFET的栅极和PWM引脚上即可。模拟亮度控制通过降低内部检测电阻电压，将恒定LED电流从1A降至更低的值。这种降低LED亮度的方法确实简单易行，但是在更低电流时LED电流的准确度也降低了，而且LED光线的颜色也会变化。LT3474的PWM调光LED电流波形如图5-34所示。图5-35中的曲线显示了LT3474的典型LED电流随VADJ引脚电压变化的情况。在1 A时，准确度的典型值为2%，但是在200 mA时，准确度仅为3.5%。调光比实际限制在10:1左右。

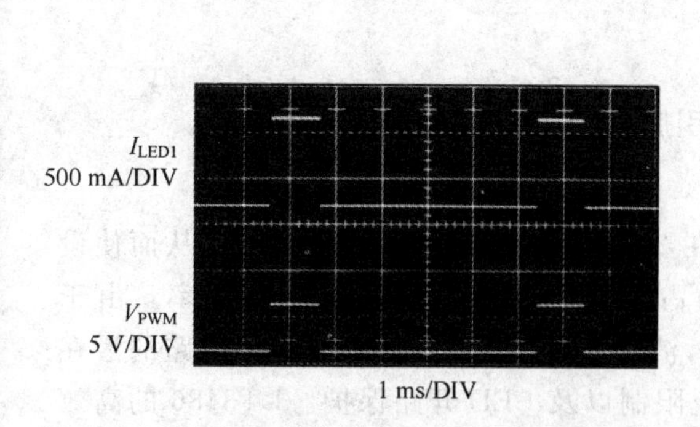

图5-34 LT3474PWM调光LED电流波形

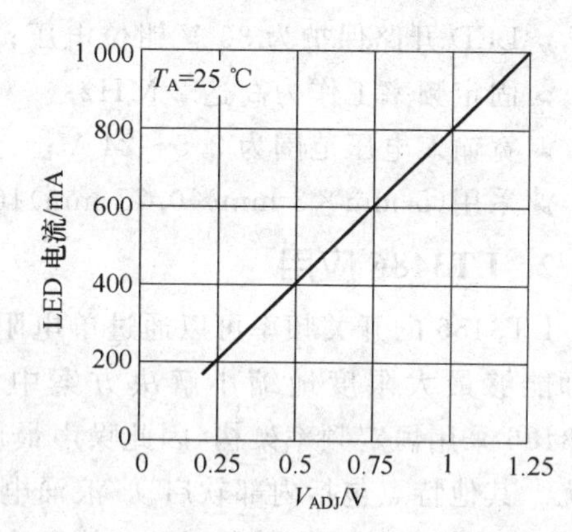

图5-35 LT3474 LED电流与VADJ引脚电压

另一种降低LED亮度的方法是数字PWM调光。当PWM接通期间，LED和PWM MOSFET接通时，可以非常好地对电流进行调节。在PWM断开期间，电流为零。这样，任何LED的颜色和真彩特性都可以保持不变，同时降低了亮度。

由于PWM功能在该集成电路内部实现，所以在让LED回归到编程电流时，PWM的响应速度非常快。LT3474有40 μs的最短调光接通时间，提供250:1的数字PWM调光比，这对内部照明是足够的。

5.7.3 LCD监视器显示LED照明

在豪华型汽车和主流消费类车型中，安装GPS导航和车内娱乐显示器越来越流行。在日光下，这些LCD显示器需要恒定和明亮的LED串照明，而在夜间工作时需要宽调光范围。与单只LED顶灯相比，LED串带来了不同的挑战。在这些显示器中，6～10只LED组成的多个LED串的电流通常是较低的(＜150 mA)，因为LED较小，但是累计电压却比汽车电池电压高(＞20 V)。就这些监视器而言，具有高效率和高PWM调光能力的大功率升压型DC/DC LED驱动器是必需的。

Linear Technology公司提供的双通道升压LT3486,可以以恒定电流驱动16只白光LED(每通道8只串行LED),它除了可提供PWM调光外,亦可保持LED的固定发光颜色。它适合便携式电子设备与汽车的显示屏幕背光等应用场合。

1. LT3486的特点

LT3486具有以下的特点:

- 宽(1 000:1)调光范围;
- LED驱动器的独立调光和关断控制;
- 从单节锂离子电池以25 mA电流(每个驱动器8只LED)驱动高达16只白光LED;
- 从12 V电源及100 mA(每个驱动器8只LED)驱动多达16只白光LED;
- ±3% LED电流编程准确度;
- LED开路保护为36 V钳位电压;
- 固定频率工作为高达2 MHz;
- 宽输入电压范围为2.5～24 V;
- 采用(5 mm×3 mm×0.75 mm)16引脚DFN和16引脚TSSOP封装。

2. LT3486应用

LT3486的开关频率可以通过单电阻在200 kHz～2 MHz范围内设置,从而使设计师能够最大限度地缩小解决方案中的占板面积和最大限度地提高效率。由于LT3486采用恒定频率架构,因此噪声最低,消除了对任何板上RF或音频电路的潜在干扰。其他特点包括内部软启动/浪涌电流限制以及LED开路保护。LT3486的高效率、多功能性、低噪声和极小的"总体解决方案"占板面积,使它非常适合各种在空间受限的外形尺寸中需要多只白光LED背光照明的应用。

在12 V输入电压驱动16只白光LED电路图中,PWM调光控制需要外接一个NMOS管到一串白光LED的最后一个LED阴极,当PWM为高时,这些串联LED连通到R_{FB}电阻,串联白光LED点亮,电流$I_{LED}=200\ mV/R_{FB}$;当PWM为低时,串联LED断开,白光LED不发光。

LT3486的高效率、电流模式和固定频率工作确保一致的LED亮度、低噪声和最长的电池寿命。它的两个独立转换器能够以2.5～24 V的输入电压驱动非对称的LED串(每个转换器串联多达8个),效率高达85%。其封装和微小的外部组件能为空间受限的手持应用提供占板面积非常紧凑的解决方案。它的输入电压范围使其能够用于从锂离子电池供电的手持产品到汽车背光照明的各种应用中。

图5-36所示为LT3486双输出升压型LED驱动器驱动两个具有100 mA恒定电流、正向电压高达36 V的LED串。该升压转换器LED驱动器具有高效率,其低压检测电阻与LED串和PWM调光MOSFET串联。9～16 V的整个电池电压范围低于LED串的正向工作电压。

图5-36所示为在GPS LCD监视器中,LT3486以100 mA驱动20只白光LED,

采用两个LED驱动器和两个LED串(每串有10只LED)而非一个LED串(每串有20只LED)的优点是,最高开关电压保持为一个有10只LED的LED串的最高开关电压(最高开关电压为42 V,最高输出电压为36 V)。

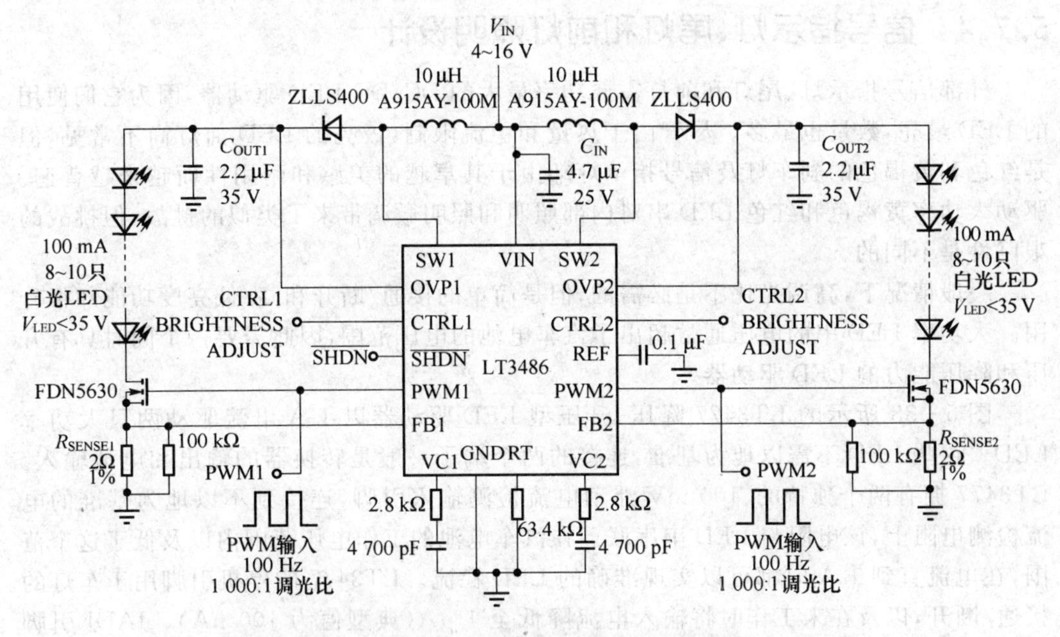

图5-36 LT3486双输出升压型LED驱动器

如图5-37所示,在电池工作电压范围内,效率约为90%。如果电池电压降低至4 V,那么LT3486仍将工作,但是可能处于一种限流状态,具体取决于LED编程电流和LED串中LED的数量。该转换器不仅工作效率高,而且停机电流消耗也低于1 μA(典型值为100 nA)。当转换器断开时,它仅从汽车电池中获取微量的电流。该LED电流通过选择外部检测电阻值来设定,检测电阻电压是非常低的200 mV,这样可以获得最高效率。每个LED串上的LED电流都可以用CTRL引脚上的模拟信号独立调节,实现10:1的准确调光比,或用PWM信号调节,以实现非常高的调光比。图5-36中的LT3486 2×10白光LED驱动器的效率为90%,如图5-37所示。

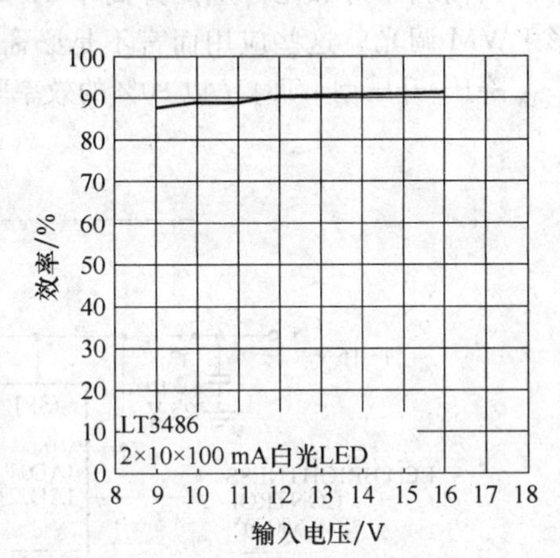

图5-37 LT3486 2×10白光LED驱动器的效率

就夜间观看极亮的显示器(这样的显示器也用于日光下)而言,1 000:1的调光比非常有用。LT3486拥有独特的内部PWM调光架构并在100 Hz(高于可视光谱)时采用一些外部PWM调光MOSFET,因此拥有1 000:1的PWM调光比。内部LED电流存储器具有超快PWM响应时间，可在低于10 μs的时间内让LED电流从0 mA回归到100 mA，以实现真彩PWM调光。在高端显示器中，将两个LT3486用于4串R-G-G-B，可提供1 000:1的调光比，在非常暗的夜间工作时保持显示器的真彩特性。

5.7.4　信号指示灯、尾灯和前灯照明设计

外部信号指示灯、尾灯和前灯需要功率最大的DC/DC LED驱动器，因为它们使用的LED最亮，数量也最多。尽管由于热量和稳流限制，极亮的LED前灯尚不常见，但是红色和黄褐色的刹车灯及信号指示灯却由于其卓越的美感和耐用性而越来越普遍。驱动大功率黄褐色和红色LED串对内部照明和照明微调带来了类似的挑战，但挑战的艰巨性是不同的。

一般情况下，高调光比不是必需的，但是简单的接通/断开和高/低亮度功能却很有用。大功率LED串的电压通常超出了汽车电池的电压范围，因此需要一个同时具有升压和降压能力的LED驱动器。

图5-38所示的LT3477降压-升压型LED驱动器以1 A电流驱动两只大功率LED。这些LED不需以地为基准，连接的两个端子一般是转换器的输出和电池输入。LT3477拥有两个独特的、100 mV浮动电流检测输入引脚，连接到不以地为基准的电流检测电阻上，该电阻与LED串串联。在汽车电池的工作电压范围内以及低于这个范围，在电流直到1 A时都可以实现准确的LED稳流。LT3477的停机引脚用于车灯的接通/断开，以及在未工作时将输入电流降低至1 μA(典型值为100 nA)。IADJ引脚用于面向刹车灯和尾灯应用并高于10:1的模拟调光，如后部信号指示灯和刹车灯。真彩PWM调光就这些应用而言不是必需的。

降压-升压型LT3477以80%的效率驱动刹车灯和信号指示灯1 A LED串见图5-38。

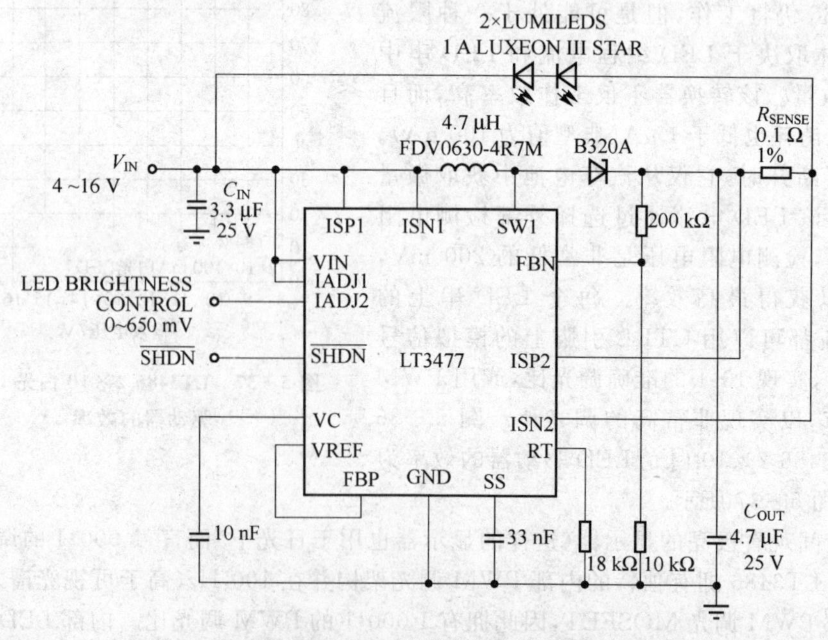

图5-38　基于LT3477的刹车灯和信号指示灯电路

汽车尾灯使用更红的 LED，电流达到更高的 1.5 A。由 6～10 只 LED 组成的 LED 串在各种车灯中相当常见，每只 LED 可产生高达 140 lm 的亮度，每个 LED 串约为 1 000 lm 或更高。这些车灯不仅需要非常大的电流，而且还需要高电压。它们直接由汽车电池驱动，不可能因高瞬态电池电压而出故障。这些车灯离电池非常远，输入电压的变化范围非常大。

如图 5－39 所示，大功率 LED 驱动器 LTC3783 采用降压-升压型拓扑，驱动 6～10 只 3 W 的红光 LED。外部开关 MOSFET 和开关电流检测电阻为大功率和高压 LED 驱动器设计提供最大的设计灵活性。如果电池电压降至低于 9 V，那么 9～36 V 的输入和在 1.5 A 时高达 25 V 的 LED 串输出需要一个额定值为 100 V 的开关以及高于 8 A 的峰值开关电流能力。恒定的 1.5 A 电池电流在整个汽车电池电压范围内是良好稳定的。就刹车灯和尾灯调光而言，在 100 Hz 时将 PWM 信号直接连接到 LTC3783 的 PWM 引脚，就可将 LED 电流降低至实现 200∶1 的调光比。在 1 kHz 时，调光比降至 20∶1，但是就尾灯应用而言已足够了。调节 ILIM 引脚也可以降低 LED 电流。

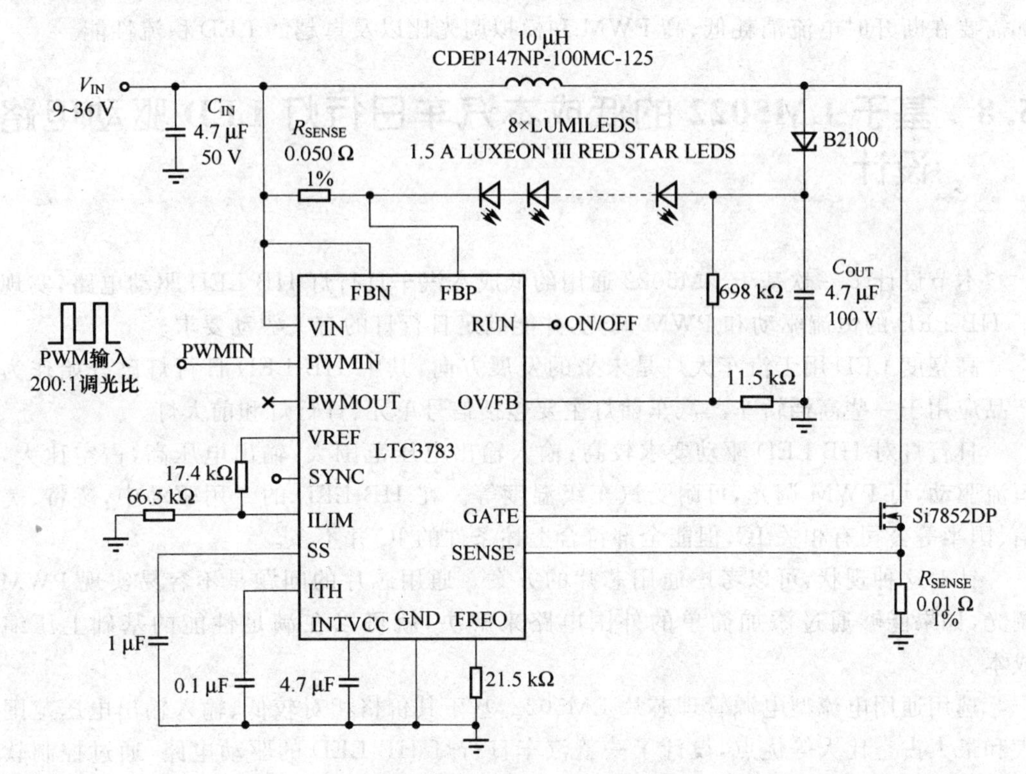

图 5－39　LTC3783 刹车灯 LED 驱动器

在最大功率的汽车应用中，高效率是最重要的。在这种应用中，如果输出高达 36 W，那么如图 5－40 所示，93％的效率在刹车时会降低对电池的消耗，尤其是在汽车没有运行的时候，更是如此。用于刹车灯接通/断开控制的 RUN 引脚将 LED 电流降低至 20 μA。

LTC3783 降压-升压型 8×1.5 A 红光 LED 驱动器具有 93％的效率，如图 5－40 所示。

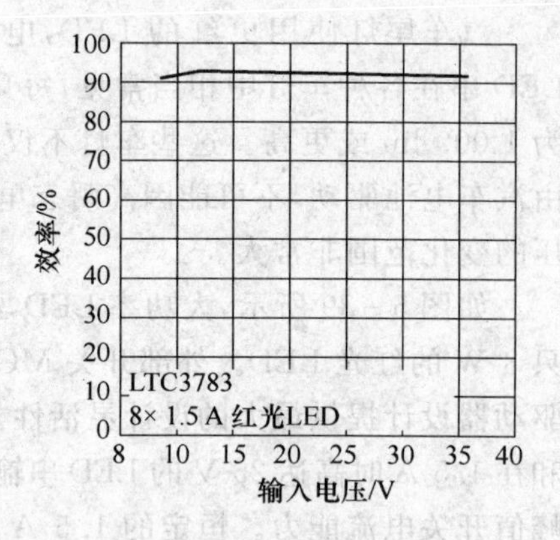

图 5－40　LTC3783 红光 LED 驱动器效率

LTC3783 大功率 LED 驱动器的使用非常灵活，它也可以用做大功率升压型稳压器，将 LED 串连接到地而不是 VIN，就变成了升压型拓扑，这可以驱动高达 60 W 的更高电压 LED 串。在这种情况下，LED 串的电压要求高于 36 V 的最高电池电压，而且在车灯关闭时，LED 的断接是通过 PWM 引脚完成的。采用非常亮的白光 LED 高光通量前灯应用很快就会采用这种大功率 LED 的升压型拓扑驱动方式。

有很多不同的汽车 LED 应用需要专用大功率、但简单和高效的 LED 驱动器。根据应用的不同有不同的 LED 组合，但是各种组合都需要在断开时电流消耗低、高 PWM 和模拟调光比以及卓越的 LED 稳流性能。

5.8　基于 LM5022 的低成本汽车日行灯 LED 驱动电路设计

本节设计了一款基于 LM5022 通用的低成本汽车日行灯 HB LED 驱动电路，实现了 HB LED 的恒流驱动和 PWM 调光，并能满足日行灯的有关驱动要求。

高亮度 LED 用于汽车大灯是未来的发展方向，其中 HB LED 日行灯已开始作为产品应用于一些高档轿车。汽车前灯主要包括信号单元、日行灯和前大灯。

日行灯对 HB LED 驱动要求较高：输入输出电压范围大，输出电压高，占空比大，恒流驱动，可 PWM 调光，可耐受汽车级温度等。在 HB LED 的专用驱动中，凌特、美信、国半等公司有相关 IC，但能全部符合上述条件的 IC 并不多。

针对这种现状，可以考虑通用芯片的方案。通用芯片的问题是不容易实现 PWM 调光，如果能够通过添加简单的外围电路来解决，就可以在满足性能的基础上压缩成本。

选用通用电流型电源管理芯片 LM5022，基于其价格相对较低、输入输出电压范围大和最大占空比大等优点，设计了一款汽车日行灯 HB LED 的驱动电路，通过控制软启动引脚和补偿网络的方法实现了 HB LED 的 PWM 调光，并对有关设计进行了探讨。满足有关驱动要求，降低了成本。

5.8.1　LM5022 简介

LM5022 是一种高电压低侧 N 通道 MOSFET 控制器，非常适用于升压及 SEPIC 稳压器的使用。它输出电压调整是基于电流模式控制，从而简化了回路设计。

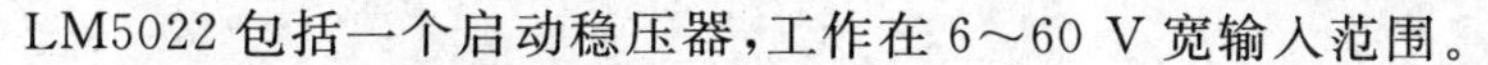

LM5022包括一个启动稳压器，工作在6～60 V宽输入范围。

LM5022的特点如下：

- 启动稳压器内部为60 V；
- 1 A峰值MOSFET栅极驱动器；
- V_{IN}范围为6～60 V；
- Cycle-by-Cycle电流限制；
- 外部同步的(交流耦合)；
- 单电阻振荡器频率设置；
- 斜率补偿；
- 可调软启动；
- MSOP-10封装，如图5-41所示。

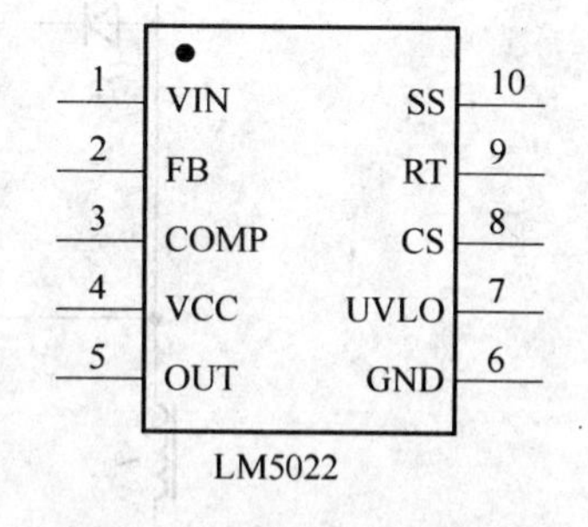

图5-41 LM5022引脚图

5.8.2 驱动电路设计要求和设计原理

1. 设计要求

输入电压为6～19 V，标称值为12 V，输出电压为40～57 V，PWM调光频率为100 Hz，其占空比可调范围为5%～100%，HB LED灯输出LED电流为200 mA恒定。

2. 电路框图与原理图

将整个电路划分为若干功能模块，确定其相互关系，如图5-42所示。

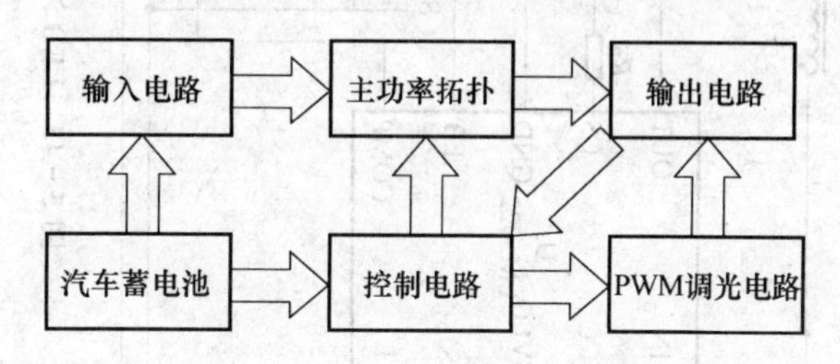

图5-42 汽车日行灯结构框图

根据电路框图，对每个模块进行设计，得到整个电路的原理图，如图5-43所示。输入电路包括输入端滤波以及通过MOS管Q_1作电源防反接保护。

3. 电路分析

主功率拓扑采用的是BOOST电路，工作在CCM模式。

输出电路：LC滤波减小输出纹波，LED负载串联，低端串联一电流检测电阻R_{21}，以其电压作反馈实现恒流驱动。

PWM调光电路：调光MOS管Q_4串联在HB LED负载低端，通过控制门极驱动占空比线性调节LED平均电流，实现PWM调光。门极驱动电路主要是为Q_4提供足够的驱动电压和电流，同时也为控制电路提供与PWM调光同相的信号。

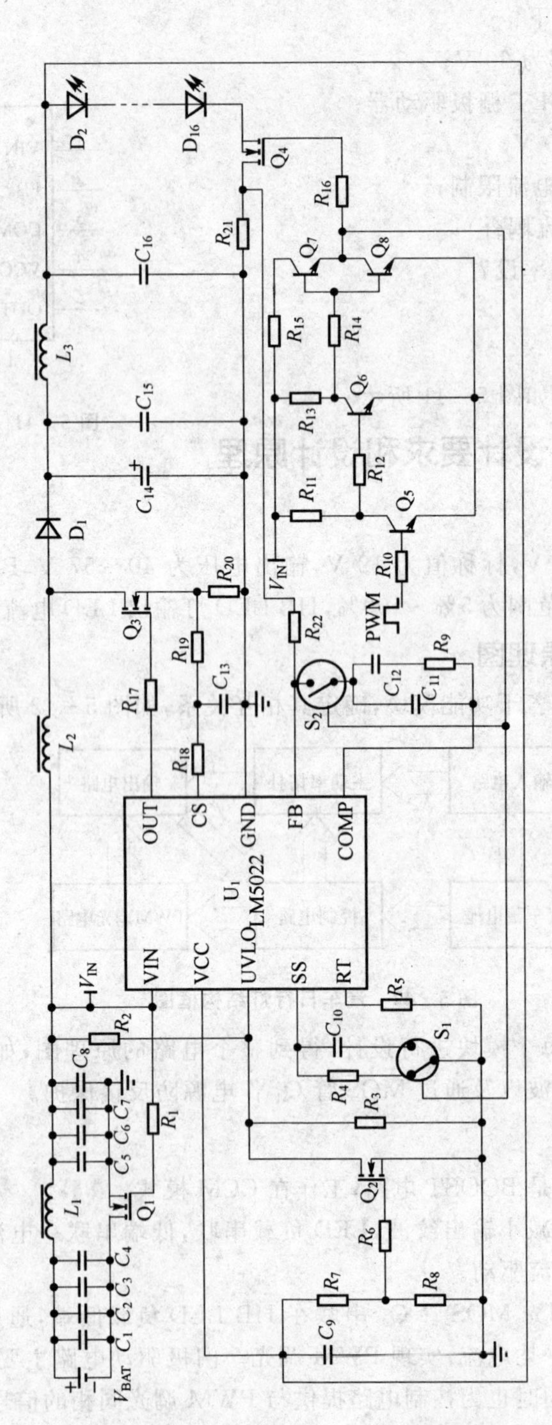

图 5－43　LED 汽车日行灯原理图

控制电路：以 LM5022 为核心元件，控制方式为峰值电流模式，芯片内置斜坡补偿。电路还有输入欠压、输出过压、输入过流和热保护。PWM 调光的控制电路是整个设计的关键。

5.8.3 调光控制电路的研究和设计

1. LM5022 的 PWM 调光控制

LM5022 的 PWM 调光控制电路如图 5－44 所示。

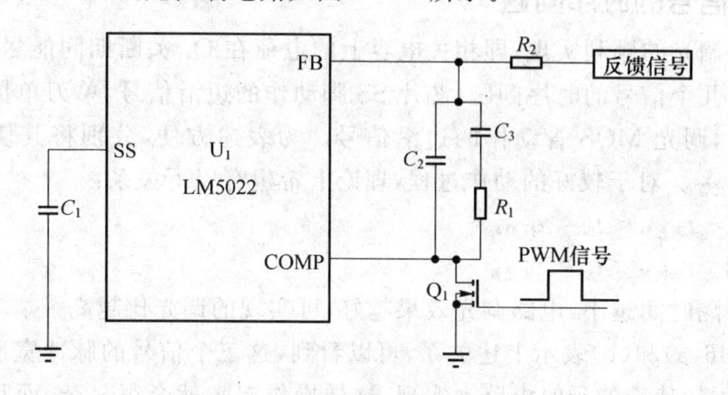

图 5－44 PWM 调光电路

当 Q_1 导通时，COMP 端接地，主电路停止工作。C_2 和 C_3 不会保持之前恒流工作时的电荷状态。当 Q_1 再次关断时，C_2 和 C_3 要经过重新调整才能到达所设电流值的稳态，会影响输出电流方波的上升沿，以及影响调光 HB LED 和调光效果。

2. 改进的 PWM 调光控制

改进后的 PWM 调光控制电路如图 5－45 所示。

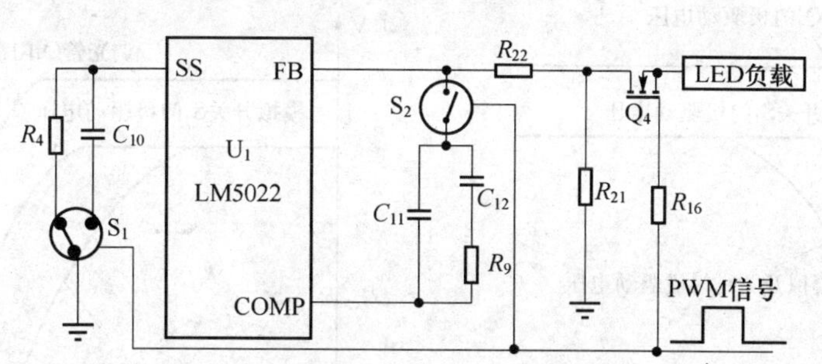

图 5－45 改进后的 PWM 调光电路

当 Q_4 仍关断时，控制电路要完成两个任务：①开关 S_2 快速切断反馈回路，反馈环上的电容 C_{11} 和 C_{12} 保存电荷，记忆恒流控制状态，从而当 Q_4 再次导通时，LED 电流无需调整，直接稳定工作。②通过开关 S_1 切换，使 SS 脚通过 R_4 接地，主开关管 Q_3 截止，BOOST 主电路停止工作，电路不会因空载而输出过压，同时软启动电容 C_{10} 处于悬空状态，故 C_{10} 上电荷得到保存。当 Q_4 再次导通时，S_2 接通，切换 S_1 使 C_{10} 接地，电路不需经过软启动重新建立。这样，输出方波电流的上升沿就很陡，调整时间较短，可实现较高的调光HB LED和较好的调光效果。

3. 相关件的选择

两个开关S_1和S_2的选择非常重要。电容需要充放电通道，开关的双向都要求能通过电流，漏电流要很小，响应时间要很快，电流通道阻抗越小越好。综上所述，比较合适的选择是模拟开关，S_1为单刀双掷模拟开关，S_2为单刀单掷模拟开关。

4. 调光信号的时序问题

为了确保调光的顺利实现，即相关电容上的电荷在Q_4关断期间能尽量保持，需要特别注意以下几个信号的时序问题：芯片SS脚动作的边沿信号，单刀单掷模拟开关动作的边沿信号，调光MOS管动作的边沿信号。为表述方便，分别将其切换时间记为t_{SS}、$t_{反馈环}$和$t_{调光管}$。对于较好的动作过程，理论上希望有以下关系：

开通时刻　$t_{调光管}<t_{SS}<t_{反馈环}$

关断时刻　$t_{反馈环}<t_{SS}<t_{调光管}$

并且三者的间隔时间越小，电路调光效果越好，可实现的调光比越高。

用图5-46(a)和(b)表示上述关系，可以看到，这三个信号的脉冲宽度一个比一个大，因此需要添加特殊的延时电路来实现，这样操作起来就会很复杂，而且影响调光精度。经过实验研究比较，发现只要这三个边沿信号的时间间隔足够短(本例中小于5 μs)，三者的顺序不必严格遵守上述排列，电路的正常工作不会受到影响，而且HB LED较容易实现。这是因为，如果时间间隔足够短，即使相关电容有放电，损失电荷也极少，需要恢复调整的时间也就极短，对电路工作影响较小。当然，时间间隔越短，时序关系越正确，调光也就越高。

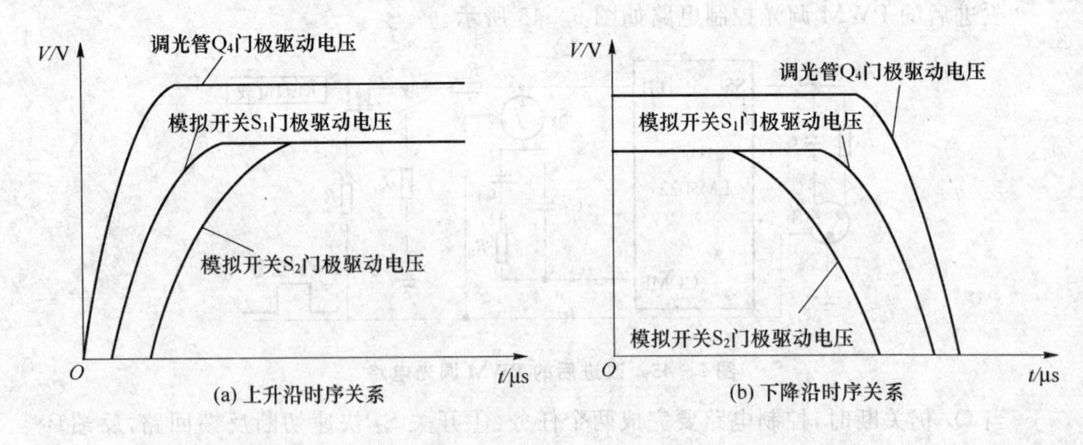

图5-46　脉宽与调光关系

5. 关于调光比

对PWM调光而言，调光比是一个较重要的指标，下面作相关分析说明：

① 调光比$=\frac{1}{\text{调光占空比}}=\frac{1}{t_{\text{ON PWM}} \cdot t_{\text{PWM}}}$。

② 调光频率越低调光比越大(最低频率一般不低于100 Hz)。

③ BOOST频率越高调光比越大,但会增加开关损耗,一般有:

$$t_{\text{ON PWM}}=\frac{3}{f_{\text{SW}}}$$

式中:f_{SW}为BOOST主开关频率。

④ 一般情况下,输出电容值越大,主电感值越小,肖特基二极管的反向漏电流越小,则调光比会越大。

⑤ 前面曾提到,调光信号的时序越正确,间隔越小,则调光比越大。

6. PWM调光的其他控制方法

不是所有的通用芯片都有SS脚,但调光原理是相通的。其他引脚如RT、主MOS管门极驱动电源、UVLO、Enable等,只要可以使能和禁止芯片输出,并符合上述调光原则,就有可能与补偿网络配合控制实现PWM调光。

该设计实现了基于通用电流型芯片的汽车日行灯HB LED驱动电路,在输入输出电压范围很宽的情况下,稳态精度高,动态响应快,调光线性度和恒流特性较好,电路简单。在满足性能的基础上,有可能降低整机成本。

5.9 基于MAX16823的汽车LED转向灯驱动电路设计

随着近几年科技的飞速发展,车用电子闪光器(驱动电路)得到了日益广泛的应用和更新,显示出强大的生命力。最有发展前途的是将现有汽车上的刹车灯、转向灯、雾灯采用LED来代替白炽灯,以用于汽车的内外部照明。

5.9.1 国内外汽车LED转向灯的研究现状

从高亮度LED在汽车照明领域发展来看,外部照明需要极高的亮度,因为转向灯、刹车灯以及中央高位刹车灯必须在黑夜及白昼都能被肉眼看到,而每种灯的功能均需要使用多只LED来实现。对于实现多只LED的驱动,需要专门的驱动电路来点亮LED。

从汽车转向灯驱动电路发展历程来看,汽车转向灯所用的闪光器主要有电热式闪光器、翼片式闪光器、电容式闪光器、晶体管式闪光器、集成电路式闪光器。目前,经常使用的有晶体管式闪光器和集成电路式闪光器两大类,其余基本上淘汰了。

晶体管式闪光器可分为两种类型:一种是全晶体管式闪光器;另一种是带继电器的有触点晶体管式闪光器。

带继电器的有触点晶体管式闪光器的工作原理是当转向开关接通右转向灯时,电流由蓄电池的正极经熔断丝电阻、继电器触点、转向灯开关和右转向信号、搭铁回到蓄电池负极，于是右转向灯发亮。

当灯泡电流通过时，产生电压降，三极管的发射极获得正向偏电压，于是电容器通过熔断丝、三极管的发射极、基极、转向灯开关、右转向信号灯进行充电，使三极管导通。三极管导通时，集电极电流从蓄电池正极→熔断丝→三极管的发射极→集电极→继电器线圈→搭铁→蓄电池负极，线圈产生磁力把触点打开，切断了右转向信号灯的电路，于是右转向信号灯熄灭。

随着电容器的充电，其两端的电压升高，晶体管的基极电流减小，使晶体管迅速截止，线圈的磁力消失，触点重新闭合，又接通了右转向信号电路，使右转向信号再次发亮。

当触点闭合时，电容器通过触点放电，此时晶体管在反向偏压下截止。在电容器两端的电压消失后，蓄电池又向电容器充电，使三极管再导通。三极管导通后，集电极电流通过继电器线圈产生磁力又打开触点，使转向信号灯熄灭，电容器又充电。

无触点晶体管式闪光器又称全电子式闪光器，即把触点式晶体管闪光器中的继电器去掉，采用大功率晶体管来取代原来的继电器，闪光器电路的振荡部分实际上是一个典型的非稳态多谐振荡器，其电路结构对称，闪光器的输出级采用一只大功率三极管。当三极管导通时，可将转向灯电路接通，使灯点亮；当三极管截止时，转向灯电路被切断而使灯变暗，从而发出频率为70～90次/min的闪光信号。

集成电路式闪光器工作原理和晶体管式闪光控制器类似，只是它由集成电路方波振荡器和集成电路闪光控制电路组成。机动车转向灯开关打开时，方波振荡器工作，产生频率为1 Hz的方波振荡信号，在闪光控制电路的作用下，控制转向灯工作。

利用车用LED驱动芯片与转换电路实现LED驱动任务，应用前景广阔，可以避免其他方式闪光器、驱动电路带来的不足。国内LED车灯的应用和研究已有很大进步，商品化的生产有很大市场。LED车灯在国内汽车上的使用率逐年提高，开始时主要是应用在极少数高档轿车上，如新推出的国产丰阳花冠、新款Passas、标致307cc、上海华普、比亚迪F3等，现在已经大规模地应用了。

5.9.2 转向灯驱动电路设计

基于车用驱动芯片MAX16823搭建开关电源升压电路(BOOST)的驱动电路，设计出一种汽车高亮度LED转向灯恒流驱动电路。设计要求：驱动电路工作电压范围为6～36 V，输出电压为30.36 V，输出LED电流恒定达到350 mA，以满足高亮度要求；能发出明暗交替的闪光信号，闪光频率应控制在80次/min且闪光频率可调；具有LED点阵电路工作状态检测和保护功能。

转向灯方框图如图5-47所示，本驱动电路的设计主要由以下6个模块组成，分别是主控制电路、主功率拓扑电路、输出电路、方波信号发生器、输入电路和保护电路。

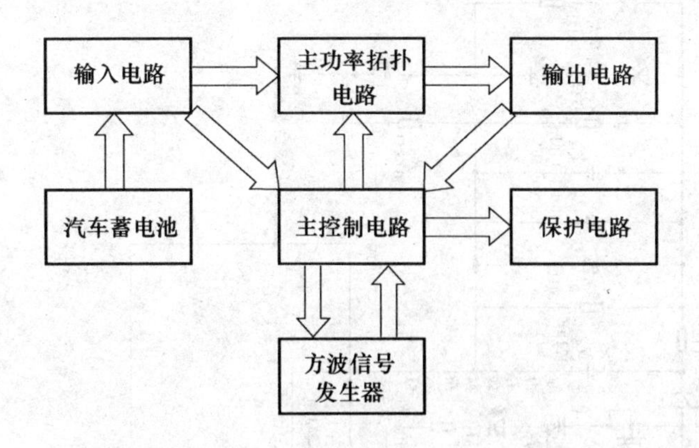

图5-47　转向灯驱动电路方框图

汽车转向灯LED驱动电路的技术参数要求严格，由于汽车供电电压不稳定，所以要求驱动电路工作电压范围为6～36 V，标称值为12 V，输出电压为30.36 V，输出恒定电流为350 mA，以满足设计的高亮度要求；转向灯能发出明暗交替的闪光信号，闪光频率一般为60～120次/min，应控制在80次/min。要满足LED汽车转向灯的照明要求，需要8只高亮度LED，而每只LED的导通压降在3～3.8 V，所以驱动电路要能把车载电源标称值12 V电压升至33 V，才能满足光学设计的要求。根据设计要求，将整个驱动电路划分为若干功能模块，确定其相互关系，如图5-47所示。

设计总体思路是采用通用集成芯片车用LED驱动芯片MAX16823、主功率拓扑BOOST升压电路和方波信号发生器，共同实现对LED点阵电路的驱动。输出电路采用两串两并(2S2P)架构，将两组LED分别代替汽车左、右转向灯，同时设计汽车内部左、右转向指示灯的功能。利用方波信号发生器输出脉冲信号，控制LED末端晶体管的通断，实现LED交替闪烁。

基于MAX16823的汽车转向灯驱动电路原理图如图5-48所示。

下面对各模块进行简单的介绍：

① 主控制电路核心元器件是MAX16823。其能在汽车电源变化不定的环境下，实现恒流输出。在其DIM端输入脉冲信号，输出端可以实现通/断控制，送入主功率拓扑电路MOSFET开关管，和外围元器件实现升压任务，驱动两组LED正常工作。MAX16823引脚11(REG端)始终能输出稳定的直流+3.4 V电压，经过升压电路为方波信号发生器提供直流5 V电压，避免单独设计直流稳压电路，降低了设计成本。

② 主功率拓扑电路采用BOOST升压转换电路。其中，单个MAX16823具有可调恒定的输出电流，但最高只有70 mA，不能满足设计要求，本文搭建开关电源升压电路共同实现LED驱动，确保LED点阵电路实现设计要求。

③ 输出电路采用两串两并(2S2P)架构。LED采用串联连接方式，将两组LED分别接入MAX16823中的2个输出通道，分别代替汽车左、右转向灯；另外设计了汽车内部左、右转向指示灯的功能。

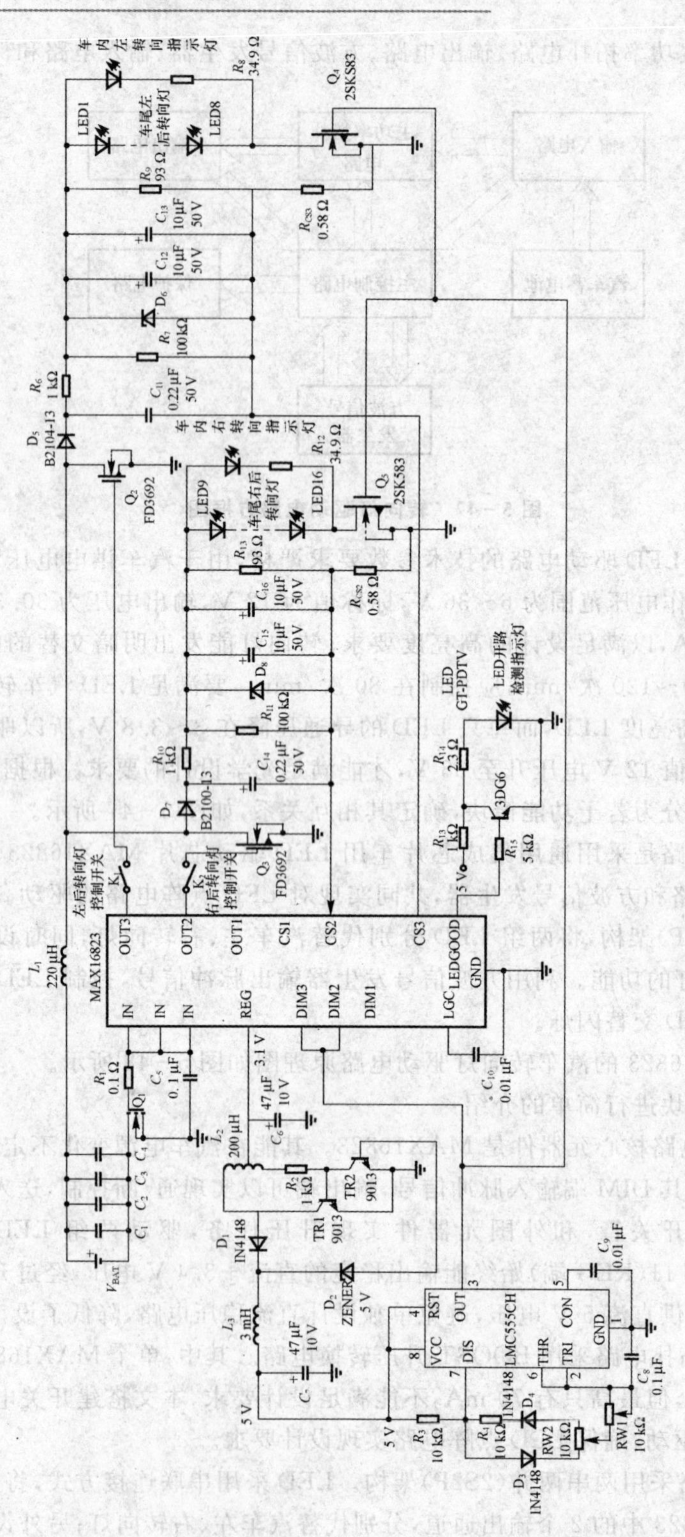

图 5-48　汽车转向灯驱动电路原理图

④ 方波信号发生器是由LM555CH和外围元器件构成的一个频率、占空比可调的信号发生器。其输出的脉冲信号一路通过主控芯片MAX16823来控制LED点阵光通量，另一路控制LED末端晶体管的通断，实现LED交替闪烁的功能。

⑤ 输入电路是由滤波电容、CMOS管共同构成，减小汽车蓄电池输出直流电中的脉动成分。其中，通过CMOS管作电源防反接保护，当电源正接时，CMOS管导通，电路正常工作；当电源反接时，CMOS管截止，电路不工作，可以有效保护驱动电路。

⑥ 保护电路由LED开路检测控制电路和LED开路保护电路组成。开路检测控制电路由MAX16823的引脚6(LEDGOOD)经过"非"门电路驱动LED；开路保护电路是在输出端并联一个齐纳二极管以限制MAX16823的引脚OUT上的输出电压。

MAX16823是MAXIM(美信)公司生产的一款针对汽车照明应用的高亮度LED驱动芯片MAX16823作为3通道、高亮度LED驱动器，工作输入电压宽达5.5～45 V；具有3路独立亮度调节(DIM)输入，可在较宽范围内实现独立的PWM调光以及输出通/断控制，即PWM为逻辑低时关断OUT，PWM为逻辑高时开启OUT；每个通道的电流都可通过与LED串联的外部检流电阻调整，其可调的恒定输出电流为5～70 mA；内置3通道具有极低压差(最大值0.7 V)。

采用美国(美信)公司生产的LED驱动器MAX16823作为主控芯片与主功率BOOST拓扑电路共同构成升压电路来驱动多只LED工作，并使用通用LMC555CH构成方波信号发生器，输出不同占空比的PWM脉冲，一路经过主控电路MAX16823和主功率拓扑电路，共同实现对两组LED光通量的控制；另一路控制两组LED末端的晶体管的通、断，实现LED交替闪烁的任务，并设置开路检测和开路保护电路，这样使得该设计具有控制电路简单、高效安全、节能环保等特点。

第6章

LED 路灯驱动器设计

路灯,泛指提供道路或交通照明的灯具。安装地点常见于道路单侧或两侧。路灯主要是照亮路面,属于局部照明。近年来,随着 LED 光效的迅速提高,与传统光源相比,LED 具有寿命长、显色性好、近似点光源、定向发光、节能环保等诸多优点,使道路照明行业看到了其应用于道路灯具的潜力。半导体光源之所以适用于局部照明,是由于 LED 是个点光源,发光角度便于控制。在生产时也可以制作成各种发光角度的产品,也可以利用反光镜灯方法对光路做进一步的调理。利用特定发光角的光源做局部照明可以使光源发出的光得到更有效的利用,与不便控制发光角度的光源相比,可以用比较小的功率达到满足要求的局部照明效果,从而实现节能。

6.1 LED 道路照明光源最突出的优势

随着 LED 生产工艺的改进和日趋成熟,LED 作为道路照明光源的优势和潜力逐渐得到道路照明行业的肯定。其作为道路照明光源最突出的优势主要表现在以下几点:

① 方向性好。LED 路灯本身的特性——光的单向性,没有光的漫射,保证光照效率。

② 无光污染。LED 路灯有独特的二次光学设计,将 LED 路灯的光照射到所需照明的区域,进一步提高了光照效率,光分布专为道路照明设计,除照亮道路本身,对周围环境没有光污染。

③ 光效高。LED 的光源效率目前已超过 100 lm/W,而且还有很大的发展空间,理论值达 250 lm/W。而高压钠灯的发光效率是随功率增加才有所增加,因此,总体光效 LED 路灯比高压钠灯高。

④ 显色指数高。LED 路灯的光显色性比高压钠灯高许多,高压钠灯显色指数只有 23 左右,而 LED 路灯显色指数达到 75 以上,从视觉心理角度考虑,达到同等亮度,LED 路灯的光照度平均可以比高压钠灯降低 20%以上。

⑤ 光衰小。LED 路灯的光衰小,一年的光衰不到 3%,使用 10 年仍能达到道路使用照度要求,而高压钠灯光衰大,一年左右已经下降 30%以上,因此,LED 路灯在使用功率的设计上可以比高压钠灯低。

⑥ 节能。LED 路灯有自动控制节能装置,能实现在满足不同时段照明要求情况

下最大可能地降低功率，节省电能。

⑦ 安全系数高。LED是低压器件，驱动单只LED的电压为安全电压，所以它是一个比使用高压电源更安全的电源，特别适用于公共场所，例如：路灯照明、厂矿照明、汽车照明、民用照明。

⑧ 体积小。每个单元LED小片只有很小体积，所以可以制备成各种形状的器件，并且适合于易变的环境。

⑨ 寿命长。LED寿命长前文已经述及。

6.2 LED路灯驱动器设计要求

1. LED路灯设计思路

作为LED路灯首先要考虑照射范围。路灯要求的是路面照明效果，空中和路边空地不是路灯的照明任务。因此，要用多种角度组合的发光管或者用反光镜的方法有效地控制光线的分布范围，使发光管发出的光成为一个长条形光带沿路面方向铺展。实践证明，这样制作的半导体路灯90 W左右的功率就能超过250 W钠灯对路面的照明效果，节能效果显著。

要做好半导体路灯首先要合理地选用发光管。一般来说，做半导体路灯既可以选用小功率发光管，也可以选用大功率发光管。但是，实践证明，小功率发光管虽然有发光器件成本低的优势，但是，其光衰却比大功率发光管快，且使用发光管的数量太多，装配麻烦，综合考虑，故选用大功率发光管比较合理。从目前大功率发光管的技术水平来看，1 W管光效比较高，用于照明节能优势明显。与1 W发光管相比，3 W发光管光效低于1 W管，同等光通量下价格优势也不明显，目前选用1 W发光管做路灯光源比3 W管更为合理。

2. LED路灯驱动器的设计要求

路灯LED驱动器的作用是把市电不稳定的交流电压变成稳定的直流电流驱动发光管工作。为了连接简单，电流均衡性好，驱动器都能串联驱动多只发光管。常用的驱动器有与市电不隔离及与市电隔离两大类结构。

从结构简单成本低角度考虑，可以选用不隔离驱动器。不隔离驱动器使用中最大的危险性在于，当驱动器出现主开关管穿通的故障时，大电流会通过所有的发光管，烧毁发光管造成较大经济损失。不隔离驱动器对发光管与散热器之间的绝缘要求也很高，否则灯壳有可能带电。做这种高可靠的绝缘处理影响发光管向散热器传热，使发光管结温升高加速光衰。隔离驱动器的成本略高于不隔离驱动器，但是安全性好，即使驱动器出现故障，一般也不会引起烧毁发光管的连带故障。由于隔离驱动器内部有满足安全标准的电气隔离，因此发光管与散热器之间做一般绝缘处理即可，灯的生产工艺简单，成本低，热阻小有利于发光管散热。选用驱动器的数量可以用一个驱动器驱动所有发光管，也可以用多个驱动器驱动发光管，考虑驱动器出故障时不会完全灭灯，选用多驱动器方案。

LED 是电流驱动器件，以 350 mA 驱动的 1 W 白光 LED 通常具有 3.0～4.0 V 的正向电压 V_F。LED 是动态电阻非常小的 PN 结二极管。给二极管施加超过 V_F 3 倍的电压会导致电流量不受控制。如果将 LED 直接连接到离线交流电压，它会发出很亮的光然后很快失效。“驱动器”这个术语，被用来形容将离线电压转换为受控直流电流的功率调节电路。

手电筒在用坏之前很可能早已丢失。而路灯的应用需求显然与之不同，因此，长期的可靠性和产品使用寿命是路灯的主要考虑因素。LED 已被宣传为持续时间最长的商业光源，但如果灯可以持续使用数万小时，则与之匹配的驱动器也必须能够坚持使用相同长的时间。这意味着要更加留心电力驱动器的各个方面，包括从系统架构到每个电路元件的选择。

所以，在市电的情况下，最好先用恒压电源稳压，然后再采用多个恒流模块恒流。这样做的最大好处就是可以在各种不同的 LED 连接架构下得到最高的效率。因为可以任意选择恒压源的输出电压而达到最佳的匹配，而且灵活性高，很容易改变其组合。

市电的恒压源是一种非常成熟的产品，它通常具有如下优点：

- 输入电压范围宽，可以适用于各国不同的电压规格；
- 效率高，通常可以达到 90% 以上；
- 功率因数高，通常可以达到 0.99 以上；
- 具有防浪涌措施，可抗雷击 4 kV 以上，可以保护后面的电路；
- 具备完善的过流、过压、短路、过功率保护功能；
- 成本低；
- 最大的优点是很容易选择其输出电压，以便与负载电压接近，从而得到最高的效率。

6.3 基于 NCP1200 的大功率 LED 庭院灯驱动电路设计

LED 庭院照明灯具的主要应用是城市道路、小区道路、工业园区、景观亮化、旅游景区、公园庭院、绿化带、广场灯照明及亮化装饰。庭院灯可显著改善居住环境，提高居民生活质量。白天庭院灯具点缀城市风景；夜晚庭院灯具既能提供必要的照明使生活便利，增加居民安全感，又能突显城市亮点，演绎亮丽风格。

6.3.1 NCP1200 简介

NCP1200 是国际著名电源芯片生产商安森美生产的电流模式 PWM 控制器，用于低功耗通用性离线电源。采用 SO-8 或 DIP-8 封装，如图 6-1 所示。NCP1200 是向超压缩开关模式电源的一次重大跃进。由于有了全新的设计理念，该电路接受完全离线电池充电器或待机 SMPS，并且只需极少外部元件。集成的输出短路保护功

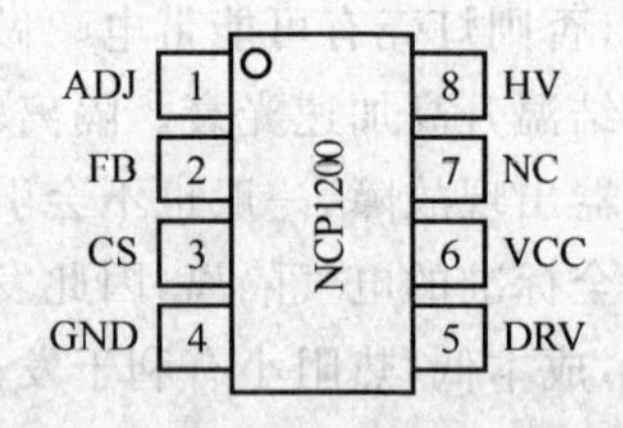

图 6-1 NCP1200 引脚图

能让设计者可以组建一个极低成本、带有相应简单反馈器件的AC/DC插接式适配器。

该控制器带有一个工作在40 kHz、60 kHz或100 kHz固定频率的内部结构，可以驱动低门控充电开关器件，如IGBT或MOSFET，因此需要较小的工作功率。因为具有电流模式控制功能，NCP1200极大地简化了离线转换器的设计。这种离线转换器性能可靠、价格低廉，带有内部逐个脉冲(pulse-by-pulse)控制功能。

当电流设定点下降到给定值时会出现一些情况，例如输出功率要求降低、IC自动进入跳过周期(the skip cycle)模式，并且在轻负载下呈现良好的工作效率。因为这发生在低峰值电流条件下，故而不会产生噪声。

最后，该IC还可用DC电源干线自供电，不需要辅助绕组。这一特点确保器件在低输出电压或短路情况下也可以工作。各个引脚功能见表6-1，标记图如图6-2所示。

表6-1 NCP1200引脚功能

引脚号	引脚名	功能	说明
1	ADJ	调整跳越峰值电流	该引脚可调整决定周期跳越过程发生的电平
2	FB	设置峰值电流设定点	通过连接一个光耦合器到该引脚，峰值电流设定点可依据输出功率要求进行调整
3	CS	电流传感输入	该引脚检测初级电流，并将其通过L.E.B传送到内部比较器
4	GND	IC接地	
5	DRV	驱动脉冲	外部MOSFET的驱动器输出
6	VCC	为IC供电	该引脚连接到典型值为10 μF的外部大容量电容器(an external bulk capacitor)
7	NC	不连接	这是一个不连接的引脚，可确保漏电距离
8	HV	由该电源线提供V_{CC}	连接到高电压干线，该引脚对V_{CC}大容量电容器输入恒定电流

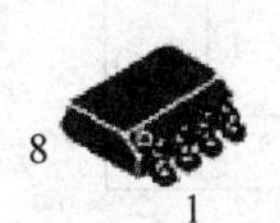

SO-8
D SUFFIX
CASE 751

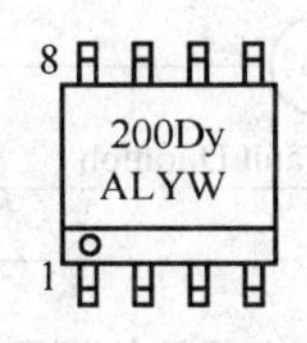

PDIP-8
P SUFFIX
CASE 626

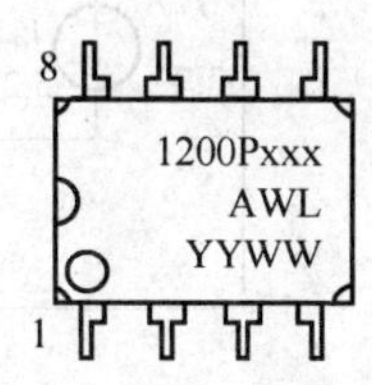

图6-2 NCP1200标记图

NCP1200具有以下特性：

➢ 无需辅助绕组工作图；

➢ 内部输出短路保护；

➢ 极低无负载待机功耗；

- 电流模式与跳过周期(skip-cycle)模式;
- 内部上升沿消隐;
- 250 mA 峰值电流流出/吸收能力;
- 内部固定频率为 40 kHz、60 kHz 与 100 kHz;
- 光耦合器直接连接;
- 针对更低 EMI 的内置频率抖动功能;
- 可为瞬变现象与 AC 分析提供 SPICE 模型;
- 内部温度关断功能;
- 可提供无铅封装,后缀 G 表明引线有无线涂层。

NCP1200 采用标准电流模式结构,关断时间由峰值电流设定点指定。在将减少器件个数看做重要参数的应用中,特别是对于低成本的 AC/DC 适配器、辅助电源等,该元件是理想选择。因为采用了高性能、高电压技术,NCP1200 含有基于 UC384X 电源中通常所需的所有必要元件:定时元件、反馈器件、低通滤波器和自供电电源等。最后要说明的一点是,安森美公司生产的 NCP1200 不需要辅助绕组来工作:该产品从高电压干线供电并传输 V_{CC} 到 IC。此系统称为动态自供电(DSS)。NCP1200 的内部结构图如图 6-3 所示。

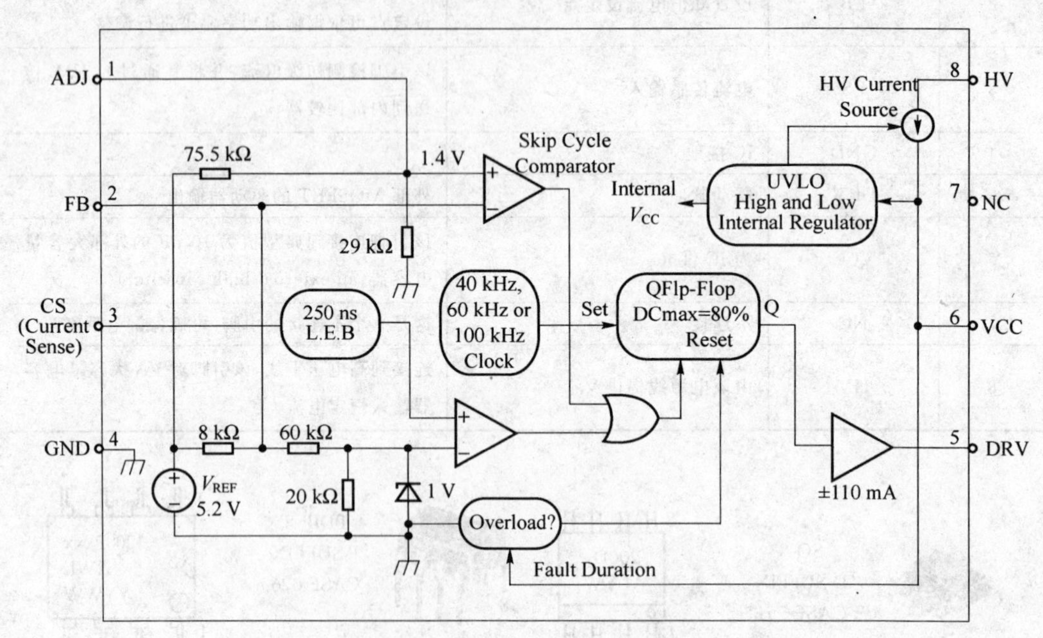

图 6-3　NCP1200 内部结构框图

动态自供电 DSS 原理以对 V_{CC} 大容量电容充电/放电为基础,使其从低电平上升到较高电平。见图 6-4,通过一组简单逻辑方程式可以很容易地说明电流源的工作:

上电:如果 $V_{CC}<V_{CCOFF}$,则电流源接通(ON),没有输出脉冲;如果 V_{CC} 下降量大于 V_{CCON},则电流源关断(OFF),输出脉冲;如果 V_{CC} 上升量小于 V_{CCOFF},则电流源接通

(ON),输出脉冲。典型值为 $V_{CCOFF}=11.4\ V$,$V_{CCON}=9.8\ V$。

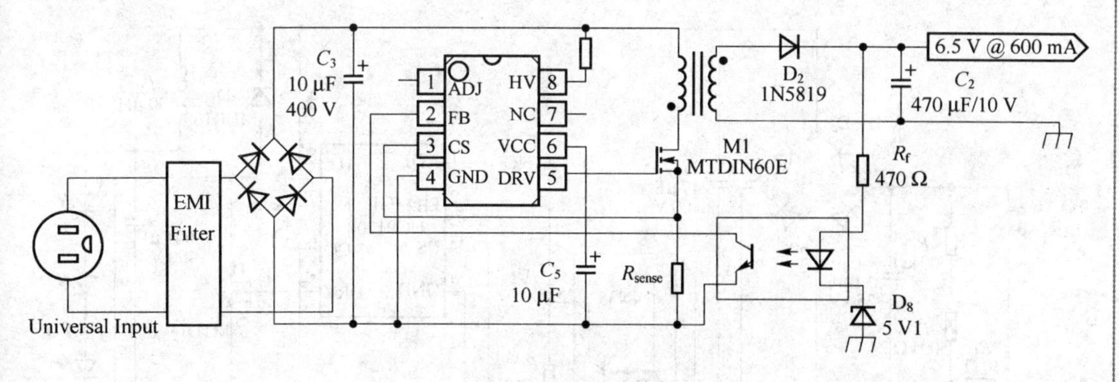

图 6-4　NCP1200 典型应用电路

6.3.2　大功率 LED 庭院灯驱动电路

1. 庭院灯设计特点

作为一种为通用照明省电的方法,LED 的使用日益普及,而高效率驱动 LED 的方法也已变得必不可少。例如,Lumileds 公司的 Luxeon 器件带来了照明效果或房间照明。向几只 LED 供电也许只需要一个限流电阻器,但照明应用需要 20 只以上 LED 组成的串来提供一块区域的光亮。

图 6-5 所示的电路是基于安森美(OnSemiconductor)公司面向通用离线电源的 NCP1200A 型 100 kHz PWM 电流式控制器,提供了一种低成本的离线恒流源来为多只 LED 供电。虽然设计人员为它配置或提供了电压源,但在本应用中,NCP1200A 提供了一个恒流源。针对庭院灯用大功率 LED 的驱动器要求,开发的高性价比 LED 驱动器,采用安森美半导体的低功耗单片离线绿色电源控制芯片 NCP1200/NCP1216 制造。它具有以下性能特点:

- 高可靠恒流工作,恒流精度 2.5%;
- 高效率,典型效率 87%,带缓冲电路型号可达 90%;
- 提供模拟和数字 PWM 调光接口,也可外接电位器直接模拟调光;
- 提供最大 200 mA 辅助电源;
- 宽工作电压在 AC 100～265 V 工作范围内最低提供 30 W 以上的功率;
- 600 V MOSFET,典型的 R_{Dson} 为 0.8 Ω,极小的导通能耗;
- 电流模式固定频率工作为 100 kHz;
- 仅在轻负载下跳过周期(skip-cycle)工作,无音频噪声;
- 频率抖动有更好的 EMI 特征;
- 自动恢复的输出短路保护;
- 内部热关闭,带过热自恢复保护;

➤ 过压保护，二次侧过压保护。

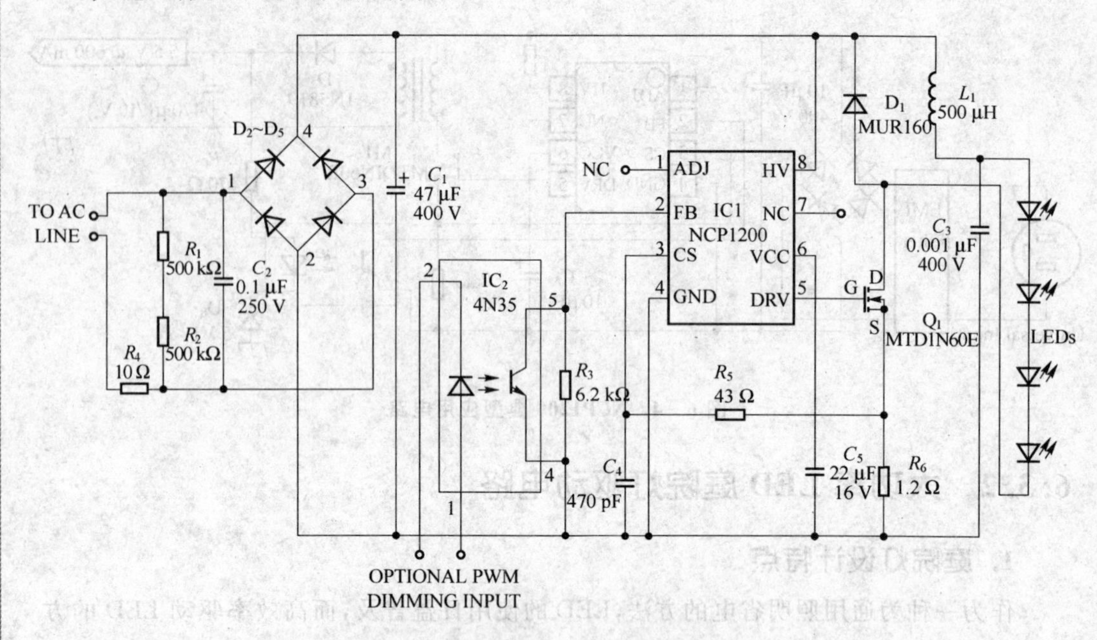

图 6-5 LED庭院灯驱动电路原理图

2. 电路分析

一个全波桥式整流器(D_2～D_5)和滤波电容器 C_1 向变换电路 IC1 及其关联元件提供约 DC 160 V。电阻器 R_3 为 IC1 的电流检测引脚改变偏置值，并且凭借 6.2 kΩ，允许 R_6 使用 1.2 Ω 检测电阻器。相对于瓦数较高的检测电阻器，减小 R_6 不仅可降低成本，而且能提高电路的效率。电容器 C_3 稳定反馈网络的电流，并且在 LED 串开路时，承载 400 V 额定电压。由 R_5 和 C_4 组成的 RC 网络为 CS 引脚提供低通滤波功能。

在断开交流电线路插头时，泄放电阻器 R_1 和 R_2 可消除其引脚处的电击危险。虽然可以使用一个 1 MΩ 通孔式安装的电阻器，但两个表面贴装的 500 kΩ 串联电阻器的成本更低，并为线路电压应用提供了印制电路板上印制线之间所要求的间隔。把额定值面向线路旁路的电容器用做电容器 C_2。可以使用任何带有合适击穿电压和低接通电阻的功率 MOSFET(比如 MTD1N60E 或 IRF820)作为 Q_1。

电感器 L_1 是一个 500 μH 器件，应能工作于 100 kHz，并处理超过 350 mA 的连续电流。可以使用 Coilcraft 公司的 RFB1010 或 DR0810 系列表面贴装电感器，或者可以用在合适的磁芯材料上人工绕线的电感器来做实验。作为一种选择，添加光隔离器 IC2 就能实现微电脑控制的照明亮度调节，它利用了 IC1 的反馈端子(引脚 2)的脉宽调制。

为了说明这里设计的灯具照明装置的经济性，可比较一串由 20 只 1 W 白光 Luxeon LED 和标准的白炽灯泡。每只 LED 均提供 45 lm，即 20 串 LED 串可提供

900 lm。每只 LED 的平均正向电压是 3.42 V，功率耗散为 1.197 W，正向电流为 350 mA。因此，20 串 LED 串耗散 23.94 W。把电源的 80%效率（保守水平）考虑在内，则对于 900 lm/29 W（或 31 lm/W）的发光效率值，系统消耗的功率则变成了 28.73 W。Luxeon LED 的额定工作时间是 100 000 h，即约 11 年。

相比之下，标准的 60 W 飞利浦白炽灯泡产生 860 lm，可工作 1 000 h，即刚超过一个月，效率仅为 14 lm/W。从功耗角度看，基于 LED 的设计在效率方面是基于白炽灯泡设计的 2 倍，因此降低了功耗和成本。另外，LED 设计不会由于更换灯泡和劳动力而造成额外的维护成本。

6.4　基于 TSM101 的 LED 路灯驱动电源设计

LED 路灯是低电压、大电流的驱动器件，其发光强度由流过 LED 的电流决定。电流过强会引起 LED 的衰减，电流过弱会影响 LED 的发光强度，因此 LED 的驱动需要提供恒流电源，以保证大功率 LED 使用的安全性，同时达到理想的发光强度。用市电驱动大功率 LED 需要解决降压、隔离、PFC（功率因素校正）和恒流问题，还需有比较高的转换效率，有较小的体积，能长时间工作，易散热，低成本，抗电磁干扰，以及过温、过流、短路、开路保护等。本节设计的 LED 路灯驱动电源性能良好、可靠、经济实惠且效率高，在 LED 路灯使用过程中取得满意的效果。

6.4.1　路灯驱动电源工作的基本原理

采用隔离变压器、PFC 控制实现的开关电源，输出恒压恒流的电压，驱动 LED 路灯。电路的总体框图如图 6-6 所示。

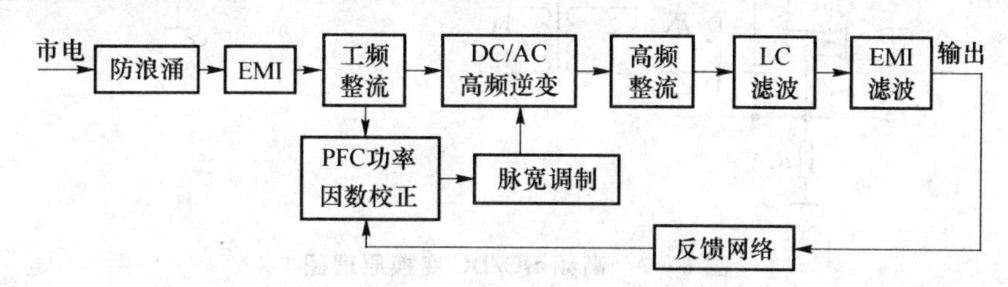

图 6-6　路灯总体结构框图

LED 抗浪涌的能力是比较差的，特别是抗反向电压能力。加强这方面的保护也很重要。LED 路灯装在户外更要加强浪涌防护。由于电网负载的启用和雷击的感应，从电网系统会侵入各种浪涌，有些浪涌会导致 LED 的损坏。因此，LED 驱动电源应具有抑制浪涌侵入，保护 LED 不被损坏的能力。EMI 滤波电路主要防止电网上的谐波干扰串入模块，影响控制电路的正常工作。

三相交流电经过全桥整流后变成脉动的直流在滤波电容和电感的作用下，输出直流电压。主开关 DC/AC 电路将直流电转换为高频脉冲电压在变压器的次级输出。变压器输出的高频脉冲经过高频整流、LC滤波和EMI滤波，输出LED路灯需要的直流电源。

PWM控制电路采用电压电流双环控制，以实现对输出电压的调整和输出电流的限制。反馈网络采用恒流恒压器件TSM101和比较器，反馈信号通过光耦送给PFC器件L6561。由于使用了PFC器件使模块的功率因数达到0.95。

6.4.2 DC/DC变换器

DC/DC变换器的类型有多种，为了保证用电安全，本设计方案选用隔离式。隔离式DC/DC变换形式又可进一步细分为正激式、反激式、半桥式、全桥式和推挽式等。其中，半桥式、全桥式和推挽式通常用于大功率输出场合，其激励电路复杂，实现起来较困难；而正激式和反激式电路则简单易行，但由于反激式比正激式更适应输入电压有变化的情况，且本电源系统中PFC输出电压会发生较大的变化，故DC/DC变换采用反激方式，有利于确保输出电压稳定不变。

反激式开关电源主要应用于输出功率为5～150 W的情况。这种电源结构是由BUCK-BOOST结构推演并加上隔离变压器而得到，如图6-7所示。在反激式拓扑中，由变压器作为储能元件。开关管导通时，变压器储存能量，负载电流由输出滤波电容提供；开关管关断时，变压器将储存的能量传送到负载和输出滤波电容，以补偿电容单独提供负载电流时消耗的能量。

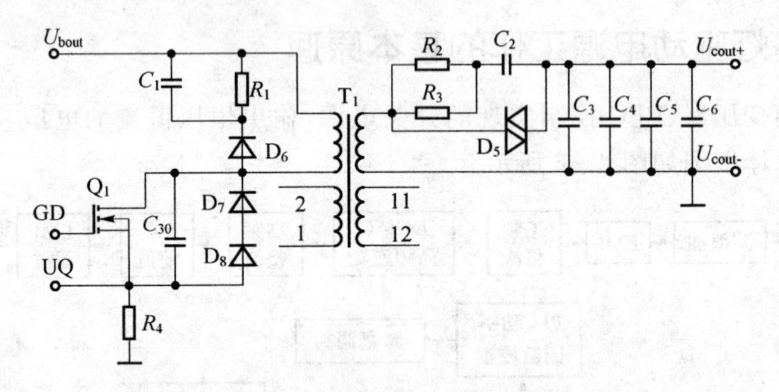

图6-7　高频DC/DC变换原理图

图6-7中T_1为高频隔离变压器，Q_1为CMOS功率三极管17N80C3，D_7和D_8是瞬变抑制二极管，D_6为快恢复二极管，D_5为双二极管，C_3、C_4、C_5和C_6为电解电容器。U_{bout}是来自整流桥的脉动直流信号，GD是来自功率因数校正电路的控制信号。变压器的引线1和引线2组成一个绕组，给PFC器件提供工作电源，引线11和引线12组成另一个绕组，为恒流恒压器件和比较器提供工作电源。

6.4.3 反馈网络电路

TSM101是恒流恒压控制器件，它的引脚图如图6-8所示。

1. 恒流恒压电路

本设计使用恒流恒压控制器件 TSM101 调节输出电压和电流，使之稳定。电路如图 6－9 所示。通过 TSM101 的控制作用，保证了电源恒流（CC）和恒压（CV）工作。图 6－9 中，U_{out+} 和 U_{out-} 是隔离变压器经过双二极管和电解电容器滤波的电压，再经电感 L_4 和电容滤波后的输出为 U_{out+} 和 U_{out-}，为本电源模块的输出电压，直接加在 LED 路灯上。可调电阻器 R_{v1} 和 R_{v2} 分别调节输出电压和电流的大小。R_{10} 和 R_{11} 为 22 mΩ 的电阻，分别对电源输出的电压和电流采样。TMS101 的输出 TOUT 通过光电耦合器、可控硅和三极管等电路送到 L6561 的引脚 5，通过反馈电路实现恒流控制。器件引脚 8 接辅助电源，引脚 4 接变压器 T_1 副边地。

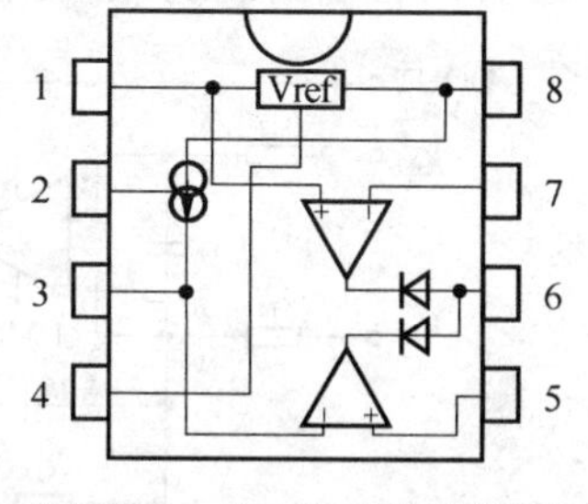

图 6－8　TSM101 的引脚图

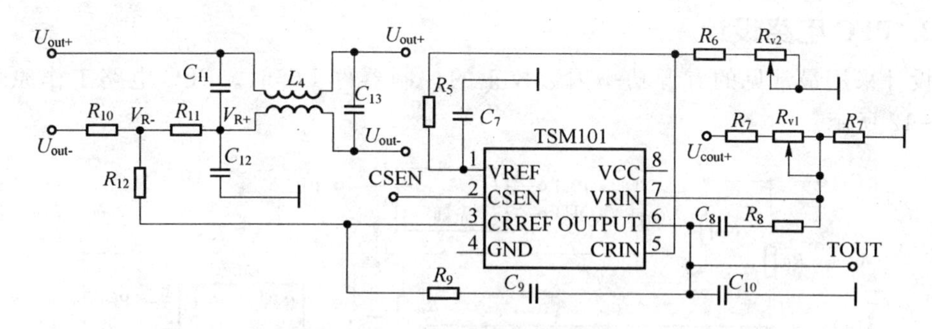

图 6－9　恒流恒压电路

2. 比较器电路

采用比较器 LM258，电路如图 6－10 所示。

输出端的采样电阻两端的电压信号 V_{R+} 和 V_{R-} 送到比较器 LM258，通过与预设电压进行比较，产生电压反馈信号 DOUT。V_F 为变压器 T_1 副边绕组产生的辅助电源。

6.4.4　PFC 电路

1. L6561 简介

L6561 是主要应用于 CRM 模式控制的 PFC 的芯片，它的引脚图如图 6－11 所示，L6561 有以下特点：

➢ 具有磁滞的欠电压锁住功能；

➢ 低启动电流（典型值为 50 μA，保证 90 μA 以下），可减低功率损失；

➢ 内部参考电压于 25 ℃时只有 1％以内的误差率；

➢ 除能（Disable）功能，可将系统关闭，降低损耗；

➢ 两级的过电压保护；

➢ 内部启动及零电流侦测功能；

➢ 具有乘法器，对于宽范围的输入电压，有较佳的 THD 值；
➢ 在电流侦测输入端，具备内部 RC 滤波器；
➢ 高容量的图腾级输出，可以直接驱动 MOSFET。

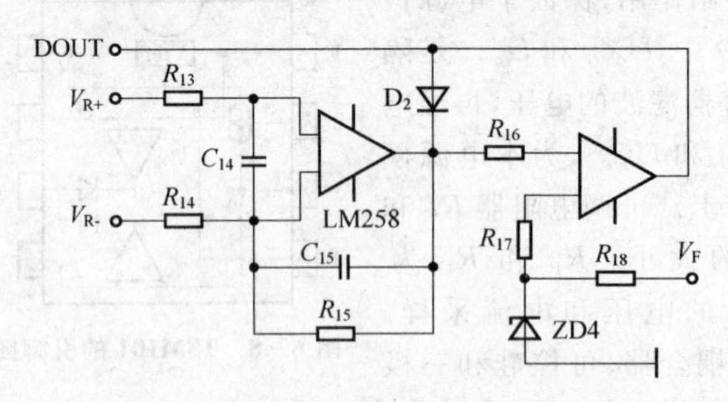

图 6-10 比较电路

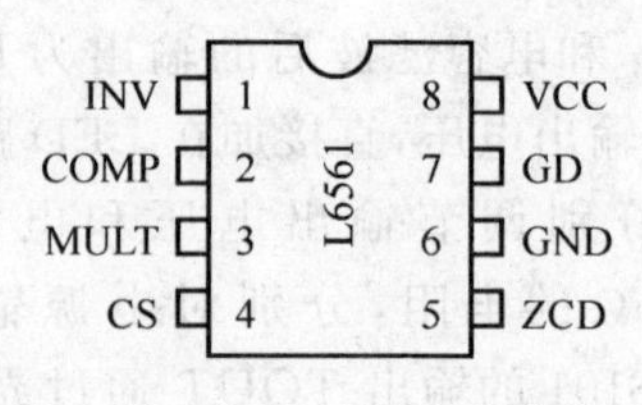

图 6-11 L6561 引脚图

2. PFC 电路设计

设计采用最常见的有源功率因数校正的控制器件 L6561。PFC 电路工作原理如图 6-12 所示。

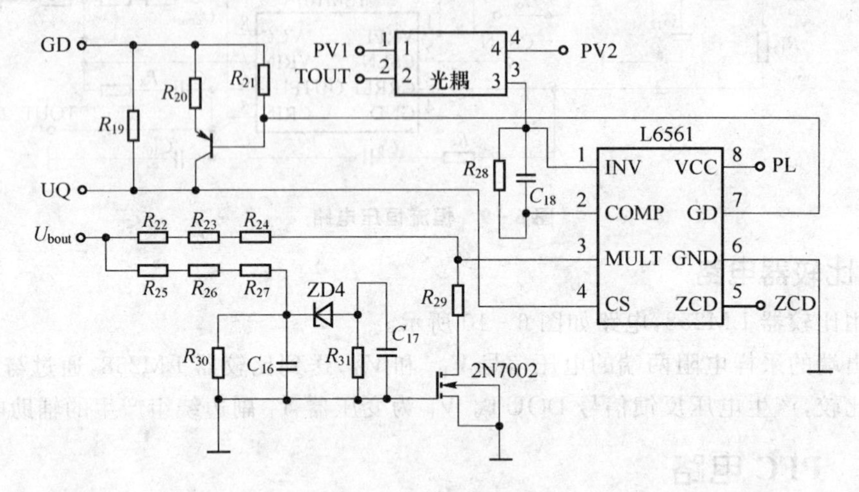

图 6-12 PFC 电路

L6561 的引脚 8 为电源输入端，由变压器 T_1 的副边绕组提供；引脚 7 为驱动信号输出引脚，直接驱动 MOS 管 Q_1；引脚 6 为参考地，该引脚与主回路的地连在一起；引脚 5 为过零检测引脚，用于确定何时导通 MOS 管。变压器 T_1 的引脚 1 和引脚 2 组成的绕组，通过电阻将电感电流过零信号传输至该器件的引脚 5，同时比较器 LM258 产生的信号 DOUT 通过光耦、三极管、可控硅等传输至器件的引脚 5，以检测输出电流。引脚 4 为 MOS 管电流采用引脚，器件将该引脚检测到的信号与器件内部产生的电感电流信号相比较，来确定何时关断 MOS 管。图 6-7 中电阻 R_4 作为电流检测电阻，采样 MOS 管电流，该电阻一端接于系统地，另一端同时接 MOS 管的源极和器件的引脚 4。引脚 3 为器件内部乘法器的一个输入端，该引脚与整流桥电路输出电压相连，确定输入电压的波形与相位，用以生成器件内部的电感电流参考信号。

图6-12中，U_{bout}经3只电阻分压后传送到引脚3。引脚2为内部乘法器的另一个输入端，同时为电压误差放大器的输出端，引脚1为系统反馈电压的输入端。恒流恒压器件的输出TOUT通过光耦将电压反馈传送到器件的引脚1，形成输出电压的负反馈回路。电阻R_{28}和电容C_{18}连接于器件的引脚1和引脚2之间，用于形成电压环的补偿网络。

采用有源PFC功能电路设计的室外LED路灯电源，内置完整的EMC电路和高效防雷电路，符合安规和电磁兼容的要求。采用电压环反馈，限压恒流，效率高，恒流准，范围宽，实现了宽输入，稳压恒流输出，避免了LED正向电压改变而引起电流变动，同时恒定的电流使LED的亮度稳定；整机元件较少，电路简单；功率为90 W，功率因数达0.95。根据用户需求可在恒流输出中增加LED温度负反馈，防止LED温度过高。

6.5 基于PLC810PG控制IC的LED路灯驱动电路设计

目前，LED应用的一个热点就是LED的道路照明。LED路灯技术主要有两大部分：一个是离线(off line)LED驱动电源技术；另一个是LED路灯模块及其散热和灯具技术。

由于取代高压钠灯等传统光源用于道路照明的LED路灯功率远超过75 W，因此要求LED路灯电源AC输入电流谐波含量必须符合IEC610002322等标准规定的限制。为此，LED路灯电源必须采用功率因数校正(PFC)。

LED路灯电源大多采用开关型电源(SMPS)拓扑结构。由于本节设计的LED路灯功率达150 W以上，因此不宜再沿用单开关反激式电路，而必须采用支持相应功率的电路拓扑，例如半桥LLC谐振拓扑结构。

6.5.1 半桥LLC谐振拓扑结构

半桥双电感加单电容(LLC)谐振转换器基本结构如图6-13所示。在图6-13中，Q_1和Q_2是半桥开关(MOSFET)，C_R、L_R和变压器T_1初级绕组线圈L_M组成LLC谐振电感器L_R，将其结合进变压器初级之中，如图6-14所示。对于图6-14所示的电路拓扑，仍称为LLC谐振结构，而不称其为LC谐振拓扑。

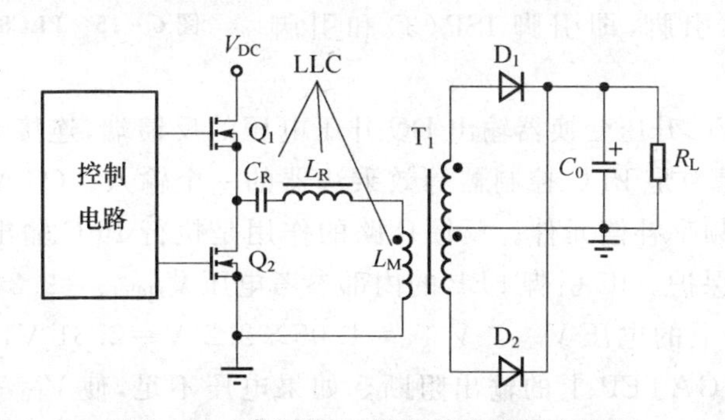

图6-13 半桥LCC谐振转换器基本结构

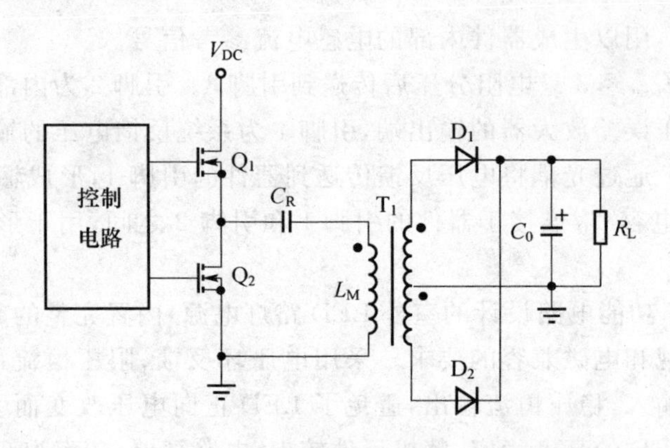

图6-14 将LLC谐振电感器并入变压器初级

LLC谐振电路拓扑能提供较大的输出功率，保证半桥MOSFET的零电压开关(ZVS)，具有高效率。

6.5.2 PFC/LLC控制器PLC810PG

PLC810PG是美国PowerIntegrations(PI)公司推出的一种新型控制IC。这种控制IC采用24引脚窄体塑料无铅封装，引脚排列如图6-15所示。

PLC810PG芯片集成了连续电流模式(CCM)PFC控制器和PFC开关(MOSFET)驱动器、半桥LLC谐振控制器及半桥高、低端MOSFET驱动器，如图6-16所示。

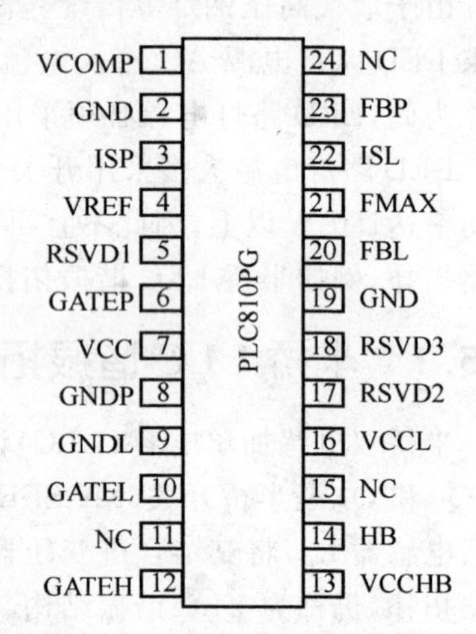

图6-15 PLC810PG引脚排列

1. PFC控制器

PLC810PG的CCM PFC控制器只有4个引脚(除接地端外)，是目前引脚最少的CCM PFC控制器。这种PFC控制器主要由运算跨导放大器(OTA)、分立电压可编程放大器(DVGA)和低通滤波器(LPF)、PWM电路、PFCMOSFET驱动器(在引脚GATEP上输出)及保护电路组成。PFC控制器有两个输入引脚，即引脚ISP(3)和引脚FBP(23)。

FBP引脚是PFC升压变换器输出DC升压电压的反馈端，连接OTA的同相输入端。OTA输出可视为是PFC控制器等效乘法器的一个输入。OTA在引脚VCOMP(1)上的输出，连接频率补偿元件。反馈环路的作用是执行PFC输出DC电压调节和过电压及电压过低保护。IC引脚FBP的内部参考电压$V_{FBPREF}=2.2$ V。

如果引脚FBP上的电压$V_{FBP}>V_{OVN}=1.05\times2.2$ V$=2.31$ V，I_C则提供过电压(OV)保护，在引脚GATEP上的输出阻断。如果电压不足，使$V_{FBP}<V_{IN(L)}=0.23\times2.2$ V$=0.506$ V，则PFC电路被禁止。如果$V_{FBP}<V_{SD(L)}=0.64\times2.2$ V$=1.408$ V，则

LLC 级将关闭。

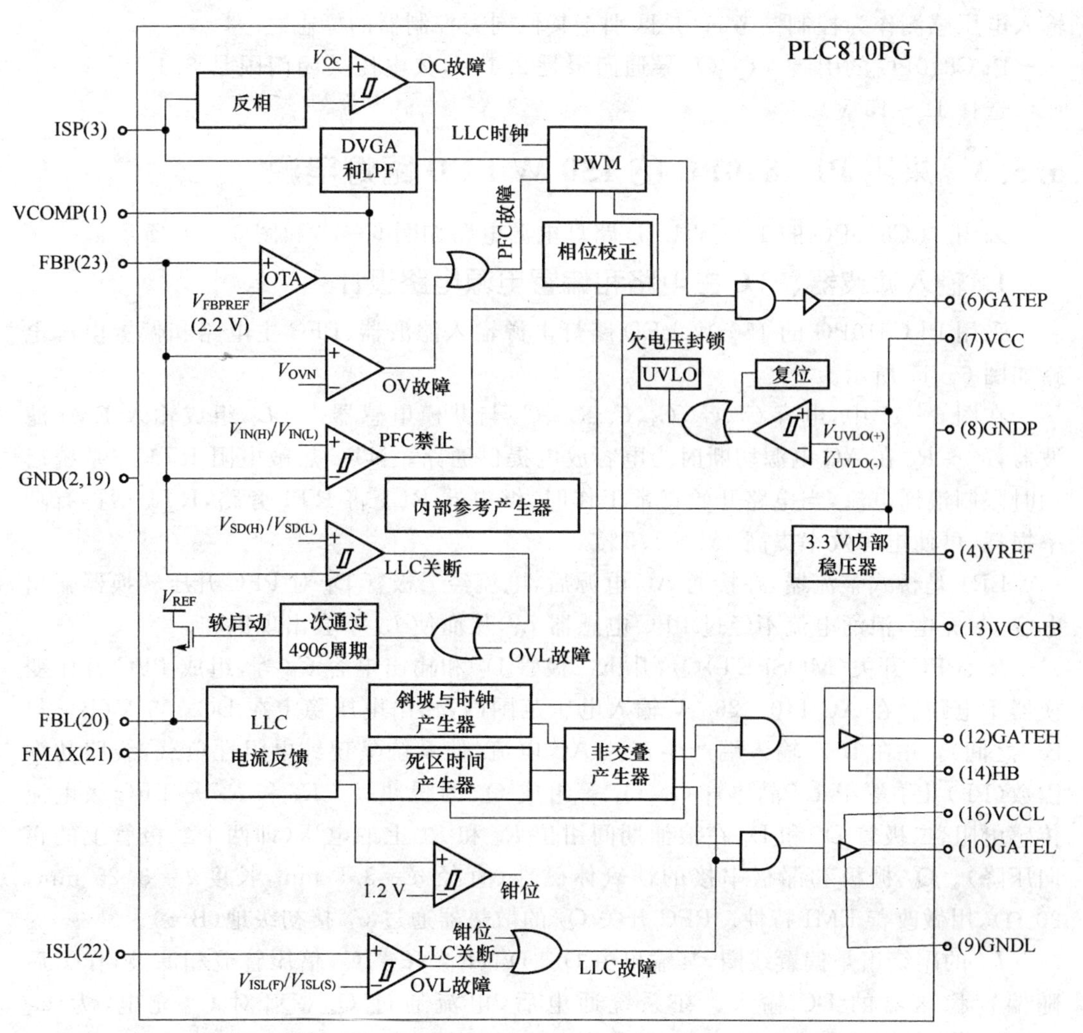

图 6-16　PLC810PG 功能框图

PLC810PG 的 ISP 引脚是 PFC 电流传感输入，用做 PFC 算法控制并提供过电流(OC)保护。PFC 在 ISP 引脚上的过电流保护(OCP)解扣电平是－480 mV。

2. LLC 控制器

半桥 LLC 谐振控制器的 FBL 引脚是反馈电压输入端。流入引脚 FBL 的电流越大，LLC 转换器的开关频率就越高。LLC 级最高开关频率由连接在引脚 FMAX 与引脚 VREF(3.3 V)之间的电阻设定，可达正常工作频率(100 kHz)的 2～3 倍。引脚 FBL 还提供过电压保护。引脚 ISL(22)为 LLC 级电流传感输入端，提供快速和慢速(8 个时钟周期)两电平过电流保护。死区时间电路保护外部两个 MOSFET 不会同时导通，并实现零电压开关(ZVS)。

PFC 和 LLC 的频率和相位同步化，从而减小了噪声和 EMI。PFC 电路不需要 AC 输入电压感测作为控制参考，这是区别于其他同类控制器的标志之一。

PLC810PG 的引脚 VCC(7)导通门限是 9.1 V，欠电压关闭门限是 8.1 V。V_{CC}电压可选择 12～15 V。

6.5.3　采用 PLC810PG 的 150 W LED 路灯电源

采用 PLC810PG 的 150 W LED 路灯电源电路如图 6-17 和图 6-18 所示。

1. 输入滤波器、PFC 主电路和偏置电源电路设计

采用 PLC810PG 的 150 W LED 路灯电源输入滤波器、PFC 主电路和偏置电源电路如图 6-17 所示。

在图 6-17 中，电容 C_1、C_2、C_3、C_4、C_5、C_6 与共模电感器 L_1、L_2 组成输入 EMI 滤波器，R_1～R_3 在 AC 电源切断时为电容放电提供通路。NTC 热敏电阻 RT1 在系统启动时限制浪涌电流，当电路开始正常工作时，继电器 RL1 将 RT1 旁路，RT1 不再有功率损耗，可使电源效率提高 1%～1.5%。

BR1 是桥式整流器，在接通 AC 电源后，电流经二极管 D_1 对 PFC 升压转换器输出电容 C_9 充电，浪涌电流不经过 PFC 电感器 L_4，从而使 L_4 不会出现饱和。

L_4、PFC 开关(MOSFET)Q_2、升压二极管 D_2 和输出电容 C_9 等，组成 PFC 升压变换器主电路。在 AC 140～265 V 输入电压范围内，输出电压稳定在 DC 385 V(B+与 B-之间)，并在 BR1 输入端产生正弦 AC 电流，使系统呈现纯电阻性负载，线路功率因数(PF)几乎等于 1。晶体管 Q_1、Q_3 等组成 Q_2 的缓冲级。R_6 和 R_8 是 PFC 级电流传感电阻，二极管 D_3 和 D_4 在浪涌期间钳位 R_6 和 R_8 上的电压(即两个二极管上的正向压降)。Q_2 栅极和漏极串接的铁氧体磁珠(直径 $d=3.5$ mm，长度 $l=3.25$ mm，20 Ω)，用做改善 EMI 特性。PFC 开关 Q_2 的散热器通过 C_{80} 接初级地(B-)。

L_4 的副绕组是偏置线圈，其输出由 D_{22}、D_{23}、R_{109}、C_{75}、C_{76} 倍压整流和滤波，作为后随偏置稳压器的 DC 输入。在系统通电后，电流通过 Q_{24}、D_{24} 对 C_{70} 充电，为 U_1(PLC810PG)提供启动偏置。Q_{27}、R_{111} 和齐纳二极管 VR9 组成射极跟随稳压器。当偏置电压 V_{CC}达到稳定时，Q_{25} 关闭启动电路，并且 Q_{26} 接通继电器 RL1，将热敏电阻 RT1 短路。

2. PFC 电路控制输入和 LLC 变换器

基于 U_1 的 LED 路灯 PFC 电路控制输入和半桥 LLC 谐振转换器电路如图 6-18 所示。

在图 6-18 中，U_1 引脚 GATEP 上的 PWM 信号驱动 PFC 开关 Q_2。R_6 和 R_8 上的电流传感信号经 R_{45}、C_{73} 滤波输入到 U_1 引脚 ISP，来执行 PFC 算法控制，并提供过电流保护。PFC 输出电压 V_{B+} 经 R_{39}～R_{41}、R_{43}、R_{46} 和 R_{50} 取样，并经 C_{25} 滤除噪声，输入到 U_1 引脚 FBP，来执行 PFC 输出电压调节和过电压以及电压过低保护。U_1 引脚 VCOMP 外部的 R_{48}、C_{26}、C_{28} 为频率补偿元件。当引脚 VCOMP 上的信号较大时，Q_{20} 导通，将 C_{26} 旁路，可使 PFC 控制环路能够快速响应。

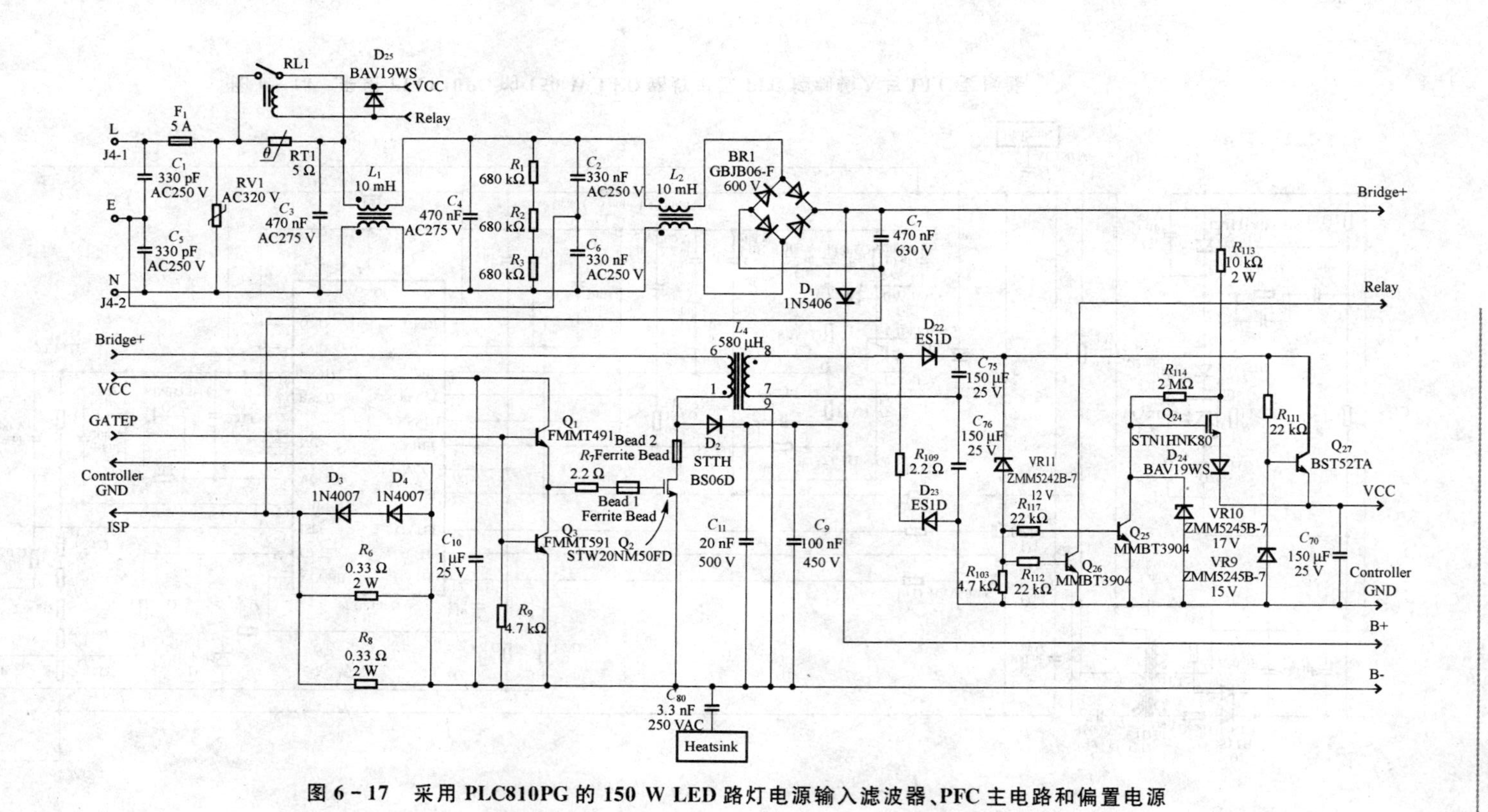

图 6－17　采用 PLC810PG 的 150 W LED 路灯电源输入滤波器、PFC 主电路和偏置电源

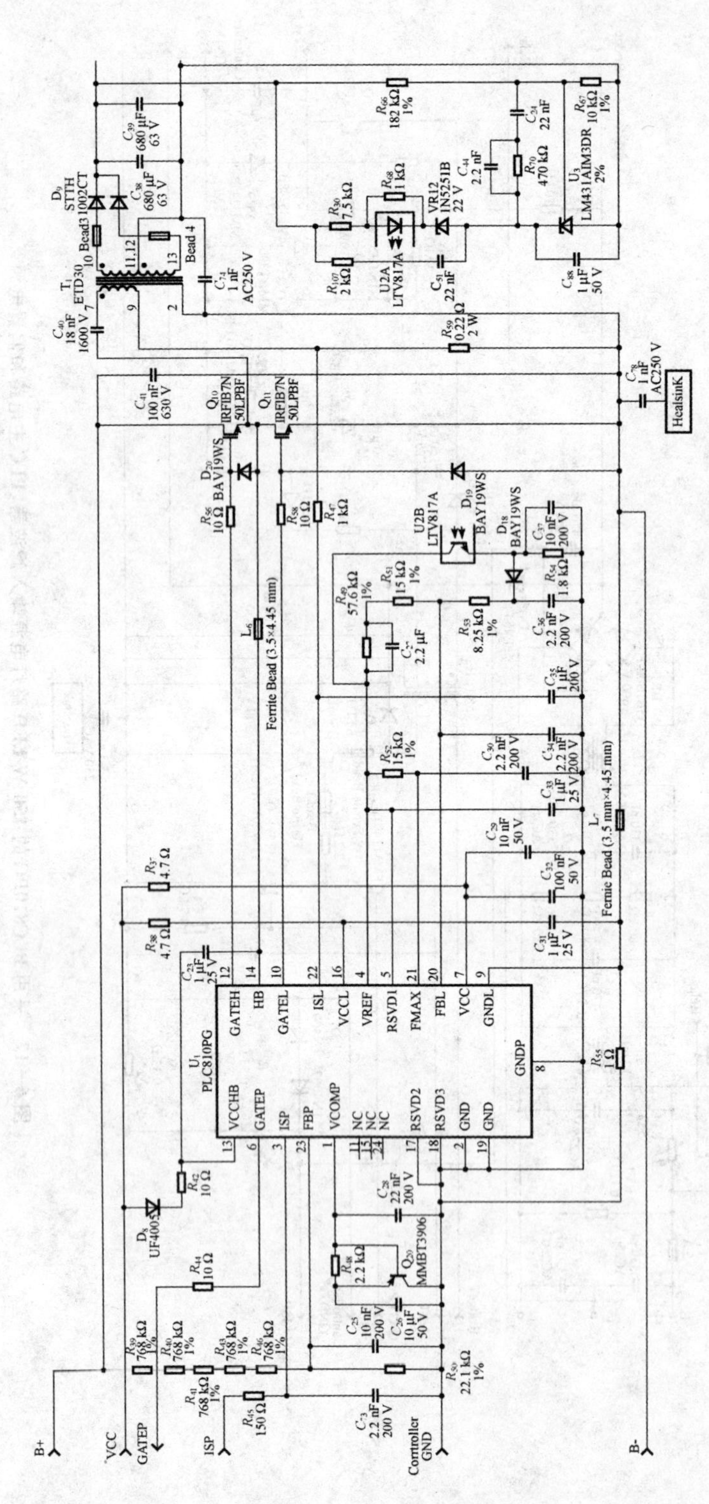

图 6-18　采用 PLC810PG 的 150 W LED 路灯电源 PFC 控制输入与 LLC 变换器

Q_{10}、Q_{11}为半桥功率开关(MOSFET)，C_{40}是谐振电容，C_{40}与变压器T_1初级绕组构成LLC谐振槽路，T_2次级输出经D_9、C_{37}、C_{39}整流滤波，产生48 V输出，为LED路灯模块供电。

48 V的输出由R_{67}、R_{66}采样，经稳压器U_3、光电耦合器U_2及R_{54}、D_{16}、R_{53}等反馈到U_1的FBL引脚，来执行输出电压调节和过电压保护。流入引脚FBL的电流越大，LLC级开关频率也就越高。最高开关频率由U_1引脚FMAX与VREF之间的电阻R_{52}设定。R_{49}、R_{51}、R_{53}设置下限频率。C_{27}是LLC级软启动电容，软启动时间由C_{27}和R_{49}、R_{51}共同设定。

R_{59}是T_1初级电流感测电阻。R_{59}上的电流感测信号经R_{47}、C_{35}滤波输入到U_1的ISL引脚，以提供过电流保护。

偏置电压V_{CC}经R_{37}、R_{38}分别加至U_1的引脚VCC和VCCL，将U_1模拟电源和数字电源分开。R_{55}和铁氧体磁珠L_7在PFC与LLC地之间提供隔离。U_1内半桥高端驱动器由自举二极管D_8、电容C_{23}和电阻R_{42}供电。Q_{10}和Q_{11}散热器经C_{78}连接到初级地(B—)。

3. 磁性元件选择

(1) PFC升压电感器

PFC升压电感器L_4使用PQ32/20磁芯和引脚12骨架，电气图和结构图如图6-19所示。

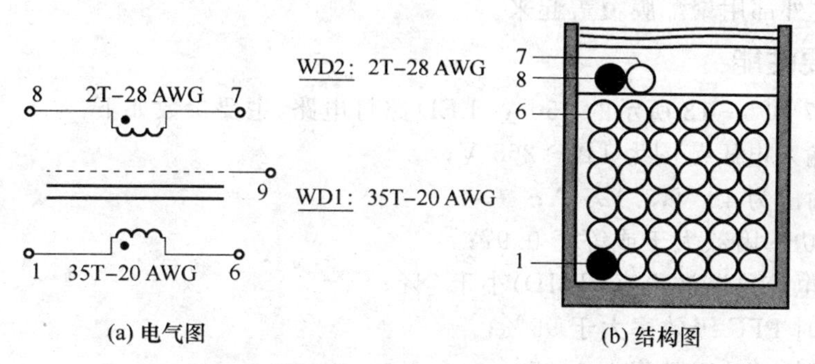

(a) 电气图　　(b) 结构图

图6-19　PFC升压电感器L_4的电气图与结构图

L_4主绕组使用20AWG(美国线规，约小于0.8 mm)绝缘磁导线，从引脚1开始到引脚6终止，绕35匝，电感量是580(1±0.1)μH。在主绕组外面绕一层作绝缘用的聚酯膜。偏置绕组使用28AWG(直径小于0.3 mm)绝缘导线从引脚8开始绕2匝，到引脚7结束。在该绕组线圈外面绕3层聚酯膜。在磁芯上包裹一层铜箔，并用直径小于0.5 mm铜线将铜箔与引脚9焊接起来作为屏蔽层。在铜箔外面再绕3层聚酯膜。

(2) LLC变压器

变压器T_1使用ETD39磁芯和引脚18骨架，电气图与构造图如图6-20所示。

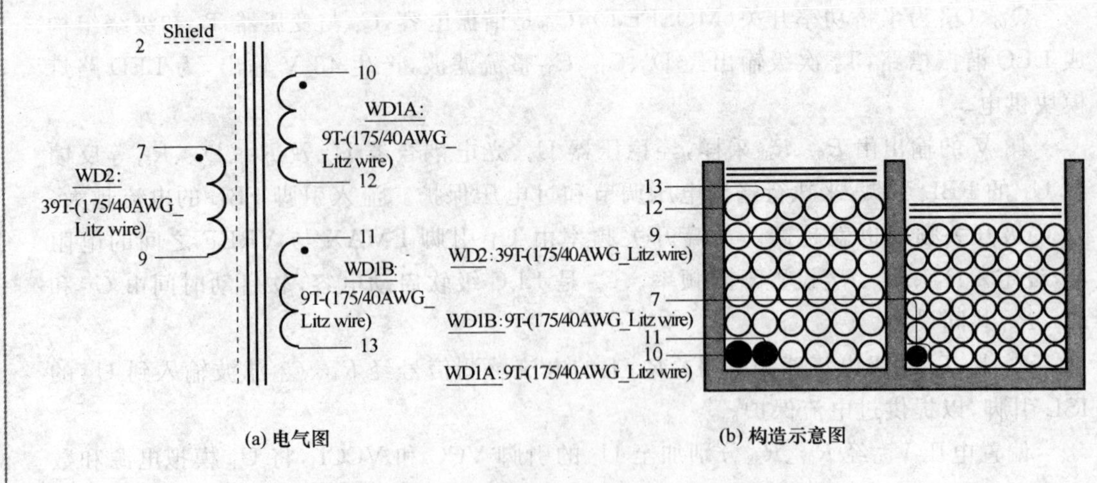

图6-20　LLC变压器 T_1 的电气图与构造图

先绕次级绕组WD1A/WD1B。次级绕组使用175股40AWG(直径小于0.08 mm)利兹线(即绞合线),从引脚10到引脚12,再从引脚11到引脚13各绕9匝,并覆盖2层聚酯膜。初级绕组WD1使用75股40AWG(直径小于0.08 mm)绞合线,从引脚7开始到引脚9结束,绕39匝,再绕2层聚酯膜。WD1电感量是820(1±0.1)μH,漏感是100(1±0.1)μH。将分成两部分的磁芯插入骨架中对接在一起,在磁芯外面用10 mm宽的铜皮绕一层,用焊锡将接缝焊牢,再在铜皮与引脚2之间焊接一段小于0.5 mm的铜线,在铜皮外部用聚酯膜覆盖起来。

4. 主要性能

图6-17和6-18所示的150 W LED路灯电路,主要参数如下:

- AC输入电压范围为140～265 V;
- DC输出为48 V,3.125 A;
- 输入功率因数大于或等于0.97;
- 输入电流总谐波失真(THD)小于7%;
- 满载时PFC级效率大于95%;
- 满载时LLC级效率大于95%;
- LED电源总效率大于92%;
- 传导EMI满足EN55022B/CISPR22B规范要求;
- 安全性满足IEC950/UL1950II级要求。

PLC810PG是一种带集成半桥驱动器的PFC与LLC组合离线控制器。基于PLC810PG的150 W LED路灯电源,功率因数PF≥0.97,系统效率 $\eta_{total}\geq 92\%$,符合IEC61000-3-2中对谐波电流的规定限制。

6.6　基于LM3402HV的LED路灯驱动电路设计

由于LED照明优点很多,使其应用也更加广泛。如LED路灯的应用可使其拥有长达 100 000 h 的使用寿命，同时具备省电、环保无汞、体积小、响应速度快、耐震、宽温等突出特点，这些都必将成为未来路灯照明的趋势。但是，由于路灯的特殊设计，也对LED灯的驱动电路提出了更高的要求。

6.6.1 路灯驱动电路设计要求和方案

我们知道，LED灯的亮度与电流的大小有关。不稳定的电流不仅使其亮度产生变化，也会影响LED的寿命。同时，为达到路灯的亮度要求，通常采用LED组来搭建满足要求的路灯。如：采用1 W的LED灯，需要用100只以上的LED灯组成一个标准的路灯。通常采用串并联的组合来完成设计。另一方面，因为我国路灯的输入是220 V交流电，因此通常的做法也是采用AC/DC的模块，将交流电压220 V转换成12 V/24 V/36 V/48 V的直流电压，然后通过LED驱动电路来点亮LED灯，如图6-21所示。

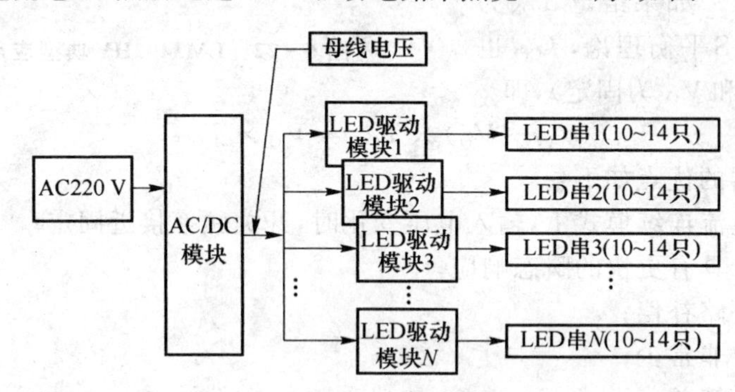

图6-21 集中直流供电路灯整体结构框图

对于驱动电路的设计及LED串的配置来说，母线电压的选择至关重要。电压选择低(如12 V)，固然对驱动电路芯片的选择会更多，但串接的LED个数也会少，这对同样LED数量的路灯设计来说，则势必会增加LED驱动模块，因此很不经济。另一方面，驱动电路的效率也至关重要，效率越高意味着驱动模块功耗越低，这不仅是为了省电，同时也可以减少驱动模块产生的热量。再有就是这种配置可以方便地通过增加或减少驱动模块的数量来调整LED灯的数量，满足不同的设计要求。这里就针对如下要求给出相应的LED驱动模块的设计方案：

① 48 V输入电压；

② 97%以上的工作效率；

③ 14只串行LED灯。

6.6.2 路灯驱动器设计原理及分析计算

现在各厂家均有很多LED驱动的方案可供选择。但针对输入大于48 V的宽范围的驱动方案就比较少。美国国家半导体公司提供了很好的宽输入电压范围驱动LED方案的产品可供选择。

实际上，LM3402HV是一款输入电压范围为6～75 V，输出电流为500 mA的高性能DC/DC转换器。如需更大的输出电流，美国国家半导体公司还有输出电流为1 A

的产品 LM3404HV。

1. LED 驱动电路介绍

驱动电路可采用数据手册中的典型电路，见图 6-22。

LM3402HV 是一款降压 COT (Constant On-Time) 转换器。COT 控制是基于 V-S 平衡工作原理。所谓 V-S 平衡理论是指在以稳定的脉宽调制的电源电路中，电感器上在一周期内的电压平均值为零。我们知道，降压转换器的结构，$D=V_O/V_{IN}$ 及 $D=T_{ON}/T$。如果给定 T_{ON} 为一常数，基于V-S平衡理论，T_{OFF} 也应为一常数(V_{IN} 和 V_O 为固定)，即

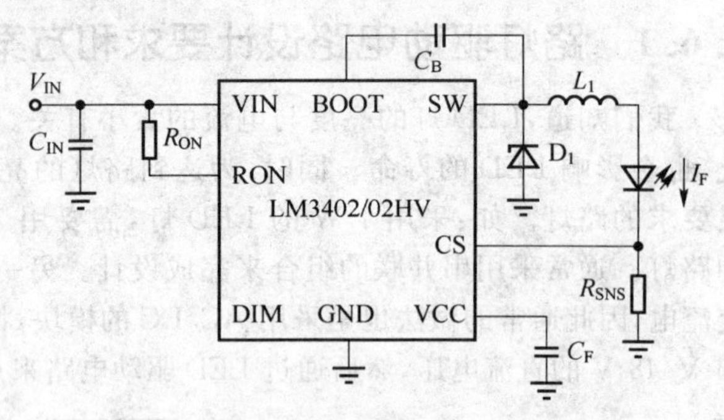

图 6-22 LM3402HV 典型应用电路

$$(V_{IN}-V_O)\times T_{ON}=V_O\times T_{OFF}$$

COT 转换器的优点如下：

① 在电感电流连续模式下，输入电压变化时，开关频率接近固定；

② 较 PWM 具有更快的瞬态响应；

③ 不需要环路补偿；

④ 外围器件非常少；

⑤ 应用非常简单。

2. 元器件参数的计算

假定 $V_{IN}=55$ V，V_{OUT} 为 14 只 1 W/350 mA 的 LED(3.5 V)供电，电压约为 49 V，则占空比 $D=49$ V/55 V=0.89，尽可能采用最高频率使外接元器件的体积最小化。因为恒导通控制有一个最小的关断时间 300 ns(见数据手册)，这里选择 30%的余量，300 ns ×1.3=390 ns，那么 $T=390$ ns/(1-0.89)=3 545 ns，$F=282$ kHz，$T_{ON}=3\ 545$ ns× 0.89=3 155 ns=3 μs。

电感上的电压为

$$V_L=V_{IN}-V_{OUT}=55\ \text{V}-49\ \text{V}=6\ \text{V}$$

恒导通 LED 控制的谷底电压为 0.2 V，这里选择纹波电流为输出电流的 20%，则纹波电流为 350 mA×0.2=70 mA，那么，0.2 V 对应的电流为 350 mA-70 mA/2=315 mA。所以，选择检测电阻 $R_{SNS}=0.2$ V/0.315 A=0.635 Ω。实际可取与这个值附近的电阻。

另外，根据 $T_{ON}=3$ μs，$I_{ripple=}$ 0.07 A，则

$$L=(6\ \text{V}\times 3\ \mu\text{s})/0.07\ \text{A}=257\ \mu\text{H}$$

$$R_{ON}-T_{ON}\times V_{IN}/(1.34\times 10^{-10})=3\ \mu\text{s}\times 55\ \text{V}/(1.34\times 10^{-10})=1.2\ \text{M}\Omega$$

电压为

$$V_{IN}\times(1+30\%)=71.5\ \text{V}$$

电流为

$$350\ mA + 70\ mA/2 = 385\ mA$$

选择 1 A 以上、耐压 72 V 以上的肖特基二极管即可。

C_b 和 C_f 是针对芯片内部补偿的，可以直接按参数表里的典型值选取，$C_b = 10\ nF$，$C_f = 100\ nF$。

设计电路并不复杂，但在实际应用中还需要注意以下要点：

(1) 电流/温度约束驱动 LED

温度大于 50 ℃时如果不加限流，多数 LED 的寿命将会缩短，需应用温度传感器和运放来控制 LED 正向导通电流。具体解决方案，可采用美国国家半导体公司的半导体温度传感器，如 LM94021。通过 LM3402HV 的 DIM 引脚，用 PWM 控制该引脚来达到减小 LED 灯的电流。

(2) 结构布局建议

对于路灯的 PCB 布线也要十分谨慎。由于 LED 路灯通常会用多组 LED 串灯来构成，这就需要多组 LED 驱动电路组成完整的驱动电路，任何设计上的缺陷都可能导致设计失败。

图 6-23 所示的 PCB 布局是很常见的，但这可能使路灯的设计失败。这里我们重申在电源设计中的 PCB 布局规则：信号地与电源地是分开的；信号地应连到最安静的底线上；应尽可能使大的纹波电流回路最短。图 6-24 所示是 LED 路灯设计应采用的布局。在该布局中，每一个驱动电路都有一个自己的输入电容，并且每个驱动电路的地都连到单一的输入源的地上，这就大大改善了地线回路的噪声对电路的影响，同时也使驱动电路的纹波减少。

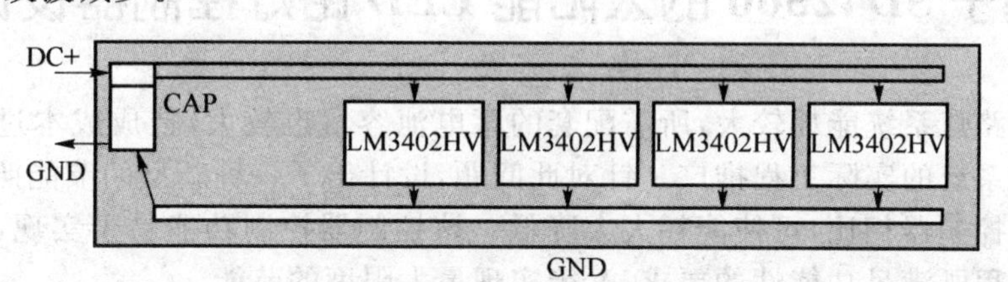

图 6-23　地线的错误接法

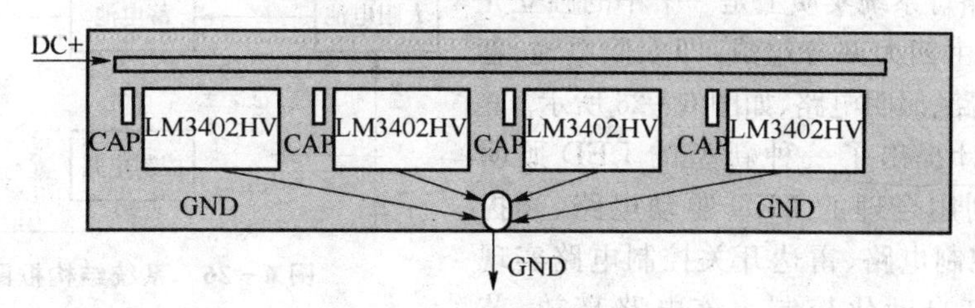

图 6-24　地线的正确接法

(3) 带电换接的问题

通常，LED 路灯的 AC/DC 电源模块是通过比较长的电缆连接到 LED 灯的驱动电路，如图 6-25(a)所示。长的电缆会产生大的漏电感，而这一漏电感会产生非常大的尖峰电压烧毁 LED 灯的驱动电路。实测该尖峰电压可达 100 V 以上，并使 LM3402HV 烧毁。有效的解决方案是串接小电阻及在输入端并入 TVS，同时在

LM3402HV 的引脚 BOOT 串入阻尼电阻。这样,很好地解决了尖峰电压所带来的问题,如图 6-25(b)所示。

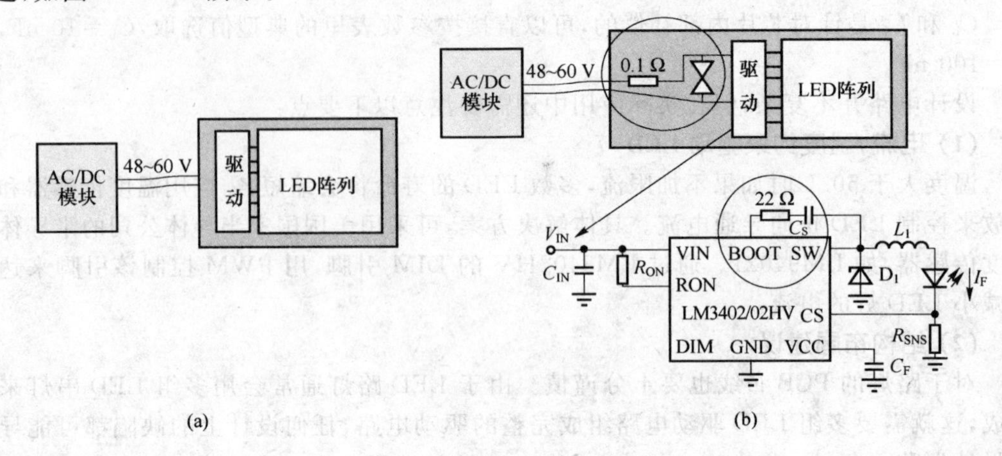

图 6-25 LED 路灯与 AC/DC 电源的连接

最终采用如上所述的设计方案设计出的 LED 灯的驱动电路,完全符合设计要求,完全达到环境温度从-40 ℃到 45 ℃的测试要求。在 48 V 输入 14 只 1 W 的 LED 灯时的驱动电路效率达到 98%以上,采用 LM3402HV 设计的路灯产品可以完全达到路灯工业标准,如果仅采用其中一组进行设计,也可以用于室内照明。

6.7 基于 SD42560 的太阳能 LED 路灯控制器设计

太阳能路灯系统能耗较大,所需配套的蓄电池容量也较大,造成成本过高,影响了太阳能路灯系统的实际工程推广。针对此问题,设计出了一种新型的节能照明控制器,与传统路灯控制器相比,可使能耗大大降低。该控制器控制功能易于实现,运行可靠,可使照明工程既满足功能性的要求,又能实现最大限度的节能。

太阳能路灯系统实质上是一个小的独立光伏系统,主要由四大部分组成,即太阳电池、蓄电池、控制电路、照明电路,如图 6-26 所示。

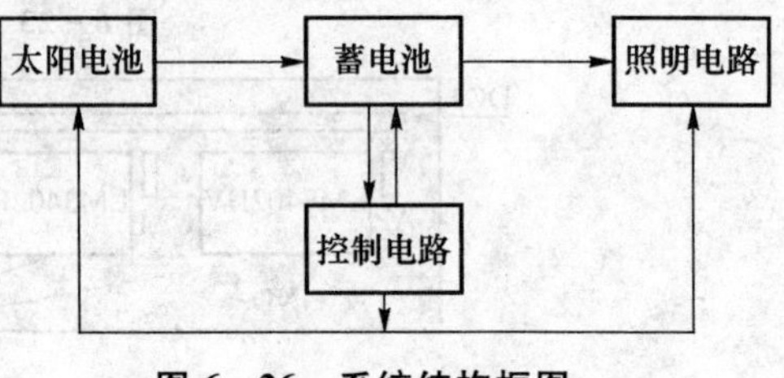

图 6-26 系统结构框图

这里设计提出了一种新型的 LED 照明控制电路,利用合理的 LED 驱动电路、光控电路、时间控制电路、雷达开关控制电路实现对 LED 路灯自动化控制。该电路高效、节能,符合太阳能 LED 路灯的发展趋势。

6.7.1 太阳能 LED 路灯控制器系统设计

1. LED 连接方式

选择 3 W 大功率 LED,将多只 LED 连接在一起使用时,正向电压和电流均必须匹配,这样整个组件才能产生一致的亮度。LED 的连接方式一般有串联、并联、混联、交叉阵列等。这里采用全部串联方式,如图6-27所示。其中,每只LED两端并联一只齐纳二极管。

2. 蓄电池保护电路设计

蓄电池是整个系统的关键部件之一,因此需要设计保护电路避免蓄电池的过充过放,延长使用寿命。

由于过充电路与过放电路有相似性,设计蓄电池过放电路如图6-28所示。电源电压正常时,调节电位器RP1,使a点的电位略高于b点的电位,放大器的1脚为低电平,VT截止,VD3(绿)发光表示电源电压正常。当电源电压低于10.15 V时,b点电位高于a点电位,放大器的1脚输出高电平,调节RP2,使VT饱和导通,绿灯灭,红灯亮。同时,负载与电源断开。

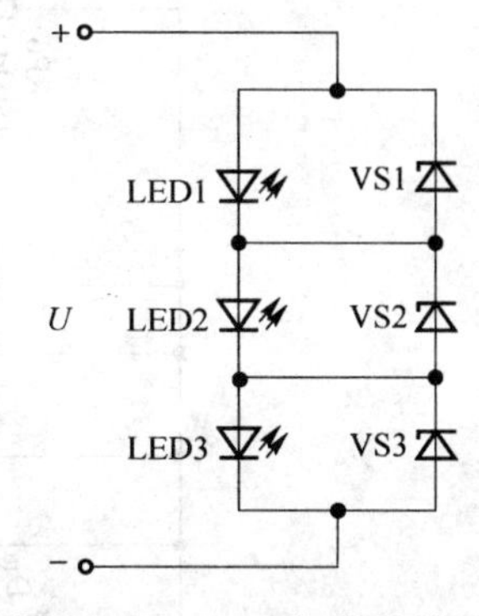

图6-27　LED灯管连接图

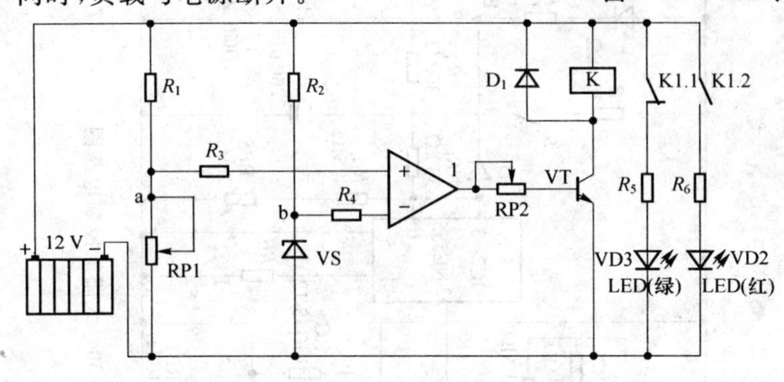

图6-28　电池过放电保护电路

3. 控制器设计

太阳能路灯控制器是太阳能路灯系统中最重要的部件,也是各种路灯系统最大的区别所在,可以说,光伏路灯系统的不同,其实质就是控制器的不同,其设计的好坏,决定了一个太阳能光伏系统运行情况的优劣。所以,设计功能完备、结构简单的智能光伏路灯控制器是非常重要的。

本控制器的框图如图6-29所示。控制器需要实现的功能有:天黑时自动开灯;天亮时自动关灯;在蓄电池电量不足时,自动断开负载,防止蓄电池过放电;保护电路全面,如短路保护,反接保护等。控制电路图如图6-30所示。

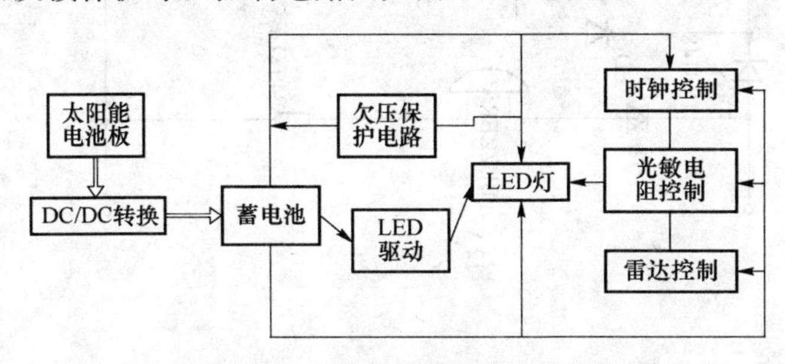

图6-29　太阳能路灯控制电路结构

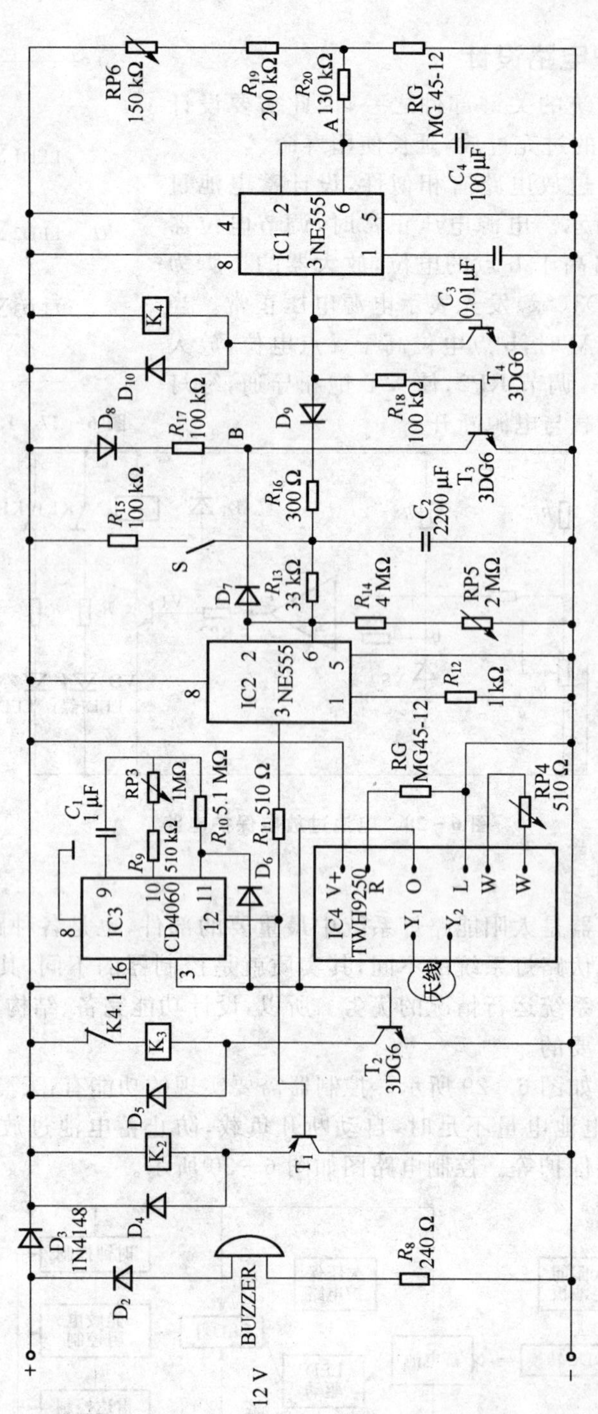

图 6－30　太阳能控制电路图

该控制电路由光控电路、定时控制电路、雷达开关控制、反接报警电路、继电器控制电路组成。光控电路由光敏电阻RG、可变电阻器RP6、二极管D_9和D_8、电阻器R_{17}～R_{20}、电容器C_3和C_4、晶体三极管T_3及时基集成电路IC1组成。定时控制电路由电阻器R_{12}～R_{16}、电容器C_2、可变电阻器RP5、时基集成电路IC2、开关S、二极管D_7、CD4060定时器模块组成。雷达开关由TWH9250雷达开关模块及附属电路组成。反接报警电路由电阻R_8、二极管D_2、蜂鸣器BUZZER组成。由蓄电池提供给控制电路12 V的直流电。

6.7.2 LED驱动电路设计

1. SD42560简介

SD42560是PWM控制、功率开关内置的LED驱动芯片，可提供降压型(BUCK)、升压型(BOOST)和降压-升压型(BUCK-BOOST)三种模式的驱动。内置温度保护电路、限流电路、过压保护电路和PWM调光电路，在较宽输入电压范围内，具有良好的线性调整率和负载调整率。SD42560采用电流模式控制，环路结构简单稳定，具有快速的瞬态响应，恒流特性好。SD42560具有出色的转换效率：降压型模式最高可达96%，升降压型模式最高可达到83%，升压型模式最高可达95%。SD42560内部结构如图6-31所示。

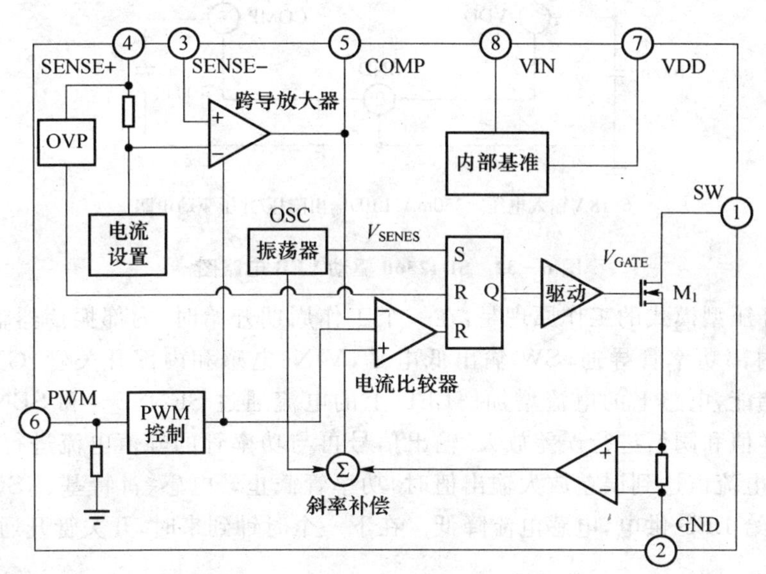

图6-31 SD42560内部结构图

SD42560主要特点如下：

- 5～36 V的输入电压范围；
- 最大1 A的输出电流(BUCK模式)；
- 0.3 Ω的内置功率MOSFET；
- PWM调光功能；

- 280 kHz 的固定开关频率；
- 输入/输出电压变化时，负载电流变化范围在±3%以内；
- 串接多只 LED 时，效率可以达到 96%以上；
- 过温保护；
- 每周期的过流保护；
- 输出过压保护(升压型或升降压型模式)。

2. SD42560 驱动电路设计

SD42560 驱动电路图如图 6－32 所示。

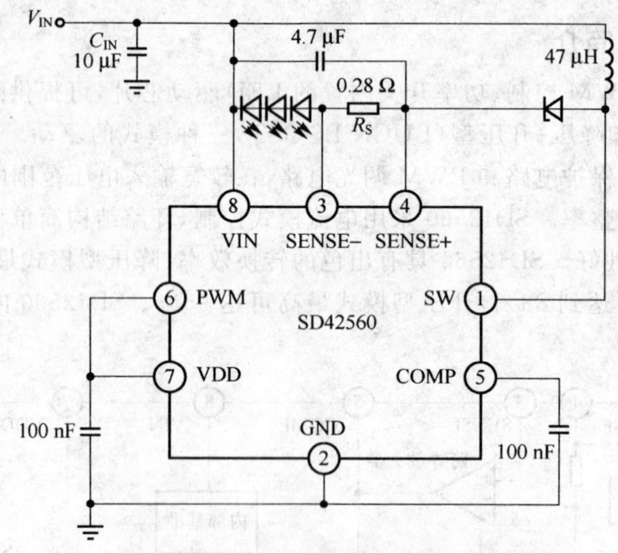

图 6－32　SD42560 驱动 LED 电路图

升压/降压型模式的工作原理是：在一个工作周期开始时，内部振荡器输出触发信号，将芯片内部功率管导通，SW 输出低电平，VIN、电感和内部开关管、GND 组成通路，给电感储能，电感上的电流增加。LED 上的电流通过 SENSE－和 SENSE＋进行采样，将采样值和阈值进行误差放大，输出信号再与功率管的峰值电流进行比较，当功率管的峰值电流值达到误差放大输出值时，功率管截止。电感、肖特基、RS、LED、VIN 组成的回路给 LED 供电，电感电流降低。在下一个时钟到来时，开关管开通，进入下一个开关周期。

(1) PWM 调光功能

SD42560 内部设定 PWM 调光功能。当 PWM 引脚接高电平时，芯片正常工作；当 PWM 引脚接低电平或悬空时，COMP 脚与芯片断开，电容上的电荷处于保持状态，电平保持，电流比较器的输出拉高，开关管关断，没有输出电流。这样，在 PWM 信号变高电平时，COMP 脚与芯片内部接通，提高了芯片的启动速度。通过控制外部 PWM 信号的占空比可以调节输出电流的大小。

SD42560 PWM调光时芯片内部最短的建立时间小于20 μs，PWM最高调光比可以达到500:1。当需要高的调光比时，调光频率推荐500 Hz以下，调光比要求不高时，调光频率可以达到2 kHz。

(2) 输出电流设定

输出电流大小由采样电阻和设定的电压值决定。芯片的采样电压值V_{SENSE+}减去V_{SENSE-}(R_S两端的压降)为100 mV。通过调节采样电阻R_S的大小调节输出电流：

$$I_{OUT} = \frac{V_{SENSE+} - V_{SENSE-}}{R_S}$$

(3) 限流功能

SD42560内部有限流功能，COMP端的电压钳位在1.9 V，电流比较器将功率管的输出电流限制在2.5 A左右。

(4) 抖频功能

SD42560内置抖频功能，可以改善系统的EMI特性。内部振荡频率在一个很小的范围内进行抖动，减小在单一频率的对外辐射，从而使得EMI设计简单化。

(5) 输出过压保护

在升压或升降压模式下，如果LED开路，采样电阻R_S上的压降为零，芯片会正常操作，并且峰值电流接近限流值。此时，如果不采取保护措施，SENSE＋引脚电压会不断升高，导致内部功率管或外部元器件击穿损坏。芯片内部OVP模块监测SENSE＋引脚电压，当其电压超过40 V，功率管关断，芯片停止操作，保证了芯片的安全。

6.8 基于FAN6961的200 W LED路灯驱动系统设计

目前，大功率LED照明系统越来越频繁地用于“主流”照明应用中，比如需要100 W或以上功率级的路灯及类似应用。因此，驱动器必须具有低线路谐波电流、高能效和小尺寸等特性。通用大功率LED路灯驱动系统可以采用TI、Intersil、ST、Richtek、Linear、OnSemi等公司的LED驱动器来实现，关键的是LED路灯需要的电源输出功率一般要大于100 W，因此设计一个高效率的大功率电源是整个系统的关键点。

这里采用飞兆200 W电源解决方案，主要由基于FAN6961电压模式PFC控制器的高功率因数预稳压器和基于谐振LLC拓扑的隔离型DC/DC转换器构成，输入电压范围可从90 V到265 V，可产生6路输出。在输入电压为48 V时，每路最大输出电流为0.7 A。

6.8.1 FAN6961简介

FAN6961是8引脚边界模式PFC控制器，能准确调整输出的DC电压，从而达到功率因数修正。该器件的电源电压高达25 V，启动电流低于25 μA，工作电流可降低到6 mA以下，可以进行零电流检测和逐个周期限流。FAN6961可用于电子灯镇流器，AC/DC开关电源转换器以及适配器和带ZCS/ZVS的反激电源转换器。FAN6961

的引脚图如图 6－33 所示。FAN6961 内部结构框图如图 6－34 所示。

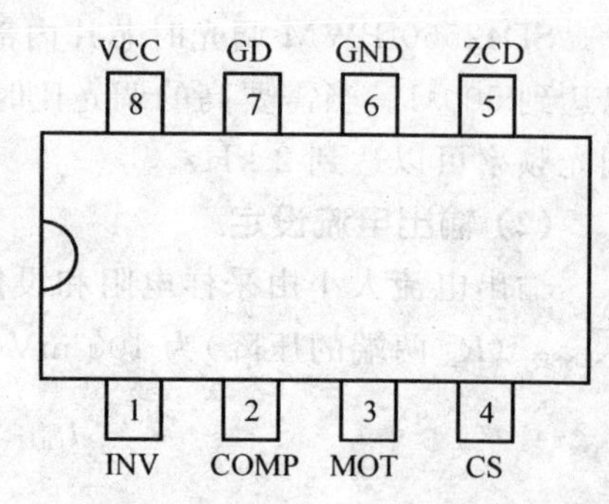

图 6－33 FAN6961 引脚图

FAN6961 特点如下：

- 边界模式 PFC 控制器；
- 低输入电流 THD；
- 受控导通时间 PWM；
- 零电流检测；
- Cycle-by-Cycle 电流限制；
- 前沿消隐，而不是 RC 过滤；
- 低启动电流为 10 μA 典型；
- 低工作电流为 4.5 mA 典型；
- Feedback 开环保护；
- 可编程最大导通时间(MOT)；
- 输出过电压保护钳位；
- 门输出电压钳位 16.5 V。

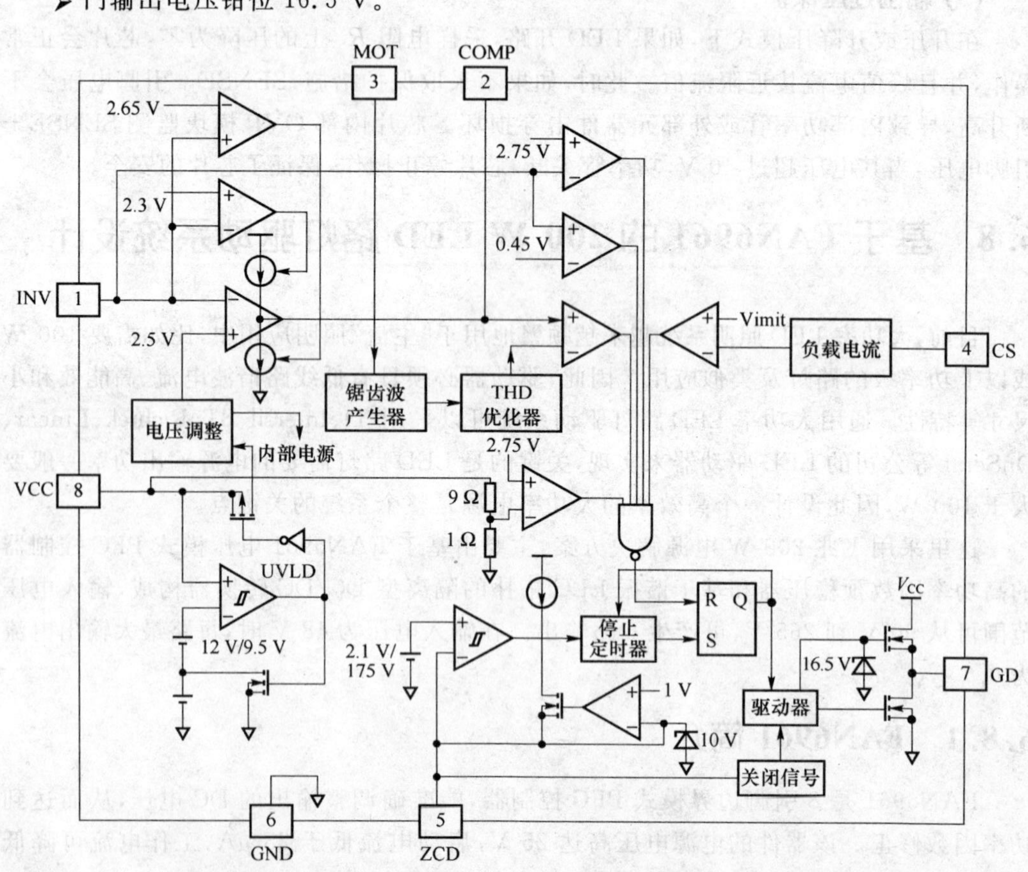

图 6－34 FAN6961 内部结构框图

FAN6961 典型应用电路如图 6-35 所示。

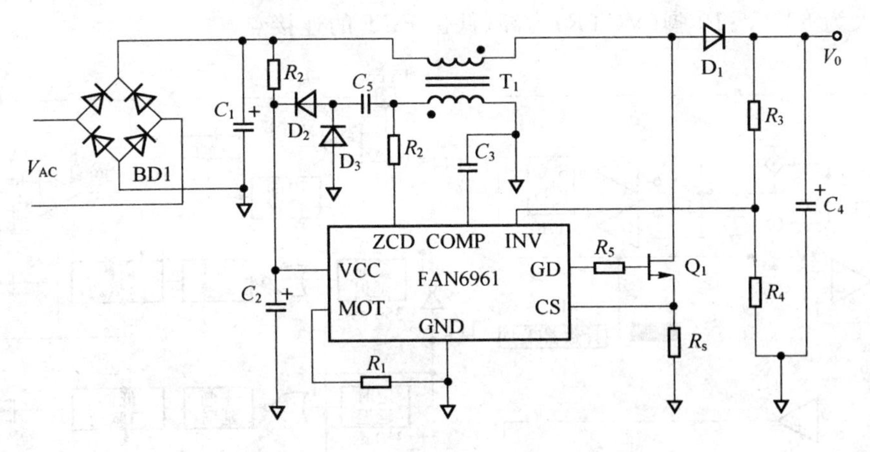

图 6-35　FAN6961 典型应用电路

6.8.2　FSFR2100 简介

FSFR2100 是单片 LLC 串联谐振变换器 IC，包含了 LLC 串联谐振变换器的全部功能：内部 FET 的 V_{Ds}=600 V，导通电阻 0.32 Ω，体二极管的 t_n=120 ns。图 6-36 所示是 FSFR2100 的引脚图，图 6-37 所示是 FSFR2100 IC 内部框图，图 6-38 所示是 FSFR2100 典型应用电路。

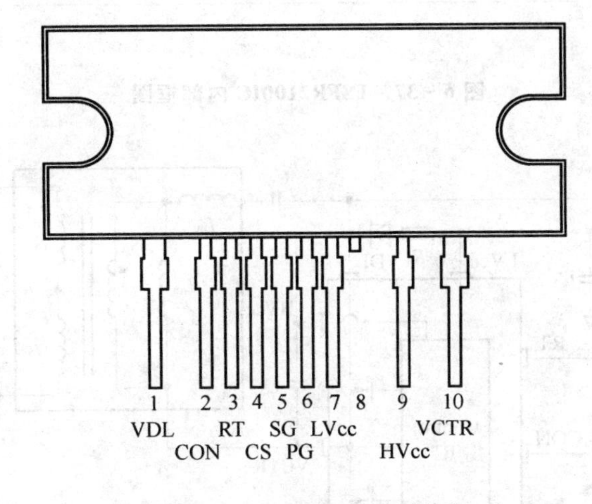

图 6-36　FSFR2100 的引脚图

FSFR2100 的 1 脚(VDL)为内部 FET 漏极电压端；2 脚(CON)为控制端，0.4 V 以下停止工作，0.6 V 以上正常工作，与光电耦合器连接可实现周期跳跃工作；3 脚(RT)为频率控制端，利用光电耦合器恒压控制以及最高、最低频率和软启动设定；4 脚(CS)为过电流检出端，0.6 V 动作，0.9 V 热击穿过流保护动作，需接 CR 滤波器；5 脚(SG)为信号地，与 PG 端在控制电路的地作一点连接；6 脚(PG)为电源地，低位 FET 的源极；7 脚(LVcc)为控制电路电源端，最大电压为 25 V，启动电压 14.5 V，停止电压 11.3 V；

8 脚(NC)为空脚;9 脚(HVcc)为高位 FET 驱动电源,通常 LVcc 由电荷泵提供,对地电压最大为 625 V;10 脚(VCTR)为高、低位 FET 的连接点。

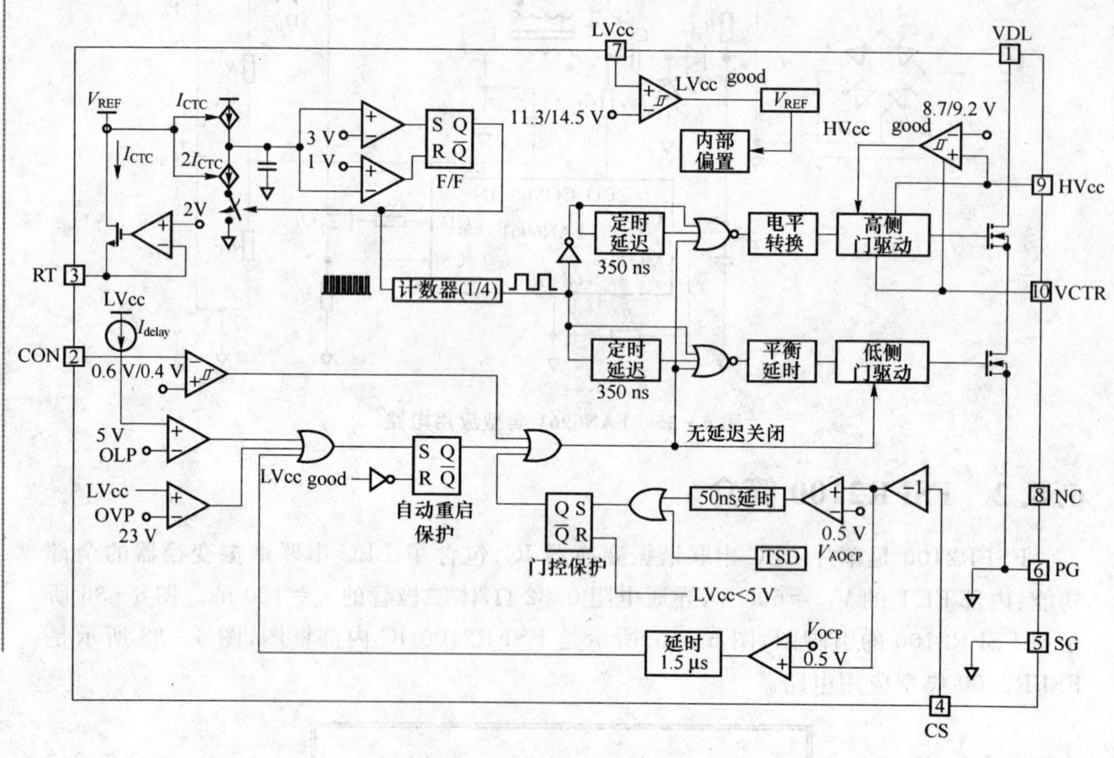

图 6-37　FSFR2100IC 内部框图

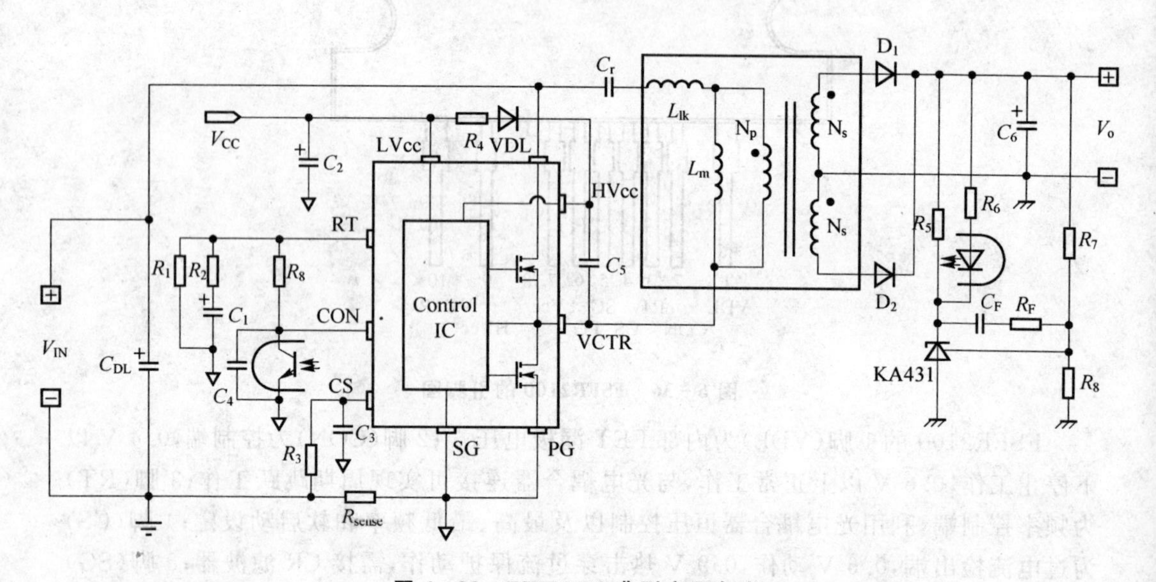

图 6-38　FSFR2100 典型应用电路

FSFR2100有以下特点：

- 静寂时间为固定的350 ns；
- 工作频率为300 kHz以上；
- 可程控的轻负载周期跳跃工作；
- 利用控制端(CON)可遥控ON/OFF；
- 输入过电压保护；
- 过电流保护(检出电压为0.6 V)；
- 热击穿过电流保护电路(检出电压为0.9 V)；
- 过热保护电路；
- 最高、最低工作频率设定；
- 保证稳定输出的频率控制。

图6-38中输入电压为DC 40～400 V，输出容量为192 W(24 V/8 A)，T_1的一次线圈为36匝，电感为630 μH，两个二次线圈各为4匝，谐振电容为22 nF。

6.8.3　200 W LED路灯驱动系统设计

1. 整流、EMI滤波和PFC电路设计

以FAN6961边界模式PFC控制器为核心，PFC控制器IC旨在控制PFC稳压器，利用受控导通时间来调节输出电压，实现自动功率因数校正。模块的启动电流由PFC电源提供。达到启动电压时，器件开始以R_{107}决定的频率工作，由于不久之后C_{107}开始充电，频率斜坡下降至由C_{107}决定的额定工作频率(软启动)。图6-39给出了基于FAN6961的带整流和EMI滤波功能的电路图。

2. LLC型DC/DC转换器设计

传统的LC串联谐振开关电源为了实现小型化，被迫提高其工作频率，以减小滤波电感和开关变压器的体积。但频率的提高使开关损耗增加而效率下降，且开关噪声变大。

LLC串联谐振变换器主要采用电流谐振，只在开关从ON到OFF及OFF到ON期间是电压谐振，其开关波形为正弦波，因而在给开关元件加上电压时，不会流过大电流；而且利用开关元件的寄生电容实现零电压开关(ZVS)，可制成高频、高效及噪声极低的变换器。

传统LC串联谐振变换器电路如图6-40所示(去掉L_m)。L_r为开关变压器漏感，C_r为谐振电容，Tr1和Tr2分别用具有微小静寂时间的50%的占空比交替驱动。由于在L_r与C_r的谐振频率f_0时，输入输出增益最大为1倍，为了稳定输出电压，有必要提高工作频率。但在理论上，空载时须将频率提高到无限大，才能稳定工作。这是LC串联谐振变换器的缺点。

增加L_m就是LLC串联谐振变换器电路。与LC串联谐振变换器不同，在开关变压器的一次侧并联了小电感量的励磁电感L_m，L_m的电感量仅是漏感L_r的3～8倍。此外，变压器的磁芯留有气隙，以适应小的励磁电感。

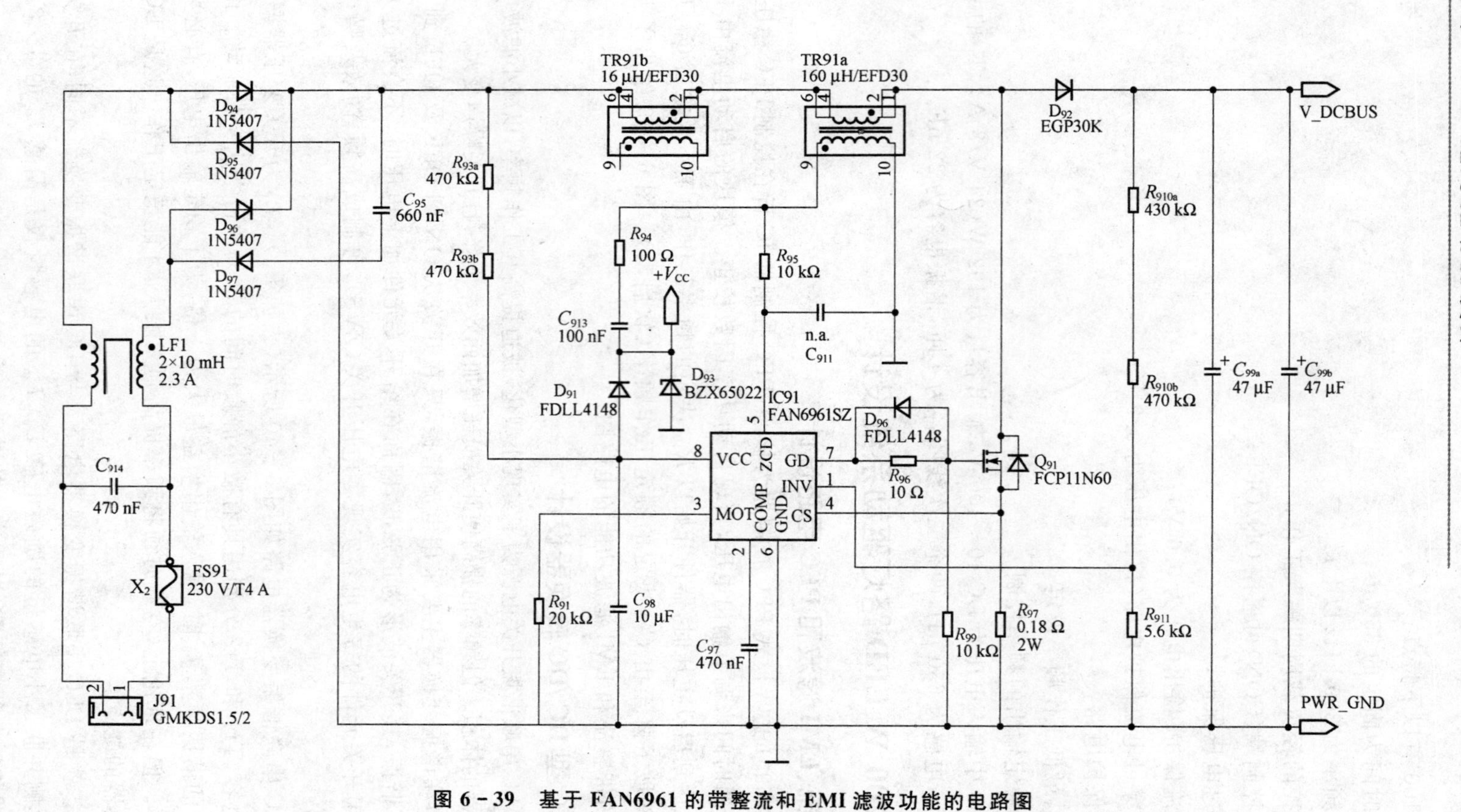

图 6－39　基于 FAN6961 的带整流和 EMI 滤波功能的电路图

这里设计的 LED 路灯驱动器输出功率高达 200 W。该驱动器主要由三级组成：首先是带前置 EMI 滤波器和整流的功率因数控制器，其次是基于 LLC 拓扑的(DC/DC)转换器，最后是 6 个开关模式电流源。

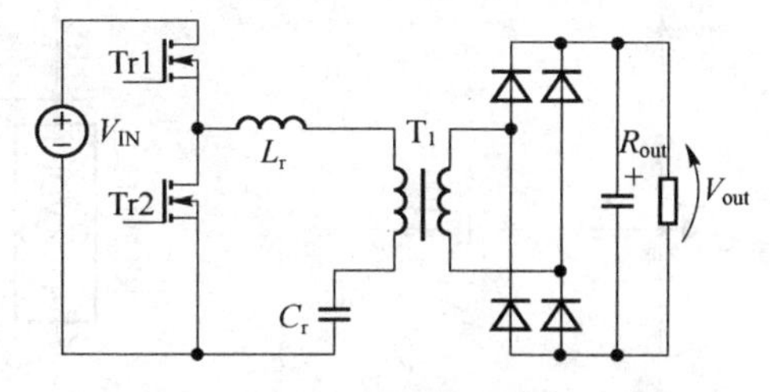

图 6-40　传统 LC 串联谐振变换器电路

FSFR2100 功率开关也是该方案中的一个重要元件。FSFR2100 采用零电压开关(ZVS)技术，能够大幅降低 MOSFET 和整流器的开关损耗。采用这种技术，此开关无需散热器即可处理高达 200 W 的功率，使用散热器更可处理高达 450 W 的功率。FSFR2100 还集成了所有必需元件以构建可靠及高效的谐振转换器，并在高热效的 SiP 封装中集成了一个脉冲频率调制(PFM)控制器、一个高压栅极驱动电路和两个快速恢复 MOSFET(FRFET)，以及软启动、间歇工作模式和重要的保护功能。

图 6-41 显示了 DC/DC 转换器的原理示意图。该变换器围绕集成式 LLC 控制器模块 FSFR2100 而设计。这个模块包含了一个带精确 CCO 的控制器、一个高压栅极驱动电路和两个带快速恢复体二极管的 MOSFET。

LLC 网络由 L_{101}、TR1 和 C_{102a}、C_{102b} 组成。在次级端，转换的电压被 D_{201}～D_{204} 整流，被 C_{201} 滤波。通过 D_{205}、R_{201}、C_{204} 和 D_{206} 产生第二个更低的输出电压。

R_{204}、C_{202}、R_{207} 等及 OC1 构成反馈回路，使输出电压稳定。光耦合器的 BJT 连同 R_{104} 组成一个与 R_{105} 并联的可变电阻，这个电阻值决定最小工作频率，并调节频率。

D_{105}、R_{108}、C_{105} 和 D_{106} 在正常工作期间为 IC1 通过供电电流。半桥的高端驱动器的供电电压由 bootstrap 电路产生，后者由 R_{106}、D_{101} 和 C_{106} 组成。

流经下方 MOSFET 的电流由 R_{101} 测量，网络 R_{102}/C_{102} 对信号进行滤波，并馈入 CS 引脚。该引脚接收到的信号相对芯片的接地引脚为负。如果该引脚的电平达到－0.6 V，半桥被关断直到下一个周期来临。如果达到－0.9 V，器件被关断(AOCP)。后一种模式被闩锁，只有在芯片的 V_{CC} 降至 5 V 以下后才复位。

3. 电流源设计

通常，DC/DC 转换器涉及的这三种同类电源都采用降压拓扑，并基于电流模式 PWM 控制器 SG8858。图 6-42 所示为这些电流源模块的原理示意图。电感 L_{102} 的峰值电流通过分流电阻 R_{13} 被转换为电压。这个电压被输入控制器的电流感测引脚，使控制器保持峰值电感电流恒定。R_{10} 决定电流感测电平，R_7 决定工作频率，在该应用中工作频率约为 70 kHz。

在实际应用中，如果输出连接不同数量的 LED，LED 电流并不是完全固定不变的，因为占空比和平均电流随输出电压在轻微变化。但转换器越是采用 CCM 模式工作，即 L_{102} 值越高，电流就越稳定。在大多数应用中，连接的 LED 数量几乎没有变化。二极管输出电压(也称为正向电压)的变化比较小，电流相当稳定。在最坏的情况下，即 70% 的最大占空比时每个电流源最多可以驱动约 35 只 LED。

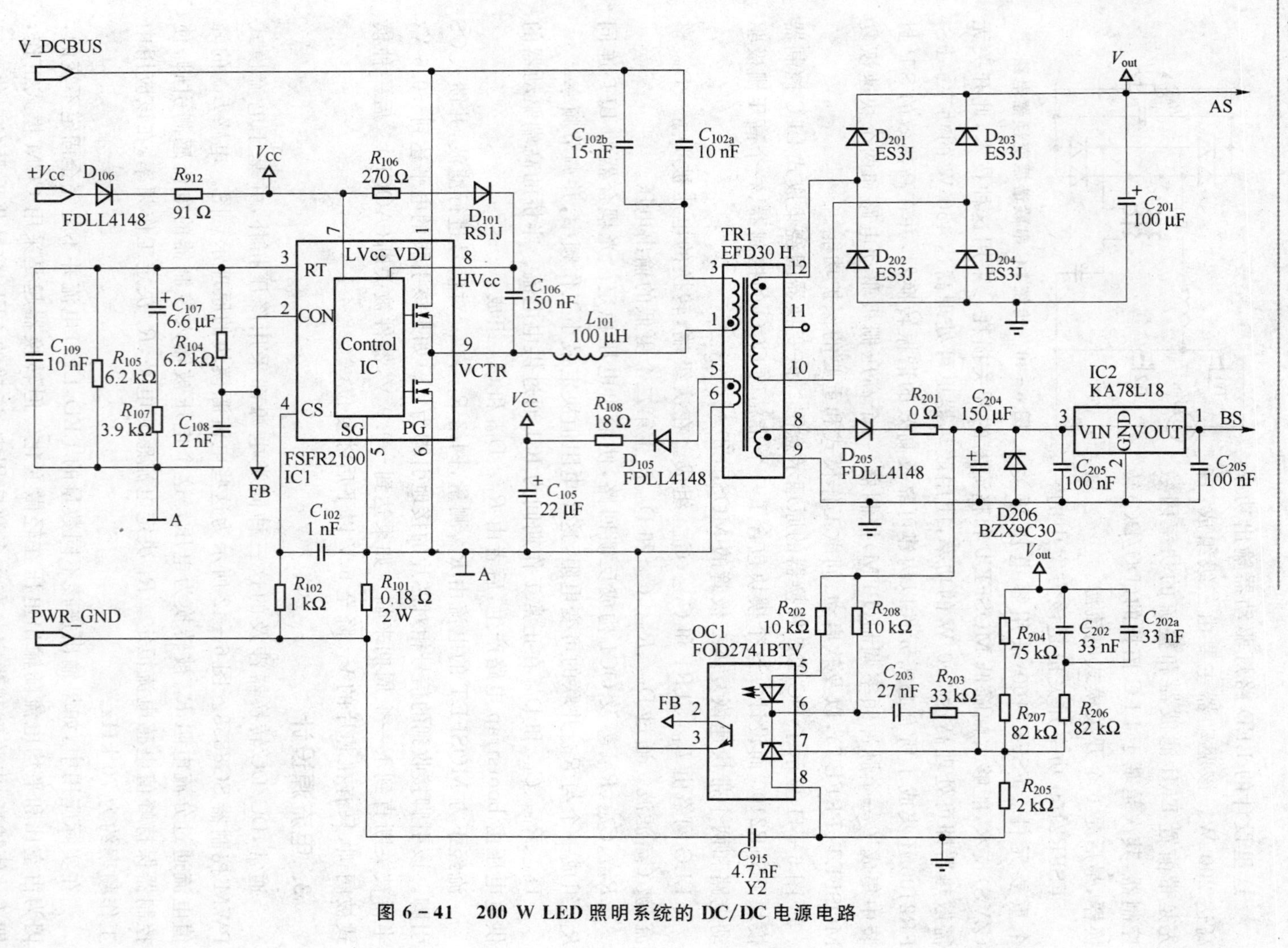

图 6－41　200 W LED 照明系统的 DC/DC 电源电路

这个 200 W 路灯电源方案的主要优势包括：非常紧凑设计；全负载效率大于 94%；待机功耗仅为 1.2 W；EMI 很低；可通过 PWM 信号调光；只有 PFC 开关需要加散热片。

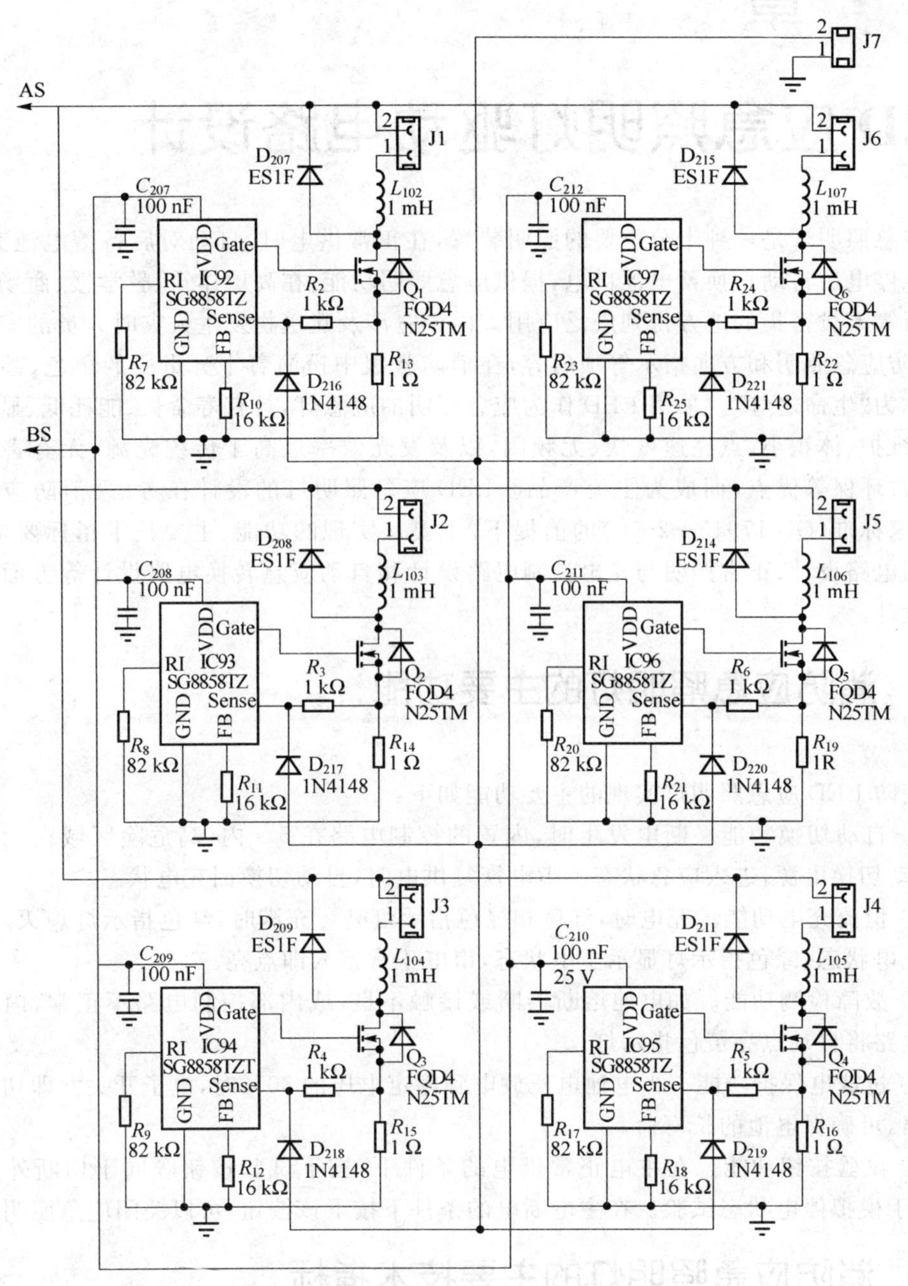

图 6-42　基于 SG8858 的 LED 恒流输出电路

第7章

LED应急照明灯驱动电路设计

应急照明灯是一种十分重要的照明装置，在正常供电时，自动对后备蓄电池充电，在电源停电后自动切换蓄电池供电，提供应急照明功能，在高层建筑、教学楼、商场和娱乐场所等人员密集的地方得到广泛应用。由于它涉及建筑物发生火灾时人员的安全疏散、消防应急照明和方向指示等项内容，在消防救援中扮演着十分重要的角色，甚至被人们称为"生命之灯"。采用LED作为应急照明的应急灯，具有寿命长、能耗低、显色性高、易维护、体积小、点亮速度快、无频闪，以及发光效率远高于传统光源、无有害金属汞、非常环保等优点，而成为主流产品。LED应急照明灯的设计在考虑《消防应急灯具》国家标准(GB 17945—2000)的前提下，主要从实现的功能、主要技术指标要求、应急照明电路设计、正常照明与充电控制电路设计和自动应急转换电路设计等方面进行综合设计。

7.1 消防应急照明灯的主要功能

消防LED应急照明灯实现的主要功能如下：

① 自动切换功能。断电发生时，内置的控制电路在5 s内(高危险区域在0.25 s内)自动切换电源，进入应急状态。市电恢复供电时，自动切换回充电状态。

② 恒流充电功能。充电时，红色和绿色指示灯亮。充满时，红色指示灯熄灭，转入涓流充电状态；绿色指示灯显示主电状态，市电正常接入即点亮。

③ 故障检测功能。如电池熔断器断或接触不良，或内部控制电路不正常，内置的自检电路将自动点亮黄色指示灯。

④ 过放电保护功能。当电池电压放电到额定电压的80%时，电子开关立即切断放电回路，可确保电池的长寿命。

⑤ 试验按钮功能。在主电正常供电的条件下，按下试验按钮等同于切断外部电源，用于模拟停电状态试验。在主电断电的条件下按下该按钮，可以关闭应急照明灯。

7.2 消防应急照明灯的主要技术指标

按照国家标准(GB 17945—2000)，LED应急照明灯应该达到的主要技术指标如下：

① 消防应急灯具的应急工作时间应不小于90 min,且不小于灯具本身标称的应急工作时间。

② 消防应急灯具应设主电、充电、故障状态指示灯。主电状态用绿色,充电状态用红色,故障状态用黄色。集中电源型消防应急灯具应设主电和应急电源状态指示灯,主电状态用绿色,应急状态用红色。主电和应急电源共用供电线路的消防应急灯具可只用红色指示灯。

③ 消防应急灯具应有过充电保护和充电回路短路保护。消防应急灯的充电时间应不大于24 h,最大连续过充电电流不应超过0.05C5A(1C表示电池容量电流,0.05C为0.05倍电池容量电流;C5表示5 h的容量放电时间)。集中电源型消防应急灯具使用免维护铅酸电池时最大充电电流不应大于0.4C20A。

④ 消防应急灯具应有过放电保护。电池放电终止电压应不小于额定电压的80%,放电终止后,在未重新充电条件下,即使电池电压恢复,消防应急灯具也不应重新启动,且静态泄放电流应不大于10－5C5A。集中电源型消防应急灯具使用免维护铅酸电池时最大放电电流不应大于0.6C20A。电池放电终止电压应不小于电池额定电压的90%,静态泄放电流应不大于10－5C20A。

⑤ 消防应急灯具在主电电压为187～242 V内,不应转入应急状态。

⑥ 消防应急灯具由主电状态转入应急状态时的主电电压应在132～187 V内。由应急状态恢复到主电状态时的主电电压应不小于187 V。

⑦ 消防应急灯具的主电源输入端与壳体之间的绝缘电阻应不小于50 MΩ,有绝缘要求的外部带电端子与壳体间的绝缘电阻应不小于20 MΩ。

⑧ 消防应急灯具的主电源输入端与壳体间应能耐受频率为50(1±0.01)Hz、电压为1 500(1±0.1)V、历时(60±5)s的试验。消防应急灯具的外部带电端子(额定电压≤DC 50 V)与壳体间应能耐受频率为50(1±0.01)Hz、电压为500(1±0.1)V、历时(60±5)s的试验。试验期间,消防应急灯具不应发生表面飞弧和击穿现象;试验后,消防应急灯具应能正常工作。

7.3 LED应急照明灯控制电路设计

1. 变压、整流与滤波电路设计

在正常情况下一般由AC 220 V市电供电,为此设计了变压、整流、滤波电路,如图7－1所示。其作用是:AC 220 V经变压器T_1降压为AC 8 V,经D_1～D_4桥式整流和C_1滤波后,得到直流电压,供给充电电路和其他电路使用。

2. 状态指示电路设计

本应急照明灯主要有主电供电状态、充电工作状态和电路故障状态3种,分别用标准的绿光LED、红光LED和黄光LED来指示,根据控制要求设计了主电指示、充电指示、故障指示等电路以及工作状态检测电路,如图7－2所示。

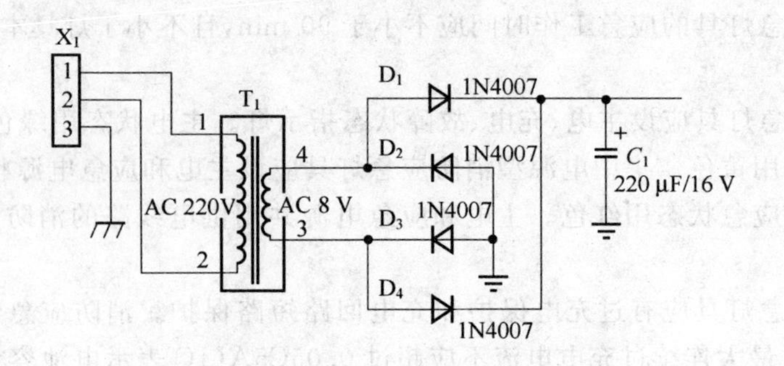

图 7-1　变压、整流、滤波电路

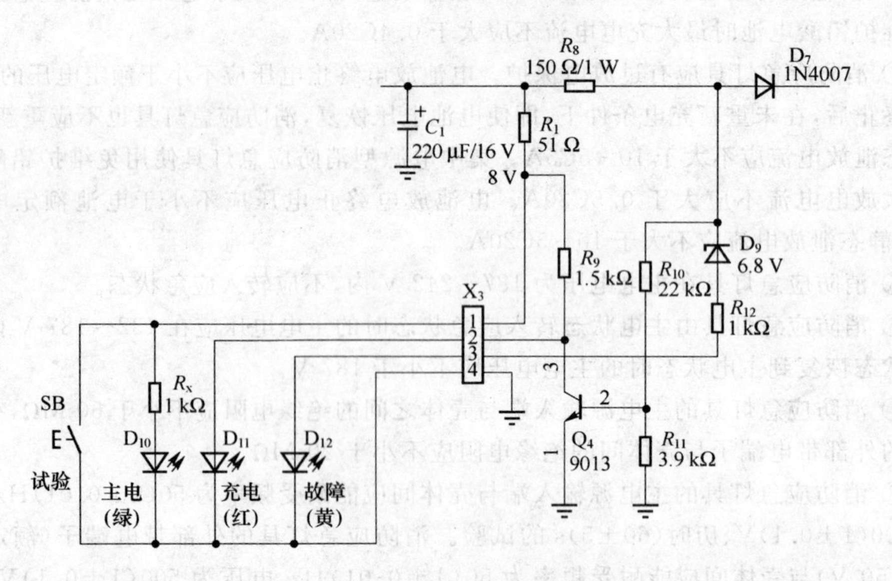

图 7-2　应急灯工作状态指示电路

(1) 主电供电状态

当接通主电电源后，经降压、整流和滤波后得到的直流电压，经过 R_1、R_x、D_{10} 限流后，使主电指示灯 D_{10}（绿）亮，D_{10} 正向导通电压为 2 V，正常显示电流为 10～20 mA；主电断电后，主电指示灯 D_{10} 熄灭。

(2) 充电工作状态

刚开始充电时，充电电池电压较低，Q_4 截止，整流、滤波后的直流电压经 R_1、R_9、D_{11} 限流后，使充电指示灯 D_{11}（红）亮，D_{11} 正向导通电压为 1.8 V，正常显示电流为 10～20 mA；当电池电压升高到一定值时，导致 D_7 截止，并经 $R_8 \rightarrow R_{10} \rightarrow Q_4$（9013）通路，使 Q_4 导通，从而使红灯 D_{11} 熄灭。

(3) 电路故障状态

在主电供电的情况下，当电池失效或者与之串联的熔断器熔断后，施加的直流电压高于 6.8 V 使稳压管 D_9 工作，再经过 R_{12} 使故障灯 D_{12}（黄）亮，D_{12} 正向导通电压为 2 V，正常显示电流为 10～20 mA。当主电断电后，故障灯 D_{12} 熄灭。

3. 应急转换电路设计

根据控制要求，设计的应急照明灯的应急转换电路，如图 7－3 所示。

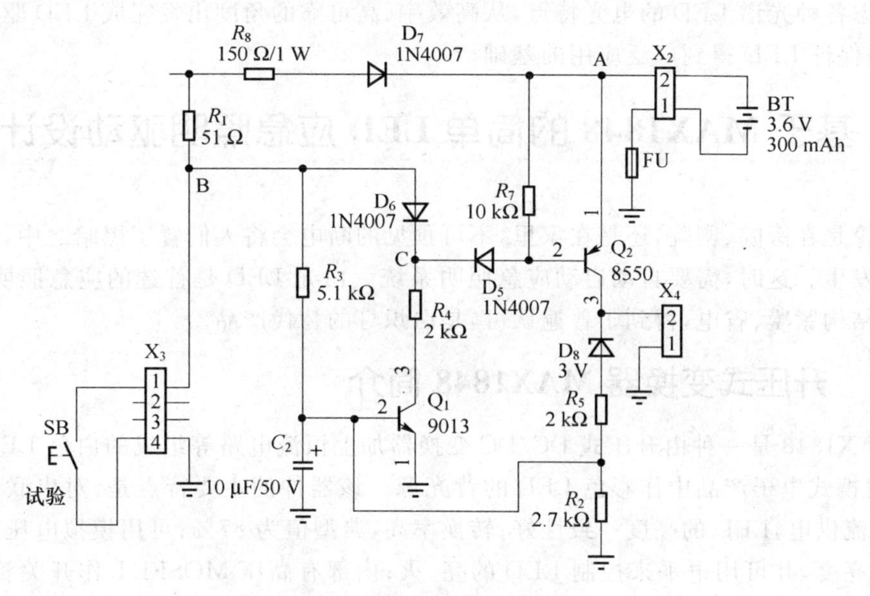

图 7－3　应急灯状态转换电路

当主电正常供电时，整流、滤波后的直流电压经 R_8、D_7 限流后，给电池 BT 充电；同时，该直流电压经 R_1、R_3，对 C_2 充电，为应急转换做好准备，并使 Q_1 导通，但由于 C 点电位高于 A 点电位，而使 D_5 和 Q_2 截止。当主电由供电转为断电时，C_2 上的充电压使 Q_1 继续保持导通状态，C 点由高电位转为低电位，使 D_5 和 Q_2 导通，充电电池向 LED 应急照明电路供电。选择蓄电池容量为 3.6 V/300 mAh，在 LED 照明电路电流小于或等于 200 mA 的情况下，确保 LED 应急照明工作时间不小于 90 min。在主电正常供电的情况下，闭合试验按钮 SB，则模拟主电断电而进入应急照明状态，打开试验按钮恢复主电供电状态。

4. 简易 LED 应急照明电路

该应急照明灯的应急照明功能是由白光 LED 来实现的，由于单只白光 LED 的发光亮度有限，不能满足实际要求而使用了多只 LED，设计的控制电路如图 7－4 所示。为了照明光线的均匀性，将应急照明电路做成 2 块板，分布在底座的两边，每块应急照明板上均安装 4 只白光 LED，每只 LED 的正向导通电压为 3 V 左右，正向工作电流范围为 10～30 mA。同时，为了避免 LED 正向导通电压的离散性而导致功率消耗不均衡的问题，每只 LED 串联一只电阻后再并联使用。在本设计中共使用了 8 路白光 LED 电路，总的工作电流不能超过 200 mA，即每个 LED 回路的工作电流不能超过 25 mA，以保证应急工作时间不小于 90 min。

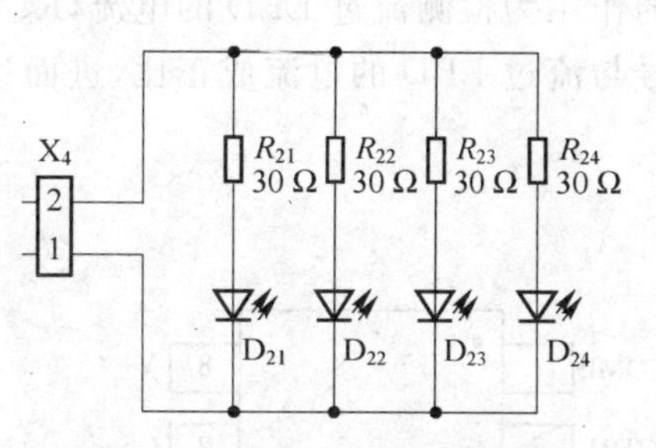

图 7－4　简易应急灯照明电路

随着LED技术的不断发展和成本的下降,LED在应急照明及日常生活中将扮演越来越重要的角色。在开发设计应急照明灯的控制电路时,要根据国家有关标准要求,充分考虑各种光谱LED的电光特点,从高效率、高可靠的角度出发完成LED驱动电路设计,是保证LED得到广泛应用的基础。

7.4 基于MAX1848的简单LED应急照明驱动设计

无论是在医院、剧院,还是在家里,不可预见的断电会将人们置于黑暗之中,这种情况时有发生。这时,需要自动启动应急照明系统。白光LED是首选的应急照明方案,由于它结构紧凑、省电,得到了普遍认可,是白炽灯的替代产品。

7.4.1 升压式变换器MAX1848简介

MAX1848是一种由升压式DC/DC变换器加上恒流电路等组成的白色LED驱动器,在便携式电子产品中作彩色LED的背光源。该器件的主要特点是:对串联的白色LED恒流供电,LED的亮度一致性好;转换率高,典型值为87%;可用模拟电压来调节LED的亮度,并可用电平来控制LED的亮、灭;内部有高压MOSFET作开关管,输出功率可达0.8 W;振荡器频率1.2 MHz,其电感器及电容器可采用小容量、小尺寸元件,减小印制板的面积;工作电压为2.6~5.5 V;静态电流1 mA;输出电压可达13 V,并有过压保护;有可编程的软启动功能,可防止启动时大冲击电流;有关闭控制,在关闭状态时空耗小于0.3 μA;小尺寸SOT-23封装;工作温度为−40~+85 ℃。该器件组成的背光源主要应用于手机、智能电话、PDA、无线手持设备、GPS及便携式计算机等。

1. 基本应用电路

MAX1848引脚图如图7-5所示,基本应用电路如图7-6所示。在图7-6中,L_1、D_1、C_{OUT}等组成升压式DC/DC变换器电路,其负载为串联的三个白色LED。R_{SENSE}的作用为检测流过LED的电流,R_{SENSE}上的电压反馈到CS端(脚7),即反馈的电压信号与流过LED的电流成正比,进而达到电流稳定的目的。

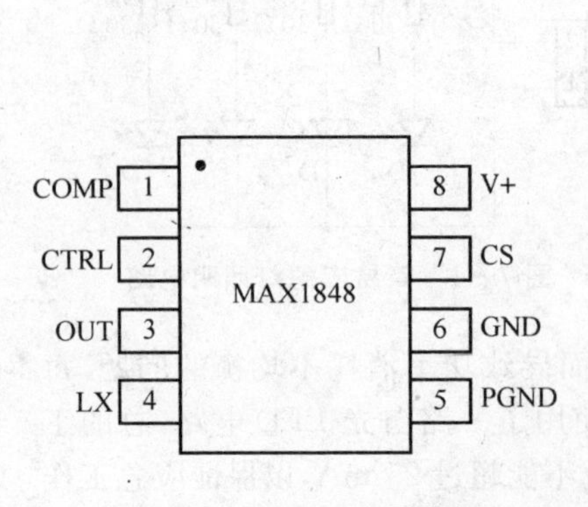

图7-5 MAX1848引脚图

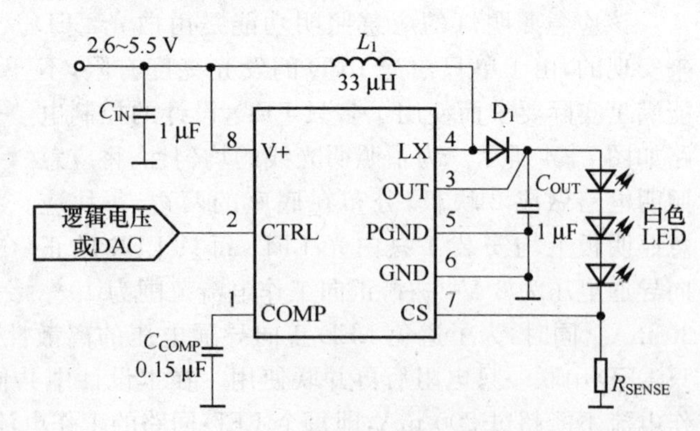

图7-6 MAX1848基本应用电路

COMP端(脚1)为误差放大器的补偿端,外接一个电容器到地,这电容的容量对软启动有作用,每0.01 μF的启动时间约为0.833 ms。

CTRL端(脚2)为LED亮度调节端,也可控制LED的亮、灭(双模式制)。当此端加250 mV~5.5 V或(V+加2 V)时,将随电压变化起调节LED亮度作用;当此端加100 mV以下电压或接地时,器件被关闭,LED灭。

2. LED电流的设定

流过LED的电流I_{LED}与CTRL端的电压、连接在CS端的R_{SENSE}有关,其关系式为

$$I_{LED} = V_{CTRL}/(13.33 \times R_{SENSE})$$

式中:V_{CTRL}为在CTRL端的电压(250 mV~5.5 V),当V_{CTRL}最大时,LED电流最大,LED最亮。

在实际计算时,先设定最大的V_{CTRL}值,根据要求的I_{LED}来确定R_{SENSE}。一般LED的最大电流$I_{LED(max)}$为15~20 mA,可用下式求出:

$$R_{SENSE} = V_{CTRL(max)}/(13.33 \times I_{LED(max)})$$

例如,$I_{LED(max)}=20$ mA,$V_{CTRL(max)}=2$ V,则$R_{SENSE}=7.5\ \Omega$。

为减小在R_{SENSE}上的损耗,可减小R_{SENSE}。也可以先设定R_{SENSE},并根据最大的$I_{LED(max)}$来确定所需的$V_{CTRL(max)}$值。

例如,$I_{LED(max)}=20$ mA,$R_{SENSE}=5\ \Omega$,则按式

$$R_{SENSE} = V_{CTRL(max)}/(13.33 \times I_{LED(max)})$$

可求得$V_{CTRL(max)}=1.33$ V。V_{CTRL}电压可来自数/模转换器(DAC)。

3. 元器件的选择

(1) C_{IN}及C_{OUT}的选择

C_{IN}与C_{OUT}的选择并不严格,其典型值是$C_{IN}=3.3\ \mu F$,$C_{OUT}=1\ \mu F$。适当增加C_{IN}及C_{OUT}的容量可减小纹波电压,但会增加尺寸及成本。C_{IN}、C_{OUT}可选择贴片式多层陶瓷电容器(X5R介质材料),它们有极低的串联等效电阻(ESR)及很好的温度稳定性。

(2) C_{COMP}的选择

C_{COMP}的容量与软启动时间(t_{ss})有关,它们的关系为

$$t_{ss(max)} = C_{COMP} \times (1\ V/12\ \mu A)$$

一般可按表7-1的情况选取。

表7-1 元器件选择

I_{LED}/mA	LED数(每串LED数)	$C_{COMP}/\mu F$	电感器	
			$L/\mu H$	I_{PEAK}/mA
12	3	0.22	56	80
	2	0.1		
20	3	0.15	33	130
	2	0.068		
40	3	0.1	15	260
	2	0.047		
60	3	0.068	10	375
	2	0.01		

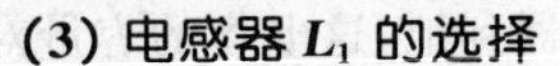

(3) 电感器 L_1 的选择

电感器 L_1 的大小与 I_{LED} 有关，可按表7-1所列的 I_{LED} 大小来选取。

(4) D_1 的选择

由于 D_1 工作在1.2 MHz的高频，需要采用恢复时间短及正向压降小的肖特基二极管。其工作电流 $I_{D(rms)}$ 与电感器的峰值电流 I_{PEAK} 及LED的电流 I_{LED} 有关，其关系为

$$I_{D(rms)} = \sqrt{I_{LED} \times P_{PEAK}}$$

可以按表7-1中的 I_{LED} 及电感器的 I_{PEAK} 来求出 $I_{D(rms)}$，并且要求 D_1 的击穿电压大于 V_{OUT}。

4. 驱动更多LED的电路

MAX1848可采用2～3个分支来驱动更多的LED。图7-7所示是用3个分支来驱动6只LED的电路。采用3个分支(每个分支2只LED)比用2个分支(每个分支3只LED)的效率高。每一个分支的LED数必须相等。

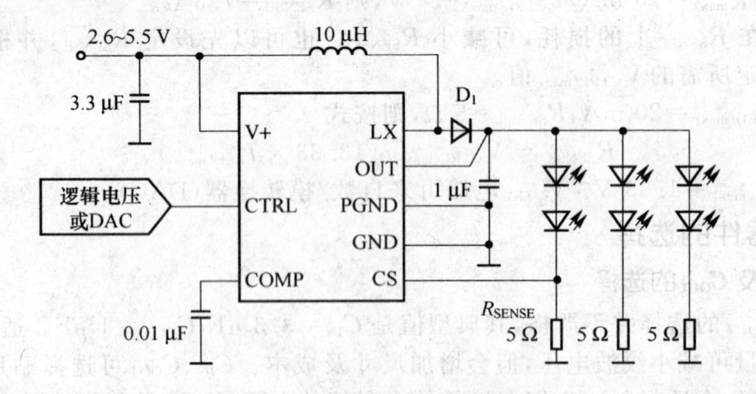

图7-7 驱动3路LED电路

为保证每个LED的亮度都差不多，则要求采用的LED必须是同一种型号的，不能采用不同型号的白色LED混用。它会由于管压降不同、发光强度有差别而造成亮度不均。

MAX1848转换器工作输入电压在2.6～5.5 V，可由锂离子电池直接供电。该器件采用8脚SOT23封装，内部包含一个N沟道MOSFET开关，其效率高达87%。输出电压高达13 V，其输出电流为60 mA，能激励多达3个串联的LED。其5 Ω芯片电阻可用做电阻传感器，无须校准就能提供5%的电流公差。其他特性包括一个来自DAC的用于亮度数字控制的输入接口。其指定工作温度范围在－40～＋85 ℃。

7.4.2 MAX9021简介

MAX902X是为单、双、四比较器专为低功耗应用而优化，同时保持了快速的输出响应。设计用于采用2.5～5.5 V单电源供电的应用，但也可工作于双电源。这组比较器具有3 μs的传输延迟，每路比较器在－40～＋125℃的工作温度范围内耗电流2.8 μA。低功耗、低至2.5 V的单电源工作以及超小尺寸等特性使这组器件极适合便携式设备

使用。MAX9021内部电路和应用电路如图7-8所示。

MAX9021、MAX9022和MAX9024具有4 mV内部滞回，以便抵抗噪声干扰，输入缓慢变化的信号时也可以防止振荡。共模输入范围从负电源电压到低于正电源电压1.1 V。比较器输出级的设计很大程度上降低了输出转换期间的切换电流，消除了电源扰动。

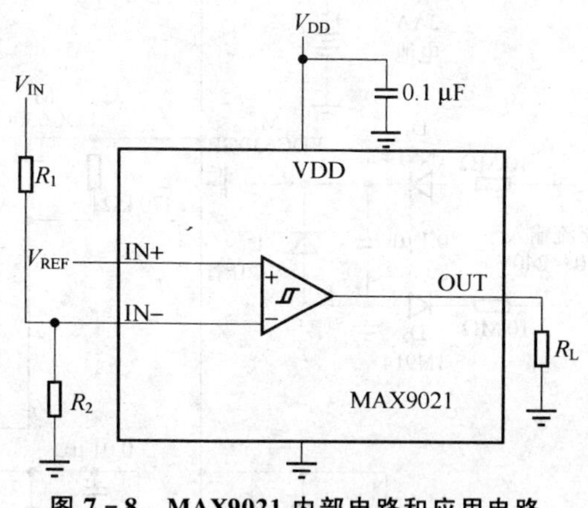

图7-8　MAX9021内部电路和应用电路

MAX9021单比较器提供5引脚SC70及SOT23封装。MAX9022双比较器提供8引脚SOT23、μMAX®及SO封装。MAX9024四比较器有14引脚TSSOP和SO两种封装。MAX9021有以下特性：

- 采用小尺寸SC70封装(尺寸为SOT23的一半)的低成本方案；
- 低至2.8 μA的供电电流；
- 3 μs传输延迟；
- 内置4 mV比较器滞回；
- 比较器可满摆幅输出；
- 2.5～5.5 V单电源供电；
- 输入过驱动时不发生相位反转；
- 节省空间的封装。

7.4.3　应急灯设计

在图7-9所示的电路中，交流电压经过二极管D_1、D_2整流后，D_3将得到的直流电压限制在5 V以上。当交流电断电时，MOSFET M_1的栅极电压(正常电压为5 V)降至0 V，使M_1导通，接通电池与光检测器的连接。

R_2是镉-硫化物光敏电阻，当光强从白光变到全暗时，阻值会从千欧级变化到兆欧级。R_1用于调节光检测门限，需要启动应急照明系统时，U_2输出逻辑高电平，为基于U_3的定时电路供电。随后，在C_1充电的同时，U_3接通M_2和M_3，启动U_1并点亮LED。当C_1电压达到$V_{CC}/2$时，定时器超时，关闭M_2，因此也关闭了LED，以节省电池能量。选取$C_1=100$ μF，能够在断电时保持约10 min的应急照明时间。闭合S_1开关，可以在不受定时电路约束的条件下打开LED应急灯。

交流电正常供电时，电池的漏电流约为1 mA，采用容量为2 000 mAh的典型AA电池，待机时间可达200年。断电期间，在达到定时电路的超时周期后，用于R_1～R_2的待机电流约为7 mA。即使以该待机电流进行估算，应急灯的待机时间也能达到大约30年，是目前上市的电池寿命的3倍。图7-9中的电路吸收交流电电流大约为6 mA，电池供电时电源电流约为100 mA(LED为点亮状态)。

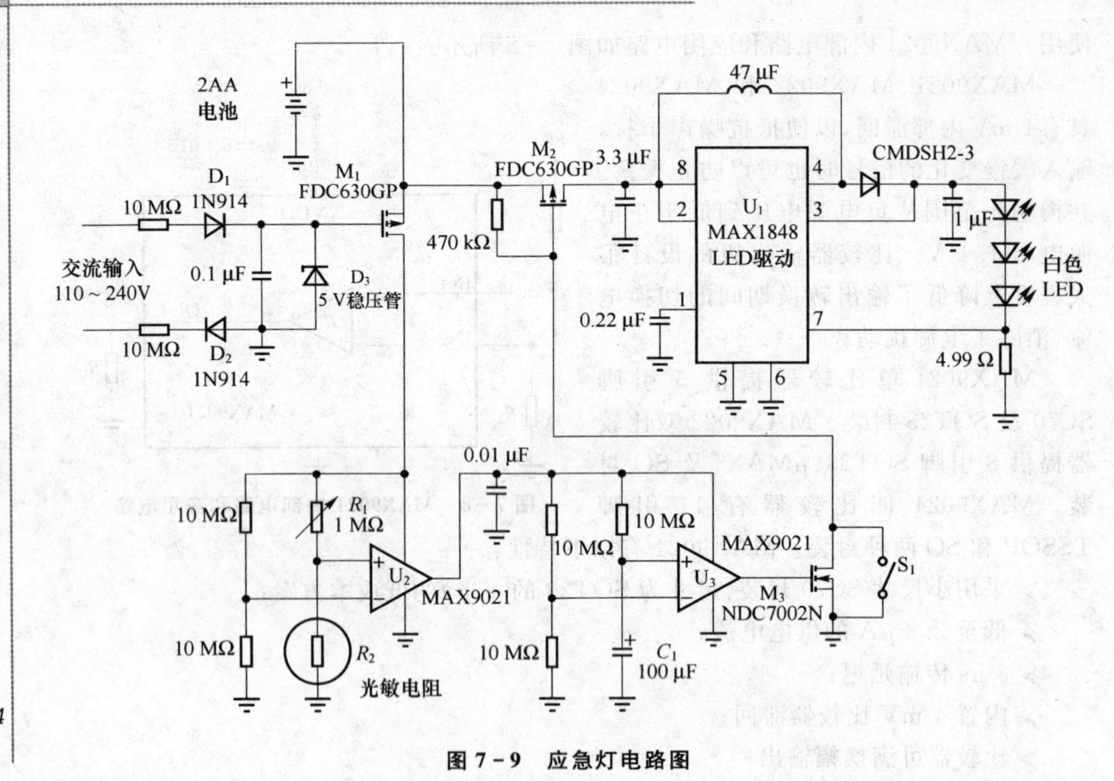

图7-9 应急灯电路图

7.5 基于NUD4001的全自动多用途LED应急灯设计

本节介绍的应急灯平时接通市电，处于充足电备用状态，当市电突然停电且周围环境光线突然由强变弱时，它能智能判断出这是由于断电引起的黑暗，而及时点亮应急灯。经过10 min后自动关闭，这时人员一般已经撤离到安全地点，无需再提供照明，关闭应急灯还可以防止过度放电损坏铅酸蓄电池。

7.5.1 NUD4001简介

安森美公司生产的大电流LED驱动器NUD4001采用8引脚SO封装，引脚排列及其在应用时的外部元件连接图如图7-10所示。

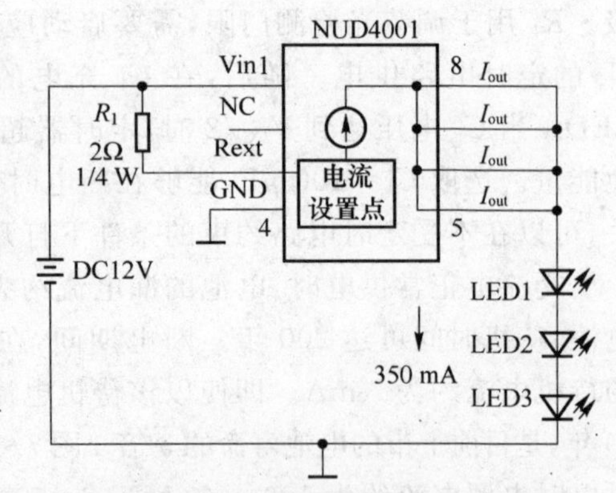

图7-10 NUD4001外部元件连接图

NUD4001芯片的核心是一个线性电流源，主要由控制电路和驱动器组成。NUD4001的引脚1为DC电压输入，引脚5～8为输出端，引脚1与引脚3之间的电阻R_1用做设置输出电流电平。

NUD4001的DC输入电压范围为6～30 V，

自身电压降仅为 1.4 V，输出电流为 350 mA(允许设置到 500 mA)。驱动器芯片驱动 3 只串联的白光 LED，每只 LED 的正向电流 $I_F = 350$ mA，正向压降 $V_F = 3.5$ V。驱动器的输入电压为由汽车电池提供的 12 V。驱动器 IC 的电流调节由低功率感测电阻 R_1 上的恒定电压降(0.7 V)实现。R_1 的数值为

$$R_1 = V_{R_1} / I_{out} = 0.7\ \text{V} / 0.350\ \text{A} = 2\ \Omega$$

在 NUD4001 上的电压降为

$$V_{drop} = V_{in} - V_{R_1} - V_{LED} = 12\ \text{V} - 0.7\ \text{V} - 3 \times 3.5\ \text{V} = 0.8\ \text{V}$$

在 NUD4001 上的总功率消耗 P_D 为驱动器功率消耗 P_{D1} 和控制电路功率消耗 P_{D2} 之和。其中，驱动器部分的功率消耗为

$$P_{D1} = V_{drop} \cdot I_{out} = 0.8\ \text{V} \times 0.350\ \text{A} = 0.280\ \text{W}$$

根据 NUD4001 内部控制电路功率消耗与输入电压之间的关系，当输入电压为 12 V 时，控制电路所消耗的功率为 $P_{D2} = 0.055$ W。因此，NUD4001 的总功耗为

$$P_D = P_{D1} + P_{D2} = 0.280\ \text{W} + 0.055\ \text{W} = 0.335\ \text{W}$$

由此可见，NUD4001 的总功耗很小，效率非常高。在恒定温度下，当输入电压变化±15%时，输出电流变化量小于 1%。

NUD4001 除了具有电流调节功能外，还可以为调光应用提供 PWM 功能，电路如图 7-11 所示。小信号晶体管连接在 NUD4001 的引脚 4 和地之间，当晶体管 Q_1 基极上的 PWM 信号为低电平时，Q_1 截止，IC1 的引脚 4 通过电阻 R_2 上拉到引脚 1。供给 LED 的平均电流 I_{LED}，直接取决于 PWM 占空比 D($I_{LED} = I_{PEAK} \cdot D$)，而 LED 的平均电流决定 LED 的亮度。在 100% 占空因数上，LED 电流被设定在 350 mA。在 LED 调光应用中，PWM 电路的频率范围应当设置在 100 Hz～1 kHz。NUD4001 并非只能驱动白色 LED，它同样可以驱动彩色 LED。安森美公司同时还推出了 NUD4011 低电流高压 LED 驱动 IC，其输入电压高达 200 V，输出电流可以设置到 100 mA。对于 120 V 的输入，NUD4011 可以驱动电流为 30 mA 的 30 个 LED 串。

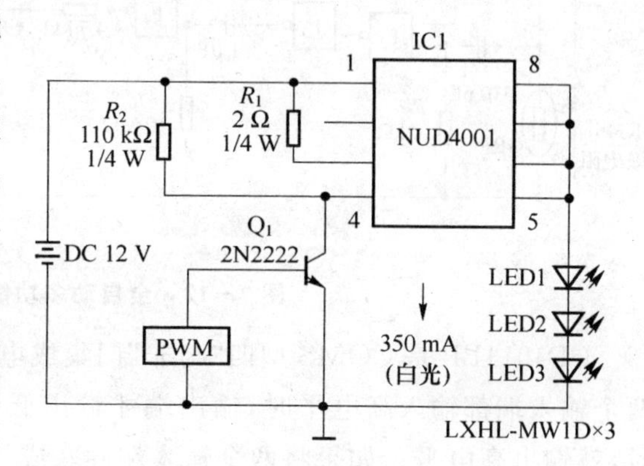

图 7-11　NUD4001 调光电路图

7.5.2　全自动应急灯驱动设计

全自动应急灯驱动电路结构图如图 7-12 所示。

工作原理：全自动应急灯电路由蓄电池恒压限流浮充回路和光控延时回路两部分组成。交流电压通过变压器降压，整流滤波后得到 18 V 的直流电压，由 D_2、R_4、12 V/1.2 Ah 的铅酸蓄电池和 LM317 组成恒压、限流浮充电不间断电源，可以确保蓄电池随

时处于充足电状态，12 V 铅酸蓄电池的浮充电压为 14.4 V。LM317 接成恒压源，W 为精密多圈可调电位器，通过调整 W 可以使输出端 A 点输出稳定的 15.1 V 直流电压。电阻 R_4 可以限制充电电流大小，D_2 可以防止市电停电后蓄电池反向放电。R_1、R_2、C_1、D_1、F_1 组成交流电压检测电路。当交流电压正常时，B 点经过分压后电压为 8 V 左右，经过 F_1 反相后输出低电平；当交流电压停电时，因为有 D_1 隔离，所以 B 点电压迅速跌至 0 V，经 F_1 反相后输出高电平。

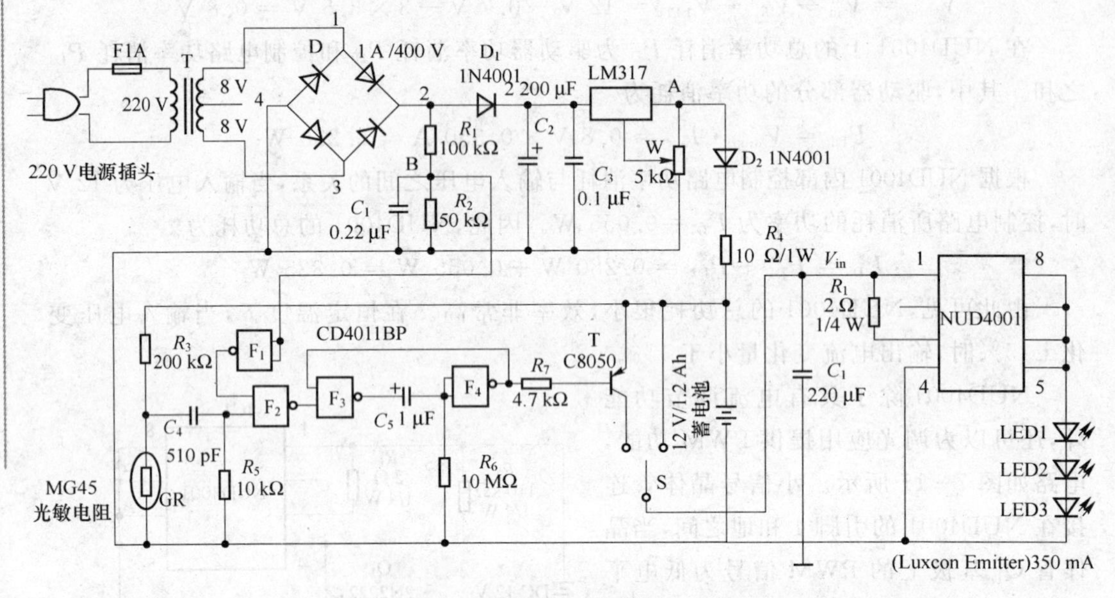

图 7-12　全自动多功能应急灯电路图

CD4011BP 是 COMS 型四"与非"门集成电路。"与非"门工作的逻辑关系是：只有两个输入端都输入高电平时，输出端才输出低电平；只要其中一个输入端输入低电平时，就输出高电平。如果将两个输入端并联成一个输入端，那么这个"与非"门等效成一个"非门"。门电路输入特性为：输入电压小于 40%电源电压时，输入为低电平；输入电压大于 60%电源电压时，输入为高电平。输出高电平时，输出电压接近正电源电压；输出低电平时，输出电压接近 0 V。图 7-12 中两个"与非"门 F_3、F_4 和 C_5、R_6 组成单稳态延时电路，延时时间由 C_5 和 R_6 的数值决定，按照图中的数值延时时间在 10 min 左右，当延时电路进入延时单稳态时 F_4 输出低电平，使三极管 T 导通，灯泡点亮。单稳延时电路的工作条件是 F_2 输出低电平。要使 F_2 输出低电平，则 F_2 的两个输入端必须都输入高电平。其中，一个输入端用来监视交流电压，只有停电时才会输出高电平，另一个输入端是光控检测端。

R_3、GR、C_4 和 R_5 组成光控检测电路，用来检测周围环境光线的变化情况，当周围光线逐渐由强变弱（从白天到夜晚）或者由弱变强（从夜晚到白天）时，光敏电阻 GR 的阻值发生缓慢变化，使其两端的电压也随之缓慢变化，由于微分电容 C_4 的隔离使 R_5

两端电压为0 V,延时电路没有被触发输出高电平,驱动三极管T不工作,应急灯不亮;当周围光线突然由弱变强时(晚上开灯照明),GR的阻值由大突变小,在GR两端产生一个负跳变电压,通过C_4、R_5使R_5两端电压仍为0 V,应急灯同样不亮;只有当周围光线突然由强变弱时(停电造成电灯熄灭),GR的阻值由小突变大,在GR两端形成一个正跳变电压,通过微分电路C_4、R_5使R_5两端产生一个正脉冲,如果这时是交流电压消失,F_2的另一个输入端也是高电平,那么F_2输出低电平,触发单稳延时电路工作,延时电路进入延时时F_4输出低电平Q导通,灯泡点亮。经过10 min左右,单稳延时电路退出单稳状态,输出高电平,Q截止,灯泡熄灭。S是功能切换开关,有三个位置:置于中间位置是强制断开,置于左侧位置是自动,置于右侧是手动接通,可以根据需要灵活切换S的位置。正常使用时可以将全自动应急灯接通交流电源,将S置于自动位置。用途:该应急灯即可以安装在长年没有自然光照的场所,也可安装在白天具有充足光照,晚上需要应急照明的地方。尤其适合在晚上7时到9时用电高峰期间经常拉闸限电的农村使用。

7.6 基于IRS2540的地铁LED不间断应急照明系统设计

为了确保地下照明具有节电、高亮度、长寿命和不间断性,采用由直流电源供电的半导体照明灯(LED)。本节简要介绍了普通应急照明系统的组成,详细介绍了LED灯的优点和地铁应急照明系统中各部分的功能,并分析了地铁LED灯驱动系统的电路原理和系统可靠性。采用LED灯后,节约了大量的电能、维修费用,同时也确保了照明质量。

7.6.1 地铁应急照明简介

近年来,随着国民经济的迅速发展,我国汽车数量急剧增加,道路拥堵日益严重,各大城市都相继建设地下交通(地铁),以缓解交通拥堵现象。地铁常年在地下运行对照明灯有很高的要求,不仅要求节电、高亮度、长寿命,还必须保证不间断照明。目前,常用的白炽灯、日光灯、高压钠灯等都由交流电网供电。最佳设计的交流电网也不可避免出现停电事故。为了确保地下不间断照明,通常必须安装由整流器、蓄电池和逆变器等部分组成的应急照明电源。当电网正常供电时,交流电经整流器后变为直流电给蓄电池充电;当电网中断供电时,蓄电池通过逆变器把直流电变为交流电,给照明灯具供电。这种不间断照明系统的成本很高,同时,经过多次变换,功耗也较大。近年来由直流电源供电的半导体照明灯(LED)得到迅速发展,这种照明灯比白炽灯节电90%,在同等功率下LED比普通日光灯和高压钠灯的发光强度高40%以上,而且LED灯的寿命可达100 000 h,显色指数可达80以上,远远高于高压钠灯。由于采用直流恒定电流供电,LED灯不会出现频闪,因此LED已成为目前最佳的绿色照明灯具。地铁各车站采用LED灯不仅可节省大量电费,而且可节省大量的维修费用,同时还可确保照明质量。

针对目前地铁照明系统存在的问题，这里提供了一种结构新颖、成本低，使用寿命长，节电效果好，可靠性高的地铁照明方案。

7.6.2 地铁LED应急照明系统组成

图7-13所示为地铁车站不间断LED照明系统结构框图。它由开关整流器、阀控铅酸蓄电池、带恒流控制电路的LED灯组成。其中，整流器主要用做将电网的交流电变成直流电，以便对蓄电池充电，给LED灯供电。每个地铁站配置一台高效率开关型整流器。当蓄电池开始充电时，该整流器输出恒定电流；当蓄电池组电压达到规定值时，开关整流器自动输出恒定电压，一方面供给LED灯恒定电压，另一方面供给蓄电池浮充充电电流，确保工作过程中，蓄电池始终保持充足电状态。

蓄电池主要用做贮存电能，当电网供电正常时，整流器给蓄电池充电，一旦电网供电中断，蓄电池立即给LED灯供电。根据地铁车站内安装LED的功率和要求保证停电后的照明时间，选择所需蓄电池的容量。蓄电池的种类很多，但是每个地铁车站所需的蓄电池容量都比较大，因此应选择价格较低的阀控铅酸蓄电池。

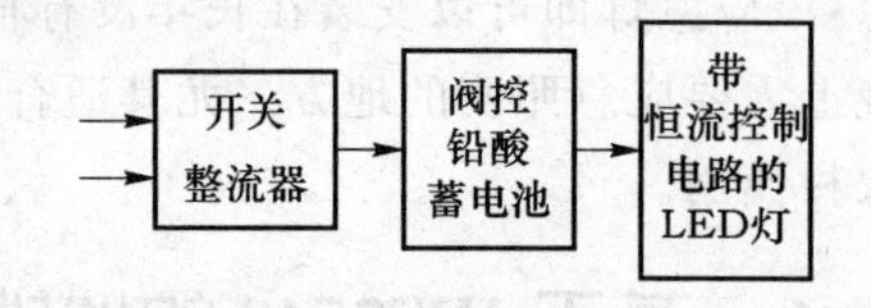

图7-13 不间断LED照明系统结构

恒流控制电路用做将直流输入电压变换成LED灯所需的恒定电流，以保证LED灯安全可靠地工作。地铁车站面积很大，采用低压直流输电技术，输电线上将产生一定的压降，因此加到每只LED灯上的电压将有一定波动，尤其是电网供电中断后，蓄电池的供电电压波动更大，因此必须通过恒流控制电路，以确保所有LED灯的电流保持恒定，LED灯还须安装具有一定面积的散热器，才能降低LED灯的工作温度，保证LED的寿命达50 000 h以上。

7.6.3 直流应急照明系统工作原理

在不间断照明系统中，开关整流器由交流配电模块、高频开关整流模块、监控与显示模块等部分组成。图7-14所示为开关整流器。

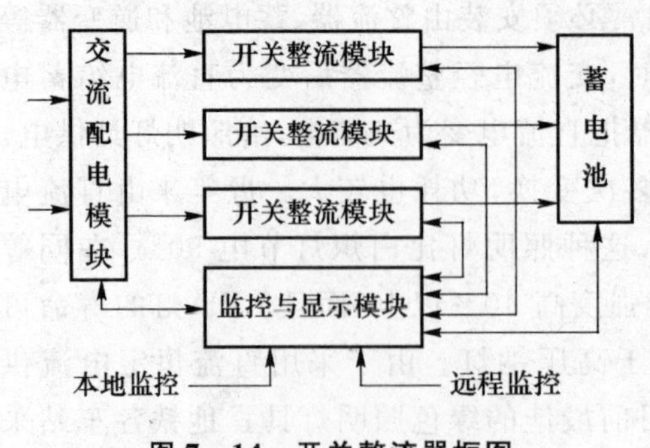

图7-14 开关整流器框图

为确保开关整流器可靠工作，多个整流模块并联工作，并且采用$N+1$的冗余供电系统。工作过程中，即使某一个模块发生故障，其他模块仍能保证供电。监控与显示模块可以监控开关整流器、蓄电池组和LED的各种参数。通过通信接口和地铁控制中心可对各个地铁车站内的开关整流器、蓄电池、LED灯实施远程监控。

图7-15所示为LED灯内置恒流驱动电路时采用的降压式开关电路。它具有输入电压范围宽,控制效率高等优点。

设M_1为开关调整管,D_1为续流二极管,L_1为续流电感,R_{CS}为电流采样电阻。当流过LED灯的电流变化时,R_{CS}两端的压降变化,该电压送入集成电路IRS2540的电流反馈引脚IFB与内部的基准电压比较后,控制信号改变VM1的输出脉冲占空比,并通过D_1和L_1确保LED灯电流恒定。

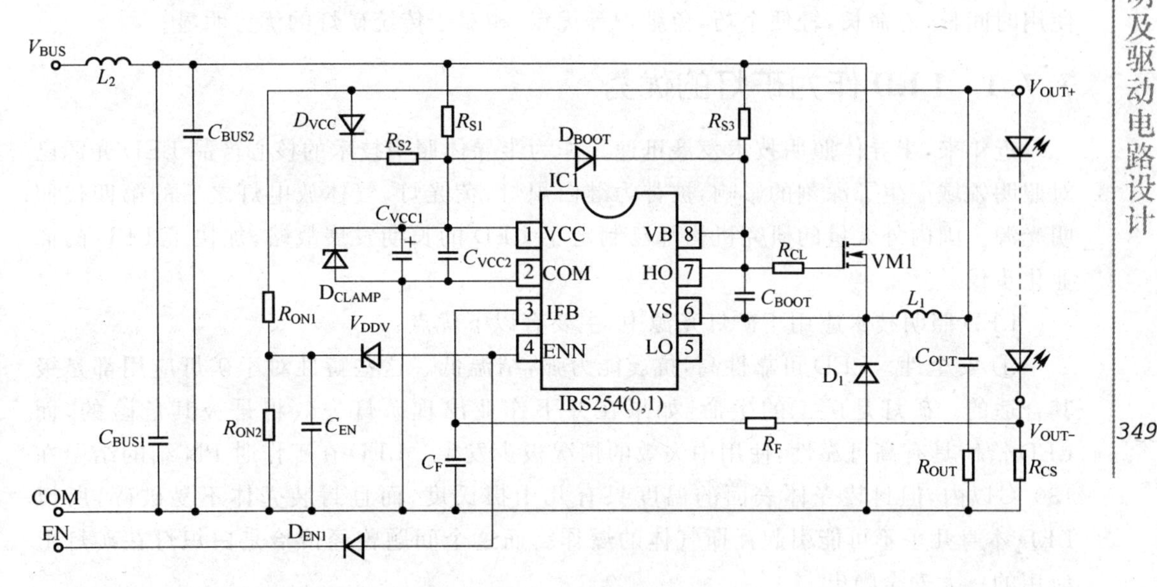

图7-15 LED驱动电路

图7-15中的高端自举电路由自举二极管D_{BOOT}和自举电容C_{BOOT}组成,用以驱动D_1高频工作。电源电路由二极管D_{VCC}、电容C_{VCC}和二极管D_{CLAMP}组成,用以给集成电路IRS2540提供电源电压。开路保护电路由二极管D_{OV}、电阻R_{ON1}、R_{ON2}组成,通过二极管D_{EN1}加入脉冲信号,用以关断LED灯,并调整LED灯的亮度。LED灯采用金属铝制成的灯罩,以实现LED灯的散热。为了确保照明的不间断,蓄电池组最好选用两组:一组作为主用电源,另一组作为备用电源。

新型应急照明系统的最大特点是能大大降低不间断照明系统的初期投资,因其省去了价格最贵的大功率逆变器,使其造价大约降低40%。采用LED灯,可节电40%,因此整流器和蓄电池的容量也都可降低40%,这样不仅使系统成本降低20%,同时也减少了一次变换,使系统效率和可靠性大大提高。此外,LED灯可省去AC/DC变换部分而直接由直流电供电,从而大大降低了LED灯控制电路的成本;同时,由于省掉了AC/DC变换,还可大大降低它对LED灯可靠性的影响,从而进一步延长寿命。

该方案不仅可节约初期投资,而且可确保地铁照明不间断。运行过程中,还能节约大量电能,提高照明质量,延长照明灯具使用寿命,因此是地铁应急照明系统的首选方案。应说明的是,该方案还可用于对应急照明要求较高的场合,如机场应急照明、地下商场应急照明等。

7.7 基于MBI1802的LED矿灯照明设计

采用最新的白光LED,专用LED驱动芯片和锂电池充电控制芯片设计矿灯,并对设计的产品进行了测试。可以看出,以LED作为光源设计出的矿灯具有照明效果好,使用时间长,寿命长,轻便小巧,免维护等优点,相对于传统矿灯的优势明显。

7.7.1 LED作为矿灯的优势

近年来,半导体照明技术发展迅速。作为半导体照明技术的核心产品LED光源已对照明领域产生了深刻的影响,被誉为继白炽灯、荧光灯、气体放电灯之后的第四代照明光源。国内外大量的研究机构都已制定了LED的长期发展战略,加快了LED的商业化步伐。

LED照明技术应用于矿灯光源中,主要有以下优点:

① 安全性。LED可靠性高,抗震能力强,结温低。这些特性对于矿灯应用都是极其合适的。矿灯是矿工的生命,如果在井下作业出现矿灯失效将是极其危险的,而LED恰恰具有高可靠性,使用中失效的情况极少发生。LED在工作时PN结的结温在130 ℃以内,但封装壳体表面的温度只有几十摄氏度,而且封装壳体不易破碎,所以LED本身几乎不可能引起瓦斯气体的爆炸。而这个问题曾经恰恰是白炽灯在矿灯上应用的一大安全隐患。

② 节能。LED的发光效率相当高,目前已达95 lm/W,使用1 W的LED作为矿灯光源绰绰有余。使用较小功率的LED可以达到与传统光源相同甚至更好的照明效果,而且更容易获得长的使用时间,这对长时间的井下作业是相当有利的。

③ 体积小。LED本身的尺寸小,而用LED制作的矿灯也往往使用体积小质量轻的锂电池作为电源,所以整个照明系统相当轻便,可以直接挂在胸前或戴在头顶,给矿工带来了很大便捷。

④ 寿命长。LED具有其他光源无法比拟的长寿命,即使大功率的LED,其寿命也在6 000 h以上。使用LED的矿灯几乎不用更换灯泡,省去了维护工作。

以上是在矿井中使用LED比较突出的优点。除此之外,LED接近于点光源,这对于系统的光学设计也是很有利的。

7.7.2 LED光源矿灯设计

中华人民共和国煤炭行业标准对矿灯制定了严格的要求,先将标准中的相关要求归纳如下:灯头内应至少设置两个光源,即主光源和辅助光源,这里都使用LED做光源;主光源应满足的要求列于表7-2中;辅助光源要求额定功率不小于0.4 W。本设计的内容包括矿灯的电路设计,矿灯外形和光学设计不包括在内。

表7-2 选用LED的电光学特性

参 数	最小值	典型值	最大值	测量条件
光通量 Φ/lm	75	—	95	I_F=350 mA
发射角/(°)	—	120	—	
色温 T_c/K	3 000	—	7 000	
正向工作电压 V_F/V	3.2	—	4.0	
反向漏电流 I_R/μA	—	—	30	V_R=5 V

1. LED的选择

目前,单只1 W的LED光通量已达95 lm,因此作为矿灯光源绰绰有余。这里选用的是深圳市量子光电有限公司生产的高功率白光LED,型号50KBW610-01WM。

由于该LED的光通量富余,在设计矿灯时,可以考虑多留出一些裕量,可使LED有更高的可靠性、更长的使用时间。

2. 电池的选择

由于使用单只LED作为光源,所以考虑使用3.7 V的锂电池作为供电电源。为保证照明时间,电池容量选用4 Ah的。锂电池小巧、轻便,无记忆效应,充电时间短,可充电循环次数在300次以上,免维护,是合适的矿灯电源。

3. 驱动电路设计

为了使矿灯具有更高的可靠性,这里采用驱动芯片设计驱动电路。首先应选择合适的芯片。选用的芯片应当体积小,输出稳定,效率高,输出不怕短路,且输入电压的范围包含在锂电池能提供的电压范围内,成本适中。综合考虑,选用了MacroBlock公司的芯片MBI1802。该芯片的主要技术参数如下:

- 恒定电流输出范围为40~360 mA;
- 电压输入范围为0~7 V;
- 工作环境温度为-40~+85 ℃;
- 储存环境温度为-55~+150 ℃;
- 封装形式为SOP8。

该芯片还具有以下特点:2个恒流输出通道(可只使用一个);电流输出可使用一个可变电阻调节;具有过热保护功能;恒流输出值不受输出端负载电压影响(不怕负载短路)。其应用电路如图7-16所示。

图7-16中引脚1(GND)为接地端;引脚2(R-EXT)为外接电阻的输入端,此外接电阻可设定两个输出通道的输出电流;引脚3(QT)为使能端,当引脚3接低电平时,输出电流立即降低为原来的25%;引脚4、5(OUT0和OUT1)为恒流输出端;引脚6(ERR)为过热错误标志,当芯片温度超过165 ℃时,ERR会变成低电平;引脚7(OE)为使能信号端,当OE是低电位时,会启动OUT0和OUT1输出,OE是高电位时,将关闭

OUT0和OUT1;引脚8(VDD)为电源输入端。

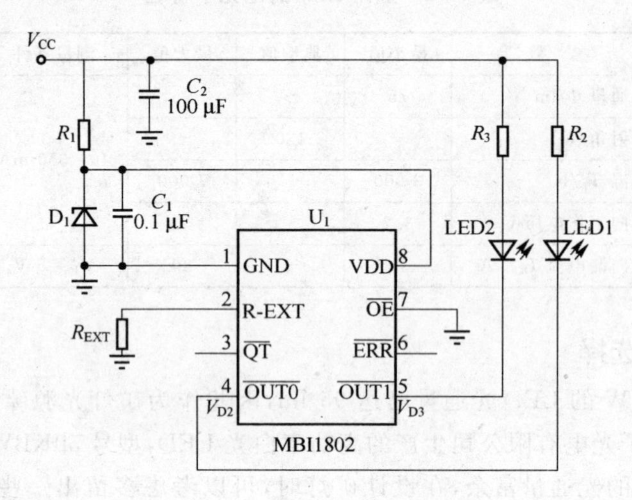

图7-16 MBI1802的应用电路

4. 电池充电电路设计

一个能够快速充电的矿灯是矿工每天正常作业的保证。

矿灯只能在工作的间隙期充电,所以要求矿灯的充电时间尽可能短,且充电的质量要好,充电的安全性高。由于使用小巧便捷的锂电池作为电源,这里考虑使用专门的电源管理芯片充电。

综合考虑后,选用了专用充电控制芯片LTC4054。该芯片具有恒流/恒压充电功能,可编辑充电电流,预设4.2 V充电电压(精确度1%),自动结束充电,低电压下(2.9 V)自动涓流充电。

LTC4054采用SOT-23封装形式,引脚图如图7-17所示。

LTC4054的工作原理为:当引脚VCC上的电压上升到欠压锁定阈值电压VUV以上,且引脚PROG通过充电设定电阻接地,或电池接到充电输出端时,一个充电周期开始。如果引脚BAT的电压低于2.9 V,则进入涓流充电模式。在这种模式中,LTC4054提供约1/10的可编辑充电电流对电池充电。当引脚BAT的电压上升到2.9 V以上时,则进入恒流充电模式,这时的充电电流为可编辑充电电流。当引脚BAT的电压接近最后的浮充电压时(4.2 V),LTC4054进入恒压充电模式,且充电电流开始下降。当充电电流下降到设定值的1/10时,充电周期结束。

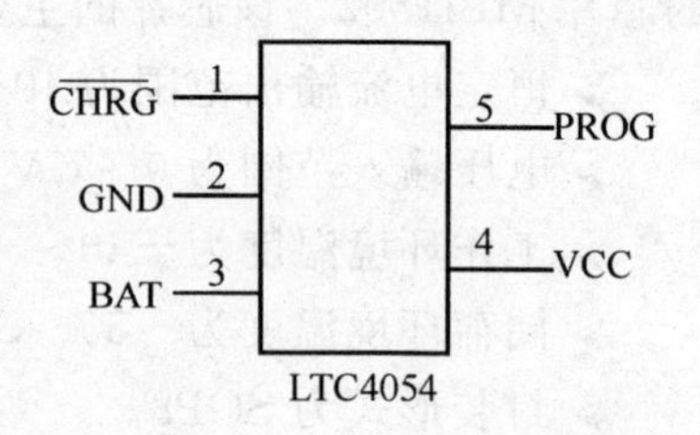

图7-17 LTC4054引脚图

最后设计出的矿灯电路原理图如图7-18所示。电路中的电阻只要功率小于0.125 W,都采用SMD封装的形式,既节省了空间,又利于散热。矿灯电路集成在一块50 mm×52 mm的PCB板上,十分小巧。

从实际测试结果来看,设计的LED矿灯工作稳定,满足国标的相关要求。该LED

矿灯轻便小巧，便于携带，充电时间短，照明时间长，不需要维护，而且照明效果不随电池的消耗而变差，相对于传统矿灯的优势明显，给矿工作业带来了很大的便利，是一个革命性的产品。产品要改进的地方在于进一步提高效率，聚光效果还可以做得更好。

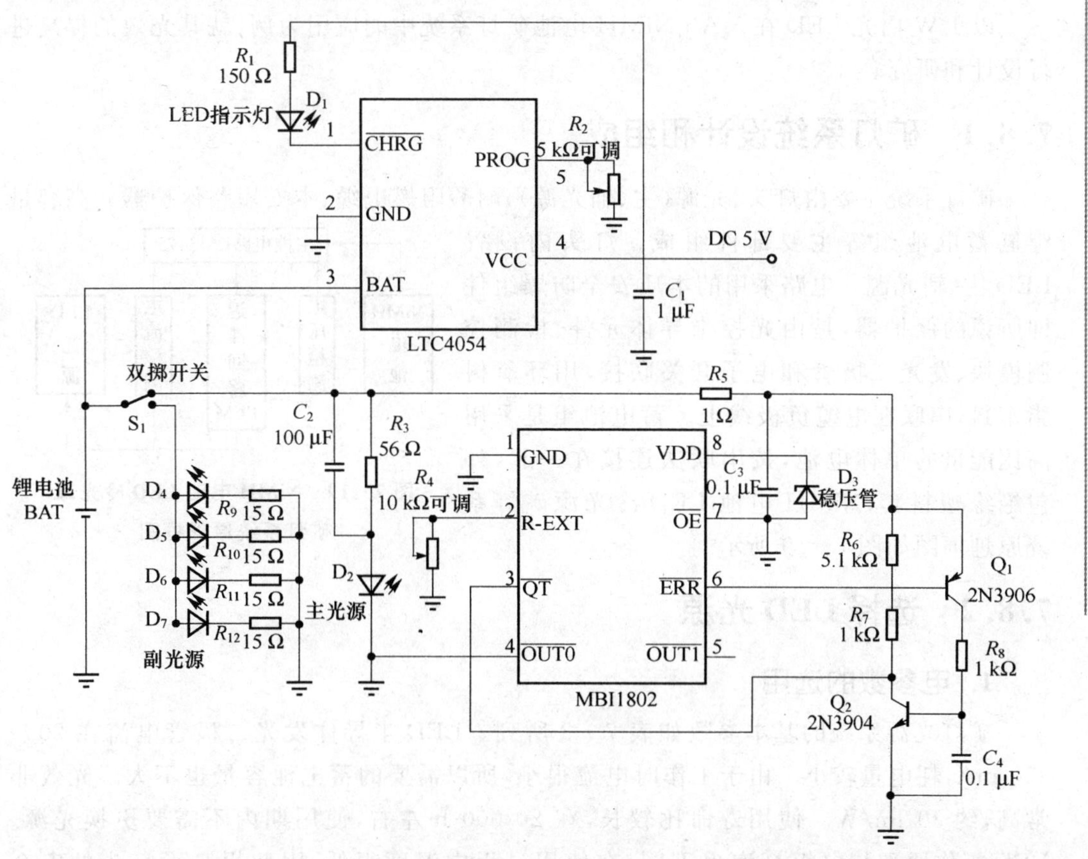

图7-18　矿灯电路原理图

7.8　基于LM3475的功率型LED镍氢电池矿灯系统设计

矿灯是煤矿、化学矿山以及在隧道内工作人员随身携带的照明工具，同时也是一种发生意外事故后的应急照明工具。目前，我国矿灯的种类较多，主要有铅酸矿灯、碱性矿灯、锂电矿灯，其中碱性矿灯以镍氢(NiMH)电池为电源的矿灯为主，老式铅酸矿灯由于体积大、对人体有腐蚀性等缺点逐渐被新型节能、免维护矿灯如NiMH电池矿灯、锂电池矿灯所取代。由于NiMH电池矿灯以能量密度大，充电次数多，免维护，无污染等优点，在热稳定性方面要优于锂电池矿灯。

传统矿灯的光源均采用白炽灯泡，有一定的缺陷，如：光效低，寿命短，工作电流较大，约0.7 A，灯泡的钨丝温度较高，在煤矿井下击碎时容易引起瓦斯爆炸，安全性较低。

随着半导体LED光源的问世及其制造技术的提高，LED光源逐渐应用于矿灯领域，特别是功率型的白光LED，与传统白炽灯泡相比，有工作温度低、工作电流小(20～400 mA)、耗电量低(仅为白炽灯的1/3)、寿命长等优点，已被矿灯行业所公认。

以1 W白光LED在5 Ah NiMH电池矿灯系统中的应用为例，就其光效的提高进行设计和研究。

7.8.1 矿灯系统设计和组成

矿灯系统主要由灯头、光源(主、辅光源)、耐酸阻燃电缆、本安短路保护器和高容量镍氢蓄电池组等主要部件组成。灯头内设置LED主、辅光源。电路采用的本质安全防爆组件即所说的保护器，是由光控半导体元件、检测控制模块、发光二极管和电子开关联接，用环氧树脂密封，串联在电缆负极线上。蓄电池组是采用高比能量的单体电池，按串联法连接在一起，外包绝缘塑料套，NiMH电池LED冷光源矿灯系统原理框图如图7－19所示。

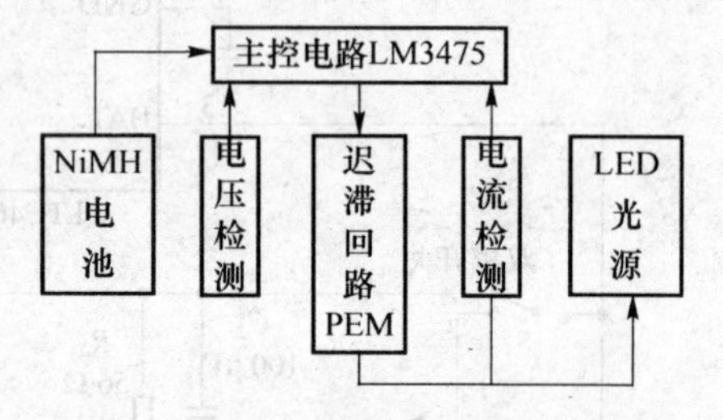

图7－19 NiMH电池LED冷光源矿灯系统原理框图

7.8.2 选择LED光源

1. 电参数的选用

矿灯光源系统的基本参数如表7－3所列。LED半导体发光二极管电流在20～350 mA，耗电量较小。由于工作时电流很小，所以需要的蓄电池容量也不大。光效非常高，约30 lm/W。使用寿命比较长，在20 000 h左右，使用期内不需要更换光源。LED工作原理与白炽灯泡也不同，在使用过程中温度很低，因此提高了灯头的安全性能。

表7－3 矿灯基本参数

额定容量/Ah	额定电压/V	亮灯时间/h	LED光源额定电流/A		最大照度(距1 m处)/lx	
			主光源	辅助光源	点灯开始	点灯11 h
5	3.75	≥11	0.35	0.12	≥1 500	≥800

半导体LED由于其工作温度低，被认为是冷光源，工作时，电流及发光强度随电压增大而增大，但过大的电流，会导致PN结工作温度过高，影响发光效率，降低使用寿命。实验表明，1 W白光LED工作电流为350 mA时光效最佳，接近95%以上，此时正向工作电压V_F为3.2～3.3 V，如图7－20所示。

2. 光源技术特征

要使LED发挥更好的光效，结构和色温都要有一定的要求。虽然LED比普通白炽灯泡有很多优点，但 LED 用于照明一直受到色温的限制，如刺眼、眩晕，同时色温的偏差较大，这给使用带来一定的限制，特别是煤矿井下，因此在使用中要选择合适色温的 LED，并且色温要一致。通过煤矿井下的实际应用，一般选用 5 500 K 左右 LED 色温比较理想。

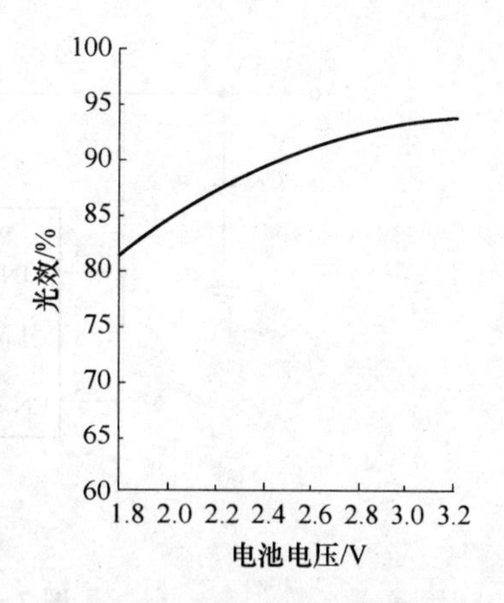

图 7-20 LED 冷光源电压和光效的关系曲线图

通常对于煤矿井下使用的矿灯，要求必须达到国家对矿灯的标准，如放电开始时，1 m 处照度为 1 200 lx，放电结束时，照度为 800 lx，同时中心要有一定的光斑面积等。

目前，国内矿灯行业应用的大功率 1 W LED，光效大多为 30～35 lm/W，既要达到照度的要求，又要保证光斑有一定的面积，边界清晰，提高视野，这对光源汇聚系统有一定的要求。通常，功率型 LED 的发光形式有 3 种，朗伯、蝙蝠、边发光辐射形式，应用于矿灯时，要满足照度及使用要求，应采用边发光 LED 封装形式，如图 7-21 所示，之后由抛物面反射镜进行汇聚准直，此种结构的优点是光线的利用率高，光斑中心的亮度较高，发射角较小，结构示意图如图 7-22 所示。

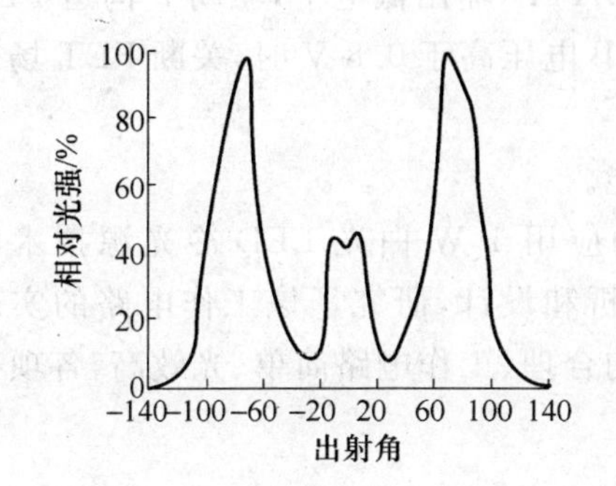

图 7-21 边发射镜的出射光强分布图

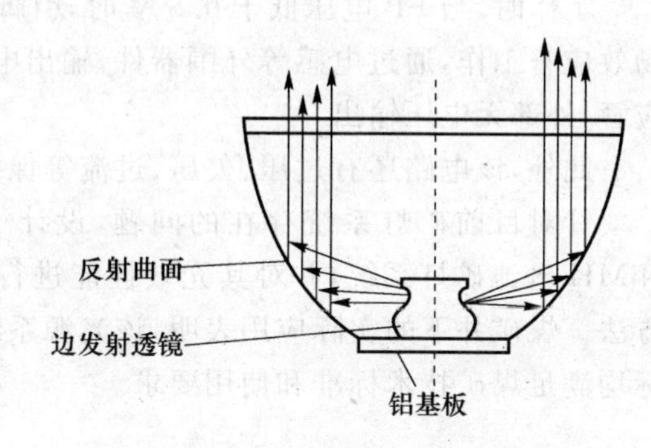

图 7-22 边发射透镜与反射曲面图

尽管功率型 LED 属于冷光源，但工作时也会产生大量的热，有 50% 的电能转化为热能，如不散热，会严重影响发光效率，寿命缩短，因此要有良好的散热条件，保证正常工作。通常，散热采用热导率较高的铝基板作为散热板并附加其他散热措施。

3. 工作电路实现

功率型 LED 是电流型驱动元件，工作电流与电压大体上呈线性关系，为保证 LED 的使用寿命及稳定的照明效果，工作时要采用恒流驱动，使 LED 的工作状态不受电压变化的影响，对 1 W LED 放电控制电路采用的是较先进的脉冲恒流放电，如图 7-23 所示。该电路的主控芯片是 LM3475，是一种常见的 LED 驱动芯片。外围器件为大功率 P 沟道 FET 场效应管、电感、电容、电阻等器件。

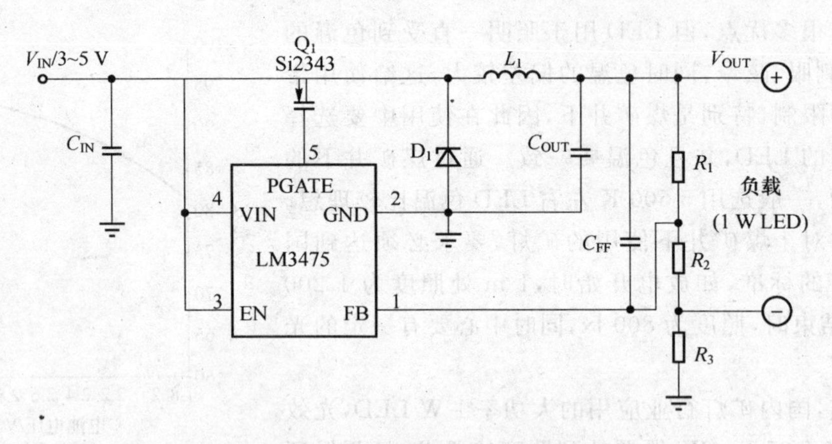

图 7-23　LED 放电工作控制电路图

LM3475 是一个迟滞 DC-DC 的控制器，采用的是脉冲频率调制模式(PFM)，开关的频率取决于外围的器件和工作状态，轻载时频率降低，大的负载时频率升高，比脉冲宽度调制模式(PWM)放电电路有良好的光效。根据实验，在负载电流为 350 mA 时，光效最高，因此电路的工作参数是根据 $I_{out}=350$ mA 确定，此时反馈引脚 1(FB)的参考电压为 0.8 V。

工作时，当 FB 电压低于 0.8 V 时，引脚 5(PGATE)输出低电平，驱动 P 沟道 FET 场效应管工作，通过电感等外围器件，输出电压；FB 电压高于 0.8 V 时，关断 FET 场效应管，外部无电压输出。

此外，该电路还有过压、欠压、过流等保护功能。

针对目前矿灯系统存在的问题，设计了这种应用 1 W 白光 LED 冷光源技术的 NiMH 电池矿灯系统，并对其光效性能进行了分析和设计，研究了该工作电路的实现方法。煤矿井下的实际应用表明，该光源系统结构合理、工作电路简单、光效高，各项指标均满足煤矿技术标准和使用要求。

7.9　基于 LTC3454 的手电筒和闪光灯 LED 驱动器设计

凌特公司最近推出的大电流白光 LED 驱动器 LTC3454，除在手机照像时用做闪光灯外，还可在减小电流时用做可调光的手电筒。

LTC3454 可用 1 节锂离子电池(2.7～4.2 V)供电，能以 1 A 的电流驱动白光 LED 作闪光灯。当电池的电压 V_{BAT} 大于 LED 的正向压降 V_F 时，它工作于降压模式；若电池电压下降，$V_{BAT}<V_F$ 时，它自动以升压模式工作，并且有高的效率以延长电池使用时间。

1. LTC3454 的特点

LTC3454 的内部是一种开关型升/降压式 DC/DC 转换器。该器件的主要特点：① 输入电压 V_{IN} 可以在大于、小于或等于 LED 的正向压降 V_F 条件下工作，延长了电池在两次充电之间的工作时间。② 采用同步整流升压及同步整流降压技术，提高了转换效率：在手电筒工作模式时，其效率大于90%；在闪光灯模式时，其效率大于80%。③ 输入电压范围宽，2.7～5.5 V；输出电流大，连续输出电流可达1 A。④ 驱动功率LED的电流可编程，并可通过外部来调节，实现调光；编程的电流精度可达3.5%。⑤ 内部有软启动，有LED开路及短路保护。⑥ 固定1 MHz开关频率。⑦ 有关闭驱动器控制，在关闭状态时耗电几乎为零。⑧ 有过热保护及输入低电压锁存功能。⑨ 小尺寸散热增强型10引脚DFN封装(3 mm×3 mm)。⑩ 工作温度−40～+85 ℃。

LTC3454的应用领域主要是手机、数码相机、PDA等，还可用于矿灯、应急灯及强光手电筒。

LTC3454的引脚排列如图7-24所示，各引脚的功能如表7-4所列。

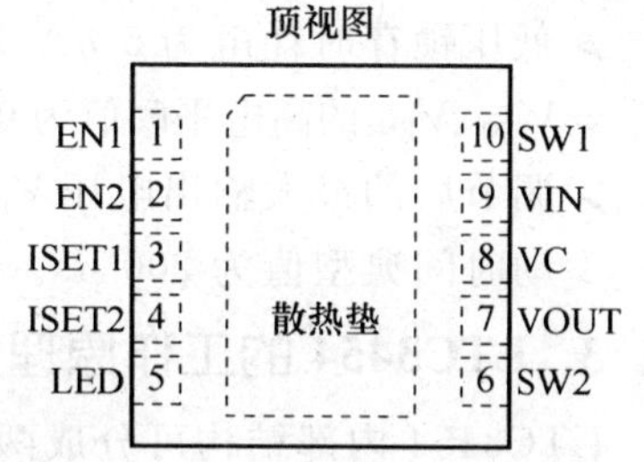

图7-24 LTC3454的引脚排列图

表7-4 LTC3454引脚功能详解

引脚号	引脚名	功 能
1	EN1	驱动电流 I_{SET1} 的使能端，高电平有效(>0.68 V，<1.2 V)，低电平(<0.68 V，>0.2 V)关闭
2	EN2	驱动电流 I_{SET2} 的使能端，高低电平与EN1同
3	ISET1	LED电流 I_{SET1} 的设定端，外接电阻 R_{ISET1} 到地来设定LED的电流 I_{LED}，$I_{LED}=3\ 850(0.8\ V/R_{ISET1})$
4	ISET2	LED电流 I_{SET2} 的设定端，外接电阻 R_{ISET2} 到地来设定LED的电流 I_{LED}，$I_{LED}=3\ 850(0.8\ V/R_{ISET2})$。若 I_{SET1} 设有 R_{ISET1}，并且EN1端为高电平，则LED的电流为 $I_{SET1}+I_{SET2}$
5	LED	接LED的阴极。LED接在VOUT与LED端之间，电流从VOUT经LED后流入LED端，见图7-25
6	SW2	开关的结点。外部的电感器 L_1 接在SW1与SW2之间。电感器 $L_1=4.7$～5 μH
7	VOUT	升/降压式DC/DC变换器的输出端。此端需外接一个4.7～10 μF片状多层陶瓷电容(MLCC)到地
8	VC	内部误差放大器输出端的补偿点。此点连接一个0.1 μF的MLCC到地。VC的电压高低能控制内部开关组成升压式或降压式工作
9	VIN	电源输入端(2.7～5.5 V)。此端外接一个2.2～10 μF电容(MLCC)到地
10	SW1	开关结点，此端连接一个电感器 L_1，另一端接SW2端
11	散热垫及GND	电源的接地点。散热垫接地可改善散热效果

2. LTC3454 主要参数

LTC3454 的主要参数：

- 输入电压 V_{IN}=2.7～5.5 V；
- 工作电流典型值为 825 μA；
- 关闭状态时耗电小于 1 μA；
- 低压锁存时耗电为 5 μA(输入低压锁存阈值电压约 2 V)；
- V_{EN1}、V_{EN2} 的高电平阈值为 0.68～1.2 V，V_{EN1}、V_{EN2} 的低电平阈值为 0.2～0.68 V；
- 调节后的最大输出电压 V_{OUT}=5.15 V(典型值)，振荡器频率 f_{SW}=1 MHz，软启动时间典型值为 200 μs。

3. LTC3454 的工作原理简介

LTC3454 内部结构可分成两个部分：升/降压 DC/DC 转换器部分及 LED 电流设定电路部分。

(1) 升/降压 DC/DC 转换器部分

升/降 DC/DC 转换器部分的结构框图如图 7-25 所示。它主要由四个功率 MOSFET 组成 A、B、C、D 四个开关(A、B 为 P-MOSFET，C、D 为 N-MOSFET)，控制电路，栅极驱动电路及误差放大器(其反相端输入的电压是 LED 的电流 I_{LED}×电流检测电阻 R 的值，同相端输入的电压是 LED 的设定电流 I_{SET}×电流检测电阻 R 的值)。

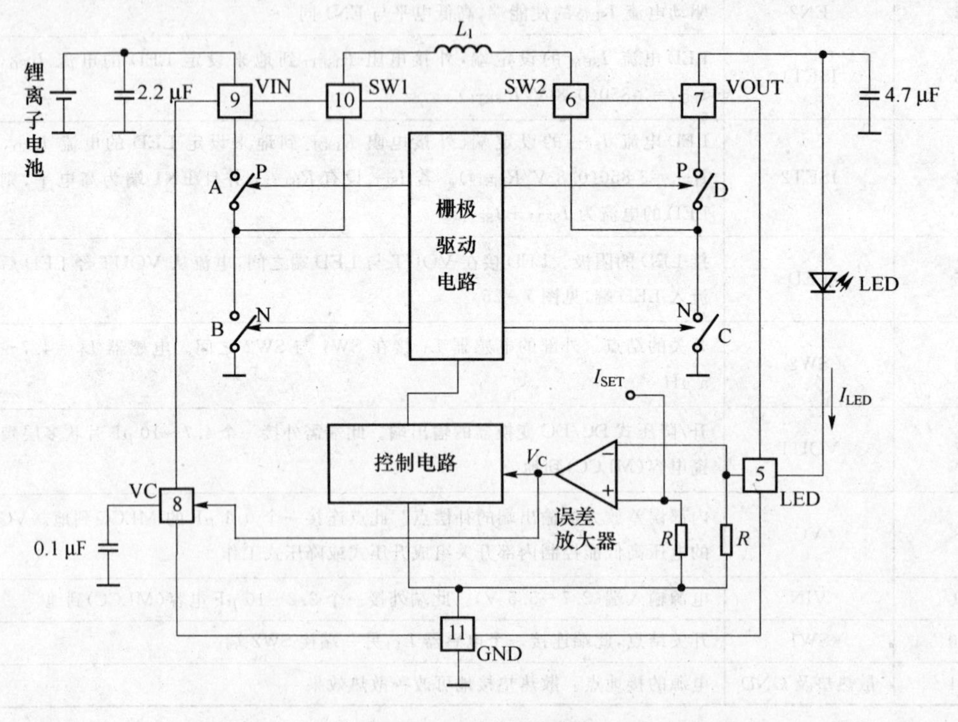

图 7-25 升/降 DC/DC 转换器部分的结构框图

误差放大器输出的电压 V_C 与 DC/DC 转换器工作状态有关，当 $V_{IN}>V_F$，$I_{LED}\times R>I_{SET}\times R$，使误差放大器输出电压 $V_C<1.55$ V 时，DC/DC 转换器工作于降压模式，如图 7-26 所示。此时，开关 D 闭合、开关 C 断开；受 V_C 控制的 PWM 信号使开关 A、B 轮流导通。在这种情况下，其电路可简化成如图 7-27 所示的降压式电路。A 是开关管，B 是同步整流管。

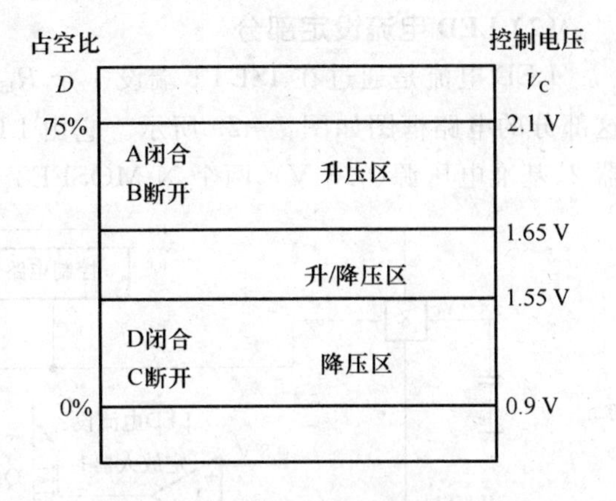

图 7-26 DC/DC 转换器工作模式

当 $V_{IN}<V_F$，$I_{LED}\times R<I_{SET}\times R$，使误差放大器输出电压 $V_C>1.65$ V，则 DC/DC 转换器工作于升压模式，如图 7-26 所示。此时，开关 A 闭合、开关 B 断开；受 V_C 控制的 PWM 信号使开关 C、D 轮流导通。在这种情况下，其电路可简化成如图 7-28 所示的升压式电路。C 是开关管，D 是同步整流管。

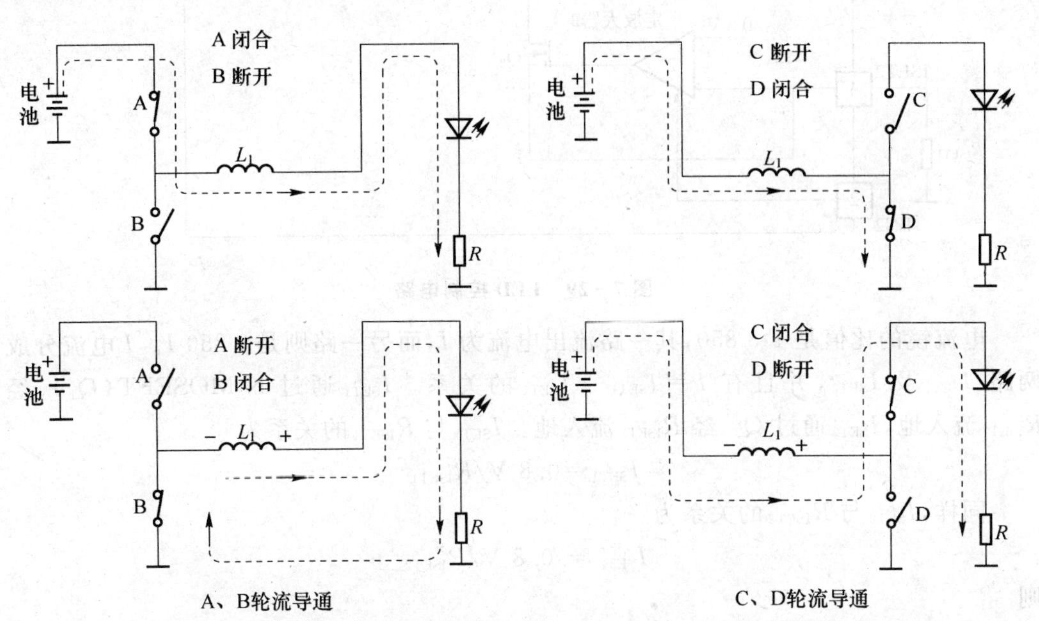

图 7-27 降压模式 DC/DC 简化电路　　图 7-28 升压模式 DC/DC 简化电路

当 $V_{IN}\approx V_F$ 时，误差放大器输出电压 V_C 在 1.55～1.65 V 范围内，它处于升/降压模式，即可能是升压模式，也可能是降压模式。

综合以上分析可以看出，在 $V_{IN}<V_F$ 时或 $V_{IN}>V_F$ 时，转换器处于升压模式或降压式，由误差放大器的输出电压 V_C 来改变 PWM 的占空比(D)，使 LED 流过的电流 I_{LED} 接连设定的 LED 电流 I_{SET}。

(2) LED 电流设定部分

LED 电流是通过在 ISET1 端设 1 个 R_{ISET1} 及在 ISET2 端设 1 个 R_{ISET2} 来设定的。这部分的电路框图如图 7－29 所示。它由 LED 电流设定放大器 1、LED 电流设定放大器 2、基准电压源(0.8 V)、两个 N-MOSFET 及电流镜电路等组成。

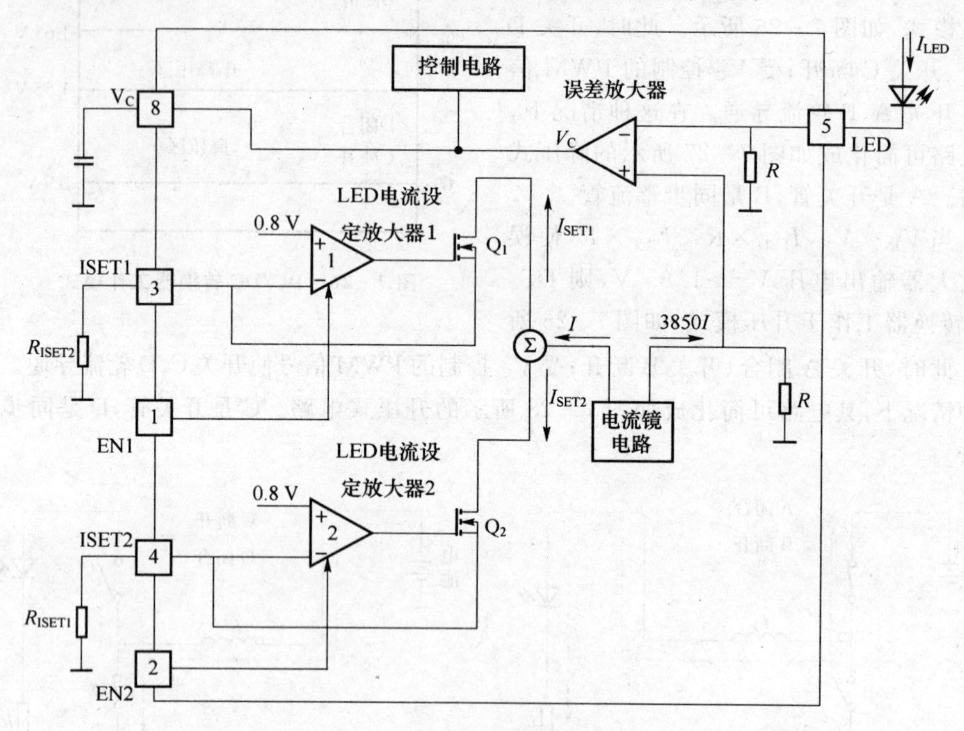

图 7－29　LED 控制电路

电流镜的比值是 1∶3 850，其一路流出电流为 I，而另一路则是 3 850 I。I 电流分成两路：I_{SET1} 及 I_{SET2}，并且有 $I = I_{SET1} + I_{SET2}$ 的关系。I_{SET1} 通过 N-MOSEFT（Q_1）、经 R_{ISET1} 流入地，I_{SET2} 通过 Q_2、经 R_{ISET2} 流入地。I_{SET1} 与 R_{ISET1} 的关系为

$$I_{SET1} = 0.8\ V/R_{ISET1}$$

同样，I_{SET2} 与 R_{ISET2} 的关系为

$$I_{SET2} = 0.8\ V/R_{ISET2}$$

则

$$I = 0.8\ V(1/R_{ISET1} + 1/R_{ISET2})$$

从图 7－29 中可看出，当有 I 流入 R_{ISET1} 及 R_{ISET2} 时，就有 3 850I 流入 R，则误差放大器同相端的电压等于 3 850$I \times R$。误差放大器反相端的电压等于 $I_{LED} \times R$，按同相端的电压与反相端相等的原理，可得

$$I_{LED} \times R = 3\,850I \times R$$

$$I_{LED} = 3\,850I = 3\,850 \times 0.8\ V(1/R_{ISET1} + 1/R_{ISET2})$$

在要求一定的 I_{LED} 时，可取合适的 R_{ISET1} 及 R_{ISET2} 来满足。如果要求的 $I_{LED} < 500$ mA，

则只要用一个 R_{ISET1} 或 R_{ISET2} 即可。如果选择 R_{ISET1}，则 ISET2 端可悬空，EN2 端可接地，而

$$I_{LED} = 3\ 850 \times 0.8\ V/R_{ISET1}$$

4. 有闪光灯及手电筒功能的白光 LED 驱动电路

图 7-30 所示为一种有闪光灯及手电筒功能的白光 LED 驱动电路。该电路由 1 节锂离子电池供电，设 $R_{ISET1}=20.5\ k\Omega$，$R_{ISET2}=3.65\ k\Omega$，则在 EN1 及 EN2 施加不同的电平，LED 有关断及三种不同电流 I_{LED}，150 mA 可作为手电筒使用时的 I_{LED}，850 mA 可作为闪光灯使用时的电流。若要求闪光灯有更大的电流时，如表 7-5 所列。

表 7-5 三种模式下的 LED 电流值

EN1	EN2	LED 电流值
1	1	$I_{LED}=1$ A
0	1	$I_{LED}=3\ 850\times0.8\ V(1/20.5\ k\Omega)=150$ mA
1	0	$I_{LED}=3\ 850\times0.8\ V(1/3.65\ k\Omega)=843.8$ mA
1	1	$I_{LED}=150\ mA+843.8\ mA\approx1\ 000$ mA

图 7-30 中，LED 用的是 LUMILEDS 公司型号为 LXL-PWF1 的 LED，电感器 L_1 用的是 SUMIDA 公司型号为 CDRH6D28-5RONC 的电感器。

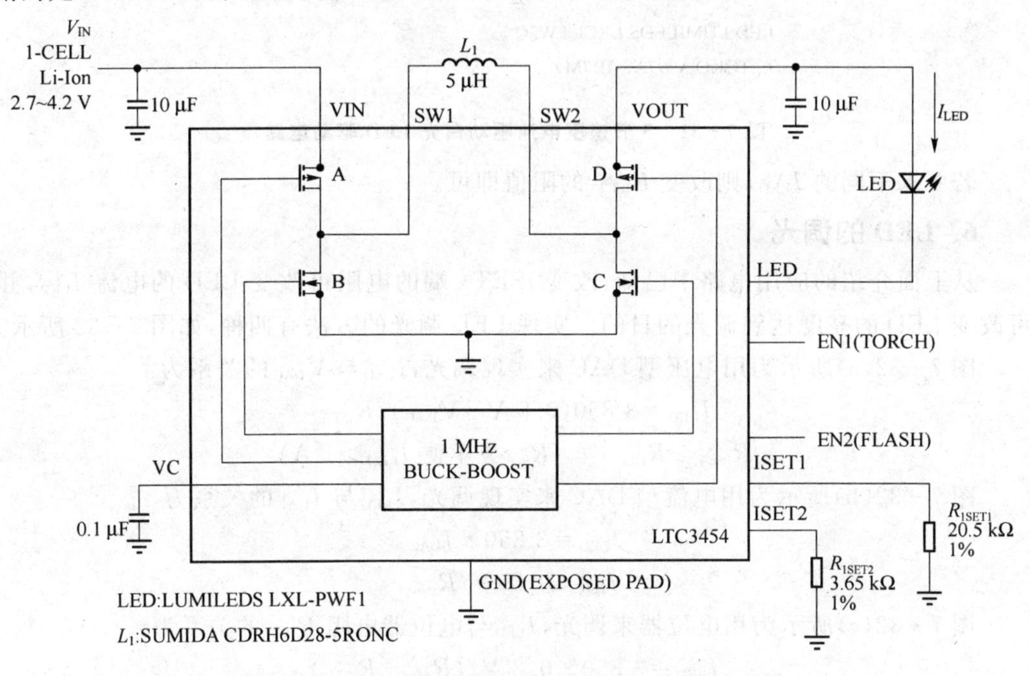

图 7-30 闪光灯及手电筒功能的 LED 驱动电路

5. 由 3 节镍氢电池驱动 I_{LED}=500 mA 的电路

一种由 3 节镍氢电池驱动白光 LED，使 $I_{LED}=500$ mA 电流的电路如图 7-31 所

示。在图 7-31 中，在 ISET1 端设了 619 kΩ 电阻，由 EN1 来控制其亮、灭。ISET2 悬空，EN2 接地。LED 用的是 LUMILEDS 公司的产品，型号为 LXCL LW3C；电感器 L_1 是 TOKO 公司的 A997AS-4R7M 电感器。

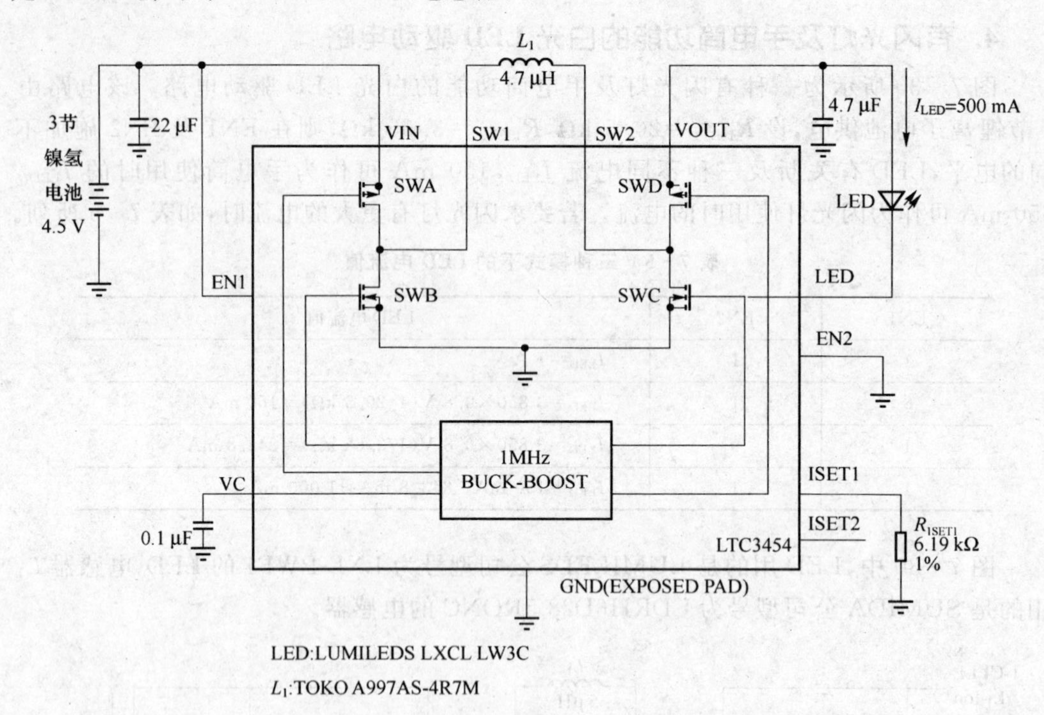

图 7-31　3 节镍氢电池驱动白光 LED 驱动电路

若要求不同的 I_{LED}，则改变 R_{ISET1} 的阻值即可。

6. LED 的调光

从上面介绍的应用电路中已知，改变 ISETx 端的电阻可改变 LED 的电流 I_{LED}，并可改变 LED 的亮度达到调光的目的。实现 LED 调光的方法有四种，如图 7-32 所示。

图 7-32(a)所示为用电压型 DAC 来实现调光，I_{LED} 与 V_{DAC} 的关系为

$$I_{LED}=3\ 850(0.8\ V-V_{DAC})/R_{ISET}$$

$$R_{ISET}\geqslant R_{min}\qquad (R_{min}\text{为不使 }I_{LED}>1\ A)$$

图 7-32(b)所示为用电流型 DAC 来实现调光，I_{LED} 与 I_{DAC} 的关系为

$$I_{LED}=3\ 850\times I_{DAC}$$

$$I_{DAC}\leqslant 0.8\ V/R_{min}$$

图 7-32(c)所示为用电位器来调光，I_{LED} 与电位器电阻 R_{POT} 的关系为

$$I_{LED}=3\ 850\times 0.8\ V/(R_{min}+R_{POT})$$

图 7-32(d)所示为用 PWM 信号来调光，PWM 的频率≥10 kHz，其 I_{LED} 与 PWM 的占空比 D 及幅值电压 V_{DVCC} 的关系为

$$I_{LED}=3\ 850[0.8\ V-(D\%\times V_{DVCC})]/R_{ISET}$$

用户可根据产品的要求及使用的条件来选择。在图 7－32(d)中，原资料未给出电容的容量，可加不同容量来实验确定。

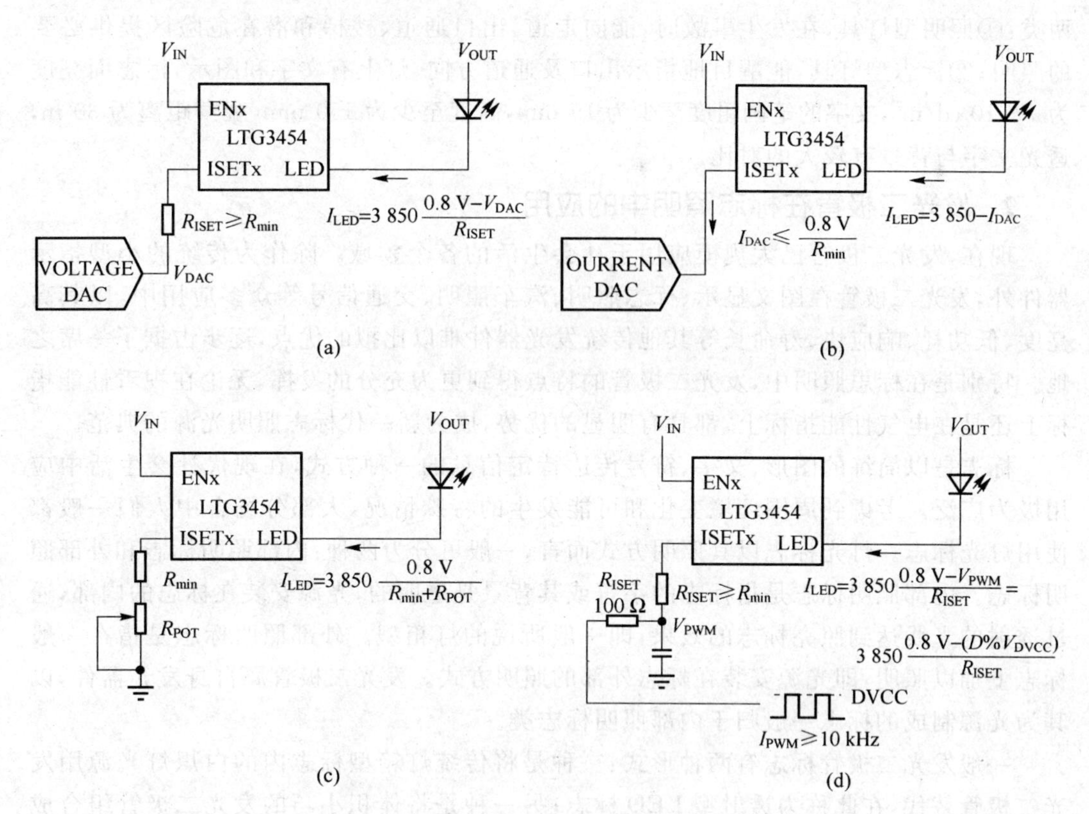

图 7－32　四种 LED 调光电路

7.10　基于 XL4001 的消防标志 LED 应急灯设计

所谓消防应急照明灯是在正常照明电源发生故障时，能有效地照明和显示疏散通道，或能持续照明而不间断工作的一类灯具，广泛用于公共场所和不能间断照明的地方。

消防应急灯具作为建筑内发生火灾时给现场人员疏散或消防作业提供标志或照明的灯具，已被广泛安装使用在各类建筑中，成为建筑消防系统不可缺少的重要组成部分。

1. 消防应急灯的分类

从消防应急照明灯的分类来看，按应急供电形式可分为自带电源型、集中电源型、子母电源型；按工作方式可分为持续型、非持续型；按应急实现方式可分为独立型、集中控制型、子母控制型。应急照明灯还可按工作状态和功能进行分类。按工作状态可分为 3 类：①持续式应急灯，不管正常照明电源有否故障，能持续提供照明；②非持续式应急灯，只有当正常照明电源发生故障时才提供照明；③复合应急灯，应急照明灯具内装有两个以上光源，至少有一个可在正常照明电源发生故障时提供照明。按功能可分为两类：①照明型灯具，在发生事故时，能向走道、出口通道、楼梯和潜在危险区提供必要的照明；②标志型灯具，能醒目地指示出口及通道方向，灯上有文字和图示，标志面亮度为 7～10 cd/m^2，文字的笔画粗度至少为 19 mm，高度至少为 150 mm，观察距离为 30 m，透光文字与背景有较大的对比。

2. 发光二极管在标志照明中的应用

现在，发光二极管已大规模应用于社会生活的各个领域。除作为传统的小型指示器件外，发光二极管在图文显示、标志照明、汽车照明、交通信号等众多应用中，以其高亮度、低功耗、响应快、寿命长等其他传统发光器件难以比拟的优点，逐步占据了一席之地。特别是在标志照明中，发光二极管的特点得到更为充分的发挥，无论在视看性能指标上还是在电气性能指标上，都具有明显的优势，成为新一代标志照明光源的典范。

标志是以简练的图形、文字、符号传达特定信息的一种方式，在现代社会生活中应用极为广泛。考虑到周围环境变化和可能发生的特殊情况，大部分场合中人们一般都使用灯光标志。灯光标志以其照明方式而言，一般可分为两种：内部照明标志和外部照明标志。内部照明标志是指标志的字符或其背景是透明的，光源安装在标志的内部，通过透射的光线达到照亮标志的效果，即一般所说的灯箱型。外部照明标志是指在一般标志上加以照明，即光源安装在标志外部的照明方式。发光二极管属自身发光器件，以其为光源制成的标志一般归于内部照明标志类。

一般发光二极管标志有两种形式：一种是将传统灯箱型标志内的白炽灯光源用发光二极管替代，在此称为透射型 LED 标志；另一种是将体积小巧的发光二极管组合成标志文字或图案，直接作为视看目标，在此称为直接型 LED 标志。透射型 LED 标志亮度相对较低，一般为 20～30 cd/m^2，适用于普通室内场合；直接型 LED 标志以其高亮度特性，较多在室外或对亮度有较高要求的环境下使用。

3. 消防应急灯的结构

(1) 消防应急灯的整体结构

消防应急照明灯主要由蓄电池、控制电路板、外壳、灯头或安装光源的灯体、标志面板组成。从消防应急照明灯的生产工艺来看，主要包括原材料测试、插件、五金成形、组装老化实验、功能检测、全检全测、成品检测等工序。除正常的生产工艺外，电路的设计及电池的容量将成为影响灯具性能的重要因素。要使灯具光源保持较高的亮度，必须选择合适的光源种类及功率，再根据光源的种类及功率进行相应的电路设计。而要保证光源达到规定的应急照明时间，就必须保证相应的电池容量。本节主要研究消防标志应急灯的 LED 驱动器。

(2) XL4001 简介

XL4001 是一个 150 kHz 固定频率的 PWM 降压 DC/DC 转换器，具有 2 A 电流负载能力。该电路应用简单，外部元器件比较少。鉴于 LED 领域的系统需求，内部除常规的过流保护、过温度保护、输出短路保护外，还内置了专用LED的电流模式控制模块CC和芯片内部开路保护模块OVP。

CC通过电阻R_{CS}测量LED电流，并实现电流模式控制。在正常工作情况，LED电流由0.155 V的PWM控制器内部参考电压除以R_{CS}电阻值来决定，即$I=0.155\ V/R_{CS}$，因为R_{CS}两端的电压降在正常工作条件下将一直保持在0.155 V。OVP通过电阻R_1和R_2测量输出电压，并实现电压模式控制，一般OVP设置为比正常输出电压高10%。在芯片正常工作时，CC起作用；当CC这一路出现问题，OVP钳位输出电压，使LED不会因承受较大功率而烧毁。

PWM调光这一块也可以调节4脚FB来实现，FB基准为1.235 V，一旦这一点电位高于1.235 V，则关闭输出；低于1.235 V则芯片工作。由于芯片本身的频率只有150 kHz，所以在一定占空比的条件下，PWM调光的速率不应该太快，建议在100～300 Hz使能端EN脚控制芯片输出，EN脚电位为低电平(0.8 V以下)或者悬空时，芯片有输出；EN脚电位为高电平(1.4V以上)，芯片关断输出。

XL4001技术特点：

① 用于LED全集成方案，系统成本低，可靠性高。

② IC内部CC、OVP都是通过控制PWM实现的，因此输出电压、输出电流、输出过压保护的精度更高，响应速度很快，内置过流保护、过温度保护等安全措施。

③ XL4001为40 V高压双极工艺制造，更加结实耐用，应用于多种环境；由于其固定频率为150 kHz，使得LED驱动的EMI设计相对容易。

XL4001的应用电路如图7-33所示。

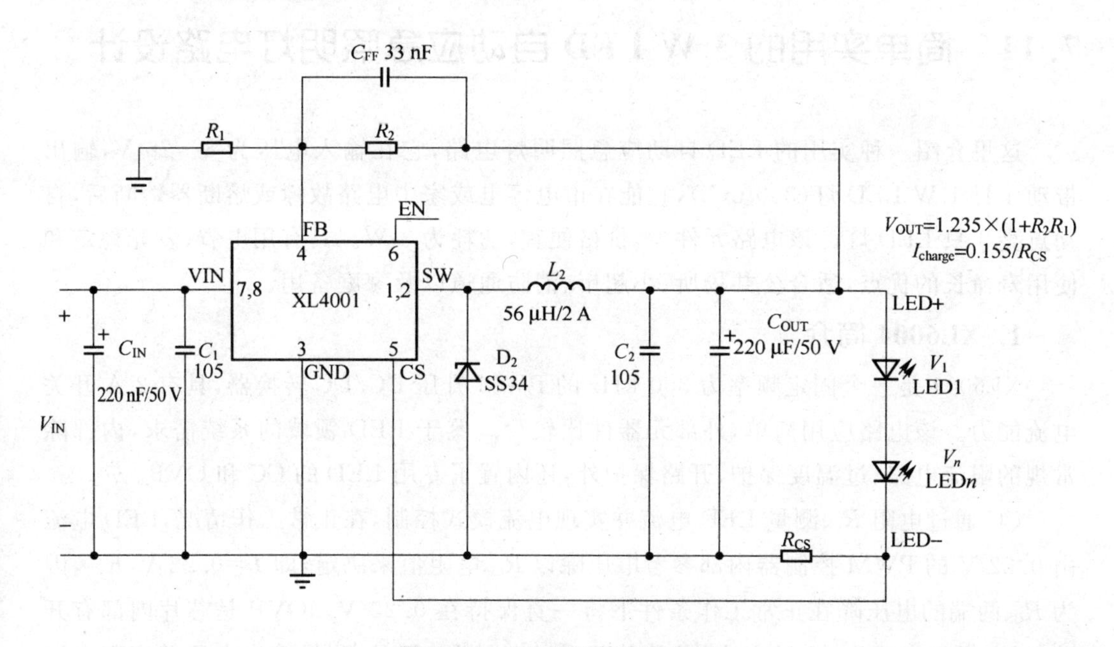

图7-33　XL4001的应用电路

(3) 消防应急照明灯控制电路设计

控制电路分为市电检测电路、充电及其保护电路和 LED 驱动器电路，如图 7－34 所示。

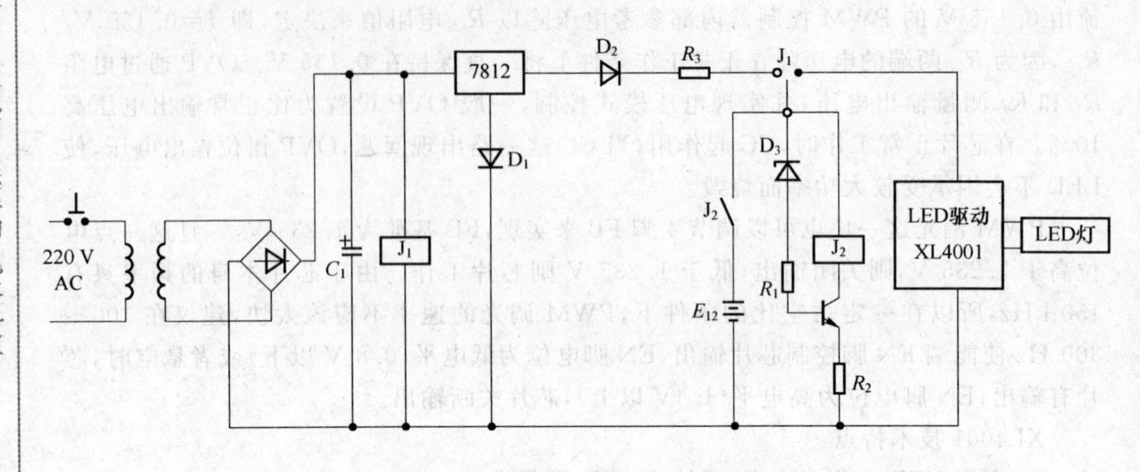

图 7－34　消防应急照明灯控制电路

市电正常时，继电器 J_1 和 J_2 都吸合，对电池采用恒压充电，7812、D_1、D_2 和 R_3 构成恒压充电电路，当市电断电时，继电器 J_1 释放，接通放电电路，由于三极管导通工作，J_2 仍吸合，电池放电，LED 在驱动电路 MAX16189 驱动下发光，当放电电压低到规定值时，三极管截止，保护电路工作，使继电器 J_2 释放，驱动电路断电，保护电池。

7.11　简单实用的 3 W LED 自动应急照明灯电路设计

这里介绍一种实用的 LED 自动应急照明灯电路，它在输入电压为 8～28 V，输出带动 4 只 1 W LED 灯(350 mA)，它能在市电停电或家中电路故障或熔断器熔断后，自动点亮 4 只 LED 灯。该电路元件少，价格便宜，功耗为 3 W。具有用电省、发光稳定和使用寿命长的优点，适合公共场所、小超市、消防通道以及家庭备用。

1. XL6004 简介

XL6004 是一个固定频率为 300 kHz 的 PWM 升压 DC/DC 转换器，具有 2 A 开关电流能力。该电路应用简单，外部元器件比较少。鉴于 LED 领域的系统需求，内部除常规的限流电路、过温度保护、开路保护外，还内置了专用 LED 的 CC 和 OVP。

CC 通过电阻 R_{CS} 测量 LED 电流并实现电流模式控制，在正常工作情况，LED 电流由 0.22 V 的 PWM 控制器内部参考电压除以 R_{CS} 电阻值来决定，即 $I=0.22\ V/R_{CS}$，因为 R_{CS} 两端的电压降在正常工作条件下将一直保持在 0.22 V。OVP 是芯片内部有开路保护，保护电压为 52 V 左右，芯片外部通过电阻 R_1 和 R_2 测量输出电压并实现电压模式控制，实现二次开路保护，一般 OVP 设置为比正常输出电压高 20%。在芯片正常工作时，CC起作用；当CC这一路出现问题，OVP钳位输出电压，使LED不会因承受较大功率而烧毁。

PWM调光这一块也可以调节1脚EN来实现，EN的逻辑关系是一旦这一点电位高于1.4 V，芯片输出正常，低于0.8 V芯片不工作。由于芯片本身的频率只有300 kHz，内置软启动电路，所以在一定占空比条件下，PWM调光的速率不应太快，建议在100～300 Hz；也可以通过FB来实现对芯片的PWM调光控制，高电平高于1 V，芯片关断，低于0.3 V，芯片开启。

XL6004技术特点：

- 用于LED全集成方案，系统成本低，可靠性高；
- 系统结构简单，设计方便灵活，可以达到很高的效率；
- 由于大功率开关管内置，功率管的电压、电流、温度都受控；
- 芯片内置软启动电路、环路频率补偿电容、内部固定频率、全内置过压保护、过流保护、过热保护等电路，使芯片的可靠性、安全性大大提高。

2. 电路工作原理

电路工作原理如图7-35所示。合上电源开关S_1，市电电网正常供电时，有220 V的电压经电容器C_1、C_2降压后，再经过D_1～D_4全波整流，以及稳压管D_5和电容C_3滤波后，产生稳定的11.5 V直流电压和75 mA电流输出，为9节1.2 V充电电池充电，一方面供继电器K线圈得电工作，其常闭触点K_1断开，使LED灯无电不亮；另一方面常开触点K_2闭合，同时拨通开关S_1向充电电池形成脉冲电流对11.5 V电池E浮充电。

因为R_3是限流电阻，电池不会发热，电池平时处于电压保持状态，充电电流微小，也就是人们所说的浮充电，且电池使用寿命为1～2年。LED1～LED24是白色发光管，把每3只串成一组，这样24只就可以构成8组，并把8组并联后按图接到电路中。由于每只发光管的工作电压为3.5 V，3只串联为10.5 V已基本满足要求，且每只发光管的工作电流在25～30 mA，这样使得每只发光管都能正常工作。

一旦市电电网电路故障停电或家用熔断器熔断，继电器线圈K失电，K_2触点断开，这时K_1常闭触点闭合，接通充电电池的电源点亮24只LED发光管，向人们提供应急照明。

3. 元器件的选择

图7-35中，C_1、C_2选用1 μF、400 V的优质涤纶电容；K选用的工作电压为10～12 V、电流在45 mA左右、灵敏度较高的继电器，如JRX-12F等；LED是白色发光管用ϕ5的；E选用9节7号1.2 V充电电池串联而成，也可用一块12 V免维护蓄电池。其他均按图7-35中的标注进行选取，对号入座，无特殊要求。

在制作过程中，整机电路放置在一个绝缘较好的PVC防火塑料盒内，引出导线接好市电。根据需要可将LED放置在多处不同的地方。

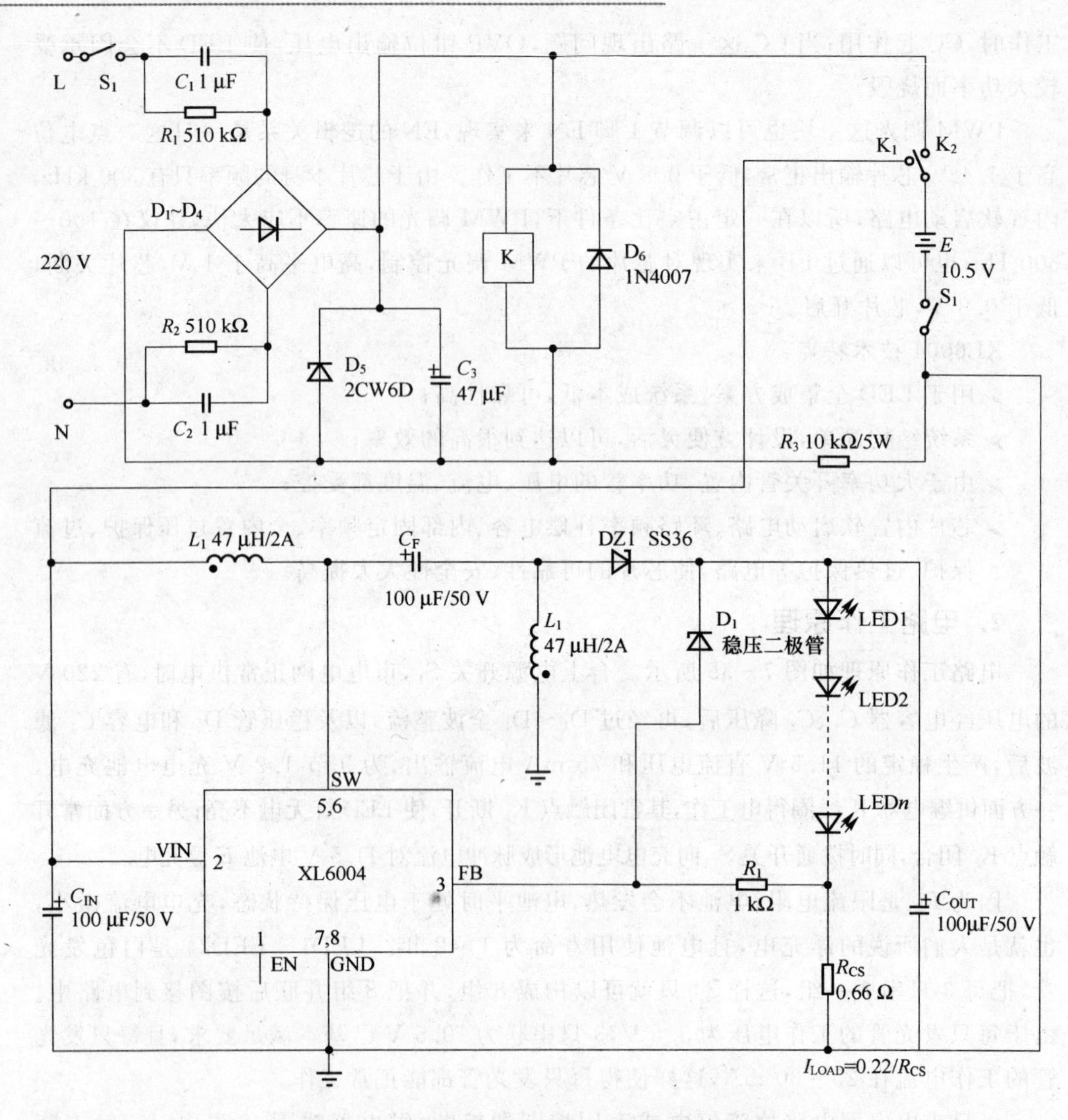

图 7-35　3W LED 自动应急照明灯电路原理图

7.12　基于 XL6003 的事故照明 LED 应急灯设计

所谓事故照明就是在正常照明电源发生故障时，能有效地照明和显示疏散通道，或能持续照明而不间断工作的一类灯具，广泛用于公共场所和不能间断照明的地方。

事故照明是应急照明灯的一种，属于持续式应急灯，不管正常照明电源有否故障，都能持续提供照明。

1. XL6003 简介

XL6003 是一个固定频率为 300 kHz 的 PWM 升压 DC/DC 转换器，具有 2 A 开关电流能力。该电路应用简单，外部元器件比较少。鉴于 LED 领域系统的需求，内部除常规的限流电路、过温度保护、开路保护外，还内置了专用 LED 的 CC。XL6003 应用电路图如图 7-36 所示。

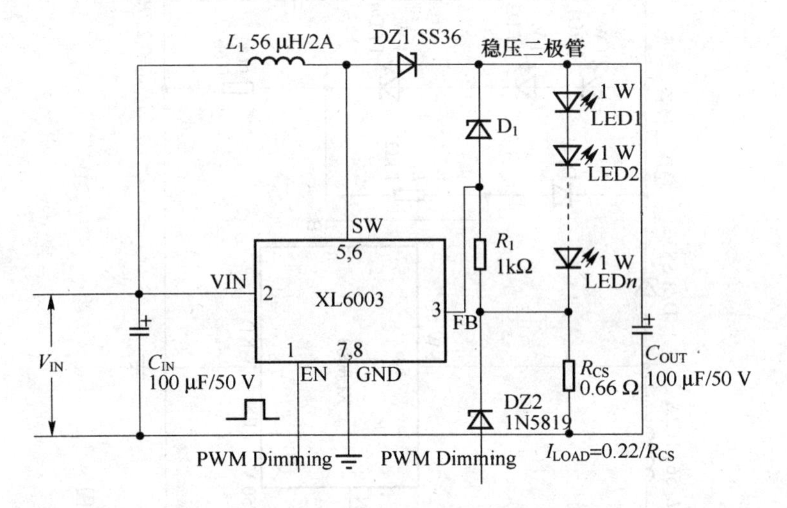

图 7-36　XL6003 应用电路图

CC 是通过电阻 R_{CS} 测量 LED 电流并实现电流模式控制，在正常工作情况，LED 电流由 0.22 V 的 PWM 控制器内部参考电压除以 R_{CS} 电阻值所决定，即 $I=0.22\ V/R_{CS}$，因为 R_{CS} 两端的电压降在正常工作条件下将一直保持在 0.22 V。

PWM 调光这一块也可以调节 1 脚 EN 来实现。EN 的逻辑关系是一旦这一点电位高于1.4 V，芯片输出正常；低于 0.8 V 芯片不工作。由于芯片本身的频率只有 300 kHz，内置软启动电路，所以在一定占空比条件下，PWM 调光的速率不应太快，建议在 100～300 Hz。也可以通过 FB 来实现对芯片的 PWM 调光控制，高电平高于 1 V，芯片关断；低于 0.3 V，芯片开启。

XL6003 技术特点：

- 用于 LED 全集成方案，系统成本低，可靠性高；
- 系统结构简单，设计方便灵活，可以达到很高的效率；
- 由于大功率开关管内置，功率管的电压、电流、温度都受控；
- 芯片内置软启动电路、环路频率补偿电容、内部固定频率、全内置过压保护、过流保护、过热保护等电路，使芯片的可靠性、安全性大大提高。

2. 事故照明灯的设计

事故照明灯如图 7-37 所示。市电正常时，继电器 J_1 和 J_2 都吸合，对电池采用恒压充电，7815、D_1、D_2 和 R_3 构成恒压充电电路，当市电断电时，继电器 J_1 释放，接通放电电路，由于三极管导通工作，J_2 仍吸合，电池放电，LED 在驱动电路 XL6003 驱动下发光，当放电电压低到规定值时，三极管截止，保护电路工作，使继电器 J_2 释放，驱动电路断电，保护电池。

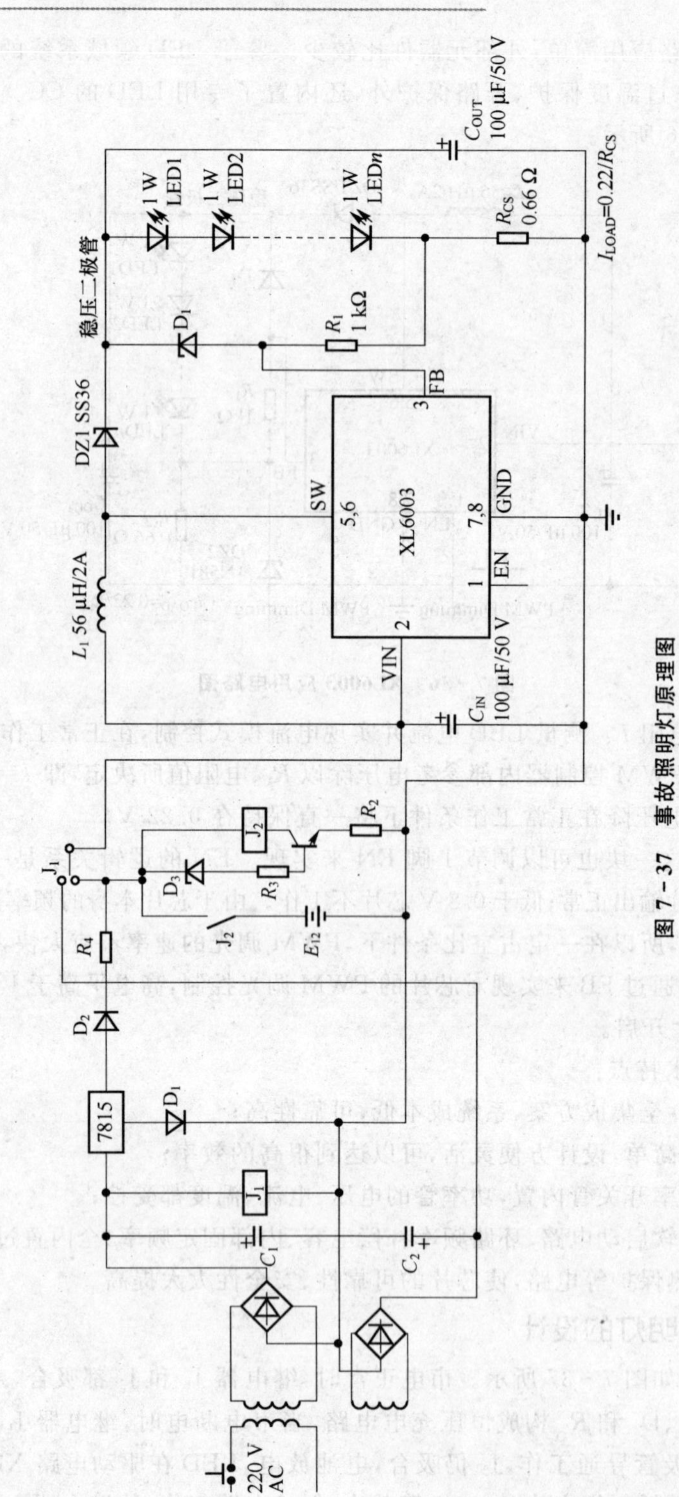

图 7－37　事故照明灯原理图

7.13　基于 MAX846A 和 MAX16832 的家用锂电池 LED 应急灯设计

本设计方案具有充电放保护，在市电正常时，自动给电池充电，使电池始终保持满电状态，当市电断电时，能自动进入应急照明状态；当电池放电达到规定标准时，自动断电，防止电池过放电。

7.13.1　MAX846A 简介

MAX846A 是一种低成本电池充电控制器，适用于锂离子电池、镍氢电池和镍镉电池的充电控制。该控制器内置精度为 0.5% 的基准电压，一方面为芯片供电，另一方面可以充当芯片模/数转换器的基准，同时满足锂离子电池对精确充电的要求；另外，用于控制外接 PNP 晶体管或 PMOS 场效应管的电压、电流调节环路相互独立，适用于多种电池充电，使充电算法更为灵活。

MAX846A 主要由 3.3 V 精密低压差线性稳压器、精密基准电压和电压/电流调整器三部分组成。MAX846A 是一种 16 脚 QSOP 封装的通用型充电控制芯片，可以单独构成锂离子电池充电器，也可以在单片机的控制下对锂离子电池、镍氢电池及镍镉电池进行充电。图 7－38 所示为其 QSOP 封装的引脚图。图中，1 脚(DCIN)外接直流偏置电压输入端、4 脚(GND)信号地及 15 脚(PGND)功率地分别为电源和地端。2 脚(VL)低压差线性调节器输出端可提供 3.3 V、精度为 1% 的电压基准。3 脚(CCI)和 5 脚(CCV)分别为电流和电压调节回路补偿端。7 脚(ISET)和 6 脚(VSET)分别为充电电流和电压回路设定端。8 脚(OFFV)为电压调节回路控制端，对于镍氢和镍镉电池置为高电平，对锂离子电池充电时，该脚应接地。9 脚(PWROK)电源正常状态输出端可为微控制器提供电源正常输入信号，当 VL 低于 3 V 时，PWROK 脚变成低电平。10 脚(CELL2)为锂离子电池数目选择端，低电平时为一节，高电平时为两节。11 脚(ON)为充电控制端，低电平时停止充电。12 脚(BATT)接电池正极。13 脚(CS＋)和 14 脚(CS－)为内部电流检测放大器高、低端输入端。16 脚(DRV)为外部调节晶体管驱动端。

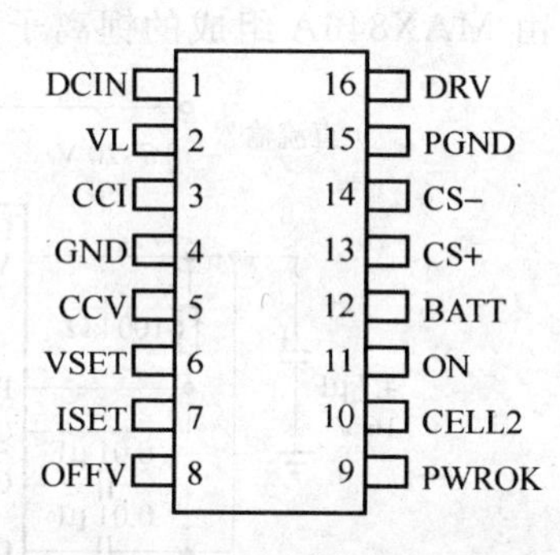

图 7－38　MAX846A 引脚图

1. MAX846A 的工作原理

低压差线性稳压器的输出端(VL)电压始终为内部基准电压的 2 倍，因此 VL 端可跟踪基准电压；同时，可为外部负载提供 20 mA 的电流，并且电路具有短路保护功能，VL 端短路时，输出短路电流可限制在 50 mA。电源正常输出端(PWROK)还可为微控制器提供复位信号和充电电流封锁信号(抑制充电电流)。

MAX846A 内部的精密基准电压可用来设定锂离子电池所需的高精度浮充电压,它(VSET 端)在内部与一个精度为 2% 的 20 kΩ 电阻相连接,该端再外接一只精度为 1% 的电阻,就可构成分压器。利用该分压器,可以调整锂离子电池的浮充电压,满足各类锂离子电池的不同需求。浮充电压的精度对锂离子电池的寿命及容量起决定作用。

电压/电流调节器在 MAX846A 的内部是由高精度衰减器、电压环路、电流环路、电流检测放大器组成衰减器可通过引脚设置使电压稳定为一节锂电池电压或两节锂电池电压(对应电压为 4.2 V 或 8.4 V)。电流检测放大器检测电池的高端电流,它实际上是一个跨导放大器,可将外部限流电阻 R 上的电压转换成电流,并将此电流通过内部相关电路后作用于外部的负载电阻 R_0 上,通过改变 R 与 R_0 可以调节充电电流,也可通过改变 R 的低端电压或增大/减小 ISET 端的电流进行调整。电压和电流环路分别由连接在 CCV 和 CCI 端的外部电容进行补偿校正。

2. 锂离子电池充电器

由 MAX846A 组成的锂离子电池充电器电路如图 7-39 所示。

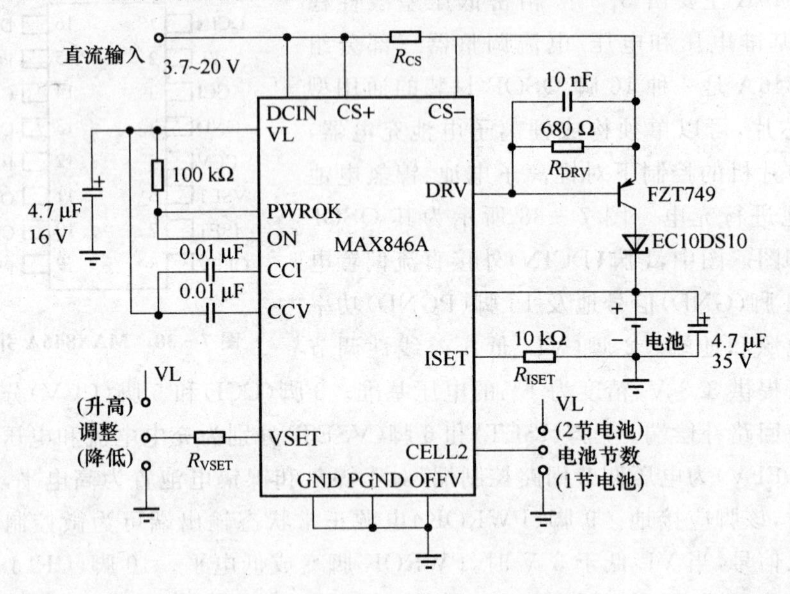

图 7-39 锂离子电池充电器电路

其工作原理如下:

(1) 单体电池数设定

当 CELL2 端(10 脚)电池数目设定端接地时,该充电器可对一节单体锂离子电池充电;当 CELL2 端电池数目设定端接线性调节器输出端 VL(2 脚)时,可对两节串联锂离子电池充电。

(2) 电流调整回路计算

电流调整回路将ISET端的电压维持在1.65 V选择ISET端外接电阻R,即可决定电流检测放大器输入端所需的反馈电压。

为了避免电池电压达到设定值以前,充电电流变化,充电器开关信号输入端(ON)应当接到电源正常状态输出端(PWROK)。设计中应尽量减小外接串联调整管的功耗,为此,外接直流偏置电压输入端(DCIN)的输入电压应尽可能低一些,或者使该电压跟随电池的充电电压变化。

(3) 浮充电压调整

当VSET端(6脚)悬空时,每节单体锂离子电池的浮充电压为4.2 V。在VSET端与信号地GND端(4脚)之间接一只精度为1%的电阻,可将浮充电压调低;在VSET端与VL端(2脚)之间接入一只电阻可将浮充电压调高。设单体锂离子电池所需的浮充电压为4.2 V,那么电阻R的阻值应按下式计算:

$$R_{\mathrm{VSET}} = 20\ \mathrm{k\Omega} \times \left(\frac{4.2}{1.65} \times V_{\mathrm{X}} - V_{\mathrm{F}}\right) \div (V_{\mathrm{F}} - 4.2\ \mathrm{V})$$

式中:V_{X}为2脚VL端或4脚GND端的电压。

4.2 V和1.65 V为芯片提供的参数常量,20 kΩ为内部固定电阻,与R_{VSET}电阻构成分压器,浮充电压需要在±5%范围内调整时,R_{VSET}应为400 kΩ。

7.13.2 MAX16832简介

MAX16832A/MAX16832C是降压恒流高亮度LED(HB LED)驱动器,为汽车内部/外部照明、建筑和环境照明以及LED照明应用提供具有成本效益的解决方案。

MAX16832A/MAX16832C工作于6.5～65 V输入电压范围,在最高125 ℃温度范围内可提供最大700 mA的输出电流,而在最高105 ℃的温度范围内可提供1 A的输出电流。高边检流电阻调节输出电流,而专用的脉宽调制(PWM)输入可实现宽亮度范围的脉冲式LED亮度调节。

这些器件非常适合需要宽输入电压范围的应用。高边电流检测和内置电流设置电路减少了外部元件数量,并可提供±3%精度的平均输出电流。在负载瞬变和PWM亮度调节过程中,滞回控制算法保证了优异的输入电源抑制和快速响应性能。MAX16832A允许10%的电流纹波,而MAX16832C允许30%的电流纹波。这两款器件的开关频率高达2 MHz,从而允许使用小尺寸元件。

MAX16832A/MAX16832C提供模拟亮度调节功能,可降低输出电流,通过在TEMP_I至GND之间加载一路低于内部2 V门限电压的外部直流电压来实现这种调节。TEMP_I还可向连接在TEMP_I和GND之间的负温度系数(NTC)热敏电阻输出 25 μA 电流，提供模拟热折返功能，当 LED 串的温度超出指定温度值时可降低 LED 电流。此外，器件还具有热关断保护功能。

MAX16832A/MAX16832C 工作于 −40～+125 ℃汽车级温度范围，采用增强散热型 8 引脚 SO 封装，MAX16832 的应用电路如图 7-40 所示。

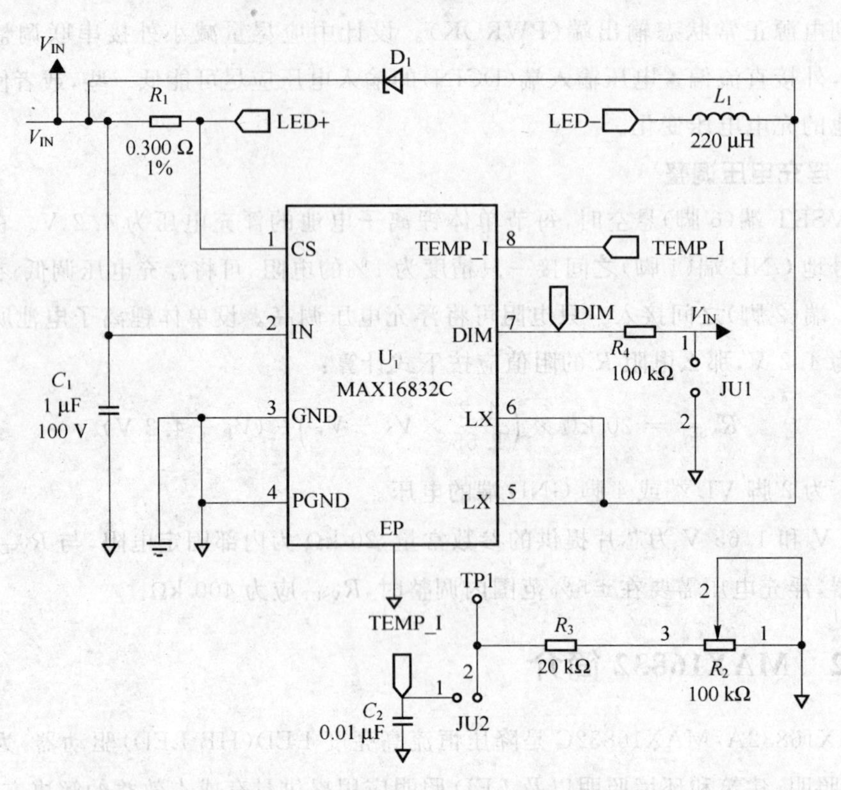

图 7-40　MAX16832C 的应用电路

7.13.3　家用锂电池 LED 应急灯设计

锂电池应急灯由三部分构成，即充电保护电路、放电保护电路和 LED 驱动电路，如图7-41所示。

当市电供电正常时，继电器吸合，J_1 使电池和 LED 驱动器电路断开，市电电源给锂电池充电，MAX846A 对充电电池进行充电保护。此时，放电电路和市电电源相连，市电给 LED 供电点亮。当市电断电时，继电器断开，J_1 使得电池和放电电路接通，电池给 LED 供电，使 LED 点亮，三极管、稳压管和 J_2 构成放电保护，当电池电压低到一定值时，J_2 断开，保护电池，防止过放电。

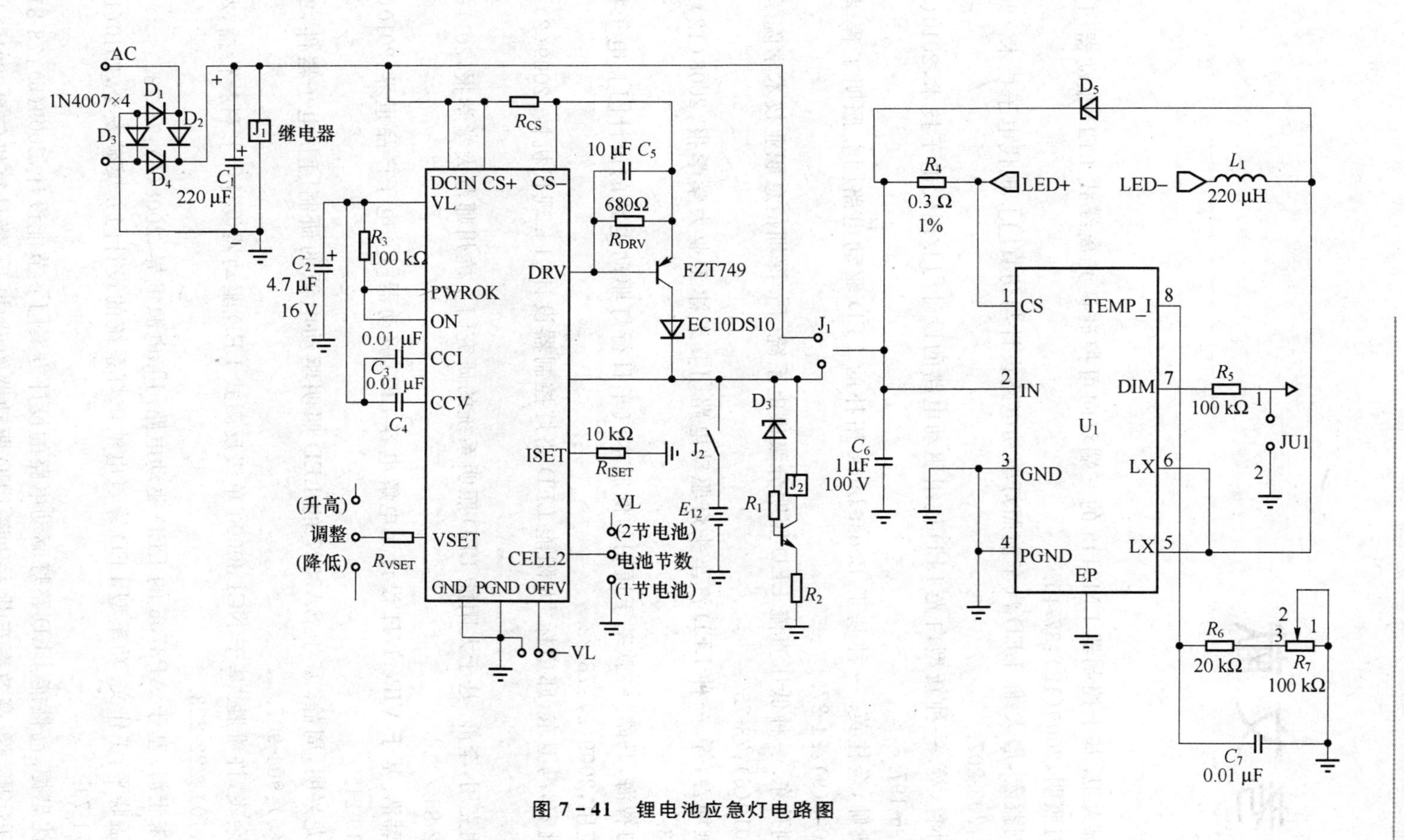

图 7－41 锂电池应急灯电路图

参考文献

[1] 祝大卫.基于控制器 LM3445 的三端双向可控硅调光离线式 LED 驱动器[J].灯与照明,2009(12):37-40.

[2] 刘益宏,屠大维.LED 汽车前照灯驱动电路设计与仿真[J].现代电子技术. 2011.3:203-207.

[3] 孙鲁,等.一种新型白光 LED 模组驱动电路的设计[J].现代电子技术,2010(10):196-197.

[4] 姚帅,余桂英.一种基于 Boost-buck 拓扑的 LED 驱动电路[J].照明工程学报,2009(9):24-27.

[5] 刘孙东.一种低压直流 LED 照明分级供电系统[J].深圳信息职业技术学院学报,2010(6):73-75.

[6] 燕坤善,等.一种 LED 汽车头灯驱动电路[J].天津工业大学学报,2008(12):51-53.

[7] 刁智海,马皓.一款基于通用的低成本汽车日行灯驱动电路的设计[J].电子技术应用,2009(2):78-82.

[8] 姚宏,冯卫东,邱望标.太阳能 LED 路灯控制器设计[J].现代机械,2009(2):24-25.

[9] 胡克用,李静.基于太阳能 LED 照明系统的研究[J].杭州师范大学学报,2011(1):82-85.

[10] 韩浩.基于 VIPer17H 设计无电解电容 LED 驱动器[J].电子产品世界,2010(4):19-21.

[11] 龙兴明,周静.基于 SA7527 的 LED 照明驱动电源的研制[J].电子器件,2007(6):904-907.

[12] 余飞,许维胜.基于 NCL30000 单级反激式 LED 驱动器设计[J].科技传播,2010(10):222-223.

[13] 朱士海.基于 AP3706 的 LED 驱动电路[J].电源世界,2008(6):71-73.

[14] 孟晓平,王作文.功率型 LED 镍氢电池矿灯系统的设计[J].煤矿安全,2010(11):71-73.

[15] 沈忠德.高性能 LED 路灯驱动电路的设计方案[J].节能设计,2009(5):78-81.

[16] 王宇野,等.高效率车载大功率 LED 驱动器的设计[J].微计算机信息,2010(11):19-20.

[17] 颜重光. BP2808 的 LED 照明灯具电源应用设计技术[J]. 中国集成电路,2010(8):70-74.

[18] 刁智海,马皓. 高调光比新型汽车日行灯 HB LED 光源驱动器[J]. 电源世界,2009(3):33-36.

[19] 何晓宁,王鸿麟. 地铁 LED 不间断应急照明系统设计[J]. 国外电子元器件,2008(9):55-56.

[20] 龙兴明,周静. LED 照明自适应驱动电源的研制[J]. 光学技术,2006(8):641-644.

[21] 金影梅. LED 照明技术在矿灯设计中的应用[J]. 科技广场,2010(1):192-194.

[22] 王成福. LED 应急照明灯驱动电路设计[J]. 金华职业技术学院学报,2010(12):41-45.

[23] 孙奉娄,马莀. LED 电源几种保护电路的设计[J]. 中南民族大学学报,2010(9):53-57.

[24] 龙奇,陈大华. LED 汽车前照灯[J]. 中国照明电器,2004(2):25-29.

[25] 程增艳,王军,朱秀林. LED 路灯驱动电源的设计[J]. 电子设计工程,2010(6):188-190.

[26] 方佩敏. 市电供电的大功率 LED 驱动控制器[J]. 世界电子元器件,2009(3):45-48.